2015 年湖北省社科基金项目
“唐代家具艺术”（项目编号：2015105）最终成果

唐代家具研究

Research on Tang Dynasty Furniture

刘显波　熊　隽◎著

人民出版社

目 录

绪　论

家具是生活起居的伴随物，举凡衣食住行的种种生活环境，莫不有着家具的参与。它与其他的物质文明一道，围合起了特定的文化情景，寄托着人类生存活动中的生活习惯和心理依归。今天我们所知的人类文明发展史的各个阶段，家具都在其中产生过既深远又无所不在的影响。它因为生活需要而产生、发展，是人类造物活动的重要组成部分；它服务于人类的生存空间，贯通雅与俗、神与人、朴素与雕饰、典礼与日常，于社会生活的不同层面，皆为不可或缺；它脱胎于特定的文化母体，外化、呈现着相应的哲学观念和审美需求。因此，家具既是一个时代的技术产物，又是一个时代艺术精神的体现。

对中国家具文化的专门研究开端于1944年德国学者古斯塔夫·艾克所著的《中国花梨家具图考》，书中的文字部分从中国家具发展史的角度考证了以黄花梨为代表的细木工（明式）家具的形制源流，图版部分则包含了30余件明式家具实物的精细测绘。然而此书在当时的印量只有数百本，又恰逢动荡的历史时期，因此基本未在学术界产生具有实质推动性的影响。解放后经过一个长时段的沉寂后，北京的王世襄、陈增弼等学者重拾艾克开辟的研究领域，在20世纪80年代中后期，王世襄所著《明式家具珍赏》、《明式家具研究》二书正式建立了中国明式家具的研究体系，使明式家具研究成为众所皆知的显学。此后，相关学者相继拓展中国家具史的研究范围，1995年田家青所著《清代家具》问世，继之而来的宫廷、官方、民间及域外人士所收藏的明清家具图录、研究著作也得到了大量出版，相关研究皆主要围绕着明清家具加以深耕、丰富，社会各界人士对明清家具的热爱形成一种潮流。

相对于其他历史时期的家具文化而言，明清去今未远，家具的实物遗存不少，容易使人形成感性的、深入的理解与认同，这是其他时期家具研究所不具备的优势。然而也正因为如此，学术界对明代以前家具的系统研究相对忽视，这与明清家具研究的兴盛态势形成了鲜明的对照，直至目前，尚未有一部体系完备、内容翔实的古代家具通史类著作问世。明代以前家具实物的欠缺，确实给中国家具史的研究带来了一定的困难，但我国史学研究向有“左图右史”的良好传统，古代丰富的美术史料以及近现代以来大量考古资料的发现，给唐代家具文化的研究带来了可能。在近年来的中国家具史研究进展方面，邵晓峰的《中国宋代家具》（东南大学出版社 2010 年版）一书以史籍、图像及考古实物为基石，以宋代家具的类型研究为中心，首次将中国古代高坐家具定型初期的家具形态分类厘清，兼及宋代文化艺术对家具设计的关联影响，将古代家具史的研究前推了一个时代，是近年来受到学界肯定的一个重要成果，也对本书的研究方法给予有益的启发。此外杨森的《敦煌壁画家具图像研究》（民族出版社 2010 年版），以南北朝至宋元时期敦煌壁画中的家具为研究对象，研究成果涵盖了部分唐代家具类型及其文化。在此两作的前导基础上，结合文献、图像及少量实存家具资料，进行唐代家具的断代研究，对于推进中国家具史的研究深度、拓展中国家具史的研究范围，以及丰富唐代文化史的研究，都是很有意义的。

其一，通过观察唐代家具的发展演变，揭示唐代社会生活之面貌。从整个中国家具发展史来看，唐代是由低坐家具向高坐家具转型过渡的关键时期，在这个漫长而复杂的过程中，包含着新旧家具体式和新旧生活习惯的交叉并行。自先秦至汉末三国，围绕着席地跽坐的起居方式，中国家具的主要面貌是低矮型家具，在茵席上陈设案、禁、屏、床等。汉末至魏晋南北朝时期，随着佛教的传入和西北民族进入中原生活，西亚、中亚地区的盘坐和垂足高坐的生活习惯对中国产生了缓慢、持久然而却十分深远的影响。社会上首先从上层贵族阶层开始，形成了“胡坐”的潮流①，胡床、绳床、筌蹄等极具西域风情的高型坐具的流行，使得整个中国家具体系的尺度逐渐升高。东晋顾恺之《女史箴图》中，就已经出现了高度达到膝部的床和床前几。但这时人们坐床的方式，仍然是跽坐或盘腿而坐，说明此前席地而坐的生活习惯仍有着巨大的影响力。在日常生活中，席地而坐与垂足高坐并行不悖，高坐家具成为日常生活的丰富和补充。尽管高坐家具的体系完善和普及到北宋中期之后甚至到南宋才得以完成②，但唐代家具的发展显然为这个根本的转变积累了设计制作的经验和生活习惯上的转换过程。随着生活习惯的改变和建筑技术的发展，唐代建筑的室内空间比前代有所增高，这进一步刺激了高型坐具的普及和流行。从传世绘画等史料来看，整个唐代，传统的低坐家具显示出了顽强的

---

① 《后汉书·五行志》载汉灵帝“好胡服、胡帐、胡床、胡坐、胡饭、胡空侯、胡笛、胡舞，京都贵戚皆竞为之”。（中华书局 1965 年版，第 3272 页）《晋书·庾亮传》亦载：“亮在武昌，诸佐吏殷浩之徒，乘秋夜往共登南楼。俄而不觉亮至，诸人将起避之。亮徐曰：‘诸君少住，老子于此处，兴复不浅。’便据胡床，与浩等谈咏竟坐。”（中华书局 1974 年版，第 1924 页）云冈石窟第 6 窟后室南壁北魏中期雕塑《文殊问疾维摩诘像》，维摩诘的形象为侧身垂足坐四腿方凳，右手执麈尾与文殊辩难佛法。

② 邵晓峰：《中国宋代家具》，东南大学出版社 2010 年版，第 92—94 页。

生命力，仍在唐代人的起居方式中占有相当的比重。但绳床、椅子在社会生活中的流行，月牙杌子、唐圈椅、壶门高桌、鹤膝桌等新型家具的相继出现，都体现了高坐生活习俗正在逐渐形成。尤其是中唐以后，随着“安史之乱”的发生，中央和地方政权为了解决财政困难，开放了“度牒”买卖，宗教信徒数量激增，佛教文化中的高坐风俗进一步在民间流布。到晚唐五代时期，低矮型家具向高坐家具过渡的态势发展得日益显著，家具体系已经开始由汉代以来的箱式坐榻为中心向四足分明的框架式椅凳、桌案为中心过渡，为宋代以后高坐家具的发展奠定了构造和陈设体式上的基石。

其二，唐代家具研究，有益于了解唐人的审美风尚与艺术精神。除了家具的增高趋势显著，高型家具类型的日益丰富以外，唐代家具的艺术水平也是不可忽视的重要方面。在家具的造型设计上，唐代家具崇尚雄浑健雅之美。唐代以前即已在中国流行了数百年的壶门式床榻，形态简洁均衡，是唐代贵族和富庶阶层高档家具的代表，壶门式形制普受欢迎，被唐代工匠移植于制作器物台座、箱柜、棋局、高桌、凳子等各类家具中，是一个值得注意的文化现象。此外，唐代家具的装饰艺术水平也大大超出前人，应用如髹饰、涂胡粉、染色、彩绘、木画、宝装、雕刻等种种工艺美术技法，使家具在实用的前提下，美观性大增，是唐代审美风格的集中体现。

其三，从文化史的视角研究唐代家具，既可以弥补以往家具史研究的不足，也能丰富唐代文化研究的内涵。从唐代家具发展的历史文化背景来看，“上及汉、魏、六朝之余波，下启两宋文明之新运”① 的唐王朝疆域辽阔，商路畅通，国力雄厚，国门开放，在政治、经济、文化等方面都取得了辉煌博大的成就，是我国中古社会发展的顶峰时期。“贞观之治”和“开元盛世”的相继出现，使唐代经济富庶、文化繁荣，也使得大规模的土木营建工程得以开展，而建筑技术的发展，促进了这一时期家具制作技术的进步，大木作梁架构造的结构经验，开始被移植应用到小木作上，家具的设计制作水平得到了明显的提升。同时，开放的社会环境吸引了大量的域外人士和佛教僧侣来到繁华的大唐都市，通过经商入仕或传教而定居成为常住人口，他们带来的异国习俗逐渐融入汉文化之中，着胡服，演胡乐，踞胡床成为新奇的时尚，外来的家具新样式在被汉民族工匠仿制的过程中也逐渐汉化而为社会各阶层所接受，由新奇走向日常。因此，这一时期家具文化的发展包含传统的自身演变与中外文化交流融合两个方面的因素，研究唐代家具，不仅是中国家具史研究的需要，亦将充实唐代文化史的研究。

其四，唐代家具研究，对唐文化的传播史研究亦有启示。唐代家具不仅对五代、宋的中国家具制作产生了重要的影响，同时，也影响了周边各国家、民族的家具文化。吐蕃在中唐以后曾占据河西地区长达六七十年，在这一时期的敦煌壁画中，盛唐时期即

① 向达：《唐代长安与西域文明》，湖南教育出版社 2010 年版，第 1 页。

已流行的壶门式高桌、坐墩等家具样式的应用和发展并未中断。据近年来的考古资料，同时期或稍后的青海地区吐蕃墓葬中发现的木家具构件与中原流行的样式基本一致。新疆阿斯塔那地区出土的多件壶门式家具和屏风残件更是显示出，唐代家具除了受到西域家具样式的影响外，同时也存在着对西域地区的家具文化输出。此外，日本、新罗等国家争相学习先进的唐文化，唐代家具因此流传入这些国家，并对这些国家的家具文化产生了直接而长久的影响。

其五，我国的当代家具设计，除了从明清家具中吸取经验外，亦应向上回溯，寻找更丰富的本民族文化资源，因此，研究唐代家具对推动当代新中式家具设计的进步，也将有其重要意义。

要深入进行唐代家具的研究，就必须厘清所能依凭的各种研究资料。我们的研究思路，是利用历史文献与传世绘画、敦煌壁画、考古发现及日本珍藏唐式家具实物等图像、实物资料，通过对研究对象进行综合性的复证和解读，对唐代家具的形制、结构、装饰工艺及其在社会生活中具体的应用方式进行全面的还原，从而揭示出唐代家具发展史的整体面貌。

文献学是历史研究的基础，对古代器物的考证分析也同样如此，只有将文献学方法与相关的图像、实物研究相结合，使它们相互补充、相互印证，方能深入探讨唐代家具的发展状态，最大程度地弥补此时期家具史文献资料比较零散、缺乏的研究困难。本次研究利用的主要文献资料除魏晋南北朝至隋唐五代的正史外，也包括唐代传奇、志怪、笔记小说、诗赋文集、宗教文献、敦煌地区出土社会经济文献等等。这些文献中涉及的家具类型、陈设方面的史料相当丰富，但多数是在叙事过程中提及的只言片语，在应用它们来研究具体问题时需采取推敲、归纳、总结的方法作出合理的论断，并参考图像、实物资料加以印证。因此，文献研究与其他资料的配合分析显得尤为重要。

与文献研究相印证的其他资料主要包括如下方面。

1. 图像资料

本书利用的图像资料主要包括唐、五代传世卷轴画、墓室以及石窟壁画、雕塑。

传世的唐、五代传世卷轴画多为宋以后画家的摹本，因此在参照研究其中绘制的家具时还必须了解书画界专家对作品的研究情况，对绘画的确切首创年代进行审慎地判别。如署名为唐初画家卢楞伽的《六尊者像》，实为南宋人的创作，落款为后人作伪添加。[①] 传为五代顾闳中所绘的《韩熙载夜宴图》，由于十分著名，往往被视为唐末五代家具的可信史料，但清初以来就有不少研究者对其作者和断代加以质疑，目前书画界研究的主流

① 徐邦达：《古书画鉴定概论》，上海人民出版社 2000 年版，第 64 页。

倾向认为它也是宋人作品。[①] 将此画与本书的相关研究对照，可以看出画中家具如带牙条夹头榫式桌案、带有攒装式靠背板的靠背椅、四腿立柱间装板的框架式大床等家具确实与唐代流行的样式差异很大，且该画中出现的家具数量、类型众多，竟没有出现一件唐五代流行的壶门式家具。传为五代画家周文矩的《宫中合乐图》中，出现了有束腰式高桌以及左右两侧带有高靠背的框架式大床，皆多见于南宋时期绘画。此外如传为唐张萱《明皇合乐图》（无款）、传为唐吴道子《八十七神仙卷》（无款）、传为五代卫贤《闸口盘车图》（后加款）等，皆已为前辈专家考定为宋人作品。因此，经过细致考察，这些作品皆未纳入本书的引证范围。

唐代的墓室壁画为本书的研究提供了丰富的社会生活史料，并且，墓室内部空间与墓室屏风壁画、棺床的位置特征，在一定程度上反映出唐代现实生活中室内环境与家具陈设形式的发展关系。而以敦煌莫高窟为代表的石窟壁画、雕塑，历来为南北朝至唐宋时期家具史研究所重视，除了佛像题材绘画外，反映僧侣及世俗生活的壁画中皆包含有大量的家具描述。由于创作年代可考，墓室壁画与石窟壁画、雕塑是研究唐代家具类型及相关文化的可信史料。

2. 实物资料

本书利用的实物资料主要包括唐代遗址及墓葬出土木家具、木构件、陶瓷冥器、金属器，以及现藏于日本正仓院的大量制作年代约在日本飞鸟时代晚期至奈良时代（公元7世纪晚期至8世纪）的唐式家具实物。

相比较而言，墓葬出土的实物资料年代和地域来源信息十分可靠，但由于西汉以后，传统的木椁墓葬制逐渐被砖室墓所取代，使古代墓葬内的物理环境产生了巨大变化，绝大多数的木质器物难以保存。因此汉代以后的木质家具考古发现反而远不如汉代以前的丰富，除新疆地区由于特殊的环境因素而发现数件基本完整的唐代木质家具外，唐代遗址及墓葬中发现的木质家具多为残件，极少有完整发现，为唐代家具的研究带来了一定的局限性。在各种相关资料整合的基础上，我们对墓葬出土木、陶瓷、金银等类器物的引证极其重视，尽力使其在还原唐代家具面貌的过程中发挥最大的作用。

日本在飞鸟、奈良时期极为崇尚隋唐文化，除曾多次派出遣隋使、遣唐使、学问僧前来学习，并将大量的唐代家具实物和工匠运往日本。此外，唐朝高僧鉴真的东渡日本，对唐代家具的相关工艺技术传入日本也起到了巨大的推动作用。日本正仓院中所藏

① 清初学者孙承泽在《庚子销夏记》（《文渊阁四库全书》本）卷八中最早认为该画应为南宋作品，当代古书画鉴定大师徐邦达在《古书画伪讹考辩》（江苏古籍出版社1984年版，第159页）中的论证亦认同孙氏的观点。此外古代服饰研究专家沈从文从人物服装的角度认为此画可能为宋初作品（沈从文：《中国古代服饰研究》，上海书店出版社1997年版，第331页）。

的家具实物，有部分直接来自唐朝，其他的家具可能是同时期渡海东去的唐朝工匠在日本所造，或日本工匠对唐式家具的仿造品。① 由于日本历代对这批珍贵文物的重视，使它们中的绝大多数保存得相当完整。② 这些因素的影响，使日本正仓院的家具珍藏成为今天我们研究唐代家具文化所能凭借的重要实物资料。

1941 年傅芸子《正仓院考古记》一书，是中国学者对正仓院藏品作出的最早系统研究，他指出："唐代文物以及当时日常生活状态，吾人仅得于史册上，窥见一斑；至其品物如何？亦徒于文字中，想象见之。……然院藏于上述诸物，匪惟具存；抑且有多种珍品为吾人求之而不可得者，今皆完整无损，聚于一堂，至足充分显示唐代文化与夫奈良朝日本文化的两种优越性，弥足补吾人对于唐代文化向所不能充分领略之遗憾，其价值固超越西陲发见之一些断纨零缣的残阙品也。吾尝谓苟能置身正仓院一观所藏各物，直不啻身在盛唐之世！故其在考古学美术史文学民俗学各方面所予吾人之观感与丰富的研究资料，其价值岂可以数量计之哉？尤非余区区此文所能尽述者也。"③ 除傅芸子外，当代学者杨泓著有《从考古学看唐代中日文化交流》一文，认为正仓院所藏物品对研究唐代中日文化交流具有三个方面的重要意义：第一，是表明唐朝文化对奈良时期日本文化的影响；第二，是部分材质难以保存的器物类型如乐器和漆木器，在正仓院中仍完好如新，实为难能可贵；第三，是正仓院部分藏品来自西亚或为模仿西亚的产品，也都是

---

① 据台湾学者白适铭在《盛世文化表象：盛唐时期"子女画"之出现及其美术史意义之解读》（载中山大学艺术史研究中心编《艺术史研究》（第 9 辑），中山大学出版社 2007 年版，第 28—29 页）的论述，对于正仓院藏品的来源及制作地问题，日本学者向来有所争议，但皆认同藏品与唐朝文化的密切关联。如原田淑人的论文《唐代の文献より观たろ正倉院御物》认为其中包含日本制、朝鲜制、作为礼物而为遣唐使或留学生带回日本的，或是外国使节来朝时的赠礼（载《东亚古文化研究》，座右宝刊行会 1940 年版，第 64—65 页）。林良一《正倉院文样の源流：树下动物文と狩猎文を中心に》一文认为正仓院宝物虽有唐朝制品，然大多数皆为日本天平时代的本国产品，但多数的日本制品也是在唐朝样式的影响下产生，带有"唐朝风工艺意匠"（载《正倉院の文样》，日本经济新闻社 1985 年版，第 75 页）。

② 正仓院所藏文物的主要部分多为日本天平时期的御物、东大寺大佛开眼法会所用法物及王公大臣的献纳物。公元 756—758 年（日本天平胜宝八年—天平宝字二年）圣武天皇遗孀光明皇后分五次献纳宝物，各次献纳之物登录在随同入寺的献物帐上，分别为《国家珍宝帐》《种种药帐》《屏风花毡等帐》《大小王真迹帐》《藤原公真迹屏风帐》，这五卷献物帐被合称为《东大寺献物帐》，与献纳宝物一同藏于正仓院。献物帐文字照片最早著录于日本宫内厅编著、日本审美书院明治四十一年（公元 1908 年）出版的《東瀛珠光》一书中，文字著录于竹理内三编著、日本东京堂出版的《寧樂遺文》中卷。此后的平安时代（公元 782—897 年）对于藏品的曝晾清点记录有《延历六年六月廿六日曝晾使解》、《延历十二年六月十一日曝晾使解》等，原件文字照片著录于奈良国立博物馆编，出版于 1982 年的《昭和五十七年正倉院展》一书。除结集出版外，各篇献物帐、曝晾使解的内容也附在东京帝室博物馆编集的《正倉院御物図録》、日本正仓院事物所编集《正倉院實物》二书内各藏品的解题部分。这些宝物著录中的内容，与正仓院藏品有着对应关系，可证藏品的时代。

③ 傅芸子：《正仓院考古记、白川集》，辽宁教育出版社 2000 年版，第 15 页。

从唐朝传入日本的，其中最值得注意的是玻璃器皿。[①] 正仓院藏品除了对研究唐代家具的类型有很大帮助外，更重要的是可以凭借对这批家具的实物观察，研究唐代家具的构造方式和装饰艺术。但本书借助正仓院所藏家具进行的唐代家具研究，力求建立在与唐代文献、绘画、考古发现等资料相对照、复证的基础之上，而对正仓院家具中部分不见载于我国史籍及绘画、考古资料，并与中国同时代家具形制风格有异的类型，如正仓院所藏数十件“古柜”的身盖配合方式、正仓院所藏“四重漆箱”（抽屉柜）的创制年代等，抱有审慎的观察态度而予以存疑。[②]

---

① 杨泓：《从考古学看唐代中日文化交流》，载《汉唐美术考古和佛教艺术》，科学出版社2000年版，第222—231页。

② 运用正仓院文物资料对唐代家具展开的相关研究，始于1944年德国学者艾克所著《中国花梨家具图考》，引用的例子是正仓院所藏“紫檀小架”及“赤漆文欟木御厨子”（地震出版社1991年版，第19页图11，第26页图23）。其后，不少学者在进行唐代家具的相关研究时，也将正仓院家具作为研究对象。如扬之水《牙床与牙盘》一文中除了根据正仓院所藏“木画紫檀棋局”（载《曾有西风半点香》，第144页图17）确定牙床的形制外，另列举了数件正仓院所藏承物台、承物盘及金花银盘等作为牙床、牙盘的研究依据。贾宪保《唐代的柜》一文所依据的实物资料主要来自正仓院藏品，包括“赤漆文欟木御厨子”以及数件正仓院所藏“唐柜”（卧式柜）（《文博》1998年第2期，第51—54页，图二—图五）。杨森《敦煌壁画家具图像研究》一书也应用了不少日本现存的古代家具资料，涉及正仓院者如“赤漆欟木胡床”（民族出版社2010年版，第127页线图59）。

第一章　唐代以前的中国家具

中国文化是由本土原生文化与外来文化不断交汇融合而形成的，其稳固、连续而不断自新的发展特质，不但蕴含在数千年的思想史之中，在物质文化史中也有着同样的体现。唐代的家具，无疑受到宏盛、富强、开放的唐文化的影响，但它同时也是此前中国家具发展基础之上的继承和延续。对唐代家具的研究，应当以追溯它的发展源头为启首。

为紧扣研究范围，本章对前代家具的追述，主要着眼于对唐代家具的类型和制作工艺发生关键性影响的方面，而不做详细全面的唐代以前家具史考论。

第一节　远古至两周家具

从穴居野外的远古时代始，中国人的起居生活习惯便与低矮的地面紧密相连，并由此发展出了相应的社交礼仪和宗法规范。李济先生通过考古资料辩证，在《跪坐、蹲居与箕踞》一文中指出："蹲居与箕踞不但是夷人的习惯，可能也是夏人的习惯；而跪坐却是尚鬼的商朝统治阶级的起居法，并演习成了一种供奉祖先，祭祀神天，以及招待宾客的礼貌。周朝人商化后，加以光大，发扬成了'礼'的系统，而奠定三千年来中国'礼'教文化的基础。"[①] 为了防潮隔湿，古人首先发展出了编席技术，垫在地面上的席也就取代了就便取材、缺乏精加工的草茎树叶，成为最早的坐卧类家具，中古以前坐卧一体的生活习惯也就由此而始。根据考古发现的新石器时代陶器上的编织纹样，当时的编席技术已经十分发达，能够编织出多重经纬组织、复杂肌理的席，而围绕着席放置的其他日常器用则主要为陶制品。另据考古发现，新石器时代早期的余

① 李济：《李济文集》第四册，上海人民出版社2006年版，第495—496页。

姚河姆渡遗址出土的木构建筑遗迹中，就已经应用透榫、栽榫、燕尾榫、销钉等榫卯接合形式（图 1—1），[①] 到新石器中晚期的墓葬中，应用板材接合（包括嵌槽拼板和穿带栊加固）技术制作的木制棺椁开始出现[②]，这些，都成为后世木制家具的工艺源头。最早的典型木制家具，发现于新时代晚期的龙山文化陶寺遗址墓葬的随葬品中，包括用于储物的箱、用于置物的案、俎、盘等（图 1—2），有的家具表面还施有彩绘装饰，由此来看，木制家具此前应该已经经历了一定时期的发展积淀。

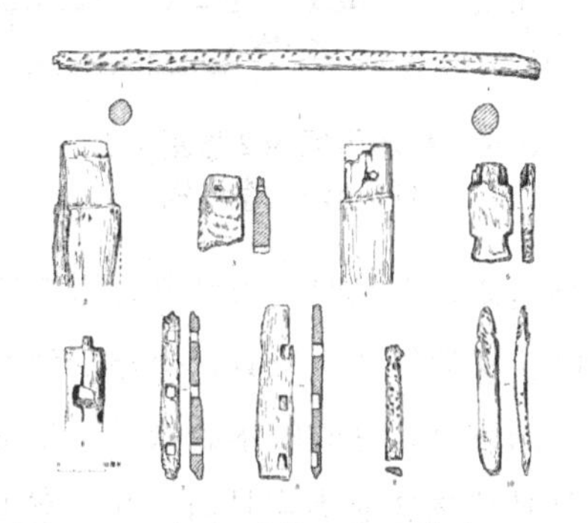

图 1—1　河姆渡第一期文化出土建筑木构件榫卯种类

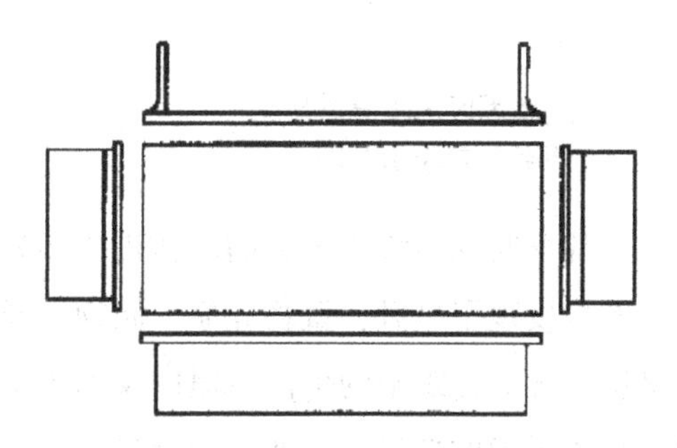

图 1—2　龙山文化陶寺早期墓葬出土彩绘木案线描

图 1—3　安阳大司空 53 号墓出土石俎

图 1—4　辽宁义县出土商末周初青铜悬铃俎

夏商至西周的家具、礼器、食器等日常生活用品的遗存多为青铜制品、陶制品和石制品，由于制作材料和制作工艺的特性，这些器物常带有板壁状腿足或柱状足，结体浑厚、装饰富丽。如 1962 安阳大司空村 53 号墓出土石俎（图 1—3）、著名的后母戊大方鼎、辽宁义县出土商末周初青铜悬铃俎（图 1—4）等。青铜工艺的发展，带动了木工工具的进步，商周时期的木制家具迄今发现不多，仅就少量的考古发现来考察，殷墟出土了磬架（图 1—5）和一片板式的抬舆，说明随着社会生活内容的日趋丰富，家具的类型分化开始加速。置物用的木家具俎和同时期的青铜、石制品一样，多带板状的

① 浙江省文物考古研究所：《河姆渡——新石器时代遗址考古发掘报告》上，文物出版社 2003 年版，第 23 页。

② 李宗山：《中国家具史图说》，湖北美术出版社 2001 年版，第 9—10 页。

腿足，板足中部往往挖做出壸门形[①]、曲尺形的造型，且其上有着精美的漆饰、雕刻、嵌蚌装饰（图1—6）。

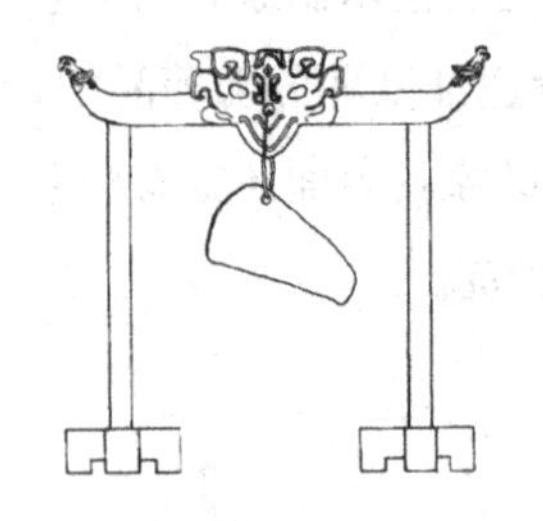

图1—5　殷墟丙区331号墓出土漆磬架复原示意图

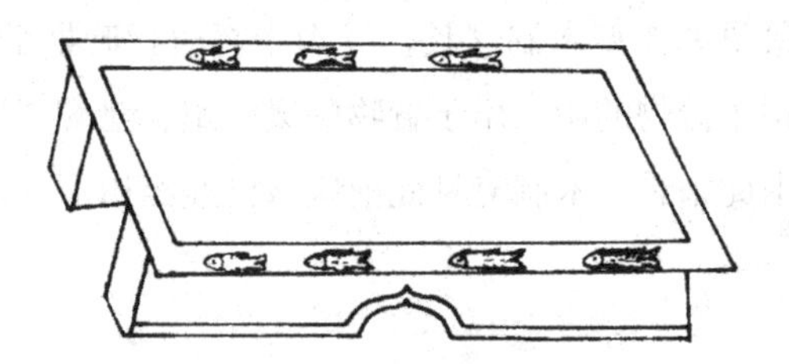

图1—6　殷墟丙区362号墓出土嵌蚌鱼漆木案线描

春秋战国时期，漆木家具的制作进一步繁盛起来，尤其是南方楚文化影响所及的地区，考古发现了坐卧、置物凭靠、储物、屏障、支架等各类家具，得益于楚人的浪漫主义思维方式、跽坐的生活习惯以及木工工具的改良，这时的木制家具腿足部分开始出现轻盈纤细的新样式，变化十分显著。尤其是置物凭靠类家具俎、几、案加速了分化发展[②]，样式多元而装饰华丽。俎的样式由商周时期一脉相承而来，但此时期的漆俎制作似远多于铜俎。案、几等置物、凭靠功能家具的腿部开始由板状向线状的样式发展。为使纤细的柱状腿部足以支撑来自上部的重量，平列纤细的短柱，下承足跗（托泥）接地的直栅式、曲栅式足开始流行，影响所及，这种栅式足也出现在同时期的床榻腿部（图1—7）。此外直型、曲线型的单体足和弯转的、象形的腿部也大量应用（图1—8），家具的整体风格轻盈婉约，装饰细腻。

除了腿部造型的多元化，这一时期家具在加工工艺方面还有值得关注的几点。其

① 当代学界对“壸门”的称谓多写为“壶门”，但遍查古代文献，“壸门”一词最早出自宋代《营造法式》一书，即用来指佛像底座的弧形牙子，与汉晋以来图像、考古实物资料中的床榻板足开光式样一致，而“壶门”则在民国以前的文献中无考。在整个宋代，《营造法式》至少印行过三次，但迄今仅存的南宋平江府重刊的“绍定本”残卷中（参见《古逸丛书三编》第44函），该词写法皆为“壸门”，因此这个家具构件部位确应名为“壸门”而非“壶门”。另据经明汉、刘文金《传统家具文化文献中“壸门”与“壶门”之正误辨析》（载《家具与室内装饰》2007年第7期）一文的研究，当代建筑和家具研究学者将“壸门”写作“壶门”的原因，是由于民国时期手写誊抄《营造学社汇刊》第七卷有关稿件付诸石印时的笔误，解放后的出版物根据这个谬写，在重印梁思成先生著作时将所有“壸门”倒改为“壶门”。部分当代学者根据“壸门”意为宫门，而认为壸门结构的来源是古代宫廷建筑，使这个谬误更加积重难返，为正本清源，本书根据经、刘二学者的研究，采用“壸门”一词指称箱板式家具四面板足上雕造的各种开光轮廓。

② 《周礼·春官宗伯》中记载了“五几五席”之制，郑玄注“司几筵”五几分别为：“玉几”、“雕几”、“彤几”、“漆几”、“素几”，皆为凭几之属，依装饰而区分使用的礼仪场合和等级（郑玄注，贾公彦疏：《周礼注疏》卷二十，北京大学出版社1999年版，第523页）。

图 1—7　湖北荆门包山二号楚墓出土折叠床

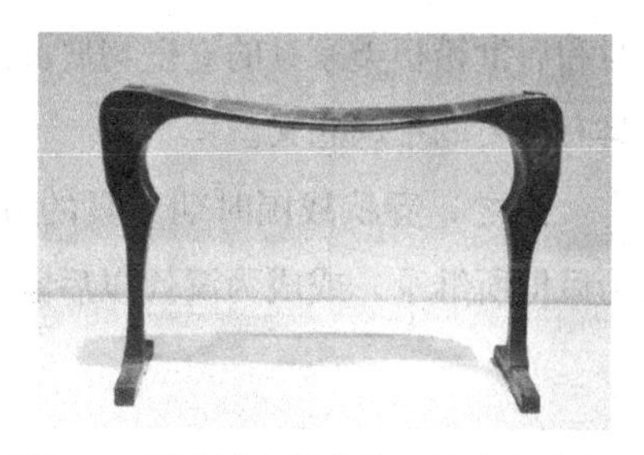

图 1—8 国家博物馆藏战国黑漆朱绘花几

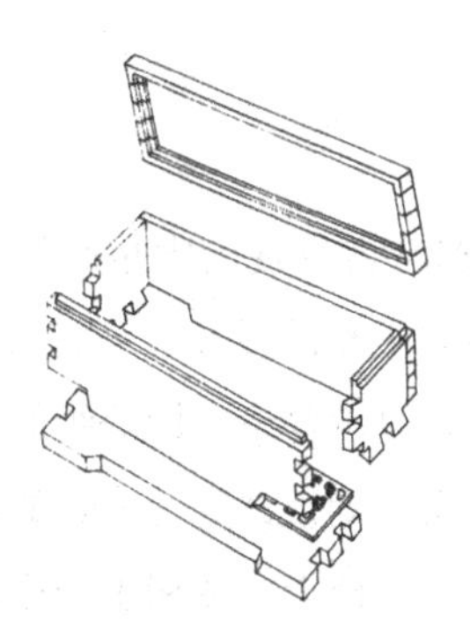

图 1—9　楚都纪南城出土方棺结构图

图 1—10　甘肃嘉峪关新城 13 号墓出土魏晋彩绘木棺上的小腰榫

一是案类家具的面板边缘上部制作凸起线脚的工艺，通常有整板雕挖和贴装木线条两种造法，在考古出土战国漆木案中有多件实物例证（图 3—50、图 5—4）。这种面板上部边缘起线脚的制作工艺，在当时一方面起到修饰作用，另一方面起到拦挡作用，对后世家具的设计制作影响很大。其二是在墓葬棺椁上出现了燕尾榫的构造（图 1—9），结构的稳固性大为进步，成为后世箱板结构家具板材角结合技术的先驱。其三是在墓葬棺椁上出现了小腰榫的构造，小腰榫又称蝴蝶榫、燕尾银锭榫，是一种中间细，两端展开呈梯形的栽榫（图 1—10）。《礼记・檀弓上》天子之棺“棺束缩二衡三，衽每束一”句中的“衽”字，孔颖达正义云：“衽，小要也，其形两头广，中央小也。既不用钉棺，但先凿棺边及两头合际处作坎形，则以小要连之令固，并相对每束之处以一行之衽连之，若竖束之处则竖着其衽以连棺盖及底之木，使与棺头尾之材相固。汉时呼衽为小要也。”① 这段文献形象地说明小腰榫是在板材的平面接合以及角接合部位，作为勾挂连接两块板材的木楔。在棺椁上应用小腰榫在楚国墓葬中已有数见，② 它的应用，对于当

① （汉）郑玄注，（唐）孔颖达等正义：《礼记正义》，北京大学出版社 1999 年版，第 248 页。

② 相关考古发现，可参见湖南省博物馆编《长沙楚墓》（《考古学报》1959 年第 1 期，第 42 页），湖南省文物管理委员会编《长沙黄泥坑第二十号墓清理简报》（《文物参考资料》1956 年第 11 期，第 36 页），该两例小腰榫用于板材角接合。周世荣、文道义《57 长・子・17 号墓清理简报》（《文物》1960 年第 1 期，第 63 页），该例小腰榫用于板材平面接合。

时和后世箱柜类家具的立壁与底面结合、桌案类家具的板材平面接合的技术发展，无疑具有重要的推动意义。

总之，春秋战国时期家具的分化发展极为显著，许多家具形制和结构元素或直接为后世所继承，或成为汉代以后家具发展的萌芽。

第二节　两汉家具

两汉时期的人们依然维持着跽坐的起居习惯，根据考古发现的大量画像石、画像砖显示的图像资料，人们的跽座位次依然主要是以席的方位和设置方式来显示的，重要人物设有专席，甚至以多张席叠置的形式“重席”而坐，以示尊贵。同等级的多人则共席而坐，如不同等级或社会声望相差较大的人被安排同席，则被认为是失礼的行为。在贵族居室或较正式的场合，中心人物还往往跽坐在低矮的床榻上，床榻上铺席，并随需要而陈设凭几。

汉代的床榻多为低矮的箱板式形态，四角带有截面为“L”形的腿部（图1—11、图1—12）[①]，两腿间修饰出弧形、波浪形或曲尺形的壸门轮廓，与商周时期俎的形制有明显的亲缘关系。部分宽大的床为衬托上坐者身份的高贵，床面边沿还装有围栏或屏板。屏风的最早形式叫做“黼扆”，是专设于尊位的后侧，上有斧形花纹的单片式立

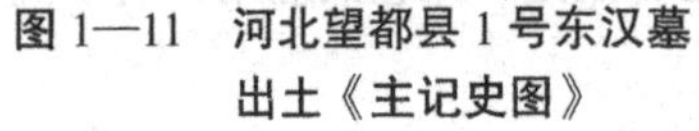

图1—11　河北望都县1号东汉墓出土《主记史图》

图1—12　山东安丘王封村出土东汉《拜谒画像石》拓本

① 可参见山东武梁祠左石室第二、第九石所绘坐榻形象。另曹桂岑著《河南郸城发现汉代石坐榻》（《考古》1965年第5期）一文所记载的一件汉代石坐榻，上带一行隶书刻文“汉故博士常山大（太）傅王君坐槍（榻）”。

屏，演变到汉代则出现多扇围合的形式，继而进化出床屏结合的复合型家具样式。当代学界一般将明清家具中有带有床屏的卧具称为床，而没有床屏的床，一般专称之为“榻”，这种词义上的区分，是在近代逐渐形成的，至少在明代中期以前，人们对卧具往往“床”、“榻”混称，并未将之作为样式区别的分界。

几案类家具基本延续了战国楚式家具的风格样式，两足的凭几用于倚靠，栅式足的案一般既用以置物（图1—13），同时也有许多小型栅足案一般横放于身前，起到支托双肘的作用，

图1—13　河南偃师朱村东汉墓壁画《宴饮图》局部

图1—14　辽宁棒台子屯二号汉墓壁画中的橱摹本

图1—15　打虎亭一号东汉墓北耳室画像石拓本

典型的汉画像砖中西王母的形象，身前往往倚有一只栅足小案几（图3—15）。食案则既有栅足样式，也有承袭自战国的四足样式，面板较宽大，专门用来陈设饮食。用于储物的家具主要有橱柜和箱奁。考古发现的汉代橱柜中，立式柜的形象在辽宁棒台子屯二号汉墓和河南新密打虎亭一号汉墓的壁画、画像石中都有发现（图1—14、图1—15），形制约一人高，顶部作仿建筑的两面坡式顶，前立面开设有橱门，下有四只短直足。卧式柜则是较低矮的式样，四足平顶，顶部有小盖开合，如河南陕县刘家渠东汉墓出土的绿釉陶柜，虽为随葬冥器，但可视为较写实的制品。[①] 奁盒往往十分精

① 黄河水库考古工作队：《一九五六年河南陕县刘家渠汉唐墓葬发掘简报》，《考古通讯》1957年第4期，图版伍：4。

致细巧，内胎有竹木、夹纻等多种，外饰漆绘。尤其精美的是内装成套小盒的多子奁，著名的如马王堆汉墓群出土的双层九子奁（图 1—16）、单层五子奁。矩形箱盒的形制也有新的发展，马王堆汉墓还出土了漆木冠箱（图 1—17）和书箱各一件，箱顶造型皆为覆斗状的盝顶形，与战国时期平顶或圆顶的箱具相比，构造更为复杂。作为较平顶箱更为讲究的一种皮具形制，盝顶箱在后来的魏晋到明清历代皆有生产。此外，马王堆出土箱具的胎壁和箱内隔层所用木胎板料皆极薄，显示出此时期的木作匠师在治木工艺上的高超水平。

图 1—16　马王堆一号汉墓出土双层九子漆奁

图 1—17　马王堆三号汉墓出土漆冠箱

除了木质家具，帐和帷幕也是必不可少的设施[①]。帐设在坐席或床榻的上部，支撑坐帐的支架古称帐构，一般用金属铸造[②]（图 1—18）。帐顶承尘有坡顶和平顶的多种形式。床榻和坐帐配合使用的方式，在魏晋以后更为流行，并在其后更长的时间段里不断发展，床榻与帐构合体，最终演变为全木结构的明清“架子床”。《周礼·天官》载

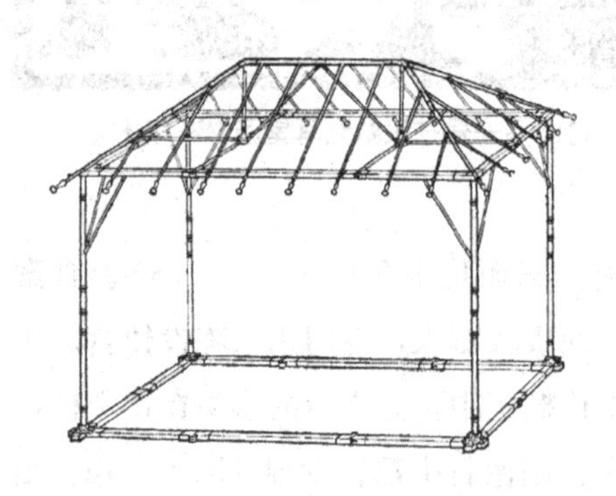

图 1—18　河北满城中山靖王墓出土铜帐构复原图

图 1—19　江苏邳州市陆井墓出土东汉《六博画像石》拓本

① 西汉史游《急就篇》卷三“蒲蒻蔺席帐帷幢”句，唐颜师古注云：“自上而下覆谓之帐，帐者，张也。在旁蔽绕谓之帷，帷者，围也。”（南京大学出版社 2009 年版，第 152 页）

② 如《南史》卷四十七《崔祖思传》载：“刘备取帐构铜铸钱”。（中华书局 1975 年版，第 1170 页）

有“幕人”，职责范围为“掌帷幕帟绶之事”，郑玄注云：“在旁曰帷，在上曰幕。”[1] 西晋左思《吴都赋》有句云：“张组帷，构流苏。”帷和幕是室内垂挂的纺织品，用来分隔活动空间、烘托环境氛围。帷幕通过绶带系挽而有节奏的起伏，远看上去，为四壁加上了一道节奏起伏的边饰，流丽华美，富有动感。这种生活中随处可见的帷幕对中国人的审美产生了巨大的影响，两汉时期的画像砖的砖体上缘或四周，往往也带有波浪形、三角形的连续纹样边饰，显然是受帷幕、帐裙的形象影响而来（图 1—19），壶门式床榻床脚内部的曲线造型也很可能与帷幕的起伏形态相关。

低坐家具体系的发展，是汉代家具文化的最大特征，同时，一种腿部交叉折叠、坐面由丝绳编成的高型坐具“胡床”，在汉末时期传入中国，并被少数上层阶级所接受和使用。《后汉书》卷一百三五《五行志》载：“灵帝好胡服、胡帐、胡床、胡空侯、胡笛、胡舞，京都贵戚皆竞为之。此服妖也。”[2] 着胡服、坐胡床、演胡乐的行为在当时可谓新潮，因而被史家视为“服妖”。当代研究者通常认为，随着中古之世高型坐具在中原地区流行，几案类家具随之增加高度，从而形成了高型的桌案。实际上，在席地而坐的时代，室内简单、活动幅度不大的劳作，跽坐在低矮的地面上使用低矮的承具即可，但在大型的劳作或室外场合，人们需要时常起立走动，物品近地放置并不便于操作，因此，高桌案的雏形，至少在汉代即已经出现了。图像可见的例证如四川彭州市出土的一件东汉《酒肆图》画像砖，买酒者身前横放一张腿间无枨的四腿长桌，正与人交易（图 1—20）。再如河南密县打虎亭东汉墓出土的画像石中有数件带有高度及腰的曲栅足几形象（图 1—15），同墓出土的另一块表现大型宴饮备食场景的画像石上，绘有一只长案，腿间装有单根横枨（图 1—21）。尽管这些高型承具可能是下为支架，上承活动面板的临时设置，但从高度和使用功能来看，应可将它们看作中国传统高型承具的早期形态。尽

图 1—20　四川彭州出土东汉《酒肆图》画像砖

图 1—21　打虎亭一号东汉墓东耳室画像石拓本

① （汉）郑玄注，（唐）贾公彦疏：《周礼注疏》，北京大学出版社 1999 年版，第 15 页。

② （南朝·宋）范晔：《后汉书》，中华书局 1965 年版，第 3272 页。

管胡床传入中国被视为中国高坐家具体系发展史的开端，但它对汉末的社会生活尚未形成广泛的影响，高型桌案的早期发展实际上是独立于坐具的发展而存在的。我们往往认为文明时代家具的发展史主要由社会上层所推动，但汉代高型承具的出现有力地表明，商业社会的发展和劳作生活的实际需要，对家具的发展具有强大的推动力。

第三节 魏晋南北朝家具

魏晋南北朝是春秋战国以后中国文化的又一个变革时代，战争频仍、政权更迭和外族入侵，使中原地区的社会经济、传统礼制受到极大的破坏。人们开始关注、探讨玄学和佛学，趋于开放和自觉的学术思想和精神世界，必然对物质文化的发展起到推进作用，整个社会对外来物质文明持一种包容接纳的态度。家具文化在这一时期的发展主要受到三个方面的影响：其一是得益于统治者对建造佛寺大殿的热情，建筑技术由土木结合构造向全木构技术转型，大木梁柱结构和斗拱结构革新性的发展，使室内空高、进深和采光都有了长足的进步，由此改变了人们的起居生活条件，为坐处的升高带来了合理性。① 其二是受到思想文化的自由风气影响，过去传统礼俗中认为是失礼行为的箕踞、垂足等更为放松身体的坐姿取代了跽坐，被贵族阶层所接受。② 其三是随着异族文化进入中原和佛教文化的广泛传播，在汉末受阻于传统礼制和习俗而未能广泛传入的高足家具在接近四个世纪的长时段中逐渐进入中原，并在社会生活中产生越来越显著的影响。基于这些因素的糅合，中国家具走上了传统低坐家具和外来高型坐具混同发展的第一个历史时期。

一、传统家具体系的发展

（一）床榻

魏晋南北朝时期，室内起居的中心陈设依然是坐席和床榻。为尊席设置坐帐、屏风的情况与汉代相似，坐席周围则根据需要陈设食案、凭几等日常必需品。坐卧两用的床榻在社会生活中较汉代更为普及，并且在汉代的形制基础上进一步发展。传世绘画和

---

① 傅熹年：《中国古代建筑史》第二卷，中国建筑工业出版社 2001 年版，第 41—42 页。

② 《南齐书》卷五十七《魏虏列传》载："虏主及后妃常行，乘银镂羊车，不施帷幔，皆偏坐垂脚辕中；在殿上，亦跂据"（中华书局 1972 年版，第 985—986 页）。

考古发现的魏晋南北朝时期墓室壁画中，多绘有中心人物坐床的形象，如实反映了当时床榻的发展情况。

其一，是床榻与屏合一的组合体式更为常见。相关图证如东晋顾恺之《女史箴图》（大英博物馆藏唐摹本）中绘制的大床（图1—22），床上张有帷带四垂、可开可合的大帐，帐顶承尘为平顶。床屏为多扇屏板围合而成，床正面左右侧的两扇立屏为活动式，可以开合，合上可作睡床使用，增加私密性，张开时作为日常起居倚坐之床，这样复杂而精巧的床榻设计，纵观整个古代家具史也是十分罕见的。

图1—22　（东晋）顾恺之《女史箴图》局部

图1—23　青海安平县东汉墓出土《人物画像砖》

其二，壸门式床榻广泛流行。壸门床的腿足样式，与商周时代俎（图1—3、图1—4）的板足开光的式样有着明显的承继和发展关系，作为中国箱板式结构家具形制的典型代表，显然是一种中国原生的家具构造体式。当代部分学者因魏晋至唐壸门床的流行与佛教的传入和流行处于同一时代，而认为壸门是一种域外传来的家具构造元素，且因受佛教文化的影响而在中古时期流行，这种看法恐应加以修正。① 比照东汉时期就已经出现的壸门内部波浪形造型轮廓（图1—23），魏晋以来流行的鎏金铜佛像底座显然是对中国本土传统家具形态的直接继承（图1—24）。壸门床榻在魏晋南北朝时期贵族墓葬壁

① 如李宗山《中国家具史图说》认为，魏晋南北朝时期榻下普遍施以壸门托泥座或无托泥的壸门洞形式，“在很大程度上与佛教影响有关”（湖北美术出版社2001年版，第191页）。余淑岩、胡文彦所著《家具与建筑》一书甚至认为：“箱形壸门榻或床，实际就是壸门须弥座的中间部分。箱形壸门床榻就是借用了须弥座的壸门束腰部分，创造出的新型支撑结构”（河北美术出版社2002年版，第43页）。实际上察考魏晋南北朝的石窟造像中的须弥座，中部的束腰部分不但带有多层向内收进的叠涩，而且每层高度皆不高，南北朝末期至隋唐的须弥座中部方逐渐加高，并有时出现绘制或挖雕的壸门形态，明显属于外来宗教坐具样式受到中原地区流行的壸门式家具影响的表现。相关考论，详见本书第二章第一节。

画、线刻画和反映上层社会生活的传世绘画资料中极为多见，表明它与南北朝时期由西域传入的四条直腿的床式相比，是一种更为合乎传统并且规格更高的样式。此外，为使床榻更利于承重，除了在床面四角下装腿以外，往往还会在边沿下均匀的安装多个壶门形板片状腿足，形成多个壶门并列的多足式样。南北朝晚期开始，部分床榻在壶门下加上一圈跗木“托泥”[①]，四周看去，床榻的立面外缘都是矩形的（图1—25）。

图1—24　日本东京国立博物馆藏北魏鎏金铜佛像

图1—25　山西太原北齐徐显秀墓壁画《墓主人夫妇图》

其三，是部分床榻的高度增高了，如《女史箴图》中的壶门床（图1—22），高度及膝，已可供垂脚坐于床沿。

在床榻的结构方面，由于床面承重的功能需求，面板如仅靠四角的腿足和边沿的壶门牙板支撑，长期使用必然造成中心下陷。南京象山七号东晋王氏墓出土的一件壶门榻（图1—26），各立面皆为单壶门，榻面下有一横二纵三条穿带，尽管属于冥器，但它是仿造日常实用器的形制而造，这样的制作方法在当时应为常式。南京大学北园东晋墓也曾出土两件长宽超过1米的陶制独坐六足壶门榻，正面平列两壶门，侧面为单壶门，榻的背面也塑造出纵横各三条穿带的形象，形成方格形的榻面框架，与南京象山七号东晋墓壶门榻的榻面结构方式如出一辙。[②] 穿带能将来自床榻上方的重力均匀地分散开，十分有利于承重，是一种非常合理的结构设计。

---

① 这种在壶门下加装托泥的造法，在传世卷轴画如《女史箴图》、《洛神赋图》中皆已出现，但由于它们皆非东晋时原本，床脚部分的托泥有临摹者添加的可能，与之相较，考古出土墓葬画像石、壁画等呈现的家具发展状态更为可信。

② 南京大学历史考古组：《南京大学北园东晋墓》，《文物》1973年第4期，第40、47页。

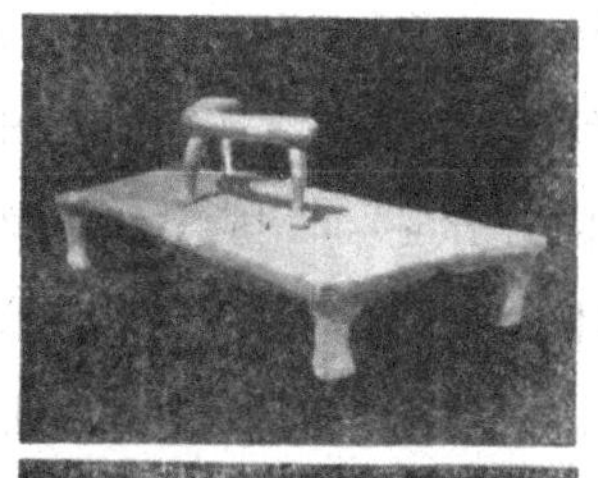

图 1—26　南京象山七号晋墓出土陶榻及陶凭几

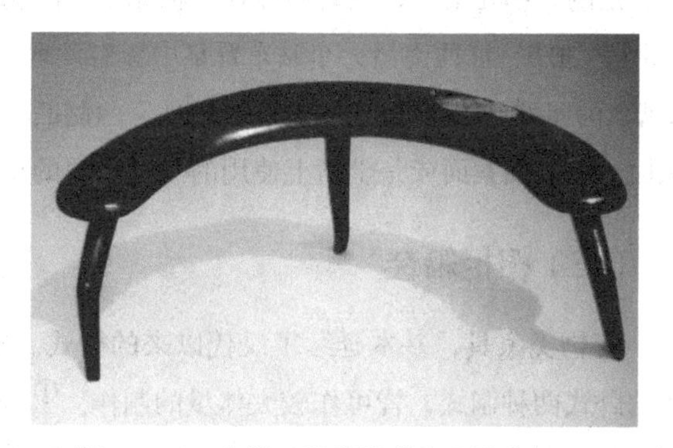

图 1—27　安徽三国朱然墓出土黑漆凭几

（二）几案

三国至魏晋南北朝，席地而坐时用以凭靠的凭几（亦称隐几）出现曲面三足（图 1—27）的样式，与先秦以来就一直使用的两足凭几相比，更合体舒适，同时也更加稳固便于倚靠。唐时创制的新型坐具唐圈椅，上部带有圆弧形靠背，形制和功能明显受到了曲面三足隐几的启发。

魏晋南北朝的栅足案有直栅、曲栅两式，有的案面两侧带有翘头。用以摆放在身前的小栅足案，出土冥器的高度一般在 15—30 厘米，基本形制如山东聊城曹植墓出土的曲栅足陶案（图 1—28），曲栅上部出透榫插入案面、下部插入足跗至地。部分用于

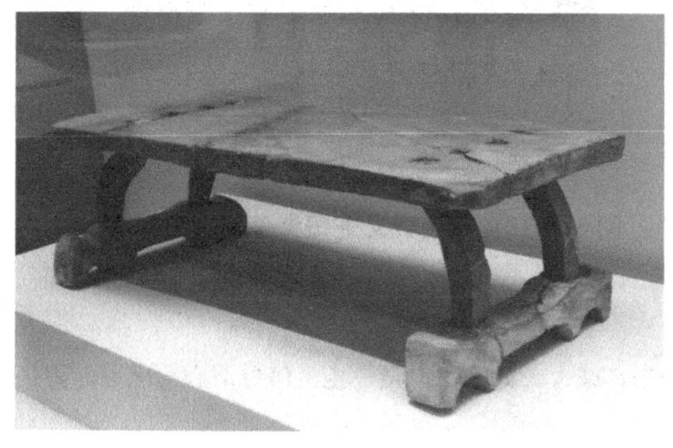

图 1—28　山东东阿曹植墓出土陶案

图 1—29　甘肃酒泉丁家闸 5 号北凉墓墓室壁画

置物的案几的高度则有所增加，如甘肃酒泉丁家闸5号北凉墓墓室壁画中绘制的一件放置酒樽的曲栅足案（图1—29），高度约当于人的腰部，另如顾恺之《女史箴图》中大床床前摆放的床前长几（图1—22），其高度也随着床榻的高度而相应增高到及膝。除了有足的置物几案外，当时尚存在一种无足、两侧有耳的长方形案，在南京北郊东晋墓（图1—30）、江西南昌火车站东晋墓中皆有发现（图3—81），其后在南北朝时期的墓室壁画中也常有发现。这种案形似托盘，两侧的耳方便手抬，因其无足，是放置在床榻坐面、栅足案案面或是坐席上使用的一种灵便的小型食案。

（三）橱柜箱奁

庋物类家具，基本延续了汉代以来的样式。橱柜仍然延续了前开门的立式和顶开盖的卧式两种制式，皆可作较大体量的制作。[①] 箱盒的制作则一般比较小，常可手持，用来储藏随身的物品，品类见于文献的如“巾箱”、“镜奁”等，大型的箱常用来储藏书籍、衣物。辽宁袁台子东晋墓曾出土两只木箱的残件，其中一件箱底有三根横带，边壁和底皆用铁钉铆合，另一件除了壁板和底之间用铁质穿钉固定外，四角还用铁角页包钉。[②] 说明此时期家具的制作中，较大型家具的板材在角接合部位主要依靠金属件连接和加固，远未达到明清时期普遍采用榫卯技术的接合水平。

除了汉代以来箱奁的常式，三国至南北朝间还流行一种精美的多子盘槅，它可能由汉代的多子奁发展而来，形制有长方和圆形两种。盘槅内部以小立板分作多个子格，用以放置不同品类的食物，长方形的盘槅常带有壶门形腿足，圆形则多为圈足，有的制作子母口沿，上面加盖。打开时放置于身前，作用与食案相似，盖上盖子则便于搬动，既可作室内备食之用，也可以在出行时携带饮食之属，显示出家具使用功能复合化的发展趋势（图1—31）。

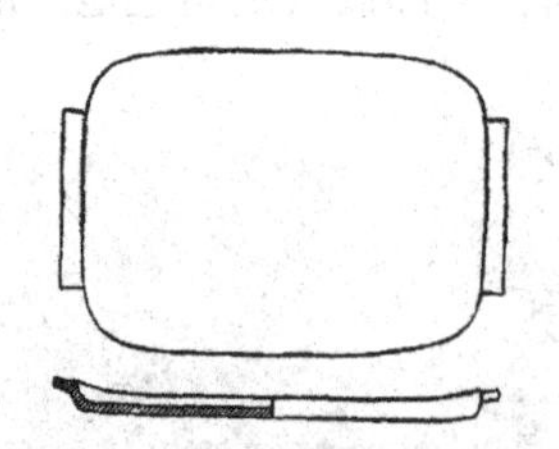
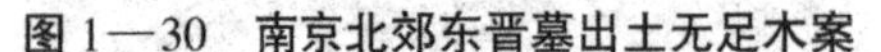

图1—30　南京北郊东晋墓出土无足木案

图1—31　河南巩义芝田晋墓出土多子槅

① 《广弘明集》卷十六：“或十尊五圣，共处一厨，或大士如来，俱藏一柜，信可谓心与事背，貌是情非。”（《四部丛刊》本）

② 辽宁省博物馆文物队、朝阳地区博物馆文物队、朝阳县文化馆：《朝阳袁台子东晋壁画墓》，《文物》1984年第6期，第39页。

（四）屏风

前文已经述及，魏晋南北朝以来床面上安装屏风的床式明显增多了，这首先得益于汉代以来屏风制作工艺的发展，过去专设于尊位的屏风，更多地深入社会中上阶层人们的日常生活，起到区隔和装饰空间的双重作用。屏风的形制由单扇背屏，演变出多扇多围联屏，豪华的多扇屏风，按安装或者陈设的位置区分，有床上屏风、连地屏风两类；按屏扇的数量则有十二牒屏风、十四牒屏风等样式①。顾恺之《女史箴图》所绘大型壶门床上安装的屏风，就是十二牒的三围床屏。《列女仁智图》（故宫博物院藏宋摹本）中在卫灵公使用的三围连地屏风上绘有山水图，此外画面上还绘制了一只三围的连地小灯屏，用于防风护灯（图1—32）。屏风以板面的形式直立于室内空间中，尤其适合施加装饰，美化环境，文献记载可见的屏风制作材料种类繁多，简朴的如《晋书》记载东晋廉吏吴隐之"以竹篷为屏风"②，繁丽的则有如《西京杂记》卷一记载的赵合德送给其姐赵飞燕的云母屏风、琉璃屏风③；装饰工艺也有奢简之分，简朴者称之为素屏，奢华者有画屏、锦屏、绣屏、雕屏。尤其是当时绘画艺术的发展，更使屏风上常绘制有精美的屏风画，仅《历代名画记》著录的绘制屏风画的六朝画家，就有曹不兴、荀勖、顾恺之、王廙等，对室内装饰的需求，促进了绘画艺术的发展，也使屏风成为美化居室的主要家具品种。

图1—32　（晋）顾恺之《列女仁智图》局部

二、高型坐具的传入和流行

魏晋南北朝是高型坐具陆续传入中国和发生流行的主要时期，受其影响，踞坐、垂足等坐姿使传统的跪坐礼仪逐渐松弛，坐在床榻上的人们，常取盘腿箕坐或侧身斜倚

① 《太平御览》卷七百一载晋张敞《东宫旧事》："皇太子纳妃，有床上屏风十二牒，织成漆连银钩钮；织成连地屏风十四牒，铜环钮。"（中华书局1960年版，第3129页）

② （唐）房玄龄等：《晋书》卷九〇《吴隐之传》，中华书局1974年版，第2342页。

③ （晋）葛洪辑，成林、程章灿译注：《西京杂记全译》，贵州人民出版社2006年版，第40页。

的姿态。而在高型坐具上一足盘曲于身前、一足下垂或是双足下垂的姿态，在社会生活中也日益习见，在新风旧俗的相互冲击之下，社交礼仪和生活习惯逐渐发生着改变。

（一）胡床

胡床是一种坐面以上没有靠背，腿部呈“X”形交叉，在交叉处通过金属转轴连接开合的折叠式小凳，又称为“交床”。南朝梁庾肩吾《赋得咏胡床诗》里形容胡床“传名乃外域，入用信中京。足敧形已正，文斜体自平”，[①] 元胡三省在为《通鉴》作注时曾经详细描绘了胡床的结构：

> 交床以木交午为足。足前后毕施横木而平其底，使错之地而安。足之上端其前后亦施横木而平其上，横木列窍以穿绳条，使之可坐。足交午处复为圆穿，贯之以铁，敛之可挟，放之可坐。以其足交，故曰交床。[②]

这种体轻便携的折叠凳，确实自域外传来，它的形象迄今最早的发现是公元前2000年左右的埃及古王国时期。古埃及的折叠凳多为皮革坐面，在第十八王朝早夭的法老图坦卡蒙的墓室（公元前1352年）内一张床边，发现了迄今为止最早的实物（图1—33）。这种折叠凳出现后，对周围文明产生了巨大影响。至少在约公元前8世纪，折叠凳已经传入西亚，在萨尔贡二世宫殿的浮雕中，就出现了国王坐在折叠凳上的情景。公元前6—4世纪，随着波斯帝国的势力统一中亚、西亚和埃及，并与希腊地区产生碰撞交流，促使折叠凳传入这些地区。古希腊、古罗马地区考古发现的图像资料中，折叠凳的形象相当常见（图1—34）。

图1—33 图坦卡蒙陵墓发现折叠凳的情景

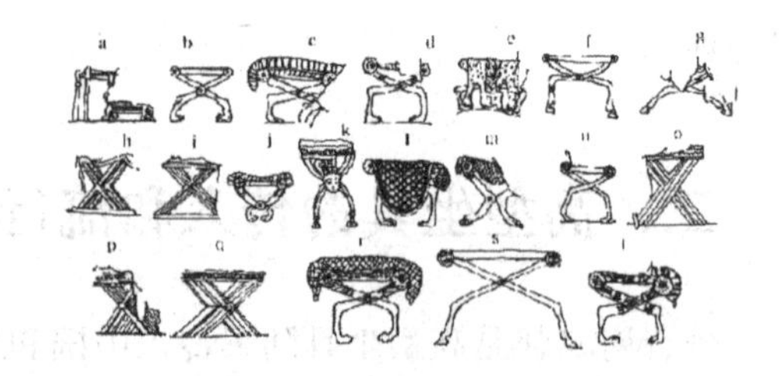

图1—34 各种希腊式折叠凳

① 欧阳询：《艺文类聚》卷七十《服饰部下》，上海古籍出版社1965年版，第1221页。

② （宋）司马光编著，（元）胡三省音注：《资治通鉴》卷二四二《唐纪五十八》，中华书局1956年版，第7822页。

大约在东汉末经由西亚、中亚的商路，折叠凳开始传入中国，当时即被称之为“胡床”，《事物纪原》卷八“胡床”条，“《搜神记》曰：‘胡床，戎翟之器也。’《风俗通》曰：‘汉灵帝好胡服，景师作胡床，’此盖其始也，今交椅是。”[①] 三国以后，胡床被各地广泛习用，应用场合遍及行军指挥、闲居谈咏，不分南方北方、无论室内室外，都可以见到胡床的身影。如《晋书》载：“泰始之后，中国相尚用胡床、貊盘及为羌煮貊炙，贵人富室必畜其器，吉享嘉会，皆以为先。”东晋王导之子王恬“性傲诞，不拘礼法”。曾在有客造访时“久之乃沐头散发而出，据胡床于庭中晒发，神气傲迈，竟无宾主之礼”。[②]《梁书》载王僧辩南征湘州，对方将领“乘铠马，从者十骑，大呼冲突”，而僧辩“尚据胡床，不为之动，于是指挥勇敢”，遂斩获敌首。[③]

文献记载的情况，在传世绘画和考古发现中得到了不少印证。河南新乡县出土东魏武定元年（公元 543 年）造像碑碑阴线刻中，描绘有相士坐胡床为释迦太子看相的情景（图 1—35），河北磁县陈村东魏墓曾出土一具持胡床女侍俑（图 3—62），墓主为当时南阳太守之女赵氏。传为北齐画家杨子华创稿，唐阎立本再稿的《北齐校书图》（美国波士顿博物馆藏宋摹本）中，绘制有文士坐胡床校书的情景（图 1—36），太原北齐徐显秀墓西壁壁画，也绘有一个持胡床侍从，折叠起来的胡床成为一个矩形中空的框，恰好可以方便地挎在侍者肩部。[④]

图 1—35　东魏武定元年造像碑碑阴线刻拓片局部

图 1—36 （北齐）杨子华《北齐校书图》局部

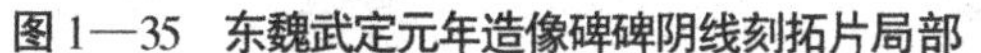

① （宋）高承：《事物纪原》，商务印书馆 1937 年《丛书集成初编》本，第 285 页。

② （唐）房玄龄等：《晋书》，中华书局 1974 年版，卷二十七《五行志》，第 823 页；卷六五《王恬传》，第 1924 页。

③ （唐）姚思廉：《梁书》卷四五《列传第三九》，中华书局 1973 年版，第 630 页。

④ 罗世平主编：《中国美术全集：墓室壁画》，黄山书社 2009 年版，第 263 页图。

除了单人坐的胡床外，敦煌莫高窟第257窟北魏壁画《须摩提女请佛故事》中，还出现了一具双人坐的长胡床（图1—37）。这具双人胡床的形象出现时代虽早于前述几例，但亦为中古时期仅有的一件孤例，因此可能并非当时胡床普遍习用的样式。总之，由于形制构造简单、便于携带，在魏晋南北朝这个民族关系错综复杂，南北方互争正统的特殊时代，胡床却自然而然、无分南北地被社会所广泛接受。作为最早传入中国的高型坐具样式之一，它对改变中原民族生活习惯，由跽坐发展为踞坐（垂足而坐），产生了极大的影响。

图1—37　莫高窟第257窟北魏《须摩提女请佛故事》局部

（二）绳床

绳床是一种坐面以绳编成、较宽大，可容盘膝而坐的高型坐具。和胡床一样，绳床的创生地并非印度，而是肇始于古代西亚、北非地区文明。在公元前7000年左右，两河流域已经出现了椅子，埃及在公元前3000年以前，也已经出现了凳子和高靠背椅，目前保存的公元前15世纪的一件埃及矮凳实物，就是用绳编织坐面的（图1—38）。这种编织坐面的坐具大约很早就传到了印度，并且成为印度僧人日常修行时常用的坐具。因此与胡床相比较，绳床的传入和流行，带有更浓厚的宗教色彩。据唐义净《南海寄归内法传》卷第一“食坐小床”条：“西方僧众将食之时，必须人人净洗手足，各各别踞小床。高可七寸，方才一尺，藤绳织内，脚圆且轻。卑幼之流，小据随事。”①

参之以相关图像资料，魏晋南北朝时期绳床的形象有三式。其一多作平面四腿的独坐榻式样，其二则在坐面以上还带有三面或四面围栏，坐面一般较宽大，可供僧侣、信众盘腿禅修。如敦煌莫高窟第303窟隋代壁画《法华经变》中（图1—39），绘有四个坐绳床的僧人形象，其中两张绳床为平面，坐面边

图1—38　古埃及绳编矮凳

① （唐）义净撰，王邦维注解：《南海寄归内法传校注》，中华书局1995年版，第31页。

缘与面心异色，可能即为对编绳的描写，另两张则带有三面围栏，围栏的立柱向上出头。东魏兴和四年（542年）《蒐贵妻尉氏造像记》中刻有一名僧人盘坐在左、右、后侧带有高度齐平的三面围栏的绳床（图2—49），四根围栏立柱都向上出头。再如陕西靖边县八大梁M1号北朝墓（北魏至西魏）出土壁画中（图1—40），绘有一人坐在四面有围栏的绳床上，围栏左右两面向后抬起，造成后侧横枨略高于前方，在后侧围栏处似还另插有一个编织而成的靠背。其三是带有扶手和靠背的椅子式椅床，如敦煌莫高窟第285窟（539年完成）西魏壁画《禅修图》（图1—41）。值得注意的是，莫高窟285窟所绘的西魏绳床不仅带有靠背和扶手，是相当完备的椅子形象，而且两侧的扶手中间嵌有壁板，似乎在一定程度上受到了中原传统屏风样式或是车厢形制的影响。作为一种兼有盘坐和凭靠功能的复合式家具，椅子式绳床对唐代及其以后中国坐具的发展产生了很大的影响。

图1—39 莫高窟303窟隋代《法华经变·普门品与见宝塔品》局部

图1—40 陕西靖边县八大梁M1号北朝墓壁画中的绳床

图1—41 莫高窟285窟西魏《禅修图》

（三）筌蹄

“筌蹄”一词来源于《庄子·外物》“筌者所以在鱼，得鱼而忘筌；蹄者所以在兔，得兔而忘蹄”之句，原指捕鱼、兔的笼类工具。出现于魏晋南北朝时期的坐具“筌蹄”，则是由丝绸之路传来的一种中部带有束腰的圆形坐具。它通常用竹、藤编制而成，在编制成形后还要经过染色、髹漆等工序，使之更为美观和耐用，在日常使用中，常外附一层丝织品，并用丝绳缚扎，增加视觉的美观性和使用的舒适性。外附丝织品的筌蹄，当代学者通常称之为“束帛座”。佛经记载，筌蹄还可用“多罗树叶”编成，因此它的基本特征是质轻便携，坐面柔软舒适①。佛经中的“筌蹄”，还写作“筌提”、“迁提”、“先提”、“荃提”、“筌台”② 等，似为不同版本的译名差异，很有可能由于它的外来语读音和“筌蹄”两字相近，而被译为此名。

随同佛教传来的佛、菩萨造像的基座，往往好作中部束腰的样式，方形的如须弥座，圆形的如仰覆莲花座。从形制起源来观察，筌蹄与圆形的束腰佛像基座仰覆莲花座有紧密的亲缘关系，它很可能是仰覆莲花座的简易和便携形式。印度新德里博物馆所藏的一块公元 3 世纪的白绿色石灰石浮雕《佛传图》中（图 1—42），我们可以清晰地看到右侧三人所坐的坐具都是筌蹄。这块浮雕出土于纳加尔朱纳康达佛教遗址，属于贵霜时代南印度佛教造像的典型风格。由此可见，筌蹄这种外来家具新样式确实带有浓厚的

图 1—42　印度新德里博物馆藏《佛传图》浮雕局部

图 1—43　克孜尔 14 窟晋代《菱格本生故事》局部

① 《佛本行集经》卷八《从园还城品》：“复有五百诸天玉女，各各执持多罗树叶所作筌提，在菩萨前，引道而行”，《游戏观瞩品》：“时有擎挟筌蹄小儿，随从大王，啾唧戏笑。”（《大正新修大藏经》第 3 册，台湾新文丰出版公司 1983 年版，第 691、707 页）

② 《善见律毗婆沙》卷一：“婆罗门见和伽婆来，遍求坐床，了不能得，唯见其子所举先提，即取与和伽婆坐。”（《大正新修大藏经》第 24 册，台湾新文丰出版公司 1983 年版，第 679 页）

印度佛教文化色彩。

筌蹄传来的最初，常用于宗教场合的讲法宣教，《南史》卷八十《侯景传》载：

四月辛卯，景又召简文幸西州，简文御素辇，侍卫四百余人。……上索筌蹄，曰："我为公讲。"命景离席，使其唱经。①

我国图像资料所见到最早的筌蹄形象，主要是克孜尔千佛洞等新疆地区的石窟壁画艺术，如克孜尔石窟两晋时期开凿的第14窟《菱格本生故事》中，即有其形象（图1—43）。随着佛教的继续东传，筌蹄开始出现在北朝的石窟造像中，如莫高窟第275窟北凉壁画《贤愚经变·月光王本生》故事中，月光王就垂足坐在筌蹄上（图1—44）。从南北朝以来佛教图像资料所见的筌蹄使用情况来看，它并非佛陀形象所用的坐具，常被菩萨、佛传故事人物、听法僧俗、外道等所使用，坐姿多为半跏思维坐或交脚坐，因此这种小型坐具在佛教文化中的等级并不是太高。南北朝中晚期以后，这种比较便携的坐具也在世俗生活中得到了应用。山东益都北齐石室墓线刻画像《商谈图》中，就绘有主人坐于筌蹄与一胡商接谈的情景（图1—45）。《梁书》卷五十六《侯景传》载侯景"以輼车床载鼓吹，橐驼负牺牲，辇上置筌蹄、垂脚坐。""床上常设胡床及筌蹄，着靴垂脚

图1—44　莫高窟275窟北凉《贤愚经变》局部

图1—45　山东益都北齐石室墓线刻画像《商谈图》

① 《南史》卷八十《侯景传》："酒阑坐散，上抱景于床曰：'我念丞相。'景曰：'陛下如不念臣，臣何至此。'上索筌蹄，曰：'我为公讲。'命景离席，使其唱经。景问超世：'何经最小？'超世曰：'唯《观世音》小。'景即唱'尔时无尽意菩萨'。"（中华书局1975年版，第2009页）

坐。”① 说明到南北朝中后期，筌蹄已成为高等级贵族世俗生活中的常用坐具。

综而言之，到魏晋南北朝末期，中国传统家具的发展受到外来新家具样式的冲击和影响，开始进入高坐与低坐家具交融混用的新阶段，进入唐代以后，新旧家具体式在交融之中并进发展。得益于唐朝文化的繁荣富庶与开放包容，唐代成为了低坐家具体系的最后一个高峰，并绽放出绚烂光辉的艺术成就；同时，高型坐具的发展演变与日渐通行，也为中国古代家具在北宋中期以后彻底转向高坐体系，奠定了品类样式和文化习俗的基石。

① （唐）姚思廉：《梁书》，中华书局1973年版，第859、862页。

第二章　唐代家具类型综览（上）

进行古代家具的断代研究，涉及所属历史时期的工艺水平、思想文化、政治经济、社会生活等诸多方面，而尽可能全面的类型列举是这些研究的起点和基石。在正式对唐代家具展开类型研究之前，首先需要明晰几个基本问题。

其一，是唐代家具的分类方法。

家具研究可以有多种分类法，例如根据制作材料分类、根据结构体系分类、根据使用阶层分类、根据使用环境分类、根据使用功能分类等。而使用功能分类是断代家具史研究中比较通行的方法，学界据此通常把中国古代家具分为卧具、坐具、承具、庋具、屏具、架具六种，这种分类显然受到南宋以后坐卧分离起居习惯的影响。考虑到北宋中期以前，茵席、床榻一类家具兼有坐、卧两个方面的功能，单纯称之为卧具，显然不足以概括，本次研究将兼具坐卧两种功能的家具称之为“坐卧具”，而唐代用以区隔空间、划分方位的家具除了屏风以外，还包括床帐、步障、行障、坐障等软质的障具，仅以“屏具”之名亦不足以概括，因而将它们归纳为“屏障具”，其余诸类则遵循学界通行的分类方法。

其二，是唐代家具的概念范围。

家具二字连用的最早文例似见于北魏贾思勰所著《齐民要术》卷第五《种槐、柳、楸、梓、梧、柞第五十》一节，在分别讲述这些树种的习性和经济用途后，作者特别加以总结：“凡为家具者，前件木皆所宜种”，其中并以小字自注“十岁之后，无求不给”。[1] 这里所提到的家具，显然有两个特征，其一是用木材制成，其二是满足家庭内使用需求的器物。举凡日常生活中坐卧起居、收纳、屏障所用的木家具以外，可能还包括农具、兵器等家内常需备办的财物。因此“家具”一词的词义在南北朝时期可能尚为“木质家用器具”，所指宽泛，与今天我们所谓的家具并不完全相同。入唐之后“家具”

---

① （北魏）贾思勰著，缪启愉、缪桂龙泽注：《齐民要术》卷第五《种槐、柳、楸、梓、梧、柞第五十》，《四部丛刊》本。

二字连用的用例渐增。初唐贾公彦疏《周礼·秋官·司隶》"为百官积任器"句："云任犹用也者。用器，除兵之外，所有家具之器皆是用器也"，[①] 语义依然类同上则，"家具"即"家内所备之器具"，兵器显然也包含在"家具"之内。唐孟郊《借车》诗云："借车载家具，家具少于车。借者莫弹指，贫穷何足嗟。"[②] 成书于南唐的现存最早禅宗史籍《祖堂集》卷第十六"南泉和尚"所载轶事云："师初住庵时，有一僧到，师向僧云：'某甲入山去，一饷时为某送茶饭来。'其僧应喏。其僧待师去后，打破家具杀却火，长伸瞌睡。"[③] 此处"家具"似指厨具或食器。同书卷第五"华亭和尚"条载："师昔与云岩、道吾三人并契药山密旨。药山去世后，三人同议，持少多种粮、家具，拟隐于澧源深邃绝人烟处，避世养道过生。"[④] 此处"家具"似还包括农具在内。从此数例来看，唐至五代时虽然"家具"二字连用已基本固定，但其概念的外延与今日家具概念确实有所差异。

此外，敦煌地区出土社会经济文献所载相关寺院经济文书的相关内容，可以帮助我们进一步了解唐时人们的"家具"观念。这些时代约当于9世纪晚期至10世纪的出土文献，其中相当部分将各种物品进行了分类登记，历数其中出现的类名有如"佛像供养等数"、"经目录"、"佛衣及头冠数"、"供养具"、"铜铁器"、"家具"、"瓦器"、"毡褥"等数类，这些类目中的"家具"类下，正是晚唐五代时期人们通常家具概念的代表。兹选取其中涉及"家具"的内容并无缺页，并且类下条目较丰富的《年代不明（公元十世纪）某寺常住什物交割点检历》（P.3161）[⑤] 加以观察：

14 家具。柜大小拾口，内叁口胡戌像鼻具全，小柜壹，在

15 设院，食柜壹，在文智。汉鏁壹具并钥匙，又汉鏁两具，并

16 钥匙，又胡鏁壹具并钥匙欠在□净。又小鏁子壹具并钥匙在印子下。

17 函大小柒口，又新附函壹，官施入，佛名壹部，又新附函壹，

18 智圆施入，又拾硕柜壹口，又新附柜壹口宗定入，像鼻

19 胡戌具全，又柜壹口在张上座，又柜壹口张德进折物入，

20 又柜壹口，又柜壹口智会折物入，胡戌具全，大木盆壹，

---

① （汉）郑玄注，（唐）贾公彦疏：《周礼注疏》，北京大学出版社1999年版，第963页。

② （清）彭定求、沈三曾等：《全唐诗》卷三八〇，《文渊阁四库全书》本。

③ （南唐）静、筠二禅师编，张美兰校注：《〈祖堂集〉校注》，商务印书馆2009年版，第405页。

④ （南唐）静、筠二禅师编，张美兰校注：《〈祖堂集〉校注》，商务印书馆2009年版，第151页。

⑤ 唐耕耦、陆宏基：《敦煌社会经济文献真迹释录》第三辑，全国图书馆文献微缩复制中心1990年版，第39—40页。原书释录文字有数处讹误，如21行、23行"槐子"应为"椀子"，"花花牙盘"应为"大花牙盘"，今据同页所附原件图片校改。另第21—22行"高脚火炉"也被列为"家具"似为难解，但参照同书《后晋天福七年（公元492年）某寺交割常住什物点检历》（S.1624）第20行载有"木火炉贰"，可见此处火炉也应为木质。

21　伍斗木盆壹，陆斗木盆壹，小木盆壹，大木椀子壹，高脚

22　火炉壹，小木椀子壹拾壹枚，内壹欠在惠诠，肆个僧政众矜放用，欠在智山。叁个袜悉罗

23　壹欠在智山，壹欠在大善。大花牙盘贰无连提，又牙盘壹，又三尺花牙盘壹，高脚

24　□盘壹，大木杓贰，小木杓子壹，面秤一具并秤厨，鼠皇

25　秤壹并秤厨，肆尺牙盘壹，又花牙盘壹，□大案板壹，

26　大牙床壹，新附牙盘壹张，禅入大床拾张，跛落子壹在□□□

27　方眼隔子壹，又方眼隔子壹，宣戒床子壹，皮相壹，载硙

28　训肆，大头训在高法律，小头在僧政处，壹在张第七郎。间贰拾肆道，搠量大斧壹，安湛壹，贰

29　□扆子叁，壹在□法律□□，壹在僧政。大花合盘壹副，小花合盘子壹副，

30　□大花团盘壹，花椀子壹，新附朱履椀拾枚，内壹破，新附竟

31　价壹兼柜子具全。

从这段文献来观察，唐代寺院内所用的“家具”承续了《齐民要术》的用法，主要指木质器物，而且包含内容相当广泛，除包含与我们今人家具概念相差不大的坐卧具（大牙床、禅入大床、宣戒床子）、承具（各式牙盘、高脚□盘、大案板、合盘、团盘）、皮具（柜、函、皮相、秤厨）、屏障具（方眼隔子、扆子）等类物品以外，还包括一些与家具配套的金属配件（象鼻、胡戌、鏁、钥匙）、厨具或食器（木盆、木椀子、高脚火炉、木杓、面秤）、工具（大斧）、其他日用器物（鼠皇秤），以及难以详考的袜悉罗、跛落子、载硙训、间贰、安湛、竟价等物名。此外，同件文献的1—13行类名的字迹已经漫漶不存，但据该类下具体条目内容以及其他数件《什物历》的相同位置所写类名，列于P.3161的首类物历应为专用于礼佛的“供养器”，由于用途特殊，一些木质家具如“木函子（第6行）”、“经案（第7行）”被载录在这一类目下。而唐代金属加工工艺发达，迄今发现的相当数量的小型箱盒类皮具用金、银、铜等材料制作，由于材质差异，在唐代人的观念中，并不属于“家具”。

词义上确实存在的巨大差异，给我们今天的研究带来了一定的困扰。我们研究唐代家具，意在观察其前后发展关系，厘清中国古代家具在唐代的具体演变过程，因此，在“唐代家具”这一概念的定义上，本次研究将以我们今天通行的家具概念为参照，但除了各类型的木质家具外，也将相关金属、玉石等其他材料的家具制品纳入研究范围。此外，唐代列于“家具”、而以我们今天的观念来看多数属于食器而不属家具的各种盘，如“牙盘”、“多足承物盘”、“高圈足盘”等，考察其器型多数下部有脚，尤其是“牙盘”

的使用范围除放置食物外，也用来作为承托它物的底座，因此在分类研究时将这类带有足的“盘”也纳入“承具”一类略加论述。

第一节　坐卧具

一、席毡

席毡是最早的坐卧之具，以其上坐卧的人体为中心，还会辅陈相关的其他器物与食物来完备人们的生活所需，因此席曾在一个相当长久的时段里占据人们生活的中心位置。通过区分使用的种类、材质、装饰、季节、场合方位，席成为古代建立礼制标准的重要物质依凭。古代的坐卧之席皆比较精细，在它下面还要铺上一层更宽大、纹理较粗、通常用莞蒲编织成的“筵”①，因此“筵席”连称，用来指一切席地而坐时代人们坐卧其上的席类家具。《周礼·春官》载有“司几筵”的官名，“掌五几、五席之名物”，“五席”郑玄注为“莞”、“缫”、“次”、“蒲”、“熊”五种席，另有苇席、萑席，为丧事专用，② 此外《尚书·顾命》又记载有丰席、篾席、底席、笋席等先秦时期的席类名物，显示出席在代表礼仪关系时的重要价值。随着社会的发展，席的使用功能分类更趋细化，除了铺陈于地用来坐卧，还有按照床榻的尺度专门制作的床席、放置在车内使用的车席等。③ 从大小上来分别，席又有多人同坐的长席和单人独坐的专席“独坐”④。编织而成的席常按材质区分各有专名，肌理细密的织席常称为“簟”，此外还有用羊毛纺织或用兽皮直接制成的“毡”、“毯”、“氍毹”等。为御寒和增加坐卧的舒适性，席上还可再铺设茵褥，与席并称为“茵席”。

席地起居仍然在唐代人的日常生活中占有相当的比重，不过，高型坐具的出现和流行，让席毡和床榻、椅凳混同使用的情况在唐代逐渐非常普遍，这是唐代的用席制度

① 《诗·小雅·斯干》：“下莞上簟，乃安斯寝。”

② （汉）郑玄注，（唐）贾公彦疏，赵伯雄整理：《周礼注疏》，北京大学出版社1999年版，第523—524页。

③ 《玉台新咏》卷之九载鲍照《行路难四首》：“床席生尘明镜垢，纤腰瘦削发蓬乱。”（上海古籍出版社2013年版，第418页）唐代道书《正一威仪经》载：“巾帕、旛华、帐盖、敷张床席，悉须如法，不得随宜。”（《中华道藏》第42册，华夏出版社2004年版，第98页）《全唐诗》卷二三一载权德舆《奉和新卜城南郊居得与卫右丞邻舍，因赋诗寄赠》有“旭旦下玉墀，鸣驺拂车茵”句。

④ 《后汉书》卷五十七《宣秉传》载：“光武特诏御史中丞与司隶校尉、尚书令会同并专席而坐，故京师号曰‘三独坐’。”（中华书局1965年版，第927页）

与此前历代最大的不同。敦煌榆林第25窟所绘《弥勒经变》中有大型剃度场面的描写（图2—1），画面左为女剃度，右为男剃度，正在进行剃度活动的男女垂足坐于坐墩，而坐墩则摆放在彩色的席毡上，席毡的芯、缘异色，显示出制作的讲究。两侧观礼的僧人多席地而坐，刚刚剃发的两人垂足共坐在一条长凳上整理仪容。在同一场合中，席和各类高型坐具并用，显示出此时生活习俗的显著变迁。

图2—1　甘肃榆林窟第25窟中唐壁画《弥勒经变》局部

根据唐代文献中出现的席的使用情况，唐代的席在使用形式上应与此前历代的差别不大，但从文献显示的名物类别来考察，席在前代的基础上制作更趋精良，工艺技术和材料都更为丰富，以下选择数条具代表性的文献资料略述。

（一）《通典》记载的各地土贡席毡（线图1—2）

《通典》卷第六《食货六・赋税下》[①] 记载有唐时各地贡物的种类与数量，其中席簟类贡品记载了当时各地具有代表性的席类名物，计有两类，各色名目十八种，以下据以整理略述。

1. 编织类

葵草席：京兆府。

龙须席：扶风郡（岐州），安定郡（泾州），汧阳郡（陇州），中部郡（坊州），洛交郡（鄜州），西河郡（汾州），阳城郡（沁州），天水郡（秦州）。

五色龙须席：彭原郡（宁州）。

青蓝色龙须席：和政郡（岷州）。

龙须席，即龙须草（即灯芯草）编成的席，在唐代土贡中数量最大，产地最多，为当时使用最为广泛的一种编席材质。五色龙须席和青蓝色龙须席，当是将干龙须草加以

① （唐）杜佑：《通典》，中华书局1992年版，第106—142页。

染色后编织的龙须席。

蔗心席：颍川郡（许州）。

《唐六典》、《新唐书》“蔗”皆作“蘪”，蘪草为一种叶条细长的湿生植物，其叶心可编席。

水葱席：东牟郡（登州）。

水葱即莞草，“水葱席”即“莞席”。

凤翮席：邺郡（相州）。

唐时邺郡（相州）隶属河北道西路，《新唐书》卷三十九《地理三》载河北道“赋丝、绢、绵、厥，贡罗绫、细纱、凤翮苇席”[①]。据此凤翮席也应当是一种苇类草本植物的叶条编织成的席。

莞席：广陵郡（扬州）。

苏熏席：南宾郡（忠州），普安郡（剑州）。

苏熏当为一种草本植物，段成式《游蜀记》云：“忠州垫江县以苏薰为席，丝为经，其色深碧。”[②]

细簟：景城郡（沧州）。

竹簟：新定郡（睦州），新安郡（歙州），南海郡（广州）。

藤簟：南海郡（广州）。

五入簟：澧阳郡（澧州）。

簟：鄱阳郡（饶州）。

2. 纺织类

毡：清河郡（贝州）

白毡：朔方郡（夏州）：

九尺白毡：平凉郡（原州）

绯毡：安西都护府

毡是毛织成的地垫，相关贡物的出产地都在游牧经济区域及与游牧民族接近的区域，白毡当为本白色羊色所织，九尺为尺幅特大的制品，绯毡则为染色毡毯。

《通典》记载的贡物为地方特色产品，各地所贡席毡的制作材料，皆缘地宜之便，可以体现唐代社会主流阶层基本的席毡种类。在特殊要求下，各地产的席也有十分精美高档的制作，《安禄山事迹》卷上记载有玄宗在天宝六载（746年）赐给安禄山的物品，其中有“水葱夹贴绿锦缘白平紬背席二领”、“水葱夹贴席，红锦缘白平紬背”、“龙须夹

---

① （宋）欧阳修、宋祁等：《新唐书》，中华书局1975年版，第1009页。

② （宋）乐史：《太平寰宇记》卷一四九“忠州”条，《文渊阁四库全书》本。

贴席二十四领”等[①]，所谓“夹贴”，应即在席面和底衬织物的中部夹垫有席芯，使席更为厚实舒适，“绿锦缘”、“红锦缘”，即席以绿色、红色的锦缎包边，“平紬”即绨，是一种厚重光洁的丝织品，“白平紬背”，即以白色平紬作为席的底衬。由此可见，唐代席的制作以各种因地制宜的材料织成，但在讲究的制法上，还会在席织成后用包边、夹芯和衬底来增加其舒适与美观。

由于材料的易于损毁，目前国内现存考古发现中极少有唐代的席类制品实物遗存，1971 年发掘洛阳隋唐含嘉仓遗址时，发现在仓窖的窖底都铺有双层席，织法有斜人字纹和十字纹（平纹）两种，材料则有蒲草和苇编两类。[②] 此外，墓葬考古中也有发现一些唐代席的遗存，如 1958 年河南郑州上街区唐墓中，棺内骨架下铺有苇席，[③] 1972 年，新疆吐鲁番阿斯塔那古墓群东南段唐代西州张氏家族的三座墓葬中土台上皆铺有苇席以陈尸，[④] 但考古报告中缺乏对这些席的形制、编法、边缘装饰的具体描述。此外，在敦煌石窟唐代壁画和传世唐代卷轴画、唐代墓室壁画中，也存在大量对席、毡的描绘。例如上海博物馆藏晚唐画家孙位的《高逸图》（图 2—2）、近年发现的八集堂本唐陆曜《六逸图 · 边韶昼眠》[⑤]（可能为晚唐至北宋摹本）（线图 1）、日本大阪市立美术馆藏唐王维《伏生授经图》（线图 2）等传世绘画，陕西西安唐苏思勖墓出土《乐舞图》（图 2—3）、唐韩休墓出土《乐舞图》（图 2—4）、陕西礼泉县韦贵妃墓出土《弹琴仕女图》、

图 2—2 （唐）孙位《高逸图》

---

① （唐）姚汝能：《安禄山事迹》卷上，上海古籍出版社 1983 年版，第 6—7 页。

② 河南省博物馆、洛阳市博物馆：《洛阳隋唐含嘉仓的发掘》，《文物》1972 年第 3 期，第 49—59 页。

③ 河南省文化局文物工作队：《郑州上街区唐墓发掘简报》，《考古》1960 年第 1 期，第 40—44 页。

④ 李征：《新疆阿斯塔那三座唐墓出土珍贵绢画及文书等文物》，《文物》1975 年第 10 期，第 89—90 页。

⑤ 据杨仁恺《中国书画鉴定学稿》（辽海出版社 2000 年版，第 418 页）载，启功认为藏于北京故宫博物院的《六逸图》作者并非陆曜，徐邦达认为此画为古摹本，傅熹年认为此画为宋画后加陆曜款。因画中两足凭几形象与传世实物可相印证，本书因此采信徐邦达先生的观点。近年来发现的八集堂本《六逸图》是一个残本，但据学界考证，它应是一件早于故宫藏本的更早古本，本书作者刘显波所绘制的线图乃据八集堂本绘出。

《舞蹈仕女图》[①] 等唐代高等级贵族墓墓室壁画中的席毡描绘，也都可供我们了解唐代席毡的面貌及其使用情况。

图 2—3　陕西西安唐苏思勖墓出土壁画《乐舞图》

图 2—4　陕西西安唐韩休墓出土壁画《乐舞图》

图 2—5　日本东京国立博物馆藏法隆寺龙鬓筵（68.5cm × 69.0cm）

图 2—6　日本正仓院北仓藏花毡第 1 号（275cm × 139cm）

在传世实物方面，奈良作为日本 8 世纪的政治中心，城中的名寺正仓院、法隆寺、法轮寺等在一千多年的时间里一直小心珍藏着数张公元 8 世纪的席毡。法隆寺宝物中的一张“龙鬓筵”（图 2—5），现藏于东京国立博物馆，通体用灯芯草编成，席面还带有四处用染成黄、浅蓝、深紫色的灯芯草编成的菱形图案，席面上破损的部分曾用小块锦缎补缀，可见曾受到相当珍视。席的边缘部分用红底的花卉纹纬锦包边，用来包边的锦缘是镰仓时代将席子割裂改制时后加的，已非 8 世纪遗物，但这件宝贵的龙鬓筵仍可作为我们了解唐时“龙须席”制法的基本参照物。日本正仓院则仍藏有曾登录在记载天平胜宝八岁（公元 756 年）光明皇后献纳宝物的《屏风花毡帐》上的 31 床“花毡”和 14 床“色毡”，这两种毡都用古代品种的山羊毛制成，日本当代学者根据羊毛材料的种属、

① 罗世平主编：《中国美术全集：墓室壁画》，黄山书社 2008 年版，第 304—305 页。

其中混入的植物果实以及花毡所饰纹饰判明，这批8世纪的羊毛毡毯，都是从唐朝传来的舶来品，① 这也从一个侧面证明唐代时带有游牧民族生活气息的毡毯在贵族阶层中盛行的情况。其中的花毡是用白色山羊毛做底，用各色染色羊毛在相应位置嵌入设计好的花纹，经过辗压平整后成形的，上面装饰的纹饰多为唐代盛行的宝相花、莲花、唐草、花鸟纹（图2—6）。色毡则是单一一色的毛毡，现存的有红、紫、褐、白四色。

（二）贵族阶层的特制席毡

1. 张易之为母所造席

> 张易之为母阿臧造七宝帐，金银、珠玉、宝贝之类罔不毕萃，旷古以来，未曾闻见。铺象牙床，织犀角簟，鼲貂之褥，蛩蟁之毡，汾晋之龙须、河中之凤翮以为席。（《朝野佥载》卷三）②

"象牙床"前有一"铺"字，此处并非指用象牙镶嵌类工艺装饰的床榻，而是指将象牙剖分为细条而编织成的席。《杜阳杂编》卷下记载同昌公主出嫁时的喜堂陈设中有：

> 堂中设连珠之帐，却寒之帘，犀簟牙席，龙罽凤褥。③

亦可佐证"象牙床"非床，而是"牙席"。唐司空曙《拟百劳歌》有句云："木难作床牙作席，云母屏风光照壁。"④ 故宫博物院至今尚收藏有制作于明清时期的象牙席数张，明代祝允明《野记》述象牙簟制法："安南邓上舍说，其祖初入朝时，贡象簟金枕。象簟者，凡象齿之中，悉是逐条纵攒于内，用法煮软，逐条抽出，柔韧如线，以织为席"。⑤《西京杂记》卷三载："武帝以象牙为簟，赐李夫人。"⑥ 可见，有可能早在唐代以前，手工艺匠师已经掌握了这类特种席的制作工艺。而所谓"犀角簟"，应当也是用类似工艺加工犀角制成的编织席，唐人曹松《碧角簟》诗可证：

> 细皮重叠织霜纹，滑腻铺床胜锦茵。八尺碧天无点翳，一方青玉绝纤尘。蝇行只恐烟粘足，客卧浑疑水浸身。五月不教炎气入，满堂秋色冷龙鳞。⑦

"鼲貂之褥"，即以灰鼠、貂的皮毛作褥；"龙须"、"凤翮"等名物已见于《通典》，"蛩蟁毡"物尚不详，"蛩"指"蛩蛩距虚"，是《吕氏春秋》中所载中的一种异兽，"蟁"即为蚊，如以异兽毛或昆虫羽翅一类材料精加工以后用以织毡，工艺上难以实现，可能

① 正仓院事务所编：《正倉院寳物：北倉Ⅱ》，每日新闻社平成8年（1996年）版，第224—225页。
② （唐）刘餗、（唐）张鷟：《隋唐嘉话·朝野佥载》，中华书局1979年版，第69页。
③ （唐）苏鹗：《杜阳杂编》，商务印书馆1939年版《丛书集成初编》本《杜阳杂编·桂苑丛谈》合辑，第25页。
④ （清）彭定求、沈三曾等：《全唐诗》卷二九三，《文渊阁四库全书》本。
⑤ （清）陈元龙：《格致镜原》卷五十四"簟"条，《文渊阁四库全书》本。
⑥ （晋）葛洪辑，成林、程章灿译注：《西京杂记全译》，贵州人民出版社2006年版，第187页。
⑦ （清）彭定求、沈三曾等：《全唐诗》卷七一七，《文渊阁四库全书》本。

仅为夸耀之辞。

2. 起纹秋水席

显德中书堂设起纹秋水席，色如蒲萄，紫而柔薄类绵，叠之可置研函中。吏偶覆水，水皆散去不能沾濡，不识其何物为之。(《清异录》)①

据此描绘，起纹秋水席显然是相当名贵的珍品，"起纹秋水"，应当指席的编织或纺织纹理带有水波暗纹。另《杨妃外传》载杨贵妃有"玉竹水纹簟"②，则此种席可能用细竹丝编成，竹条以苏木一类染料染为紫红色，因编织极为细密而能防水。清代光绪年间匠师龚玉璋能用极细的竹丝编织团扇，而且能编出各种人物、花卉图案，世称"龚扇"，"起纹秋水席"、"玉竹水纹簟"大约是这类工艺品的始祖。

3. 壬癸席

申王取猪毛刷净，命工织以为席，滑而且凉，号曰壬癸席。(《河东备录》)③

申王是唐太宗第十子李慎的封号，用猪毛制席古今都很罕见，壬癸五行属水，以此名席，形容其凉滑，属于唐代贵族的个人巧思之作。

4. 红线毯

红线毯是唐代的一种高级毡毯，白居易《红线毯》一诗正是对当时贵族阶层中盛行此种毯的描写：

红线毯，择茧缫丝清水煮，拣丝练线红蓝染。染为红线红于蓝，织作披香殿上毯。披香殿广十丈余，红线织成可殿铺。彩丝茸茸香拂拂，线软花虚不胜物。美人踏上歌舞来，罗袜绣鞋随步没。太原毯涩毳缕硬，蜀都褥薄锦花冷。不如此毯温且柔，年年十月来宣州。宣州太守加样织，自谓为臣能竭力。百夫同担进宫中，线厚丝多卷不得。宣州太守知不知？一丈毯，千两丝。地不知寒人要暖，少夺人衣作地衣。④

诗中描绘了宣州特产红线毯的制作工艺和在当时的经济价值，诗后作者注："贞元中，宣州进开样加丝毯。"一般来说，名为毯的织物为毛织品，加丝的"红线毯"，应当是羊毛与蚕丝混织而成，既取毛织品的厚密，又有丝织品的绵柔。"拣丝练线红蓝染"，即织前先染以红蓝花。红蓝花即红花、草红花，其花以杀花法去除黄色素后，可染出鲜明的正红色，是一种中亚出产的珍贵经济植物。"开样"、"加样织"，则指在底色的基础上再加织其他花色和图案。如此制作，一毯织成，工料耗费极大。唐孙位描写竹林七贤的

① (宋) 陶谷:《清异录》卷下，清最宜草堂刻本。

② (宋) 曾慥:《类说》卷一，《文渊阁四库全书》本。

③ (宋) 陈元靓:《岁时广记》卷二，商务印书馆 1939 年《丛收集成初编》本，第 22 页。

④ (唐) 白居易:《白居易集》，中华书局 1979 年版，第 78 页。

《高逸图》（图 2—2）中，山涛、王戎、刘伶与阮籍所坐的毡毯上或有红色纹饰、或以红色为饰缘，极可能是对当时红线毯制品的真实描绘。

二、床榻

唐代人所称之“床”范围非常广泛，无论大小、方圆，凡是上有面板，下有腿部，可供置物、坐卧的家具都可以称之为“床”，如坐具有“胡床”、“绳床”之名，进食的案称为“食床”、带有壶门底座的置物桌案称为“牙床”、放置茶器的器物底座称为“茶床”、搁笔的小座称之为“笔床”。本小节所讨论的“床”的范围，仅指兼具坐卧两用功能的家具而言。

东汉服虔《通俗文》记载：“床三尺五曰榻板，独坐曰枰，八尺曰床”①，换算为现代尺度，榻约长 84 厘米，床约长 192 厘米。② 刘熙《释名》云：“人所坐卧曰床。床，装也，所以自装载也。长狭而卑者曰榻，言其榻然近地也。小者独坐，主人无二，独所坐也。”③ 另《风俗通义》“南阳张伯大”条云：“邓子敬小伯大三年，以兄礼事之。伯卧床上，敬寝下小榻，常恐失礼。”④ 这些汉代文献记载都表明当时“床”、“榻”之名主要用来区分大小、高矮尺度，并非用来作为形制区别。这与今人在研究明清家具时，将床面以上没有床围的卧具称为“榻”、带有床围的卧具称为“床”的习惯是不同的。在使用功能上，较大的床是坐卧两用的“自装载之具”；榻窄小并较床低矮，可以供两人对坐，长榻也可供单人临时睡卧；自两汉魏晋以来，人们的坐处普遍从席地升高到床榻上以后，“独坐”不仅用来指称单人的专席，尺寸可供一人坐的小型榻也可以称为“枰”、“独坐”。

实际上在唐代，尺幅较大的榻亦可供坐卧两用，如唐代名僧贯休《题令宣和尚院诗》中就有“泉声淹卧榻，云片犯炉香”的句子⑤。南北朝以来，床榻往往混称，两者并没有太清晰的界线，唐代时，榻又可以与床连用称为“榻床”：

> 敬伯三年居两河间，夜中忽大水，举村俱没，唯敬伯坐一榻床，至晓着履，敬伯下看之，床乃是一大鼋也。（《酉阳杂俎》卷十四《诺皋记上》）⑥

---

① （唐）徐坚：《初学记》卷二十五，《文渊阁四库全书》本。

② 杨泓：《考古所见魏晋南北朝家具（中）》，《紫禁城》2010 年第 12 期，第 57 页。

③ （汉）刘熙：《释名》，商务印书馆 1939 年《丛书集成初编》本，第 93 页。

④ （汉）应劭：《风俗通义》“愆礼第三”，商务印书馆 1939 年《丛书集成初编》本《风俗通义、古今注》合辑，第 79 页。

⑤ （清）彭定求、沈三曾等：《全唐诗》卷八三三，《文渊阁四库全书》本。

⑥ （唐）段成式：《〈酉阳杂俎〉附续集（二）》，商务印书馆 1937 年《丛书集成初编》本，第 108 页。

在敦煌发现的一批唐末五代时期寺院籍帐文书中，“榻床”多写为“踏床”，该词的所指与宋代以后安装在卧具、坐具的两前腿之间近地的部位，用以承脚的横枨“踏床”，以及一种专门用来承脚的低矮承具“脚踏”皆是不同的概念，如敦煌地区出土社会经济文献《庚子年（公元940或1000年）后某寺交割常住什物点检历》（P.4004）：

莲花大床、踏床什物等并分付与后寺主僧教通抄录。（第3行）①

《后周显德五年（公元958年）某寺法律尼戒性等交割常住什物点检历状》（S.1776）：

四尺新踏床一张，古破踏床一张。[（二）第3行]②

敦煌地区出土社会经济文献《辛未年正月六日沙弥善胜从师慈恩领来器物食物历》（P.3638）：

四尺小踏床子壹。（第19—20行）③

籍帐文书中记有尺寸的“踏床”，有尺幅大到四尺而称之为“小”的记载。据当代学者考证，用于建筑营造的唐大尺约合29.5厘米，日本文献《东瀛珠光》所著录和当代考古发现的唐尺实物，尺度也皆在29—31.5厘米之间，④因此“四尺小踏床”的长度约为120厘米，显然不太可能作为放脚的踏凳，若用来指单人使用的坐榻，名之为“小”是合宜的。同样出土于敦煌地区出土的一件民间军事组织文件《归义军时期衙前第六队转贴》（S.6010）中，有着这样的记载：

衙前第六队。转帖。押衙王通信银碗，兵马使李海满，宅官马苟子。吴庆子、张员子、吴善集、程进贤、令狐昌信、贺闰儿、康义通、高和子。右件军将随身，人各花毡一领、牙盘一面、踏床一张。帖至，限今月九日卯时于衙厅取齐。如有后到及全不来者，重有科罚。其帖各自署名递过者。（第1—6行）⑤

这是一件军队集合的命令，每个参与者配备的必须品包括花毡、牙盘、踏床，其中花毡或用作睡眠御寒，牙盘用作进食的食案（详见第三章第二节），踏床如指承脚器，实非军中必需之物，其理难通，如指坐卧具则情理畅达，此处“踏床”显即“榻床”，是必

---

① 唐耕耦、陆宏基：《敦煌社会经济文献真迹释录》第三辑，全国图书馆文献微缩复制中心1990年版，第32页。

② 唐耕耦、陆宏基：《敦煌社会经济文献真迹释录》第三辑，全国图书馆文献微缩复制中心1990年版，第24页。

③ 唐耕耦、陆宏基：《敦煌社会经济文献真迹释录》第三辑，全国图书馆文献微缩复制中心1990年版，第116页。

④ 丘光明：《中国历代度量衡考》，科学出版社1992年版，第70—89页。

⑤ 唐耕耦、陆宏基：《敦煌社会经济文献真迹释录》第四辑，全国图书馆文献微缩复制中心1990年版，第484页。

不可少的坐卧两用之家具。此外陕西扶风法门寺出土《监送真身使随负供养道具及恩赐金银器衣物帐》碑文记载有“八尺踏床锦席褥一副二事”[①]，为“八尺踏床”即两米以上长度的大床配备有席褥，显然其用处不可能是垫脚，而是坐卧。再如唐人苏鹗所著《杜阳杂编》记载唐穆宗时的一则逸事：

> 飞龙卫士韩志和，本倭国人也，善雕木，……志和更雕踏床，高数尺，其上饰之以金银彩绘，谓之见龙床。置之则不见龙形，踏之则鳞鬣爪牙俱出。及始进上，以足履之，而龙夭矫若得云雨。上怖畏，遂令撤去。[②]

这张高达数尺，以足登床即见龙形的“踏床”，显然也不是用来承足的承具，而是坐卧之具。因此唐代尽管已经开始使用椅子，但这一时期，垂足而坐的风俗尚未完全取代跽坐、盘坐，人们即使坐在椅子上，垂足坐与盘坐也是交错并用的。即使是高等贵族所用的椅子，高度也并不需要在椅子前面另加小承具踩踏，专门用来承脚的踏床在民间的出现和流行，大约随着高足坐具的大量流行而晚至五代北宋时期。

由于唐代的床、榻乃至独坐（枰）只用来区分坐卧具尺度的大小，在形制构造上则别无二致，以下将它们合并进行形制的讨论。

（一）壶门床榻（局脚床）

壶门床或壶门榻，这个名称出现得可能较晚，当代以王世襄为代表的家具史研究专家，以之指称唐代流行的以板材构造、内部带有曲线轮廓腿足的床榻样式。目前可见的历史文献中，“壶门”一词最早出现在北宋营造学名著《营造法式》中，卷十“小木作制度五”类目的“牙脚帐”（一种宗教建筑内部用于安放佛像的木制帐座）条内有：“下段用牙脚坐，坐下施龟脚。……凡牙脚帐坐，每一尺作一壶门，下施龟脚，合

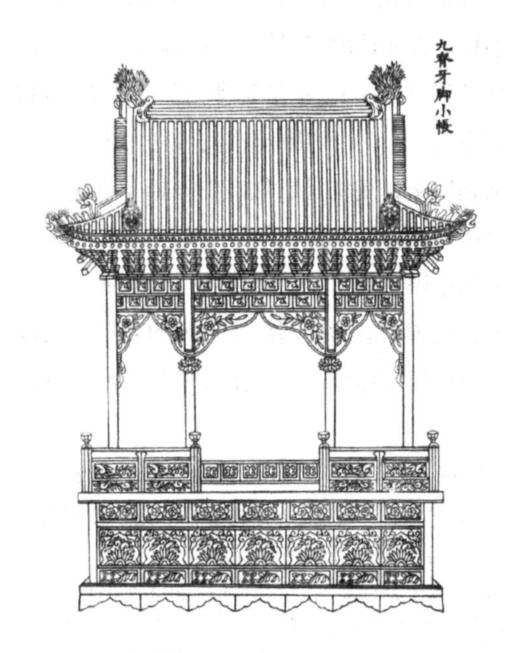

图 2—7　陶本《营造法式》中的“九脊牙脚小帐”图样

① 王翌：《浅论法门寺物帐碑》，《丝绸之路》2011 年第 12 期，第 18—19 页。

② （唐）苏鹗：《杜阳杂编》商务印书馆 1939 年版《丛书集成初编》本《杜阳杂编·桂苑丛谈》合辑，第 15—16 页。

对铺作。"[①] 它描述的神龛底座样式就是由平列的多个壶门组成的（图2—7）。《营造法式》中多处出现"壶门牙头"、"壶门牙子"、"壶门版"的称谓，皆用来指称同类的家具构件样式，现当代家具研究者据此为这种腿部作壶门式构造的床榻取名为"壶门床"、"壶门榻"。但在宋代以前的文献中，并未见"壶门"一词，魏晋南北朝至唐代时实际多称用来坐卧的壶门床榻为"局脚床"。

"局脚床"是一种比较高档、奢华的床榻名称，魏晋南北朝文献中存有数条例证：

石虎御床，辟方三丈。其余床皆局脚，高下六寸。后宫别院中有小形玉床。(《邺中记》) [②]

大明泰始以来，相承奢侈，百姓成俗。太祖辅政上表，禁民间华伪，不得作鹿行锦及局脚柽柏床。(《南齐书》卷一《高帝纪上》) [③]

在唐代，社会上仍以使用局脚床为贵盛的象征，如唐张读《宣室志》卷十"荥阳郑德懋"篇即有相关描述：

夫人乃上堂，命引郑郎自西阶升。堂上悉以花罽荐地，左右施局脚床，七宝屏风，黄金屈膝，门垂碧箔，银钩珠络。[④]

可见局脚床在日常使用中通常带有一种正式、隆重的意味。

早在魏晋南北朝文献中就已出现的"局脚床"名词的具体所指，当代研究者大都语焉不详。大多谓因"局"字有局促，弯曲义，而认为局脚即是弯曲状的床脚。如《辞源》释"局脚"条："装在器物底部的曲脚。魏晋以后，盛行在坐榻下装上曲折形的高脚，称为局脚床。"[⑤]《中国古代名物大典》释"局脚床"条："脚部弯曲，带有装饰性之床，南朝以来，特别是唐代，中高档家具多用局脚式样。"[⑥] 这些解释，虽指出局脚为魏晋至唐代流行的式样，但皆着眼于"局"字的弯曲义来解说。由于宋代以后，框架式家具成为中国家具主流结构体式，家具的腿足无论曲直，绝大多数都作单体柱状，很容易使人将局脚理解为明清以来常见的外膨、内收或三弯的曲线式腿足。实际上，唐代流行的壶门床榻的床脚部分是由多块板材四面拼合而成的，因为外部轮廓平直，整个床榻

---

① (宋) 李诫撰，王海燕注译：《营造法式译解》卷十，华中科技大学出版社 2011 年版，第 150—152 页。"龟脚"是在托泥下再加装带有外撇弧度的三角形木构件，以其尖角接地的做法形似龟足，因而得名，宋以后的带托泥家具下部有时带有龟脚，唐代的壶门式家具则或直接以壶门板的下端接地，或在壶门板下装托泥接地，尚未见另有龟脚构件的形制。

② (晋) 陆翙：《邺中记》，商务印书馆 1937 年《丛书集成初编》本《邺中记·晋纪辑本》合辑，第 5 页。

③ (南朝梁) 萧子显：《南齐书》，中华书局 1972 年版，第 14 页。

④ (唐) 张读：《宣室志》卷十，载《丛书集成新编》第 82 册，台湾新文丰出版公司 2008 年版，第 207 页。

⑤ 商务印书馆编辑部：《辞源》(1—4 合订本)，商务印书馆 1988 年版，第 490 页。

⑥ 华夫主编：《中国古代名物大典（下)》，济南出版社 1993 年版，第 9 页。

看上去是个长方体，只是床榻四角部位的床脚截面呈“L”形，且各立面板片内轮廓上修造出了各式弯曲的开光，方显示了一定的弯曲义。

考察“局”字的本义，《说文·二上·口部》：“局，促也。从口在尺下复局之。一曰博，所以行棋。象形。”南唐徐锴再释曰：

> 人之无涯者唯口耳，故君子重无择言，故口在尺下则为局。又人言“干局”，取象于博局，外有垠堮周限可用，故谓人才为干局。口在尺下，则为会意，象博局形也。①

他认为说文给出的两种“局”字的原意是统一的，即都带有限定、界限、限制之义，当时人谓干练可用的人才为“干局”，也取象于博局棋盘的有规律、循章法的意象。因此由“局”字的本义又引申出部分、局部、部门、局限等义。“局”与“曲”在古代文献中常互相通用，两者都有“弯曲”之义，《方言》“所以行棋谓之局，或谓之曲道”，然而两字本义相较，“曲”字强调“弯曲”，“局”字所强调的主要在于“约束、限制”。《诗经·小雅·正月》：“谓天盍高，不敢不局。”《大戴礼记·四代》：“位以充足，局以规劝。”因此，从形态的角度去理解时，局字的“曲”义并不是简单的弯曲状，而是以规矩的方形约束其他转折、弯曲的不规则形态，即外方而内曲。结合实物证据来考察此处“局脚床”之“局”字所代表的字义起源，它最初的所指应当是先秦至汉代以来流行的六博棋盘（图

图 2—8 马王堆三号汉墓出土六博局

图 2—9 长沙望城坡西汉墓出土六博局

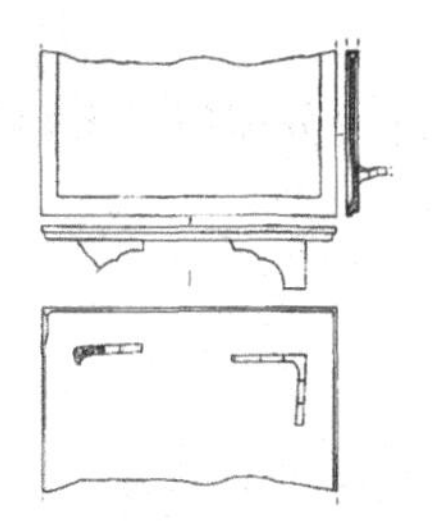

图 2—10 湖北巴东县汪家河 M 4 号汉墓出土陶案线描

图 2—11 甘肃省嘉峪关新城 7 号魏晋墓出土《六博图》

① （南唐）徐锴：《说文解字通释》，台湾文海出版社 1968 年版，第 38 页。

2—8、图2—9)，“局脚”应当指家具带有外轮廓为垂直线条、内轮廓开光且曲折的“棋局脚”，这正合“口在尺下”之形。与之相关的文证如晋王该《日烛》一文：“履地势于方局，冠圆天于覆盆”，①《艺文类聚》载梁武帝《围棋赋》曰“圆奁象天，方局法地”，② 等等。因此，与当代诸家解释“局脚”一词的思路相反，我们认为“局脚”的得名，应取义于汉代以来六博棋局盘面外方而内多曲折的特征，而非仅因局字之“弯曲”义。所谓“局脚床”，应解释为腿部以板片构造，外轮廓为方形，腿间带有各种曲折内轮廓的床式。

下部腿足带有外方内曲的“局脚”形制特征，在汉晋时期在包括棋局在内的小型承具以及大型的坐卧具上都很流行，如湖北巴东县汪家河遗址M 4号汉墓中发现的陶案（图2—10)、河北望都县1号东汉墓出土《主记史图》(图1—11)、山东安丘王封村出土东汉《拜谒画像石》拓本（图1—12)、青海安平县东汉墓出土《人物画像砖》(图1—23)、甘肃省嘉峪关新城7号魏晋墓出土《六博图》(图2—11)，脚部形制都已经是明显的“局脚”。

入唐以后，局脚的小型案类承具，也可以称之为“局”或“局脚案”，如唐皇甫氏所著《原化记》“车中女子”篇：

> 携引升堂，列筵甚盛，二人与客据绳床坐定，……遂揖客人，女乃升床，当局而坐。③

再如《太平御览》卷六七七“道部十九”载：

> 《洞神经》曰：“有局脚案以置经符也。”④

“局脚床”之名自魏晋南北朝以来便已经出现，到唐代它还出现了一个新的名称，即称之为“牙床”，这个新称谓很容易与前条论述的象牙席相混淆而令人不解其意。据日本记载光明皇后在天平胜宝八岁（756年）献纳给东大寺宝物的文献《国家珍宝帐》，有“木画紫檀棋局一具，牙界花形眼，牙床脚”。⑤ 这件棋局实物的脚部形制，正是壶门样式（图3—32)。因此局脚床在唐代又可以称之为“牙床”。⑥ 为便于行文的方便，后文将主要应用现代通行的“壶门床”或“壶门榻”，对此类床式展开具体论述。

1.基础形制（线图3—线图19)

上章已经论及，壶门床、壶门榻在魏晋南北朝时已十分流行，考察唐代流行的壶门样式，其基本特征在魏晋南北朝的基础上又有所发展。

---

① （梁）僧佑：《弘明集》卷十三，《文渊阁四库全书》本。

② （唐）欧阳询：《艺术类聚》卷七十四，《文渊阁四库全书》本。

③ （宋）李昉等：《太平广记》卷第一百九十三，中华书局1964年版，第1450页。

④ （宋）李昉等：《太平御览》卷六七七，中华书局1960年版，第3018页。

⑤ ［日］竹内理三编：《寧樂遺文》，日本东京堂昭和五十六年（1981年）订正6版，第438页。

⑥ 由于唐代“床”一词的多义，“牙床”不仅指坐卧具，同时也用作称谓带有壶门结构腿部的小型承具，其具体的语义来源，本书将在第三章第一节内“牙床、牙盘”小节一并论述。

东汉至南北朝以来，壸门床榻由四足（图1—19、图1—23）逐渐发展到多足的样式，但在北魏及其以前，床脚下多数不加装由四根跗木围合一周的“托泥”构件（图2—12、图2—13、图2—14），直至南北朝晚期，图像资料中的壸门床床脚下加装托泥的样式才逐渐增多了起来（图1—25、图2—15），到隋及唐初，尚有部分壸门床床脚下无托泥（线图3、线图5、线图6），而整个唐代直至五代时期，壸门床的主流样式皆是带有托泥的。1973年考古清理的陕西富平县唐高祖李渊第十五子虢王李凤墓（675年）中，曾经出土一件长方形冥器三彩榻（图2—16、线图8），该榻长25.2厘米，宽18.7厘米，高6.3厘米，长边各有两壸门，短边各一壸门，下带托泥，也证明在初唐时期，壸门榻就开始流行带有托泥的式样。壸门脚接地部位加装一圈足跗托泥，可以起到加固底部结构和防潮作用。此外，床榻边沿、壸门和托泥组成一个完整的方形外轮廓和弧形内轮廓，视觉上更为整体、美观，从制作工艺来说，在当时也应属于一种更为讲究的做法。

图2—12　东汉安徽灵璧县九顶镇出土画像石

图2—13　河南沁阳市出土北魏《女主人画像石》

图2—14　北魏宾阳洞前壁浮雕局部线描

图2—15　日本滋贺县MIHO博物馆藏北齐围屏石榻屏风浮雕《饮酒图》

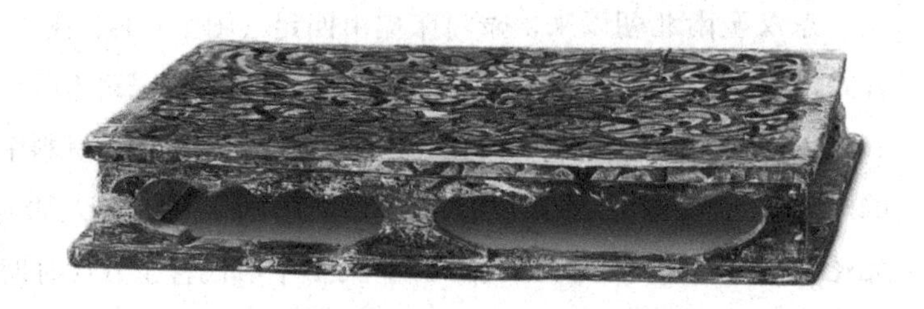

图 2—16　陕西富平李凤墓出土三彩榻

无论底部是否安装托泥，唐代的壶门床榻都既有四面床沿下单列壶门的，也有平列多个壶门的样式。单壶门的样式多用于制作小榻和独坐枰，床面尺幅较大的床榻则通常平列多个壶门。图像资料显示，唐代的壶门式床榻，每侧平列多个壶门的样式比单个壶门的样式更常见。从结构的角度考虑，这种设计改善了床面的承重能力，利于制作豪华装饰、带有床屏和床帐的大型壶门床。并且由于面沿中部向下伸展的壶门腿实际上是带有弧曲轮廓的板片，与四角部位的“L”形壶门腿相呼应，还起到使床榻的下部视觉饱满，富有节奏韵律的装饰作用（图 2—17，线图 9、线图 10）。

在唐代，壶门床还有一种不太正式的名称，即以床脚的接地壶门板足数量来称呼。一般来说，平列多个壶门的床榻，腿足总数皆为偶数，呈前后、左右两两对称式设计。如敦煌文书《辛未年（公元 911 年）正月六日沙州净土寺沙弥善胜领得历》（P.3638），第 18 行载“六脚大床壹张”[①]，即指长边平列两壶门，短边单列壶门，四边床沿下共六只壶门脚的床式。但我们发现当时也存在打破这种均衡习惯的不对称式设计，五代后唐冯贽所著《云仙杂记》“沙上玩味成诗”条记载，“柳宗元吟《春水如蓝》诗，久之不成。乃取九脚床于池边沙上，玩味终日，仅能成篇。”[②] 床脚为奇数，则在床榻下部的四面，必然有两个相对边沿下的床脚数不相对称。山东嘉祥一号隋墓（584 年）发现的墓室壁画中，就绘有一张前侧床沿下平列两壶门，后侧平列三壶门的“七脚床”（线图 4），可以与历史文献相互印证。

图 2—17　（唐）阎立本《历代帝王图》局部

2. 带床屏、床帐壶门床榻（线图 20—25）

附设床帐、床沿部位安装床上屏风的壶门床，魏晋南北朝以来就非常流行，顾恺之《女史箴图》中的描绘的大壶门床就是其中的典型（图 1—22）。除了织物四

① 唐耕耦、陆宏基：《敦煌社会经济文献真迹释录》第三辑，全国图书馆文献微缩复制中心 1990 年版，第 116 页。

② （后唐）冯贽：《云仙杂记》卷六，商务印书馆 1939 年《丛书集成初编》本，第 42 页。

垂的帷帐，有的床帐仅有帐顶而无垂帷，帐顶形状多作覆斗等形态，这种小帐称之为“斗”①，如东晋葛洪《神仙传》载张道陵授道于赵升、王长故事云：“见陵坐局脚床斗帐中”②。莫高窟第285窟西魏壁画《贤愚经·沙弥守戒自杀品》(图2—18）中，绘有一人坐在带有覆斗形小帐和三围床屏的无托泥壶门床上，床面较小，仅容一人使用。

图2—18 莫高窟第285窟西魏《贤愚经变》局部线描

图2—19 莫高窟217窟盛唐壁画《得医图》（摹本）局部

图像资料显示，唐代的壶门床配有床帐和床屏的情况也很多见。敦煌莫高窟203窟初唐壁画《维摩诘经变》（线图21、图4—30）中，维摩诘所坐的方形壶门床设平顶坐帐，帐顶四周饰有山花蕉叶，中心饰以火轮，帐身织物四垂，正面束起为波浪形。莫高窟217窟盛唐壁画《得医图》中（图2—19，线图22），描绘有壶门床上设屏风的例子。图中绘两妇女一盘腿坐、一垂脚坐于室内的壶门床上，床后侧立有多张屏扇组成的床屏，屏的高度较高，可以完全起到障蔽床上坐卧之人的作用。各屏扇的屏心与边框色泽相异，上有花卉禽鸟图案，可能为木质上施加漆绘或是裱褙经过绘染的纺织品。既张设床帐，又装有围屏的床，是唐代床榻制作里更加高档的样式。敦煌莫高窟334窟西壁龛内初唐壁画《维摩诘经变》中（图2—20），维摩诘手持麈尾，身倚三足曲凭几，坐在一张方形壶门坐榻上，壶门榻上立有屏风和平顶斗帐，帐顶侧面带有一圈三角形纺织品饰片，约束起来的帐裙为绿色，其间垂饰有褐底绿花的条形饰带。多扇的床屏则为深色屏心，红底绿花屏缘，装饰富丽而稳重，是当时高档壶门床的可信描绘。唐代的床上屏风多为三面围屏，左右两侧排布的屏扇多仅为单扇，使床两侧的前半部分保持开敞，

---

① （汉）刘熙：《释名》卷六“释床帐第十八”条：“帐，张也，张施于床上也。小帐曰斗，形如覆斗也。”商务印书馆1939年《丛书集成初编》本，第94页。

② （宋）李昉等：《太平广记》卷八，中华书局1961年版，第58页。

169 窟北壁盛唐《未生怨》中所绘的带床屏壶门床也是其典型例子（线图 23）。唐代的床屏还可能有充当衣架的功能，莫高窟第 171 窟南壁盛唐《观无量寿经变》所绘的一张带屏壶门床上（线图 24），一女子向里而坐，屏上绘出一曲线形的浅色区域，轮廓与绿色的屏风画相异，似为一件搭放在屏上的衣物。

明清以来，带有帐柱和床屏的床被称为架子床，在唐代，这种床式可能的名称大约叫做“架床”，例如唐李肇《翰林志》中有唐德宗兴元元年赐宴翰林学士并赏赐物品的记录，赐物中有“画木架床”，[①]“画木”即木画工艺（第五章将专门论及），“架床”即以此工艺装饰的、带有帐架的床。此外，敦煌文献《下女夫词》（P.3350）中有“堂门策四方，里有肆合床，屏风十二扇，锦被画文章”[②] 的句子以及对撒帐风俗的描述。将这种在主人居处的内室使用的复杂式样的床名之为“四合床”，因装上床屏，放下床帐后，即可围合出一个相对独立的空间。榆林 25 窟北壁盛唐《弥勒经变》中绘有一妇人卧于帐中（线图 25）。被斯坦因劫往英国的一幅敦煌藏经洞出土绢本设色幡画《佛传图》中（图 2—21），摩耶夫人在内庭居室的睡梦中感孕受胎时所卧的一张壶门床，即为此类带屏帐壶门床的生动描绘。

图 2—20　莫高窟 334 窟西壁龛内初唐《维摩诘经变》局部

图 2—21　敦煌藏经洞绢画《佛传图 · 入胎》（9 世纪）

① （唐）李肇:《翰林志》，清知不足斋丛书本。

② 王重民、王庆菽等:《敦煌变文集》，人民文学出版社 1957 年版，第 273—284 页。

3.《重屏会棋图》中的“暖床”（线图 26）

图 2—22 （五代）周文矩《重屏会棋图》中的屏风画

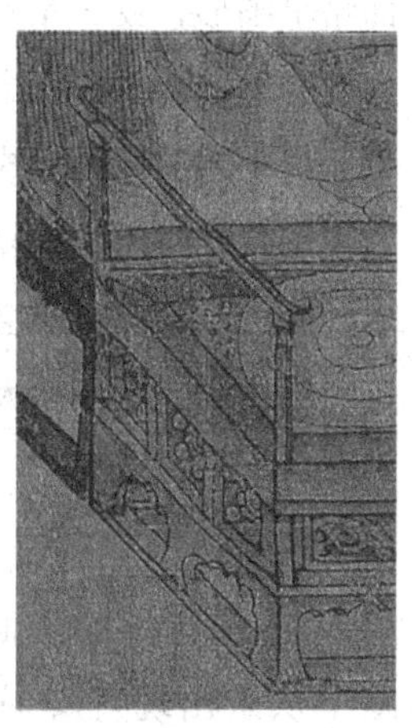

图 2—23 （五代）周文矩《重屏会棋图》屏风画局部

白居易《闲眠》诗云：“暖床斜卧日曛腰，一觉闲眠百病销。尽日一餐茶两碗，更无所要到明朝。”[①] 诗中“暖床”在目前已知存世的唐代图绘资料中尚未能见到，亦有可能所谓“暖床”仅是诗人对卧处舒适闲逸感受的一种描写。但在五代南唐画家周文矩的《重屏会棋图》（故宫博物院藏宋摹本）中，画面后方的画屏上绘有一张特殊的壶门床（图 2—22、线图 26），床的壶门脚和床板之间带有隔层，中部挖有圆孔用来放置炭盆，盆中正燃有炭火，两侧分别放置一个绿色锦缘的方形坐褥和圆形蒲团，右侧一士人倚靠在床头的床栏靠背上，闲适的静待几名侍女为他在后侧的另一张壶门床上铺设睡褥。这张特殊用途的床，正可称之为“暖床”。由于五代与唐时代相连，该图中其他案、床、棋局样式也皆为典型的唐式。“暖床”作为贵族冬日生活中一种设计巧妙、别具匠心的家具，非常实用而富有创意。

此外，《重屏会棋图》画屏中所绘的这张床还有一个特殊之处，即画中人所倚靠的床栏，由安装在床沿角部的立柱和顶端横木构架而成，横木的末端向上弯曲翘起，其造型受到唐代流行的绳床、椅子靠背形制的影响。床栏的立柱顶端带有一个栌斗，通过栌斗结构固定上端横木搭脑（图 2—23），在唐代的绳床、椅子以及其他一些家具横、竖材的接合部位，这种做法也相当常见（详见本章第二节），这也是《重屏会椅图》原作确为五代作品的一个重要证据。

唐代的床榻侧面带有床栏的例子，还可见于甘肃西水大长岭唐墓（7 世纪中期至 8 世纪中期）出土的一件木床残件，考古报告描述：“（木床）清理墓时位于前室正壁中部

① （清）彭定求、沈三曾等：《全唐诗》卷四六〇，《文渊阁四库全书》本。

地面，大部分已腐朽残破。从残件看，床头横木呈菱边形，上用鎏金铜片装饰。横木断面略呈圆形，径5厘米。横木下用2厘米见方的木条做成正方形花栏，方格花栏之间相互套合卯接，并用鎏金铜片铆钉装饰，鎏金铜片有'T'形、'十'字形。"① 大长岭唐墓所出土床的床脚样式未详，但其床面以上的床头部位同样带有床栏，且构造较《重屏会棋图》中暖床更为复杂，约为十字攒斗的格子形结构，上部带有截面近圆的菱边形横木搭脑。结合《重屏会棋图》及大长岭唐代床头残件，可知唐代的部分床榻侧面是带有床栏结构的，其作用大约如《重屏会棋图》所示，可用来倚背。

（二）直脚床

"直脚床"指坐面以下装有四只直型床腿，坐卧两用的一类家具，由于历史文献中从未出现直脚榻的说法，以下依文献记载将这类框架构造的床式称之为"直脚床"。

图2—24 莫高窟第257窟北魏壁画《弊狗因缘》线描

图2—25 甘肃省泾川南石窟寺第1窟北魏《佛传故事》浮雕

佛教戒律经典《四分律》规定了僧侣使用的绳床和木床样式，云"绳床者有五种。旋脚绳床、直脚绳床、曲脚绳床、入梐绳床、无脚绳床。木床亦如是"②，主要以床脚的样式作为区分标准，因此"直脚床"的得名直接来自佛经。这种形制简单的床具，是受到佛教东传的影响由中亚、西亚地区传入中国的。《宋书·武帝纪》载：

> 宋台既建，有司奏西堂施局脚床、银涂钉。上不许，使直脚床，钉用铁。③

---

① 施爱民：《肃南西水大长岭唐墓清理简报》，《陇右文博》2004年第1期，第19页。

② （后秦）佛陀耶舍、竺佛念等译：《四分律》卷第十二，《大正新修大藏经》第22册，台湾新文丰出版公司1983年版，第644页。

③ （南朝·梁）沈约：《宋书》卷三《武帝下》，中华书局1974年版，第60页。

南朝宋建立于公元420年，根据这段文献，在此之前直脚床在南方地区已经得到相当广泛的使用。宋武帝刘裕起于微末而深知民间疾苦，为倡导俭朴称帝后不用局脚床而使用直脚床，制床不用涂银铜钉而用铁钉，由此也可见当时在世俗生活中使用直脚床来起居坐卧，即使与宗教信仰无关，在当时也明显代表着一种与壶门床相比更加简素的生活方式。

目前可知的图像资料中，南北朝至唐以前的直脚床形象，皆出于宗教绘画或雕塑。如莫高窟第257窟北魏壁画《弊狗因缘》（图2—24）、甘肃省泾川县南石窟寺第1窟北魏永平三年（公元510年）《佛传故事》浮雕（图2—25）、莫高窟第290窟人字披东披北周《佛传故事》壁画中[①]，都刻画了直脚床的形象。这数例北朝时期的直脚床床脚都安装在床面四角部位、腿间没有安装横枨，高度不高，由于床面的中间部位缺少来自下方的支撑，显然在承重时容易“塌腰”，并不如壶门床稳固和耐用。稍后于这两例的是1959年新疆吐鲁番阿斯塔那北区306号墓葬出土的一件木制冥器直脚床（图2—26），小床长29厘米、宽10厘米、高5厘米，床脚、床面边框都用细木棒做成，床面芯用绿绮绷成，床上放置两件小披风，床旁还带有两个方柱形的小枕头。由于同墓出土有高昌鞠氏章和十一年（西魏大统七年，公元541年）字纸，可知该墓下葬约稍晚于此时。这件出土的小直脚床床脚安装部位已经明显向床面中部收进，在承重设计上较前数例更加合理，床面所绷的绿色丝织品，应当是对软质床面，如编藤、编席的模拟，更是值得注意的现象，在日常使用中，这种设计较硬面的木质床板显然大大增添了舒适性。

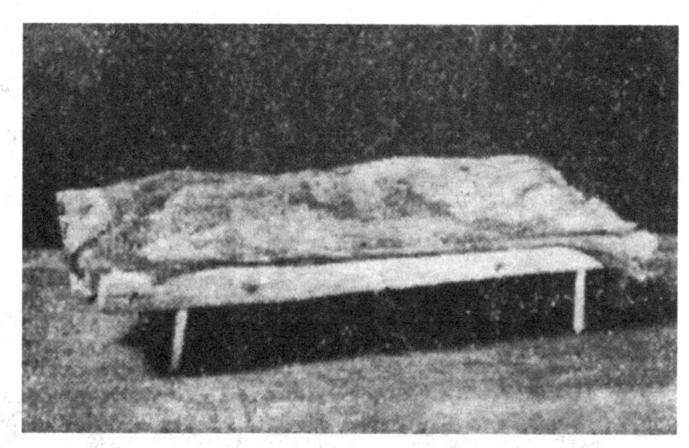

图2—26　新疆阿斯塔那北区306号墓出土小木床

魏晋南北朝至隋唐传世绘画以及高等级墓葬的墓室壁画中都尚未发现对直脚床的描绘，这种现象，对它们当时属于比较简朴家具类型的看法，也是一个可参考的旁证。

1. 基础形制（线图27—32）

入唐以后，直脚床的形制继承了南北朝晚期对床腿位置的改进设计，床腿基本都

① 樊锦诗：《敦煌石窟全集：佛传故事画卷》，香港商务印书馆2004年版，第69页图51。

安装在床沿长边稍向中部缩进的位置，床面的承重性能得到了明显提升。通过图像观察，唐代的直脚床床腿多用方形或扁方形直材制成，且腿部为垂直落地，没有斜倚的角度，即不带侧脚收分。与壶门床一样，直脚床既可供坐、亦可供睡卧，床面小者仅可供一人使用（图2—27、图2—28、图2—29），而大者则有可供六名僧人盘腿同坐的（线图27）。同时床的高度与壶门床的情况相似，并没有完全固定，从约当脚踝以上、小腿部位，乃至高到膝间、可供垂脚坐的形式都有发现，这种情况延续到晚唐皆是如此。敦煌莫高窟第138窟南壁晚唐壁画《诵经图》所描绘的僧侣修行画面中（线图31），三张直脚床与一张供僧人盘腿坐的坐具绳床并列，不仅显示出直至唐晚期，高坐家具与低坐家具仍然处在混用的交融发展状态，而且也证明用于坐卧的直脚床通常比当时的高型坐具要略矮。

图2—27　莫高窟323东壁门南初唐《涅槃经变·拒卧具供养》

图2—28　莫高窟148窟东壁盛唐《药师经变·九横死》局部

图2—29　法国国家图书馆藏敦煌绘卷《观音经变图卷》

日本奈良东大寺正仓院的北仓，收藏有光明皇后于天平胜宝八岁（756年）捐献给东大寺的圣武天皇生前御用品。其中登录在《国家珍宝帐》上的“御床二张”就是典型的唐式直脚床（图2—30），随同两张御床一起被收藏的，还有当时与之相配的床褥。两张御床尺度、构造相同，长237厘米，宽118厘米，高38.5厘米。床由方形直材构造，床面四边攒框，外缘为整齐的方角，面心由八根细枋材嵌入床沿短边边框上的卯眼造成（图5—25）。这种床面造法的思路与前述新疆阿斯塔那高昌墓出土的冥器小木床绷固绿绮形成软面相似，证明自南北朝以来，直脚床① 的床面有相当部分的制作并不是简单地安装整块厚床板，而是或绷绳编藤，或通过平列的细木条构造床面，其优点是既减轻了床腿的负重，也能使床面带有一定的弹性，增加坐卧其上的舒适度。床腿为扁方形，没有安装在四角，而是装在床沿长边稍靠里的部位，与唐代敦煌壁画上的图像资料可以相互印证。

晚唐五代时期高型坐具的使用日益普遍，给人们的日常生活带来了潜移默化的影响，与之相应的一切生活用具都经历了一个高度逐渐升高的过程。敦煌壁画中描绘的唐代直脚床的基本形制中，极少有床脚间加装横枨的例子，表明此时的直脚床因为高度通常并不高，并不需要加枨稳固下部结构。腿间带枨的直脚床约在五代时期的绘画作品中才逐渐开始出现，应与此时期的直脚床高度的增加相关。故宫博物院藏传世五代绘画周文矩《重屏会棋图》（线图 19）和台北故宫所藏卫贤《高士图》（图 2—31、线图 32）中，都有着对直脚床的描绘。《重屏会棋图》中，画面最前方的两名正在对弈的文士所坐的正是一张直脚床，两人坐姿均为一腿盘起，一腿垂下，床的高度与画面右侧的一张壶门床相近，并略高于后侧描绘的另一张床榻。由于高度较高，为了稳固着想，直脚床左右两侧腿间加装了一条横枨，这是在唐代绘画和实物资料中所未见的。而在《高士图》中，梁鸿盘腿坐在一张直脚床上，床面高度较床前和床侧放置的两张方凳都要略高一些，在前侧的床腿间也装有一条横枨，同样地显示出这一时期随着直脚床的高度增高带来的基本形制变化。

图 2—30　日本正仓院北仓藏御床第 1 号

图 2—31　（五代）卫贤《高士图》局部

2. 带床屏、床帐直脚床（线图 33—35）

隋唐以前的相关资料中显示，床榻上安装的屏风仅应用在传统的壶门床榻上，入唐以后，直脚床上也开始出现了屏风。如莫高窟第 23 窟盛唐壁画《法华经变》绘制的室内

① 壶门床床面的制法应与之相类，但因实物的缺乏而暂无法考论。

场景中，就带有三人对坐于带床屏直脚床的图像（图2—32，线图34），再如莫高窟第116窟北壁盛唐壁画《老人入墓》中，墓中放有一张带有背屏的直脚床（图2—33）。类似的唐代带屏直脚床图像资料多见于敦煌壁画，并无传世实物、绘画、墓室壁画可供参考印证，可能与直脚床是一种比较简朴的床式，贵族生活起居中使用的床上屏风多是安装在局脚床上有关。直脚床上带有床帐的情况，在唐代的图像资料中更是稀见，1998年，在河北省宣化下八里2区1号辽墓出土的壁画《割股奉亲图》中（线图35），我们才看到较为明确的带有床屏、床帐，且腿间有枨的直脚床形象。由此我们大致可以推论，晚唐五代时期，人们才逐渐为直脚床配上床帐，直脚床在日常生活中由简易样式演变为带屏、带帐的复杂样式，经历了一个较为长期的发展过程。

图2—32　莫高窟23窟南壁盛唐《法华经变》局部

图2—33　莫高窟116窟北壁盛唐《老人入墓》局部

（三）鹤膝榻（线图19）

鹤膝榻的外形极似插肩榫式榻，今人目之为明式家具床榻之一式，从相关的图像资料和近年来的考古发现中，我们已经得知鹤膝榻实际上最早约出现于唐末五代时期。由于考古发现的实物家具上，至今尚未有确信的证据表明插肩榫在唐至五代时期就已经出现了，出于学术上的严谨态度，本书不称此类床榻为“插肩榫榻”。“鹤膝”名称的由来，出自南宋陈骙《南宋馆阁录》卷二所录“鹤膝棹十六”，[①] 用来指称腿足中部带有弧形凸起的桌案样式，因此本书沿用此名来定义与之形制类似的床榻。

在五代名画《重屏会棋图》中，画面中部的两名观棋者垂足共坐的正是一张鹤膝榻（线图19），从画面左侧未被其他家具和人体遮掩的部分，我们可以看到它的榻足

① （宋）陈骙:《南宋馆阁录》，清光绪十二年（1886年）《武林掌故丛编》本。

不高，中部带有一条阳线，并以此为中界，向两侧展开为花形的轮廓，腿部上端与床面相连的部位，还带有向两侧伸展开的花牙子。再如南京大学藏五代南唐画家王齐翰《勘书图》中，勘书文士身后的一架三围屏风前面放置的一张鹤膝榻（图2—34）与《重屏会棋图》中的一例极相似，两例传世绘画中的鹤膝榻高度皆不高，腿间无枨。在实物发现方面，1975年在江苏邗江蔡庄发现的一座五代墓中，出土有四件木质的鹤膝榻，其中仅有一件完整无缺（图2—35）。从榻的大小来看，它长180厘米，宽92厘米，高50厘米，出土时放置在墓的侧室里，用来陈放随葬品①，因此可看作是一件极有价值的晚唐五代木榻实物。榻面有七根用暗榫插入床沿大边的直枨，直枨的上部与之垂直的方向分别搭放了九根扁长的直材，用来构造榻面，上下直材相互交叉的部位，

图2—34　（五代）王齐翰《勘书图》

使用铁钉钉固在一起。从腿部的结构方式来看，这件榻与明清时期的插肩榫式榻实际上有着较大的差异，卷云形牙板与腿部上端分别做出斜肩，但相互间并没有做出榫卯，牙板仅仅是依靠铁钉钉合在大边的下沿。也就是说，牙板仅仅起到装饰性作用，床体结构的稳固，主要是依靠腿足上部插入大边的明榫和腿间出暗榫安装的横枨实现的（图2—36）。据陈增弼先生的研究，这种比明清时期远为简省的做法，既可能是因为该榻属于墓葬冥器而进行了结构上的简省，也可能是插肩榫式结构仍处于萌芽阶段。②我国唐代墓葬出土的木质器物构件，以及日本正仓院所藏、制作年代约当唐代的大量唐式家具上，也常在结构交接的部位使用金属钉或金属片加固，且由该件五代榻在多个部位灵活运用明榫、暗榫的制作工艺来看，笔者更倾向于认为它属于一件构造精巧

① 扬州博物馆：《江苏邗江蔡庄五代墓清理简报》，《文物》1980年第8期，第42页。

② 陈增弼：《千年古榻》，《文物》1984年第6期，第67页。

的高档家具。据考古清理简报的考证，该墓的墓主为五代吴太祖杨行密之女寻阳公主（890—927 年），据《寻阳公主墓志铭》中有“送葬之礼越常，厚葬之仪罕及”之语，因此这件榻极有可能就是一件实用器，体现了当时鹤膝式家具的真实制作工艺，并非因为用作冥器而进行了结构上的简省。

蔡庄寻阳公主墓下葬于五代南吴乾贞三年（929 年），去唐未远，结合上述传世的两件五代绘画作品来看，这类形制的榻应是出现于晚唐，到五代时期就已经在当时的上层社会相当流行了。

图 2—35　江苏邗江蔡庄五代墓出土木榻

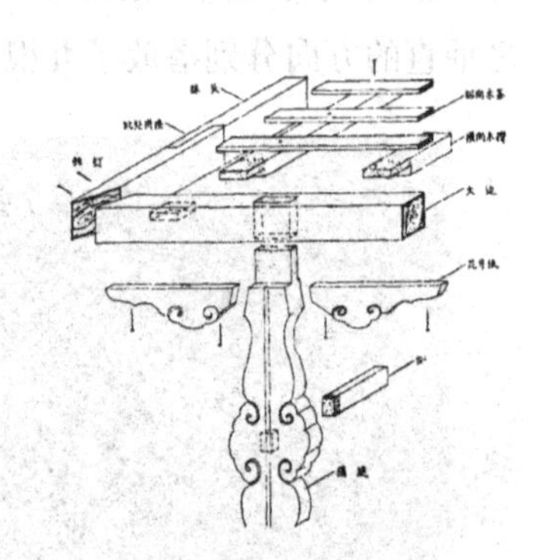

图 2—36　江苏邗江蔡庄五代墓出土木榻结构线图

（四）平台式床榻（线图 36）

平台式床榻指一种底部不安装床脚的床榻，它的制作可能起源比较早，是受到尊位者坐重席的礼仪文化影响，由茵席向床榻逐渐升高过渡过程中的产物。如四川成都青杠坡出土东汉《讲经图》画像砖中，讲师盘腿前倚于栅足几，坐在一张矮箱形平台榻上（图 2—37）。南北朝以来的绘画资料中可见的平台式床榻，则多数与佛教相关。如北魏孝文帝迁都洛阳之前雕造的山西大同云岗石窟第 6 窟南壁《出家决定》石刻浮雕像中，乔达摩太子一手支头，侧卧于一带有三面床围的平台式床上，床沿另有一人侧坐，一足垂于床下（图 2—38）。敦煌莫高窟第 428 窟西壁北周壁画《涅槃经变》中，释迦牟尼于一平台式榻上侧卧涅槃。根据《四分律》对当时佛徒卧具床脚的规定，云岗石窟第 6 窟、莫高窟第 428 窟所见的平台床，可能即为佛教经典所载的“无脚”床。

入唐以后，平台式床榻虽然不占有主流地位，但仍然在敦煌壁画中有所反映，如莫高窟 120 窟东壁盛唐壁画《涅槃经变》中（图 2—39），释迦侧身卧于一平台式榻上。此外，平台式床榻在世俗生活场景描绘中也曾出现，陕西咸阳乾陵章怀太子墓第四过洞东、西壁绘有两组《殿堂侍卫图》，分别绘有两侍者跽坐于殿廊下的平台式坐榻

（图 2—40、线图 36），图中显示的唐代平台式榻可能仅供侍者待命之用，并非内室中的常设之具。

图 2—37　四川成都青杠坡出土《讲经图》画像石拓片

图 2—38　云岗石窟第 6 窟北魏《出家决定》浮雕

图 2—39　莫高窟 120 窟东壁盛唐《涅盘经变》局部

图 2—40　咸阳章怀太子墓第四过洞东壁《殿堂侍卫图》

第二节　坐具

唐代是中国低坐家具体系向高坐家具体系转型的关键时期，坐具的发展演变，在这一时期家具发展史中占有举足轻重的重要地位。一方面，汉末至魏晋南北朝时期从西域陆续传来的高型坐具在唐代继续普及传播，另一方面，经过数百年的发展，垂足高坐在中原人民的日常生活中占有的比重日趋增加，一些更符合本土审美习惯、延续中国传统家具形制、结构元素的高型坐具样式也开始出现，高型坐具从传来、模仿逐渐走向创生、演进的本土化进程。

一、高型坐具的持续发展

（一）胡床、交椅

1.胡床（线图37—39）

胡床可能是人类历史上从创生至今变化最小，同时也是传播范围最广、最有生命力的一种坐具样式，它与今天我国广大地区仍在使用的“马扎”、“交杌”并没有太大的形制区别。古代的中亚、西亚、欧洲等地区，都曾经传入和使用过胡床。汉代以来，它随着迁居内地的西北地区少数民族一起进入中原，经过魏晋南北朝的传播和广泛使用，隋唐以后，继续为人们所喜爱。《大业杂记》中记载，隋炀帝于大业四年（608年）改胡床名为交床。[①]《贞观政要》记载唐太宗对此事的评述：“贞观四年，太宗曰：‘隋炀帝性好猜防，专信邪道，大忌胡人，乃至谓胡床为交床，胡瓜为黄瓜，筑长城以避胡。’”[②] 因此隋代以后，胡床又可称为“交床”。

陕西三原焦村1973年出土的贞观五年（631年）唐高宗李渊从弟、淮安靖王李寿墓石椁线刻画中有一组《侍女图》[③]，共绘制有38位侍女形象，手中持有各种器用，其中考古报告编记的第17人双手捧一只胡床（线图37），第23人臂挽一只胡床（线图38）。证明在唐代，胡床依然被社会各阶层、尤其是较富裕的上层社会广泛地使用。从李寿墓线刻画中描绘的胡床形象中，我们可以看到两只折叠起来的胡床坐面上都垂有软绳，与元胡三省所言“横木列窍以穿绳条”的形象是吻合的。

由于方便携带，胡床在唐代的使用环境经常是在室外，用于如行军、巡狩、出游等需要临时休息的场合，相关文献记载如：

> 亮素怯懦，无计策，但踞胡床，直视而无所言，将士见之，翻以亮为有胆气。（《旧唐书·张亮传》）
>
> 处俊独据胡床，方餐干粮，乃潜简精锐击败之，将士多服其胆略。（《旧唐书·赫处俊传》）[④]
>
> 折竹扫陈叶，排腐木，可罗胡床十八九居之。交络之流，触激之音，皆在床下；翠羽之木，龙鳞之石，均荫其上。（《柳河东集》第二十九卷《石

---

① （唐）杜宝：《大业杂记》，中华书局1991年版，第10页。

② （唐）吴兢：《贞观政要》卷六“慎所好第二十一”，上海古籍出版社1978年版，第196页。

③ 孙机：《唐李寿石椁线刻侍女图、乐舞图散记（上）》，《文物》1996年第5期。出于表述的便利，本书对李寿墓侍女图的人物依照孙机此文中的编号加以论述。

④ （后晋）刘昫等：《旧唐书》卷六十九，第2516、2797—2798页。

涧记》）①

我垂北溟翼，且学南山豹。崔子贤主人，欢娱每相召。胡床紫玉笛，却坐青云叫。杨花满州城，置酒同临眺。（李白《经乱后将避地剡中留赠崔宣城》）②

除了用于室外，平居室内和庭院环境中也经常用到胡床（线图39）：

俄闻外有叫呼受痛之声，乃窃于窗中窥之。见主人据胡床，列灯烛，前有一人，被发裸形，左右呼群鸟啄其目，流血至地。（《广异记・黎阳客》）③

岑寂双甘树，婆娑一院香。交柯低几杖，垂实碍衣裳。满岁如松碧，同时待菊黄。几回沾叶露，乘月坐胡床。（杜甫《树间》）④

由于并非固定陈设的大型家具，胡床常被挂于壁间、柱上以便收纳取用，文献记载中对它的记载极富生活情态。如裴松之注《三国志》时征引曹魏鱼豢所撰《魏略》中的一段逸事云："裴潜为兖州刺史，常作一胡床。及去官，留以挂柱。"⑤ 又如，北齐胡太后曾将武成帝高湛生前所用的一张"宝装胡床"挂在情人昙献室内的壁上，以示宠媚。⑥ 入唐以后，人们依然延续了胡床挂壁的习惯，李白《寄上吴王三首》之二即云："坐啸庐江静，闲闻进玉觞。去时无一物，东壁挂胡床。"⑦

2. 交椅（线图40）

目前所知宋代绘画资料中对交椅的描绘，最早出于北宋张择端《清明上河图》（故宫博物院藏）（图2—41），细数画面，其中至少出现了三把交椅，而且椅背的搭脑有直、圆两种，说明在两宋交界的历史时期，交椅已经经过了一段时间的发展演变而出现了形制分化，并在社会上非常流行了。近年来的考古发现中，南宋墓出土的画像石上也发现了多件交椅的形象刻画，如泸州市博物馆藏南宋二女侍石刻（图2—42）、合江县博物馆藏南宋男侍执椅石刻、⑧ 国家博物馆藏南宋初赵翁墓画像石⑨ 等。而传世南宋古画《水阁纳凉图》、《春游晚归图》、《蕉荫击球图》、《中兴瑞应图》、《大理国梵像图卷》等等，也都有交椅的描绘。由此直至明清时期，从胡床演变而来的交椅作为一种高等级的坐具样式在中国家具史中占据了极重要的位置。

---

① （唐）柳宗元著，刘禹锡编：《柳河东集》，上海人民出版社1974年版，第475—476页。
② （清）彭定求、沈三曾等：《全唐诗》卷一七一，《文渊阁四库全书》本。
③ （宋）李昉等：《太平广记》卷三百三十三，中华书局1961年版，第2642页。
④ （清）彭定求、沈三曾等：《全唐诗》卷二二九，《文渊阁四库全书》本。
⑤ （晋）陈寿：《三国志》卷二三《魏书二三》，中华书局1975年版，第673页。
⑥ （唐）李延寿：《北史》卷十四《后妃传下》，中华书局1974年版，第522页。
⑦ （清）彭定求、沈三曾等：《全唐诗》卷一七三，《文渊阁四库全书》本。
⑧ 苏欣、刘振宇：《泸州宋墓石刻小议》，《四川文物》2013年第4期，图版壹：4。
⑨ 关双喜：《中国国家博物馆新征集之宋代画像石》，《收藏家》2006年第4期，第64页图20。

图 2—41 （宋）张择端《清明上河图》中的交椅

图 2—42 泸州市博物馆藏南宋二女侍石刻

交椅最早出现的时代，我们可以从文献记载中找到一些线索。宋陶谷《清异录》卷下“逍遥座”条中有一段关于胡床形制演变的论述：

> 胡床，施转关以交足，穿便条以容坐，转缩须臾，重不数斤。相传明皇行幸颇多，从臣或待诏野顿，扈驾登山，不能跂立，欲息则无以寄身，遂创意如此。当时称“逍遥座”。①

由于陶谷是北宋初年的著名大臣，对史书中关于汉灵帝、侯景等人使用胡床的记载不太可能毫不知情，并且从南北朝以至于唐五代，胡床更是一种相当流行的坐具，被特别形容的新椅式“逍遥座”与胡床应该有所不同才值得特别说明。尽管细读这段文献，其中实际上并没有关于靠背结构的描述，但当代学者朱家溍先生根据这段文字，认为“这种可以折叠的坐具，可能就是交椅的前身”②，此说影响较大，其后的数位学者亦持这样的见解。③《格致镜原》引明人黄正一所著类书《事物绀珠》云：“逍遥座，以远行携坐，如今折叠椅”④，因此明代人在解释这段文献时，就已经认为它属于椅而非凳。细考相关的图像资料，在敦煌莫高窟第 61 窟西壁五代壁画《五台山图》中，行走在画面左下部“太原新店”附近的一队行旅中，有一个肩扛交椅的男子（图 2—43、线图 40），画

① （宋）陶谷：《清异录》卷下。

② 朱家溍：《漫谈椅凳及其陈设格式》，《文物》1959 年第 6 期，第 3 页。

③ 吴山主编《中国工艺美术大辞典》“交椅”条引述这段文献后评论：“此为胡床改交椅之始。”（江苏美术出版社 1999 年版，第 403 页）杨森著《敦煌壁画家具图像研究》亦认为：“这条史料说明唐玄宗时才开始有最初的‘交椅’，可能是在胡床上加上了靠背，改：‘交床’为‘交椅’。”（民族出版社 2010 年版，第 95 页）

④ （清）陈元龙：《格致镜原》卷五十三，《文渊阁四库全书》本。

面中的交椅上部带有立柱和搭脑组成的直靠背，但靠背立柱间并没有横枨，显示出一定的初创性，横竖材相交的位置皆呈白色，未知是本来如此，还是相关位置的原色彩褪蚀产生的痕迹，但从其位置来看，这可能是对交椅结构上的栌斗或是金属件的刻画。由此看来，即使交椅的最早出现并非像陶谷所说始于明皇行幸，到晚唐五代时期，适应社会生活的发展需要，人们就已经在胡床上加装立柱和搭脑，从而创制产生了最早的交椅。

（二）绳床

图 2—43　莫高窟第 61 窟西壁五代《五台山图》局部

魏晋南北朝至唐代，是新型坐具大量传来、中原地区逐渐加以接受的转折时期，因此许多坐具的形制和称谓都处在产生、分化、转换的过程当中。绳床在唐代及其以前的文献仅载其名，而未见有文献专门描述其具体形制、种类，造成宋代以后学界产生不少争议。宋程大昌《演繁露》载："今之交床，制本自虏来，始名胡床。隋以谶有胡，改名交床。唐穆宗于紫宸殿御大绳床见群臣，则又名绳床矣。"[①] 认为绳床就是下部有交叉转关结构的胡床。然而绳床之名，在唐穆宗以前已多见，此说明显是混淆了绳床和胡床的概念。出现这种概念混同的原因，其一可能是因为绳床的坐面与胡床一样是绳编软面，其二因它们皆为外来家具样式，世俗俚语中"胡床"可能在一段时间内曾经被用来指称一切外来坐具，在长久的习用中，各种名称间的界限本身就容易混同。

元代胡三省在《通鉴注》中曾讲述绳床的样式："绳床，以板为之，人坐其上，其广前可容膝，后有靠背，左右有托手，可以阁臂，其下四足着地。"[②] 近现代学者又多据此认为，绳床就是一种带有扶手和靠背、坐面之大可供人盘腿其上的椅子。《十诵律》卷第三十九载：

> 佛在舍卫国，诸比丘露地敷绳床，结跏趺坐禅，天热睡时头动，蛇作是念，"或欲脑我"，即跳螫比丘额，是比丘故睡不觉，第二螫额亦复不觉，第

---

① （宋）程大昌：《演繁露》卷十四，《文渊阁四库全书》本。

② （宋）司马光：《资治通鉴》卷二四二，"长庆二年（822 年）"，中华书局 1956 年版，第 7822 页。

三螫比丘即死。……佛以是事集比丘僧，集比丘僧已，语诸比丘："从今绳床脚下，施支令八指"。①

实际上，最初的绳床是一种无脚的坐卧两用家具，后因有比丘在坐禅时入睡被蛇咬而亡，佛陀开始允许比丘在各种床下安装床脚。印度的绳床基本样式和具体用法并一不律，《四分律》中的相关描述如：

绳床者有五种。旋脚绳床、直脚绳床、曲脚绳床、入梐绳床、无脚绳床。木床亦如是。卧具者或用坐、或用卧，褥者用坐。（卷第十二）

无敷卧得病，佛言："听伊犁延陀毳罗毳耄罗毛氎十种衣中若以一一衣作地敷。若故有病听作床，有五种床如上。"（卷第五十）

相降三岁，听共坐木床；相降二岁，听共坐小绳床。（卷第五十二）②

在绳床传入中国后的早期发展阶段，其功能、尺度和样式也都可能并非一致，但其主要功能是专门供单人盘坐的僧侣坐具，在样式上既有平面无靠背的，也有带有围栏或扶手、靠背的，前文第一章第三节内所列举数例皆为其证。

我国本土关于绳床的记录最早出现在南朝梁《出三藏记集》、《高僧传》等宗教文献：

其年九月二十八日，（求那跋摩）中食未毕，先起还阁其弟子，后至奄然已终，春秋六十有五。既终之后，即扶坐绳床，颜貌不异，似若入定。道俗赴者千有余人，并闻香气芬烈殊常。③

襄国城堑水源在城西北五里团丸祀下，其水暴竭。勒问（佛图）澄曰："何以致水？"……从者心疑恐水难得。澄坐绳床烧安息香咒愿数百言，如此三日水忽然微流。④

《晋书》、《北齐书》也有数处出现关于绳床的记录：

襄国城堑水源在城西北五里，其水源暴竭，勒问澄何以致水。澄曰："今当敕龙取水。"乃与弟子法首等数人至故泉源上，坐绳床，烧安息香，咒愿数百言（《佛图澄传》）。⑤

三年再为太尉，世犹谓之居士。无疾而告弟子死期，至时，烧香礼佛，

---

① （后秦）弗若多罗、鸠摩罗什等译：《十诵律》，《大正新修大藏经》第22册，台湾新文丰出版公司1983年版，第280页。

② （后秦）佛陀耶舍、竺佛念等译：《四分律》，《大正新修大正藏》第22册，台湾新文丰出版公司1983年版，第644、937、956页。

③ （南朝梁）释僧佑：《出三藏记集》卷十四，中华书局1995年版，第531页。

④ （南朝梁）释慧皎撰，汤用彤校注，汤一玄整理：《高僧传》卷一，中华书局1992年版，第346—347页。

⑤ （唐）房玄龄等：《晋书》卷九十五，中华书局1974年版，第2486页。

坐绳床而终（《陆法和传》）。[①]

查考这些文献，其中无一不与一个姿态有关，即“坐”。我国古代文献对姿态的描述用语非常讲究，魏晋南北朝以来，曲肢坐的姿态主要包括跽坐、箕坐与佛教传入后始流行的盘膝结跏趺坐，无论是席地还是坐于床榻，如果边旁有物可供倚靠，必写明“倚某物”。如西晋张华著有《倚几铭》，《南史》卷十二《张贵妃传》：“后主倚隐囊，置张贵妃于膝上共决之。”[②] 描述随新型坐具一同出现的垂足坐姿，如坐胡床、筌蹄则皆言“踞（据）胡床”、“踞（据）筌蹄”。绳床坐面宽大，人体常作盘腿坐姿，因而为“坐绳床”。与此相应的是，早期佛教文献对绳床的记载也没有专门提示它是否带有靠背和扶手，《四分律》中记载五种绳床的样式区别主要在于床脚的不同。即使是带有靠背和扶手的椅子式绳床，僧人在禅修时使用它，要求“结跏正坐，项脊端直；不动不摇，不萎不倚；以坐自誓，肋不拄床”，[③] 是不能倚靠的，靠背和扶手的作用，仅仅是为坐禅的僧人围合出一个相对独立的空间。《高僧传》中还有这样一则记载：

竺法慧，本关中人，方直有戒行。入嵩高山，事浮图密为师。晋康帝建元元年至襄阳，止羊叔子寺。不受别请，每乞食，辄赍绳床自随，于闲旷之路，则施之而坐。时或遇雨，以油帔自覆，雨止唯见绳床，不知慧所在，讯问未息，慧已在床。[④]

这种僧人在乞食中随身自赍的绳床主要用来修行打坐，不但不太可能带有扶手和靠背，而且仅能供人盘坐容身，床脚也不可能太高。《大般涅槃经·寿命品》中有“敷师子座，其座四足纯绀琉璃，于其座后各各皆有七宝倚床，一一座前复有金机”之语，唐僧慧琳《一切经音义》卷二十五释其中“倚床”一词云：

依绮反，《说文》云：依也。经文多作猗字，非也。如此国绳床，后有倚背是也。[⑤]

更可以明显看出，直至唐代，人们观念中的绳床，分为后有倚背和后无倚背的两种。

文献中与绳床有关的倚坐之姿，最早出现在唐代诗文中：

木槿花开畏日长，时摇轻扇倚绳床。（钱起《避暑纳凉》）

---

① （唐）李百药：《北齐书》卷三二，中华书局1972年版，第431页。

② （唐）李延寿：《南史》，中华书局1975年版，第348页。

③ （隋）智顗：《摩诃止观》卷二上，《大正新修大藏经》第46册，台湾新文丰出版公司1983年版，第11页。

④ （南朝梁）释慧皎撰，汤用彤校注，汤一玄整理：《高僧传》卷一《译经上》，中华书局1992年版，第371页。

⑤ 徐时仪校注：《〈一切经音义〉三种校本合刊》，上海古籍出版社2008年版，第931页。

不出嚣尘见远公，道成何必青莲宫。朝持药钵千家近，暮倚绳床一室空。（韩翊《题玉山观禅师兰若》）

辞章讽咏成千首，心行归依向一乘。坐倚绳床闲自念，前生应是一诗僧。（白居易《爱咏诗》）①

可以“倚”的绳床，显然带有靠背。唐贞元年间（785—805年）的《济渎庙北海坛祭器杂物铭》碑阴记载有“济渎庙北海坛二所器新置祭器及沉币双舫杂器等一千二百九十二事……绳床十，内四倚子”②。“倚子”是“椅子”的早期写法，这里带有靠背的绳床需要在十张绳床中特别标明，显示出倚子属绳床之一种。《景德传灯录》中记载的五代僧人罗山义因禅师的一则公案云：

问：“教中道‘顺法身万象俱寂，随智用万象齐生’。如何是万像俱寂？”师曰：“有甚么？”曰：“如何是万象齐生？”师曰：“绳床、倚子。”③

为比喻“万象齐生”，义因法语中的绳床与倚子显然是相关而并非等同的概念。再如《太平广记》卷九五记载唐初高僧洪昉禅师事：

陕州洪昉，本京兆人，幼而出家，遂证道果。志在禅寂，而亦以讲经为事，门人常数百。一日，昉夜初独坐，有四人来前曰：“鬼王今为小女疾止造斋，请师临赴。”昉曰：“吾人汝鬼，何以能至？”四人曰：“阇梨但行，弟子能致之。”昉从之。四人乘马，人持绳床一足，遂北行。④

这段文献中记载的绳床体制相当大，需要四人骑马、各持一足，洪昉禅师盘坐在绳床上随之而去。情理分析，此处的绳床应是大椅子式样，骑在马上的人分持绳床之一足，绳床带有靠背扶手，坐在其上的高僧才较为安全不易坠地。⑤

结合以上对文献资料的分析可知，南北朝至唐代流行的绳床式样确乎不只一种。而据上章列举的图像资料，唐以前的绳床至少有独坐榻式、围栏式和椅子式三种样式。入唐以后，带有围栏的绳床不见流行，或许与这种样式并不便于日常使用有关。椅子式绳床则更受文人雅士的喜爱，文献中“倚绳床”的记载也就自然增多了起来，以至于宋代以后，人们普遍观念中的“绳床”的概念仅指椅子式绳床。明清家具中，有一类为文人喜爱的打坐用家具，坐面宽大可供盘坐，常为藤编软屉，其中没有靠背扶手的，

① （清）彭定求、沈三曾等：《全唐诗》卷三二九、卷二百四十三、卷四百四十六，《文渊阁四库全书》本。

② （清）王昶：《金石萃编》卷一〇三，中国书店1985年版，第11页。

③ （宋）道元著，顾宏义译注：《景德传灯录译注》卷九，上海书店出版社2010年版，第1793—1794页。

④ （宋）李昉等：《太平广记》卷九五《洪昉禅师》条，中华书局1961年版，第631页。

⑤ 当代研究者杨森认为，这里的绳床指的可能是胡床，“持绳床一足”指四人各持一胡床，显然不确。参见杨森：《敦煌壁画家具图像研究》，民族出版社2010年版，第122页。

称之为“禅凳”，带有靠背扶手的为“禅椅”，应当就是由两种不同形制的绳床演变而来。从禅凳的存在也可推知，魏晋以来的绳床中，本来就存在无靠背、形似独坐小榻的一类。

1. 独坐榻式绳床（线图41—42）

独坐榻式绳床在唐代图像资料中可见的较少，莫高窟第23窟北壁盛唐壁画《法华经变》中，绘有一盘腿坐于方形四腿小榻的僧人形象（图2—44、线图41），榻面上敷有坐褥。莫高窟第159窟中唐壁画《弥勒经变》中（线图42），绘制有一僧人坐于一张很矮、腿间无枨的四足小床上盥洗的形象。由于独坐榻式绳床样式和小型供独坐的直脚床非常相似，仅通过壁画图像资料很难分辨坐面是否以绳编结而成。

图2—44 莫高窟第23窟北壁盛唐《法华经变》局部

唐顺宗元和元年（806年），日本学问僧空海返回日本的同时，带回了其师长安青龙寺惠果大师馈赠的一批高僧画像。这些画像是画家李真等人于唐德宗贞元年间（785—805年）绘制的，其中最为珍贵的是包括金刚智、善无畏、不空、一行、惠果五位大师的“真言五祖像”。空海回国后，又于821年请画师补绘印度龙猛、龙智大师像，加上他本人的画像，合为“真言八祖像”，目前仍珍藏在京都东寺（教王护国寺）。除不空金刚像保存完好外，其他的画像虽存留下来，但画面剥蚀难辨。所幸的是日本存在多个版本的画像摹本，尤其以13世纪镰仓时代的摹本最佳。八位祖师中，除不空金刚坐于一方双列壶门、带有托泥的壶门榻、善无畏大师坐于一单列壶门、不带托泥的壶门榻、惠果大师坐于一张椅子式绳床上以外，其他画像中的高僧皆坐于四足方榻上（图2—45、图2—46、

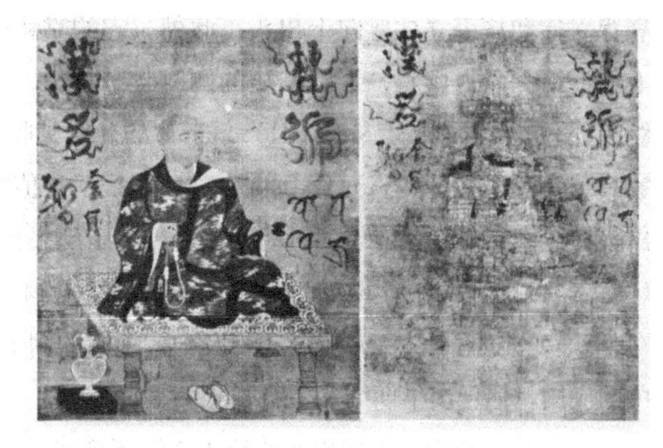

图2—45 《真言八祖之金刚智像》

图 2—46 《真言八祖之龙猛像》

图 2—47 《真言八祖之一行像》

图 2—47，左为鎌仓本，右为原本）[①]，这些方榻，极有可能就是无靠背的绳床。

2. 椅子式绳床（线图 43—线图 55）

椅子式绳床带有靠背和扶手，与今天我们所说的椅子的区别仅在于坐面宽大且用绳织成，可供僧俗盘腿而坐。它的基本样式，在敦煌壁画和传世绘画、实物资料中有数见，以下就以它代表性的数例对其常见构造加以讨论。

（1）靠背、扶手立柱出头样式（线图 43）

莫高窟第 334 窟初唐《维摩诘经变》中的绳床（图 2—48）是迄今可见的唐代绳床样式最早的一例，图中绘舍利弗坐在一椅子式绳床上，除了坐面很矮以外，绳床的整个结构是以方形直材相交形成框架结构的，靠背立柱和扶手立柱皆向上出头。此外，它的靠背中部装有与扶手同高的横枨，腿部上细下粗、向内倾斜，带有明显的侧脚收分特征，这一点与莫高窟第 285 窟西魏壁画《禅修图》中的绳床（图 1—41）是近似的。侧脚收分似乎很早就出现在中国的框架式家具上，这个特征一直延续到明清时期，是一种值得注意的家具文化现象。立柱向上出头的绳床式样，在南北朝时期比较流行。东魏兴和四年（542 年）《菀贵妻尉氏造像记》（图 2—49）、陕西靖边县八大梁 M1 号北朝墓壁画（图 1—40）、莫高窟第 303 窟隋代《法华经变》（图 1—39）等唐以前围栏式绳床的例子上都可以见到，在唐代椅子式绳床中的应用，体现出早期绳床流行样式的一种遗风。

在敦煌壁画中，立柱出头的椅子式绳床样式并不一定是一致的，如在莫高窟第 427 窟中心柱北向面座沿隋代壁画《须达拏太子本生》、莫高窟第 202 窟南壁中唐壁画《弥勒经变》（线图 43）中所绘的绳床，搭脑横枨向两侧伸出，而前腿立柱则向上出头，显

① 庄伯和：《佛像之美》，台湾雄狮图书公司 1980 年版，第 155—158 页。

图 2—48 莫高窟第 334 窟西壁龛内初唐《维摩诘经变》局部

图 2—49 东魏兴和四年（542 年）《菀贵妻尉氏造像记》局部

示出这种式样的变化性。莫高窟第 427 窟隋代壁画《须达拏太子本生》绘制的一张僧人盘坐的绳床（图 2—50），搭脑为直形，扶手立柱的上端不仅出头，而且修造成类似建筑栏杆望柱的花苞形态，代表了这类绳床样式里逐渐出现了比较讲究的做法。

日本正仓院南仓仓号 67 藏有一张"赤漆欟木胡床"（日本文献将绳床称为胡床），是日本奈良时期寺院遗物，坐面尺幅 78.5 厘米 ×68.5 厘米，坐高 42 厘米，通高 91 厘米，榉木制，据记录部分材料为修补后配（图 2—51）。该绳床坐面以藤编就（目前状态为新补），尺幅宽大，可以供人盘坐。以方形直材构造框架，靠背搭脑细而平直、末端出头，靠背框架内装有两根横枨，靠背下端横枨及扶手横枨以下，皆装有三根短立柱来加固结构。扶手前端立柱向上出头，顶端模仿建筑栏杆望柱样式制成花苞形。下部腿足的前、左、右三侧各装有一根横枨。胡床的四腿及坐面以上的立柱修造成上细下粗、略带侧脚的体式，使整体形态在稳固之外增添了挺拔开张的美感。据著录这具胡床的《正倉院寳物》一书中记载，它是正仓院唯一藏有的一件椅子，在当时仅限皇族、高等级贵族和僧侣使用。从这张绳床构件末端和转折部位包有鎏金铜具加固的情况来看，它确为一张制作精工、使用等级很高的唐式绳床遗作。

正仓院所藏的绳床实物与莫高窟第 427 窟所绘隋代绳床相比较，搭脑皆为直型，扶手立柱出头且加以精细的修饰，在形制上具有明显的相关性。在坐面以下，两只绳床都使用横枨加固，莫高窟第 427 窟绳床带有接地的三根管脚枨，而正仓院赤漆欟木胡床腿间的三根横枨则安装在腿足上部三分之一的位置，形态更张舒展协调，体现了入唐以后绳床形制的发展趋势。

图 2—50　莫高窟第 427 窟隋代壁画《须达拏太子本生》绳床线描

图 2—51　日本正仓院南仓藏赤漆欟木胡床

（2）靠背搭脑、扶手出头样式（线图 44—49）

这类形制的绳床在敦煌壁画中最为常见，可能也是唐代绳床最流行的样式。

莫高窟第 23 窟北壁盛唐壁画《法华经变》中所绘的椅子式绳床（线图 44），用材粗大，略带侧脚收分，出头的扶手、搭脑皆为直型。莫高窟第 186 窟窟顶东披中唐《弥勒经变》中绘制的一具绳床（线图 45），结体相当宽大，即使有一名僧人盘腿坐于其上，仍然可看出坐面用较浅的黄褐色料绘制，是敦煌壁画中对编绳情况少有的清晰描绘。绳床整个以枋材结体，靠背立柱间装有一根与扶手同高的横枨，靠背顶部安装的搭脑为中部拱起、两端略有上翘的弓形。搭脑末端及扶手末端皆出头，腿间近地部位安装管脚枨。腿部立柱上细下粗并向内倾斜，略带侧脚收分。莫高窟第 61 窟西壁五代《五台山图》（线图 47）、第 98 窟甬道顶五代《昙延法师圣容》（线图 48）、东壁五代《维摩诘经变》①、榆林窟第 33 窟南壁五代《经变式牛头山图》（线图 49）等中都有这一类型的绳床描绘。

莫高窟晚唐第 9 窟北壁《维摩诘经变》壁画中《舍利弗宴坐》（线图 46）、《维摩诘与富楼那》（图 2—52②）出现了两张绳床的图像，除带有与前几例相似的结构样式，即枋材结体、搭脑和扶手末端皆出头、靠背搭脑中部隆起、腿间加装管脚枨、腿部线条上细下粗等特征外，扶手横枨下还嵌装了板片，可见如莫高窟第 285 窟西魏壁画《禅修图》中的绳床扶手造法（图 1—41），到唐代还依然得到应用。此外值得注意的是，包括晚唐第 9 窟《舍利弗宴坐》在内，敦煌壁画所绘绳床图像中的靠背、搭脑出头的样式

① 参见数字敦煌网站全景图像资料。

② 图中富楼那所坐的椅子式绳床绘出五只床脚，恐属唐代敦煌画工笔误。

中，有数例在后腿及扶手立柱的顶端以与主材相异的色彩各绘出了一个倒梯形的栌斗构件（线图46、线图48、线图49），这显然与《重屏会棋图》所绘壶门暖床床栏部位的横竖材接合方式相同（图2—23），显示出唐代家具在框架构造方式上的一致性特征。

图2—52　莫高窟第9窟北壁晚唐《维摩诘与富楼那》局部

图2—53　莫高窟第148窟南壁盛唐《弥勒上生下生经变》局部

（3）单侧扶手样式（线图31、线图50）

前述皆为绳床的常式，值得注意的是，莫高窟第148窟南壁盛唐壁画《弥勒上生下生经变》中绘制的一张绳床（图2—53、线图50），腿间带有管脚枨、腿部有侧脚收分等特征，与常见的式样差别不大，但仅有一侧带有扶手。相似的例子还可见于莫高窟第138窟南壁晚唐壁画《诵经图》中（线图31），可见这种绳床在当时并非罕见，有可能是为满足使用者的特殊生活习惯或需求而造。

（4）靠背椅样式（线图130）

唐代的椅子式绳床多数带有扶手，但图像资料显示，也有极少量无扶手的绳床存在。莫高窟332窟北壁初唐《维摩诘经变·不思议品及供养品》中（线图130），须弥灯王佛所坐的绳床就是此种样式，绳床的靠背上披有锦披，因此无法看到结构。整个敦煌壁画中，似仅有此孤例，显示出它可能不甚流行，但它必然对唐代靠背椅的产生起到过较大的影响。

观察以上数例唐代椅子式绳床，我们可以发现它们有着一些共通的特征。其一是多用枋材制作；其二是四腿多带侧脚、收分；其三是靠背中部和四腿之间多安装横枨，前者便于倚靠、后者加固结构。在整体构造上的相同经验之外，绳床的细节处理各有变化，主要体现在四个方面，其一是扶手和靠背的出头方式，有横枨出头和立柱出头两种；其二是靠背搭脑出头的椅子式绳床中，搭脑分为直线形、弓形两种形制，且弓形搭脑是中唐以后的主流样式；其三是脚枨的安装部位或高或低，但基本都安装在腿间，不属接地枨，制作者根据绳床整体结构的需求和视觉上的协调性而决定其装设高度；其四是部分绳床上应用了栌斗结构，这种结构方式与侧脚收分一样，都是从唐代建筑结构中习得的构造手法，体现出此时框架式家具制作方法的发展性。

以框架结构制作坐具，在魏晋以前的中国传统家具中并非主流，椅子式绳床的构造经验，对以后框架式家具的演进发展产生了极大的影响。作为一种外来坐具式样，在传入中国后经过工匠的发挥，产生出种种变体，为后世高坐家具的发展积累了可贵的制作经验。

3. 绳床的变体——曲录（线图 51—53）

"曲录"的称谓，首见于唐末五代诗人欧阳迥咏贯休罗汉画的《贯休应梦罗汉画歌》："倚松根，傍岩缝，曲录腰身长欲动。看经弟子拟闻声，瞌睡山童疑有梦。"① 宋代以后的文献中"曲录"、"曲彔"、"曲録"、"曲录床"、"曲录木床"、"曲录木头"、"曲录禅床"的记载颇多，且多与宗教生活有关。如：

问："如何是和尚家风？"师曰："曲录禅床。"（《五灯会元》卷第十二"东京净因院道臻净照禅师"）

诸方老宿尽在曲录木床上为人，及有人问着祖师西来意，未曾有一人当头道着。（《五灯会元》卷第十三"随州护国院守澄净果禅师"）②

日本江户时代早期僧人无著道忠所著《禅林像器笺》释"曲彔"为："盖刻木屈曲貌，今交椅制曲彔然，故略名曲彔木，遂省木，单称曲彔也。"③ 供僧人盘腿打坐所用的禅凳、禅椅利用天然藤类、树根的形状制成，或以木材雕刻仿造天然形制成的例子，在宋代至明清的古画中可见的例子不知凡几。据欧阳迥《贯休应梦罗汉画歌》来看，这种特别的制作至少在唐代晚期就已经出现了，可与之对照的，是传世的唐末五代画僧贯休的名画《十六罗汉图》。该画作原本已佚，较忠实于原作的版本，是现藏于日本高台寺的南宋摹本，其中确如欧阳炯诗中所言，绘有多件曲录的形象（图 2—54、线图 51、线图 52），除此版本外，存于海内外的贯休《十六罗汉图》各种摹本、刻本中，罗汉的坐具也与之类同，因此即便高台寺本与原稿有相异之处，但对僧人坐具的描写也应是源自唐本的。疑似唐代的曲录形制在图绘资料中可见的，还有唐代画家阎立本绘《萧翼赚兰亭图》（线图 53）（包括辽宁省博物馆藏北宋摹本和台北故宫博物院藏南宋摹本）、唐末五代画家周文矩《琉璃堂人物图》（美国大都会博物馆藏清代摹本）等，

① （清）彭定求、沈三曾等：《全唐诗》卷七六一，《文渊阁四库全书》本。

② （宋）普济辑，朱俊红点校：《五灯会元》，海南出版社 2011 年版，第 1209、1145 页。

③ ［日］无著道忠：《禅林象器笺》卷十九，台湾佛光出版社 1994 年版，第 1539 页。

皆可加以参考。

贯休《十六罗汉图》中的曲录形制有的有靠背、有的无靠背，盘转虬曲，全无定式，追求天然意趣。既可看作绳床在中国的创新性发展，更应视为佛教哲学的中国化在造物层面的典型呈现。宋代以后，文人士大夫在静修生活中也以使用曲录为尚，如陆游就曾在《新作火阁》诗中吟道："山路霜清叶正黄，地炉火暖夜偏长。中安煮药膨脝鼎，傍设安禅曲录床。木槁不知年自往，云闲已与世相忘。更阑坐稳人声静，时听风帘响暗廊。"① 直至现当代，使用树根、藤条制作的桌椅仍是一种高雅品位的象征，这与佛学的中国化以及文人回归自然的生活理想是紧密相连的。

图 2—54（五代）贯休《十六罗汉图》之三、之十五

4. 绳床的变体——折背样

入唐以后，绳床随着佛教的流行进入世俗生活、尤其是贵族生活之中。家具样式的发展与其流行程度往往是同步的，折背样就是晚唐时期发展出的绳床的新形制。唐李匡乂《资暇集》载：

> 近者绳床皆短其倚衡，曰折背样。言高不及背之半，倚必将仰，脊不遑纵。亦由中贵人创意也，盖防至尊赐坐，虽居私第，不敢傲逸其体，常习恭敬之仪。士人家不穷其意，往往取样而制，不亦乖乎？②

据这段文献，所谓"折背样"，就是椅背仅有正常椅背高度一半的式样，前述图像显示，唐代的椅子式绳床靠背高度大都在人体肩部，即约合 45 厘米，折背样绳床高度应当在 20—25 厘米的范围，是为了在贵人赐坐时保持体貌恭敬而产生的式样。折背样绳床的

① 张春林编：《陆游全集》，中国文史出版社 1999 年版，第 585 页。

② （唐）李匡乂：《资暇集》卷下"承床"条，商务印书馆 1939 年《丛书集成初编》本《资暇集·苏氏演义·中华古今注》合辑，第 27 页。

形象，在现藏于台北故宫博物院的宋代佚名画家所绘的一幅《罗汉图》中就绘有一具（图2—55），该绳床以枋材结体，靠背高度远低于绳床的常式，尽管图中绳床前腿间管脚枨较后方三根略低、且下装小牙板的式样，在唐代家具中尚未得见，但此图仍然可以让我们了解唐代创生的“折背样”绳床的大致面貌。宋代时，折背样绳床的坐面尺幅由可以供人盘坐逐步向正常垂脚坐的椅子过渡，演变成为著名的“玫瑰椅”，传世的宋明绘画和明式家具实物中，还有不少精彩的形象遗存。

（三）椅子

从文献资料中查考，椅子的名称出现在唐代，它们最早被称为“倚子”、“倚床”。“倚子”是椅子的最初写法，字义上分辩，是取其便于倚靠之意。而“椅”字，《说文解字》释“椅，梓也。从木，奇声”，《小雅·湛露》“其桐其椅，其实离离”，“椅”实为木名。“椅”字在唐代衍生出坐具义是后起的，此义的产生是由于椅声与“倚”同，且带木旁，而我国古代的坐具多用木制。

图2—55 （宋）佚名《罗汉图》中的折背样绳床

唐代时，“倚（椅）子”这个名词既可以指椅子式绳床，又可以指仅供垂脚而坐的椅子。唐贞元年间（785—805年）的《济渎庙北海坛祭器杂物铭》中出现了“绳床十，内四倚子”的记录①。日本僧人写于唐文宗开成三年至唐宣宗大中元年（838—848年）的《入唐求法巡礼行记》中出也现过数处关于“椅子”的描述：

> 承和五年［开成三年（838年）］十一月八日斋前，相公入寺里来，礼佛之后，……相公看僧事毕，即于寺里蹲踞大椅上，被担而去。（卷一）
>
> 开成五年（840年）七月四日，……其影及所持法花经及三昧行法，并证得三昧坐处大椅子，并今见在。（卷三）

① （清）王昶：《金石萃编》卷一〇三，中国书店1985年版，第11页。

会日四年（844年）十月，……每行送，仰诸寺营办床席毡毯，花幕结楼，铺设椀叠、台盘、椅子等。（卷四）①

这些文献记载中的"大椅子"、"椅（倚）子"，或与宗教有关，或与绳床记录在一处，大约都是指椅子式的绳床。由于僧侣所谓"倚子"是绳床之一类，用坐面是木板硬屉还是绳编软屉来区分唐代的绳床和椅子，也是不准确的。查考撰修于日本平安时代中期（约当晚唐五代）的日本律令文献《延喜式》卷第三十四《木工寮》记载倚（椅）子的尺寸云：

大倚子一脚高一尺三寸，长二尺，广一尺五寸。……小倚子一脚高一尺五寸，长一尺五寸，广一尺三寸。②

《延喜式》所用的尺度为唐大尺，据当代学者考证，唐大尺约合29.5厘米。据此而言，《延喜式》记载的大倚子高度约为38厘米，坐面尺幅约为60厘米×44厘米，而小倚子高度约为44厘米，坐面尺幅约为44厘米×38厘米。显然前者仅适于盘坐，而后者专用于垂脚坐，显示出当时盘坐和垂脚坐的坐具之间由于功能性的不同而自然产生的高低尺度差异，同时也间接证明了《济渎庙北海坛祭器杂物铭》"绳床十，内四倚子"等文献中的"倚子"即《入唐求法巡礼行记》、《延喜式》所谓"大倚（椅）子"，亦即在指称椅子式绳床。

由上文的分析来看，仅从字面意义上很难分辨唐代文献中的"椅（倚）子"一词是指椅子式绳床，还是指坐面尺度仅容垂脚而坐、与我们今天的概念一致的椅子。但《入唐求法巡礼行记》中另一段资料则似有所不同：

相公及监军并州郎中、郎官、判官等，皆椅子上吃茶。见僧等来，皆起立作手，并礼唱且坐，即俱坐椅子啜茶。③

该段文献出现的场合为寺庙中的待客场所，数人皆坐在宽大的绳床上，似乎不便接待俗客，更不便于交流，且诸位俗客见到僧人后，皆"起立"行礼，因此这里出现的"椅子"有可能就是坐面尺度大小仅供垂脚而坐的椅子。椅子从何时开始专门用来指坐面尺度仅供垂脚而坐、上部带有靠背、扶手的坐具，目前很难考证，但随着垂足坐具的日渐盛行以及唐代世俗生活纪录中"倚子"、"倚床"越来越多的出现，显示出它在社会生活中所占的位置越来越重要，使用的场合也越来越灵活：

行时嫔綵千花从，卧则帡帷百宝厨。未到先排珂贝倚（椅），遥来已卷水晶帘。（《佛报恩经讲经文》）④

① ［日］释圆仁著，［日］小野胜年校注：《入唐求法巡礼行记校注》，花山文艺出版社2007年版，第64页，第321、454页。

② ［日］藤原忠平等：《延喜式》，日本书政十一年（1828年）刊本。

③ ［日］释圆仁著，［日］小野胜年校注：《入唐求法巡礼行记校注》，花山文艺出版社2007年版，第68页。

④ 周绍良、白化文：《敦煌变文论文录》附录《苏联所藏押座文及说唱佛经故事五种》，上海古籍出版社1982年版，第838页。

当前有床，贵人当案而坐，以竹倚床坐嘉福。(《广异记·仇嘉福》)

既至，萧氏门馆清肃，甲第显焕，高槐修竹，蔓延连亘，绝世之胜境。初，二黄门持金倚床延坐，少时，萧出，着紫蜀衫，策鸠杖，两袍袴扶侧，云髯神鉴，举动可观。《广异记·李参军》①

这些反映世俗生活中高坐习俗的文献中的倚（椅）子，似有灵活摆放，通用于室内外的特点，它们是小型椅子的可能性较大。可以推断，椅子式绳床与精神生活更具相关性，或凭以禅修，或用助论道；使用范围大致局限在僧侣、居士、文人阶层；在其他更为广泛的日常生活中，用于垂脚坐的椅子日渐发挥重要作用。“绳床”与“倚（椅）子”的概念在这个功能分化的应用过程中也就逐渐清晰、固定了下来，前者主要指称椅子式绳床，而后者则是专供垂脚而坐的椅子，而这个最终的词义固定，可能晚至宋代。

追溯坐具椅子的文化来源，它最早出现于古代西亚、北非地区。土耳其安卡拉博物馆所藏的一件公元前7000年旧石器时代的西亚黏土女神塑像，女神就坐在一张扶手椅上（图2—56），椅子的两侧扶手作立羊形。苏美尔人所建立的、目前世界已知最早城市遗址乌尔城中发掘出的一块作于乌尔第三王朝（前2113—前2006年）的梯形木板上，描绘着多人坐在椅子上宴饮的场景。② 公元前14世纪古埃及法老图坦卡蒙的陵墓中，出土有著名的“黄金宝座”。公元前1000年左右出土于真吉尔里的墓碑浮雕上，北叙利亚女王手持酒杯，坐于一只带脚踏扶手椅③。此后，椅子逐渐流行传播开来，古希腊、两河流域、南亚地区都有精彩的考古发现证明椅子在该地区的文明生活中的重要性。现藏于巴格达博物馆的公元前8世纪末亚述帝国萨尔贡二世宫殿发现的一块着色石膏浮雕《肩扛御座的人》中，绘有迄今可见最为清晰的西亚地区坐椅图像（图2—57）。现藏于雅典考古博物馆的公元前400年左右的赫格索墓碑上，雕刻有一张古希腊时期的坐椅。④ 公元前6世纪，古印度犍陀罗国被波斯帝国占领，其后在公元前327年，又被马其顿帝国入侵，古代西亚、希腊文明先后影响印度地区。随着孔雀王朝阿育王向全印度传播佛教，佛教文化与希腊艺术交融汇合而形成了独特的犍陀罗文明，在阿育王时期（前3世纪）建造的桑奇大塔第一塔北门浮雕中，我们就可以清晰地看到一个王者倚坐在靠背椅上的形象⑤。公元1世纪，月氏人建立的以今阿富汗喀布尔为中心的

① （宋）李昉等：《太平广记》卷三百一，中华书局1961年版，第2391、2667页。

② 朱伯雄主编：《世界美术史（第2卷）：中代西亚、美洲的美术》，山东美术出版社1988年版，第37页。

③ ［苏］阿甫基耶夫著，王以铸译：《古代东方史》，生活·读书·新知三联书店1956年版，第407页图120。

④ 盛文林编著：《雕刻艺术欣赏》，北京工业大学出版社2014年版，第61页。

⑤ 柯嘉豪：《椅子与佛教流传的关系》，《中央研究院历史语言研究所集刊》1998年第12期，图六。

图 2—56　西亚黏土女神像

图 2—57　萨尔贡二世宫殿着色石膏浮雕《肩扛御座的人》局部

图 2—58　斯坦因在尼雅遗址发掘的木椅残件

贵霜王朝兴起，并在中亚、南亚一带广泛扩张领土、向外通商和传播佛教。通过丝绸之路，椅子大约在汉晋之间就已经随同佛教一起传播到了今新疆地区。20 世纪初，英人斯坦因在新疆和田的尼雅古城遗址的一座倒塌房屋内发掘出土一件木椅的残件（图 2—58），据其著作《西域考古记》记录，这把椅子和其他一些同时出土的木器残件一样，“雕刻的装饰意境都是印度西北边省希腊式佛教雕刻中所常见的”。在这座房屋西南方的另一房屋内，斯坦因还发现了“至今中国通用的饭箸之类”，以及另一件“残破的雕刻很美的靠椅。椅腿作立狮形，扶手作希腊式的怪物，全部保存了原来鲜妍的颜色”。同时在该遗址出土了大量佉卢文和汉文简牍，其中一片佉卢文木椟上并排印有古鄯善行政官的汉文官印和西方样式的头像印，另有一片汉文木简上有晋武帝泰始五年（269 年）纪年。[①] 椅子残件的出土以及它们的形制、装饰风格，证实了它的传播路线以及西域地

① ［英］斯坦因著，向达译：《西域考古记》，商务印书馆 2013 年版，第 85—96 页。

区早在汉晋之间就使用椅子的历史事实。然而，由于礼制和生活习惯的影响，椅子的使用当时仅仅局限在西部胡汉杂处的边城，其对中原地区的社会生活发生真正的影响至少还要晚至南北朝时期。

图 2—59　莫高窟第 275 窟西壁北凉交脚弥勒菩萨像

图 2—60　七宝台佛像东壁第一石

随着佛教信仰的传播，十六国以来北方地区大规模展开了佛教造像活动，而佛像台座（佛像基座）是造像中必不可少的组成部分，在部分佛像台座中就可以见到某些形式的疑似靠背构件，这在以垂足或两腿下垂并交叉坐姿为主的弥勒造像中表现得尤为明显。如莫高窟第 275 窟西壁北凉交脚弥勒菩萨像（图 2—59）的背后，带有一个三角形物体，这显然与常见的佛像圆形、佛舟形火焰纹背光有所不同，此后的类似造像或壁画中，这个三角形佛像台座构件很常见，在一些壁画中还可以见到它后垂的边缘部分呈现随风飘起的形态，例如莫高窟第 257 窟南壁北魏壁画《贤愚经变 · 沙弥守戒自杀品》中即有其描绘（图 2—106）。由此可见，它实际上是由内有支架，外披丝织物的结构组成。隋唐时期，这种外披丝织品的佛座靠背构件由三角形向方形转变，形式上更类似于常见的椅子靠背，如原嵌于长安三年（703 年）武则天所建西安光宅寺七宝台上、后于明代移入城南的宝庆寺（一名花塔寺）供养的一批石雕造像中，有数件即为如此（图 2—60）。类似的佛像台座靠背形象在唐代的敦煌壁画中也有数见，如莫高窟第 334 窟初唐壁画《说法图》中（线图 114），垂脚而坐的佛像后部构件就与前例非常相似。佛像台座后侧类似椅子靠背构件的存在，以及大量垂脚而坐的佛像坐姿，使人们在佛教信仰日益深入内心世界的同时，也较易于接受新的外来文化和生活习惯，椅子在中国的产生和应用也就是顺理成章的了。

除了用于盘坐修禅的椅子式绳床以外，目前可见的图像资料中最早可见的椅子雏形，出于北魏龙门石窟莲花洞南壁中部下层的《维摩诘说法》浮雕上（图 2—61），由于构图形态的限制和维摩诘身前摆放物的遮挡，坐具的下部不可见，但在维摩诘的身后带有由两根立柱和直形搭脑构成的靠背，根据形态尺度来推测，浮雕中的这件坐具很有可能是一具椅子。维摩诘是著名的佛教居士，作为代表着虔诚修行长者的理想形象，与世俗更为贴近，因此尽管没有确切的资料佐证，但在唐代以前的社会生活中出现垂足而坐的椅子是有其可能的。从图像资料看，盛唐时期，垂足而坐的椅子已经在贵族阶层中产生了相当程度的流行，因此椅子在唐代社会生活中的正式出现，应不晚于初、盛唐之间，而整个唐代流行的椅子形制，可以分为扶手椅和靠背椅两类。

图 2—61　龙门石窟莲花洞南壁中部下层北魏浮雕《维摩诘说法》

1. 扶手椅（线图 54—57）

1984 年出土于陕西高楼的唐玄宗天宝十五载（756 年）高元珪墓墓室北壁出土的壁画《墓主人图》（线图 54），由于损蚀严重，出土时保存状态不佳，但从画面中仍可清晰地认识到图中的椅子是专供垂足而坐的四出头扶手椅样式。由于墓主人为著名宦官高力士之弟，因此这具椅子可视为盛唐时期贵族阶层使用高型坐具的代表。画面中的椅子用枋材结体、靠背高度约当高元珪的头部，搭脑呈弓状，中部拱起，两侧末端出头并微向上挑，在约当人体肩部的椅背部位有一横枨。靠背搭脑、扶手末端四出头。腿部立柱粗硕，坐面以上的靠背立柱则较之纤细，带有明显的侧脚、收分构造特征。两根靠背立柱与搭脑接合部位，还明显地刻画出承托构件“栌斗”。敦煌莫高窟第 196 窟晚唐壁画《劳度差斗圣变》中绘有两人分别垂脚坐在椅子上的形象（线图 55），坐面较窄仅供垂足坐，靠背中部拱起，靠背、扶手末端皆出头，腿间带有管脚枨①。莫高窟第 61 窟西壁五代壁画《五台山图》的大清凉寺画面中，绘有一僧人坐于庭院中的一张椅子上（线图 56），画面中的椅子亦为弓形搭脑、枋材、四出头式样，靠背立柱上端绘有栌斗，坐面较高，僧人的脚似踏在椅子前侧的管脚枨上。现藏于南京大学的五代画家王齐翰的《勘书图》中，绘有一名坐在椅子上、正在挑耳的中年文士形象（线图 57），画面中的椅子为枋材、搭脑、扶手四出头，形制与前数例相类。一整块毛皮状椅披搭放在靠背上，并下垂铺满了整个椅子坐面，增加人体的舒适度。《勘书图》中

① 宿白《白沙宋墓》插图二十：2，据莫高窟 196 窟所绘出的扶手椅线描图中椅子的扶手、靠背立柱上端皆带有栌斗（文物出版社 2002 年版，第 36 页）。因本书所据的原始图像资料清晰度的限制，此结构在线图 55 中暂未绘出。

椅子靠背扶手、靠背的立柱与靠背横竖材接合部位用较浅的色彩绘出一个矩形细节，似在描绘以金属片包贴加固的情况，与正仓院赤漆欟木胡床上使用鎏金铜饰件的情况很相似，可见此为唐代相当部分家具上应用的加固结构、同时兼具装饰功能的金属配件的普遍情况。此外，《勘书图》中椅子的前腿部位安装的管脚枨明显低于左、右、后部的三根枨，似有承足之功能，这显示出随着椅子的日益流行，应日常生活所需而产生了重要的功能性发展，后世明式家具管脚枨有所谓“步步高”、“两上两下”等管脚枨样式，大约都发端于五代时期。

值得注意的是，尽管西亚、中亚地区在公元前早已有大量的扶手椅样式存在，但从形制上来看，这些地区流行的椅子通常样式复杂，多采用车工、圆雕等造型手法，而我国唐代图像资料中所见的扶手椅形制却比较朴素，与同时期流行的椅子式绳床相对照，呈现出显著的相关性，这显示出我国的坐椅在其发端时期受到了宗教禅修生活用具的影响，从而习染其质朴、实用的形制风格，而与丝绸之路所联通的中亚、西亚文化之间的联系，则并不如同时期的装饰艺术如金银器、玻璃器和丝绸印染图案那样明显。

2. 靠背椅（线图 58—61）

在 1998 年北京陶然亭发掘的唐肃宗乾元二年（759 年）唐代官员何数墓中，出土了绘制有墓主人生前形象的壁画（图 2—62、线图 58）。图中何数坐在一张高大的靠背椅上，尽管椅子下部的描绘已剥蚀不清，但通过壁画仅存的部分观察，这张椅子并没有扶手，更特别的是椅子靠背的弓形搭脑高度高于人的头部。这种椅式在唐代图绘资料中为仅见，但在日本相关资料中我们却找到了可资参照的证据。明治时代画家菊池

图 2—62　北京唐何数墓壁画《墓主人图》

图 2—63　［日］菊池容斋绘《藤原镰足像》

容斋（1788—1878年）所绘的日本飞鸟时代政治家藤原镰足（614—669年）的画像中（图2—63），藤原镰足坐在一张椅子上部与何数墓壁画非常相似的靠背椅上，在椅子的靠背立柱中间正当人体肩部的位置安装有一根横枨，正好可以供人体倚靠。《藤原镰足像》中椅子的下部坐面很宽而高度特矮，人体采用的坐姿是佛教坐姿中的“游戏坐”，即一足曲盘在坐上，一足垂下。由于何数墓壁画《墓主人图》的下半部分不可见，因此很难查考形制与之是否完全相同，但基于唐时日本文化与中国文化的密切联系，《藤原镰足像》中的椅式恰好能补足何数墓壁画之缺憾的可能性是很大的。山西大同浑源晚唐墓出土的圆形墓室西壁砖雕墓画中，有一件砖砌浮雕家用器具疑似为正立放置的一张靠背椅（图2—64）。靠背立柱上的搭脑为弓形，中部转折和末端翘起的幅度较大。坐面以上并没有安装扶手的痕迹，其下则仅可见后部腿足，前伸的前腿部分已经剥迹难辨，仅留下片段的痕迹。此例晚唐壁画中的椅背搭脑与高元珪墓、何数墓壁画及藤原镰足像的搭脑形制较为接近，可知此类椅子搭脑形制在唐代曾经长期流行。

图2—64　山西大同浑源晚唐墓西壁砖雕壁画局部

进入晚唐五代时期，靠背椅在社会生活中继续存在和流行，且多与桌案相配合，在日常生活的饮食起居活动中发挥重要作用。2010年发掘的郑州华南城唐范阳卢氏夫人墓东壁浮雕壁画中（图2—65），两只靠背椅相对摆放，中间陈设一只壶门式小桌，桌上放有一只酒瓶，显然是在描述生活中的饮食情景。图中靠椅上部搭脑部位已损毁，椅盘边抹接合部位出有明榫，下部腿间带有一横枨。五代至宋壁画墓中常出现“一桌二椅”式陈设，而华南城唐墓墓主范阳卢氏夫人亡于唐咸通九年（868年），为中唐名相裴度之孙媳，该墓壁画中出现的高桌椅相配合的饮食方式，表明在中晚唐时期，靠背椅与桌配合的高坐生活习惯已经相当普遍了。相似的图像在晚唐五代时期日渐增多，如山东临沂市药材站M1号晚唐墓中发现的砖雕壁画中也有一桌二椅图案（图2—66），图中的靠背椅靠背部分向后倾斜，椅腿间带有一根横枨，已经与后世的“灯挂椅”形象基本一致。敦煌莫高窟第 384 窟、第 390 窟甬道顶部五代壁画都绘制有《地藏、十王与六趣轮回》题材（线图 59、线图 60），画面中数名判官都坐在靠背椅上，身前并置放有带桌披的高桌批阅卷宗。再如内蒙古赤峰阿鲁科尔沁宝山村 1 号辽墓（天赞二年，923 年）出土壁画中，绘有放置在同一张花毯上的一只壶门桌和一张靠背椅（线图 61），从比例来看，图中的靠背椅坐面高度似仍较矮，而搭脑高度则大约合乎人体肩部。椅子整体采用枋材构造，搭脑平直，末端出头且向上弯转，每侧腿部都带有两根细横枨，靠背上搭有一张红色带花纹的椅披，而椅子本身则似髹有黑漆，在椅子坐面以下的转角部位，可见金色的金属饰件描写，整体构造精巧，装饰华丽。

图 2—65　郑州华南城范阳卢氏夫人墓东壁出土砖雕壁画

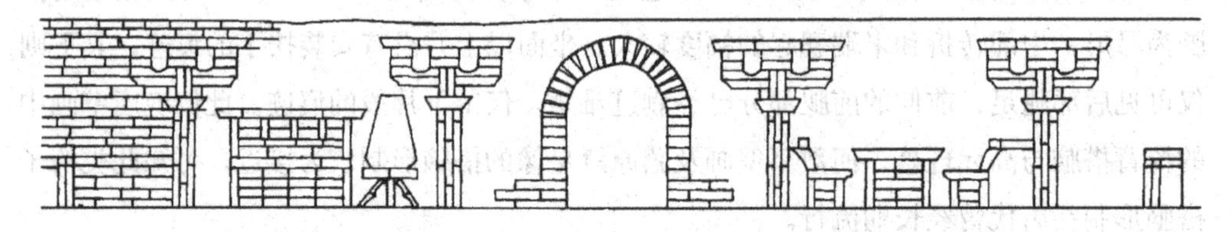

图 2—66　山东临沂市药材站 M1 号晚唐墓出土砖雕壁画线描

晚唐五代是砖雕壁画墓极为流行的时代，墓主身份遍及贵族、富裕百姓或中下官吏阶层，数例晚唐五代时期靠背椅的图像资料多与桌案配合出现，也显示出经过相当长时段的传播和应用，高型坐具已经开始在社会生活中占据中心地位，逐渐走上体系化的发展方向，与之相关的一切家具，都处在空间尺度逐渐升高的过程之中。

（四）杌凳（线图 6、线图 32、线图 62—66）

凳子最早也出现于西亚、北非地区，后逐渐向地中海地区和南亚、中亚地区传播发展。巴格达博物馆藏的一块公元前 2700 年的钻孔浮雕板《宴会与狩猎场景》中，雕有数件侧放的四腿坐凳（图 2—67），坐凳的坐面是下凹的弧面，腿间横枨上部还有一根支撑坐面的短竖枨，其设计显示出相当的成熟度。土耳其大马士革博物馆所藏的公元前2400年左右的古巴比伦雪花石膏雕像《伊什塔尔神庙的祈祷者像》，人物坐在一张前部带有平板形脚踏的方形坐凳上，作于公元前18世纪的古巴比伦汉谟拉比法典碑上部雕刻的汉谟拉比王，也坐于方形坐凳。[①] 早期埃及（第三王朝，公元前2700年左右）的坐凳的凳脚常雕刻成兽足的形制，到了新王朝时期，方凳最流行式样的形制特征与前述西亚两河流域发现的《宴会与狩猎场景》浮雕十分相似，微凹的坐面常采用芦苇或灯芯草编织而成[②]，带有一定弹性（图2—68）。

图2—67　巴格达博物馆藏《宴会与狩猎场景》浮雕板

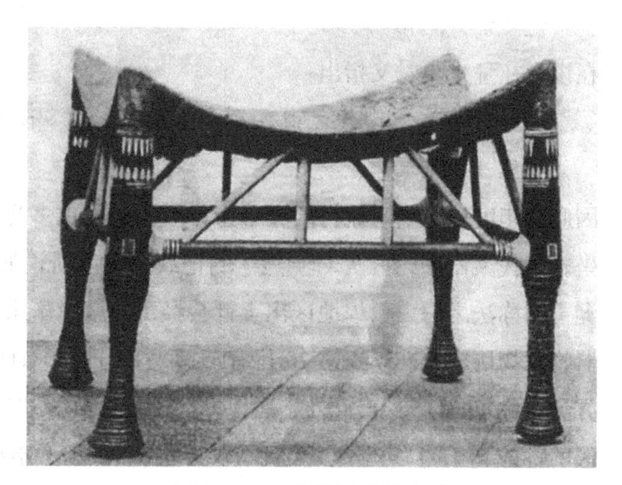

图2—68　古埃及方形坐凳

敦煌莫高窟第257窟南壁北魏壁画《贤愚经变·沙弥守戒自杀品》中绘制有僧人坐在方凳上的形象（图2—69），画面中的方凳高度约在人的膝部以上。此外，大同云岗石窟第6窟南壁中层的北魏佛龛雕刻中，文殊菩萨和维摩诘分坐在一张四足的矮凳上[③]。这些带有四腿的凳子的制作，应是与直脚床和绳床同时期或稍晚传入我国的。杌凳的形态简约、相对易于制作，尽管在魏晋之前的长时段里，中国人基本都传承着席地作息的生活习惯，但在劳作所需的身体姿态驱使下，已经出现了杌凳的雏形。如江苏铜山县洪楼村出土东汉《纺织画像石》中，有一名织工在纺机架沿上垂足而坐，[④] 江苏邳州市陆井墓出土的东汉《六博画像石》左侧，一名饲牛小童似乎就是坐在一张矮凳上的（图2—70）。从这些劳作中的人体垂足而坐的形象资料中观察，我们并不能排除在外来的凳子样式进入我国之前，原始简陋的杌凳已经自然而然地出现了，但由于

① 高火编著：《古代西亚艺术》，河北教育出版社2003年版，第43、70页图。

② ［美］莱斯利·皮娜：《家具史（公元前3000—2000年）》，中国林业出版社2014年版，第3页。

③ 李裕群主编：《中国美术全集：石窟寺雕塑》，黄山书社2010年版，第289页图。

④ 信立祥主编：《中国美术全集：画像石画像砖》，黄山书社2009年版，第366页上图。

所属的社会等级较低，它们并不被社会中上层所重视和应用，对当时的生活习惯尚未发生太大的影响。直到初唐或盛唐时期，受到佛教文化的推动，杌凳才比较缓慢地逐渐流行起来。

唐代僧人义净曾于7世纪下半叶到过印度，他在描述印度僧人的起居生活时提道：

西方僧众将食之时，必须人人净洗手足，各各别踞小床。高可七寸，方才一尺。藤绳织内，脚圆且轻。卑幼之流，小拈随事，双足蹋地，前置盘盂。

在讲到礼拜坐具时又指出：

西国讲堂食堂之内，元来不置大床，多设木枯并小床子，听讲食时，用将踞坐，斯其本法矣。①

因此，印度地区当时流行的凳子为方形，坐面也多为绳编成，但坐面窄小，仅可容垂脚坐。唐代文献中，并无对“凳”的记载，义净所说的“小床”、“小床子”，应为唐人对凳子的称法之一。敦煌地区出土社会经济文献《辛未年正月六日沙弥善胜从师慈恩领来器物食物历》（P.3638）第20行有：“新方床子壹，纳官”，② 则唐时小凳称“小床（子）”，方凳则称“方床子”。此外，唐代的凳子还可称为“杌”。宋代以后，民间常称方形、圆形的各式凳子为“兀子”、“杌子”、“杌凳”，木旁指称材质，“兀”则为象形而生之义。如北宋司马光《书仪》卷五“丧仪一”载：“主人置杖、坐兀子，不设坐褥，或设白褥。”③ 南宋冯椅《厚斋易学》云：“四德阙一不成乾，如兀子少一足即不成”④，此处兀子显然是方形四足。清代以来的考据家一般都认为“杌子”之名起源于宋，如清顾张思《土风录》认为：“椅本作倚，以可倚靠也。《正韵》始作椅，盖以木所成，故从木，读倚。杌子之名，亦起于宋。”⑤ 实际上，在北魏《齐民要术》卷五“种桑柘”中就已有记载：“春采者，必须长梯高杌”⑥，只是此时的杌子是用来登高的垫脚承具。查考敦煌社会经济文献《付什物数目抄录》（S.4525），第10行记有“丹地木杌一个”⑦，所指可能就是一张红漆凳，

① （唐）义净撰，王邦维注解：《南海寄归内法传校注》，中华书局1995年版，卷一“食坐小床”条，第32页，卷三“师资之道”条，第148页。

② 唐耕耦、陆宏基：《敦煌社会经济文献真迹释录》第三辑，全国图书馆文献微缩复制中心1990年版，第116页。

③ （宋）司马光：《司马氏书仪》，清雍正二年（1724年）汪亮采刻本。

④ （宋）冯椅：《厚斋易学》卷五，《文渊阁四库全书》本。

⑤ （清）顾张思：《土风录》卷三“太师椅”条，上海古籍出版社2015年版，第55页。

⑥ （北魏）贾思勰：《齐民要术》卷五，《四部丛刊》本。

⑦ 唐耕耦、陆宏基：《敦煌社会经济文献真迹释录》第三辑，全国图书馆文献微缩复制中心1990年版，第50页。

S.4525号文书并无纪年，但据其中所记“楪子”、“大银椀”等名物的书写形式，与敦煌地区出土唐末至五代时期文献一致，因此，称凳为“杌”必定至少从唐代就已经开始了。元人笔记《东南记闻》载南宋韩淲佚事：“仲止贫益甚。客至，不能具胡床，只木杌子而已。”① 从中可见，由于杌凳出现后的功能之一是用来踩踏登高的踏脚器，直至宋时，在人们的一般认识当中，杌凳所属的社会等级都比较低，在人们的眼中远不如外来的折叠凳“胡床”高级。因此，它是否单纯是一种外来家具样式，是值得继续考证研究的一个问题。

图2—69 莫高窟257窟南壁北魏《贤愚经变》局部

图2—70 江苏邳州市陆井墓出土东汉《六博画像石》局部

入唐以后，僧俗坐杌凳的描绘在石窟壁画和传世名画中可见的数量逐渐增多，但使用的场合及功能比较驳杂。初唐画家阎立本《萧翼赚兰亭图》的两个宋代摹本中，萧翼皆垂脚坐在一张枋材构造框架、腿间有枨的四腿方凳上（线图62、线图63），其中辽宁省博物院藏北宋本中的杌凳上画有横向的细条纹，似对竹片类材料制成凳子坐面的描绘。莫高窟第329窟北壁初唐壁画《弥勒经变·剃度图》中（图2—71），正在接受剃度的一人坐在一只方凳上，足间未见安装横枨。莫高窟第323窟北壁初唐佛传故事画《佛图澄与石虎》中，后赵皇帝石虎所坐的壶门床边，放置着一条腿间有枨的方凳（线图6）。五代画家卫贤所绘《高士图》中，梁鸿坐榻右侧，放置有一具前后两侧腿间有枨的四腿方凳（线图32）。杌凳在唐代也经常用来踩踏登高，如敦煌莫高窟第445窟北壁盛唐壁画《弥勒经变·女剃度》中（图2—72），正在为女子剃度的一名女尼脚踩一只方杌凳；莫高窟第186窟北披东侧中唐壁画《弥勒经变》的“一种七收”段落中（线

① （元）佚名：《东南纪闻》卷一，《文渊阁四库全书》本。

图64），绘有一人站在四腿圆面高杌凳上扬场；第61窟南壁五代壁画《弥勒经变》中（线图65），一人站在方杌凳上扬场；莫高窟146窟北壁《药师经变·燃灯供养》中（线图66），绘有一人踩在方杌凳上为供养灯具添加灯油。

图2—71　莫高窟329窟北壁初唐《剃度图》局部

图2—72　莫高窟445窟北壁盛唐《女剃度》局部

除了四足杌凳，唐代还存在一些三足的凳子，敦煌地区出土社会经济文献《后晋天福七年（942年）某寺交割常住什物点检历》（S.1642）第25—26行，记载有“叁脚床子壹”。唐代文献中，尚未见将坐卧用的床榻称为“床子”的用例，而在敦煌地区出土经济文献中，常见在小型器物后加“子”的用例，如“椀子”、“楪子”、“杓子”等，法门寺出土《监送真身使随负供养道具及恩赐金银器衣物帐碑》也多在小型金银器后加“子”字。由此看来，S.1642号《点检历》中的“叁脚床子”应亦属杌凳。在莫高窟第156窟西披晚唐壁画《弥勒经变》，画有一人踏在圆面三足的高杌上扬场的情景[①]。山东临沂市药材站M1号晚唐墓出土砖雕壁画（图2—66）中，一只放置在柜子右侧的三脚杌凳上放置着罐状物。可见唐代时杌凳除了方形四足形制外，也有不少圆面三足杌凳的存在。

观察上文列出的图像资料，无论是用来垂足而坐还是用来登高，唐代的杌凳凳腿也多用枋材制成，视坐面高矮情况需要，腿间装横枨与不装者皆有，但如宋代以后凳子坐面与腿足间加装的牙条或角牙一类加固构件尚未出现，这些与唐代绳床、椅子的情况都是一致的。

① 王维玉主编：《敦煌石窟全集：科学技术画卷》，香港：商务印书馆2001年版，第64页图56。

（五）长凳（线图 12、线图 67—74）

长凳指坐面为长方形，带有四腿，高度可供垂脚坐的长条形凳子。在印度博帕尔近郊孔雀王朝阿育王时期（前 3 世纪）建造的桑奇大塔西门北柱《天界园林图》中，就可看到数张长凳的浮雕形象（图 2—73）。这种坐具在我国的产生和流行，应当也是受到佛教文化东传的影响。佛经典籍中有一种被称为“长床”的坐具，与长凳的形制有一定的对应关系，《十诵律》“因缘品”记载：

图 2—73　印度桑奇大塔西门北柱正面浮雕《天界园林图》局部

> 优波离问佛：几许为长床坐处？佛言：极小床容四人坐处，是名为长床。①

“长床”既能容四人同坐，又是“极小床”，床形应属窄长的条形。从敦煌壁画中，我们也可以发现四名僧人同坐一张长凳的情景（图 2—74）。但“长床”之名，却不见载于

图 2—74　莫高窟 12 窟南壁晚唐《弥勒经变》局部

图 2—75　辽宁集安高句丽壁画墓《家宴图》

① （后秦）弗若多罗、鸠摩罗什等译：《十诵律》卷第六十一，《大正新修大藏经》第 23 册，台湾新文丰出版公司 1983 年版，第 466 页。

唐代及其以前的中国历史文献，因此它们在当时的具体名称我们尚不清楚。魏晋南北朝时期，传世可见的图像资料中能确定为长凳的例子较少，长凳似乎还没有从直脚床中分离出来，成为专门的坐具。辽宁集安高句丽壁画墓（约当4世纪末至5世纪初）出土的墓室壁画中，绘有一人坐在长凳上的形象（图2—75），该凳坐面非常厚，凳脚和同一画面的数件桌子的腿部接地处都向外弯折为曲尺状，尽管它显示出长凳在北朝时期已经在东北地区流行，但这种特殊的地域性家具腿部形制在我国的其他图像资料中还没有看到相似的例子。

图2—76　莫高窟113窟北壁盛唐《婚礼图》局部

图2—77　莫高窟148窟南壁盛唐《婚礼图》局部

入唐以后，长凳的使用情况大约从盛唐至中唐时期后开始逐渐多见。敦煌莫高窟第113窟北壁盛唐壁画《婚礼图》中（图2—76），两列宾客盘腿对坐在一张大型直脚床上，床的中间部位摆放着食品。敦煌莫高窟第148窟南壁盛唐壁画《婚礼图》中（图2—77），两列宾客对坐在一张整体披罩有帷幔的大桌边，从画面左侧男宾客所坐坐具的腿足特征来看，数人共坐的是一张四腿长凳。将这两个所属时代接近的宴饮场景进行对比，可以看出大型的长凳不仅和直脚床有着相近的结构方式，甚至很有可能就是从坐卧两用的直脚床中分化出来的专门坐具，这体现了新旧坐姿、新旧饮食习惯交汇融合的时代，家具的形制发展和应用上的复杂性。盛唐以后的图像资料中，乡饮聚会时高桌和长凳的相配使用成为一种习见的模式。出土于1987年的陕西西安南里王村唐代韦氏家族墓的墓室壁画《宴饮图》（线图69），画面的中心位置绘有数名男子围坐在一张大食桌的周围饮食的场景。每三人共坐一只坐面宽大的长凳，各人或为双腿盘坐，或为一腿盘坐，一腿下垂。凳的高度似不高，腿间无枨，凳面为紫红色，可能经过染色髹漆或铺有坐褥，该墓的时代约当盛唐至中唐前期。中晚唐时期的敦煌壁画中，多人共坐的宴饮场景中使用的大型长凳腿间开始出现管脚枨。如莫高窟第360窟中唐壁画《维摩诘经变·方便品》（线图 71）中的长凳，在腿间相同位置装有四根横枨，莫高窟第 108 窟五代壁画《维摩诘经变·方便品》（线图 74）中，宾客所坐的四腿长凳左右两侧窄边各装有一根横枨，显示出这种新型坐具在高度升高、应用日益普遍的发展过程中，构造的稳固性上也有所改善。

除了数人共坐、多用于宴饮场合的大长凳，可供一至二人垂脚坐的小型长凳在唐代也很多见。莫高窟第 217 窟南壁盛唐壁画《法华经变》中，两人共坐在一只小型长方凳上，凳腿之间无管脚枨（线图 12）。榆林第 32 窟西壁五代壁画《梵网经变》中，绘有两名各坐一长方凳的僧人，凳子的左右两侧腿间加装了管脚枨（线图 73）。除了敦煌壁画外，其他图像资料中也出现过一些唐代小型长凳的形象。2013 年出土于西安长安西兆村 M16 盛唐墓的壁画《仕女图》中，两名正在摆弄乐器的女子共坐在一只长方凳上，坐姿皆为一腿盘起、一腿垂下，凳子腿间无枨（线图 67），此墓属时约当武周时期至开元之前[①]。陕西西安南里王村唐墓出土的一组屏风画中，绘有一贵妇单人垂足坐于树下的长凳上（线图 70），该凳左右两侧腿间各带有一根位置近地的管脚枨，凳面以透明彩色颜料绘有红、绿色。法国国家图书馆藏敦煌出土公元 10 世纪纸本《观音经变图卷》（P.4513）中，观音示现长者身，坐在一只四足长凳上（图 2—78），凳足间无枨，枋材截面似带有上细下粗的收分，凳子的框架为淡橙粉色，面心则在浅灰绿地上绘有黄绿色斑纹，似为对彩绘装饰的描绘，在唐末至五代长凳的图像资料中，属于较为罕见的华丽风格。

图 2—78 法国国家图书馆藏《观音经变图卷局部》

纵观唐代图像资料中出现的杌凳和长凳，都属于传统家具结构体系中的无束腰一类。宋代以后，无束腰家具的腿部多用圆材，且上细下粗、带有侧脚收分。而唐代的方凳和长凳腿部多用枋材，用材粗硕且基本不带侧脚，部分似有收分，显示出一定的初创性，相比于绳床、椅子，杌凳和长凳在当时恐怕并非是一种高档家具，制作上比较粗疏，使用的场合更多是在室外。

① 程旭：《长安地区新发现的唐墓壁画》，《文物》2014 年第 12 期，第 79 页。

（六）筌蹄、坐墩

1. 筌蹄（线图 75—78）

南北朝以来，圆形、中部带有束腰的坐具筌蹄就已经从佛教造像、僧侣的专用坐具转而成为世俗生活中的坐具，在唐代筌蹄也依然流行。唐代的历史文献，称筌蹄为“筌台”，“筌蹄”一词没有发现坐具义的用例，段公路《北户录》中“五色藤筌蹄”条云：

> 琼州出五色藤合子、书囊之类，细于锦绮，亦藤工之妙手也。新州作五色藤筌台，皆一时之精绝者。梁刘孝仪《谢太子五色藤筌蹄一枚》云：“炎州采藤，丽穷绮褥”，得非筌台与蹄语讹欤！①

《通典》卷六载海丰郡（循州）的贡物中，也记载有“筌台一具”②，则唐代的坐具筌蹄一般写为“筌台”，因此段公路见到南朝梁时文献中的“筌蹄”一词的时候，会认为这属于传写或语音的讹误。

筌蹄通常以竹、藤编制而成，韧性极佳的藤类植物制器时很方便制成圆形，尤其是制作筌蹄的上佳材料。当代私人收藏家奥缶斋所藏的一件北朝持筌蹄侍女俑上（图2—79），我们可以清晰地看到被一名站立的侍女夹持在腋下的筌蹄坐面为微凹的硬质实体，坐面以下至圈足则是中空的形态，与文献记载的藤制筌蹄特征非常吻合。相类似的侍女持筌蹄的形象，在陕西三原唐贞观三年（631 年）李寿墓石椁线刻画中也能见到（线图 75）。可见与胡床的使用情况相似，从南北朝到唐代，筌蹄多由随侍者携带，灵活地应用在室内外各种场合。山西太原市王郭村出土的隋代中亚鱼国人虞弘墓发现的石椁浮雕中，有多个画面出现了筌蹄形象，如第八块椁壁所刻的《休息饮乐图》（图2—80），墓主人手持酒碗，以一腿垂地，一腿曲盘的身姿坐在一具筌蹄上。图中的筌蹄束腰上下带有竖向的线刻痕，或为对编织物或外束丝织品的描绘。唐代的敦煌图像资料中，僧俗男女坐于筌蹄的图像很常见，莫高窟第 331 窟东壁《法华经·序品》（线图76），四天王都垂脚坐在筌蹄上。莫高窟 445 窟盛唐壁画《弥勒经变·女剃度》中（图2—81），正在接受剃度的妇女所坐的筌蹄绘为深色，下部中空，也显然为藤类制成。法国国家图书馆藏敦煌出土晚唐纸本《观音经变图卷》（P.4513）中，观音示现为婆罗门身，坐在一只似由藤或蒲草编织成的筌蹄上（图 2—82）。

有趣的是，目前考古发掘出土的坐姿三彩女俑常坐筌蹄。如 1964 年河南洛阳唐墓出土三彩倭坠髻女坐俑（线图 77）、1953 年陕西西安王家坟 11 号唐墓出土的三彩女坐

---

① （唐）段公路：《北户录》卷三，商务印书馆本 1936 年《丛书集成初编》本《异物志·北户录》合辑，第 41 页。

② （唐）杜佑：《通典》卷一〇七《食货六·赋税下》，中华书局 1992 年版，第 131 页。

图 2—79　北朝持筌蹄侍女俑
（私人收藏）

图 2—80　山西太原隋代虞弘墓出土
《休息饮乐图》局部

俑、1955 年于西安市郊王家坟 90 号唐墓出土梳妆女坐俑（线图 78），皆是如此。可见，这种轻便小巧的坐具在当时受到了女性的欢迎，或者多为女性所使用。沈从文先生在《中国古代服饰研究》“唐着半臂坐熏笼妇女及大髻小袖衣妇女”条中认为，这类坐具是“战国以来，妇女熏香取暖专用的坐具”①，名为熏笼。考察文献，西汉史游《急就篇》卷三“篝”字，颜师古注云：“篝，一名笿，盛杯器也，亦以为熏笼，楚人谓之墙居。”② 从篝、笿等字的部首来看，香器熏笼也确实常用竹、藤编制。南朝张敞《东宫旧事》载：“太子纳妃，有漆画手巾薰笼二，又大被薰笼三，衣薰笼三。”③ 说明熏笼有大有小，用以为不同尺幅大小的日用纺织品熏香。魏晋以来是否有坐、熏两用的熏笼存在，文献中似乎并不存在明显的证据，白居易诗《后宫词》中有“红颜未老恩先断，斜倚熏笼坐到明”句，南唐后主李煜《谢新恩》词也有“樱花落尽阶前月，象床愁倚熏笼”的句子，似乎熏笼与女性的坐姿相关时，通常是将熏笼放置在身侧倚靠，利用它燃烧香料时散发的温度取暖，并无坐在熏笼上的可能。关于隋唐时熏笼的形制，2008 年河南安阳市置度村八号隋墓出土有一件《捧熏笼侍女俑》，其形略似鼓墩，在侧面带有

① 沈从文：《中国古代服饰研究》，上海书店出版社 1997 年版，第 312 页。
② （汉）史游著，（唐）颜师古注：《急就篇》，明崇祯毛氏汲古阁刊本。
③ （宋）李昉等：《太平御览》卷七百十一，中华书局 1960 年版，第 3169 页。

两个熏孔，与筌蹄差异明显。① 因此，三彩女坐俑所坐的束腰形坐具实为筌蹄，关于它是战国以来我国早已有之的香器熏笼的论断，恐为沈从文先生之误。从形制上观察，坐具筌蹄在公元3世纪的印度纳加尔朱纳康达佛教遗址出土《佛传图》浮雕中已经出现（图1—42），它在形制上与魏晋南北朝以来的佛教造像中常见的束腰莲花座更具相关性，应属一种魏晋时期从印度、中亚一带传入的带有浓厚佛教文化色彩的新型坐具，而并非本土文化的创制。

图2—81　莫高窟445窟盛唐壁画《弥勒经变》局部

图2—82　法国国家图书馆藏《观音经变图卷局部》

2. 坐墩（线图79—线图85）

筌蹄的流行，促进了藤编坐具的创新发展，入唐以后，一种后世通常称为“鼓墩”、“坐墩”的圆桶形或圆鼓形坐凳开始出现在图绘资料上。唐代时，坐墩似乎被叫作“敦子”，《安禄山事迹》载天宝六载玄宗赐安禄山的一批物品中，包括“白檀香木细绳床一张，绣草敦子三十个”②，“敦子”列在绳床之后，应当也是一种坐具名。这种坐具的源头，应当也与通过丝绸之路传来的异族文化相关，在美索不达米亚北部玛里地区发掘的作于约公元前2400年的玛里总督埃比赫·伊勒石像中，人物就坐在一只圆桶形高凳上（图2—83），圆凳上雕刻出的一层层的编织肌理，所描绘的材质类似于某种柔韧的草或细藤。这种藤编圆凳很早就传到了印度，并体现在以犍陀罗艺术为代表的印度佛教艺术中。前述公元3世纪印度《佛传图》浮雕中（图1—42），画面左下角的一人垂足坐在圆鼓形坐凳上。出土于印度斯瓦特窣堵波遗址的佛传题材浮雕《托胎图》（约1世纪），净饭王坐在华丽的宝座上，左右两侧的阿私陀仙人和那罗达多则分别坐在圆

① 孔铭德：《河南安阳市置度村八号隋墓发掘简报》，《考古》2010年第4期，图版拾：4。

② （唐）姚汝能：《安禄山事迹》卷上，上海古籍出版社1983年版，第6页。

墩形坐具上（图2—84）。因此坐墩大约也是随佛教一同由丝绸之路传入的，只是它的传入较绳床、胡床、筌蹄略晚，直至唐代，它在中土的传播和流行方体现在敦煌壁画当中。

图2—83 玛里总督埃比赫·伊勒石像

图2—84 印度斯瓦特窣堵波遗址出土浮雕《托胎图》

从敦煌壁画等图像资料来看，盛唐及其以后，坐墩在僧俗的日常生活中都是十分常见的。莫高窟第148窟东壁门北盛唐壁画《药师经变·九横死》中，可见一僧人半趺坐在圆鼓形坐墩上（线图79），坐墩体量较大，以黑褐色绘制底色，上有黄色圆圈花样，当是墩上装饰有彩绘或附有织物锦套外披。坐墩在俗众中的使用似也很普遍，2003年在陕西蒲城县出土的唐玄宗之兄宁王李宪墓（742年）中出土壁画《贵妇观乐舞图》尽管剥蚀较严重，但仍可看出图中贵妇坐在一张藤编圆墩上。① 现藏于美国弗利尔美术馆，旧传原本为唐阎立本所绘、今本为元明人摹本的《锁谏图》中，十六国前赵皇帝刘聪坐在一张形体较大、编制华丽的藤坐墩上（线图81）。莫高窟第85窟晚唐《双恩记经变》壁画"树下弹琴"段落中，绘制有一弹琴男子与一听琴妇女分别坐在绿地黄花图案坐墩上的形象（线图84）。法国国家图书馆收藏的一幅出土于敦煌地区的晚唐纸本画稿中（P.2002V），绘有一男子坐于坐墩与一扶杖老者对语的形象（图2—85），图中坐墩坐面有交叉菱格纹，墩腹则为四方连续的回纹，或是对藤编纹理的描绘。

除了较随意的单个人使用外，坐墩还出现在宗教集会、俗众宴饮这样的正式场合。榆林窟第25窟北壁中唐壁画《弥勒经变·剃度图》中，受剃者坐于圆桶形坐墩上（图2—86，线图82）。榆林窟第25窟北壁中唐《弥勒经变·嫁娶图》中，外侧的一名女

① 陕西省考古研究所编著：《唐李宪墓发掘报告》，科学出版社2005年版，第154页图一六二。

图 2—85 法国国家图书馆藏晚唐纸本白描人物画稿

图 2—86 榆林窟第 25 窟北壁中唐《剃度图》局部

宾客坐于坐墩（线图 83）。莫高窟 196 窟晚唐壁画《嫁娶图》中，绘制有数名宾客对坐于一张放置在幄帐中的大食案两侧的图像，图中可以清晰地看到，外侧数人都坐在圆鼓形坐墩上（图 2—87）。如此多不同的使用场合，说明坐墩在唐代社会生活中的流行程度颇广。

图 2—87 莫高窟 196 窟晚唐《嫁娶图》

宋代以后，筌蹄的使用日益稀少，而坐墩却一直被人们所喜爱，明代、清代家具中，都存在坐墩的身影。除了仍有藤编的构造外，更多地采用木材制作，由于形似鼓形，它又被称为“鼓墩”，外附丝织品，便可称为“绣墩”，在唐以后的中国家具史上始终占有一席之地。

二、壶门构造在高型坐具中的应用

随着垂足高坐的逐渐流行，以壶门式独坐榻为代表的传统坐具开始了自身的发展演变。受到外来高坐习俗的影响，一些在壶门榻的基础上演变出的高型坐具，使传统坐具的面貌为之焕然一新，走上了一个新的发展阶段。由于传统的壶门独坐榻在形制上与大型的坐卧两用壶门床榻没有根本性差别，本章第一节已将独坐榻归入"坐卧具"中一并加以讲述，本小节因此不列专条，以下部分集中讲述在魏晋南北朝以前的传统壶门家具基础上发展而来的、形制特征与之一脉相承的各种唐代高型坐具。

（一）高座（线图 86—90）

高座是一种特殊的壶门式独坐榻，常见于初唐以后的宗教题材壁画等图像资料。相关描绘多为高僧坐于约半人多至一人高的宽大壶门坐台上，为四周站立或跪坐于地面的僧俗信众说法的情景。由于它专用于说法讲经，无睡眠其上的情理，因而将之归类于坐具中加以论述。

《高僧传》记载：

> 帛尸梨密多罗，此云吉友，西域人，时人呼为高座。传云国王之子，当承继世，而以国让弟。暗轨太伯，既而悟心天启，遂为沙门。……晋永嘉中，始到中国。①

据此晋代时中原地区已经有了供高僧说法使用的高座，并且对高僧本人，也可以用"高座"加以代称。查阅佛经典籍，其中有不少关于僧侣禁坐"高广大床"的记载，如《四分律》记载的沙弥十戒中即有："尽形寿不得高广大床上坐，是谓沙弥戒。"② 由于出家人坐于高广的床榻上，容易自满自足，起轻慢之心，因此成为一种初出家人的禁忌。但对于高僧来说，升上高座说法讲经，既可显示佛理的高超，亦能激起俗世大众的尊奉心理。《四分律》还记载有佛陀对传戒的仪轨规定：

> 一处有大众来集说戒者，声音大小，众不悉闻。诸比丘往白佛。佛言：自今已去，听当在众中立说戒。犹故不闻，应在众中敷高座，极令高好，座上说戒。犹故不闻，应作转轮高座，平立手及在上座说戒。③

故此，高座是高僧演法、讲经、传戒的专用坐具，为庄重其事，高僧升座时规定有严格的仪轨。为表达佛法的尊崇地位，它甚至出现在为最高统治者说法的场合里。《出三藏记集》记载鸠摩罗什在西域地区受到的礼遇："西域诸国伏什神俊，咸共崇仰。每至讲

---

① （南朝梁）释慧皎撰，汤用彤校注，汤一玄整理：《高僧传》卷一《译经上》，中华书局 1992 年版，第 29 页。

② （后秦）佛陀耶舍、竺佛念等译：《四分律》卷第三十四，《大正新修大藏经》第 22 册，台湾新文丰出版公司 1983 年版，第 810 页。

③ （后秦）佛陀耶舍、竺佛念等译：《四分律》卷第三十六，《大正新修大藏经》第 22 册，台湾新文丰出版公司 1983 年版，第 822 页。

说，诸王长跪高座之侧，令什践其膝以登焉。”① 类似的情况也出现在中国，莫高窟第323窟初唐壁画《隋文帝祈雨》中（线图86），昙延法师盘腿坐于一具带托泥的壶门式高座上，向踞坐在壶门榻上的隋文帝讲解天旱不雨的因缘。图中隋文帝所坐壶门榻较高座矮得多，且足下无托泥，显示出对高僧的尊崇心理。再如莫高窟盛唐113窟《弥勒经变》、中唐112窟、361窟《金刚经变》中的高座（图2—88、线图87、线图88），其前皆有僧徒或信众跪坐听法，座高约当于时人的身高。坐于高座上的法师受到无上的礼遇，高座也因此带有一定的象征意味，从南北朝时起，它又被呼之为“宝座”。《广弘明集》卷二十收录梁简文帝《大法颂》中就有“峨峨宝座，郁郁名香。法徒学侣，尘沙堵墙”的句子。

图2—88　敦煌113窟北壁盛唐《弥勒经变》局部

图2—89　莫高窟303窟隋代《法华经变》局部

既然高座是一种佛经中有明确规定的宗教性坐具，它最早的样式可能是域外传来的。莫高窟第303窟隋代壁画《法华经变·普门品与见宝塔品》（图1—39）中绘制的绳床，尺度较高，床下有数人踞坐听法，可能就属于高座。此外坐面以下呈须弥座样式的高僧坐具，也可能是早期的高座。莫高窟第303窟隋代壁画《法华经变·观世音菩萨普门品》就可以见到观世音示现为宰官身，坐在带帐的高须弥座上讲法，座下跪立群僧听讲的情景（图2—89）。前文第一章已对壶门的历史传承过程加以论述，作为一种极具代表性的中国本土家具经典腿部构造，《出三藏记集》所记载的鸠摩罗什在西域地区受到诸国礼遇，践国王膝以登的高座必定并非壶门形制。然而入唐以后的图绘资料中的高座，腿部多与传统的壶门床榻一致，只是坐面以下的壶门脚制作得特别高。这显示出，在外来家具样式传入的同时，佛教文化中带有礼仪、地位象征意义的高等级宗教坐具也受到中原传统的影响，很快转而采用了当时公认的经典、豪华形制。在当时人看

① （南朝梁）释僧佑撰，苏晋仁、萧炼子点校：《出三藏记集》卷十四《鸠摩罗什传》，中华书局1995年版，第531页。

来，带有壶门腿的箱板式家具远比外来的四腿框架式家具高贵，更能体现出使用者受到的尊崇以及使用场合的庄严，因此只有移植壶门床榻的样式来制作高座，方才足以彰显人们对佛法的崇信。

唐代绘画资料中的壶门式高座，通常都以托泥接地。坐面下为单个壶门的高座在隋至初唐时期多见，盛唐以后，各面平列两壶门的高座则更多，显示出构造上趋于华丽复杂的倾向。这种华丽倾向，还表现在在高座上增设坐帐和屏风，《法苑珠林》卷五十五《感应缘》记载了这样一件佚事：

> 晋司空庐江何充，字次道，弱而信法，心业甚精。常于斋堂置一空座，筵帐精华，络以珠宝，设之积年，庶降神民。后大会，道俗甚盛。坐次一僧，容服粗垢，神情低陋，出自众中，径升其座，拱默而已，无所言说。一堂骇怪，谓其谬僻。充亦不平，嫌于颜色。及行中食，此僧饭于高座，饭毕，提钵出堂，顾谓充曰："何侯徒劳精进！"因掷钵空中，陵空而去。①

据此则增饰华丽、带有宝帐的高座，东晋就开始出现。唐代史籍也记载了统治者把崇佛心理投射在为高座增设华丽装饰方面的例子，《新唐书》记载：

> 懿宗成安国祠，赐宝坐二，度高二丈，构以沈檀，涂髹，镂龙凤葩蘤，金扣之，上施复坐，陈经几其前，四隅立瑞鸟神人，高数尺。磴道以升，前被绣囊锦襜，珍丽精绝。②

唐懿宗是特别崇佛的一位晚唐帝王，他在长安安国寺中新建安国祠并下赐两件高座，每件高达二丈。按照主要作为定乐律、修建宗庙礼仪建筑标准的唐小尺，每尺约合24.69厘米，二丈约合今5米左右；以唐大尺计，则约合5.3米左右（当以坐帐顶部为始端度量方合情理），在当时的建筑空间当中陈放，这种尺度已是极高。高座上还另施坐位，称为"复坐"，座前陈设经案，重以帘幕帐饰，通过专门制作的阶梯方能升座。这件高座使用沉、檀之类香料制作，用黄金加固边角构件结合部位。除髹漆以外，外表增饰的"镂龙凤葩蘤，金扣之"工艺，应即唐代流行的金银平脱装饰工艺。

从整个中国家具史上来说，这样大型的家具可谓华丽已极，陈设高座用来讲经传法的建筑环境，需要相当大的空间进深与梁架高度。法师升座讲法的盛况，我们可以通过敦煌壁画《维摩诘经变》主题中维摩诘坐具的描绘见其一斑。佛教信徒认为，修行法华信仰，死后可以往生西方阿弥陀国，而《维摩诘经》中又倡导"直心是净土"，于是维摩诘信仰就成为佛教净土信仰的重要内容。《维摩诘经变》在唐代各时期敦煌法华经变壁画两侧反复出现，初唐时期203窟（线图21）、334窟中的维摩诘（图2—20），

① （唐）释道世撰，周叔迦、苏晋仁校注：《法苑珠林校注》卷五十五"感应缘"条，中华书局2003年版，第1544页。

② （宋）宋祁、欧阳修等：《新唐书》卷一八一《李蔚传》，中华书局1975年版，第5354页。

坐在正常高度约及膝、平列数个壸门的独坐榻上，榻前设有栅足经案，榻上设有屏风、坐帐，这在当时已经是十分华丽的坐榻。时代较前两窟稍晚的初唐第220窟中，开始出现坐在壸门式带屏帐高座上的维摩诘形象，帐顶上飘来维摩诘向须弥灯王佛借来的三万二千狮子座，高座的高度约当四周站立听法的各国王子、官属的耳际，此图奠定了维摩诘坐高座的图案的基本格局①。其后的盛唐第103窟、中唐第159窟、晚唐第9窟、五代第61窟、第98窟等洞窟中，类似的图像一直延续出现，维摩诘所坐高座进一步升高，有的坐面高度超过站立者的头部以上。

图2—90　莫高窟103窟初唐《维摩诘经变》局部

图2—91　莫高窟9窟晚唐《维摩诘经变》局部

盛唐103窟《维摩诘经变》（图2—90、线图89）画工极为出色，对维摩诘神态的刻画为敦煌诸窟之首，图中的描绘应与当时的真实高座非常接近。高座前放置的栅足经案的高度远低于座高，约在人体腰部以上，案上陈设香供养器。高座正、侧面皆平列双壸门。座面以上安装六扇围屏，屏扇边缘为红色，屏心上有矩形小格，其内贴饰有书法作品。帐构与座身分体，从图中可以明显看出延伸至地的浅色圆柱帐构的描绘。矩形的座帐帐顶亦为红色，上部飘浮数件金狮床，从帐顶隆起的幅度推测，应属覆斗形顶。浅色帐缘绘饰唐草纹理，周沿垂下用饰带约束成波浪形的短帷。此图中对维摩诘"瘦骨清象"的形象描绘十分出色，对带屏帐高座的描绘，却并不过分华丽增饰，显示出一种文人气象。由于座面过高，没有登踏之物很难升座，应存在床梯一类的配套设置，敦煌地

① 段文杰主编:《中国敦煌壁画全集：初唐》，天津人民美术出版社2006年版，第59页图六九。

区出土社会经济文献中亦有对床梯的记录，如《后周显德五年（958年）某寺法律尼戒性等交割常住什物点检历状》(S.1776)（二）第3行记载有“床梯壹”①，需要借梯而登的床，显然属于讲法用的高座。在敦煌壁画的相关描绘中，尚未发现床梯的形象，有可能在高僧升座之后，床梯即被搬离，以显示其坐处位置的高不可攀。中晚唐以后，随着崇佛的风气更甚，壁画中维摩诘所坐高座更趋华丽。第159窟中唐《维摩诘经变》中（线图90），维摩诘所坐的高座为覆斗形帐顶，坐面高于人的头顶，腿部各面平列两壶门，座身以红绿两色相间搭配，所附的屏风上饰有大朵的团窠纹，其图式在敦煌地区出土的彩色夹缬丝织品残片上相当常见，应为对夹缬染织品装饰床屏的真实描绘。晚唐第9窟（图2—91）、五代第98窟（图4—25）中的高座，设色更趋浓丽，在各细节部位的装饰都较前两例更加华美，高座坐面上的席褥边缘饰有与屏风夹缬图案色调相一致的菱形团窠纹，显然为织锦或彩夹缬所制。

坐在高座上能体现学识见解的超人一等，唐代宗教场合流行高座的同时，它也被应用在其他议政、谈学的环境。《唐国史补》记载：“鱼朝恩于国子监高座讲《易》，尽言《鼎卦》，以挫元、王。”②《开元天宝遗事》记载了唐明皇主持的一次经学与时务辩论：

> 明皇于勤政楼以七宝装成山座，高七尺。召诸学士讲议经旨及时务，胜者得升焉。惟张九龄论辨风生，升此座，余人不可阶也，时论美之。③

这些在讲经议政的场合里设置的高座，和席地而坐时代为尊者设置“重席”的情理近似，但空间高度的大幅跃升，使中心人物的超然地位更为显著。宋明以来，皇帝的宝座下设有层阶高台的情况成为常式，当是受到了唐代高座文化的潜在影响。

（二）壶门式凳（线图32、线图91—94）

受到高型坐具流行的影响，从图像资料来看，壶门式的凳大约在盛唐时开始出现，它与壶门高座一样体现出该形制在唐代家具中的中心地位。

敦煌莫高窟第445窟北壁左侧盛唐壁画《弥勒经变·三会说法》中，绘有两名僧人坐在壶门脚长方凳上的形象（线图91），壶门脚下无托泥。同一个画面的左下位置所绘的《弥勒经变·舞乐图》中，坐在幄中参加宴饮的两列宾客分别对坐在壶门长凳上（图2—92）。这同一幅壁画中出现的两例壶门凳都与相同形制的壶门桌配合使用，在视觉上显得十分和谐，也说明此类家具的产生和流行，到当时可能已有不短的时间。再如莫

① 唐耕耦、陆宏基：《敦煌社会经济文献真迹释录》第三辑，全国图书馆文献微缩复制中心1990年版，第24页。

② （唐）李肇、赵璘：《唐国史补·因话录》，上海古籍出版社1957年版，第23页。

③ （五代）王仁裕：《开元天宝遗事》卷上“开元·七宝山座”条，中华书局1985年版，第2页。

高窟第85窟窟顶西披晚唐壁画《弥勒经变·婚礼图》中，男女宾客对坐在一张带有桌披的高桌前，图中可见女宾客所坐的坐具为一张带有托泥的壶门式长凳（线图92）。除了壶门式长凳，唐代的方凳也有壶门形制的制作，在五代画家卫贤《高士图》中，就绘有一只放置在廊柱间的壶门方凳（线图32），由于坐面较小，各面为单壶门。

在唐代的图像资料中圆形壶门凳出现得比较少，敦煌壁画中有数例疑似的例子，如第126窟南壁中唐《观无量寿经变》下部屏风画中，有一具壶门圆凳（线图93），但此例图像也有可能是一圆形承具。在现藏于大英图书馆的敦煌纸本彩绘《观世音菩萨普门品》（P.6983，唐末至五代初期，9世纪末—10世纪初）册子中，其中一图绘有两人坐在带托泥圆形壶门凳上对坐饮酒的形象（线图94），画面中间摆放食物的则是一张带托泥圆形壶门桌，显示出此时期不但圆形壶门凳制作已相当成熟，而且更大型的圆形壶门形制家具在制作上也是并不困难的。

图2—92　莫高窟445窟北壁盛唐《弥勒经变》局部

（三）月牙杌子（线图95—101）

月牙杌子又叫月牙凳[①]，是一种唐代出现的新型坐凳，它的凳面略呈半圆，整个凳面形似弯月，后世因以得名。传世的唐代仕女画中，贵族女性常坐在月牙杌子上，但同时期的历史文献中并未出现对它的记载。北宋孟元老《东京梦华录》卷六载：

> 正月十四日，车驾幸五岳观迎祥池，有对御。至晚还内，……执御从物，如金交椅、唾盂、水罐、果垒、掌扇、缨绋之类。御椅子皆黄罗珠蹙，背座则亲从官执之。诸班直皆幞头，锦袄束带。每常驾出，有红纱帖金烛笼二百对，元宵加以琉璃玉柱掌扇灯，快行家各执红纱珠络灯笼。驾将至，则围子

① 月牙杌子或月牙凳皆为今人根据此类坐具的形象而起的名称，如中国文物学会专家委员会编《中国文物大辞典（下）》列有"月牙杌子"、"月牙凳"专条（中央编译出版社2008年版，第765页），吴山主编《中国工艺美术大辞典》有"唐代月牙杌子"专条（江苏美术出版社1999年版，392页），崔咏雪《中国家具史——坐具篇》亦有专节论"月牙凳"，所指的都是唐代仕女画中出现的这种新型坐具，但这种坐具在唐代的名称，因史籍未载尚未能详。下文所论唐圈椅的情况亦与之相类，因此皆从今人对这些唐代坐具的通行称呼进行行文论述。

数重外，有一人捧月样兀子。①

孟元老为两宋之间人，在当时，这种坐具名之为“月样兀子”，是为皇帝出行接驾所备，与同段文献中所载的金交椅、御椅子等级相当或略低，可见其在唐宋间向为高等级贵族坐具。

传世唐代仕女画中出现月牙杌子形象的有以下数种。

表 2–1　传世唐代仕女画对月牙杌子的描绘情况

作者	名称	典藏地	原作年代
张萱	《捣练图》(宋摹)	美国波士顿博物馆	盛唐（8 世纪上半叶）
周昉	《调琴啜茗图》(宋摹)	美国密苏里州堪萨斯市纳尔逊·艾金斯艺术博物馆	中唐（8 世纪下半叶至 9 世纪初）
周昉	《挥扇仕女图》	北京故宫博物院	中唐（8 世纪下半叶至 9 世纪初）
周昉	《内人双陆图》(宋摹)	美国弗利尔美术馆	中唐（8 世纪下半叶至 9 世纪初）
佚名	《宫乐图》(宋摹)	台北“故宫博物院”	晚唐（8 世纪下半叶至 9 世纪初）
周文矩	《宫中图》(宋摹)	美国克里夫兰艺术博物馆、哈佛大学福格博物馆、哈佛大学意大利文艺复兴研究中心及大都会艺术博物馆	五代南唐（10 世纪中叶）

以上所列几乎包括了传世唐代仕女画最重要的画家和作品，从中不难看出，月牙杌子在唐代贵族女性生活中的重要性，以下选取其中数例加以分析。

唐张萱《捣练图》原图创作年代最早，其中的月牙杌子（线图 95），杌面为椭方形，下部的腿部带有明显的壶门式形制特征，坐面边沿中部带有一个花眼，内穿丝绦，垂于壶门开光之间，腿足至地端为较为尖锐的“L”形板片。《挥扇仕女图》是目前书画界研究者公认在传世的传为周昉的绘画作品中最接近中唐“周家样”风格，制作年代较《簪花仕女图》等著名仕女画更早的作品。图中所绘月牙杌子（图 2—93、线图 96）坐面为平面，正面为人体所掩，但可推论边缘应为平直或略向内弯，后侧边缘呈联为一体的圆弧形。共四腿，腿部皆为薄板所造，前腿横截面为“L”形，后腿横截面为“C”形，随着向下伸展，四腿皆向内略收，带有细致的弯曲弧度。坐面边沿下带有波浪形的牙条，和腿部的板片合围为壶门形。腿足中部的板片略向两侧展开再收束，修造出椭圆

① （宋）孟元老：《东京梦华录》卷六“十四日车驾幸五岳观”条，中华书局 1982 年版，第 170 页。

的花形，脚部近地处的轮廓再次展开，呈圆润的半圆形落地。该月牙凳装饰华美，坐面以上为浅色，坐面边沿和四腿都以染色或髹漆工艺涂为深色，并彩绘团花纹装饰。坐面面沿中部有圆眼，中部穿孔系丝绦垂于腿间，腿中部略宽的椭圆花形部位也有圆形花眼状装饰，与上部相互呼应。

图 2—93 （唐）周昉《挥扇仕女图》局部

图 2—94 （唐）佚名《宫乐图》局部

在基本构造以及装饰风格上，上表中的其他传世仕女画如《调琴啜茗图》、《内人双陆图》中的月牙杌子（线图 97、线图 98）与《挥扇仕女图》是一致的。而张萱《捣练图》创作年代较此三例都要早，可惜的是原画不存，藏于美国波士顿博物馆的今传本传为宋徽宗所摹，假设此摹本比较忠实于原作，那么此图所绘略呈椭方形的月牙杌子与年代较后的数件作品中的半圆形或腰圆形月牙杌子相对照，或许正体现出这类坐具在形制上由方转圆的一个发展过程。

佚名《宫乐图》（图 3—46）原作约作于晚唐时期，此图表现的是宫中妇女围坐大桌宴饮共乐的场面，因此画面里出现的月牙杌子比较多，并且图中右侧和下方有三只是没有坐人、可观全貌的，这在传世的月牙杌子图像资料中十分难得（图 2—94，线图 99）。从没有坐人的杌子来看，杌子前侧边沿向内弯曲，后侧则为弧形，坐面整体呈略向下凹的腰圆形，增加了舒适性。其中两只画于画面下方的杌子由于带有透视，面沿与腿部间似并不以壶门轮廓的牙条合围，但从画面中其他视角较低的杌子上观察，它们实际上与前数例唐代仕女画中的月牙杌子一样在坐面边沿下方也带有壶门形轮廓。杌子腿部形制与前几例相似，但似更为纤细。在装饰方面，坐面髹红漆并绘金、银色花纹，与面沿部位的绿色对比强烈，面沿中部亦穿系丝绦垂饰于腿间。五代南唐画家周文矩的《宫中图》（南宋摹本）被割裂为四段流入美国，分藏于数地，全图绘有八十名人物，作为五代时期仕女画的代表之作，全卷中女性所坐的坐具中，除三只唐圈椅、一壶门床、一腰舆外，其余皆为月牙杌子，从画面人体未遮蔽的部分来看，一些月牙杌子的坐面似为腰圆形或椭圆形（图 2—96），而现藏于哈佛大学福格研究所的一段中，绘有一只并未坐人的杌子，被一名女子用来放置箜篌，则是典型的腰圆形坐面（线图 100）。

数例合并来看，可以归纳出唐代月牙杌子的基本情况。其一，月牙杌子约出现于盛唐时期，并在中唐时期开始由椭方形向月牙形（包括半圆、椭圆、腰圆等变体）坐面设计过渡，在其后的整个唐代都很流行；其二，它是一种贵族生活中常见的女性坐具，因此形制婉约，装饰华丽，多配以彩绘、镶嵌、丝织品，带有强烈的女性色彩；其三，从腿部的板材构造、面沿和腿间的曲线轮廓观察，月牙杌子明显是由不带托泥的壶门床榻形制演进发展而来的；其三，坐面的俯视轮廓，有半圆形和一侧略向内凹的腰圆形等变化，坐面面板有平面和略向下凹两种做法，显示出当时同类体式家具的具体构造方式相当灵活，不拘于一律。壶门床榻常作方或长方形，下部的腿采用平板挖雕做法制成，魏晋以来，制作工艺已经非常成熟了。以《挥扇仕女图》中的月牙杌子来具体分析，月牙杌子的后侧两腿，需要将整块的厚板材加以挖凿，雕造成带有外凸弧度和花形轮廓的弧形薄板，对工匠的技术水平要求很高，并且在基本体式的基础上，还要采用各种工艺手段加以进一步美化。将月牙杌子视为传统家具制作工艺在唐代的重要发展，应不为过度夸饰之语。

根据前述宋代孟元老《东京梦华录》中的记载，“月样杌子”是帝王出行时迎驾必备的坐具，因此在后世，这种贵族坐具的使用大约逐渐不区分男女。前蜀高祖王建永陵（918 年）中出土的墓主石像，蜀主王建所坐的就是一张月牙杌子（图 2—95）。据《前蜀王建墓发掘报告》的考证，这种帝王出行时所坐的“月样杌子”，宋时称之为“驾头”。[①]《梦溪笔谈》卷一云：

> 正衙法坐，香木为之，加金饰，四足，堕角，其前小偃，织藤冒之。每车驾出幸，则使老内臣车上抱之，曰“驾头”。[②]

由于人体的遮挡，王建像杌子的前侧形制不可见，而从左、右、后侧立面来观察，杌子的后半部分略呈海棠形，如其前半略有内凹，则其形制与《梦溪笔谈》记载的正好完全一致。这种前侧内凹，后侧委角呈花瓣状的木制坐具，制作上当然要求更高的工艺水平，是五代时期月样杌子形制的新发展。此外，这只石雕杌子的前、后腿安装在坐面面沿以下的正中部位，而非通常的两侧，在唐代仕女画中与之相类的，只有《调琴啜茗图》（线图 97）一例，这种造法在传统坐具中十分少见，但这或许是唐式月牙杌子通行的形

---

① 冯汉骥：《前蜀王建墓发掘报告》，文物出版社 2002 年版，第 70—72 页。

② （宋）沈括著，金良年、胡小静译：《梦溪笔谈全译》，上海古籍出版社 2013 年版，第 1 页。

制之一。

五代时期月牙杌子图像资料中还有另一个值得注意的例子，即出土于内蒙古赤峰阿鲁科尔沁旗宝山村2号辽墓（约10世纪上半叶）的壁画《寄锦图》（线图101）。图中绘有一名双手持月牙杌子的侍女，杌子被抬起较高，恰好可以让我们得以了解它下部的构造，从坐面以下有交织线绳的描绘来看，相当部分的月牙杌子坐面可能是丝绳或细藤编织成的软面。更重要的是，该图中杌子牙条与腿部用相异的颜色绘出，且接合处绘有斜向墨线，显示出在五代至北宋初期，月牙杌子的弧状壶门已经分解为多个牙板，它们相互间的接合方式是上端切出45°角斜肩后接合的，唐末五代时期出现的鹤膝式床榻上部的牙板安装方式亦与此类同（图2—26）。这个家具板面结构的重要发展，在节省材料和工艺技术的科学性上都对后世家具带来了巨大的影响，并推动了宋明家具上插肩榫式榫卯设计的产生。

图2—95　永陵出土王建石像线描

明清家具中存在不少六方、圆、梅花、扇面、海棠等异形坐面的四面平、有束腰凳子，牙条、腿部交圈相连，多做鼓腿膨牙、三弯等各式马蹄足，在造型和审美取向上，应是唐式月牙杌子的发展延续。唐代月牙杌子腿部使用弧面板材、明清各种花式杌子则多使用弧状线材，正体现出箱板式家具向框架式家具的转型过程和发展结果。而后世的一切成熟的传统体式，都可以从其历史发展的上游回溯，从而清晰地体察出一脉相承、不断革新的文化脉络与演变思路。

（五）唐圈椅（线图102—104）

圈椅是一种靠背和扶手一体联成、形成椅圈的椅子样式，它与月牙杌子一样，出现在唐代绘画对贵族妇女日常生活的场景描绘里，唐代文献资料中也未见对时人创制和使用这种新式坐具的有关记载，由于它与明清家具中流行而为世人所熟知的圈椅形象有所不同，学术界通常称之为“唐圈椅”。关于唐代圈椅是否主要是妇女坐具的问题，不像月牙杌子一样明确。在元代画家任人发的《张果见明皇图》中，唐明皇就坐在一张嵌金镶宝的唐式圈椅上。[1] 由于古代画家对唐宋古画资料的了解远较今人广阔，不能排除该画所绘唐代皇帝（男性）坐圈椅的情况是有所根据的。

周昉《挥扇仕女图》（线图102），是目前可见的唯一一件描绘有圈椅、且绘制年代比较可靠的唐代图像资料。图中描绘一位贵妇手执团扇慵懒地倚坐在圈椅上，椅子的下部形制和月牙杌子基本相同，侧、后部作圆弧形，腿部明显可见微凸的弧状板面构造。安装在坐面边沿以上的靠背和扶手连成一体，靠背略高、扶手略低，形成圆弧状的坡度，包围起人体的手臂和背部，显得相当舒适。坐面边沿上平列多根竖枨用以支撑弧形椅圈，扶手末端带有向外弯转的圆弧形托手。此外，整个椅子还用墨线绘出细密的花纹，腿间亦垂系有丝绦，装饰风格与唐画中的月牙杌子类同，带有富丽华美的特色。

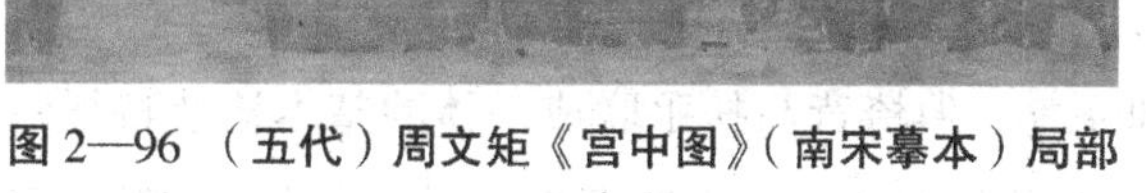

图2—96 （五代）周文矩《宫中图》（南宋摹本）局部

图2—97 （明）杜堇《宫中图》局部

稍晚一些的绘画作品中，也可以见到对圈椅的描绘，现存的五代画家周文矩作品《宫中图》南宋摹本中，也绘制有两件圈椅，由于原作年代去唐未远，也可作为唐代圈椅式样的参考。现存于美国克里夫兰艺术博物馆的一段《宫中图》的圈椅（图2—96），椅子的腿部作框架式的四条直腿构造，腿间加装有一条横枨，前腿与靠背立柱为一木连做，与《挥扇仕女图》中圈椅的式样差异较大。考虑到历代名画的临摹者常根据当代的流行样式对古画的内容加以改动，中国绘画史上的类似例子比比皆是，如传世的明唐寅本《韩熙载夜宴图》、明本、清院本《清明上河图》等，《宫中图》的南宋摹本

① 盛天晔主编：《历代经典绘画解析：元代人物卷》，湖北美术出版社2012年版，第28页。

很可能也是如此。由于工艺水平的限制和贵族审美风尚的影响，唐代圈椅腿部的设计不太可能产生断层式的变革，脱离与月牙杌子类同的壶门板面构造而很快地走向立柱框架式。查考后代的图绘资料，明代画家杜堇的《宫中图》（图2—97）“听乐”一段画面，也同样摹自五代周文矩本，其中圈椅腿部正与《挥扇仕女图》相同，腿足为板片式，扶手立柱是另外安装在坐面上的，与腿部并非一木连做，或可看做对原图更忠实的反映，也证实唐代圈椅下部的样式与月牙杌子有可靠的亲缘关系。而现藏于美国哈佛大学意大利文艺复兴研究中心的《宫中图》南宋摹本的另一段中，则绘有两只唐圈椅（线图103、线图104），其形制与杜堇本《宫中图》中唐圈椅一致，且皆为椅子的后部视角（一具为一仕女所倚坐，一具为两宫女正在搬抬），可补《挥扇仕女图》之缺，是我们今天了解唐圈椅形制细节的宝贵资料。

观察《宫中图》中唐圈椅的椅圈构造，椅圈与坐面边沿间安装的竖枨比较密集，哈佛大学意大利文艺复兴研究中心本《宫中图》中，仕女所坐的那具唐圈椅的靠背竖枨（线图103），实为数块带有壶门开光的板片连缀而成，具有更显著的唐制特征，而壶门板片下部带有如意云头纹的小站牙，则多见于南宋绘画中的壶门式家具。椅圈横枨所用的圆弧形材料的前后高度基本一致，并不像《挥扇仕女图》中的例子为后高前低的样式。为便人体头肩部位倚靠，椅圈的中部安装两根竖柱，承托一只末端向后侧弯转的弓形托首。椅子靠背的顶部加装托首，可见于宋代椅子样式中，如现藏于台北故宫博物院的宋画《春游晚归图》中所绘的圆后背交椅就带有荷叶形的托首，从《宫中图》中的两只唐圈椅来看，这种创制可能在唐末五代时期就已经出现了。从席地而坐时期中国已有的家具样式来考察，唐圈椅一体化的靠背和扶手，乃至部分圈椅上部加装的托首构件，是当时的木作匠师从三国、魏晋以来流行的三足曲面凭几（图1—27）的构造中吸取灵感，将它安装到了月牙杌子的坐面上。

宋代以后，圈椅的形制不断得到完善，但椅背与扶手联成一体的基本构造特征一直延续了下去。到了明代，圈椅最终定型为圆材结体、上圆下方、开合有度、婉转秀挺的经典样式，成为中国传统文化中追求天人合一、和谐自然的宇宙观念的代表性器物。这种令人叹服的造物哲学，起始于唐代家具匠师将曲凭几与月牙杌子合二为一的创制。尽管与明式圈椅相比，唐圈椅厚重端凝的形制、富丽华美的装饰风格都显示出与明式圈椅大相径庭的审美追求，但如果从中国坐具的创生与发展史来看，唐代圈椅是在外来家具样式和高座起居生活方式的冲击之下，从中国传统家具构造体系中一脉传承、独立发展而来的第一个椅子式样，其中的重大意义显而易见，无待多言。

（六）人力担抬坐具

“舆”和“辇”都是以人力担抬的行道坐具，由于它们通常在宫廷和贵族家内使用，范围不出宫室与步障、行障之间，因此下文将之列为唐代家具的一种加以考述。考察唐代绘画资料，所见的辇舆一类担乘坐具可分为带有顶盖的步辇、担子和不带顶盖的腰舆两类。

1. 步辇、担子（线图 105—109）

“辇”原为一种宫廷中使用的通过人力挽牵而行进的车，原本有车轮，并且配有羽扇与小盖。《尔雅 · 释训》：“辇者，人挽车也。”郑玄注《周礼》：“辇车不言饰，后居宫中从容所乘，但漆之而已，为辁轮，人挽之以行。有翣，所以御风尘，以羽作小盖，为翳日也。”[①] 据《说文》“有幅曰轮，无幅曰辁”，所谓“辁轮”即整板修造成的车轮，古时有轮的辇车不适合远行，而以人力牵拉行进的情态由此可知。大约在汉代，辇车始作无轮之制，成为抬舁器具。据《唐六典》载：“古谓人牵为辇，春秋宋万以乘车辇其母。秦始皇乃去其轮而舆之，汉代遂为人君之乘。”[②]《隋书 · 礼仪志》载：“初，齐武帝造大小辇，并如轺车，但无轮毂，下横辕轭。”又云：“今辇制象轺车，而不施轮，通幰朱络，饰以金玉，用人荷之。”[③] 东晋顾恺之《女史箴图》中“婕妤辞辇”段所绘的辇，平底无轮，底边有杠，上施厢盖，共由八人将辇抬舁于肩而行[④]。山西大同出土的北魏司马金龙墓漆画烈女故事屏风中绘制的一幅四人抬舁的步辇，也与前例类似（图 2—98）。

图 2—98　北魏司马金龙墓出土屏风漆画《烈女古贤图 · 婕妤辞辇》

敦煌壁画中绘有多幅步辇的形象，如莫高窟第 323 窟南壁初唐《佛教东传故事画 · 隋文帝迎昙延法师入朝》（线图 105），法师盘坐在六人抬的步辇上，辇上带有顶帐，帐上饰有莲花、博山等装饰。莫高窟第 148 窟西壁盛唐壁画《法华经变》描绘佛祖涅槃后的大出殡场面（图 2—99），众人将释迦彩棺置于步辇内抬舁。步辇下为两层带围栏的彩绘高台，底层高台两侧边缘装杠，供行人将步辇抬于肩上行进。第二层高

① （汉）郑玄注，（唐）贾公彦疏：《周礼注疏》卷二十七，北京大学出版社 1999 年版，第 721 页。

② （唐）张说、李林甫等：《唐六典》卷十一《殿中省》，中华书局 1992 年版，第 331 页。

③ （唐）魏征等：《隋书》卷十，中华书局 1973 年版，第 192 页。

④ 聂崇正主编：《中国美术全集：卷轴画》，黄山书社 2009 年版，第 14—15 图。

台四角安装帐构，悬挂流苏宝帐，帐顶饰以两重向外展开的博山，一只凤凰展翅立于帐顶中央。此图所绘的步辇，不仅是盛唐时期崇佛历史的反映，更可能是当时画家所能想象出的步辇的最高级别。中唐第129窟北壁《弥勒经变·乘舆还宫》中也绘有一具舁人的步辇（线图106），结构和装饰虽较前例有所减损，但仍带有围栏和帐顶，顶部带有塔刹，形制宽大，坐面以上装有九根立柱，由四人肩扛前行，显示出步辇作为王者乘具的华贵气势。

图2—99　莫高窟148窟西壁盛唐《法华经变》局部

唐宋时期，文献所载由人力担抬的带顶盖辇具，还有一种被称为“担子”或“担舆”的类型，《唐会要》规定，诸亲及外命妇在入内庭朝见皇后时，“并不得乘担子，其尊属年老，敕赐担子者。不在此例。”①《旧唐书》亦载，房玄龄年老病危时，“及渐笃，追赴宫所，乘担舆入殿，将至御座乃下”。② 据此，担子（担舆）可能与步辇比较接近，是一种形式比较隆重的人力担抬坐具，在宫廷行走的年老力衰者或身份高贵的女性经过受赐方能使用。同时，在民间场合使用担子，更被视为是一种比乘车高级、能够显示身份的行为，这可能与担子是由人力担舁有关。司马光《书仪》“婚仪上”记载：

> 今妇人幸有毡车可乘，而世俗重担子，轻毡车。借使亲迎时，暂乘毡车，庸何伤哉。然人亦有性不能乘车，乘之即呕吐者，如此则自乘担子。其御轮三周之礼，更无所施，姆亦无所用矣。③

则宋时的担子与后世的轿子相似，除无轮外，带有厢板和顶盖，用于亲迎的担子，则与后世的花轿作用相似了。

陕西昭陵唐太宗第二十一女新城长公主墓出土的墓室壁画中绘有一幅《担子图》（线图107），根据下葬时间，该图的绘制时间约当唐高宗龙朔三年，即公元663年。图中所绘担子由四人肩扛，坐面以下为带托泥的壶门床式底座，坐面以上为仿建筑结构，四角起柱，柱间上端带有斗拱，挑起的顶部为仿建筑结构的五脊二坡式悬山顶，前后和左侧带有厢板，右侧面则为半开敞式，似乎体现出上下担子的方式并非从前侧进入，而

① （宋）王溥：《唐会要》卷二十六“命妇朝皇后”，中华书局1955年版，第493页。
② （后晋）刘昫等：《旧唐书》卷六十六《房玄龄传》，中华书局1975年版，第2464页。
③ （宋）司马光：《司马氏书仪》卷之三，江苏书局清同治七年（1868年）本。

是从其右侧面。担子内的坐面上还绘有圆形图案彩绘，因局部剥蚀难以辨识，很可能是对坐面上所加垫褥的描写，因此人体坐在其中的坐姿应属跪坐或盘坐。该图中的担子为典型的供宫廷女性乘坐的人力担抬坐具，与前几例敦煌壁画中情况相异的细节是，此例图中四人肩部所承的杠，并不是像步辇一样安装在底座部位，而是装在立柱上端靠近人字拱的部位，人坐在担子上，视线较低，似乎更适合在宫室间行走时所用，也更符合公主、命妇在宫中行走时的身份要求。2002 年陕西西安东兴置业 M 23 盛唐墓出土的壁画中，也有一幅《担子图》（图 2—100），该图的剥蚀状况也较为严重，但从画面中仍可看出由四人担抬的担子与新城长公主墓壁画中非常接近。担子底部为壶门底座，顶部为五脊二坡式，担杠安装的位置也很高，在柱顶的阑额部位。此外在内蒙古赤峰宝山 1 号辽墓石室西壁发现的一幅《高逸图》壁画中，也绘有一件担子，顶部为仿宫殿式建筑结构，抬杠亦安装在柱顶阑额部位，下部为壶门脚式底座，该墓的入葬年代为辽天赞二年（923 年）。[①] 这三例壁画中的担子形象由初唐延续到五代辽时期，形制基本一致，下部

图 2—100　陕西西安东兴置业M23 唐墓出土《担子图》

图 2—101　山东青州傅家画像石第 9 石线描

为壶门底座，上部为仿宫殿式建筑构造，抬扛的安装部位都在顶部，显然与前面数例中的步辇有所不同，但这是否是步辇和担子形制的根本区别，则须进一步考证。查阅唐代以前的考古资料，1971 年出土于山东青州一座北齐墓葬的傅家画像石中，第 9 石画像中绘有一由四马担抬的坐具（图 2—101），外形亦为悬山顶仿建筑式构造，前后侧带有厢板，右侧为半开敞式，并装有软帘，抬杠安装在底部，下有无托泥式单壶门腿足。傅家画像石中的担抬坐具，兼具有步辇与担子的形制特征，似乎是二者之间的一个过渡

① 齐晓光：《内蒙古赤峰宝山辽壁画墓发掘简报》，《文物》1998 年第 1 期，第 84 页图二九。

形态，抬杠的安装位置类于步辇，上部的仿宫殿式建筑形态类于担子。由此看来，担子是由步辇发展而来的一种仿木构建筑形制的人力担抬坐具，约在初唐时期，其基本形制才逐渐形成。

敦煌壁画中描绘的步辇和担子多为方形或长方形，到了晚唐时期，其形制则较多变化。如晚唐第156窟《张议潮夫人出行图》中由八人肩杠的担子[①]。辇底为六角形，底座下平列壶门，竖起六根立柱，向上挑起六脊盔顶，内部另设六角形壶门坐榻供人坐于其上，远看仿佛一座移动的亭子，形制精巧富有变化。2001年发掘的陕西宝鸡陵塬村五代李茂贞夫妇墓墓室庭院东壁、西壁分别发掘两幅担子图（线图108、线图109），形制亦为六角形，其中一件为单杠二人抬，另一件为双杠八人抬样式，杠的安装部位与方形担子基本一致。由于画面角度都为担子左侧，因此未见到上下担子的入口形制，但从双人抬的担子前后正中部位穿有抬杠的形制来分析，它的入口依然设置在右侧。由此看来，在主位人体的右侧面设置入口大约是南北朝晚期至五代时期担子的定式。大约为利于承重，李茂贞墓壁画中的担子下部的壶门部位出现了简化，各壶门板片以平列的数根短柱替代。除了入口位置以外，此时的担子与后世的坐轿外形已经非常接近，考古报告中亦将此二担子定名为“轿子”。

2. 腰舆（线图110—112）

“舆”初为车的总称，《说文·车部》：“舆，车舆也”，后也与“辇”近似，成为人力担抬坐具的专称。唐颜师古注《急就篇》“舆”曰：“着轮曰车，无轮曰舆。”[②] 元胡三省注《资治通鉴·齐纪九》“宝玄乘八掆舆”云：“掆，举也，八掆舆，盖八人举之，即今之平肩舆。舆，不帷不盖。萧子显曰：‘舆车形如轺车，下施八掆，人举之。’”[③]《隋书·礼仪制》：“今舆，制如辇而但小耳，宫苑宴私则御之。”又云：“天子至于下贱，通乘步舆，方四尺，上施隐膝，以及襻，举之。无禁限。载舆亦如之，但不施脚，以其就席便也。”[④] 据《隋书》的说法，步辇与步舆同属人力担抬的坐具，但和步辇相比，步舆更为小巧轻便，可通行于宫廷和民间。而舆基本的形制除了步舆外，还有载舆，步舆在坐面以下有脚，而载舆无脚，形制更加简便，在聚会场合可由侍者直接担抬着入席。

胡三省所说舆的形制为无帷无盖，是否是舆的通制，尚不可知。据《唐六典》记载，辇舆的制度分别有数种：

辇有七：一曰大凤辇，二曰大芳辇，三曰仙游辇，四曰小轻辇，五曰芳

---

① 段文杰主编：《中国敦煌壁画全集：敦煌晚唐》，天津美术出版社2006年版，第10页图一七。

② （汉）史游撰，（唐）颜师古注：《急就篇》卷三，明崇祯毛氏汲古阁刊本。

③ （宋）司马光编著，（元）胡三省音注：《资治通鉴》卷一四三《齐纪九》，中华书局1956年版，第4462—4463页。

④ （唐）魏征等：《隋书》卷十，中华书局1973年版，第210页。

亭辇，六曰大玉辇，七曰小玉辇。舆有三：一曰五色舆，二曰常平舆，其用如七辇之仪；三曰腰舆，则常御焉。①

据此则有可能所谓“五色舆”和“常平舆”是比较高等级的舆，属于可抬举至肩的“平肩舆”，其上可能有帷有盖，但当较辇要略小。而帝王日常所御的腰舆，则其上应当并无帷盖，抬至腰间行走并不危及上坐者的安全性，它的用法如《隋书》所记载，以双手抬举，辅以襻绳，抬舁高度至于腰间，因此被称为“腰舆”。《南史·萧泰传》载：“泰至州，便偏发人丁，使担腰舆扇伞等物，不限士庶。”②《旧唐书·阎立德传》载：“武德中，（立德）累除尚衣奉御，立德所造衮冕大裘等六服并腰舆伞扇，咸依典式，时人称之。”③ 则腰舆上虽不安装帷盖，但贵族出行时，会为之另外配备仪扇、伞盖等物，由专人持举，一方面用以障蔽护荫，另一方面隆重其事。

由此看来，故宫博物院所藏的传世名画唐阎立本《步辇图》（宋摹绢本）（线图110）中，唐太宗所坐之舁具实为唐制步舆中的“腰舆”，而并非步辇。《步辇图》的主题是唐太宗接见吐蕃使节，为何图中抬舁步舆的数名女子着舞女装束，是令近现代书画史研究者产生疑惑的一点，④ 但这并不妨碍我们通过它了解唐代腰舆的基本形制。画中腰舆由六人挽抬于腰间，前后正中抬舆之人将系在杠上的襻带挂于肩头，前后两侧各二女侧身助力抬舆。另有两女一前一后持仪扇，一女在后张开伞盖。唐太宗倚直面凭几，盘坐舆上，舆的坐面方平，上施白锦褥，坐面边框为细圆的直材，至末端展开为圆柄。舆面下带有截面为“L”形的壶门板片式腿足，不带托泥，据《隋书·礼仪志》的记载，此种腰舆当为上设“隐膝”几，底面下有足的“步舆”，而非无足的载舆。现藏于美国波士顿博物馆，传亦为阎立本所绘的《历代帝王图》（宋摹绢本）中（线图112），陈宣帝也前倚凭几，坐在一张类似的腰舆上，舆为六男子所抬，与《步辇图》一样，抬者二主四副，前后各另设一人持扇，这应当就是当时为腰舆配备仪仗的常式。

阎立本《步辇图》、《历代帝王图》所代表的，可能是初唐、盛唐时期腰舆的形制与仪仗制度。传世绘画中，现藏于美国克利夫兰艺术博物馆的五代画家周文矩《宫中图》南宋摹本中，绘有一盘坐在腰舆上的小女孩形象（线图112）。画面中的腰舆由两名宫女担抬，腰舆的下部为带托泥壶门脚，上部则带有屏背和扶手，抬杆、靠背搭脑和扶手末端，都雕刻为凤首形象，显然这是一件高等级的、由宫中身份高贵的女眷使用的担抬坐具。整体从形制上观察，《宫中图》中的腰舆很像一只带有抬杆的椅子，如坐面稍加缩小，人体改为垂脚坐，就与后世的轿椅没有什么本质区别，显示腰舆实为后世轿

① （唐）张说、李林甫等：《唐六典》卷十一《殿中省》，中华书局1992年版，第332页。
② （唐）李延寿：《南史》卷五二，中华书局1975年版，第1300页。
③ （后晋）刘昫等：《旧唐书》卷七十七，中华书局1975年版，第2679页。
④ 陈启伟：《名画说疑续编》，上海书店出版社2012年版，第62页。

椅的前身，而在唐末五代时期，腰舆的形制已经逐渐开始向轿椅过渡了。

三、佛像台座

由于我国高型坐具的发展，与佛教的传入息息相关，专门的佛像基座虽然没有被直接引入世俗生活，但却对之发生过实质性的影响，为便更为宏观地了解唐代坐具的发展过程，以下对主要的几种从丝绸之路传来、盛行于唐代的佛像台座形制及其与高坐家具体系的关联影响加以简要论述。

（一）几种佛像台座的基本形态

1. 须弥座（线图 113—118）

须弥座也称“须弥坛”、“金刚座”、“金刚台”，原是用于安放佛像的专门底座，在魏晋南北朝时期随着佛教的传入而进入中国后，被广泛地应用在宗教建筑如神龛、坛、台、塔、幢等的台基部分，其后在宫殿类高等级建筑物的基座上也常应用须弥座作为基座。“须弥”，是梵文 Sumeru 的音译，系指印度古佛教传说中的须弥山。据《长阿含经》第四部分《世纪经》载：

> 佛告诸比丘，如一日月周行四天下，光明所照，如是千世界。千世界中有千日月，千须弥山王。……尔所中千千世界，是为三千大千世界。……今此大地深十六万八千由旬，其边无际，地止于水。水深三千三十由旬，其边无际，水止于风。风深六千四十由旬，其边无际。比丘，其大海水深八万四千由旬，其边无际。须弥山王入海水中八万四千由旬，出海水上高八万四千由旬。……须弥山顶有三十三天宫，宝城七重，栏楯七重，罗网七重，行树七重。……须弥山北有天下，名郁单曰，其土正方，纵广一万由旬，人面亦方，像彼地形。须弥山东有天下，名弗于逮，其土正圆，纵广九千由旬，人面亦圆，像彼地形。须弥山西有天下，名俱耶尼，其土形如半月，纵广八千由旬，人面亦尔，像彼地形。须弥山南有天下，名阎浮提，其土南狭北广，纵广七千由旬，人面亦尔，像此地形。①

也就是说，须弥山是佛教的创世传说的中心，众生所住的四大部洲环绕须弥山而生，须弥山分为数层，分住各神族，须弥山中心的三十三天宫，则是帝释天的居所。佛教世界观认为，须弥山及其周围、海底，皆属“欲界”的范围，超出三十三天宫以上，则分属“色界”、“无色界”，它们依次代表佛法修行由下而上的诸层境界。于是佛教就以须弥座

---

① （后秦）佛陀耶舍、竺佛念译，恒强校注：《长阿含经》，线装书局 2012 年版，第 377—379 页。

作为须弥山的象征，以示佛的超越、崇高，以及对欲界众生的观照。

须弥座的中部带有束腰，上下两端由数层“叠涩”层层堆叠而成，逐层向外伸展，使平视面带有多层的水平线脚。中原地区最早的须弥座，出现于北魏，形式比较简单，叠涩多为单层，中部束腰高度与上下叠涩相当。其后在南北朝晚期至隋唐的石窟造像中，佛、菩萨坐须弥座的形象更为多见，叠涩层数增加，且中部束腰高度逐渐加高，有的还绘饰或制作成壶门形，在下部底层叠涩下往往再加饰一层莲瓣，并施以雕刻、彩绘等多种装饰手法。隋唐时期常见的须弥座形制约有方形、亚字形、八角形等几种。

（1）方形须弥座

方形须弥座在南北朝时期的石窟造像、壁画须弥座形象中出现得最早，并且也是后来使用得较多的一种。隋唐时期的典型如第387窟盛唐壁画《弥勒三会说法》中弥勒菩萨垂脚所坐的须弥座，上下各有三层叠涩，上下数各层叠涩涂饰不同的色彩装饰（线图115）。唐时部分须弥座的中部束腰较高，且修造出壶门形象，显然是受到了壶门床榻形制的影响。如莫高窟第18窟晚唐壁画《文殊菩萨像》须弥座中部的束腰部分，就通过彩绘手法装饰为壶门形，其内绘有动物纹样（图2—102），显示出中原传统坐具样式对佛像台座的显著影响。

图2—102　莫高窟18窟晚唐《文殊菩萨像》

图2—103　莫高窟第91窟西壁盛唐佛像

（2）“亚”字形须弥座

亚字形须弥座由方形须弥座发展而来，构造更为复杂，使须弥座在横、竖两个视觉层面上都带有多层的线脚转折，视觉上更为美观精巧（图2—103）。

（3）八角形须弥座

八角形须弥座在隋唐时期佛教造像中也有数见。莫高窟第244窟西壁隋代佛像，坐在八角形须弥座上，中部绘制的壶门形开光内部，还绘制有护法神像①。莫高窟第328窟西壁初唐释迦造像，亦坐于八角形须弥座（图2—104）。

图2—104　莫高窟328窟西壁初唐《释迦佛造像》

除了作为佛像台座，须弥座在唐代还出现了向卧具和承具发展的趋势，并对后世的家具发展产生了重要影响。例如莫高窟第159窟南壁中唐壁画《法华经变·方便品》中，释迦方便涅槃，侧卧于一张长方形榻上（线图116），从总体形制来看，这张卧榻上下带有明显的束腰和出檐，属于须弥座形制，但在束腰部位又制作出典型的平列多壶门的结构，是须弥座与壶门床的结合体。莫高窟第148窟西壁盛唐壁画《涅槃经变》中，释迦呈侧卧姿涅槃于一张长方形的须弥座。同一幅画面内众弟子分舍利的情节中，佛陀的舍利被放置在一张方形的须弥座上（线图117），须弥座彩绘装饰华丽，带有多层叠涩，中部束腰部位还带有四只向外伸展的花形腿足，与唐代流行的多足承物案的腿足样式十分接近（图3—64、图3—68）。第148窟东壁中唐《观无量寿经变·地想观》中，经文“于台两边，各有百亿华幢”的画面，绘有一座承具化的须弥座，座中部的束腰是以数个支撑座面的短柱构成的（线图118）。须弥座虽属典型的外来宗教艺术产物，但明式家具研究者王世襄先生曾推论，明清家具的两个主要框架结构体系之一“有束腰式”家具，正是须弥座与壶门床结构相结合的衍出物，从这些图像资料来看，王先生的观点确有其理，但其演变发展的过程，还有待更加细致的观察与考论。

2. 束腰莲座

束腰莲座的横截面通常呈圆形或椭圆形，与须弥座相似的是，它中部带有束腰，上下部分通常不作分层的叠涩结构，而是饰以上仰、下覆的莲花形雕刻，形态优美浑

① 李裕群主编：《中国美术全集：石窟寺雕塑》，黄山书社2010年版，第294页左图。

厚（图2—105）。莫高窟第231窟中唐壁画《萨迦耶倦寺瑞像》中，佛像所坐的仰覆莲座中束腰修造为镂空的壶门式结构，亦显示出中原家具形制对佛教造像基座的影响。[①] 仰覆莲座通常作为菩萨造像的底座，坐姿常采用半跏趺坐或垂足坐（线图119、线图120），六朝以来在佛教和世俗社会皆通行的坐具筌蹄，形制构造与它有明显的亲缘关系。

图2—105　莫高窟千相塔出土唐代《供养菩萨像》

图2—106　莫高窟257窟南壁北魏《贤愚经·沙弥守戒自杀品》局部

3. 方墩形座台

方墩形座台通常为菩萨所坐，从外形上看，四侧带有立壁，就是一个封闭形的立方体，坐面上敷有垫褥。这种形式的坐具最早出现在十六国时期的敦煌佛教造像中，在南北朝时期也可见数例（图2—59、图2—106），到隋唐时期则几未出现，是一种对汉传佛教影响较小的外来坐具样式。

4. 金狮床（线图121）

狮子崇拜起源于西亚，它被视为力量和权威的象征，现藏于巴格达博物馆的一只公元前30世纪末制作的西亚青铜斧上，就装饰有狮子的形象[②]。在坐具上雕刻狮子，当然也能显示使用者的权威地位。伊朗苏萨出土、现藏于法国卢浮宫博物馆的公元前2200年石雕《纳伦迪女神像》中，女神所坐的方形凳子下部两侧浮雕着狮子的形象（图2—107）。狮子也是古代埃及人的崇拜对象之一，公元前14世纪的第十八王朝法老图坦卡蒙陵墓中出土的宝座，椅腿雕为狮子形。对狮子的崇拜在后来的一千多年间，相继流传到中亚、南亚各地。

① 孙修身主编：《敦煌石窟全集：佛教东传故事画卷》，香港商务印书馆1999年版，第115页图98。

② 高火：《古代西亚艺术》，河北教育出版社2003年版，第7页上图。

佛教以"狮子吼"譬喻佛、菩萨讲法如狮子威服众兽，能以威德调伏众生。在坐具上雕刻狮子形象的风俗也很早就流传到了印度，这类坐具在佛经中称为"金狮床"、"金狮子座"、"狮子座"，成为佛像和高僧、国王的坐具，并随着佛教的传播，流行于中亚各国。《高僧传》记载鸠摩罗什游历龟兹国时：

> 停住二年，广诵大乘经论，洞其秘奥，龟兹王为造金狮子座。①

《魏书》亦记载当时的龟兹国：

> 其王姓白，即后凉吕光所立白震之后。其王头系彩带，垂之于后，坐金狮子床。②

这种习俗传至一些地区还发生了变异，不同的地区以本土化中的图腾代替狮子，雕造在国王的宝座上，如《北史》记载：

> 安国，汉时安息国也。王姓昭武氏，与康国王同族，字设力；妻，康国王女也。都在那密水南，城有五重，环以流水，宫殿皆平头。王坐金驼座，高七八尺，每听政，与妻相对，大臣三人，评理国事。
>
> 何国，都那密水南数里，旧是康居地也。其王姓昭武，亦康国王之族类，字敦。都城方二里，胜兵者千人。其王坐金羊座。③

这种流行于西域地区的风俗，从魏晋南北朝时期至隋唐皆然，唐代高僧玄奘在《大唐西域记》中记载了当时的印度使用金狮座的情况：

> 门辟东户，朝座东面。至于坐止，咸用绳床，王族、大人、士庶、豪右，庄饰有殊，规矩无异。君王朝座，弥复高广，珠玑间错，谓师子床，敷以细氎，蹈以宝机。凡百庶僚，随其所好，刻雕异类，莹饰奇珍。④

金狮床最早在十六国时期的北凉作为佛教造像的基座出现在中国。敦煌莫高窟第275窟西壁，雕有一尊坐在方墩形座上的交脚弥勒菩萨（图2—59），座侧左右各有一只圆雕的小狮子。北魏云岗石窟第9窟前室北壁交脚菩萨像所坐须弥座的座侧，左右圆雕狮子形象（图2—108）。由此可见，坐具本身的形制并无一定之式，只要上面饰有狮子形象，即可谓为金狮床。入唐以后，金狮床的样式进一步演化，在敦煌莫高窟332窟北壁初唐时期壁画《维摩诘经变·不思议品及供养品》中（图2—109，线图121），绘有五个随云飘动的须弥座，代表须弥灯王佛运送给维摩诘的三万二千狮子座。图中的须弥座两侧各带有一只前脚着地、后脚跃起的狮子形象，须弥座下带覆莲，束腰部分远高于上下叠涩，并修造成单个的壸门形，看上去更像是带有狮子装饰的壸门坐榻，显示

---

① （南朝梁）释慧皎：《高僧传》卷二，中华书局1992年版，第48页。

② （北齐）魏收：《魏书》卷一〇二《西域传》，中华书局1974年版，第2266页。

③ （唐）李延寿：《北史》卷九十七《西域传》，中华书局1974年版，第3234、3237—3238页。

④ （唐）玄奘：《大唐西域记》卷二《三国》，上海人民出版社1977年版，第34页。

图 2—107　卢浮宫博物馆藏《纳伦迪女神像》

图 2—108　大同云岗石窟第 9 窟北魏交脚菩萨像

出中原传统家具形制与外来宗教坐具的交融和相互影响。

除了上列数种常见的佛像台座外，南北朝以来，数量众多的鎏金铜佛造像中，出现了佛、菩萨站立或趺坐在壶门形台座上的形象（图 1—24），到隋唐佛教造像中，则更为盛行，这类造像，通常俗称为“板凳佛”。由于这显然是佛教传入中国以来，受到本土家具文化影响而出现的中国化佛像台座类型，它与中国的箱板式家具形制是同源的，此处不列专节加以论述。

图 2—109　莫高窟 332 窟北壁初唐《维摩诘经变·不思议品及供养品》局部

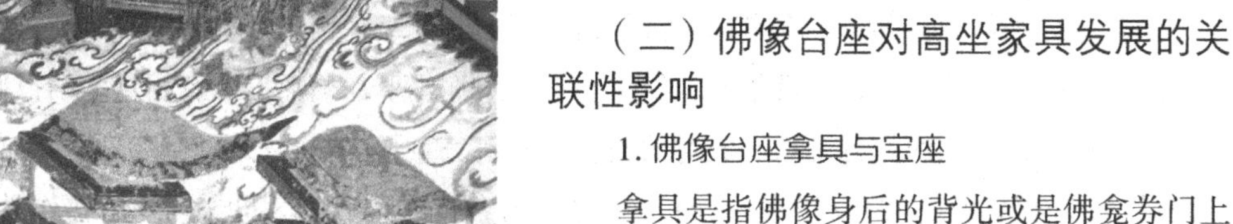

（二）佛像台座对高坐家具发展的关联性影响

1. 佛像台座拏具与宝座

拏具是指佛像身后的背光或是佛龛券门上的以动物象征组成的法相装饰，共有六种。乾隆时译自藏文的《佛说造像度量经》记载，它们分别是大鹏、鲸鱼、龙子、童男、兽王、象王，由于梵文中这些词的尾音都为“拏”，故称为六拏具。学界通常认为它是藏传佛教常见的一种佛像台座部件，然而《佛说造像度量经》中曾指出这些拏具“汉地旧有其式，故不具录”[①]，考察隋唐时代的汉地佛教造像，部分佛

① 张同标:《中印佛教造像源流与传播》，东南大学出版社 2013 年版，第 407 页。

像台座上确实带有拿具，并且从图像中来看，这些唐代佛像台座上的拿具与背光联为一体，出现了实体化为坐具靠背的倾向。一方面，这些拿具的应用可能对当时椅子的流行有一定的推进作用，更值得关注的是，它们隆重繁复的象征性形态可能对后世帝王宝座的设计产生了重要的影响。

约在公元2世纪，印度贵霜时代佛教造像上已经出现了拿具，出土于马土腊地区、约作于公元130年的红砂石造像《卡特拉佛陀坐像》的背光上，已经雕刻有童子形象，佛像台座的两侧还雕有狮子。[①] 到印度笈多时代的佛教造像上，佛像台座上的拿具种类又有所增加，萨尔纳特博物馆所藏、约制于公元470年的楚纳尔砂石造像《鹿野苑说法的佛陀》的背光部分，雕刻有童子、兽王（狮或马）（图2—110）。印度5世纪流行的拿具样式大约在6、7世纪传入我国，并表现在佛教造像上。目前可见最早的一例，出现在敦煌莫高窟第405窟北壁中央的隋代《弥勒说法图》上（图2—117），弥勒佛所坐的须弥座后部背光两侧，就带有童男、象王、摩羯等拿具形象。到了8世纪，敦煌壁画上的佛像拿具开始出现盛行的趋势，并多出现在弥勒造像的佛像台座背光当中。如莫高窟第208窟北壁盛唐《弥勒经变》、莫高窟第231窟北壁中唐《弥勒经变》壁画中的弥勒说法像，佛像台座背光的形制与隋代405窟中的相似，也为屏背，上部拱形轮廓带有数个尖拱，尖拱顶端各有一团火纹。背光上出现的拿具则有狮子、童子等。[②] 除了敦煌地区，唐代河南、四川等地的佛教造像上也出现了佛像台座拿具，如开凿于唐高宗咸亨四年（673年）的龙门石窟惠简洞西壁的弥勒坐像、[③] 开凿于唐末的大足北山石刻第10号释迦龛左侧的释迦像（图2—111），佛像台座后部的拿具都与前数例敦煌壁画中的形象十分类似。再如日本奈良国立博物馆所藏的一件《释迦如来说法图》刺绣（图2—112），释迦佛垂脚坐在一具华丽的须弥座上，须弥座下部叠涩上绣有相背的两只狮子，坐面以上的背光两侧分别绣有成对的力士、摩羯、童子等拿具。该件藏品原藏于京都劝修寺，原名为《劝修寺绣帐》，日本将之定为奈良时代（约8世纪）或唐初作品，有可能是唐土传去的原物。由于保存状态良好，这件绣品是目前可见的佛像台座拿具最清晰的描绘。综合观察这些隋唐时代佛像台座背光、拿具的发展情况，我们可以发现一个重要的信息，即带有拿具的佛像台座背光形态在传入中国以后，无论是在壁画、刺绣还是石刻雕塑作品中，其背光部分都有实体化的倾向，与其他同时代常见的上带火焰

① 朱伯雄主编：《世界美术史（第四卷）：古代中国与印度的美术》，山东美术出版社1990年版，第497页图190。

② 王惠民主编：《敦煌石窟全集：弥勒经画卷》，香港商务印书馆2002年版，第55页图33、第66页图46。

③ 宿白主编：《中国美术全集：雕塑编11：龙门石窟雕刻》，人民美术出版社1988年版，第128页图一三〇。

纹、忍冬纹的圆形、佛舟形背光的虚拟性在视觉上差异很大，普通观者理解力所及，也十分容易将之视为坐具的靠背。这一点，在大足北山石刻的背光被雕刻横竖材垂直相交而形成的栅格形立屏、日本所藏《释迦如来说法图》背光则带有浮雕、透雕、车旋等木工技术加工特征上都得到十分明显的体现。

图 2—110 印度萨尔纳特博物馆藏《鹿野苑说法的佛陀》

图 2—111 四川大足北山石刻释迦坐像

图 2—112 日本奈良国立博物馆藏《释迦如来说法图》

图 2—113 山西太原晋祠圣母像

在长久以来的曲肢坐传统影响下，唐代时为以帝王为代表的尊者设座位时，床榻仍占有绝对的统治性地位。《旧唐书·刘洎传》：

泊性疏俊敢言。太宗工王羲之书，尤善飞白，尝宴三品已上于玄武门，帝操笔作飞白字赐群臣，或乘酒争取于帝手，洎登御座，引手得之。皆奏曰："洎登御床，罪当死，请付法。"帝笑而言曰："昔闻婕妤辞辇，今见常侍登床。"①

《旧唐书·礼仪志》载：

元和十五年十二月，（宪宗）将有事于南郊。……及明年正月，南郊礼毕，有司不设御榻，上立受群臣庆贺。及御楼仗退，百僚复不于楼前贺，乃受贺于兴庆宫。二者阙礼，有司之过也。②

《旧唐书·穆宗本纪》载：

辛卯，上于紫宸殿御大绳床见百官，李逢吉奏景王成长，请立为皇太子，左仆射裴度又极言之。③

唐代皇帝的尊位无论称之为"御座"、"御床"还是"御榻"，所指的实际上都是豪华的床榻，唐穆宗偶然坐绳床接见百官，就被载入了史册，可见唐代时帝王的御座并非椅子类坐具。

北宋以后，随着高型坐具的普及，为世俗地位尊崇者所设的尊位必然需要向垂足而坐的椅子转型，带屏帐的豪华型床榻于是被豪华的大型椅子"宝座"所替代。它们在形制和装饰手法上，存在着向佛像台座拿具取法的痕迹。山西太原北宋晋祠圣母殿（1023—1032年建）保存着迄今可见最早的北宋宝座实物，该宝座下部为须弥座式，圣母为盘坐姿态，显示出北宋时期曲肢盘坐仍在社会习俗中占有重要地位，然而圣母所坐宝座的上部结构已经不采用魏晋南北朝至唐代常见的多扇组合的屏风样式，而是以横竖材相交，制作出靠背和扶手，并在横材出头部位分别雕刻有六只龙首（图2—113）。现藏于台北故宫博物院的南熏殿旧藏《宋代帝后像》，也是传世而具有较高的可信度的宋代宝座图像资料。除了数位帝后坐在比较简朴的靠背椅上外，大多数帝后都坐在搭脑、扶手出头部位雕刻成龙首形、装饰华丽的靠背椅、扶手椅式宝座上。④ 再如云南剑川石钟山石窟第1窟、第2窟大理国时期雕刻的南诏王阁逻凤、异牟寻坐像，二王所坐的宝座为龙首靠背椅式。⑤ 贵州遵义南宋播州安抚使杨粲墓出土坐像中，播州土司杨粲也座在龙首靠背椅式宝座上（图2—114），此数例与《宋代帝后像》所绘宝座皆十分近似。观察这些宋代出现的椅子式宝座，不难发现它们在形制和装饰风格上所受到的隋唐佛像台座拿具的影响。在整个家具体系向高型转型的过程中，佛像台座中的艺术元

① （后晋）刘昫等：《旧唐书》卷七十四，中华书局1975年版，第2608页。
② （后晋）刘昫等：《旧唐书》卷七十四，中华书局1975年版，第845页。
③ （后晋）刘昫等：《旧唐书》卷一十六，中华书局1975年版，第501页。
④ 邵晓峰：《中国宋代家具》，东南大学出版社2010年版，第130—142页。
⑤ 李裕群主编：《中国美术全集：石窟寺雕塑》，黄山书社2010年版，第841页图。

素，可能会被视为高等级坐具的代表性样式，自然而然地被后世高型坐具的设计者们所借鉴和吸收。

图 2—114　贵州遵义南宋杨粲墓出土坐像

图 2—115　尼尼微出土辛那赫里布宫殿浮雕局部

2. 佛像台座承足器与脚踏

杨雄《方言》释“榹”云“榻前几，赵魏之间谓之榹”，许慎《说文》释“桯”云“床前几也”，刘熙《释名》“释床帐”条有“榻登，施大床之前小榻之上，以登床也”。在汉代时，人们往往在坐卧用的床榻前设置小几或小榻，其作用是用以登床，脚部踏踩其上的动作是暂时过渡性的，如《女史箴图》所绘大壶门床（图 1—22）前一男子坐在床前几上，回首听女子言语，脚上鞋尚未穿好，形象地证明唐代及其以前，带有踏脚功能的床前几，并非是为人体采取垂足坐姿时用以承足的承足器。

然而，从世界家具发展史上来观察，与高型坐具相配的承足器，几乎在坐具产生的初期就随之出现了，它们有时与坐具连为一体，有时则是以在坐具前另加的一只小型承具的形象出现的。土耳其安哥拉博物馆藏的公元 7000 年左右的西亚黏土女神像（图 2—56），女神所坐的椅子就带有承足的平台，与扶手连为一体。古巴比伦汉谟拉比法典碑（前 18 世纪）上部雕刻的汉谟拉比王的方形坐凳前部，也带有方形的承足平台。①大约至少在公元前 14 世纪前，高等级坐具的承足部位就与坐具相分离，成为单体的小型承足器。埃及法老图坦卡蒙陵墓出土的王座的靠背板浮雕，图坦卡蒙坐在王座，脚下

① 高火编著:《古代西亚艺术》，河北教育出版社 2003 年版，第 43、70 页图。

踩踏着一个方箱形的小承足器。① 公元前1000年左右出土于真吉尔里的墓碑浮雕上，北叙利亚女王所坐的扶手椅也带有单独的承足器。② 随着文明的发展，家具的制作日益精细，现藏大英博物馆的尼尼微出土公元前700年左右辛那赫里布宫殿浮雕国王坐像中，王座前的承足采用与坐具相一致的形制风格与装饰工艺（图2—115），显示出承足器在西亚地区的高等级坐具体系中的重要性。

图2—116　犍陀罗地区出土片岩雕刻《般遮迦与诃梨蒂》

图2—117　莫高窟405窟隋代《弥勒经变》局部

古代印度犍陀罗艺术遗存的垂足坐姿造像中，也已经出现了承足器。如犍陀罗地区出土的公元2世纪青灰色片岩雕刻《般遮迦与诃梨蒂》，一对印度男女神并肩而坐，两位神像左脚下都踏踩着一只小方台作为承足器（图2—116）。另一件公元3世纪的浮雕作品《弥勒说法图》中，弥勒交脚垂足坐，一只方凳形的足承承托着他的双脚。③ 佛教造像的承足部件，大约在公元5、6世纪就传到了中亚龟兹地区，并进而影响敦煌地区的佛像台座形制。出土于新疆克孜尔石窟第224窟、现藏德国柏林印度艺术博物馆

① 高火编著：《埃及艺术》，河北教育出版社2003年版，第119页右下图。

② ［苏］阿甫基耶夫著，王以铸译：《古代东方史》，生活·读书·新知三联书店1956年版，第407页图120。

③ John P.O' Neil:Along The Ancient Silk Routes: Central Asian Art Form The West Berlin State museums , The Metropolitan Museum of art , 1982 , P.58 .

的壁画《第一次结集》中，迦叶垂下的两足踏在一只六角形、并带有六只C形足的小足承上。① 敦煌莫高窟第249窟西魏倚坐佛造像，佛的双足所踏地面明显带有一个方台，较周围略高起。② 隋唐以后，敦煌和其他地区垂足坐姿佛像台座所配的承足部件逐渐走向华丽，敦煌莫高窟第405窟北壁中央的隋代《弥勒经变》中的弥勒菩萨双足踏在一个须弥座形小方台上，两足端还分别踩一朵莲花（图2—117）。唐代以后，倚坐姿佛像双足或承须弥座，或承莲花，形制优美、装饰华丽的倾向继续发展（图2—112、线图114、线图115）。

图2—118　新疆地区出土《密院修业僧图》壁画

相关资料还显示出，唐代的僧侣生活中，高型坐具已出现了配套的脚踏。如俄罗斯艾尔米塔什博物馆藏有的一幅新疆地区出土，约当公元8至9世纪的壁画《密院修业僧图》，坐在一只四脚方凳上为青年僧侣讲经的高僧，足部就踏有一个方台（图

图2—119　河南禹州白沙宋墓（1099年）出土壁画《墓主人夫妇图》

图2—120　宋佚名《十八学士图》局部

① 宿白主编：《中国美术全集：绘画编：新疆石窟壁画》，文物出版社1989年版，第90页图一一四。

② 李裕群：《中国美术全集：石窟寺壁画》，黄山书社2010年版，第29页图。

2—118）。根据佛教戒律经典，这种用来踏脚的承具称之为“承足机（几）”。[①] 但在唐代的世俗生活中，至今尚未有证据显示较高等级的坐具上带有与腿部相连的承足构件，为脚部踩踏而另设、后世多称为“脚踏”、“脚床”、“踏床”的小型承具也似尚未出现，其原因可能在于，唐代的高型坐具尚处在普及传播的阶段，在日常生活中，椅、凳的高度并无必要造得太高，而为崇示身份所设计的帝王宝座也尚处在由御床、御榻向御座过渡的阶段，因此并没有为之专设承足脚踏的必要。

直到宋代以后，当高型坐具的发展逐渐达到较为成熟的阶段，为显陈设场合的正规隆重、尊显使用者的身份地位、增加人体坐处的舒适，与椅子连为一体的承足部件以及专门的承足具“脚踏”才开始正式流行（图2—119、图2—120），但其真正的肇始发端，显然要得益于经由佛教文化传来的佛像台座承足器潜移默化的影响。

① （晋）佛陀跋陀罗、法显译《摩诃僧祇律》卷第十：“若檀越新作金银承足机，信心故欲令比丘最初受用。比丘言，我出家人法不得受用。”（后秦）弗若多罗，鸠摩罗什等译《十诵律》卷第五十六：“不应受拭足供养，不应受承足机，不应受按摩手足。”

第三章 唐代家具类型综览（中）

第一节 承具

承具，是指承托身体以及物品的家具，这类家具的品类繁多，从使用功能来分类，可分为凭靠类承具和置物类承具两个大类。

一、凭靠类承具

凭靠类的承具，通常称为“凭几”、“隐几”，是曲肢低坐时期的一种重要家具，常与床榻、席帐等中心陈设相伴随，自先秦时期起便与人们的起居生态息息相关。《尚书·顾命》有“相被冕服，凭玉几”，湖北枣阳九连墩二号墓、信阳长台关二号墓都曾出土嵌玉的几，当为高等级贵族专用。《孟子·公孙丑下》有“孟子去齐，宿于昼。有欲为王留行者，坐而言。不应，隐几而卧”，《庄子·齐物论》有“南郭子綦隐几而坐，仰天而嘘，荅焉似丧其偶”的记载，凭靠类承具在当时的起居日用中之重要可见一斑。尽管唐代是高型坐具广泛传播和分化发展的关键时期，但在室内环境中，使用坐卧两宜的床榻仍然是一种习尚相沿、十分牢固的传统。尤其是知识阶层平日闲居独处，上肢或后背倚靠小几，坐卧于局脚床榻所承载起的一方天地，相较于垂脚高坐，更能使他们感到舒适、自在、悠闲。因此尽管受到高型坐具传入和流行的冲击，但凭靠类承具在唐代时不仅仍未退出日用，而且曾经为唐圈椅的椅背结构设计带来启发，它们在唐代社会生活中的存在是不容忽视的。

唐代常见的凭靠类承具，主要是汉魏以来人们习惯使用的数种低矮类型的延续和发展，主要分为直面、曲面两类形制，由于体式小巧而亲近人体，它们的制作往往十分精致可赏。

（一）直面凭几——夹膝（线图 1、线图 110—111、线图 122—123）

春秋战国时期流行的直面凭几式样约有两足、栅足两式。两足的凭几几面与几腿的连接部分多作“⌈”形角接合，并向侧面略伸展出圆弧形（图 1—8），栅足式的凭几多带 3 个以上的细栅足，两侧栅足下接足跗至地（图 3—13）①。无论是两足还是栅足式的凭几，常作略向下凹的微曲几面，以增加人体凭倚的舒适。到汉代时，两足和栅足凭几的几面逐渐向平直的形态发展（图 1—12），满城一号汉墓出土的一件凭几跽坐玉人雕像，雕刻顶着小冠的玉人凭直面两足凭几而坐的形象（图 3—1）。魏晋南北朝至隋唐时期，直面的凭几多为两足式，与满城汉墓玉人像所倚的凭几形制基本相同，几面以平直的窄长横木制成，与腿部作“T”字形的垂直接合，腿足末端另承足跗至地。《北齐校书图》（美国波士顿博物馆藏宋摹本）中，绘制有两件两足凭几，均为典型的直面直足式样（图 3—2）。

图 3—1 河北满城汉墓 1 号墓出土玉人像线描

图 3—2（北齐）杨子华《北齐校书图》局部

隋唐墓考古发现的墓葬冥器中，有多件直面凭几的例证。如 1959 年河南安阳发掘的隋开皇十五年（595 年）张盛墓中出土的白瓷制两足凭几（线图 122），几面为平直造型，顶面修造出三棱式的线脚，腿部造型为中部略带收束，上下分别展开，与足跗“托泥”相接处展开较宽，且修造出向上卷起的花形。这件细节精致的瓷质凭几形制如应用在木质上，当需要较高的木雕技艺。2008 年在河南安阳市置度村八号隋墓中出土的一件青瓷侍女俑（图 3—3），侍女的手中所捧也是一件直面两足的凭几，凭几

① 考古发现中的战国栅足凭几实物典型例证甚多，可参见湖南博物馆《长沙浏城桥一号墓》（《考古学报》1972 年第 1 期，第 63 页图四），河南省文物研究所《信阳楚墓》（文物出版社 1986 年版，图版二六：3），湖北省荆沙铁路考古队《包山楚墓》（文物出版社 1991 年版，图版三九：5）等论著中的典型例子。

几面平直、带有垂直的两足，足端插入平直的短跗，反映出隋唐直面凭几最朴素的基本形制。1973年发掘的陕西三原唐李寿墓（631年）石椁线刻画中，第18名侍女手捧的一张直面凭几每侧各有两只柱状腿足（线图123）。这类腿部由两只短柱构造的直面凭几式样，在考古出土的实物中也有发现，如1973年新疆吐鲁番阿斯塔那206号唐张雄墓（633年）出土的一件木质直面凭几，由于同墓出土有一件大小与几面相当的冥器五弦琴，因此在考古报告中被定名为“琴几”（图3—4）。该凭几长23.5厘米、宽3.2厘米、高5.8厘米，显然是一件非实用器。几腿与李寿墓中线刻画相似，亦为双柱式，其中一侧仅残余一柱，每一柱状腿皆为方形材，中部细而略修圆，上下两端展开呈四方坡面，腿足下端插入长方形足跗至地。几面上分为五段，每段用细条状的绿松石分隔，并在每段中部雕挖花鸟图案，花卉的叶瓣上平嵌绿松石，其他叶脉及鸟纹部分镶嵌物具体材料不详，且有的已脱落，此种工艺属魏晋南北朝至隋唐家具上极为流行的“木画工艺”（详见第五章第二节）。

图3—3　河南安阳市置度村八号隋墓出土捧几侍女俑

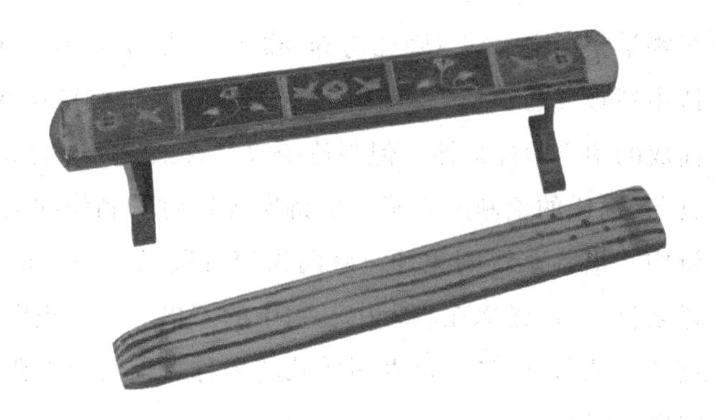

图3—4　新疆阿斯塔那206号墓出土五弦琴和琴几

图绘资料中显示的唐代直面凭几，在比较正式的使用场合，皆放置在盘膝而坐的人体正面，双臂前伸倚靠，姿态庄重严肃。传为唐代画家阎立本所绘的名作《步辇图》（宋摹本）中的唐太宗（线图110）、《历代帝王图》（宋摹本）中的陈宣帝（线图111），都以这种姿势倚靠直面两足凭几坐于腰舆。[①] 这种双臂扶持凭几的坐姿，在当时的贵族阶层看来，适合在比较正式的场合使用。而在比较轻松随意的场合，直面凭几也可以放置在身侧随意倚靠，唐代陆曜《六逸图》描绘的“边韶昼眠”段落（线图 1）中，东汉末的名士边韶仰卧席上，双腿抬起置于一只直面凭几上，刻画出人物狂放洒脱的神采。

直面凭几在日本正仓院中保存有两全一残三件实物，著录名称皆为“挟轼”。此名在中国的古代文献中未见记载，“轼”字的本义，为车前用以凭靠的横木，而两足凭几也常置于车中供人盘坐时凭靠，与车轼形态、作用皆相似，挟轼之名可能从此而出。此外，唐代文献中一种名为“夹膝”的几，应当是这种两足凭几在当时的正式名称，“夹膝”与“挟轼”为一音之转，后者也可能是当时日本士人据音记名而产生的讹误。“夹膝”屡见于唐诗：

截得筼筜冷似龙，翠光横在暑天中。堪临薤簟闲凭月，好向松窗卧跂风。持赠敢齐青玉案，醉吟偏称碧荷筒。添君雅具教多著，为著西斋谱一通。（陆龟蒙《以竹夹膝寄赠袭美》）

佳人卧病动经秋，帘幕褴縿不挂钩。四体强扶藤夹膝，双环慵整玉搔头。花颜有幸君王问，药饵无征待诏愁。惆怅近来销瘦尽，泪珠时傍枕函流。（袁不约《病宫人》）[②]

名物学家扬之水在《隐几与养和》[③] 一文中认为，陆龟蒙《以竹夹膝寄赠袭美》一诗中所谓“竹夹膝”，指古人夏天为消暑而抱持在怀中的器物“竹夫人”，是竹编而成的中空圆柱形器。但观诗中以“青玉案”与竹夹膝作类同比喻，且称之为“雅具”，扬氏的论断恐不确。陆诗所咏以竹子制作的夹膝的制作，确为取其凉爽，但诗中“堪临薤簟闲凭月，好向松窗卧跂风”句，说明它是放置在卧榻上供人体凭靠之物，“翠光横在暑天中”句中的“横”字，更能证明凭靠面是平直的结构。所谓“夹膝”，应当正是直面凭几的名称。而对《酉阳杂俎》卷十三《冥迹》中一篇志怪记载：

长白山西有夫人墓。魏孝昭之世，搜扬天下才俊，清河崔罗什，弱冠有令望，被征诣州，夜经于此。……什遂前，入就床坐。其女在户东立，与什温凉。室内二婢秉烛，呼一婢令以玉夹膝置什前。[④]

① 《步辇图》中唐太宗所凭靠的凭几仅绘出直形的几面，下无几脚，应为传摹时画工不明器物形制而产生的讹误。

② （清）彭定求、沈三曾等：《全唐诗》卷六二五、卷五〇八，《文渊阁四库全书》本。

③ 扬之水：《唐宋家具寻微》，人民美术出版社 2015 年版，第 134 页。

④ （唐）段成式：《〈酉阳杂俎〉附续集（二）》，商务印书馆 1937 年《丛书集成初编》本，第 108 页。

扬之水认为，此段文献中的“玉夹膝”当即为直面两足凭几。然而，凭几和竹夫人都是放置在床榻上的器用，相同的称呼十分容易引起生活中的不便。由情理推论，“竹夹膝”和“玉夹膝”之不同仅仅在于，夏季以竹藤制作夹膝以便取凉，为显家室富贵，则在夹膝上嵌之以玉。唐成玄英《道德真经义疏》释《德充符》“倚树而吟，据槁梧而瞑”云：

> 槁梧，夹膝几也。惠子未遗筌蹄，耽内名理，疏外神识，劳苦精灵，故行则倚树而吟咏，坐则隐几而谈说，是以形劳心倦，疲怠而瞑者也。①

夹膝为唐时凭几的专名，其义甚明。

直面凭几的使用方式，是放置于身前，两膝正位于凭几的两足之间，便于身体移动伸展，“夹膝”之名，可谓十分形象。除了叫做夹膝，唐代流行的这种凭几还可以叫做“隐膝”：

> 天子至于下贱，通乘步舆，方四尺，上施隐膝，以及襻，举之。②
>
> 主翁移客挑华灯，双肩隐膝乌帽欹。笑云鲐老不为礼，飘萧雪鬓双垂颐。（郑嵎《津阳门诗》）③

“隐膝”之“隐”，当为“隐几”之“隐”，意为倚靠。夹膝、隐膝式样相同、辞意相近，意指向前倚靠在膝间凭几上的坐姿，皆是唐时直面凭几的名称。

日本东大寺正仓院北仓48号所藏“紫檀木画挟轼”（图3—5），于天平胜宝八岁（756年）作为圣武天皇皇后光明子首批捐献的宝物，登录在《东大寺献物帐》的首卷《国家珍宝帐》中，存入正仓院北仓。其形制与阿斯塔那206号墓出土的夹膝几几乎完全相同，即使不是经当时的海船带回日本的唐朝遗物，也是当时日本本土匠师对唐时高档家具的忠实仿制品。这件藏品的做工极其考究，通过它，不难窥见唐时贵族阶层使用直面凭几的面貌之一斑。紫檀木画挟轼高33.5厘米，长111.5厘米，宽13.7厘米，同时著录在献物帐上的，还有与几面尺寸相同的一件织锦挟轼褥（图5—89），可见当年的使用制度，是有专门的锦褥与夹膝几相搭配的。几面平直，两端略修造为弧

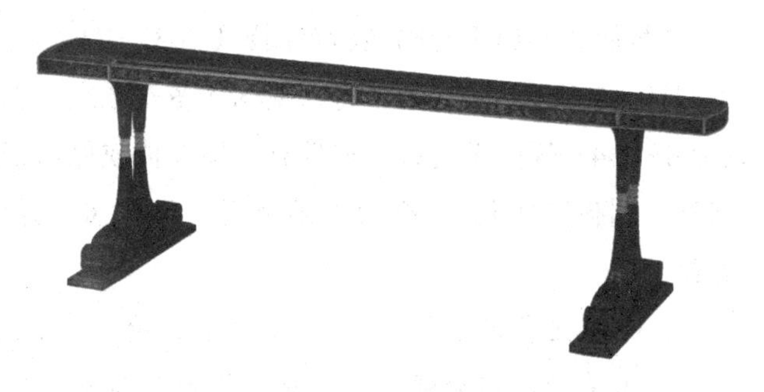

图3—5　日本正仓院北仓藏紫檀木画挟轼

① （唐）成玄英：《南华真经注疏》卷二，中华书局1998年版，第128页。
② （唐）魏征等：《隋书》卷十《礼仪志五》，中华书局1973年版，第193页。
③ （清）彭定求、沈三曾等：《全唐诗》卷五六七，《文渊阁四库全书》本。

形，腿部为枋材双柱构造，中部截断，嵌接象牙制、雕有两道弦纹的短圆柱，腿足上下端展开呈四方坡面，上端插入几面，下端插入前后展开为卷云的足跗至地。除了形制考究，紫檀木画挟轼的装饰技术更是十分精工，几面基材为黑柿木，顶面中部贴紫檀薄板，两端贴楠木薄板，造成中部深，两侧浅的色泽差异。几面顶板边缘用染成绿色的鹿角细条镶边，楠木贴板边缘另用极细小的、刻制为“〈”形的紫檀、黄杨木、黑柿木、染色鹿角相间连缀作为缘饰，这种工艺即为“木画”。几面侧沿及腿部使用金银泥绘制唐草、蝴蝶、飞鸟等花纹装饰，用笔精细，图案纤毫毕现。①

（二）曲面凭几——曲几

1. 基础形制（线图 9、线图 124、线图 125）

凭几几面的由直变曲，大约是自战国到汉代出现的新趋势，湖北荆门包山楚墓二号墓出土的一件漆木凭几，几面就略向外凸，略呈弧形（图 3—6）。到汉末三国时期，带有弧度的凭几在中部加装一只脚，最终形成了曲面三足的成熟样式，谢朓《乌皮隐几》诗云：“蟠木生附枝，刻削岂无施。则取龙文鼎，三趾献光仪”②，即是对它的形象描绘。安徽马鞍山三国吴朱然墓出土的黑漆几，完整的呈现了三足曲凭几的基本面貌（图 1—27）。魏晋以后，三足曲凭几日益流行，如甘肃敦煌佛爷庙湾第 37 号西晋墓出土砖画《验粮图》（图 3—7）、朝鲜黄海南道发掘出土的东晋永和十三年（357 年）纪年的冬寿墓壁画《冬寿像》、甘肃丁家闸十六国墓壁画《燕居图》（图 4—34）等图像资料，都带有人体前倚或侧倚三足凭几而坐的形象。它在当时的名称，叫做“曲几”，据《酉阳杂俎》卷一《礼异》载北朝使节正旦日朝见梁帝的礼仪：

> 梁主从东堂中出，云斋在外宿，故不由上阁来，击钟鼓，乘舆警跸，侍从升东阶，南面幄内坐。幄是绿油天皂裙，甚高，用绳系着四柱。凭黑漆曲几。③

即描述梁朝皇帝南面凭曲几，坐于幄帐中的情形。

---

① 除本节引为例证的中仓 48 号“紫檀木画挟轼”外，日本正仓院藏品中另有中仓 167 号“漆挟轼”、南仓 174 号“古柜”第 206 盛纳物品第 6 号“黄杨木彩绘挟轼脚”两件唐式夹膝可供参照。其中“漆挟轼”亦为双柱式几足，与阿斯塔那出土“琴几”、正仓院北仓“紫檀木画挟轼”形制基本一致，“黄杨木彩绘挟轼脚”是一凭几残件，则为平列三柱式几足，虽在唐代的实物遗存和图绘资料中尚未见类似构造，但亦应属唐代夹膝几足部构造之一式。

② （南朝齐）谢朓撰，陈冠球编注.《谢宣城全集》，大连出版社 1998 年版，第 232 页。

③ （唐）段成式:《〈酉阳杂俎〉附续集（一）》，商务印书馆 1937 年《丛书集成初编》本，第 5 页。

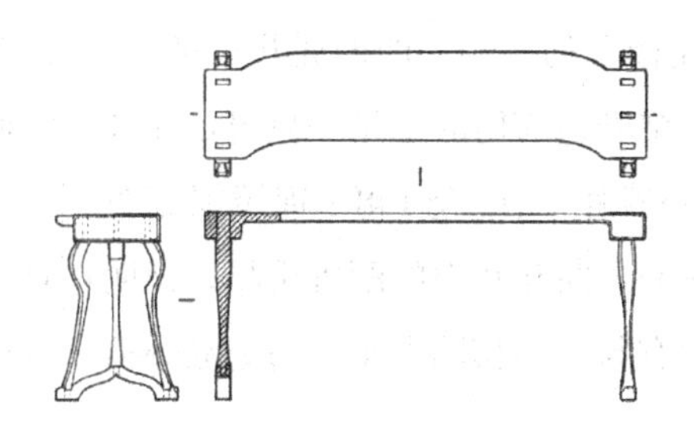

图 3—6　包山楚墓二号墓出土漆凭几线描

图 3—7　甘肃敦煌佛爷庙湾第 37 号西晋墓出土《验粮图》

进入隋唐时期，三足凭几在官宦、贵族阶层内的使用也相当普遍。由于曲几的形象流丽婉转，作为一种体式开张的新样式，助长了人们的想象力，还被附会为与道教修炼者升仙有关。《太平广记》载有《广德神异录》中的一则逸事，讲述唐代道士叶法善的神迹：

> 宁州有人，卧疾连年，求法善飞符以制之。令于居宅井南七步掘约五尺许，得一古曲几，几上有十八字歌曰："岁年永悲，羽翼殆归。哀哉罹殃苦，令我不得飞。"疾者遂愈。案孔怿《会稽记》云："葛玄得仙后，几遂化为三足兽。"至今上虞人往往于山中见此案几，盖欲飞腾之兆也。①

魏晋以来的三足曲凭几，足端往往作兽形。1970 年南京象山 7 号东晋墓出土的一只放置在冥器陶榻上的陶制曲面凭几的三足即作兽足形（图 1—26）。1983 年河南安阳市安阳桥村隋墓出土的一件冥器青瓷曲凭几，弧形几面的两端塑出两个龙首，三只几足则似马蹄形（图 3—8）。河南安阳隋张盛墓中出土的白瓷冥器中，也有一件三足为兽足形的曲面凭几（线图 124）。兽首、兽足，与曲凭几弧面三足、流丽开张的基本形制配合得十分相宜，在当时应属较为流行。唐高宗李渊从弟、淮安靖王李寿墓（631 年）石椁线刻画《侍女图》中，第 8 人手中所持的也是一具三足凭几（线图 125），画面用笔较简，但仍可看出类似兽足的弯转形态。与文献记载相印证的，是南北朝后期至唐代为数不少的道教造像出现了三足凭几的形象，如北周天和二年（567 年）《李要贵等供养天尊坐像》、唐开元七年（719 年）《赵思礼造天尊坐像（常阳太尊石像）》（图 3—9）、唐开元九年《李弘嗣造天尊坐像》等，② 天尊身体正前方都倚着一只兽足曲凭几。除了道教造像，佛教绘画和造像中的维摩诘形象，也经常倚坐曲面凭几，如敦煌莫高窟第 334 窟初唐《维摩诘经变》（图 2—20）中，维摩诘就侧倚一只兽足曲几，盛唐第 194 窟维摩诘身前放一只曲几，几足形态上粗下细，弯转有力，极为仿生，显示出唐代工匠木质圆雕

① （宋）李昉等：《太平广记》卷七十七，中华书局 1961 年版，第 487 页。

② 金申：《中国历代纪年佛像图典》，文物出版社 1994 年版，第 294 页图 214、第 369 页图 281、第 390 页图 282。

的工艺水平。日本奈良、平安时代受到唐朝文化极深的影响，曲面凭几也被引入日本，日本延历寺藏造于公元9世纪的维摩居士造像，维摩诘前倚的也是一只兽足曲几，[①] 此外，正仓院南仓还藏有一件标名为“锦表黄毡心残片”（南仓148：锦绫绢絁布类及杂裂第55号）的半圆弧状锦褥（图3—10），显然原属曲几几面的配置用品，证明在日常使用中，曲面凭几的几面也与直面凭几一样，配有与几面相同大小的纺织品垫褥，以增强使用的舒适度。

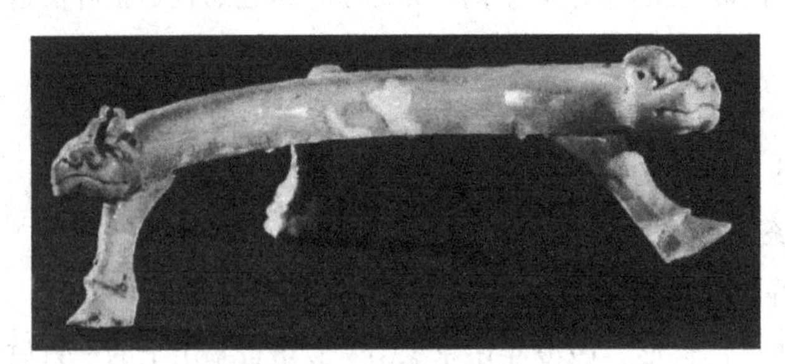

图3—8　河南安阳市安阳桥村隋墓出土兽形曲几

图3—9　唐开元七年《赵思礼造天尊坐像》

曲面的凭几由于不遵古来的定制，在一些士人看来属于“服妖”一类，当为君子所不喜。东晋裴启《裴氏语林》云：“直木横施，植其两足，便为凭几，何必以蹯鹄膝，曲木抱要也。”[②] “以蹯鹄膝，曲木抱要（腰）”，形容的显然就是三足凭几。甚至到唐代，也仍然出现过反对它的声音，柳宗元有一篇《斩曲几文》：

> 后皇植物，所贵乎直。圣主取焉，以建家国。亘为栋楹，齐为阃阈。外隅平端，中室谨饬。维量之则。君子凭之，以辅其德。末代淫巧，不师古式。断兹揉木，以限肘腋。欹形诡状，曲程诈力。制类奇邪，用绝绳墨。勾身陋狭，危足僻侧。支不得舒，胁不遑息。余胡斯蓄，以乱人极！[③]

柳宗元此文实为以曲几起兴，讥嘲统治者弃直用曲，亲近小人，抒发在遭到贬谪后的悲愤之情。通过这段文字不难得知，即使已经经过数百年的使用，由于曲几古无其式，在

① ［日］松本包夫：《正倉院の褥——その用途と構造》，载木村法光：《正倉院寶物にみる家具・調度》，日本紫红社1992年版，第184页插图27。

② （宋）李昉等：《太平御览》卷七百十《服用部十二》，中华书局1960年版，第3163页。

③ （唐）柳宗元：《柳河东集》第十八卷，上海人民出版社1974年版，第319页。

一些文人的心目中，其地位是比不上早在春秋战国时就已广泛应用的两足凭几的。这种推崇“古制”的心理，在明代也有相似的例子，明代文震亨在他的器物学名著《长物志》中，对明式家具的制作，屡屡要求“下座不虚”，[①] 认为这种家具才是高雅的典范。也就是希望床榻、桌案采用带有托泥的壶门式腿足，而摒弃唐时即已多见，南宋以来更趋流行的四腿独立的框架结构。这实际上是文人士大夫追溯理想时代、匡扶文化正朔的心理在造物层面的反映。而当时的实际情况，则是他们所反对的新样式早已经浸染入社会生活的深层，想要彻底返古，既是不现实，也是无必要的事情。唐人诗作中屡屡出现与曲几相关的生活情态描述：

置琴曲几上，慵坐但含情。何烦故挥弄，风弦自有声。（白居易《琴》）

松杉风外乱山青，曲几焚香对石屏。空忆去年春雨后，燕泥时污太玄经。（储嗣宗《和茅山高拾遗忆山中杂题五首·小楼》）[②]

曲面凭几打破了魏晋以来家具常规的平直形态，既符合道家崇尚自然、与物为一的艺术化审美，也迎合了文人士大夫平居生活的闲适意态。

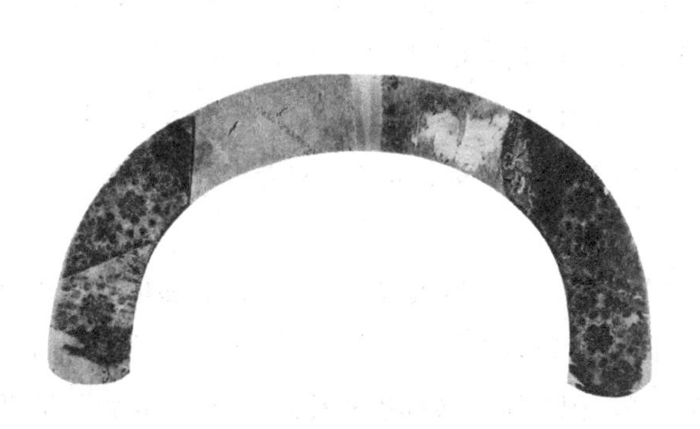

图 3—10　日本正仓院南仓藏锦表黄毡心残片

图 3—11　（宋）佚名《维摩演教图》局部

据图像资料所见，曲面三足的凭几比较正式的使用方式，是放置在人体的正面，正中一足位于两膝之间，其余两足位于体侧，方便人体正坐时伸臂前倚。但与直面凭几相比，弧状几面对人体的包围承托功能更强，在使用时，不仅可以放置在身体的前侧，更可以随意放置在身侧、背后，方便人体采用更舒适的坐姿凭靠休息。如江宁丁甲山1号六朝墓中出土的一件放置在冥器陶牛车内的小曲几，出土时的原始摆放方式是将弧面朝后的[③]，唐阎立本《历代帝王图》中所绘的陈废帝所倚的一兽足曲几，就放置在身体

① （明）文震亨：《长物志》卷六“几榻”，山东画报出版社 2004 年版，第 262 页。

② （清）彭定求、沈三曾等：《全唐诗》卷四三一、卷五九四，《文渊阁四库全书》本。

③ 江苏省文物管理委员会：《南京近郊六朝墓的清理》，《考古学报》1957 年第 1 期，第 187—191 页，图版一：5。

右侧（图2—17，线图9），故宫博物院藏北宋绘画《维摩演教图》中，曲几放置在维摩诘身后（图3—11）。魏晋以前，受传统席地起居的生活方式制约，坐卧之具床榻上供人体向后倚靠的设施，只有用丝织品制作的软质大圆枕“隐囊”，而并无带有靠背功能的木质设施。究其原因，当人体采用传统曲肢坐的姿态时，身体的重心前倾，因此凭几之制主要供人体前倾扶坐及向左右两侧倚坐。只有人们在内室或其他比较随意的场合采取放松的“箕踞”坐姿时，身体重心向后，隐囊之设才有其必要。魏晋以后，传统礼制的约束逐渐松弛，人们对箕踞、垂足的坐姿逐渐习以为常，使用上的灵活度、舒适度更强的曲面凭几才有其产生和流行的土壤。如果将曲面凭几放置在身后，实际上就是扶手与靠背一体的一件特殊家具，如将它的构造添加到高型坐具上，就会催生出唐圈椅的创新设计。因此尽管在当时将三足凭几放置在身后、身侧的使用方式不算很正规，但却对中国家具史产生了重大的影响。

2. 曲几的变体——养和

“养和”之名，首见于晚唐诗人皮日休与陆龟蒙的两首诗：

寿木拳数尺，天生形状幽。把疑伤虺节，用恐破蛇瘤。置合月观内，买须云肆头。料君携去处，烟雨太湖舟。（皮日休《五贶诗·乌龙养和》）

养和名字好，偏寄道情深。所以亲逋客，兼能助五禽。倚肩沧海望，钩膝白云吟。不是逍遥侣，谁知世外心。（陆龟蒙《奉和袭美赠魏处士五贶诗·乌龙养和》）①

据“倚肩沧海望，钩膝白云吟”、“寿木拳数尺，天生形状幽”的句子，养和也是凭几的一种，并且形状是弯曲的，与前述曲面曲几十分类似，只是它是利用木材天然的弯曲形态，略施加工制成的一种曲几。据《太平广记》所录《邺侯外传》记载，“养和”是唐肃宗朝宰相李泌最早制作和命名的：

泌每访隐选异，采怪木蟠枝，持以隐居，号曰养和，人至今效而为之。②

这段文献只指出李泌创制“养和”并且为之命名，但对“养和”的样子和功能没有明确记载。其后成书的《新唐书》亦载：

泌尝取松樛枝以隐背，名曰“养和”，后得如龙形者，因以献帝，四方争效之。③

这段文字所记载的养和的形制和功用，恰好可以和皮、陆二诗人的诗句相证，而所谓乌龙养和，大约也是指制作养和的木材盘曲犹如龙形。养和约在中唐时期由李泌设计创制，到晚唐至北宋都有人仿效为之，成为文人书斋休闲的一种雅器。《新唐书》说李

① （清）彭定求、沈三曾等：《全唐诗》卷六一二、卷六二二，《文渊阁四库全书》本。

② （宋）李昉等：《太平广记》卷三十八，中华书局1961年版，第243页。

③ （宋）宋祁、欧阳修等：《新唐书》卷一三九《李泌传》，中华书局1975年版，第4634页。

泌创制它的目的主要是用来靠背，恰是人们的坐姿在此时受到高型坐具的影响而发生深刻变化的反映。唐代的绘画资料中尚未发现有对养和形制的直接描述，美国大都会博物馆藏明代画家杜堇《伏生授经图》中绘制的伏生形象即倚靠着一具“养和”（图3—12），其形象或者可以供我们参考。

图3—12 （明）杜堇《伏生授经图》局部

二、置物类承具

唐代的“床”字有多义，除可指坐卧具床榻、各类坐具如绳床、椅子、方凳、长凳等等外，更可以指称置物类的承具，如唐玄宗李隆基诛灭太平公主后论功行赏，“赐功臣金银器皿各一床”，① 即指置物类承具而言。再如《太平广记》辑录唐人笔记小说《御史台记》中的“彭先觉”条：

> 唐彭先觉叔祖博通膂力绝伦。尝于长安与壮士魏弘哲、宋令文、冯师本角力，博通坚卧，命三人夺其枕。三人力极，床脚尽折，而枕不动。观者逾主人垣墙，屋宇尽坏，名动京师。尝与家君同饮，会暝，独持两床降阶，就月于庭，酒俎之类略无倾泻矣。②

在同段文献中，既有坐卧具“床”，又有进食的承具“床”。因此在唐代文献中，“床”字的具体所指须据上下文义方能判别。

明清家具研究者习惯于将四腿安装在面板以下四角位置的承具称之为“桌”；将腿部位于面板下的两侧，且在略向中部缩进位置安装的承具，称之为“案”；将腿部位于面板下两侧，不缩进安装的承具称之为“几”③ 。“桌”、“案”“几”，在唐代也都用来指称承具，但在用法上则与后世有所不同。兼具倚靠身体与承物功能的承具如书案、经案一类，多称之为“案”，或连称为“案几”、“几案”。如唐戴孚《广异记·长孙无忌》：

> 时太宗亦幸其第，崔设案几，坐书一符，太宗与无忌俱在其后。④

① （后晋）刘昫等：《旧唐书》卷一百六，中华书局1975年版，第3250页。

② （宋）李昉等：《太平广记》卷一百九十二，中华书局1961年版，第1441页。

③ 明清时期几的名称，存在一些特例，如桌或案式结体，用来放置香炉、瓶花的承具，被称为“香几”、“花几”，用来放置茶具的承具，被称为“茶几”，但除了这些少数的例外，近代以来，“几”一般皆指板足在面板的边沿处安装，形成“━”状外形的承具样式。

④ （宋）李昉等：《太平广记》卷四百四十七，中华书局1961年版，第3657页。

《入唐求法巡礼行记》卷三：

东头置维摩像，坐四角座：老人之貌，顶发双结，……着于座上，竖其左膝而踏座上，右肘在案几之上。①

《酉阳杂俎》卷五《怪术》：

玄宗既召见一行，谓曰："师何能？"对曰："惟善记览。"……至日，鸿持其文至寺，其师受之，致于几案上。②

这些都是唐时案几、几案连称的文献例证。当"案"、"几"单用时，则"案"的出现频率远较"几"高。将使用功能与案、几组成联合名词使用时，"书案"、"经案"、"食案"出现的例子很多，"书几"、"经几"的用例几乎不可见，而食几的例子仅《旧五代史·孙晟传》中出现一例：

晟以家妓甚众，每食不设食几，令众妓各执一食器，周侍于其侧，谓之"肉台盘"，其自养称惬也如是。③

表明在唐代，尽管承具"案"、"几"和坐卧具"床"、"榻"一样存在有混称的现象，但"案"所指称的范围更大，既可指单纯的置物承具，也可指兼具凭靠与置物功能的承具，"几"在与"案"合称为"几案"、"案几"时，其辞义与单独的名词"案"基本相同，单用时则很少用于指置物类承具，多数用来指称凭靠类承具，如"凭几"、"曲几"、"隐几"等。

名词"桌"，最早的文献用例出现在唐玄宗、代宗朝军事家李筌所撰《神机制敌太白阴经》卷五《预备》"军资篇"，唐时军士一年之物资供应，包含"食卓四十张"，④此书始以钞本传世，现存最早的钞本是明代汲古阁本，在部分钞本中，"卓"写为"桌"，由于桌字在宋初时还通写为"卓"，《太白阴经》部分钞本中出现的"桌"字，恐为历经宋明时期传写时的加笔。唐人封演成书于唐德宗贞元年间的著作《封氏闻见记》中记载有一则逸事：

御史陆长源性滑稽，在邺中，忽裹蝉罗幞尖巾子。或讥之。长源曰：若有才，虽以蜘蛛罗网裹一牛角，有何不可；若无才，虽以卓琰子裹一簸箕，亦将何用。⑤

"卓(桌)"的词义，来源于形容卓然高立、与高型坐具相配套的高型承具，所谓"卓琰子"

---

① ［日］释圆仁撰，［日］小野胜年校注：《入唐求法巡礼行记校注》，花山文艺出版社2007年版，第282页。

② （唐）段成式：《〈酉阳杂俎〉附续集（一）》，商务印书馆1937年《丛书集成初编》本，第46页。

③ （宋）薛居正等：《旧五代史》，中华书局1976年版，第1733页。

④ （唐）李筌著，刘先延译注：《〈太白阴经〉译注》，军事科学出版社1996年版，第210页。

⑤ （唐）封演撰，赵贞信校注：《封氏闻见记校注》，中华书局2005年版，第46页。

大约即用来披覆在桌面上的锦缎桌披之类。封演为玄宗天宝末年进士，在代宗、德宗朝历任昭义军、魏博节度使属官。由此可见，在盛唐末年至中唐时期，高卓的使用已并不少见了。此外如晚唐诗人李商隐《河阳诗》有“忆得蛟丝裁小卓，蛱蝶飞回木棉薄”①的诗句，五代诗僧齐己《谢人寄南榴卓子》诗：

幸附全材长，良工斫器殊。千林文柏有，一尺锦榴无。品格宜仙果，精光称玉壶。怜君远相寄，多愧野蔬粗。②

此数例文证结合来看，“卓（桌）”作为高型桌案的名称在唐已经出现并定型，但“床”、“案”和“几”仍是唐时置物类承具更为常见的称谓。

（一）栅足案

栅足案由先秦流行的栅足凭几发展而来，其更早的形制源头，则可以上溯到商周时期的俎和几。到两汉魏晋，用于置物的栅足案已经很常见了。它的作用十分广泛，形制高低皆有，从文人案牍到商旅庖厨，皆出现它的身影。细考先秦至唐代的栅足式几案，其腿足部分经历了直、曲二式交替流行的发展过程。战国时期墓葬的考古发现中，栅足凭几和栅足案多为直足，典型的例子如河南信阳长台关一号墓出土雕花凭几（图3—13）、长沙浏城桥一号墓出土木案（图3—14）等。在汉代至魏晋南北朝，带有向左右两侧弯曲状腿足的栅足案开始变得十分流行（图1—13、图1—15、图1—22、图1—28、图1—29），汉画像砖中的西王母形象，身前常放置一张曲栅足小案（图3—15），起到的作用便类似凭几。但直栅足式的案也依然延续着制作，南京江宁上坊孙吴墓出土的青瓷坐榻俑，在榻前的平地上放置着一张直栅小案，③山东临朐县出土北齐崔芬墓壁画《树下人物图》屏风画的其中一幅中，绘有一男子席地坐于树下，身前放置的也是一具直栅足案（图3—16）。据唐代道士编集的早期天师道仪范《赤松子章历》卷二“奏章案”条载：

案长二尺四寸，阔一尺二寸，高八寸，仍须曲脚，以栢木、楠、梓为佳。今人多用高案直脚者，此并非法，违科夺算。④

这段文献中所言的曲脚“奏章案”的功能应是用来呈放道教斋醮活动献给上天的祝文，其尺度如以唐小尺计（唐大尺主要用于玄宗朝以后），约合长70厘米，宽35厘米，高23.6厘米。由于两汉至南北朝放置在席面或床榻上的矮型曲栅足式案的长期流行，在南

---

① （唐）李商隐著，郑在瀛编：《李商隐诗全集》，崇文书局2011年版，第218页。

② （清）彭定求、沈三曾等：《全唐诗》卷八四三，《文渊阁四库全书》本。

③ 南京市博物馆、南京市江宁区博物馆：《南京江宁上坊孙吴墓发掘简报》，《文物》2008年第12期，第26页图六八：1。

④ （唐）佚名：《赤松子章历》，《中华道藏》第8册，华夏出版社2004年版，第639页。

北朝至唐代严究戒律的道教人士的观念中，认为这才是栅足案的古式，而把再次兴起的直栅足式案，以及高型的案式都视为非礼非法。但在唐代，随着社会生活习俗的变迁，为满足不同的功能、审美需求，无论是曲、直式栅足，还是高矮不同的栅足尺度，都是同时存在的，并且从绘画资料和考古发现、传世实物来看，直、曲二式栅足的案都相当流行。以下将唐代栅足案分为矮型、高型加以分述。

图 3—13　河南信阳长台关一号楚墓出土雕花凭几

图 3—14　湖南长沙浏城桥一号楚墓出土木案

图 3—15　四川荥经县出土汉代《西王母》画像石

图 3—16　山东临朐北齐崔芬墓出土屏风画局部

1. 矮型栅足案（线图 2、线图 4、线图 12、线图 27、线图 32、线图 126—线图 129）

矮型的栅足案案面宽度比夹膝几、曲几都要宽，可以兼具置物、饮食、案牍之功用，它的功能介于凭靠类承具和置物类承具之间。低矮型的栅足案通常放置在床、席上使用，唐初志怪小说《广异记》记载了一段唐人仇嘉福的神异故事，其中有云："嘉福不获已，随入庙门，便见翠幙云黯，陈设甚备。当前有床，贵人当案而坐。"① 放置在

① （宋）李昉等：《太平广记》卷三百一，中华书局 1961 年版，第 2391 页。

文人身前的矮栅足案，常放置笔砚文牍一类物品，可能为防止物品掉落，案面两边有时带有翘头。据敦煌地区出土社会经济文献《辛未年（公元911年）正月六日沙州净土寺沙弥善胜领得历》（P.3638）第九行录有“无唇经案壹”①，图像资料显示，魏晋南北朝以来，人们用于文牍的桌案类家具，通常皆为栅足案，因此当时人应当是用“无唇案”和“有唇案”来区分平头和翘头栅足案的。

图3—17　法国国家图书馆藏《阎罗王授记经》局部

图3—18　莫高窟217窟盛唐《佛顶尊胜陀罗尼经变》局部

除了案面两侧端头有平头、翘头二式外，唐代栅足案的栅足亦有曲、直二式。相关的图像资料可见于现藏日本大阪市立美术馆、传为唐代王维所绘的《伏生授经图》（线图2），王维坐于一圆形蒲席，身前据一张曲栅足案，手中持书，案上还置有笔、砚，栅足案案面两侧带有翘头，两侧腿部各由四根方形栅足组成，下承跗木。《伏生授经图》中的矮栅足案栅足数量不多，间距较疏，但更多的图像资料显示，唐代流行的栅足案栅足所用枋材的根数往往较多、排布间距趋向紧密。五代画家卫贤所绘《高士图》，描绘汉代隐士梁鸿孟光“举案齐眉”故事，梁鸿所坐的床上陈设一张翘头栅足案（线图32），平列的栅足就非常繁密，且栅足在上部略带弯曲，与《伏生授经图》中案腿的线形比较相似。敦煌壁画图像资料中，也可见数量不少的矮栅足案形象，如莫高窟第321窟初唐《十轮经变》中，绘有一人曲肢坐在栅足案前的形象（线图27），案腿亦为弯曲式样。伯希和从敦煌带走藏于法国国家图书馆的公元10世纪写本《阎罗王授记经》（P.4523），绘有一名席地而坐的判官，身前放置着一具平头直栅足案（图3—17，线图129）。莫高窟第217窟南壁盛唐壁画《佛顶尊胜陀罗尼经变》，绘有一张放置在壶门床上、案上放满经卷的平头直栅足案（图3—18）。

① 唐耕耦、陆宏基：《敦煌社会经济文献真迹释录》第三辑，全国图书馆文献微缩复制中心1990年版，第116页。

隋唐时期墓葬考古发现的随葬陶瓷类冥器中，矮型栅足案也有数例发现，且均为直栅足式，由于属于非实用器，它们一般比例较实物缩小。如 1959 年河南安阳出土的隋张盛墓中出土的白瓷直栅足案（线图 126），案面两端带有翘头，两侧足部稍向外撇，各平列栅足八根，足下带有跗木（考古发掘报告未注明尺寸）。1983 年河南安阳市安阳桥村隋墓出土的一件瓷栅足案（图 3—19），长 17.6 厘米、宽 6.2 厘米、高 6.3 厘米，在宽 6.2 厘米的案面下带有七根栅足，案面中部微凹，案腿外撇，案面带有翘头，且在案面两端外侧各用数个乳钉装饰。排列整齐规律的乳钉可能显示出隋唐时期部分栅足案的翘头部分与案面并不是用同一块整料修制而制成，而是另制翘头构件后通过榫卯或钉安装在案面两侧的，钉既起到加固作用，也能进一步装饰美化家具。解放后，湖南地区墓葬中曾出土数件矮栅足案，时期皆约处于初唐至盛唐时期。1956 年，湖南长沙发掘的一座初唐墓葬中出土的一只陶案，长 13 厘米、宽 7 厘米、高 6 厘米，案面平滑，两端带有翘头，栅足部位稍向外撇，为板面状，仅在外侧刻有竖线条标志出栅足的特征。① 1963 年，湖南长沙牛角塘一座初唐墓出土的一件陶栅足案（线图 127），形制特征与前例略似，长 12 厘米，宽 7 厘米，高 5 厘米。1976 年湖南长沙咸嘉湖发掘的一座初唐墓中，也出土一件与 1956 年长沙唐墓类似的青瓷矮栅足案（线图 128），案长 10.4 厘米，宽 6.5 厘米，高 3.5 厘米，栅足也仅以竖线条刻画来表示，显示出长沙地区初唐墓葬冥器一致的制作手法。唯此件栅足案案面中部微凹，两端平滑上翘，翘头部分制作得更为角度微妙，甚为美观。1994 年在湖南岳阳桃花山 M4 号唐墓出土了一只青瓷栅足案冥器（图 3—20），长 13 厘米，宽 10 厘米，高 5 厘米，案面两侧带有翘头，宽度比例较前述几件都更宽，两侧各十三根直棂栅足的排列十分紧密，细节特征刻画极为写实。除了实物遗存外，受到道教文化的影响而在唐代十分流行的铜镜纹饰题材“真子飞霜镜”，是将先秦十二操之《覆霜操》孝子伯奇的故事铸造在镜背上。镜背画面中的操

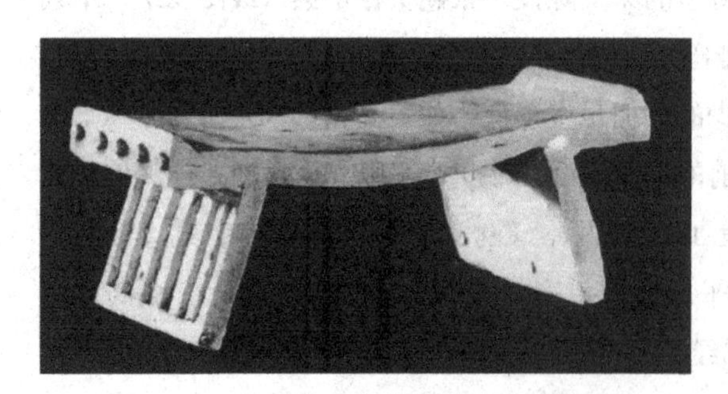

图 3—19　河南安阳桥村隋墓出土瓷栅足案

图 3—20　湖南岳阳桃花山 M4 号唐墓出土青瓷栅足案

① 罗敦静：《湖南长沙唐墓清理记》，《考古通讯》1956 年第 6 期，第 43—47 页图版拾：5。

琴者申伯奇席地而坐，身前地面上往往放置着一具矮栅足案，亦能证明唐时这类形制颇古的案式仍然十分流行，并且在士人生活中占有重要地位。

从以上数例图像与实物资料来看，隋唐矮栅足案上的一个结构特征值得我们特别关注，即在隋张盛墓（线图126）、岳阳桃花山初唐墓（图3—20）和唐王维《伏生授经图》（图3—21）栅足案的栅足上端，都用一条托枨作为栅足上端与案面之间的垫木，足端的榫头应是先穿过托枨上的卯眼后，再插入案面卯眼的。考古发掘所见的唐代以前栅足凭几、栅足案，基本上都是栅足上端直接插入面板底部的构造。通过托枨与案面连接，使案面与腿部的接触面扩大，顶部受力可以均匀地向下扩展，构造上较无托枨的造法更为科学。应当说，这是一种在当时相当先进的家具结构形式。

图3—21 （唐）王维《伏生授经图》局部

由于墓葬中出土的矮型栅足案基本皆为冥器，对于它当时实际上的大致尺度，约成书于隋唐时期的道书《洞玄灵宝三洞奉道科戒营始》“法具品”记载可供我们参考：

> 科曰：凡造天尊前案及读经案，有六种。一者玉作，二者金作，三者银作，四者石作，五者香作，六者木作，大小任宜。其读经案，广一尺二寸，长一尺八寸，高一尺五寸，种种装校任时，皆上制巾帕相称。①

六种案的分别只在于材质，这里值得注意的是其中特别记载的“读经案”的尺度。根据唐大尺约合今29.5厘米换算，《洞玄灵宝三洞奉道科戒营始》记载的读经案高度约为45厘米左右，似既不合盘坐尺度，也不适宜垂足高坐时使用。但唐代约于玄宗时期方审定大小尺制度②，在此之前通行的是约合今制24.69厘米的唐小尺。若《洞玄灵宝三洞奉道科戒营始》成书于玄宗朝之前，使用的是唐小尺，则读经案高度当在36厘米左右，与前述日本正仓院所藏“紫檀木画挟轼”的高度33.5厘米相差无几，正合人体盘坐时的使用需求。

2. 高型栅足案（线图26、线图89、线图130、线图131）

高型栅足案在敦煌莫高窟隋唐五代壁画《维摩诘经变》中大多皆有描绘，如隋420窟、初唐334窟（图2—20）、220窟、332窟、盛唐103窟（图2—90，线图89）、194窟、

① （隋唐）金明七真撰：《洞玄灵宝三洞奉道科戒营始》卷三《法具品》，载《中华道藏》，华夏出版社2004年版，第15页。

② （唐）张说、李林甫等：《唐六典》卷三：“凡度，以北方秬黍中者一黍之广为分，十分为寸，十寸为尺，一尺二寸为大尺，十尺为丈”，中华书局1992年版，第83页。

晚唐第9窟（图2—91）、12窟、五代61窟、98窟（图4—25）等，在维摩诘的所坐的壶门榻或高座前，往往陈设一张与坐面齐平或低于坐面的栅足案，案面多数带有翘头，足部则多为上部略弯曲的曲栅式。典型的如莫高窟103窟盛唐《维摩诘经变》（图3—22）中的栅足案，案面带有翘头，栅足排列繁密，下部带有托泥。为配合维摩诘所坐高座的高度，案的高度高于人体的腰部，是一件专门用来陈放宗教供养器物的承具。

盛唐以后，敦煌石窟壁画主尊说法的佛、菩萨，以及两侧听法的佛、菩萨座前往往陈设有放置供养器物用的桌案，但为体现场合的庄重，这些桌案的外部大都披有纺织品制成的软披，难以看到内部的结构，但从其长、宽、高比例来说，相当部分应为高型栅足案。部分图像中案足侧面未披软披的供养案形象可以佐证我们的推测，如莫高窟第172窟主室南壁盛唐《观无量寿经变》左右两侧，各绘有一佛率众菩萨听法的场景，佛座前的供养案上搭锦披为一片式横披，使案面边沿和腿部显露了出来，案面两侧带有翘头，腿部所用颜料虽有变色模糊，仍可看出用黑色颜料绘制平列的数根栅足，足下带有足跗托泥，因此正是一件高栅足翘头案（图3—23）。

图3—22　莫高窟103窟盛唐《维摩诘经变》局部

图3—23　莫高窟172窟南壁盛唐《观无量寿经变》局部

高型栅足案除了与壶门床、高座、佛像台座相配合，作为宗教环境中的香器供养案、经案等使用外，初唐以来，栅足案也开始与绳床、椅子组合，在日常生活中发挥重要的作用。然而在世俗社会生活中，栅足案高度的增加存在一个渐进的过程。莫高窟332窟北壁初唐《维摩诘经变·不思议品及供养品》中（线图130），须弥灯王佛坐在一张后背带有椅披的绳床上，搭配使用的栅足案与绳床的坐面大致齐平。唐代诗人朱庆余《过苏州晓上人院》诗中有云："经案离时少，绳床著处平。"① 形容的正是这类陈设方式。莫高窟第103窟南壁盛唐《佛顶尊胜陀罗尼经变》上部，以类似人间的大型院落描绘天界，其中一室中绘制善住天子跪坐于席上，身侧靠墙处放置一张平头直栅足案，案上放置有经卷（线图131）。图中的栅足案尺度较高大，并不适合用在跪坐的人体前，显然是专门置物用的承具。这显示出在盛唐时期的社会生活中，受到高型坐具的影响，通常作为书案、经案使用的矮栅足案在向高型体系转型的过程中，使用功能发生了拓展。

与后世多将此类两侧腿足缩进面板安装的承具称之为"案"不同，在日本正仓院、法隆寺等处珍藏的奈良、平安时代的栅足案遗物，都被称为"多足几"，在当时主要用于陈放举行宗教仪式时的供养品。日本正仓院中仓藏有二十三张栅足案，案面均为平头，栅足皆为直栅。其中编号为中仓202的共有较完整的多足几二十二件，部分经过修补复原，分别为三十六足几（左右栅足合计）一件、三十足几六件、二十八足几六件、二十六足几四件、二十四足几四件、二十二足几一件，大多素地不髹漆，少数几件在案面边沿和脚部的素地上用各色染料或金银泥绘制小花纹；标号为中仓198的"漆高几"一件，是正仓院所藏栅足案中唯一用黑漆涂装的（图5—38），为一件十八足几。这些栅足案的高度并不统一，可分为高矮两类。矮者有两件，尺度约42.5—43.5厘米，较《洞玄灵宝三洞奉道科戒营始》所载"读经案"尺度略高，但如其用途主要是如莫高窟第103窟南壁《佛顶尊胜陀罗尼经变》（线图131）所绘一般陈设物品，则很合理。其余高案的尺度差别更大，约73.5—109.5厘米，据人体一般所习惯的桌案尺度，75厘米左右高度的栅足案有可能被用来与高型坐具配合使用，例如用作书案、经案，而其他更高尺度的栅足案，则大约皆是承物案。

从单件实物来看，中仓202"多足几"类目下列的第17号是一件三十足几（图3—24），在它的其中一根栅足内侧以墨书记有"卯日御仗机，天平宝字二年正月"字样，天平宝字二年，即公元758年，约当唐肃宗乾元元年，作为正仓院所藏唯一件有确切纪年的"多足几"，它是我们参考了解唐制栅足案的可信代表。它最初的功用是作为日本天皇在正月卯日仪仗场合放置御杖的置物案，后经捐献入东大寺正仓院。该案高88厘米，面板长97.7厘米，宽53厘米，采用桧木制成。案面无边框，用一整张厚板材制作，案下两侧平列栅足，下承托泥至地，正仓院所藏大所数多足几皆应用此种造法。② 中仓202多足几第13号"黑柿金银绘二十八足几"（图3—25），由杉木和黑柿木制成，几面长112厘米，宽58.5厘米，通高101厘米。这件几的板面为攒框装板制作，黑柿木制

① （清）彭定求、沈三曾等：《全唐诗》卷五一四，《文渊阁四库全书》本。

② 正仓院事物所编：《正倉院寳物・中倉Ⅲ》，每日新闻社平成8年（1996年）版，第245—246、259页。

作的大边和抹头为45°斜角接合，抹头侧面露有明榫，中心镶一块与边抹同厚的杉木整板。另如第14号“彩绘二十八足几”(图3—26)，由广叶树制成，栅足可能为桐木制成，案面长104.4厘米，宽53.7厘米，高100厘米。它的案面亦为整块板材制作，但在两侧的端头部位，加装了两条抹头，抹头的厚度也与面心相同。

整板、攒边框、装抹头是日本正仓院所藏多足几的三种面板制作方式，在板材四周攒边框或是两侧断面装抹头的做法，尽管只出现在正仓院所藏部分栅足几上，仍显示出此时期对家具板面美观性需求的提升。

图3—24　日本正仓院中仓藏卯日御杖几

图3—25　日本正仓院中仓藏黑柿金银绘二十八足几

日本正仓院所藏这批多足几（栅足案）的共同特征有三点。其一是腿部栅足皆为直形枋材；其二是足跗较高；其三是面板的底部都带有垫木（图5—29），栅足上端穿过垫木后再插入面板上的卯眼中，与《伏生授经图》以及桃花山唐墓栅足案的栅足上端构造情况基本一致。《伏生授经图》所绘的垫木显然是在案面与栅足之间另加的一根托枨，而所有正仓院多足几的垫木都是与面板一木连造的，这既显示出唐代桌案腿足与面板之间带有托枨或垫木是一种常式，又显示出正仓院多足几板材制作上更为繁复的工艺要求。此外，结合对唐代实物、图像资料及日本正仓院藏品的观察，唐时的栅足案无论形制高、矮，其栅足皆既有数量排列极密，亦有较为疏朗的形式，但栅足繁密的案数量显然更多，且从“卯日御仗

图3—26　日本正仓院中仓藏彩绘二十八足几

机”及莫高窟《维摩诘经变》栅足案隆重的使用场合来分析，有可能栅足多而繁密的栅足案在当时属于更为正式和高档的类型。

（二）板足案（线图132、线图133）

板足式案是一种面板两侧带有板状腿足的案，它的形制由先秦时期的“俎”发展而来。从现存唐代板足案资料的数量来看，这类案式虽然已在社会生活中不占有显著的主流地位，但也依然延续着存在和发展。河南安阳隋代张盛墓中，出土有两件板状足的瓷案（线图132），但它们在考古发掘报告中被认为属于“凳”①，考唐代所流行的坐具样式，并未发现有板足式凳的存在，其说应为不确。张盛墓出土的两只瓷案长9.3厘米，宽4厘米，高3.5厘米，案面的中心部位带有两个长方形小孔，方孔两侧各刻划出两道横贯案面的横线，在其中一侧的第二条横线外，又带有一个小圆孔，似乎是为插放某种器物而制的专用承具。1978年，四川万县初唐冉仁才墓出土了数件生活用具类瓷质冥器，其中的一件青瓷案，长13厘米，宽8.5厘米，高6厘米。该案案面边框部分带有唇口，两侧略高，似为翘头形制。面板下的两侧腿足则是整块板面的构造，分别向外略有撇出②。囿于考古发掘报告描述不详细，如该案板足外侧带有线刻纹，则它实际上是一件矮型栅足案。长沙牛角塘初唐墓中出土有一件板足式双陆棋盘，宽9.5厘米，高2厘米（线图133）。出土于武汉市武昌钵盂山唐墓的一件白瓷围棋盘（现藏于湖北省博物馆）（图3—27），下部也为板足，两侧板面略呈弧形，中部带有弧形开光。板足式形制的案一直到明清时期皆有制作，且常在板足上制作各种开光装饰。这类家具在后世的使用者通常有一定的社会地位和文化素养，既显示出古代经典器形的强大生命力，也说明社会上层的好古之风对传统家具的制作与流传所具有的重要作用。

1987年，考古工作者从陕西扶风法门寺地宫中出土了佛指舍利和大量供养宝物，其中有一件素面银香案（图3—28）的形制较为特别，在同时出土的《监送真身使随负供养道具及恩赐金银器衣物帐碑》中，它被记为“香案子一枚”③，实物高10.5厘米，宽9.5厘米，长15.5厘米，整器以银制成，上无纹饰。案面两侧边缘上卷，制为翘头。案足为板面状，上部曲折为弧形，下部稍外撇至地，两侧足间焊接两根银条，似为案足部位的接地脚枨。在明清时期的宗教家具香案、供案的图像资料及实物遗存中，这种上带翘头，腿部向两侧弯转开张的形制相当常见，唯腿部不作板片式，而多为栅足或四腿式。从这件唐制小银香案的考古发现来看，我国传统家具中的“香案”、“供案”类型

① 考古研究所安阳发掘队：《安阳隋张盛墓发掘记》，《考古》1959年第10期，图三2、4。

② 四川省博物馆：《四川万县唐墓》，《考古学报》1980年第4期，第503—514页图版陆：3。

③ 陕西省考古研究院、法门寺博物馆、宝鸡市文物局编著：《法门寺考古发掘报告》上册，文物出版社2007年版，第227页。

的基本形制特征，在唐代就已成型，它们与唐代流行的曲栅足案关系密切，类同的使用功能及审美习惯沿续千年仍然被保留着。类似法门寺银香案这类案足间带有横向接地枨的桌案形制，在五代画家周文矩所绘《重屏会棋图》中单扇立屏屏风画中可见一例（线图 26），图中的案为一张高型曲栅足案，案面翘头高而尖峭，案足间前缘带有一根接地的管脚枨。由此看来，在板足或栅足案的腿间安装横向脚枨在唐五代时期并不罕见，究其理，应是由于栅足案和板足案的左右两侧腿足都多带有外撇的角度，此时家具腿足上端的榫卯设计未如后世先进，加装横向脚枨是为使腿部结构更加牢固。法门寺银香案为供养器，《重屏会棋图》中栅足案为书案，因而前者装有两根根脚枨，而后者则为便使用者伸展下肢，只在前侧安装一根脚枨。由此也可看出，到五代时期，适用于垂脚坐的高型栅足案已经相当普及，故而会为适体使用而产生这种变通性的设计。

图 3—27　武汉市武昌钵盂山唐墓出土白瓷围棋盘

图 3—28　法门寺地宫出土素面银香案

日本正仓院中仓仓号 177 藏有 27 件被称为“献物几”的小型承具，用来在大型法事上承放贵族奉献的供佛之物，其中两件带有确切年代的墨书铭文，第 15 号记有“神护景云二年”（768 年），第 27 号记有“天平胜宝四年”（752 年），可证这批献物几确为约当盛唐时期的制作。这批献物几中，有三件几面下带有板状腿部。第 16 号“假做黑柿长方几”(图 3—29)，长 71 厘米，宽 33 厘米，高 10.2 厘米，几面心板以桧木制成，表面用墨色染绘来仿造黑柿（条纹乌木）木纹，再用很窄的黑柿木攒做与面心等厚的边框，腿部为两块与面板同厚、同宽的黑柿木整板制成，因部分材料并非黑柿而名“假作黑柿”。第 15 号“碧地彩绘几”（图 3—30），长 50.5 厘米，宽 42.1 厘米，高 6.2 厘米，桧木制成，它的腿部除用整块板片造成外，还在近地部分挖做出五个壶门形开光，显示出壶门形制的装饰趣味对板足式承具的影响。此外更为奇特的是第 14 号“粉地木理绘长方几”（图 3—31），长 50.5 厘米，宽 42.1 厘米，高 6.2 厘米，桧木制成，它的腿部所用亦为整块板片，但被雕刻修造成唐草的花形轮廓，并用涂施胡粉的方法染成粉白色，叶片边缘和叶脉部分再用金泥勾边，制作精细、装饰华美。唐草纹即唐卷草，学界一般认为它是最早来源于古埃及、古希腊，魏晋以后经由丝绸之路传入并影响中国的图案装饰艺术，举凡唐代的漆器、纺织印染、金银器上，唐草纹都是最为常见的装饰纹样。粉地木理绘长方几的板足被精心雕刻为唐草轮廓，显示出除了作为装饰纹样，唐草也对家具的腿部造型产生了影响，与装饰纹饰、装饰色彩一道促生出一种新鲜的、华丽的唐式家具风格面貌。在我国传统箱板式家具体系发展达到极盛，走向转型的时期，这种创新设计的意匠，显然对当时的家具艺术发展产生了积极的作用。

图 3—29　日本正仓院中仓藏假做黑柿长方几

图 3—30　日本正仓院中仓藏碧地彩绘几

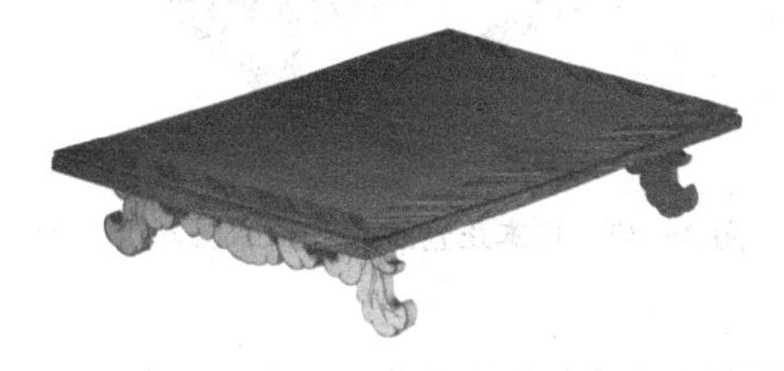

图 3—31 日本正仓院中仓藏粉地木理绘长方几

（三）牙床、牙盘

唐代薛渔思《河东记》中《板桥三娘子》篇有："三娘子先起点灯，置新作烧饼于食床上，与客点心。"① 在陕西出土唐李寿墓（631 年）石椁线刻画中，第 32—34 名侍女三人合抬一具矩形食床（线图 136），为正面平列两壶门、左右平列单壶门的样式。图中食床面板上带有数个排列规整的圆形图案，早在战国时期楚国漆器中，食案的案面就常以漆绘的形式勾勒出数个圆形（图 5—1），其作用是标记陈放餐具的位置。

这种带有壶门式腿足、属于低坐家具体系的承物案，在唐代除了根据使用功能称

① （宋）李昉等：《太平广记》卷二百八十六，中华书局 1961 年版，第 2280 页。

为“某床”，如食床、茶床等以外，在唐代，它们还可以通称为“牙床”、“牙盘”。

“牙床”这一称谓见于史籍的约有二义，一为“象牙床”，在第二章论述唐代“席”的部分已经提及，“象牙床”在文献中或指以象牙镶嵌装饰的床榻，或指以象牙细条编制的席；第二义则是壶门式形制的坐卧具及承具。如敦煌出土社会经济文献《年代不明（公元10世纪）某寺常住什物交割点检历》（P.3161）第26行记有“大牙床壹”[①]，类似的记载在唐末五代敦煌文书中所见有数处。幸运的是，日本正仓院北仓仓号36所藏“木画紫檀棋局”(图3—32)，在日本天平胜宝八岁著录文献《国家珍宝帐》(756年)上著录为：

木画紫檀棋局一具，牙界花形眼，牙床脚。

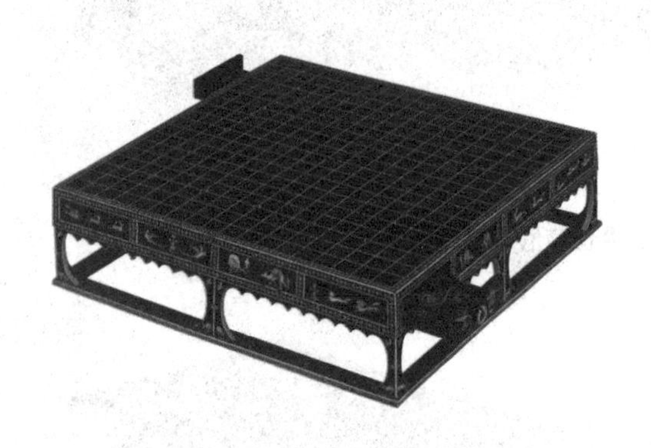

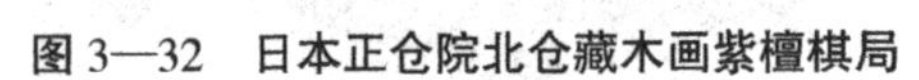

图3—32 日本正仓院北仓藏木画紫檀棋局　　**图3—33 日本正仓院北仓藏木画紫檀双六局**

此外北仓37收藏的“木画紫檀双六局”(图3—33),《国家珍宝帐》著录为：

木画紫檀双六局一具，牙床脚。[②]

与实物相对照，这两件棋局的腿部都是壶门式形制，因此“牙床脚”所指即壶门脚，其义甚明。此外，唐人南卓所撰《羯鼓录》记载羯鼓的式样时亦云：“⿰木桑如漆桶，下有小牙床承之，击用两杖。”[③] 1999年，陕西宝鸡陵塬村李茂夫妇墓中，出土了大量反映五代社会生活、制作精美的砖雕壁画，其中后甬道西壁出土的《击羯鼓者》图中（图3—34），一立姿男侍手持鼓槌击羯鼓，放置羯鼓的承具有两层，下部是一件四腿直脚小桌案，高度约当人体大腿中部，小桌案上放置一具壶门式小案台，从人体比例来推测，若为实物，高度当在10厘米以内，羯鼓正是放置在这张壶门式小案上。敦煌莫高窟第55

① 唐耕耦、陆宏基：《敦煌社会经济文献真迹释录》第三辑，全国图书馆文献微缩复制中心1990年版，第40、116页。

② [日] 竹内理三编：《寧樂遺文》，日本东京堂昭和五十六年（1981年）订正6版，第438页。

③ （唐）南卓：《羯鼓录》，《文渊阁四库全书》本。

窟东壁宋代壁画《乐舞图》，也绘有一具放置在矩形壶门小案上的羯鼓。① 以上数例，皆可证承羯鼓的“小牙床”，即为矮型壶门式承物案。“牙床”用来指称壶门形制承具的文献记载，还可见于晚唐五代诗文：

表章堆玉案，缯帛满牙床。三百年如此，无因及我唐。（卢延让《观新岁朝贺》）②

然而相当比例的文献资料显示，“牙床”在唐代不仅指承具，也指坐卧具，如：

肱被当年仅御寒，青楼惯染血猩纨。牙床舒卷鹓鸾共，正值窗棂月一团。（史凤《鲛红被》）

金丝帐暖牙床稳，怀香方寸，轻颦轻笑，汗珠微透，柳沾花润。（冯延巳《贺圣朝》）③

敦煌唐五代寺院什物历中，牙床的记载往往难以分辨它属于坐卧具还是承具，如《辛未（公元911年）正月六日沙州净土寺沙弥善胜领得历》：

大床新旧计捌张，索阇梨施大床壹张，新六脚大床壹张，方食床壹张，新牙床壹，新踏床壹。（第17—19行）④

作为坐卧具的床（六脚大床）和进食的床（食床）被记录在一处，紧靠其后的“新牙床”极难判断其使用功能。因此作为唐代多种家具形制之共名的“牙床”一词，必须通过语境才能理解其具体使用功能。为便分类理解和探析，本小节内容中讨论的牙床，仅指承具而言。

图3—34　宝鸡五代李茂贞墓出土砖雕《击羯鼓者》

“牙床”之“牙”，当是指壶门式腿足的花形板片，然而此名的来历相当费解。据扬之水《幡与牙旗》一文考证，我国以尖角状的锯齿边作为幡、旗旗边饰的历史，始于殷商，郑玄注《礼记》“殷之崇牙”云：“殷有刻缯为重牙，以饰其侧，亦饰弥多也。”商代青铜器“祖

① 扬之水：《曾有西风半点香》，生活·读书·新知三联书店2012年版，第154页图20。

② （清）彭定求、沈三曾等：《全唐诗》卷八八五，《文渊阁四库全书》本。

③ （清）彭定求、沈三曾等：《全唐诗》卷八〇二、卷八九八，《文渊阁四库全书》本。

④ 唐耕耦、陆宏基：《敦煌社会经济文献真迹释录》第三辑，全国图书馆文献微缩复制中心1990年版，第116页。

乙卣”铭中，就有旗杆上饰有牙形的刻画。到汉代，“牙旗”之名开始出现，张衡《东京赋》“戈矛若林，牙旗缤纷”。魏晋的图像资料中，牙形作为军队首领仪仗旌幢的饰边就出现了多例。唐代时，由于火焰纹的流行，牙旗上的齿形逐渐演变为曲线流动的火焰形，由此直至清代，牙旗的形制分化很大，应用场合也由军队仪仗扩展到帝王卤簿，但始终延续着存在。①“牙旗”之得名，在于其形，推而思之，壸门床或壸门式承物案被称为“牙床”，同样也是因形得名。带有齿状轮廓的壸门样式约在东汉末开始出现，在魏晋南北朝时期，相当比例的壸门床将床沿下的壸门板片的边缘镂刻为齿状的轮廓，其后此流行趋势一直延续到整个唐代（参见第一章、第二章所引用的诸多东汉至唐代的壸门床榻图例）。

这种造法的盛行，可能与随佛教传入我国后，佛龛券门、佛座背光上常见的火焰形装饰纹样有关。《国家珍宝帐》属时约当盛唐，考虑到由中土向东流传的时间差，这一新称应必在此之前。南朝梁萧子范《落花诗》即有句云：“飞来入斗帐，吹去上牙床。”② 东汉末刘熙《释名》释“斗帐”为小帐，顶如覆斗，诗句中与之相对举的“牙床”，可能也是指形制而非指装饰材料。唐高宗时僧人慧祥所著《古清凉传》载无著和尚事迹：“老人延无著升堂，自坐柏木牙床，指一锦墩令无著坐。”③ 此处“柏木”既已讲明材质，“牙床”似亦应指床式。唐姚汝能《安禄山事迹》载天宝六载（746年）玄宗赐禄山器物的物帐中亦有“帖文牙床二张，各长一丈，阔三尺”④，“贴文”即唐代家具外表的帖皮装饰工艺（详见第五章第二节），此处“牙床”亦在指明一种床式。不过值得注意的是，虽然我们认为“牙床”的得名是由于在一个相当长的时间段里，壸门开光流行着齿状的轮廓样式，但在唐代时，“牙床脚”并不仅仅指带有齿状开光的壸门。观察正仓院所藏“木画紫檀棋局”，它的壸门样式确为上部带有齿状轮廓，然而“木画紫檀双六局”的壸门开光轮廓却是左右呈平滑的弧状，至上部中间汇为尖拱的式样。在来源上，后者较齿形（火焰形）开光轮廓早得多，在商周时代即已在承具俎、案上出现（图1—4、图1—6），尽管在魏晋南北朝时期变得较为少有，但至唐则又开始流行。宋代以后，齿状的壸门开光退出了历史舞台，而历史更悠久的圆弧攒尖形壸门样式却显示出了强大的生命力，以至今天的明清家具研究者将该种样式的牙板结构称之为“壸门牙子”。有鉴于此，之所以圆弧攒尖拱的壸门样式在唐时也称之为“牙床脚”，可能是因为“牙床”一词的出现距《国家珍宝帐》的著录已经有了相当的时间，而旧有的样式重新恢复了制作和流行，以致人们模糊了新旧样式的边界，“牙床脚”逐渐成为了“局

① 扬之水：《古诗文名物新证合编》，天津教育出版社2012年版，第423—439页。

② （唐）欧阳询：《艺术类聚》卷八十八，文渊阁四库全书本。

③ 陈扬炯、冯巧英校注：《古清凉传·广清凉传·续清凉传》，山西人民出版社2013年版，第82页。

④ （唐）姚汝能：《安禄山事迹》卷上，上海古籍出版社1983年版，第6页。

脚”的代名词。

在敦煌文书中还记载有一种与牙床名称相类的承具“牙盘”，而且数量相当多，在当时的社会生活中作用应该相当重要。如《唐咸通十四年（公元873年）正月四日沙州某寺交割常住物等点检历》（P.2613）：

帐写牙盘子壹，长贰尺。（第14行）

故破牙盘壹，无脚。八尺大牙盘壹，无脚。（第66—67行）①

再如《后晋天福七年（公元942年）某寺交割常住什物点检历》（S.1642）：

小黑牙盘子壹，无连蹄。（第15行）

五尺花牙盘壹，无连蹄。（第16行）

四尺花牙盘子壹。（第25行）

白牙盘壹。（第32行）

四尺花牙盘壹面。（第35行）②

据上面所引的敦煌文献，牙盘是一种通常带有脚和“连蹄”的承具，大型的牙盘面板边长可以达到八尺，约合今236厘米右（以唐大尺换算）。《汉书》卷八十四《翟方进传》有“武发箧中有裹药二枚，赫蹏（蹄）书”之言，三国学者孟康注云：“‘蹏’犹‘地’也，染纸素令赤而书之，若今黄纸也。”③ 则“蹄”字有“地”义，“连蹄”义或即“连地”，即接近地面的家具构件。此外，如将“蹄”字理解为家具的腿足，“连蹄”即连接腿足的构件，此说亦可通。“连蹄”在宋代《营造法式》中写作“连梯”④，所指称的构件即壶门腿足末端安装的一圈接地足跗，当代明清家具研究者即称这个家具构件为托泥。由此看来，牙盘的式样应与牙床相差不大，亦为带有壶门腿足的承具名称。敦煌文书中无脚之牙盘多注明“破”字样，可能是因残破而失脚，但标明无连蹄的牙盘通常并未专门注明“破”字，可能说明脚下安装连蹄（托泥）的作法是当时更常见的式样，以至于不制作“连蹄”的牙盘被特别标明细节入账。那么牙床和牙盘是完全相同的构造，还是在形式上略有差异呢？《年代不明（公元十世纪）某寺常住什物交割点检历》（P.3161）：

四尺牙盘壹，又花牙盘壹，□大案板壹，大牙床壹。（第25—26行）⑤

---

① 唐耕耦、陆宏基：《敦煌社会经济文献真迹释录》第三辑，全国图书馆文献微缩复制中心1990年版，第9、11页。

② 唐耕耦、陆宏基：《敦煌社会经济文献真迹释录》第三辑，全国图书馆文献微缩复制中心1990年版，第20页。

③ （元）熊忠：《古今韵书举要》卷四“**蹏**”条，《文渊阁四库全书》本。

④ （宋）李诫撰，王海燕注译：《营造法式译解》卷十《牙脚帐》“连梯”条：“随坐深长，其广八分，厚七分”，华中科技大学出版社2011年版，第150页。

⑤ 唐耕耦、陆宏基：《敦煌社会经济文献真迹释录》第三辑，全国图书馆文献微缩复制中心1990年版，第40页。

此处牙盘与牙床同时出现在一张点检历上，很能证明二者还是有一定差别的两种东西，另据《辛未年（公元911年）正月六日沙州净土寺沙弥善胜领得历》（P.3638号）：

故牙盘壹，无唇牙盘壹，小方牙盘壹。（第22行）①

一件“无唇”的牙盘被特别标明，则说明一般来说牙盘都是有“唇”的。与前述敦煌出土寺院经济文献中所谓经案的“唇”指的是案面两端的翘头相类似，所谓牙盘的“唇”，应该是指在牙盘的面板边缘带有一圈高起的边沿，其功能大约是防止面板上所承放的物品在抬舁时掉落或泼洒。据此，似可推论牙盘有大有小，大型牙盘甚至有“八尺”的制作，但无论大小，牙盘多数带有唇口，情理上来看不适合人体坐卧，而应当是用以承物，尤其是作为食案使用；而无论是坐卧具牙床，还是承具牙床，其面板边沿皆为“无唇”。

1. 小型牙床、牙盘（线图7、线图134—140）

小型的牙床、牙盘多作矩形，便于移置，唐墓壁画图像资料显示，它通常由侍者捧持，随需陈设。如唐李寿墓（631年）线刻画中第6名侍女手捧方形小牙床（线图135），第32、34名侍女同抬的一具牙床（线图136）。唐初杨温墓作为唐太宗昭陵陪葬墓之一，入葬于贞观十四年（640年），墓中出土的一幅《群侍图》中，也绘有一名侍女手捧小牙床的形象，画面中的小牙床各侧为单壶门（线图137）。1996年在西安西郊陕棉十厂唐壁画墓北壁出土壁画中，东侧屏风画绘有一幅《供果图》，绘有五个大小不一的浅盘，盘内盛放果品，其上又以白纱屏蔽。用以放置果盘的，就是一具小牙床（线图200）。1982年，湖北省武汉东湖岳家嘴隋墓（约605—618年）出土一件陶制方形壶门形冥器，考古发掘报告释之为“砚”，但在这件器物的承物面上既无隋唐陶瓷砚常见的中部微凹、便于研磨的墨堂，四周也没有一圈下凹的墨池，据其形制，它实际就是一件无“连蹄”的陶制冥器牙盘（图3—35）。这件陶制冥器模型边长6.5厘米，高2.3厘米，各侧腿足为双壶门结构，盘面边沿与壶门腿之间有一圈窄条微向内缩，盘面以上，另有一圈立沿，应即为敦煌出土寺院物历中记载的牙盘之“唇”。

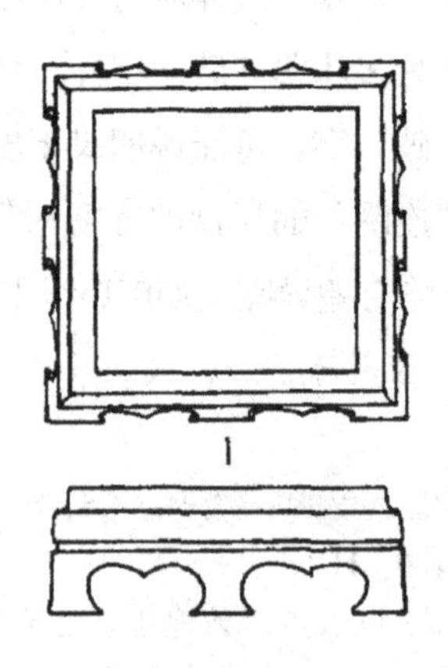

图3—35　武汉岳家嘴隋墓出土陶制牙盘线描

① 唐耕耦、陆宏基：《敦煌社会经济文献真迹释录》第三辑，全国图书馆文献微缩复制中心1990年版，第117页。

小型的牙床与牙盘除了作为进食案使用，由于高度比例一般不高，多不用作书案，而是用来放置在人体身前或身侧，用来放置一些随身物品。例如，敦煌莫高窟第314窟西壁隋代壁画《维摩诘经变》中，绘有一僧跪于须弥坛（僧人做功课时用的小毯）上祈愿，身前放置着一张小牙床，上置香炉（线图134）。莫高窟第203窟西壁龛外所绘初唐《维摩诘经变》中，文殊菩萨坐在一张壶门床上，床前地上放置一具方形小牙床（线图7），上承一只长柄香炉，香炉为唐代常见样式。莫高窟第112窟中唐《观无量寿经变》中，绘有两只陈放于帐顶带有宫殿式斗栱的豪华宝帐内的牙盘用以供奉舍利子（线图139），盘面四周立沿较宽。再如莫高窟第12窟南壁晚唐壁画《弥勒经变·剃度图》中，剃度者身侧放置着一具牙床（线图140），一名童子正从牙床上拿起净水瓶递给剃度者。再如莫高窟第196窟甬道北壁晚唐壁画《供养人像》中（图3—36），供养人手中所捧的小型的壶门脚承具，台面边沿四周带有略微高起的"唇"，应为牙盘。

图3—36　莫高窟196窟甬道北壁晚唐《供养人像》

由于小牙床、牙盘的主要功能是专作置物之用，随着时间的发展，日常与之相随的一些物品，可能开始产生一定的储存需求，方便人们在取用小牙床或牙盘时，同时携带相关物品。1994年郑州市文物考古研究所在该市伏牛南路西侧清理的一座唐墓中，发现了一件陪葬铅质冥器（图3—37），该器为方形，边长5厘米，高3厘米，顶部带有一圈浅沿，外侧边沿上敛下舒，底平，底部对角放置两根铅条，与底锈在一起。外壁每侧分为两个矩形部分，各部分中部带有两个环形吊环，形态极似抽屉抽手。下部各侧面带有两个壶门（即考古报告所称"下设八腿"），壶门腿下带有一圈托泥。从该器的器形与大小比例来看，应为一件牙盘的小模型，考古报告定名为"炉"恐不确。联系到它装饰华美，在盘面凸起的边沿"唇"的顶部、抽屉四周和壶门轮廓周围都带有凸起的孔钉纹，似为对一件实用器的忠实模拟，而盘面底部所带的两根铅条或为支撑结构之用。中国古代家具上何时出现抽屉构件，在过去家具史的研究中，一般都认为它在北宋中期以后才开始出现，然而经过仔细考察目前为学界所知的唐代器物，在陕西凤翔法门寺地宫出土的一套唐僖宗李儇御用的宫廷茶器中，就有一件定名为“鎏金仙人驾鹤纹壶门座银茶罗子”（图3—38）的茶器带有抽屉，根据器底錾刻的“咸通十年文思院造银金花茶罗子一副”等字样，该器制于公元870年。更早的例子出现在日本正仓院，即上文所提到的正仓院北仓所藏“木画紫檀棋局”（图3—32），在该棋局的两个相对的侧面，各制作有一具抽屉，拉动抽屉上的环钮，可见内藏龟形棋子龛，用来置放棋子。它的最早著录文献《国家珍宝帐》年代为天平宝字二年（758年），约当盛唐，考虑到其形制传入日本的时间差异，牙床、牙盘类家具上抽屉的产生必在此之前。据出土墓志记载，郑州伏牛南路唐墓墓主为李文寂，下葬于景龙二年（708年），时当初唐盛唐之间，早于木画紫檀棋局的著录50年，可证在日本正仓院之前，小型牙床、牙盘已在南北朝出现和应用发展了相当长的时间，并在隋唐之间逐步发展出了带有抽屉的样式，形成为一种兼有承具和庋具功能的复合型家具。

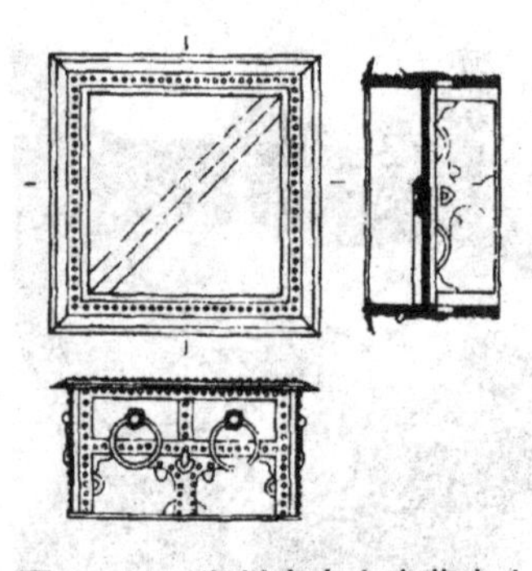

图3—37 郑州唐李文寂墓出土带抽屉铅牙盘

图3—38 法门寺地宫出土鎏金仙人驾鹤纹门座银茶罗子

晚唐五代诗人宋齐丘《陪华林园试小妓羯鼓》诗云：

切断牙床镂紫金，最宜平稳玉槽深。因逢淑景开佳宴，为出花奴奏雅音。①

羯鼓放置在牙床上时为横置，击鼓者两手持鼓槌左右敲击，为防鼓滚动移位，在牙床面上挖制了合于鼓形的槽。由此可见，唐代的牙床和牙盘还存在一类专物专用的特殊制作，作为某一件珍贵器物的承放台座，根据器物的形态来设计牙床与牙盘的造型，以便上下相应烘托，属于一种特具生活情趣，体现生活品质的小型承具。莫高窟148窟盛唐壁画《药师经变》中，绘有一件存放香料的容器“香宝子”，用来承托该香宝子的底座是一件中部微凹的圆形牙盘（线图138）。日本正仓院存有多件异型壶门式台座，如正仓院中仓177所藏一件“苏芳地六角几”（图3—39），直径52厘米，高

① （清）彭定求、沈三曾等：《全唐诗》卷七三八，《文渊阁四库全书》本。

12.3 厘米。台面为一块整板制成，与托泥皆为六瓣花形，每面弧形下制一壶门，壶门腿略向内收，使器物从侧面看上去，壶门上的花牙子带有凹凸有致的视觉效果，从形制特上看，这正是一件花瓣形的小牙床。

图 3—39 日本正仓院中仓藏“苏芳地六角几”

2. 牙床、牙盘式棋盘（线图 19、线图 98、线图 141—线图 146）

整个唐代，围棋和双陆棋都非常盛行。太宗皇帝就是一个著名的围棋爱好者，近人从日本真福寺抄回影唐卷子本《翰林学士集》，其中有唐太宗五言咏棋诗两首。① 双陆也称双六，因对局双方各执 6 枚棋子而得名，据唐人编辑的《续事始》记载：“陈思王（曹植）制双六局，置骰子二。” ② 可见它从三国时期就已经出现。另《唐国史补》亦载：“长安风俗，自贞元侈于游宴。其后或侈于书法图画，或侈于博弈，或侈于卜祝，或侈于服食，各有所蔽也。” ③ 唐代博弈之风盛行，棋盘的大量制作也就是必然的现象。从图像资料和现存实物来看，当时的棋盘通常被制成牙床、牙盘的形式，在面板上用绘制、刻画或以特种镶嵌工艺制出棋路，专门供人游戏，称之为“棋局”、“双陆局”。据李清泉《叶茂台辽墓出土〈深山会棋图〉再认识》一文考论，由汉代至宋辽时

图 3—40 安阳张盛墓出土白瓷围棋盘

① 周振甫主编：《唐诗宋词元曲全集：全唐诗》第 1 册，黄山书社 1999 年版，第 13 页。

② （宋）司马光编著，（元）胡三省音注：《资治通鉴》卷一六二“梁太清三年二月条”胡注引，中华书局 1956 年版，第 5006 页。

③ （唐）李肇：《唐国史补》卷下，载《历代笔记小说大观教坊记（外七种）》，上海古籍出版社 2012 年版，第 83 页。

期的墓葬（尤其盛行于南方如四川）中一直延续着带有仙人弈棋内容的画像砖、壁画或以棋局实物、冥器随葬的现象，它的起源与南方地区天师道的流传有一定的关联，是当时人对死后升仙信仰的一种物化寄托。① 解放以来的南方隋至初唐时期墓葬考古发现中，确实常有牙床式围棋、双陆棋盘的发现。得益于此，我们能够通过不少的实物例子、并结合传世图像，来进一步了解唐代牙床、牙盘的流行情况。

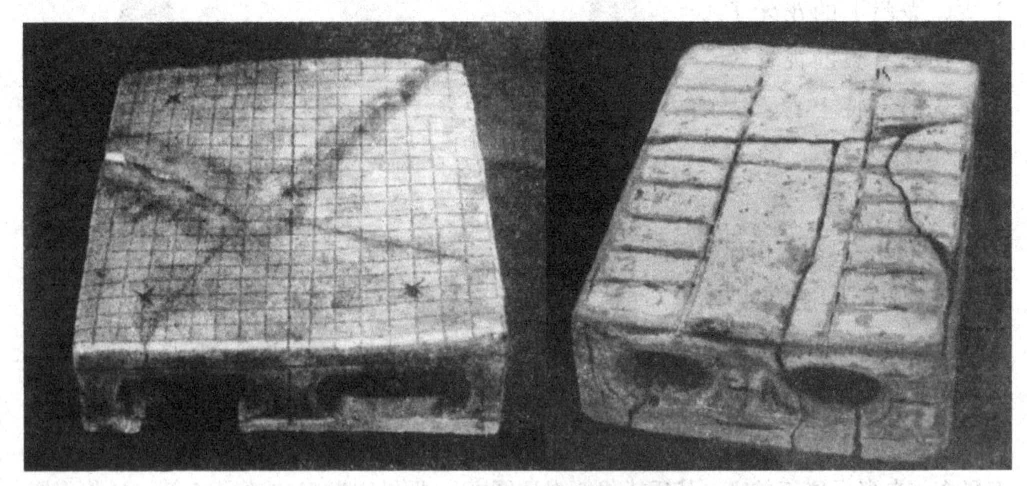

图 3—41　四川万县唐墓出土青瓷围棋盘、双陆盘

河南安阳隋代张盛墓曾出土一件冥器白瓷围棋盘，腿部各面为单列壶门的形式，足下带托泥，形制与前述正仓院所藏木画紫檀棋局很相近，但壶门板片上部的牙状装饰形如火焰纹，由两侧指向中部（图 3—40）。初唐时期南方墓葬中，围棋盘与双陆棋盘随葬冥器的发现则更多，如 1994 年在四川万县唐墓、湖南岳阳桃花山唐墓、湖南长沙咸嘉湖唐墓、湖南湘阴唐墓中，都同时出土有瓷质或陶质牙床式围棋盘、双陆盘，除湖南湘阴唐墓出土两种棋盘为平板状的式样外，其他墓中的发现皆为下带壶门脚样式（图 3—41，线图 141—线图 144）。1973 年在新疆吐鲁番阿斯塔那 206 号张雄夫妇合葬墓（633 年）中，同时出土了牙床式围棋盘和牙盘式双陆盘，二者皆为木质（图 5—67、图 5—68）。②

除了考古发现的实物，唐代图像资料中对牙床、牙盘式棋盘的描绘也并不罕见。如新疆吐鲁番阿斯塔那 187 号唐墓出土《弈棋仕女图》（绢本），绘制有一牙床式围棋盘（线图 145），各侧面平列三壶门，第 38 号唐墓出土《树下人物》屏风画中，左起第

① 李清泉：《叶茂台辽墓出土〈深山会棋图〉再认识》，《美术研究》2004 年第 1 期，第 62—68 页。

② 参见《1973 年吐鲁番阿斯塔那古墓群发掘简报》（《文物》1975 年第 7 期）、《新疆出土文物》（文物出版社 1975 年版）等文献，由于这两件棋盘实物是国内考古发现中罕见的唐代家具贴皮、包镶、木画工艺的代表作品，详细介绍及图像资料见第五章。

二幅绘有一名捧围棋盘的侍者，其手中所捧的棋盘亦为牙床式。① 敦煌莫高窟 159 窟中唐壁画《维摩诘经方便品》中，绘有数人围坐于一宽大的方形牙床式博局（线图 146）。第 454 窟晚唐归义军时期壁画《天请问经变》二人对弈的图像中，棋盘亦为牙床式。如此一类的例子较多，证明唐代棋局的主流形制确为牙床、牙盘样式。此外，传世卷轴画也有数例牙床、牙盘式棋盘的描绘，如五代周文矩《重屏会棋图》中，对弈者使用的围棋盘亦作牙床式样（线图 19）。唐周昉《内人双陆图》中，绘有两位坐在月牙杌子上的贵妇对弈双陆棋的形象（线图 98）。图中的双陆棋局为两层壶门式构造，上部棋盘边沿立起一圈唇口，显然属于牙盘式。但它利用上下双层的壶门结构，在中部装上了一层隔板，似亦能发挥承物收纳的作用，制作十分精巧。此图呈现出高坐坐具流行以来，工匠们因应生活习俗的转变，对小型牙床与牙盘类承具形制构造的探索、改造过程，为十分珍贵的家具史研究资料。

3. 大型牙床、牙盘（线图 91、线图 147—152）

敦煌地区出土唐五代寺院经济文献中，牙床、牙盘都有大型的记录，其中牙盘常标明尺度，大者有六尺、八尺的。1914 年英国探险家斯坦因在新疆阿斯塔那墓地 Ast.ix.2 号墓发现了一件被称作“木雕基座”的完整木质牙盘实物，下部长边平列三壶门，窄边平列两壶门，上部承物面四周用薄木条围边，立起一圈“唇”。从图像中的比例来看，斯坦因发现的牙盘长约在 100 厘米以上，是考古发现中极为难得的一件完整的大型牙盘实物（图 3—42）。

图 3—42　新疆阿斯塔那墓地 Ast.ix.2 号墓出土大牙盘

大型的牙床、牙盘起源于何时，目前尚难确考，但就目前发现的图像资料来看，它们应出现在唐代之前。敦煌莫高窟第 420 窟主室南披隋代壁画《法华经变·譬喻品》中，绘跪坐的两名僧侣，身前放置一具带有牙形装饰的单壶门、无托泥矮桌案（图 3—43），形制与南北朝时期流行的壶门式床基本一致，应为一张牙床。至唐以后，大牙床、牙盘的使用描绘明显增多，且总的来说多不为单人专用，而是在唐代各种纷繁的社交场合中，或专门用来置物，或放置在多人身

① 新疆维吾尔自治区博物馆：《吐鲁番县阿斯塔那——哈拉和卓古墓群发掘简报（1963—1965）》，《文物》1973 年第 10 期，图版贰。

前共享。敦煌莫高窟第445窟北壁盛唐《弥勒经变》的“三会说法”、“剃度”等场景中，都绘有无托泥的大牙床（线图91、线图147），其中剃度场景中的牙床上面置放了五个长方形藤筐，筐内陈列供养袈裟，图中供台形制宽大，正面平列六壶门。敦煌榆林窟第25窟北壁中唐壁画《弥勒经变·剃度图》中数名观礼的僧侣坐在一具大牙盘的一侧（线图149），图中牙盘较为宽大，在案面边沿明显带有较厚的“唇”沿，牙盘上放置有袈裟、净水瓶等物。再如莫高窟第61窟南壁五代壁画《法华经变·五百弟子授记品》中，数名弟子盘腿对坐在长廊下，身前放置着一具长条形壶门式桌案，应该也是大牙床（线图152）。同窟南壁五代壁画《弥勒经变》中，绘有数名跪坐听经的僧侣，身前放置的大牙床装饰华丽，床面施以团花彩绘，正面平列三壶门，侧面为单壶门，下带足跗托泥（图3—44）。从以上数例大型牙床、牙盘的使用情况来看，高度适用于跪坐、盘腿坐的大牙床、牙盘的应用十分普遍，且直至五代亦未退出历史舞台，显示出尽管高型家具体系的发展贯穿着整个唐代，但传统的起居生活习俗仍具有较大的影响力。

图3—43　莫高窟420窟主室南披隋代《法华经变》局部

图3—44　莫高窟61窟五代《弥勒经变》局部

2000年河南安阳市北关发掘的唐赵逸公夫妇墓墓室东南角绘有一幅描绘“膳厨间”的壁画（线图151），由于上部墙体塌落，致使画面错位，但我们仍可以看出，画面中下部绘有一坐在花边地毯上，正在看守炉灶的梳高髻侍女，画面上部则绘有一具放置碗碟的带托泥大牙盘，盘面边沿明显伸出壶门立壁，明清桌类家具上的这类构造被之为“喷面”。此外，盘面上的唇口矮而宽，造法与宋明家具攒框装板面的大边、抹头宽度已经十分相似[①]。该墓建于唐文宗太和三年（829年），属中晚唐时期中层贵族墓葬。牙盘的盘面制成喷面，既扩大了承物面积，又能让坐在大牙盘侧边的人体便于屈膝盘

① 线图151据《河南安阳市北关唐代壁画墓发掘简报》绘出，由于原画上部错位较严重，重绘时根据牙盘特征进行了一定的位置调整。

坐时搁臂。

除了与跽坐、箕坐生活习惯相适应的大型牙床、牙盘外，至少自中唐起，与高型坐具相搭配的高型壶门桌案就已经出现了，从使用功能和形制的角度来推测，它们很有可能在当时也被称为牙床、牙盘，但由于这类高型壶门桌案体现了新旧家具体系交融、转型过程中新的发展趋势，下文将之单列为“壶门高桌”加以论述。

（四）壶门高桌（线图 61、线图 71、线图 74、线图 83、线图 92、线图 94、线图 98、线图 153—155）

图像资料所见的壶门高桌除了如《弈棋仕女图》所绘的双层壶门双陆盘（线图 98）是两人对坐的小型样式外，其余皆为大型，且多为宗教仪式、世俗宴乐等众人围坐共聚的场合使用。这一点与前文所论述的大型牙床、牙盘的功能是比较相似的，二者的区别仅在于空间尺度的高矮差异，通过数件图像资料的观察，可以看出唐代壶门式高桌的尺度的增高存在一个渐进的发展过程。

敦煌莫高窟第 445 窟北壁盛唐壁画《弥勒经变》中，绘有数位听法的菩萨、僧侣，或坐于莲花式座台，或坐于壶门式长方凳，身前放置两张无托泥壶门桌（线图 91），其中一张桌面上放置三个椭方形伽裟框，高度较壶门凳略矮，另一张用来放置香具等器皿，则与壶门凳近似同高。同幅画面所绘的舞乐场景中（图 2—92），也绘有与壶门凳配合使用的无托泥壶门桌，高度较长凳略高。由此来看，这一时期的壶门桌（牙床、牙盘）与高型坐具在一同场合搭配使用时，其高度已略有增高，但尺度变化并不明显。需要特别加高盛放物品的高度时，会在壶门桌（大牙床）上再加设一层承具，以示场合的隆重（图 6—23）。

中唐以后，壶门式桌的高度开始显著增高，其使用功能明显从壶门床榻、壶门凳中分化独立了出来。榆林第 25 窟中唐壁画《弥勒经变 · 嫁娶图》（线图 83）中，坐在饮帐中的宾客垂足坐圆墩，相对围坐一张壶门式大食桌。桌面上摆放种种饮食、酒具，图中可见食桌的短边平列两壶门，桌面是以四条边攒框，其内嵌装面心板的形式，且边框较厚，上沿高于食桌面心，形成一圈较宽的“唇”形口沿。图中的壶门桌配合坐墩使用，尽管由视觉判断，其高度仅略高于膝间，但由背向画面的妇女所坐坐墩与桌面高度的对比来看，壶门桌与坐具间的高度差异已经明显增加了。再如莫高窟第 360 窟中唐壁画《弥勒经变 · 嫁娶图》中，宾客对坐在一张壶门式桌边（图 3—45），壶门桌的桌沿亦高于面心，带有较宽的“唇”，桌的高度明显高于宾客所坐直脚长凳的凳面，略低于人体腰际，较榆林 25 窟《弥勒经变 · 嫁娶图》所绘的壶门桌更高一些。莫高窟第 360 窟东壁中唐壁画《维摩诘经变》中（线图 71），数名宾客对坐饮食，图中壶门高桌的高度已在坐姿宾客的腰间。莫高窟第 159 窟西龛内西壁所绘中唐壁画《斋僧图》中，两名男子站在一壶门高桌边备食（线图 153），图中壶门桌明显高于人体膝间，但略低于腰部。此外桌面上放置的大盘伸出桌面边沿，显示出这张壶门桌的边沿与面心齐平，并没有制作高起的“唇”，画面上桌面边沿用不同色彩绘出的两道线条为装饰线，而并不表现深度，显示出唐代的壶门式高桌也分为“有唇”（牙盘）、“无唇”（牙床）两式。中唐以后，用于婚礼等宴饮场合的壶门高桌的使用更加多见，如莫高窟第 12 窟南壁下部晚唐屏风画《嫁娶图》中，数位参与婚礼的宾客所对坐的壶门桌，高度仍仅略高于披有锦披的长凳（线图 154）。而在莫高窟 108 窟东壁五代壁画《维摩诘经变 · 方便品》的酒肆场景中（线图 74），壶门桌的高度已经约当于坐姿人体的腰际。

图 3—45　莫高窟 360 窟中唐《弥勒经变 · 嫁娶图》

唐代的壶门高桌除方形、长方形等矩形构造外，还有一些带有特殊情趣的异形构造存在，如大英博物馆藏 9 世纪末至 10 世纪初彩绘插图本《妙法莲华经观世音菩萨普门品》（P.6983）（线图 94）中，两人围坐在一具圆形壶门桌边，桌上放有执壶与两只高圈足碗。上文已经言及的唐代矮型壶门式承具——牙床与牙盘中，也有不少花瓣形、多角形的例子存在，唐代大型的壶门床，必然也有这类特殊的形制，其构造对工艺技术的要求远较矩形要高，体现出对生活情趣的需求，是推进唐代家具向多样化发展的一大动力。

台北故宫博物院所藏《宫乐图》为宋摹本（图 3—46），该图主题为数名宫眷对坐饮茶演乐，因所绘妇女衣饰、饮茶方式等文化特征符合晚唐时期风俗，学界公认原图为晚唐作品，因此其中家具的形制应当是比较可靠的晚唐样式。图中绘众人以月牙杌子围坐在一张大型壶门高桌的周围，该壶门桌短边平列三壶门，长边尽管部分为列坐者身体所遮掩，但从尺度上推演，当为平列五壶门（线图 155）。桌面的面板四角造型为圆弧委角，面沿伸出为喷面，面沿下与腿部板面相接处加装两层叠涩（托腮），以保证伸出的面沿不致下塌，不仅是一种比较科学的造法，而且使壶门桌的上部增加两层渐进增大的线脚，整个构造十分美观。桌沿较面心略高起，形成一圈唇口，面心内画有细格，或为对贴席的描绘。1997 年，浙江临安发掘了葬于公元 939 年的五代吴越国康陵，即二世王钱元瓘妃马氏之陵墓，该墓中室出土了一件石质壶门桌（图 3—47），石桌通高 58

厘米，桌面是各边长 130 厘米的正方形，下部壶门脚各边长 90 厘米，与《宫乐图》中的大壶门桌对照，形制特征与审美取向都十分接近。作为一例难得的喷面式壶门桌实物，这件壶门石供桌与我们今日所通行的桌案高度（约 70—75 厘米）相比要矮，但也并不适合人体盘坐时使用，体现了唐至五代时期日用桌案高度渐进式增加的过程。石桌桌面边沿上制作了 1.5 厘米高的拦水线，同时边框与面心间的落差也是 1.5 厘米，在面心的外围形成了一圈很宽的"唇"。腿部与面板之间，也带有一层托腮结构。此外，吴越国康陵石桌腿部的各侧面为单壶门，但在各壶门的两侧带有略高起的宽边，视觉上观察与明清时期有束腰家具腿部安装壶门牙子的特征十分相似，如果作为木质家具来制作，要达到这样的视觉效果，壶门板片应当是镶嵌在四角部位的枋材角柱上的。

图 3—46 （唐）佚名《宫乐图》

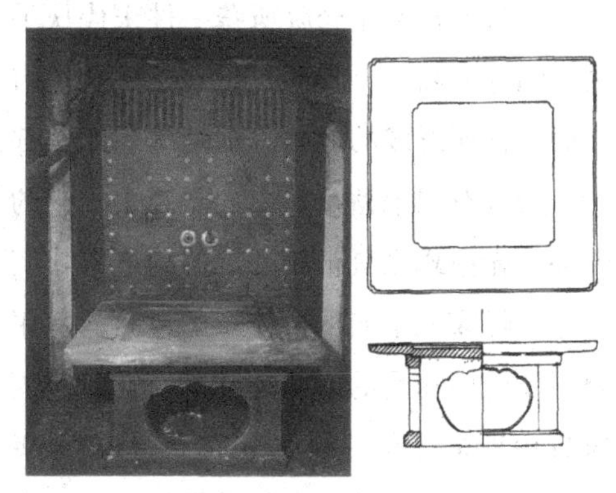

图 3—47　五代吴越国康陵出土石质壶门桌

通过以上两例唐代壶门高桌，我们可以观察到壶门式承具在晚唐五代时期的三个发展变化趋势。其一是"唇"的发展。《内人双陆图》、斯坦因在阿斯塔那发现的大牙盘等例子表明，牙盘唇口的造法多通过四面围合薄板制作，形如立壁，其作用大约都在于防止在搬抬过程中承物面上的物品掉落。而用于与高型坐具相搭配使用的壶门式高桌上的"唇"则与之不同，高桌的大边与边抹所攒造而成的桌面边框略高于面心，除了使承物面与桌面边沿产生一个界线外，较宽的边沿还便于人体倚坐时搭放手臂。尽管从战国楚墓发现的一些承具上，我们已经发现了拦水线的构造，明清时期，桌面边沿也制作拦水线，但其设计立意都与唐代壶门高桌上的较宽的"唇"有所不同，如吴越康陵石供桌桌面上，既有高出面心的宽唇口，又在唇口的外缘造出细窄的拦水线，尤其能证明二者设计用意的不同。这种构造是唐代家具上特有的，显示出在壶门式承具由矮向高发展过程中，由于使用功能的发展而产生的形制进化。其二是"喷面"与托腮结构的发展。从河南安阳市北关赵逸公夫妇墓（829 年）壁画中的大牙盘、晚唐《宫乐图》所绘壶门高桌和五代吴越国康陵发现的石质壶门供桌所共同带有的"喷面"形制来看，至少自中唐开始，由于高型坐具与壶门高桌搭配使用的情况日益增加，传统壶门式家具所特有的顶面边沿与立壁基本齐平的构造方式，明显不便于垂足坐姿的人体伸展腿部，因而桌面尺度大于下部壶门腿的喷面构造开始出现，为增加喷面的受力强度，在面沿和壶门脚之间还应用了托腮构件。从此前及同时期流行的建筑、家具构造元素上分析，这种设计上的发展，应是受到须弥座叠涩结构的启发而来。① 其三是壶门的结构方法从箱板构造向框架构造的发展。北宋时期的图像资料中，壶门家具上的壶门板片（壶门牙子）镶装于立柱上的造法日益常见，如北宋李公麟《孝经图》中所绘壶门床（图 6—21），正、侧面的壶门板，都镶装在床身四角部位的角柱上。再如日本正仓院所藏一件宋代扶手椅（图 3—48），坐面下部的圆材立柱与椅面、托泥形成的四面方框结构的四角部位，嵌装有四个角牙，由视觉观察，它的下部与壶门式家具很相近，但构造方式实际上已经完成了向框架体系的过渡。从康陵石桌壶门腿足的形制特征来看，壶门式家具由四面壶门板在四角部位 90° 角接合造法，向在角柱上嵌装牙子、牙板造法的转型，自五代时期即已开始。

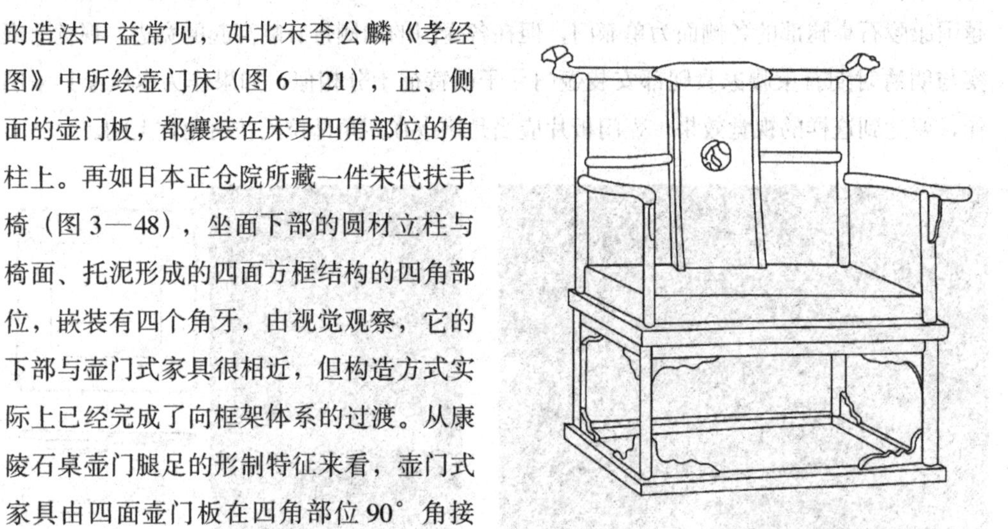

图 3—48　日本正仓院藏宋代扶手椅线描

总体来看，唐代壶门高桌上带有较宽的“唇”和“喷面”，同属壶门式家具受到使用功能的要求而出现的新发展，而壶门造法的变化，则体现出箱板式家具向框架式家具体系的过渡。其中所显示的唐代家具设计意识，以及壶门式家具的设计发展潜力，值得我们特别重视。

（五）直脚桌案

下部既非栅式足，亦非壶门式足，而是以直型的单体腿足作为承重部件的桌案，在中国古代家具史上出现得也很早，在新时代晚期的龙山文化陶寺遗址早期 M3015 墓葬中就出土有四足木俎（图 3—49），出土时其上还放置有猪蹄骨及石刀，显然这类木俎是作为劳作时的工作台面、尤其是备食俎之用。战国时期，开始流行带有四只矮足的

① 喷面的发展，在矮型壶门式承具小牙床上也有得到应用的例子。如河南新乡南华小区 2006XNM1 晚唐墓西壁砖雕壁画上雕有一具放置在柜子上的小牙床，承物面明显伸出壶门脚范围，可见这种壶门桌面的造法，在晚唐五代时期极为流行。（新乡市文物考古研究所：《河南新乡市仿木结构砖室墓发掘简报》，《华夏考古》2010 年第 2 期，彩版四：2）

木案，这类案在信阳长台关一号、三号楚墓、江陵望山一号墓、包山楚墓二号墓等墓葬中皆有出土，作为食案使用，案足既有铜质、也有木质的，带有束腰外撇的造型（图3—50、图5—1）。到东汉时期以后，一些劳作的场合开始出现高型的四腿桌案（图1—20、图1—21），显示出社会生活的需求，特别是劳作场合的需要对这类结构简单的家具发展的影响。受到西域传来的直脚床、绳床等四腿框架结构家具的影响，直脚桌案在唐代开始兴盛发展，使用场合不再宥于劳作，而是在各种生活环境中发挥起日益重要的作用，代表了中国古代家具新的主流发展方向。

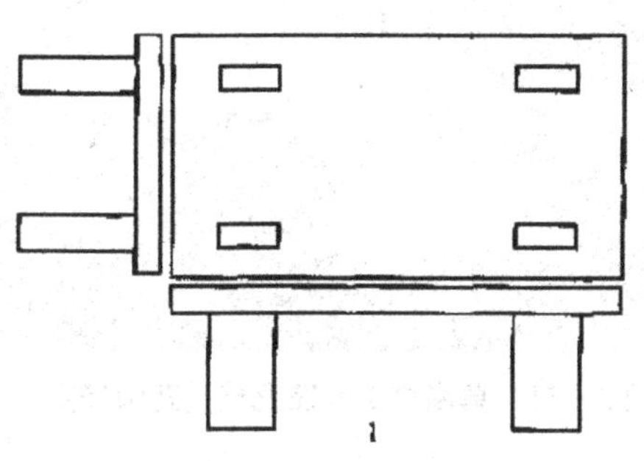

图3—49　陶寺 M3015 出土木俎

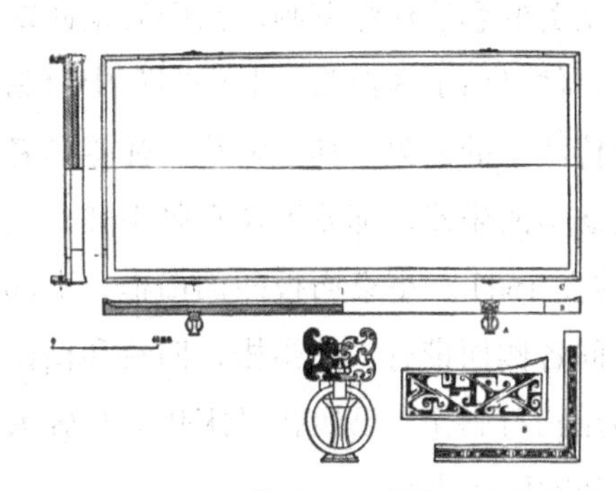

图3—50　包山楚墓二号墓出土食案线描

直脚四腿桌案的流行，显然与域外高坐家具文化的传入关系密切，在构造体式上，它们与唐代流行的直脚床、杌凳、长凳基本相同。从适用的生活方式角度来解析，唐代流行的直脚桌案可分为低矮型和高型两大类，以下分而细述。

1. 矮型直脚桌案（线图156—160）

唐代的直脚桌案，存在一种低矮型的制作，它们适合于跪坐、盘坐的生活习俗，从图像资料来看，它们在唐代的应用虽并不算多，但却是长期存在着的。

2004—2005年，吐鲁番地区文物局先后对新疆吐鲁番市木纳尔初唐墓进行了发掘，在木纳尔1号台地宋氏家族茔院M102出土的唐显庆元年（656年）武欢墓中，出土了一件冥器小木桌（线图156），该桌长18厘米，宽9.2厘米，高5厘米，用一块整板制作桌面，四条桌腿为枋材，上部出圆形榫插入桌面上的圆形卯眼，桌面用墨绘出抽象纹样。该墓葬属于曲氏高昌国晚期至唐西州早期，墓主为曲氏高昌国至唐西州永安城望族。由此可见，直脚式桌案在唐时西部地区应是相当流行的。莫高窟第323窟东壁门北初唐壁画《大般涅槃经·圣行品》中，绘有两人站在一四腿矮方桌前（线图157），桌腿直形，以枋材制作，高度约在人体膝部以下，桌上放有一圆形物品。莫高窟第220窟北壁初唐《药师经变》中，绘有一菩萨坐在直脚方桌边，桌上放置有香器等物品（图3—51）。榆林窟第25窟北壁中唐壁画《弥勒经变·一种七收》中（线图159），绘有盘坐在席上的一名僧侣，席前放置着一直脚长桌，桌面上放有两只方筐及一圆形物，从图中人体比例推断，长桌高度仅约10—15厘米。从绘画资料显示出的南北朝至隋唐时家具的形制与功能的关系来看，置于跪姿人体前的承具一般是壶门式或栅足式，身前放置带有四条直腿的矮桌案较为罕见，这例壁画资料反映出，受到中原传统起居生活方式的影响，新型框架式承具也曾经出现过极低矮的类型。1995年河北省曲阳县西燕川村五代王处直墓（葬于后唐同光元年，即公元924年）墓室出土了大量制作精美的彩绘浮雕壁画，其中后室西壁的一件汉白玉质浮雕《散乐图》中绘制群侍演乐的景象，其中弹筝和弹箜篌者所演奏的乐器，都放置在直脚小矮桌上（线图160），小桌面板四面攒框，下部腿间各侧面带有一根横枨，四腿和横枨似用圆材制作，已经初具宋代家具轻灵秀巧的形制特色。

图3—51　莫高窟220窟北壁《药师经变》局部

图像和实物资料所见的唐代直脚桌案的腿部用材多为枋材，至唐末五代的图像资料中才开始出现圆材结体的制作，日本正仓院保存有更多与之相印证的实物资料。正仓院所藏的直脚桌案皆为枋木构造腿部，北仓、中仓、南仓共藏有23件，用材包括桧木和杉木，部分经过修补，主要用于置放大型的箱柜，著录名称为“榻足几”，[①] 此名称或许体现出唐代流行的直脚四腿桌与直脚床形制间存在一定的相关性。这批“榻足几”高度不一，最高者为南仓榻足几第5号，高61.5厘米，这是所有榻足几中唯一的一件高度超过60厘米的，最矮者为北仓第4号，高24.7厘米，其他数件高度大多在25—45厘米之间。这些榻足几的面板都用整板制作，边缘不装大边或抹头，显示出专门用于置放重物的承具在结构和装饰上都并不讲究。高度在30厘米以内的榻足几，脚间有的不装枨，30厘米以上的则多在两侧腿足间加装直枨，部分榻足几为了加固结构，还在两侧枨的中部挖做卯眼，其间再加装一根枨。例如北仓仓号176收藏的榻足几第1号（图3—52），长92厘米，宽52.5厘米，高32.7厘米，以桧木制成，腿足皆以横截面扁方形的枋材制作，带有明显的侧脚。枨的末端皆伸出腿足上的卯口以外，另以小销钉插入榫头上凿好的小眼，防止榫头脱出。腿足上端出榫，穿透面板下加装的一根托枨而插入面板。正仓院榻足几多数为素木制成，并不髹漆，但中仓却有两件榻足几涂装了黑漆，如仓号为中仓92“漆小柜”下部所配的榻足几（图3—53），长49.6厘米，宽

① 正仓院事物所编：《正倉院寳物·南倉Ⅲ》，日本每日新闻社平成9年（1997年）版，第245页。

37.7 厘米，高 44 厘米，整体披以麻布后髹漆装饰。腿足部位形制结构与前例基本相同，并且在两侧腿间的枨中部又加装了一根横贯桌面底部的横枨，三枨之间为“H”形构造，这种做法可能与它装枨的位置较高，需要加固结构相关。此外，这张榻足几的几面上放置有一件黑漆小柜，为了固定它的位置，在几面上部用四个木条围起了一圈立沿，同样也以黑漆涂，在立沿以内的部位，则髹饰红漆。面板以上带有立沿的榻足几，正仓院中仅此一例。日本所存留的这类榻足几，从形制的角度来观察，枨多安装在腿的两侧部位，从而使两侧腿足联为一体，称之为“案”似乎更为适合。

河南洛阳伊川县 2005 年考古发掘的五代后晋孙璠墓中，出土有一幅直脚酒桌的砖砌浮雕壁画（图 3—54），桌面上放有执壶、盘盏，桌身涂有红色颜料，应是对红漆桌的模拟，值得注意的是，这张矮桌案的两侧腿足中部有一凸起的横条，似是对穿过腿足中部的横枨榫头的刻画，其形制与正仓院所藏榻足几的横枨安装方式十分类似。砖砌浮雕壁画的刻画远较通常的壁画更为写实，由此例五代墓中浮雕桌案来看，正仓院所藏家具体现的唐代直脚桌案横枨的安装方式，是比较可信的。

图 3—52　日本正仓院北仓藏榻足几第 1 号

图 3—53　日本正仓院中仓藏漆小柜及下配榻足几

2. 高型直脚桌案（线图 57、线图 69、线图 161—163）

随着起居生活习惯向垂足高坐发展，与之相伴随的是一切生活所需之物都产生了抬高空间位置的需要，而与壶门式桌相比，带有四条直腿的高桌案制作简便，更易于搬移，它们通常的使用功能大约有与高

图 3—54　河南伊川后晋孙璠墓出土砖砌浮雕壁画中的酒桌

型坐具搭配使用、在劳作场合使用等。

图像资料显示，高型直脚桌案在盛唐以后才逐渐对社会生活产生较大的影响。出土于陕西长安县南里王村唐墓的墓室壁画《宴饮图》中（线图69），绘有多人对坐在一张大型四腿长方桌边聚会宴饮的情景，由于桌面宽大，为便于承重，四腿的安装位置向中部有所缩进。图中的长方桌的高度仅较长凳略高，约在坐姿人体的膝部略上，因此腿间并未安装横枨加固。南里王村唐墓属时约当盛唐之后、中唐前期，该墓壁画中描绘的直脚桌案的高度特征，与同一时期的高型壶门桌是类同的。莫高窟第98窟北壁五代《贤愚经变》中的屏风画《宴饮俗舞》中（线图161），绘有五人分坐在方凳上饮酒、观看舞蹈，他们的身前放置着一张两侧腿间装有枨的直腿高桌，画面中的桌面中心涂以白色，边缘与腿部则绘褐红色，显示出这张用于宴饮的高桌桌面四周可能带有大边和抹头攒做的边框。图中桌与凳的空间尺度关系，与后世高坐家具体系习惯的用法已经十分接近。山东临沂市药材站M1号晚唐墓中发现的砖雕壁画中出现了一桌二椅图案（图2—66），其中砖雕小桌为高型直腿，据两侧放置的靠背椅坐高尺度推测，小桌的实际使用高度已经相当于坐姿人体的腰部以上。南京大学藏五代画家王齐翰《勘书图》（线图57）中，正在挑耳的文士使用的直脚书桌，腿间各侧边都装枨，桌面的高度低于坐椅的扶手。总的来说，到唐末五代时期，尽管受到低坐风俗的影响而使高桌与坐椅的尺度关系尚未绝对固定化，但它们都在逐渐向更适合组合使用的方向发展，这一点，在壶门式高桌与直脚四腿桌上的表现是相同的。

用于劳作的直脚四腿桌案在汉代就已经出现，为了便于站立劳作，它们的高度在当时就已经达到人体的腰际。莫高窟第85窟晚唐壁画《楞伽经变·断食肉品》中（线图162），绘有庖人备食的情景，图中绘有两张腿部略带侧脚的高桌，桌腿之间无枨。莫高窟第156窟窟顶东披晚唐壁画《楞伽经变·断食肉品》中（线图163），绘有两名市集中的肉商站在齐腰高桌前贩肉的情景，图中高桌案腿间亦无枨，四腿带有明显侧脚。另如莫高窟第61窟主室南壁五代《楞伽经变·断食肉品》中，亦有两名肉商站于肉案前的描绘（图3—55），图中肉案与156窟中的十分相似。

图3—55　莫高窟61窟南壁五代《楞伽经变·断食肉品》局部

根据敦煌出土社会经济文献资料，这类用于劳作的高桌，很可能面板与腿部并不相互固定。如《后晋天福七年（公元

942年）某寺交割常住什物点检历》（S.1642号）载：

小桉架贰，在北仓。（第3行）

又桉架壹，在北仓。（第33行）[①]

《后周显德五年（公元958年）某寺法律尼戒性等交割常住什物历》（S.1776）载：

桉架贰，内壹在北仓。（第11行）

桉板贰。（第23行）[②]

在敦煌寺院经济文书中，“案”的写法“案”、“桉”皆有，“桉”是“案”字在唐代的一种常见异写法。直脚高桌案之所以分体制作“桉板”和“桉架”，可能由于常需随着劳作场合的变化而被移置拼合，不需使用时，分体的构造也更便于拆分和折叠收纳。

（六）鹤膝桌（线图164—168）

鹤膝桌之名始见于宋陈骙所撰《南宋馆阁录》，书中卷二《省舍》记载“阁道后山堂五间九架”中陈设的器物，其中包括“鹤膝棹十六”[③]，据当代名物研究专家扬之水《唐宋时期的床和桌》一文的研究，所谓鹤膝桌，是指以“鹤膝竹的形象而用来形容中间凸起若竹节的桌子腿”，[④] 其形制外观近于明式家具中的插肩榫案，但因无实物证据证明唐五代时期的工匠已经发明了插肩榫结构，本书将此类形制的床榻、桌案皆冠以“鹤膝”之名。

鹤膝桌在宋代的绘画中很常见，其形制一直延续到明清时期，当代家具研究者通常称之为“插肩榫平头案”，而“鹤膝”式腿足，当代通常被称之为“剑腿”。实际上，在晚唐五代时期，鹤膝桌已经在社会中上层家庭生活中得到相当普遍的使用，它的初始产生时间，可能还要稍早于此时。河北曲阳县唐末五代王处直墓（924年）壁画中出现了三幅包含鹤膝桌形象的壁画，是迄今有确切纪年的最早图像资料。其中两幅是分别出土于东、西耳室的《侍女图》，在侍女身体的左侧，皆放置有一张鹤膝桌。东耳室北壁的一幅由于墙面剥蚀，桌身仅余下半（线图164），图中桌腿为扁方形，中部带有两个连续的弧形，足部至地处亦制成弧形花样，桌腿上带有特别刻画出的一条贯通上下的中线，各侧腿间分别装有两条横枨。西耳室南壁的一幅《侍女图》保存状态较好（图3—

① 唐耕耦、陆宏基：《敦煌社会经济文献真迹释录》第三辑，全国图书馆文献微缩复制中心1990年版，第19—20页。

② 唐耕耦、陆宏基：《敦煌社会经济文献真迹释录》第三辑，全国图书馆文献微缩复制中心1990年版，第22—23页。

③ （宋）陈骙：《南宋馆阁录》，清光绪十二年（1886年）《武林掌故丛编》本。

④ 扬之水：《唐宋家具寻微》，人民美术出版社2015年版，第117—118页。

56，线图165），图中鹤膝桌腿部下半除了各侧腿间仅装一条横枨外，与东耳室《侍女图》基本相同。桌面是带有四面攒框的平面，其上放置一花瓣形碗。桌面以下，腿足中部有弧形“鹤膝”，腿足顶端左右分别切出45度斜面，安装两个花牙子，使腿部的曲线轮廓继续向上展开。这张鹤膝桌的形制特征，除了腿间四面皆安装横枨，而明式家具常见的“插肩榫平头案”仅在侧面腿间装枨以外，与之并没有明显的外观区别。王处直墓第三幅带有鹤膝桌形象的壁画发现于西耳室东壁南侧，画面上部剥蚀，但在画面所绘的墙边可见一完整的，上部放置有四曲敛腹大盆的小鹤膝桌（线图166），从画面尺度来推测，这张小桌高度可能仅及人体膝部略上，但基本形制则与前两例高达人体腰部的桌完全相同。

图3—56　五代王处直墓西耳室南壁壁画《侍女图》

图3—57　洛阳苗北村五代墓西侧浮雕壁画《备食图》

除了王处直墓以外，近年来在河北洛阳地区考古发现中，有多处唐末五代仿木构砖室墓出土的模拟内室生活场景的砖砌浮雕壁画中带有对鹤膝桌的刻画。如2012年发掘的洛阳苗北村五代壁画墓中绘有两张鹤膝桌的形象，两幅图案的题材皆为《备食图》，与桌相配的有一靠背椅（图3—57）。壁画中的桌面下装有牙板，牙板边缘饰细密的齿状波浪纹，腿部为侧视面，中部和足端都带有多个弧状起伏，并装有一枨。2012年洛阳市邙山镇营庄村北五代墓中出土的壁画《弹唱宴饮图》中陈设有一桌二椅，其中的桌子（图3—58）与前例基本为同一制式。再如2012年洛阳龙盛小学五代圆形砖雕壁画墓墓室西侧出土的一桌二椅浮雕，其中的桌腿中部也有轮廓起伏，属于鹤膝桌的形制特征（图6—29）。“一桌二椅”式陈设，最早出现在晚唐时期的砖室墓壁画中，到宋代更成为砖室墓中常见的壁画主题。除了洛阳地区五代墓葬外，内蒙古阿鲁科尔沁旗宝山村1号辽天赞二年墓（923年）墓室北壁壁画中，绘有一张鹤膝桌（线图167）。山西太原第一热电厂北汉天会二年（961年）墓室西南壁出土的一幅壁画《备食图》（线图

168），图中所绘的桌为一典型鹤膝桌。由此可见，到五代至北宋初年，鹤膝桌在相当大的地域范围内成为流行的桌案样式。

敦煌壁画图像中，鹤膝桌尽管出现得相对较少，但也绝非毫无迹象可寻，如莫高窟第 61 窟主室南壁五代屏风壁画的第 11 扇《角技议婚》中，绘有一张上部放有一圆筒形物品的四腿矮桌（图 3—59），由于较矮，腿足中部凸起的花形并不明显，但从桌脚近地端向两侧展开的轮廓，以及桌面以下带有弧形牙板的特征来看，这张桌案属于鹤膝式样是无疑的。

图 3—58　洛阳邙山镇营庄村北五代墓壁画《弹唱宴饮图》

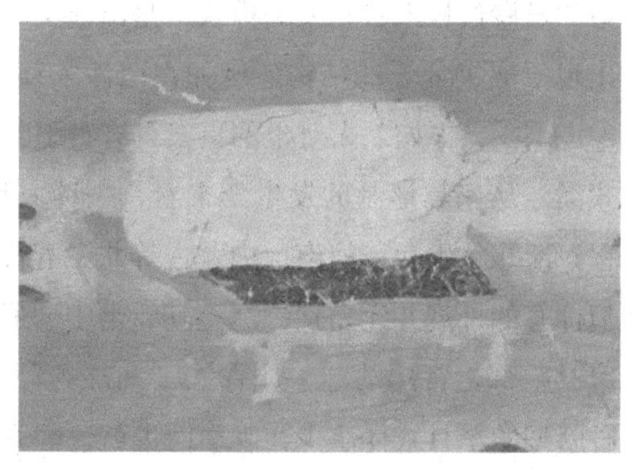

图 3—59　莫高窟 61 窟五代《角技议婚》局部

除了方形的鹤膝桌，五代时期的数幅墓葬壁画显示，此时的鹤膝桌还有圆形的制作。如洛阳市邙山镇营庄村北五代墓出土的另一幅浮雕壁画《侍女劳作图》中（图 3—60），在一座三枝灯架的左侧，放置有一张带托泥的圆形鹤膝桌，与王处直墓所绘矩形鹤膝桌类似的是，在桌腿中部带有一根凸起的贯通阳线，腿足除中部带有向两侧凸起的“鹤膝”外，整体轮廓都带有明显的弧度，桌面下的牙板与腿部交圈，并与同墓中的矩形鹤膝桌一样，牙板边缘也修饰为齿状波浪形。我们还能从洛阳苗北村五代壁画墓中发现类似的圆形鹤膝桌例子（图 3—61），尽管壁画损蚀严重，使我们只能看到圆桌的下

图 3—60　洛阳邙山镇营庄村北五代墓壁画《侍女劳作图》

图 3—61　洛阳苗北村五代墓西侧第一幅壁画

半部分，但桌腿上的花形轮廓、中部的一根阳线，下部带有的弧形托泥等特征，与营庄村北五代墓中的圆形鹤膝桌是完全一致的。

案的样式到宋代，已经发展产生出比较成熟、为我们今天所熟悉的“插肩榫式”与“夹头榫式”两大类型，这两类构造的主要差异，一是牙子的安装位置是否与腿足的外立面处在同一个平面上，即是否“交圈”——插肩榫式交圈，夹头榫式不交圈；二是腿足用材——插肩榫式为扁方材，夹头榫式多用圆材、方材；三是腿足中下部形态——插肩榫式腿足中部及末端多带花形凸起，即“鹤膝”，而夹头榫式则多直腿落地。从构造的发展过程来看，夹头榫式案是由前文所论及的直脚桌案演变而来，约至北宋时期才出现了嵌夹牙子的结构，例如在白沙宋墓一号墓出土的浮雕《墓主人夫妇图》中（图2—119），夫妇二人对坐的桌案具有直腿、嵌夹牙头的典型特征，显然属于一张夹头榫式案。从家具形制的发生学来看，一种家具体式的成熟，会经过相当长时间的发展过程，河北、山西、河南、内蒙古等北方五代墓葬中所出现的鹤膝桌形象与宋代流行的插肩榫案的外观并无差别，甚至其腿足中部通常带有的一根中线，大约即为明式插肩榫式家具腿部上常用的“一炷香”、“两炷香”式线脚的起源。种种体式上的成熟说明，这种新型的承具式样至少在晚唐时期就已经开始出现了。更加值得注意的是，1975年4月，在江苏邗江蔡庄五代墓出土一件木榻（图2—35、图2—36），榻的腿部形制亦为“鹤膝”式，并可与五代南唐画家周文矩所绘《重屏会棋图》（线图19）、五代南唐画家王齐翰所绘《勘书图》（图2—34）中的床榻样式相互对应，不但证明此类形制腿部构造的应用兼及于承具与坐卧具，并且有力地说明无论北方还是南方，鹤膝式家具在五代时已经相当流行。

考察其形制来源，鹤膝桌、鹤膝榻的腿部形态，与盛唐时期开始出现的月牙杌子、唐圈椅有紧密的亲缘关系。其腿足虽为单体，但实际上是由截面扁方的枋材修造而成，与之相交的花牙与腿部的厚度相当，两构件相合后表面平整如一，形制特征与月牙杌子一样来源于壸门式家具的壸门板面构造，其形制上的显著证据有三。第一，结合《内人双陆图》中所绘的双层壸门形制双陆盘来看（线图98），鹤膝桌体现了壸门式家具向高型发展时进一步的发展思路，即取消《内人双陆图》中双陆盘双层壸门中部的隔板，使两层壸门联为一体，因此使双层壸门在中部接合的部位自然产生的弧凸轮廓保留了下来，从而使家具腿部出现了独特的“鹤膝”造型。实物、图像资料中的五代鹤膝榻、鹤膝桌腿间枨的安装部位都在凸起的“鹤膝”处，亦为其证。第二，鹤膝式腿部中间常带的一条中线，是壸门式家具拼合壸门板片造法的遗迹。敦煌壁画等绘画资料显示，盛唐以后，各侧平列多个壸门的壸门床榻，在各壸门之间，常绘制有一条中线，显示出为省材料和便于制作，平列的多个壸门是分制后拼装在一起的。唐代家具的壸门腿在向鹤膝式腿发展过渡的过程中，工匠们在单体的鹤膝式腿足中部专门制作出一根中线，是为了迎合人们因长期使用壶门式家具而自然形成的审美心理定式。这一独特的形制特征被保留下来，成为明清家具最经典的线脚样式之一。第三，五代时期鹤膝桌腿足上部的角牙、牙条的边缘，带有南北朝至唐代壶门内部轮廓上部常见的波浪形（牙纹、火焰纹）造型的遗迹，这个特征在洛阳苗北村五代墓、洛阳邙山镇营庄村北五代墓壁画中体现得尤其明显（图3—57、图3—58）。由于唐代壶门式家具的单个壶门多为整块木板雕造而成（参见第五章），造成人们在视觉上对腿部上下左右弧形轮廓呼应连续，以及板片之间平面交圈的审美执着。在由壶门板片构造向框架式结构过渡的过程中，这种审美趋势由鹤膝式腿足以及与之交圈的花牙子所承续。宋代以后，四足框架式家具的一大形制特征，就是各式牙子的存在，除了加固结构，它们还能起到修饰家具轮廓，丰富形态语言的重要作用，这种家具设计上的思维惯性，实际上与箱板式结构家具的审美意识息息相关，它潜存在人们的记忆当中，持续发生着深刻影响。

总之，鹤膝桌、鹤膝床榻应当是晚唐时期的唐代工匠在西域传来的直脚床、绳床等框架结构家具的影响下，结合壶门式家具构造经验而创制出的新样式，因此它既一定程度上带有箱板式家具的形制特征，同时又属于四足框架式家具的范畴。作为两种家具体式的交融汇合，鹤膝桌与月牙杌子、唐圈椅一样，亦可视为唐代家具文化兼容并包，从而产生本民族新样式的典型例证。

（七）胡床式折叠案几（线图169）

作为最早自西域传入的高型坐具，胡床由东汉末传入后，至南北朝即已相当盛行。考古资料显示，北朝中晚期以后，胡床的形制不再仅仅应用于坐具，而发生了向承具功能的拓展。1974年在河北磁县东陈村东魏墓出土的一件陶质女侍俑（图3—62），右臂间夹持一件胡床，值得注意的是，除了交叉折叠起来的床脚外，侍女还同时携带着一个硬质的床面。通常来说，胡床作为便携式的坐具，在上部两根横枨间穿绳或绷固皮革成

图3—62 河北磁县东陈村东魏墓出土挟胡床陶俑线描

图3—63 陕西西安北周安伽墓围屏石榻彩绘浮雕局部

为软质坐面，是既轻便又合理的制法，与床脚分体的硬质床面可能表明，东陈村东魏墓陶女俑所携带的胡床实际上是作为承具使用的，硬质的床面设计是为方便承重。此外，陕西西安底寨村北周安伽墓出土的围屏石榻彩绘浮雕中，有两面立屏上的《宴饮图》浮雕出现了胡床式折叠案几的形象（图3—63）。其中石榻后侧屏左起第四块上，有两名胡人贵族对坐于胡床式折叠小案几前饮酒，右侧屏中间一块上，一名侍者站在步障围起的一侧小空间内备宴，手中正在搬移一张胡床式折叠小案几，几上放有物品。安伽墓石榻屏风浮雕有力地证明，北朝晚期坐具胡床的功能确实产生了向承具的功能延伸。

入唐以后，胡床式折叠案几继续发展。陕西三原焦村贞观五年（631年）唐李寿墓石椁线刻画中，考古报告编记的第7人手持一件打开的胡床，仔细观察，会发现它顶面上绘有双陆棋盘，因而并非一件坐具（线图169）。类似的文献证据还出现在陆羽《茶经》中讲述饮茶器具的部分："交床以十字交之，剜中令虚，以支鍑也"①，即是将交床的顶面挖出圆孔，用来安置煮茶的圆底锅。只有当一种家具得到了广泛的应用，它的形制才有可能被复制到其他类型的家具中。这些图像和文献证据证明，魏晋以来的胡床坐面，除了如胡省三在《通鉴注》中所说的"横木列窍以穿绳条"外，还可能以竹木等材料制成整体的硬面，如此，才有转化为棋盘、鍑架和小案几的可能。

（八）小型承物案与承物盘

唐代人的日常生活方式，处在低坐与高坐混杂交融的特殊时期，无论是室内环境还是室外环境，家具的陈设往往并不固定，需要随时随需灵活设置。在这种情况下，用于承放食物、日常用品的各种承物案、承物盘，成了一种非常必要的、灵活通变的常需之物。在需要使用时，由随侍人员捧出，摆放在床席、大型桌案上，布置特定的仪节环境。活动结束后收纳于箱柜，可以保持空间的整洁。这一类的承物案或盘为数众多、样式各异、高度较矮，多为小型制作，使用时将之一一陈列，造成华贵富丽、琳琅满目的视觉感受。它们的主要差异在于，承物案的承物面为平面，盘则或在承物面上带有微凹的浅腹，或在台面边缘带有一圈高起的"唇"，因而下文将之合为一类加以论述。

1. 多足承物案、承物盘（线图170—174）

所谓多足承物案、承物盘，是指在案面、盘面以下带有多个异形单体小足的小型承具。多足承物案、承物盘的足数量不等，由两足、三足乃至五足、七足皆有，基本形态多为外撇、三弯的柱状，并有兽足、蹄足、花叶形足等不同的腿足造型。案面、盘面的形状方、圆、异形变化甚多，极能体现设计者的巧思与使用者的生活情趣。例如河南

① （唐）陆羽撰、郭孟良注译：《茶经续茶经集》，中州古籍出版社2010年版，第26页。

安阳市安阳桥村隋墓出土的一件下带三个兽足的青瓷承物盘（线图170），高5厘米，口径13厘米，盘为平底浅腹，盘面立沿外壁带有三道弦纹，其兽足样式与同墓出土的一件曲凭几（图3—8）造型一致。1960年发掘的陕西西安乾陵永泰公主墓（706年）中，出土有一件灰陶质冥器三足座（图3—64），顶面为平顶，周边雕成莲瓣形花饰，下部为三个外撇的兽爪形足。陕西富平县唐虢王李凤墓（675年）中，出土有一件三彩束腰盘（图3—65），长36厘米，宽8.8厘米，高5.8厘米，盘面呈束腰椭圆形，浅腹、敛口、平底，下部有四个马蹄形足。河南省偃师市恭陵哀皇后裴氏墓（武则天长子李弘配偶）出土的一件陶质四足盘（线图172），通高14厘米，盘面呈略带束腰的椭方形，平底、浅腹，底附四条棱锥状高撇足。再如巩义市东区天玺尚城M234唐墓出土有一件三彩长方形承物盘（线图173，图6—26），长22.2厘米，宽17厘米，高5.2厘米，盘面四角部位修为弧形委角，边沿较宽，平底，盘面下为四个垂直的乳状足。盘内摆放有盛放水果和点心的盘子，相对的长边沿上各放置有一副筷子、铲子和小碗，一侧短边沿上放置一个小高足盘。这件承物盘可能是一件食盘的冥器模型，考古发掘报告将它定名为“茶盘”。该墓墓主夫妇合葬于大和六年（832年），这件乳足食盘的盘面形制，与赵逸公夫妇墓（829年）壁画中的大牙盘盘面比较类似（线图151），显示出同一时期承具面沿形制的典型特征。

图3—64　西安乾陵永泰公主墓出土三足座

图3—65　陕西富平李凤墓出土三彩束腰盘

这类小型承具在绘画资料中也有多处表现。如莫高窟148窟盛唐壁画《涅槃经变·最后供养》中（图3—66），带有锦披的供案上，平列着数只圆形带弧边的承物盘，从可视面看去，每个承物台各有三只外撇柱状小足。作为供养物的台座，与下部的供案形成方圆对比，烘托出仪式的庄严隆重。陕西富平唐咸亨四年（673年）富平房陵公主墓出土壁画《侍女图》中（线图171），绘有一侍女持多足圆盘，其持盘方式是双手各持盘底之一足。现藏于上海博物馆的晚唐画家孙位画作《高逸图》中（图2—2），刘伶的坐席前，放置着一只上承三只酒具的三足圆盘（线图174），盘底为平面，口沿处突起一圈唇口，从其脚部曲折的角度来看，画面所表现的可能是一只金属制三足盘。

与唐墓中发现的少量冥器相比，珍藏于日本正仓院的唐式多足承物案、承物盘的形制更为生动地展现出唐代家具的构造和装饰工艺水平。中仓仓号177所藏的27件“献物几”中，除3件为板足式，9件为壶门式形制以外，其余16件皆属多足承物案。它们的案面皆为光整的平面，形态则有矩形、圆形、葵花、菱花、海棠、梅花等样式，案面下的腿足，则使用精湛的雕刻工艺制作成种种花式的外翻三弯曲足，据台面的尺度、形态而制成三足、四足、五足等各式。如第6号“粉地金银绘八角几”(图3—67)，几径宽45.2厘米，高9.6厘米，几面以整块厚板制为圆形后，在边沿处分段修造浅弧，使之呈八瓣花形。几脚四只，造型为纤细婉转的卷叶，形态三弯并伸出面沿以外。台面边缘及脚部涂饰胡粉，并以金银泥彩绘花叶纹。从承重能力来看，它无法承担过重的物品，但具有十分突出的装饰效果，起到衬托、凸显承放物品价值的作用。矩形的如第12号“粉地彩绘长方几”（图3—68），长53.8厘米，宽30.5厘米，高9.7厘米。台面为长方形，侧边带有与面心相同厚度的两条抹头。台面下的四角安装有四个三

图3—66　莫高窟148窟盛唐《涅盘经变》局部

图3—67　日本正仓院中仓藏粉地金银绘八角几

图3—68　日本正仓院中仓藏粉地彩绘长方几

图3—69　日本正仓院中仓藏彩绘长花形几

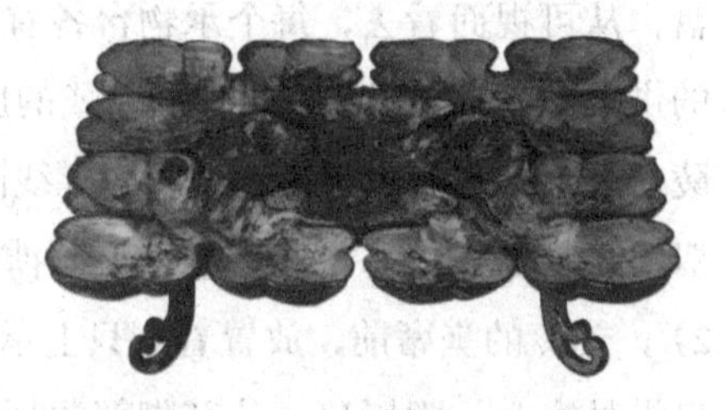

图3—70　日本正仓院南仓藏漆彩绘花形皿第2号

弯花叶形腿足，使整个承物案显得轻盈优雅。整器在涂饰胡粉的基础上，在面板的边沿绘有红、蓝、紫、绿各色小花，腿部则用红、蓝、金等色分层绘染，设色艳丽奔放，与敦煌唐代壁画装饰图案的风格十分近似。再如第18号“彩绘长花形几”（图3—69），长65.4厘米，宽45厘米，高9厘米，面板在长方形板材的基础上被修造成多曲花瓣形，案面下共有八脚。几面边缘和脚部在涂制胡粉后，染饰以艳丽的花叶纹彩绘，其上部还铺饰有与几面形状完全相同的白绫几褥。

除了“献物几”所展示的唐式多足承物案的面貌，正仓院藏品中也可见一些木质的唐式多足承物盘的例子，如东大寺南仓仓号40藏有的用来承放佛前供物的“漆彩绘花形皿”（图3—70），长39厘米，宽37厘米，高4.8厘米，共有29件。盘面为木质髹漆，足部为铁质鎏金。盘面花形十分复杂，用一整块方形厚板雕造出斜角对称的花叶，正面髹饰朱漆，反面则以黑漆涂饰。

传世的唐代多足承物盘，还有一些银质錾花，并在錾花部位加施鎏金工艺的金银器制品，形制多圆少方，《旧唐书·敬宗本纪》载：

> 庚子，敕：“应诸道进奉内库，四节及降诞进奉金花银器并纂组文缬杂物，并折充铤银及绫绢。其中有赐与所须，待五年后续有进止。”①

当代考古学界多据此称这类承物盘为“金花银盘”。如陕西西安八府庄出土的狮纹三足金花银盘（图3—71），径宽40厘米，高6.7厘米，盘沿为六瓣葵花形的宽沿，浅腹三足。再如正仓院南仓18所藏“金花银盘”（图3—72），径宽61.5厘米，高13.2厘米，形制与前例相似，盘面正中则饰之以鹿纹，盘沿穿挂珠玉缀成的一圈流苏。盘腹背面錾有“东大寺花盘重大六斤八两”及“宇字号二尺盘一面重一百五两四钱半”两行文字，“宇字号”行文字为制时所刻，“东大寺”行文字则为捐纳入寺时所刻。入寺时重量较制时重，可见流苏为后加。唐初发行的开元通宝，一枚重2株4，十文重一两，一千文重六斤四两，② 十枚钱重一两的币制，使唐代出现了以一枚开元通宝重为一“钱”的新重量单位。根据“宇字号”行所记有“钱”的单位来判断，这件银盘应是开元朝之后运入日本的唐代本土制品。这件金花银盘，与1984年出土于河北宽城县的一件六菱花形鹿纹银盘相对照，③ 鹿形纹饰十分接近，据此更可直断为是一件来自唐土的制品。

当代学者扬之水在《牙床与牙盘》一文中，认为带有三足或多足的承物盘是牙盘形制的一种，其理由在于：

> 牙盘之又一式，是盘下有脚。点检历中登录的“无脚”亦即失了脚的牙盘，当然原本是有脚的，此所谓“脚”，便是盘底的三足或多足。如前所述，底端

① （后晋）刘昫等：《旧唐书》卷一七，中华书局1975年版，第528页。

② （后晋）刘昫等：《旧唐书》卷四八《食货志上》，中华书局1975年版，第2094页。

③ 刘兴文：《河北宽城出土两件唐代银器》，《考古》1985年第9期，第857页图一。

> 带托泥的牙盘如果没有了托泥，牙脚便成了蹄足。敦煌文书伯·三六三八登录有“牙脚大新火炉壹”，而以唐代最常见的三足、五足陶火炉、铁或铜火炉为参照，可以认为此“牙脚”应即蹄足。①

考察扬文中所说的唐代常见出土的三足、五足陶火炉，在近年来的考古发现中，确实常把一种上部为钵形或罐形，腹底带有三足、四足、五足的陶或三彩冥器定名为“陶炉”、“三彩炉”，例如河北沧县前营村唐墓、长沙窑岭M24号唐墓、扬州双桥公社唐墓、湖南长沙咸嘉湖唐墓出土的“炉”皆为此类（图3—73）。② 然而敦煌文书中的火炉特别标明“牙脚”，有可能该种形制在日常生活中并非普遍常见的样式。陕西扶风法门寺地宫曾经出土有两件壶门座鎏金银质香炉，即考古报告定名的“鎏金鸿雁纹壶门座环银香炉（FD5：045）”（图3—74）、“壶门高圈足座银香炉（FD4：019）”，两件香炉的炉座皆为覆盆形圈足，与上部炉盘焊接在一起，炉座的圈足上带有镂空壶门。唐墓中出土的另一类带有火门的炉，形制也与三足、五足炉大为不同。例如洛阳市龙康小区C7M1422唐墓出土三彩炉，其炉体上带有壶门形的火门，下部为矮圈足。③ 巩义市东区天玺尚城唐墓M234出土三彩炉，火门亦作壶门形，下部带有刻画出齿状花形的饼状足，并放置在较炉体略大的方形三彩底板上。④ 北京市海淀区八里庄唐墓室东壁壁画中同，绘有一件火门中正在燃烧炭条的火炉，下部为带有多个单体雕花小足的托盘式炉座。⑤ 再如河

图3—71 陕西西安八府庄出土狮纹三足金花银盘

图3—72 日本正仓院南仓藏金花银盘

① 扬之水：《曾有西风半点香》，生活·读书·新知三联书店2012年版，第163页。

② 王世杰：《河北沧县前营村唐墓》，《考古》1991年第5期，第431页图三：9。周世荣：《长沙唐墓出土瓷器研究》，《考古学报》1982年第4期，图版贰贰:1。扬州市博物馆：《扬州发现两座唐墓》，《文物》1973年第5期，第71页图4。湖南省博物馆：《湖南长沙咸嘉湖唐墓发掘简报》，《考古》1980年第6期，第509页图三：2、3、4。

③ 洛阳市文物工作队：《洛阳市龙康小区C7M1422唐墓发掘简报》，《中原文物》2009年第2期，彩版四：2。

④ 刘富良、张鹏辉：《巩义市东区天玺尚城唐墓M234发掘简报》，《中原文物》2016年第2期，彩版贰：2。

⑤ 北京市海淀区文物管理所：《北京市海淀区八里庄唐墓》，《文物》1995年第11期，第49页图八。

南安阳市北关唐赵逸公夫妇墓室东南角壁画中，绘有一只火门内正在燃烧木炭，下部带有高圈足莲花式炉座的火炉（线图 151）。

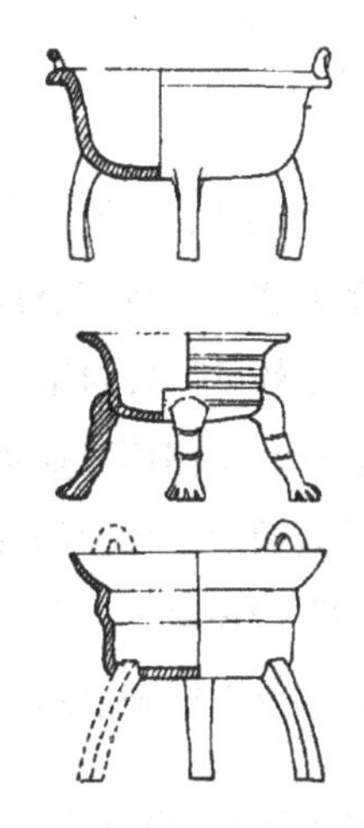

图 3—73　长沙咸嘉湖唐墓出土的三足炉、四足炉线描

图 3—74　法门寺地宫出土鎏金鸿雁纹壶门座环银香炉

“牙脚”形制目前为止最为可信的依据，是日本正仓院所藏“木画紫檀双六局”及“木画紫檀棋局”的壶门式形制特征在《国家珍宝帐》上被著录的“牙床脚”。由于唐代是壶门式家具制作的全盛时期，举凡坐卧具、坐具、承具、庋具、架具的下部，都存在壶门脚的做法。上举诸唐墓中发现的带火门炉式中，底部炉座形制各不相同，不但说明唐代工匠在器物形制创造上极具个性，也暗示将“牙脚”（壶门脚）移植到火炉上，是完全合理的。而不带火门的炉，除了扬之水所列举的唐墓出土三足、多足炉外，法门寺地宫出土壶门座香炉即为“牙脚”炉的典型例子。《牙床与牙盘》一文中以“蹄足”为“牙脚”之一种，多足案、多足盘即牙床、牙盘之一式的主张，理由并不充分。

战国时期的楚式漆木食案，多带有低矮的单体小足（图 3—50），汉代以来，筒形酒樽下还常带有与之相配的圆形三足或多足底座（图 1—13、图 1—29），其形制通常为圆形平顶、下带三弯式的小蹄足。据孙机先生的研究，这种酒樽的底座称之为“承旋”，即一种圆形带足的小案。① 据此，这类小型的多足承物案、承物盘，应是中原久已有之的传统旧式，经过长期发展后，得益于唐代的富庶与开放，匠师们从西域传来的各种器物形制中受到新的启发与影响，而设计制作了大量更加华丽而精致的新足部样式，并在其上复合应用木工雕刻、金工铸造等多种工艺手法。由于样式繁多，其名称可

① 孙机：《汉代物质文化资料图说》，上海古籍出版社 2008 年版，第 363 页。

能往往不一，据郝春文所著《唐后期五代宋初敦煌僧尼的社会生活》所统计“敦煌各寺常住什物的名目与数量”，敦煌寺院经济文书中记载的与“盘”有关的名物，除牙盘外，还有合盘、台盘、团盘、擎盘等①。由于唐代的各种承物案、承物盘形制差异甚大，它们或许在当时各有其名，在社会生活中发挥着各自应有的作用。

2. 高圈足盘

高圈足盘即立沿浅腹、盘下有圆柱形外撇喇叭式高圈足的小型承物盘。这类高圈足盘与新石器时代就已出现的食器与礼器“豆”有紧密的形制关联，流行于唐代的样式大约在南北朝中晚期就已经形成，并在南北方皆有发现，如河南安阳县固岸2号北齐墓、河北磁县北齐高润墓、广西永福县寿城南朝墓等都有出土②，至隋唐时期仍十分流行，从形制特征上看，隋唐流行的高足盘足部较南北朝时期的宽而短。如河南安阳市置度村八号隋墓中出土的隋代青瓷高足盘，口径31厘米、圈足径17.5厘米、高10厘米，盘面平底，口沿稍向外侈，即为此时期的典型器（图3—75）。敦煌壁画显示，高圈足

图3—75　河南安阳市置度村八号隋墓出土高足承物盘

图3—76　莫高窟112窟中唐壁画《报恩经变》局部

图3—77　日本正仓院中仓藏白琉璃高杯

图3—78　莫高窟400窟北壁西夏《药师经变》局部

① 郝春文：《唐后期五代宋初敦煌僧尼的社会生活》，中国社会科学出版社1998年版，第145—146页。

② 河南省文物考古研究所：《河南安阳县固岸墓地2号墓发掘简报》，《华夏考古》2007年第2期，彩版叁：5。赵文军：《安阳相州窑的考古发掘与研究》，载《中国古陶瓷研究》第15辑，紫禁城出版社2009年版，第98页图一。广西壮族自治区文物工作队：《广西永福县寿城南朝墓》，《考古》1983年第7期，第613页图四。

承物盘主要用来在礼佛时承放佛前供物以及平居饮食时承放食物。如敦煌莫高窟第112窟北壁中唐壁画《报恩经变》中（图3—76），带有锦披的方形供桌上即以两具高圈足承物盘陈设供物。另如莫高窟第236窟东壁中唐壁画《药师经变·斋僧图》中（图6—30），带有桌披的高桌上，以高圈足圆盘盛装食物。日本正仓院中仓仓号76藏有一件称为“白琉璃高杯”的高足圆盘（图3—77），径29厘米，高10.7厘米，盘面平底浅腹，带有外撇的立沿。整器以琉璃制成，透明而偏黄色，在当时可谓极珍罕的宝物。敦煌莫高窟第400窟北壁西夏壁画《药师经变》中，就绘制有一件白琉璃高足碗（图3—78），碗腹较浅，内部盛放鲜花。从材质到形制都与正仓院所藏白琉琉高杯极为近似。

3. 莲花形承物盘（线图175、线图176）

莲花形承物盘是一种特殊的异形承具，敦煌壁画中的相关图像资料显示，它多用来作为佛前香供养器的器座，由形制到功用都带有浓厚的宗教色彩。例如，莫高窟第23窟窟顶西披盛唐《弥勒经变》中，佛前供案上放置有一个莲花形熏香器，其下部的底座为扁圆的莲花造型（线图175），中部莲心为绿色，四周莲瓣为深褐色。第12窟主室南壁晚唐《观无量寿经变》中，也绘有一件用来承放香供养器的高足莲花台（图3—79、线图176），其造型较第23窟盛唐时期的莲花形承物台座更为立体。以我们今日的猜测来看，如此立体、复杂的器物形制，可能仅是一种宗教绘画中的理想，但在日本正仓院南仓37藏有两件“漆金薄绘盘”，皆是莲花形态，证实莲花形承物盘确实是当时的实用器。正仓院漆金薄绘盘“甲”号直径56，高17厘米，“乙号”直径55.6厘米，高18.5厘米，尺寸略有不同，形制则大体一致。以甲号为例（图3—80），盘的制法为首先分制木质彩绘的底座和32个木质彩绘的莲花瓣，再在底座上端用铁钉固定四层铜板，每层铜板都向外伸出八个细柄，再将莲花瓣安装在铜质细柄上，形成相互错落的四层莲花瓣结构，最上层铜板上部再安装一个平底浅腹、带有立沿的铜盘，用以承物。这两件莲花形承物盘的台座底部的木质部分上写有“香印坐”三字，在日本天平宝字六年（762年）三月东大寺举行的阿弥陀悔过法会所用物品的著录文献《阿弥陀院悔过资财

图3—79 莫高窟12窟南壁晚唐《观无量寿经变》局部

图3—80 日本正仓院南仓藏漆金薄绘盘甲号

帐》上，记有“香印坐花二枺”，所指正是这两件物品。[①] 它们的作用是作为燃烧印香（亦名篆香）的香座，对照敦煌壁画中的描绘，其式样和制作工艺显然是由唐朝传入日本的，它们的存世使唐代莲花形承物盘的实物例证得以保留，确属十分可贵。

4. 双耳案

双耳案是一种案面为圆角长方形，两个短边带有两个梯形耳状柄，部分无足、部分下有小足的案式。考古研究显示，这类形制的案目前发现的最早制品出土于南京北郊东晋墓（图 1—30）、江西南昌火车站东晋墓（图 3—81）等晋代墓葬，其后，在北朝墓葬中也发现了类似的制品，例如大同南郊北魏墓群 M22、M134、M135、M240 中都有出土。[②] 实物和图像资料皆表明，双耳案起初下部并不带足，仅为一个平底有耳的盘，承物面或有浅腹，或为平板，其形制来源或可上溯到湖北云梦睡虎地 9 号秦墓出土的双耳漆长盒。[③] 北魏司马金龙墓出土漆屏风画《烈女古贤图》中榜题为“素食赡宾”的图中，席地而坐的客人郭林宗身前的席面上放置一件双耳长盘，盘内放有耳杯、盘等餐具，[④] 此外如新疆阿斯塔那地区出土晋十六国时期《庖厨图》中，绘有两个双耳盘，辽宁朝阳袁台子村十六国前燕墓壁画《奉食图》中，绘有一手持双耳案的侍女，[⑤] 都说明该种器物是主要是作为食案或食盘使用，对于此类无足的双耳盘的实物或图像资料，大部分考古报告皆释之为“案”。这类无足的双耳盘案在南方、北方皆有发现，且主要以北方地区为多，大约在南北朝晚期，双耳盘案开始出现有足的样式，如在陕西西安北

图 3—81　江西南昌火车站东晋墓出土双耳盘

图 3—82　西安北周安伽墓出土门额彩绘浮雕局部

① 正仓院事务所编：《正倉院實物 · 南倉 I》，平成 7 年（1996 年）版，第 244 页。

② 山西大学历史文化学院、山西省考古研究所、大同市博物馆：《大同南郊北魏墓群》，科学出版社 2006 年版，第 77、153、260、331 页，彩版一六。

③ 湖北孝感地区第二期亦工亦农文物考古训练班：《湖北云梦睡虎地十一座秦墓发掘简报》，《文物》1976 年第 9 期，第 54 页图六：1。

④ 张安治主编：《中国美术全集：绘画编：原始社会至南北朝绘画》，人民美术出版社 1986 年版，第 156 页图。

⑤ 徐光冀主编：《中国出土壁画全集：辽宁、吉林、黑龙江》，科学出版社 2012 年版，图 33。

周安伽墓第4过洞进口上方门额石雕彩绘图案中，绘有两件双耳案（图3—82），案面长边下部绘有三只兽足，案面上放置有各种酒器、食器。

入唐以后，这类左右侧带有梯形双耳的案在石窟壁画等图像资料和中原地区的墓葬中都尚未有所发现，显示出这种案可能已非当时人们社会生活中所使用承具的主流样式。然而在新疆吐鲁番地区的考古发掘中，出土了大量的双耳案，据鲁礼鹏《吐鲁番阿斯塔那墓地出土木案类型学研究》一文的统计，其有确切年代记录的实物所属年代从东晋十六国北凉（约公元4世纪中晚期），到曲氏高昌时期（约公元6世纪晚期）、唐西州时期（约公元7世纪中期至8世纪中后期）衔接延续，并发展出平板、浅腹、有无、无足等数种样式，说明这种双耳案在该地区的使用是一直延续的。其中曲氏高昌时期、唐西州时期的双耳案多流行下部案面左右侧分别装有小足跗的样式（图3—83）。[①] 除了阿斯塔那地区以外，唐代双耳案在吐鲁番哈拉和卓墓地和巴达木墓地等也有出土，但在新疆其他地方则较为罕见。这种双耳案有可能是随着十六国时期胡汉杂处的社会环境而由中原传入吐鲁番地区的，并且在此地得到了延续发展，吐鲁番作为古丝绸之路上的交通要道，具有连接东西方文明的重要区域文化特性，双耳案虽然已基本不为中原地区唐人所使用，但却在该地区被保留了下来，成为中原地区家具文化向西部地区扩散传播的重要实物证据。

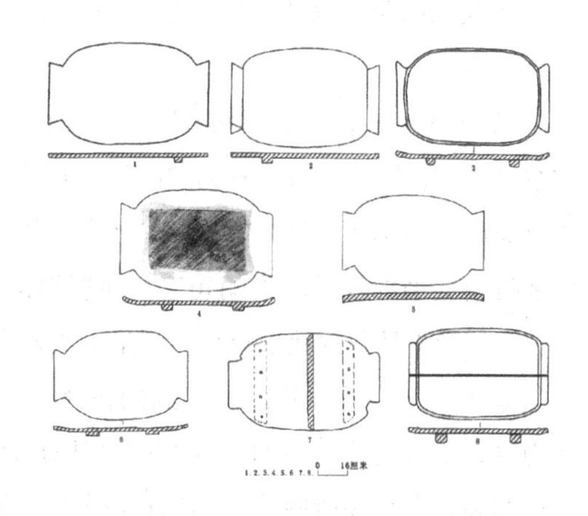

图3—83　曲氏高昌至唐西州时期阿斯塔那地区流行木案典型样式

第二节　庋具

庋具，即以收纳物品为主要功能的家具，从形制的角度来细分，唐代的庋具主要可以分为橱柜、箱盒两个大类。由于唐代的室内陈设环境往往并非固定，需要根据特定时节、礼仪、事件等因素改变陈设，从而使大量的器物在闲置时需要收纳，在使用后也

① 鲁礼鹏：《吐鲁番阿斯塔那墓地出土木案类型学研究》，《吐鲁番学刊》2014年第1期，第91—102页。

必须再次放回原处以便下次取用。各种大小庋具在唐代的社会生活中，有着不可或缺的重要性。然而，由于放置庋具的地点并非人们主要的活动空间，在传世绘画、墓室壁画和石窟壁画中，对庋具的描绘都极其稀少，我们将主要依据考古发现及传世实物，对唐代庋具加以类型分析。

一、橱柜

从收纳的角度来说，橱柜是各类物品的固定存放地点，因此是最为基础和必要的庋具类型。

《说文》："柜，木也，从木巨声。"柜的本义为木名，柜木即榉木，又名杞柳。带有收纳义的"柜"字，最早写为"匮"，《庄子·胠箧》云："然而巨盗至，则负匮、揭箧、担囊而趋。"《说文》释"匮"为"匣"，为庋具的泛称。大约到南北朝时期，柜已转而用来特指大型的庋具。南朝句道兴《搜神记》的一则志怪故事记载："遂即访问王僧家之舍，东园里枯井捉获弟尸灵，屋里南头柜中得本绢二十三疋。"[①] 能装下数疋绢的柜，显然属于较大型的庋具。南宋戴侗在《六书故》中总结道："今通以藏器之大者为匮，次为匣，小为椟。"[②] 唐代橱的意义与柜相近，如唐陆龟蒙《奉和袭美二游诗》云："开怀展橱簏，唯在性所便。"[③] 唐代文献中出现"橱"字的频率比柜低很多，但在今藏于日本法隆寺、东大寺正仓院的数件立式橱柜，当时的著录名称皆称之为"厨（橱）子"。唐代文献中也出现过"橱柜"连用的例子，如唐杨筠松《撼龙经》云："武曲破如破橱柜，身形臃胀崩形势。"[④] 由此可见，橱柜连用已泛指称大型的庋具。

唐代橱柜的储物功能十分广泛，《杜阳杂编》载咸通九年同昌公主出降时，以金银为"食柜"[⑤]；白居易《题文集诗》："破柏作书柜，柜牢柏复坚。"另一首《宿杜曲花下》则云："斑竹盛茶柜，红泥罨饭炉。"[⑥]《千金翼方》卷第十四"退居"载"药记更造一立柜，高脚为之"[⑦]。敦煌地区出土社会经济文献常有对各类物品存放地点的记载，柜是主要的储物家具，可容物品包罗甚多，如《后晋天福七年（公元942年）某寺交割常住

① 王重民等编：《敦煌变文集》，人民文学出版社1957年版，第877页。

② （宋）戴侗：《六书故》卷二十七"工事三"，《文渊阁四库全书》本。

③ （清）彭定求、沈三曾等：《全唐诗》卷六一七，《文渊阁四库全书》本。

④ （明）余象斗著，孙正治、梁炜彬点校：《地理统一全书（上）》，中医古籍出版社2012年版，第343页。

⑤ （唐）苏鹗：《杜阳杂编》商务印书馆1939年版《丛书集成初编》本《杜阳杂编·桂苑丛谈》合辑，第25页。

⑥ （清）彭定求、沈三曾等：《全唐诗》卷四五三、卷四四八，《文渊阁四库全书》本。

⑦ （唐）孙思邈撰，李景荣等校释：《千金翼方校释》，人民卫生出版社1998年版，第217页。

什物点检历》（S.1642）载：

2　……摩侯罗

3　壹，在柜。……

4　……司马锦经壹，在柜。金油师子壹，

5　在柜。大佛名经壹部，壹拾捌卷并函，黄布经（巾）

6　壹条，又程阇梨入黄经巾壹，在柜。黄项菩萨幡

7　贰拾口，在柜。小菩萨幡贰拾捌口，在柜。……

16　……黑木

17　盛子贰，在柜。箱壹叶，在柜。……

20　……新

21　花团盘肆，在柜。木合子壹，在柜。……

24　……银镂枕子壹，在柜。漆楪子

25　贰，在柜。四尺花牙盘子壹，在柜。花盘子壹，在柜。参

26　脚床子壹。黑木盛子壹。罇子壹，在柜。……

35　……朱里椀子五枚，在柜。朱里楪子玖枚，在柜。……

38　……朱里椀子楪子拾枚，在

39　柜。黄花罇子壹，漆筯，在柜。①

从中可见，柜是当时寺院日常收纳诸杂物品的主要庋具，从充作宗教供养的佛像、经卷、经幡，到小型的承具、庋具，乃至木质的碗、碟等餐具日常都是放在柜中，以便随时取用。此外居室内部用以储存粮食、日用杂物等的大型橱柜，也当然是随需而设，必不可少的，敦煌社会经济文献中记载的柜名诸多，如《辛未年（公元911年）正月六日沙州净土寺沙弥善胜领得历》（P.3638号）载有：

针线柜壹口，像鼻曲鈘并全。又伍拾硕新柜壹口，像鼻曲鈘并全。叁拾硕陆脚柜壹口。……贰拾硕盛麦柜壹口。……盛佛衣柜子壹。（第4—13行）②

“针线柜”、“盛麦柜”、“盛佛衣柜”皆以存放物品的类别命名。此外，从这段文献可以看出，唐代的柜子还常以容量加以指称。我国古代的重量单位“石”，在唐代常写为“硕”，如拾硕柜，即容积约十石的柜。唐代的容量单位“升”约当于公制600毫升，十升为斗，十斗为硕，唐代一石（硕）的容积即约相当于公制60升。容积高达伍拾硕、

① 唐耕耦、陆宏基：《敦煌社会经济文献真迹释录》第三辑，全国图书馆文献微缩复制中心1990年版，第21—22页。

② 唐耕耦、陆宏基：《敦煌社会经济文献真迹释录》第三辑，全国图书馆文献微缩复制中心1990年版，第116页。

参拾硕的柜子，型体特大，可能与“贰拾硕盛麦柜”一样，也是当时的寺院中用来盛放粮食的粮柜。

一般来说，现代汉语的家具概念中，橱和柜的意义差别不大，下部带有脚或是底座，上部带有横向拉动以开合的门，是橱柜的共同特征。但在唐代，橱柜的概念似更为宽泛，有的下部并不带有单体的柜脚，而是应用唐代流行的板片构造的壸门脚，并且从开合取物的方式来看，也有横向开启的立式柜和向上开启的卧式柜两个大的形制类别。

（一）立式柜

立式柜在唐代文献中被称为“竖柜”，《太平广记》载《羯鼓录》“李龟年”条：

> 李龟年善羯鼓，玄宗问：“卿打多少杖？”对曰：“臣打五十杖讫。”上曰：“汝殊未，我打却三竖柜也。”后数年，又闻打一竖柜，因锡一拂枚羯鼓卷。①

唐玄宗雅好音乐，打坏的羯鼓杖可以装满三只竖柜，而李龟年用数年之功，方积满一柜。这里所记载的竖柜，当然是一种比较大的制作。此外如《旧唐书·杨慎矜传》载：“铉与御史崔器入城搜矜宅，无所得。拷其小妻韩珠团，乃在竖柜上作一暗函，盛谶书等。”② 这里记载的竖柜可在内部制作暗仓藏东西，显然也是相当大型且内部结构复杂的柜子。

目前，国内现存可考的唐代立式柜形象资料非常稀缺，但我们依然能从一些相关资料中发现一些端倪。可以确定的一点是，唐代立式柜的形象，与我们今天所熟悉的柜的概念基本类同，即正面带有横开门的柜子。日本正仓院北仓2号所藏的一件“赤漆文欟木御厨子”（图3—84）曾与其中收纳的数十件宝物一同，作为光明皇后的首批献物进入东大寺。《国家珍宝帐》详细记载了它的传承历史：

> 厨子一口，赤漆文欟木，古样作，金铜作铰具。右件厨子，是飞鸟净原宫御宇天皇传赐藤原宫御宇太上天皇，天皇传赐藤原宫御宇太行天皇，天皇传赐平城宫御宇中太上天皇，天皇七月七日传赐平城宫御宫后太上天皇，天皇传赐今上，今上谨献卢舍那佛。③

也就是说，从公元7世纪下半叶至8世纪中叶，这件立式柜在日本皇室经过天武、持统、文武、元正、圣武、孝谦数代天皇的代代相传，方舍入东大寺。橱子总高100厘米，幅宽83.7厘米，深40.6厘米，由榉木制成，曾在明治时期经过大的修复。据日本正仓院事物所编辑的平成十三年（2001年）《正倉院紀要》第23号所载《年輪年代法による正倉院寳物木工品の調查》一文，通过年轮年代法调查，橱子所用原始材料的年代下限

① （宋）李昉等：《太平广记》卷二百五，中华书局1961年版，第1562页。
② （后晋）刘昫等：《旧唐书》卷一〇五《杨慎矜传》，中华书局1975年版，第3227页。
③ ［日］竹内理三编：《寧樂遺文》中卷，东京堂昭和五六年（1981年）订正六版，第434页。

约为公元570年，因此它是约当我国南北朝晚期至唐初的制品。[①] 橱顶为喷面，立沿带有上舒下敛的笔直线脚。橱子正面装有通过鎏金铜合页与柜板平面相接的两扇对开柜门，门上装有圆环用以上锁。合上门之后，在门中部另外用一根扁方长材作为门闩，并通过门闩上下带有的活动木销插入柜体上带有的“口”字形鎏金铜件内。门闩中部有孔，两边门上带有的圆环从孔中穿出，便于上锁，从而将橱子封闭牢固。打开门，可见内部带有两层搁板。下部为正面平列两壶门、侧面单壶门的带托泥壶门脚。所有板材立壁角接合的部位，都使用截面修造为曲尺形的榉木条（日本称之为“押缘”）包贴边棱，橱顶与壶门脚上部亦用一圈榉木条压边，并分段钉有钉头鎏银的铁钉。通过押缘和铁钉的组合使用，来固定所有的立面板材，橱身中部上下两圈钉入的铁钉，则用来固定内部的搁板。橱子通体赤褐色并带有纹理，并非仅靠髹漆产生的装饰效果，而是利用苏木提取的紫红染液染涂在器表，再外罩透明度高的漆形成的。所谓文欟木，实为带有美观天然纹理的榉木，透过染色层和漆层将木材本身的天然纹理显露出来，呈现一种天然和人工结合的独特装饰效果。以苏木、靛蓝等覆盖力弱而透明性强的植物色料染木，使天然纹理从色彩中隐隐浮现的木材装饰手法，在宋代以后的中国传统家具中很少应用，但在唐代则十分流行。

除了带有壶门式腿足，是唐式高等级家具的明证外，赤漆文欟木橱子的顶部形制特征也值得关注。南北朝时期的豪华坐帐顶部，常围饰有一圈花叶状装饰物，如北魏宁懋石室线刻画《丁兰事木母》中的坐帐顶，即为其典型，帐顶四面向斜上方展开，插一圈叶片状立饰。到唐代，这种在帐架顶部的装饰也在上层社会依然流行（图2—99）。宋代李诫《营造法式》中，将寺院建筑内檐小木作“佛道帐”装修上的相应结构，称之为“山华（花）蕉叶”，而将向斜上方伸出的木板称为“仰阳版（板）”、“仰阳山华版（板）”[②]，据名物学家扬之水的考

图3—84　日本正仓院北仓藏赤漆文欟木御厨子

① 光谷拓実：《年輪年代法による正倉院寳物木工品の調査》，载日本宫内厅正仓院事物所编：《正倉院紀要》第23号，平成十三年（2001年）版，第14页。

② （宋）李诫撰，王海燕注译：《营造法式译解》卷九《佛道帐》，华中科技大学出版社2011年版，第144页。

证，“山花蕉叶”来源于战国至秦汉时期建筑屋脊装饰“博山”，后在魏晋南北朝时期，受到希腊化佛教装饰纹饰风格的影响，渐变为花叶状。① 仰阳板的形制来源应为传统建筑上的挑角檐。赤漆文欟木橱子的顶部与佛道帐上部仰阳板的形态非常相似，可能是由于以赤漆文欟木御厨子为代表的高等级立式柜与坐帐同为相似的矩形立体构造，因此在局部设计上同样借鉴了建筑顶部的样式（图 3—85），从而使二者带有类似的形制特征。

图 3—85 山西临猗大云寺出土唐武周《涅槃变相碑》局部

图 3—86 日本正仓院中仓藏柿厨子

正仓院还藏有另外几件立式橱柜，如中仓所藏“柿厨子”（图 3—86），通高 59.5 厘米，宽 89.2 厘米，深 37.6 厘米。较前例赤漆文欟木御厨子略宽，但要低矮得多，柜顶不做仰阳板式造型，而是在顶板下加装一圈窄木条，形成两层方棱叠涩的线脚。橱体下的腿部作壶门样式，壶门上部也加装一圈窄木条压边。橱子装有两扇对开的门，通过合页与侧板平面连缀。打开橱门后，可见内部装有一层搁板。构成橱子后背板的数块窄板之间的缝隙可以完全透出光亮，表明构造柜子立壁的数块窄平板之间并未通过榫舌和穿带榫连缀，亦并未装有小腰榫，而是完全依靠钉入上下窄木条以及柜内搁板的铜鎏金钉子固定的。板材立壁角接合处，皆通过铜钉钉合在一起，未以金属条或木条包棱压边。正、侧、背面柜板相交的部位皆未通过榫卯接合，因此铜钉在这件橱子的构造中起到了至关重要的作用。尽管赤漆文欟木橱子由于押缘包边而使板材接合方式不可见，但根据它需要整体包边并用钉加固，我们可以推论，它的板材接合也同样并非主要依靠榫卯勾挂。

《唐六典》载：

---

① 扬之水：《帷幄故事》，载《唐宋家具寻微》，人民美术出版社 2015 年版，第 37—66 页。

司竹监掌植养园竹之事；副监为之贰。凡宫掖及百司所需帘、笼、筐、篋之属，命工人择其材干以供之。①

由此可见，唐代相当部分庋具的材料取材于竹。日本东京国立博物馆收藏的法隆寺宝物中就有一件"竹厨子"（图3—87），长75.3厘米，宽40厘米，高55.1厘米，盝顶，下部无脚，正面设对开门，以合页与侧壁相连。除内部两层搁板为榉木外，其余部分皆用细竹构造而成。察考日本天平宝字5年（761年）的寺院文献《法隆寺缘起并资财帐》中记载有："合厨子肆足。贰足斑竹，长二尺五寸、广一尺四寸、高二尺。……壹足绫欟，……壹足㭉。"② 在被著录的四件厨子中，有两件为斑竹制，其中之一即今存的"竹厨子"，将著录记载的尺寸按唐大尺换算为今制，长宽皆合，而高度减少了6厘米，根据东京国立博物馆编《法隆寺献纳寳物図録》的记载，橱顶、立柱和底台经过维修，因此其原始状态下部有可能是带有脚或底座的。根据日本学者的相关研究，竹厨子所用竹材日本稀有，但多产于我国江苏、浙江一带，它很可能是一件来自于唐朝的制品。③

图3—87　日本东京国立博物馆藏法隆寺竹厨子

能与以上数例日本现存实物资料相比对的国内唐代立式柜形象，无论实物还是图像，唐中期以前的资料中皆未有所发现，但在中晚唐、五代的中下层贵族或富裕百姓阶层砖室墓葬出土的一些砖雕、彩绘壁画中，尚有发现数例，从中约可略见中唐以后的立式柜之概貌。

图3—88　安阳北关唐赵逸公墓东壁壁画

入葬于唐文宗太和三年（829年）的河南安阳市北关唐赵逸公墓中，出土有大量砖雕与彩绘相结合的壁画，其中墓室东壁

① （唐）张说、李林甫等：《唐六典》卷十九《司农寺》，中华书局1992年版，第529页。
② ［日］竹内理三编：《寧樂遺文》（中卷），东京堂昭和五六年（1981年）订正六版，第392页。
③ ［日］东京国立博物馆编：《法隆寺献纳宝物図録》，东京国立博物馆昭和34年（1959年）版，第51—52页。

壁画中有一件浮雕柜子（图3—88），柜式为四足平顶，正面上部雕有锁具，整个柜体用赤褐色颜料绘有回转卷绕的木纹，装饰效果与正仓院“赤漆文欟木御厨子”较为相类。由于画面下部剥蚀严重，且考古报告提供图片清晰度不高，难以直接判断其形制为立式还是卧式，但据考古报告描述，箱柜柜顶上左右两端各绘一只黑花猫，左边一只卧在宝盒上回头张望。柜上还放有一架木琴，木琴左边立一侍女，左手托琴盖，右手执乐锤。① 以柜顶上放置甚多物品，且其高度约在人体胸部的情况来看，这幅壁画所描绘的可能是一件立式柜，其柜顶上同时还可作为承具来置物。另一个更为明显的立式柜例子，出于洛阳邙山镇营庄村北五代壁画墓（图3—89），画面中的柜子同样为砖雕与彩绘结合制作，由两侧所绘侍女身量推测，柜子高度与前例相当，柜子框架部分绘为红色，立面饰有红色团花，上部雕有锁具。柜子立面下部，用砖雕的手法制有一扁长形构件，上部略修圆，下部为卷云如意形，从其功能来看，这应是对柜门外部另加的竖式活动门闩的描绘，其在柜门上的尺度虽仅约占据三分之一，但起到的作用、安装方式，与正仓院所藏“赤漆文欟木御厨子”在柜门关闭后另外采用活动门闩锁闭柜子的方式基本一致，可知该壁画确实描绘了一件唐末五代时期的立式柜形象。②

图3—89　洛阳邙山镇营庄村北五代墓壁画《侍女理柜图》

图3—90　洛阳孟津新庄晚唐五代墓东壁壁画

近年来考古发现的与前两例相似的晚唐五代时期立式柜形象还有数例，例如洛阳孟津新庄唐末五代墓东壁壁画中（图3—90），左侧为衣架，右侧为一道假门，中部则为砖雕柜子，在柜子正面下部中间的位置有一块矩形的缺口，使柜子的储物空间形态分为左右两个部分，从制作工艺和使用功能上，柜子作此形制都殊为难解，但如果是由于原壁画上的竖立的门闩构件脱落，导致柜子下部有所缺损，则情理较通，因此这很可能

① 郑汉池：《河南安阳市北关唐代壁画墓发掘简报》，《考古》2013年第1期，第66页。

② 与此例立式柜完全相同的柜子形象，还可见于洛阳邙山镇营庄村北宋王怡孙墓砖雕壁画，该墓出土墓志、经幢显示，墓主下葬于宋至道二年（996年），可证这种带有活动柜闩的立式柜确为五代至北宋初期的洛阳地区的流行样式。（参见王咸秋：《洛阳邙山镇营庄村北宋王怡孙墓发掘简报》，《洛阳考古》1996年第3期）

也是一件立式柜的浮雕形象。另如洛阳龙盛小学五代壁画墓墓室东壁砖雕壁画（图 3—91），左侧为一只柜子，右侧为一具衣架，图中的柜子结构与邙山镇五代墓类似，在柜子正面中部雕有贯通上下的立柱，应是对柜子正面对开柜门的描绘。

值得注意的是，以上数例晚唐五代墓葬中发现的立式柜形制，具有明显的框架化倾向，不仅柜脚皆为由柜顶贯通至地的单体柱状，柜顶两侧有的还加装有两根枋木条，据此推测，立柜的壁板是以镶板的方式装在横竖材结构的框架上的，因而为美观而加装枋木条来掩盖立柱上端的纤维断面。这与日本正仓院等处所藏时代约相当于隋至唐早期的数例木质橱子（图 3—84、图 3—86）的立壁结构方式有着本质的区别，显示出我国传统大型皮具的结构方式在中晚唐时期出现了较大的发展，箱板式结构逐渐被更科学的框架式结构所取代。

图 3—91　洛阳龙盛小学五代壁画墓墓室东壁砖雕壁画

（二）卧式柜

卧式柜是一种下部有脚，顶部设盖的柜子，敦煌寺院经济文书《唐咸通十四年（公元 873 年）正月四日沙州某寺交割常住物等点检历》（P.2613）载“小柜子壹，无盖”（第66行）①，显然记载的是一件卧式柜。从实物发现和图像资料来看，唐代的卧式柜较立式柜更为多见。由于采用揭顶的形式开合，要给它上锁，就必须要在柜盖上加装金属附件。唐时箱、柜一类上部有盖的皮具上用于加锁的构件有二，分别为“象鼻”和“曲戌（鉞）”（图 3—92）。象鼻是盖沿上垂下、末端呈环状的金属面叶，大约因形似象鼻而得名。曲戌则是房门、柜、箱面沿上安装的金属圆环②。立式柜只需在两面柜门的边缘部位分别安装曲戌即可上锁，而卧式柜则需要在柜盖部位安装象鼻，象鼻垂下与曲戌相对合，方可上锁。敦煌寺院经济文书中所著录的柜，常带有小字注解如“象鼻、曲戌

① 唐耕耦、陆宏基：《敦煌社会经济文献真迹释录》第三辑，全国图书馆文献微缩复制中心 1990 年版，第 11 页。

② 此名称历元明清时期一直沿用，如《元史》卷七十八《舆服一》：“柜之前，朱漆金妆云龙略牌一，金涂铁曲戌。”《水浒传》第二十一回：“那婆子瞧见宋江要走的意思，出得房门去，门上却有屈戌，便把房门拽上，将屈戌搭了。”《红楼梦》第七十三回：“话说那赵姨娘和贾政说话，忽听外面一声响，不知何物，大惊失色。忙问时，原来是外间窗屉不曾扣好，滑了屈戌掉下来。”

并全”，“并象鼻、曲戌”。如前引《辛未年（公元911年）正月六日沙州净土寺沙弥善胜领得历》（P.3638第3—5行）中记载的“针线柜”、“叁拾硕柜”、“伍拾硕柜”，均带有象鼻曲戌，应皆为卧柜。除了“曲戌（鉞）”，敦煌出土社会经济文献中记载的柜子锁闭构件，还有记载为“胡戌”的，例如：

图3—92　法门寺地宫出土智慧轮壶门座盝顶银函上的象鼻、曲戌

> 柜大小壹拾贰品，内贰无象鼻，三口象鼻、胡戌具全。(《后周显德五年（公元958年）某寺法律尼戒性等交割常住什物点检历状》(S.1776二)(第2—3行)

> 柜大小拾口，内参口胡戌、象鼻具全；小柜壹，在设院；食柜壹在文智。汉鏁壹具并钥匙，又汉鏁两具并钥匙欠在□净，又小鏁子壹具并钥匙在印子下。……又拾硕柜壹口，又新附柜壹口，宗定施入，象鼻、胡戌具全。(《年代不明（公元10世纪）某寺常住什物交割点检历》(P.3161)(第14—20行)①

胡戌当是与中原制式的曲戌有所区别的西域样式锁闭构件，尚无实物知其详情，但这些柜子亦均为卧式柜则是可知的。从目前已知的形象资料来分析，唐代的柜式柜形制大致可分为三类，以下约略分述。

1. 钱柜

1955年西安市王家坟村90号唐墓出土一具“三彩贴花钱柜”（图3—93），长15.5，宽12.1，高13.3厘米，虽为陶制冥器，但较为具体地塑造了唐时木构卧柜的大体样式。柜身为长方形，四足虽为单体，但截面皆为“L”形，虽属框架构造，但仍带有壶门式家具板面结合的构造特征。柜体上的壁板嵌入四足上部后，通过钉子固定，观察三彩贴花钱柜的腿足上端，各面皆饰有泡钉形花饰，既起到加固作用，又在柜面上起到浮凸的装饰效果。柜子正面带有两个圆形狮面帖花，应是模仿木柜上的金属饰件。柜顶上开有方形小盖，盖子和柜子正面原应带有曲戌，以供上锁，出土时已破损。此墓葬出土有“开元通宝”铜钱，但未详具体所属年代。上部开盖较小的卧柜（钱柜）形制，在汉墓考古中就已经有所发现，如河南陕县刘家渠1037号汉墓②、陕西曲江雁鸣小区汉墓皆出土一件汉代绿釉钱柜（图3—94），王家坟唐墓三彩钱柜与之显然有着形制、功用

① 唐耕耦、陆宏基：《敦煌社会经济文献真迹释录》第三辑，全国图书馆文献微缩复制中心1990年版，第24、39—40页。

② 黄河水库考古工作队：《一九五六年河南陕县刘家渠汉唐墓葬发掘简报》，《考古通讯》1957年第4期，图版伍：4。

上的传承，该两例汉代绿釉钱柜柜面上均带有圆形贴花，尤其是曲江汉墓钱柜上的贴花更作明显的钱纹，将这类柜子定名为“钱柜”确有其理。1930年洛阳金家沟唐墓也出土过一件三彩贴花钱柜，形制与王家坟唐墓出土的钱柜十分接近，但腿足部位截面为方形，显示出其形制进一步向框架构造发展的趋势。此外，王家坟唐墓和金家沟唐墓出土三彩钱柜柜顶两侧都带有一个附加的长条形构件，两端弯曲高起，上部带有三彩泡钉形帖花，在方正的柜体上增添了一丝曲线的美感，该构件的形制在中原地区唐代家具中甚为罕见，其来源或许与唐代建筑屋顶正脊两端上立起的鸱吻有关。

图3—93　西安王家坟唐墓出土三彩贴花钱柜

图3—94　陕西曲江汉墓出土汉代绿釉钱柜

2. 框架式结构卧式柜（线图177—线图179）

莫高窟第237窟中唐壁画《观无量寿经变》中，在弥勒像侧边，绘有一只弥勒菩萨头冠柜（线图177），形制与王家坟唐墓出土三彩钱柜很相似，开合处绘有象鼻和锁具，但柜顶两侧并无附加的装饰构件，柜脚为由柜体顶端直落地面的四条枋材。由于盖子开口宽度与整个柜子的宽度等宽，其取放物品的自由度显然较钱柜更大。河南安阳刘家庄北地发掘的两座中唐时期壁画墓中出土的彩绘壁画也描绘有木质卧式柜的形象。其中刘家庄北地M68号唐墓墓室东壁北端所绘卧柜（图3—95，线图178），宽70厘米、高50厘米，柜子结构用墨线绘制，内涂黄彩。腿足亦为由顶至地贯通的枋材直足，柜子的上部绘两只猫和一只猫食碗，柜顶由两块约等大的木板制成，前侧顶板即为柜盖，柜盖边沿中部绘有一如意形饰件，其下端为转折垂下的象鼻，与柜子前侧的曲戌相合并上有锁具。柜盖前侧立沿部位绘有十三个泡钉形饰件。柜子右侧绘有一名捧碗侍女，从人体比例来推论，日常生活中的柜子实物应较壁画所绘的尺寸略大。刘家庄北地M126号唐墓墓室东壁北端亦绘有一具柜子（线图179），尽管画面左侧部分为侍女身体遮挡，仍能清晰地看出是一件顶部有盖的卧式柜，形制与前例基本类同，但在柜顶边棱部位和腿足上绘有整齐的一行黑色钉饰，箱体两侧绘“十”字交叉排列的钉饰。刘家庄北地两座唐墓所绘的卧式柜柜盖开面较莫高窟第237窟所绘柜子更大，更便于取置物品，这类柜子，应是当时社会生活中使用的主要大型庋具。两墓墓葬形制与壁画风格布局极为近似，M126号墓墓主郭燧官至节度别奏，葬于唐文宗大和二年（828年），M68号墓虽未明年代，但葬处与前墓相距很近，应即为郭燧墓志所载“先人之茔”，年代较之略早，为中唐时期墓葬。因此刘家庄北地两座唐墓中的卧式柜，可视为中晚唐时期的形制代表。

图3—95　安阳刘家庄北地M68号墓东壁壁画局部

结合王家坟唐墓出土钱柜以及以上三例卧式柜可知，四足为由上至下的方直材、柜子壁板嵌入腿足立柱上部的框架式结构，是中唐以后卧式柜的主要结构样式，除了柜子开口方向向上以外，其框架构造方式与墓室壁画中反映的中唐至五代时期立式柜是相同的。

3. 日本正仓院所藏“唐柜”

日本正仓院藏有的卧式柜数量较多，但形制与我国现存资料中呈现的有所不同。正仓院现存柜子中现收藏于北仓的数只，曾经被用来收纳756—758年之间，共分五批进入东大寺的献纳物，因此在入东大寺时就被加以编号，这批柜子在日本宫内厅出版的图录集《正倉院寳物》中被称为“古柜”。而收藏于中仓、南仓的数件形制与北仓古柜类同的柜子，亦名为“古柜”，制作年代大致亦约在奈良、平安时期。其样式包括有足和无足两种，后者我们通常称之为箱，而日本通名之为柜。一说有足的古柜为“唐柜”，即唐朝传来样式，而无足的则为“和柜”。① 无足的大型翻盖庋具，中国传统上称之为“箱”，因此本章将日本所谓“和柜”列入箱盒一类中论述，而在本小节略述正仓院“唐柜”（卧式柜）的形制。

正仓院所藏“唐柜”的基本形制，皆为平顶，柜子的后侧盖身之间以两个圆形的曲戌相互缀合连接，并不使用合叶，通常亦不设子母口，盖面大于柜身。以正仓院北仓180“赤漆小柜”第2号（图3—96）为例，这件柜子曾用来收纳与光明皇后捐献给东大寺的“御床二张”相配套的垫褥，且至今保存有墨书“第廿九柜”的木质小牌和墨书“延历十二年（783年）纳御床褥并覆，柜牌第廿九柜”的纸笺。柜子用杉木制作，总高23.9厘米，长48.9厘米，宽38.5厘米。柜盖的顶板边侧安装立沿，以星形头铁钉

① 正仓院事物所编：《正倉院寳物·北倉Ⅱ》，每日新闻社平成8年（1996年）版，第228页。

钉牢，不设子母口。柜体各板面相互直角接合，也使用铁钉加固。象鼻安装在柜盖前侧正中的内沿上，扣上盖子后，鼻上的小圆环与柜体上的两个曲戌相合，以便落锁，背面用来连接盖子与柜体的曲戌，也装在盖沿以内，因此在柜子外视面基本看不到金属连缀构件。这种设计，可能是为了保护柜子外观的整洁。柜子下部四脚为单另制作，由上至下稍向外撇。每两只柜脚通过一根与柜子同宽的底枨连缀为一组，通过钉入柜底和柜侧的钉子安装。柜足间的底枨起到托起柜身和加固柜脚的双重作用，设计巧妙。正仓院所藏唐柜的腿足上部与柜身连接处多留有椭圆孔，以便移动时提携，但此例未设。柜身全体“赤漆涂”，实际是以植物染料苏木将杉木染为红地色后，外罩生漆制作的。正仓院所藏唐柜多数为素木不髹漆，其余都采用先染后髹的“赤漆涂”装饰，柜盖、柜身和柜脚的边缘则涂饰黑漆。赤漆涂的装饰效果半透明、略显木纹，与不透明的黑漆边缘相映成趣，正仓院所藏的相当部分唐式家具采用了这种装饰手法，显示出透明漆的发明和应用，对唐代家具装饰风格、审美趣味的巨大影响。

图3—96　日本正仓院北仓藏赤漆小柜第2号

图3—97　日本正仓院中仓藏古柜第108号

日本所藏的“古柜”无论有足无足，其盖、身配合方式比较奇特，盖子和柜身的口沿皆不设子母口。器盖与器身的子母口结构，商周时期的青铜器上就已经出现，湖北随县曾侯乙墓出土的战国漆衣箱，箱盖与箱身也是通过子母口扣合的。带有子母口的皮具扣合紧密，盖的尺幅多与器身完全一致，取其上下一致，平滑光洁之美。正仓院古柜的身盖组合方式，无论是我国唐及以前或是宋代之后的古代家具实物、图像资料中，皆极少能见到类似的制作。尽管它们被称为“唐柜”，其柜盖样式亦有可能是唐式柜在传入日本后经过其本国工匠改制的作品，谨于此存疑。

《辛未年（公元911年）正月六日沙州净土寺沙弥善胜领得历》（P.3638）第5行记载有：“叁拾硕陆脚柜壹口。”① 唐制单位一石（硕）的容积约相当60公升，容积高达参

① 唐耕耦、陆宏基：《敦煌社会经济文献真迹释录》第三辑，全国图书馆文献微缩复制中心1990年版，第116页。

拾硕的柜子，自然形体特大，可能是当时的寺院中用来盛放粮食的粮柜。制作大型的柜子，必然对其经久耐用性有所要求，需要更多的底部支撑，P.3638号文书中的叁拾硕柜因而装配有六脚。有意思的是，正仓院中仓202所藏古柜第108号，就是一件六脚的制作（图3—97），在底部加装一根横材托枨，连接柜子短边两侧加装的腿足，或即敦煌出土家具文献所记载六脚柜的具体制作方式。

（三）多层抽屉柜

日本正仓院中仓150藏有一件“四重漆箱”（图3—98），总高37.8厘米，横长53.1厘米，宽38.3厘米。箱身下带有壶门式腿足，从传统的中国家具分类习惯来看，它实际上是一件小柜子。这件藏品引人注目之处在于，它的柜体上既没有柜门，也不设盖，而是带有四层抽屉。皮具上带有抽屉的制作，在过去家具史的研究中，一般都认为在北宋中期以后才开始出现。至于多层的抽屉柜，河南方城盐店庄村宋墓曾出土一件平顶石柜（图3—99），正面分为三层，上部一层为柜盖，中间两层正中部位刻有圆环，显然是是在表现抽屉。根据墓中棺床边出土的一枚宋徽宗时期的崇宁通宝（约1102年—1106年）推断，它的所属时期不早于北宋末年。河南禹县白沙宋墓二号墓出土的墓室壁画，描绘有一具放在桌上的五重抽屉柜，① 所描述环境为女性所居的内室，因此该柜可能为收纳化妆品的妆奁，该墓葬的下葬年代与盐店庄村宋墓相近，亦为北宋晚期。一些研究者认为，白沙宋墓壁画是迄今可见的最早带抽屉的家具

图3—98　日本正仓院中仓藏四重漆箱

图3—99　河南方城盐店庄村宋墓出土平顶石柜

① 宿白：《白沙宋墓》，文物出版社2002年版，第74页插图五七。

形象。[①] 在年代稍早于此二例的河北宣化下八里7号辽墓前室东壁所绘壁画中，也绘有一件多重抽屉柜（图3—100），画面显示此柜高于桌面，上部为盝顶柜盖，可向上揭开，中部带有五重抽屉，柜盖和抽屉正面都带有拉手，下部为壶门式柜脚，柜子边棱部位以钉和金属片装饰加固。该墓墓主张文藻葬于辽大安九年（1093年）。此三例宋辽墓葬中的多层抽屉柜，形制成熟，显然应该已经经历了一段时间的发展过程。正仓院所藏四重漆箱或许说明，这类多层抽屉柜在唐代就已经开始出现了。

日本曾于平成10—11（公元1989—1990年）年对正仓院所藏木工制品进行过一次年轮年代测定法调查，[②] 证实在取样调查的数十件木工制品中，除了中仓所藏的6件“杉小柜”所用材料时代约在公元1020—1266年之间，也就是约当宋代的制品外，其他所有北仓、中仓、南仓的取样调查样品，包括本章所引用的“赤漆文欟木御厨子”、“古柜第108号”所用材料的年代皆约在7世纪晚期至8世纪早期，与日本光明皇后献纳宝物，以及东大寺卢舍那大佛开眼法事等著名宗教事件的时代正相吻合，证实日本历史记载的真实性。遗憾的是，中仓所藏四重漆箱并不在这次取样调查之中，因此无法确定它的确切制作年代。

前文已经论及，唐代家具上应用抽屉，存在多件实物证据，陕西扶风法门寺地宫出土文物中的“鎏金仙人驾鹤纹壶门座茶罗子”（图3—38），这件盝顶盖、壶门腿足的小型皮具右侧靠下的位置就带有一只抽屉。正仓院“木画紫檀棋局”（图3—32），在相对的侧边各带有一个抽屉，抽开抽屉，内藏龟形棋子龛，用来置放棋子。郑州伏牛南路唐李文寂墓出土铅牙盘，也带有抽屉的形制特征（图3—37）。

图3—100　河北宣化辽张文藻墓壁画《童嬉图》局部

① 如胡文彦《中国历代家具》一书就认为：“宋代家具的新发展还在于抽屉的出现，……最早见到的抽屉形象是在河南白沙宋墓的二号墓中，其东南壁画上有一茶几，几上放小橱一件，该橱上就有五个抽屉。这是我们迄今所见到的最早的抽屉形象。”（黑龙江人民出版社1988年版，第40页）李雨红，于伸所著《中外家具发展史》（东北林业大学出版社2000年版，第26页）、杨森《敦煌壁画家具图像研究》（民族出版社2010年版，第272页）亦持此论。

② 光侣拓実：《年輪年代法による正倉院寳物木工品の调查》，载宫内厅正仓院事物所编：《正倉院紀要》第23号，平成13年（2000年）版。

正仓院藏四重漆箱下部带有壸门式腿足，是唐式家具的明证，但多层抽屉柜是否确实在唐代就出现了，依然有待于更有力的相关考古证据的出现，以及对正仓院所藏四重漆箱木质所属年代的直接科学分析。

（四）宗教供养用庋具——阿育王塔、舍利帐与佛龛（线图 180、线图 181）

阿育王塔和舍利宝帐，都是专门用来存放佛教圣物的器具，近年来的考古发现主要为石质，佛龛则专门用来存放佛像，既属于宗教供养器的范畴，同时也都带有庋具的性质。

出土于敦煌藏经洞的一幅约绘于公元 9 世纪的《佛传故事》幡画的上半部分中，绘有《轮王七宝》图案，画面布局分为两段，上段左侧为玉女宝和典兵宝，右侧绘法轮宝与神珠宝，下段绘马宝、象宝、主藏宝。其中神珠宝的表现方式并非常见的如意宝珠形象，而是以一个储放宝珠的立式柜来代表（线图 180），柜子为盝顶，盝顶坡面部位绘有数层线脚，正面带有两扇对开的柜门，侧面饰有两个泡钉，下部为莲花座。再如出土于敦煌藏经洞的另一幅亦约绘于公元 9 世纪的《轮王七宝》图中（线图 181），神珠宝也用立式柜来表现，顶部为平顶，四角部位立饰蕉叶，中部柜体带有明显的角柱，柜下有两层台脚，台脚下还有一圈覆莲瓣。

这两幅敦煌出土图像资料中的立式柜皆用来存放轮王七宝中的神珠宝，使人联想到国内数处唐代佛塔地宫出土的供奉佛舍利的“阿育王塔”和“舍利帐”。例如陕西扶风县法门寺地宫前室出土的“彩绘四铺阿育王石塔”（图 3—101），塔高 78.5 厘米，为汉白玉质，由塔刹、塔盖、塔身、塔座四部分组成。刹为铜铸葫芦形，上盖为九层叠涩方棱台，塔座为须弥座，塔身四面均雕有对开的假门和锁，门两侧浮雕菩萨各一尊。这件阿育王塔为盛唐造物，在咸通年间瘗埋佛指舍利时重新妆绘。[①] 出土于陕西临潼唐庆山寺开元二十九年（741 年）舍利塔地宫出土的一件在盖顶题记器名的石灰石质“释迦如来舍利宝帐”（图 3—102），高 109 厘米，顶部为两层向斜上方仰起的重檐，与南北朝以来帐的形制相类（图 2—99，图 3—85，图 4—31），上带刹顶，中部帐体为整石挖造，四角雕出方形角柱形状，下为须弥座。此外重要的旁证如 1966 年河南新密法海寺地宫出土北宋初年“三彩舍利匣”（图 3—103），由顶盖、匣身和基座三部分构成。盖为盝顶，顶沿饰山花蕉叶，匣身四棱绿釉镶缘，四壁皆饰有假门，底部为带壸门开光的须弥座。该舍利匣盖子内壁和匣身内壁皆刻有“咸平元年”（1008 年）款题记。鉴于庆山寺地宫出土释迦如来宝帐与新密法海寺地宫出土三彩舍利匣的形制皆与坐帐的形制

① 陕西省考古研究院等编著:《法门寺考古发掘报告》下册，文物出版社 2007 年版，第 231 页。

相关，即带有角柱、仰阳板、山花蕉叶等形制特征，极有可能这类舍利供奉器在当时是以“帐”为通名的。从外形来看，唐代的舍利供奉器“阿育王塔”和“舍利帐”的顶部、底座形制还显然取法于佛教建筑，但其中部同时又具有庋具的功能，由于为石造，塔身上的石门通常皆为假门，它们的开合方式实际是揭顶式的。

图3—101　法门寺地宫出土阿育王塔　　　**图3—102　庆山寺地宫出土释迦如来宝帐**

传统的坐帐由金属或木质帐构与纺织品组合张施而成，魏晋南北朝以来的佛寺中就开始为佛像设置帐幄，以增强信众心中的崇仰心理，到唐末五代时期，这种软质的佛帐仍然被继续应用，如敦煌出土文献《辛未年（公元911年）正月六日沙州净土寺沙弥善胜领得历》（P.3638）第7—8行就记载有：“卧佛像幄帐子壹。”① 发展到宋代，殿堂中设置的佛帐木质化，《营造法式》小木作部分的重要内容“佛道帐”，就记载了木质佛帐的造法。将帷帐悬垂的纺织品固化为木质结构，表明人们起居安坐于床帐之内作为贵族阶层久已有之的生活习惯，对后世的宗教文化产生了巨大影响。而舍利庋具与佛帐的关系，较早的实物例子可见韩国庆州市感恩寺遗址［该寺建于新罗神文王二年（662年）］出土的统一新罗时期舍利具（图3—104），该舍利具呈帐架式构造，帐顶为盝顶，上饰镂花仰阳板和山华蕉叶，下部基座是束腰上带有壸门开光的须弥座。再如敦煌莫高窟中唐第112窟中唐壁画《观无量寿经变》中所绘承放舍利的牙盘，放置在一具顶部仿木构建筑形态的宝帐内供养（线图139）。此外法门寺地宫出土的一件帐檐内侧刻铭中载有

① 唐耕耦、陆宏基：《敦煌社会经济文献真迹释录》第三辑，全国图书馆文献微缩复制中心1990年版，第116页。

器名的"白石（汉白玉）灵帐"，亦作开敞的帐架式构造。全封闭式、由顶部开合的舍利宝帐、阿育王塔显然与这些帐构式的舍利供养器有明显的亲缘关系，由于其主要功能是为舍利的长期密闭庋藏提供便利，而非供人直接瞻仰，因此发展出了立壁和假门。

图 3—103　河南新密法海寺地宫出土北宋三彩舍利匣

图 3—104　韩国庆州感思寺遗址出土舍利具

唐代的木质佛龛遗存十分罕见，但在日本奈良法隆寺藏有两件用来供奉佛像的立柜式佛龛，一为"玉虫厨子"、一为"橘夫人厨子"，外表采用唐代流行的漆绘工艺"密陀绘"以及金属饰件装饰，彩绘纷然，制作华美。以"玉虫厨子"为例（图 3—105），据刘敦桢先生所译日本学者田边泰《"玉虫厨子"之建筑价值》一文的研究，厨子之仿建筑式样、花纹图案承中国六朝之衣钵，为日本飞鸟时期艺术样式之缩影。[①] 玉虫厨子总高 218.1 厘米，由上部宫殿式佛龛主体、中部须弥座和下部壶门脚三部分构造而成。上部宫殿式的佛龛部分基本模拟建筑构造，顶端为单檐九脊歇山顶，檐下斗栱、普拍枋、阑额结构精巧。殿体广深皆一间，带有四根方形角柱，柱间四面设对开、以合页连缀于侧板的厨门，内供佛像。殿体下的平台基座呈各面双壶门的造型，正面设四级阶梯。中部须弥座束腰特高，上下带有数层叠涩和仰覆莲瓣，须弥座四面腰板的构造是板材间作 90° 直角角接合。下部壶门台脚为无托泥单壶门式。厨子外部的装饰上，所有横、竖边棱部位皆用镂刻出忍冬纹的鎏金铜条包饰，殿体部位的镂花铜饰下还贴饰有碧色的昆虫羽翅，此即为"玉虫厨子"得名的由来。殿体、须弥座束腰部位的门板、壁板上，以黑漆为地，其上更以密陀油漆彩绘为手法，绘有护法、菩萨、飞天、龙的图案装饰。"橘夫人厨子"（图 3—106）高 275.4 厘米，构造意匠与玉虫厨子大体相类，但上

① 刘敦桢：《刘敦桢文集》第 1 卷，中国建筑工业出版社 1982 年版，第 48 页。

部厨子主体部位形体硕大，与其下的须弥座尺度不甚协调，艺术成就上较玉虫厨子略逊。此外，橘夫人厨子顶部为仿坐帐式顶，顶沿下的帷板上雕刻并饰彩绘的三圈带状纹饰常见于敦煌壁画所绘帷幕纹饰，是纺织品装饰木质化的明证。据日本研究者的推定，玉虫橱子的制作年代约当于7世纪中期，橘夫人橱子则大约是8世纪前期的制品。①

将日本法隆寺所藏两件厨子（木质佛龛）与国内考古发现的阿育王塔、舍利帐结合观察，可推论唐代宗教供养用庋具具有一致的设计思维，即从建筑以及坐帐的体式中取法，这主要体现在三个方面。其一是顶部或采用宫殿、佛塔的顶部形制，或采用豪华坐帐的顶部形制，正仓院藏赤漆文欟木御厨子（图3—84）的顶部，同样与坐帐顶部形态相关。其二是主体部分带有角柱，我国出土的石质舍利庋具，主体部分多用整石挖雕成型，但在壁角部位也制出角柱形状，这与木构建筑的角柱或是坐帐帐构的角柱都是相关的。其三是下部多作须弥座式，由于作为舍利、佛像供养用庋具的宗教用途，自然会从佛教建筑中吸取结构元素。

图3—105　日本法隆寺藏玉虫厨子

图3—106　日本法隆寺藏橘夫人厨子

二、箱盒

箱盒通常是指平底无脚，上部带有盖子的庋具，箱盖与箱体间有合叶或曲戌连缀，而盒盖则是可由上部揭取的。不过，箱盒之间的分界有时并不严密，大型的箱子一般只称“箱”，而小型箱、盒则常被混称。敦煌地区出土社会经济文献中，通常以“口”作为柜子的量词，以“合”、“鍱”作为箱子的量词，如《唐咸通十四年（公元873年）正

① ［日］秋山光和、辻本米三郎：《法隆寺：玉虫厨子と橘夫人厨子》，日本岩波书店1975年版，第9—12、19—21页。

月四日沙州某寺徒众常住交割历》（P.2613）：

柜大小共三口。（第14行）

蛮箱壹合。（第20行）

大箱壹鍱。（第34行）①

量词“合”，应谓箱盖与箱体相扣合。我国传统用来连缀家具上的木构件，使之易于转动开合的金属件主要有曲戌与合页两类。合页在先秦时期即已出现，由于是金属薄片所制，须用钉钉在器表，因名之为“钉鍱”。孔颖达疏《尚书·金縢序》孔传“藏之于匮，缄之以金”句云：“若今钉鍱之不欲人开也”。② 河北怀来北辛堡战国早期墓中出土的一套辎车篷盖架管，其中就有带有一只合页。③ 唐代时，合页又可称为“角鍱”，上引P.2613号寺院文书中第24行就录有“屏风角鍱伍拾叁”，因此，以“鍱”作为箱子的量词，应是由于箱体与箱盖多以合页连缀。

（一）大型的箱子（线图158、线图182—线图184）

《朝野佥载》卷三记载了一则玄宗时道士罗公远的神异故事：

侍御史袁守一将食器数枚，就罗公远看年命，奴擎衣幞在门外，不觉须臾在公远衣箱中。诸人大惊，莫知其然。④

再如《酉阳杂俎》卷十九《广动植类之四》载：

大明中，忽有一物如芝，生于节上，黄色鲜明，渐渐长数尺。数日，遂成千佛状，面目爪指及光相衣服，莫不完具。……至落时，其家贮之箱中。⑤

这些都是对大型箱子的文献记载，唐代的大型箱子除放置衣服的衣箱等外，也常用来盛放粮食，因此常以“仓箱”连称以指代物产：

湿尘轻舞唐唐春，神娥无迹莓苔新。老农私与牧童论，纷纷便是仓箱本。（李咸用《春雨》）⑥

每念田家四季忙，支持图得满仓箱；发于鬓上刚然白，麦向田中方肯黄。（《长兴四年中兴殿应圣节讲经文》（P.3808））⑦

敦煌壁画中描绘的唐代大型箱子多为矩形、盝顶，下部平底。如敦煌莫高窟第445

---

① 唐耕耦、陆宏基：《敦煌社会经济文献真迹释录》第三辑，全国图书馆文献微缩复制中心1990年版，第9—10页。

② 《十三经注疏》整理委员会整理：《尚书正义》，北京大学出版社1999年版，第332页。

③ 王振铎著，李强整理补著：《东汉车制复原研究》，科学出版社1997年版，第78页图五七。

④ （唐）刘餗、张鷟：《隋唐嘉话·朝野佥载》，中华书局1979年版，第67页。

⑤ （唐）段成式：《〈酉阳杂俎〉附续集（二）》，商务印书馆1937年《丛书集成初编》本，第158页。

⑥ （清）彭定求、沈三曾等：《全唐诗》卷六四四，《文渊阁四库全书》本。

⑦ 王重民等：《敦煌变文集》，人民文学出版社1957年版，第411—425页。

图 3—107 莫高窟第 186 窟东顶中唐《三门窣堵波》局部

图 3—108 河南偃师杏园村唐李存墓出土印箱

图 3—109 洛阳苗北村 IM4729 壁画墓出土壁画局部

窟盛唐壁画《弥勒经变·佛之七宝》中的宝物箱（线图 158），为平底盝顶。中唐以后的敦煌壁画中，盝顶的箱子常在顶部带有立体装饰物，如第 186 窟东顶中唐壁画《三门窣堵波》中的箱为盝顶（图 3—107），顶部四角和中心部位还立有饰物。再如敦煌榆林窟第 25 窟北壁中唐壁画《弥勒经变》中，绘有数件箱子，其形式皆为盝顶上带宝珠式塔刹顶（线图 182—线图 184）。这类上带宝珠式刹顶的皮具形式，在河南偃师杏园村庐州参军李存墓中出土的一件铜质印盒中也有应用（图 3—108），该印盒内部装有一方“渤海图书”铜质藏书印，盒体通高 6.8 厘米，长宽各 4.8 厘米，方形，盖顶向上膨起，上安小塔刹纽。器身左右两侧有长方形贯耳，前侧有供上锁的搭扣，后部有转轴连接盒子的身、盖。该墓下葬于唐会昌五年（845 年），由此可见，箱子顶部的塔刹装饰，在中唐至晚唐皆有应用，且并不局限于宗教场合。

除了敦煌壁画以外，大型的箱子在生活中的使用情况，在传世绘画和出土资料中皆为罕见，2012 年在河南洛阳苗北村发掘的一座五代至北宋初圆形砖雕壁画墓（IM4729）中，出土有一幅带有箱子形象的壁画（图 3—109），图中描绘的箱子放置在砖雕衣架后侧，体量较大，一妇人站在箱子右侧正打开箱子取放物品。从打开的箱口观察，可明显看出身、盖结合部位带有子母口，箱子底部和四角部位填绘黑褐色，应当是在描绘金属包底和包角，其功用应当既为防潮，亦为使箱底、立壁周边的结合紧密。根据箱子放置的环境、使用情况，该图所描绘的应是一件大型的衣箱。尽管该墓所属时代较晚，但或可作为五代时期家庭内部所用大型箱子的基本样式代表。

日本正仓院所藏的大型箱子，除下部无脚外，盖、身的形制与前文“卧式柜”部分论述的日本“唐柜”一致，皆为平顶，绝大多数身盖间无子母口，箱后侧以金属曲戌连缀身盖，前侧设象鼻曲戌以上锁件。箱子的长边立壁两侧常以铁钉安装一条横木，日本称之为“手悬”，其功用是便于搬抬，这类箱子在《正倉院寳物》图录中被称为“和柜”（图3—110）。正仓院所藏数件“和柜”中，有数例带有专门的底座，这类底座分为两式，其一如中仓仓号92所藏“漆小柜”下部所配的带立沿榻足几（图3—53），显然专为这件箱子特制；其二如中仓84所藏“黑柿苏芳染小柜”（图3—111），专门为箱子制作了一个壶门式底座，箱子底部恰好可以嵌放在底座的边框之内，使之下部中

图3—110　日本正仓院北仓藏古柜第3号

图3—111　日本正仓院北仓藏黑柿苏芳染小柜

空，既便于防潮，也便于移置担抬。尽管目前尚未在国内发现相似的例子，但根据唐时壶门式家具的流行情况，这类下部另设壶门底座的箱子，在当时的实际制作应当是并不罕见的。除矩形外，日本正仓院所藏大型的箱子还有异形式样。例如日本正仓院北仓仓号157藏有一具“赤漆八角小柜”（图3—112），直径55.5厘米，高49厘米，柜下无脚，实亦为箱子。该八角形箱曾著录于日本延历十二年（793年）《曝凉使解》及弘仁二年（811年）《勘物使解》，原为放置天皇礼服御冠的衣冠箱[①]。箱盖为平顶，无子母口，顶板和底板用整块八边形的板材制成，箱身立壁用八块长方形板拼合为八边形，构造工艺高超。

图3—112　日本正仓院北仓藏赤漆八角小柜

① 帝室博物馆编：《正倉院御物図録》，日本帝室博物馆昭和三年（1928年）版，第3辑，第四十八图解题。

郑州西郊伏牛南路唐李文寂墓（708年）中，出土有两件木箱，其中一件保存较完整。木箱发现于墓室东部，平面皆呈正方形，内装随葬品。完好的一只由盖、身、座三部分组成（图3—113），箱身边长78厘米、高20厘米，壁厚15厘米，内部有纵向两根木撑；箱座形状近似同墓发现的棺座，底部边长102厘米，高34厘米，壁厚15厘米，内部有两层横向木撑。这件形制奇特的大木箱用材特厚，当是专为入葬所制的冥器，但它值得注意的地方至少有两点，其一是身盖之间无子母口，其二是极厚的板材之间结合的方式仅使用了铁钉而没有造出榫卯，前者与日本正仓院所藏古柜有相似之处，后者亦属唐代板材立壁角接合的常见形式（详见第五章第一节）。

大型的箱子虽常置于内室用来固定置放物品，但亦需满足便于移置的需求，前述河南偃师杏园村唐李存墓出土印箱两侧带有长方形贯耳，正仓院所藏“和柜”亦有“手悬”之设，都是箱身上利于搬动的构件，除这两种利于搬抬的设计外，部分箱子可能还外设担具。陕西西安东郊出土的唐苏思勖墓墓室壁画《二人抬箱图》中（图3—114），两名侍者以担具抬一黑色大箱，箱顶为盝顶。该墓葬的下葬年代为天宝四载（公元745年），墓主人苏思勖为玄宗时著名内侍，因累有军功，官至银青光禄大夫行内侍省内侍员外。[①]《二人抬箱图》中的箱子配有专门的带足担具，可能是对墓主人常出外征战的生平描写，同时也体现了唐时大型箱具的一种主要担抬方式。

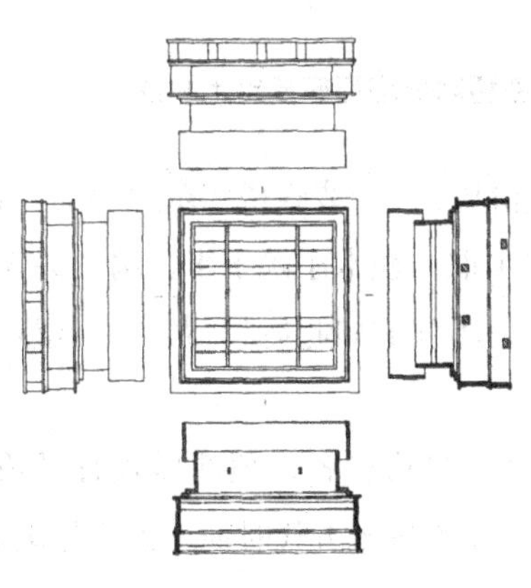

图3—113　郑州西郊唐李文寂墓出土木箱结构图

图3—114　西安唐苏思勖墓壁画《二人抬箱图》

（二）小型的箱盒

唐时小型的箱盒有数种别名，称“箧”、“笥”者，多以竹藤类编制，比较轻便，

① 周绍良：《全唐文新编》第二部第三册《苏思勖墓志并序》，吉林文史出版社2000年版，第4084页。

通常用来收藏文书、衣物、妆奁、财物等。张又新《煎茶水记》云:“余醒然思往岁僧室获是书。因尽箧，书在焉。”①《新唐书》载:“景龙二年，韦后自言衣笥有五色云，巨源倡其伪，劝中宗宣布天下，帝从其言，因是大赦。”② 1964年在新疆吐鲁番阿斯塔那唐墓（未详编号）出土了一件藤盒（图3—115），盒子呈扁方形，盖边长27厘米，用龙须草编成，盖与盒身同高，无子母口，以罩盖的方式身盖相合。日本正仓院北仓仓号3藏有一只方形“御书箱”，原为保存天皇御书和熏衣香料的容器，被放置于赤漆文欟木御厨子中一同捐献入正仓院。该箱长36.5厘米，宽33.5厘米，高8.1厘米，以白葛茎丝编制而成，在平纹之间还编制出均匀分布的菱形花纹。盖子边缘以竹条封边，无合页、象鼻、曲戌，扣盖与盒身同高，无子母口，外形与新疆阿斯塔那出土的藤盒基本相同。③

木制、金属制的小型箱盒，常又称为“匣”、“函”、“奁”等，多用来携带和存放珍贵的物品。《旧唐书·李令问传》载:“大和中，令问孙彦芳，凤翔府司录参军，诣阙进高祖、太宗所赐卫国公靖官告、敕书、手诏等十余卷，内四卷太宗文皇帝笔迹，文宗宝惜不能释手。其佩笔尚堪书，金装木匣，制作精巧。”④ 裴庭裕《东观奏记》载宰相白敏中与驸马郑颢有隙，唐肃宗“因命左右便殿中取一柽木小函子来，扃锁甚固。谓敏中曰:‘此尽郑郎说卿文字，便以赐卿。若听颢言，不任卿如此矣！’归启，益感上聪察宏恕，常置函子于佛前，焚香感谢。”⑤

图3—115　新疆阿斯塔那唐墓出土藤盒

图像和实物资料所见的唐代小箱盒，造型方、圆、异形皆备，顶部样式有平顶、盝顶、膨顶等，下部除为平底外，有的或带有壸门脚，中晚唐至五代时期，无论是矩形还是圆形、其他异形小箱盒，部分下部常带有外撇的高圈足，显示出一种华丽秀雅的新审美趋向。由于金银器手工艺发达且金属器较易于保存，考古发现的唐代的小箱盒中相

① 熊四智:《中国饮食诗文大典》，青岛出版社1951年版，第272页。
② （宋）宋祁、欧阳修等:《新唐书》卷一二三《韦巨源传》，中华书局1975年版，第4376页。
③ 正仓院事物所编集:《正倉院實物·北倉Ⅰ》，日本每日新闻社平成6年（1994年）版，第141页下图。
④ （后晋）刘昫等:《旧唐书》卷六十七，中华书局1975年版，第2482—2483页。
⑤ （唐）郑处诲、裴庭裕:《明皇杂录·东观奏记》，中华书局1947年版，第89页。

当部分属于金银器，以下以形制为分类，对唐代流行的小箱盒略加简述。

1. 基本形制

（1）矩形小箱盒

① 平顶平底矩形小箱盒（线图 137、线图 185、线图 186）

平顶、平底的矩形小箱盒，可能是唐代箱盒中最为朴素的样式。陕西礼泉县贞观十四年（640 年）杨温墓出土《群侍图》（线图 137）中一侍女所捧的小盒，顶部为平顶，盒盖较浅，素面未绘纹饰。再如山西万荣县皇甫村薛儆墓（710 年）出土壁画所绘捧盒侍女图中（线图 185），一侍女手中捧一矩形小盒形制与杨温墓壁画中的较为相似。2008 年西安东南郊庞留村发掘的武惠妃墓（737 年）甬道出土壁画，其中一幅绘有一捧方盒侍女（线图 186），图中方盒为扁方形，形制特征与前述新疆阿斯塔那唐墓出土藤盒十分类似，但在盒身立壁中部绘有墨线，应该带有子母口。

这类素面的唐代平顶、平底矩形小箱盒，在近年的考古发掘中也有实物发现，例如河北正定开元寺地宫出土的一件初唐时期平顶金函（图 3—116），外形为方形，通高 4.4 厘米，边长 2.5 厘米，制作简单，带有可整体揭取的平顶函盖，盖浅而无子母口，函身由素面金片制成。平顶、平底的矩形小箱盒中，也有一些带有装饰、工艺精美的制作，河南偃师杏园李景由墓出土的一件银平脱方漆盒（图 3—117）就是其中的代表。漆盒胎体木质已朽，经过修复后可以看出形制与结构。盒长宽皆为 21 厘米，盖高 5 厘米，通高 12 厘米，盒子身盖结合部位带有子母口，盒身立壁、盒顶用银平脱工艺嵌饰缠枝花卉图案，花饰内部錾有精细的游丝毛雕，纹饰布满盒的外部，繁缛华丽。盒内遗物为女姓梳妆用具，分为两层存放，上层为一木屉，木屉恰好搭放在盒子的子母口部位。屉内装木梳及金钗饰件，下层装饰有圆漆盒 3 件、鎏金银盒 2 件、素面抛光银盒 2 件，铜鎏金镜 1 枚，小银碗一件。如此外部装饰精美、内部结构复杂的女性妆奁，在唐代的考古发掘中能保存下来的极少。与之相类的例子，还可见于河南郑州二里岗发掘的一座小型唐墓中发现的一件银平脱漆盒，但该盒仅完好保存了盒体外的银饰片，内部结构已难以确考。① 这两件银平脱漆盒，所属时代皆为盛唐时期，其中李景由墓入葬于开元二十六年（738 年）。另如宁夏回族自治区吴忠西郊唐墓 M106 曾出土一件平顶、平底的漆妆奁，长方形，长 18 厘米，宽 10 厘米，高 5 厘米，胎体为木质，出土时外部漆面已脱落，妆奁后侧有两个铜合页将盖和底部缀为一体，因此实为一件小型平顶漆箱，该器物在出土时内部置有铜镜、骨簪、粉盒等妆具，该墓属时约当中晚唐时期。②

① 郑州市博物馆：《郑州二里岗唐墓出土平脱漆器的银饰片》，《中原文物》1982 年第 4 期，第 36—38 页。

② 宁夏文物考古研究所、吴忠市文物管理所：《吴忠西郊唐墓》，文物出版社 2006 年版，第 257 页，彩版一八：1。

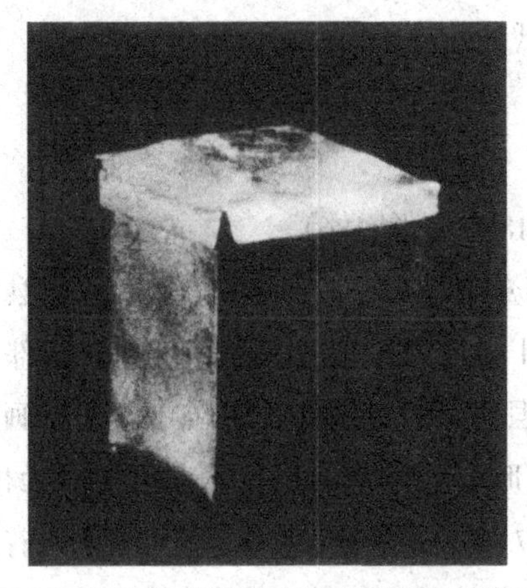

图 3—116　河北正定开元寺地宫出土金函

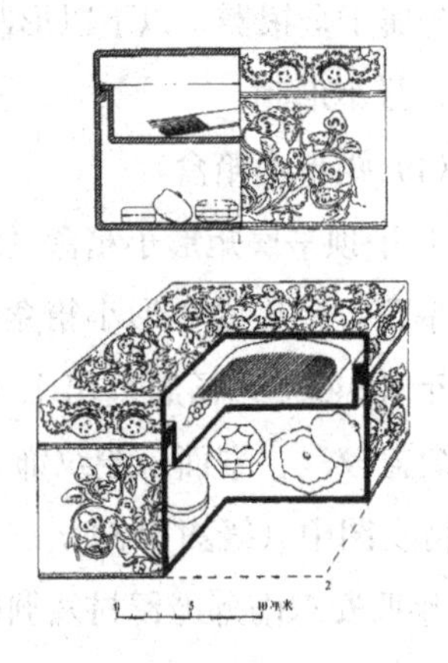

图 3—117　河南偃师杏园李景由墓出土银平脱方漆盒复原图

② 盝顶平底矩形箱盒（线图 187—线图 189）

唐宋时常称带有盝顶的箱盒为“盝子”，《旧唐书·李德裕传》载：

昭愍皇帝童年缵历，颇事奢靡。即位之年七月，诏浙西造银盝子妆具二十事进内。德裕奏曰：“……去二月中奉宣令进盝子，计用银九千四百余两。其时贮备，都无二三百两，乃诸头收市，方获制造上供。昨又奉宣旨，令进妆具二十件，计用银一万三千两，金一百三十两。寻令并合四节进奉金银，造成两具进纳讫……”①

在唐敬宗时按内廷所需制造一具盝子用所金银数量巨大，除以金银打造外，可能还以宝石镶嵌等装饰。

盝子在敦煌地区出土寺院物帐中写为“禄子”，如《咸通十四年（公元 873 年）正月四日沙州某寺交割常住什物等点检历》第 52—53 行载有“金花小禄子一合”②。据《中国文物大辞典》解释，“盝顶盒”又名“盝子”，古代小型妆具，多为髹漆器具，常多重套装，顶盖与盝体相连，呈方形，盖顶四周下斜。③ 考古发现的唐代做成多重套装的盝顶箱盒，主要用于装盛佛舍利等宝物，层层套叠，以显示最内层装纳之物的宝贵。陕西法门寺地宫出土的《监送真身使随负供养道具及恩赐金银器衣物帐碑》记载有：

宝函一副八重并红锦袋盛：第一重真金小塔子一枚并底衬，共三段。内

① （后晋）刘昫等：《旧唐书》卷一百七十四，中华书局 1975 年版，第 4511—4512 页。

② 唐耕耦、陆宏基：《敦煌社会经济文献真迹释录》第三辑，全国图书馆文献微缩复制中心 1990 年版，第 11 页。

③ 中国文物学会专家委员会编：《中国文物大辞典》上，中央编译出版社 2008 年版，第 696 页。

有银柱子一枚。第二重珷玞石函一枚，金筐宝钿真珠装。第三重真金函一枚，金筐宝钿真珠装。第四重真金钑花函一枚，以上计金卌十七两二分，银二分半。第五重银金花钑作函一枚，重卌十两二分。第六重素银函一枚，重卌九两三钱。第七重银金花钑作函一枚，重六十五两二分。第八重檀香缕金银棱装铰函一枚。①

对照地宫中的出土文物，八重宝函除最内层第一重是放置佛指舍利影骨的金质小塔外，外层七重宝函皆是盝顶、装有合页、象鼻、曲戌式样的小箱子，但《衣物帐碑》中它们并不称为盝子，而称之为“宝函一副”，因此“函”是当时对小型箱盒更加尊贵、正式的名称。

盝顶的平底矩形箱盒，图绘资料和考古发现都较平顶的为多，这种形制的箱盒，在唐代应当属于更为主流的样式。位于陕西西安的唐高祖李渊第六女房陵公主墓（673年）中出土的壁画，绘有双手捧盝顶平底素面小箱盒的侍女（线图187），西安东南郊庞留村武惠妃墓（737年）石椁1号壁板线刻画中，一侍女手捧盝顶方盒（线图188），盒身带有精细的卷草纹饰，可能是在描绘一件金银平脱器。类似的侍从人物捧盝顶盒形象，也见于盛唐时期的敦煌壁画，如莫高窟第33窟南壁《弥勒经变》所绘的婚礼场景中，绘有一人手捧盝顶方盒（线图189），盒上也绘有卷草纹饰。

考古出土发现的唐代盝顶平底箱盒多为以金、银质为代表的金属器。其中陕西西安市南郊何家村唐代窖藏宝物中的一件孔雀纹银方盒（图3—118），可视为公元8世纪上半叶盝顶平底方盒的代表性器物。盒的顶边长10.3厘米，边长12厘米，盖高3.1厘米，通高10厘米，除表面錾有精制的花卉、卷草及孔雀纹饰外，其成型工艺也极其讲究，先用细银条焊接制作边框，在边框内嵌接壁板、顶板和底板。陕西凤翔法门寺地宫出土的多件盝顶平底矩形盒，制作时间为唐僖宗时期，是9世纪后半叶金属质盝顶盒的代表。例如装盛佛骨舍利的第七重宝函“鎏金四天王盝顶银宝函”（图3—119），边长20.2厘米，通高23.5厘米，装有象鼻、曲戌、合页，配有银质锁具。除了在盝顶顶面和侧边錾刻卷草纹外，还以锤揲的工艺将函身上的天王、迦陵频伽鸟、狻猊等纹饰制作出浮雕效果，并在凸起的纹饰上加以鎏金。法门寺八重舍利宝函中的第六重“素面盝顶银宝函”，② 形制类似房陵公主墓侍女图壁画中描绘的小箱盒，通体素净无纹饰。与何家村出土孔雀纹银盒相比，法门寺出土的盝顶平底宝函，函底皆略大于函身，函底修饰为两层矮台的形式，这样的制作，实际上一方面以底部包边贴底的方式加固函身的结构，加一方面又使盝顶平底箱盒的视觉重心下移，产生更安定稳

① 陕西省考古研究院、法门寺博物馆、宝鸡市文物局编著：《法门寺考古发掘报告》上册，文物出版社2007年版，第227页。

② 陕西省考古研究院等编著：《法门寺考古发掘报告》下册，文物出版社2007年版，彩版一〇二。

重的形式美感。

图 3—118　陕西西安何家村出土孔雀纹银方盒

图 3—119　法门寺地宫出土鎏金四天王盝顶银宝函

此外，法门寺还曾出土数件木质箱盒，可惜出土时保存状态都不佳。“檀香木银包角盝顶宝函”（图 3—120），出土时已残损变形，制作宝函的檀香木呈深黑褐色，檀香木宝函带有子母口，正面装有象鼻、曲戌，背面上下口沿通过银质曲戌相互勾连，并以银质圆头铆钉将八个银质鎏金花形饰片包镶在宝函的边角。木质庋具的边、角位置包镶金属饰片，是明清时期常见的家具工艺，除了装饰外，它还起到加固结构，防撞防磨损的重要作用。结合洛阳苗北村 IM4729 墓出土壁画中的包角大箱（3—109）来观察，该工艺在唐代就已经较为成熟了。

图 3—120　法门寺地宫出土檀香木银包角盝顶宝函

（2）圆形小箱盒

唐代用金银制作的圆形箱盒顶部和底部大都微微向外膨出，中部为直壁，在外观装饰上，既有素面抛光、也有采用錾花锤揲等工艺加以装饰的。例如何家村唐代窖藏出土的素面金盒（图 3—121），盒径 8.2 厘米，高 3.7 厘米，盖身等大，中部带有子母口，上下造型圆润对称，呈现出一种圆满的视觉心理感受。与之形制相近的金银圆盒，在日本正仓院亦保存有多件。何家村出土的另一件鎏金双雁纹银盒，器形与素面金盒基本相同，但盒面中央錾有相向站立的对雁，周围围饰花胜、莲花纹装饰，盒侧面錾十一朵流云，盒底中央錾刻桃叶忍冬连缀成的十字形花饰，装饰纹样设计精美，是这类金属圆盒中较为华丽的类型。① 除了金银器外，河南偃师杏园唐代宗大历十年（755 年）王嫮墓（M4206）曾出土一件圆形银平脱漆盒（图 3—122），盒径 9.3 厘米，高 4 厘米，平顶平底，盖上用银平脱工艺饰有石榴花图案，周围一圈联珠纹，盒身立壁平脱数朵石榴花叶。

图 3—121　陕西西安何家村出土素面金盒

图 3—122　河南偃师杏园王嫮墓出土银平脱漆圆盒线描

唐代的圆形小盒，在盒底部分，还有类似于碗、钵的形制，例如江苏扬州市东风砖瓦厂唐墓出土的一件青釉刻花小瓷盒（图 3—123），口径 4.3 厘米，底径 2.6 厘米、高 3 厘米、带有子母口，盒顶膨起，并带有小十字团花纹刻花装饰，与唐代常见的圆形盒类似，但盒身则类似碗形，并带有浅圈足。这种形制的圆盒可能吸收了碗类饮食器的造型经验，该墓属时约当于中唐肃宗、代宗时期。再如江苏省新海连市（即连云港市）在 1956 发掘的五代吴大和五年（933 年）墓中出土的一件圆形瓷盒，上盖和盒身都作碗形，中部有立壁，下有圈足，视之如同二碗相扣，是这类碗状圆盒的继续发展。②

图 3—123　扬州市东风砖瓦厂唐墓出土青釉刻花小瓷盒线描

① 陕西历史博物馆、北京大学考古文博学院、北京大学震旦古代文明研究中心编著：《花舞大唐春：何家村遗宝精粹》，文物出版社 2003 年版，179—182 页。

② 江苏省文物管理委员会：《五代——吴大和五年墓清理记》，《文物参考资料》1957 年第 3 期，第 71 页图 7。

（3）花瓣形小箱盒

花瓣形箱盒是在圆形的基础上进一步修造而得的箱盒外形，通常花瓣的数量不等，花形约有菱花形、葵花形、梅花形等数种，盖和底的造型与圆盒一样，也常略向外膨出。例如何家村窖藏出土鎏金团花纹银盒（图3—124），径11.4厘米，高4.7厘米，带有子母口，盒壁修造为六瓣葵花形，錾花为鱼子纹地，主体花纹锤揲錾刻六出团花和阔叶折技花，并加以鎏金。

漆木质的花瓣形小箱盒，近年来的考古发掘也有少量发现。如河南上蔡县贾庄唐墓出土的六瓣形漆盒（图3—125），径10.4厘米，高3.8厘米，盒体内装有白粉，可能为妇女的妆粉盒。漆盒胎体为夹纻胎，无子母口，除了周边制成六个圆弧形外，在略膨起的盖顶又制出向外辐射的六条凹线，与花瓣的凹处相接，使每个花瓣膨起的弧度都显得十分圆润饱满，这种成形手法，在金银器上较易做成，而在漆器上则显得更为难能可贵，考古发掘报告据出土器物分析，该墓可能属盛唐时期墓葬，这件漆盒的形制，可视为这一时期漆木花瓣形盒的标准器。

图3—124　陕西西安何家村出土鎏金团花纹银盒

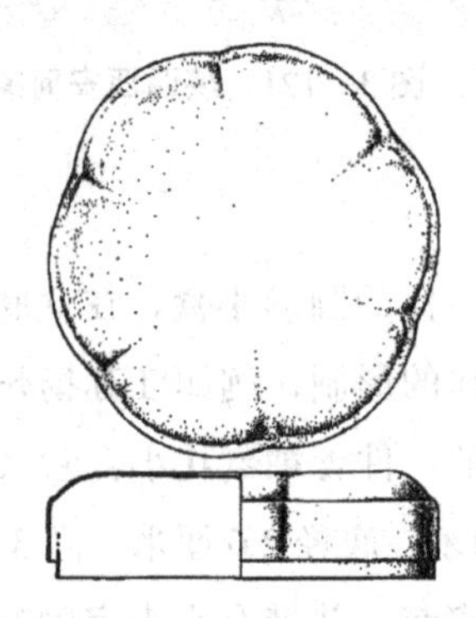

图3—125　河南上蔡县贾庄唐墓出土花瓣形漆盒

（4）异形小箱盒

唐代的异形箱盒形制变化较多，特别是由于贵金属较易塑形，利用当时发达的金银加工工艺技术，异形的小箱盒各具形态，如椭方形、委角形、云头形、蝴蝶形、菱形、瓜形、蛤形等，其形制难以尽举其详①，以下简述常见的几种。

①椭方形小箱盒

椭方形的小箱盒，是在正方、长方形的外形基础上将边棱部位修冶圆滑而得到的

---

① 各类唐代异形金银小箱盒更详尽的形制举例，可参见齐东方著《唐代金银器研究》（中国社会科学出版社1999年版）、韩伟编著《海内外唐代金银器萃编》（三秦出版社1989年版）等。

器形。如河南偃师杏园村唐宪宗元和九年（814年）郑绍方墓、唐宣宗大中十二年（858年）李归厚墓都出土有银质的椭方形盒，其中前者平面近于长方形、后者近于正方形，顶盖和盒底皆向外膨出，无圈足。[①] 再如河南伊川鸦岭齐国太夫人墓出土的一件鎏金卷草纹银粉盒（图3—126），边长5厘米、高1.1厘米，出土时已残损无盒盖，盒口为正椭方形，有子口，盒底为平底，并焊接一平板状底托，盒外侧及底托皆饰錾刻并鎏金的忍冬纹，鱼子纹地，盒内留有粉痕，为一件银粉盒。墓主人吴氏卒于唐穆宗长庆四年（824年），生前家族地位显赫。

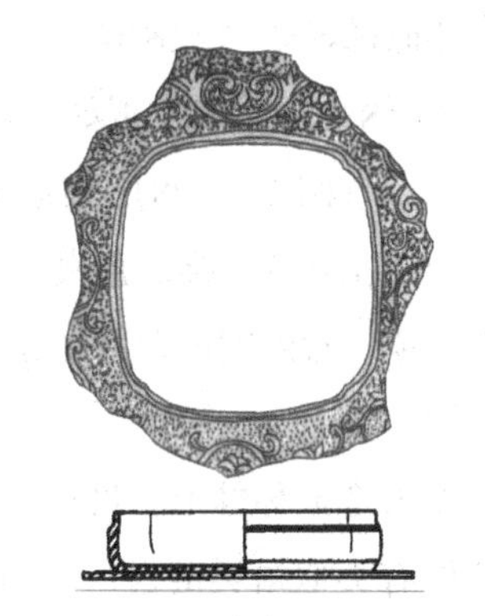

图3—126　伊川鸦岭齐国太夫人墓出土鎏金卷草纹银盒线描

②委角小箱盒

委角小箱盒是在椭方形箱盒的外形基础上演进发展而来，即在椭方外缘的转角处制出一个向内收的尖弧，使器形在外膨的矩形之上又出现婉约内敛的装饰效果，多为女性梳妆用具，在整个唐及五代皆有存在与流行。

河南郑州市地质医院唐墓中出土两件漆盒，口径22厘米，外形制成四方委角样式，出土时盒内置有妇女妆具，也是一件妆奁盒，该墓属时相当于公元8世纪后期[②]。湖北监利福田唐墓出土的一只四方委角漆盒（图3—127），长25厘米，宽17厘米，高9厘米，盒身与盒盖以子母口扣合，盖顶膨起，盒身口沿上还搭放有一个同形的浅盘，该漆盒经脱水保护后状态完好，内髹朱漆，外髹黑漆。扬州邗江八里唐墓出土的一件椭圆花瓣形鎏金银盒，将椭圆盒体的外壁修造为四瓣菱花形，盒有子母口，纹饰以鱼子纹为

图3—127　湖北监利福田唐墓出土四方委角漆盒

图3—128　江苏常州半月岛五代墓出土银平脱镜盒

① 中国社会科学研究院考古研究所编著：《偃师杏园唐墓》，科学出版社2001年版，第201—201、203页图195：1、4，彩版六：3。

② 郑州市文物考古研究所：《郑州市区两座唐墓发掘简报》，《华夏考古》2000年第4期，第54—57页。

地，盖面锤揲錾刻芦雁戏荷图案，盒侧錾刻蕉叶纹，主体纹饰鎏金，该墓葬于唐文宗开成四年（839 年）。[①] 再如江苏常州半月岛五代墓（南唐后期）出土的一件四方委角银平脱镜盒（图 3—128），顶和底都稍向外膨出，器形圆润饱满。在黑漆地上以银平脱工艺制作花卉纹装饰。盒底中部嵌一团花纹铜片，錾刻毛雕团花纹，手指在铜片中部透孔下一顶，盒内铜镜即可托起，团花左侧有朱书“魏真上牢”款识。

③ 蛤形盒

蛤形盒或称蚌形、贝形盒，是唐代金银盒的一种特殊形制，它仿蛤壳外观而成形，扣合处有类似蛤类的齿口，后部侧边还带有环轴，连缀盖身以利开合。如河南巩义芝田开元二十一年（733 年）韦美美墓出土的一件鎏金鸳鸯纹蛤形银盒（图 3—129），径 3.2—3.9 厘米，錾刻鱼子纹地，以鸳鸯绶带、飞鸟、折枝花为主体纹饰。这类银盒多出土于 8 世纪早期至中期的盛唐官僚贵族阶层墓葬，为盛放女姓化妆品的一种妆具盒。作为一种典型的仿生形容器，蛤形银盒是直接由蛤壳制成的盒发展而来的，陕西咸阳隋元威夫妇墓、河南偃师杏园村唐郑绍方墓、河南上蔡县贾庄唐墓皆有天然蛤壳盒出土，[②] 可见用蛤壳制盒曾流行一时，当时它们被用来盛放从蛤类中提取油分炼制的护肤油膏，贵族家庭将金银盒制成蛤形，以示身份的尊贵，也就是顺理成章的了。

图 3—129 河南巩义韦美美墓出土鎏金鸳鸯纹蛤形银盒

④ 其他异形小箱盒

除上文提及的数类外，唐代的异形小箱盒还有众多其他的异形样式，典型的如云头形、海棠形、蝴蝶形等，盒体多为扁形，俯视面以多轴对称或中心对称向两侧展开，通过高超的制模技术锤揲成型。如陕西蓝田汤峪杨家沟窑藏出土的一件鹦鹉纹云头形银盒（图 3—130），盒呈云头形，带有子母口，平底，盖面隆起，其上模冲錾刻鹦鹉葡萄纹，盒侧錾海棠花纹。再如法门寺地宫出土的一件双鸿纹海棠形银盒（图 3—131），盒体为海棠形，上下膨起，带有子母口，盖面上以模印鎏金工艺制成一双对飞的鸿雁纹饰。

---

① 扬州博物馆：《扬州近年发现唐墓》，《考古》1990 年第 9 期，图版八：4。

② 陕西省考古研究院、咸阳市文物考古研究所：《隋元威夫妇墓发掘简报》，《考古与文物》2012 年第 1 期，图版五：6。中国社会科学院考古研究所河南第二工作队：《河南偃师杏园村的六座纪年唐墓》，《考古》1986 年第 5 期，第 449 页图三四：2。河南省文化局文物工作二队：《河南上蔡县贾庄唐墓清理简报》，《文物》1964 年第 2 期，图版捌：5。

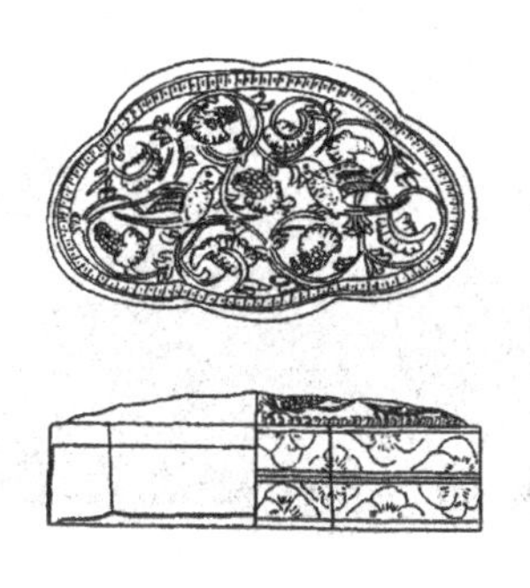

图 3—130　陕西蓝田汤峪出土鹦鹉纹云头形银盒

图 3—131　法门寺地宫出土双鸿纹海棠形银盒

2. 带壶门脚小箱盒（线图 190、线图 191）

带有壶门脚的矩形小箱盒，在制作上较平底、膨底或带小圈足的箱盒更复杂，在当时应较之平底箱盒更加高档珍贵。国内的考古发现中可见的壶门脚矩形小箱盒，顶部多为盝顶样式，而在日本正仓院所藏唐式壶门脚小箱盒中，除了盝顶的以外，也有大量平顶的制作。

陕西乾陵唐中宗李显之女永泰公主墓（706 年）出土的石椁外壁线刻画中，有侍女捧小箱的图像（线图 190），图中小箱为盝顶下带壶门脚，箱体素面未刻画纹饰，侍女的左手掌托于箱底，手指从箱子正面的壶门中穿出。乾陵唐中宗长子懿德太子墓出土石椁内壁线刻画侍女图像中，一侍女手捧的盝顶壶门脚小箱上刻有卷草纹（线图 191）。在实物方面，陕西凤翔法门寺地宫出土的“智慧轮壶门座盝顶银函”（图 3—132），长 18.9 厘米，通高 22 厘米，银质、素面、盝顶，银函下的壶门脚各面平列三壶门，函面上錾刻有“咸通拾贰年”题记。

图 3—132　法门寺地宫出土智慧轮壶门座盝顶银函

日本正仓院也藏有数例下部带有壶门脚的箱盒，箱体形制较我国目前考古发现的更为丰富，顶盖特征上来说，亦有唐代常见的盝顶、平顶、膨顶之分。例如正仓院中仓 152 所藏“苏芳地金银绘箱第 26 号”（图 3—133），长 30.3 厘米，宽 21.2 厘米，高 8.6 厘米，外形为矩形平顶，有子母口，下设壶门脚，在苏芳色的地子上绘有金银泥的唐草、人物纹饰。再如中仓 159 藏“白檀八角箱第 35 号”（图 3—134），径 34 厘米，高 9.3 厘米，箱体为八瓣菱花形，下设与箱体同形的八个壶门脚，脚下一圈足踯托泥。箱为白檀木制，壶门托泥部分为黑柿木制，并加苏木染色工艺装饰。

图 3—133　日本正仓院中仓藏苏芳地金银绘箱

图 3—134　日本正仓院中仓藏白檀八角箱

据相关文献记载，魏晋南北朝以来，似有一类高档的箱子被称为“牙箱”，如《真诰》卷一载：

紫微王夫人见降，又与一神女俱来。……其一侍女着青衣，捧白箱，以绛带束络之，白箱似象牙箱形也。①

这条文献中的“牙箱”似有歧义，可以解释为象牙装饰的箱子，但“象牙箱”仅指材质，而绝难体现箱盒的形制，“象牙箱形”的描述使人很难理解。察考历代文献中，关于“象牙箱”的记载非常少，笔者所见的只有这一处，并不像“象牙床”、“象牙簟”那样曾经数见。如果把“似象”两字连读②，则这段文献就可以理解为“白箱的样式看起来是牙箱的形制”，同书第二卷又有两段文献出现“牙箱”：

东卿大君，昨四更初来见降。侍从七人，入户。一人执紫旄节，一人执华幡；一人带绿章囊，三人捧牙箱，一人握流金铃。

乙丑岁，晋兴宁三年七月四日夜，司命东卿君来降，侍从七人入户。其一人执紫旄之节，其一人执华帐务，一人带绿章囊，其三人捧白牙箱，箱中似书也。③

此处“绿章囊”与“白牙箱”色彩相对，更可推证“牙箱”是一种专门形制。再如《南齐书》记载，齐太祖萧道成在宋明帝时期曾上表请求禁止民间造物的奢侈之风，牙箱也列在诸种禁止器物之中：

……不得用红色为幡盖衣服，不得剪彩帛为杂花，不得以绫作杂服饰，不得作鹿行锦及局脚柽柏床、牙箱笼杂物、彩帛作屏障、锦缘荐席，不得私

① （南朝梁）陶弘景：《真诰》卷一，载金沛霖：《四库全书子部精要》下册，天津古籍出版社 1998 年版，第 1312 页。

② 相关文证如裴頠《崇有论》：“形器之故有征，空无之义难检，辩巧之文可悦，似象之言足惑。”

③ （南朝梁）陶弘景：《真诰》卷二，载金沛霖：《四库全书子部精要》下册，天津古籍出版社 1998 年版，第 1316 页。

作器仗，不得以七宝饰乐器又诸杂漆物……①

与牙箱一同出现的器物包括以柽木、柏木制作的局脚床，彩帛屏风、坐障，以锦包缘的坐席、杂宝装饰的乐器等。考虑到象牙的稀少珍贵，主要出产于南方或依靠舶来，民间即使具有制作水平，也会缺少制作的材料。如《东宫旧事》记载“太子纳妃有瑇瑁梳三枚、象牙梳三枚”②，可见象牙材料的珍贵，在当时大量使用来制箱可能是不太现实的。因此牙箱也就不一定指称以象牙制作的箱子，而可能是一种专门的形制。

入唐以后，文献中也有关于牙箱的记载：

已过重阳半月天，琅华千点照寒烟。蕊香亦似浮金靥，花样还如镂玉钱。玩影冯妃堪比艳，炼形萧史好争妍。无由擿向牙箱里，飞上方诸赠列仙。（皮日休《奉和鲁望白菊》）③

梁正旦，使北使乘车至阙下，入端门。……初入，二人在前导引，次二人并行，次一人擎牙箱、班剑箱，别二十人具省服，从者百余人。（《酉阳杂俎》卷一《礼异》）④

俄有二青僮，自北而至。一捧牙箱，内有两幅紫绢文书，一赍笔砚，即付少霞曰：“法此而写。”（薛用弱《集异记》“蔡少霞”篇）⑤

由带有牙床脚的承具被习称为“牙床”、“牙盘”的语词用例来看，“牙箱”很有可能就是指在唐代相当流行的、底部带有壸门脚的箱盒。但目前尚有待于更多的文献及考古发现，来证实这个推论。

3. 带高圈足小箱盒（线图 192—线图 196）

高圈足是我国传统器物足部经典形制的一种，最早应用于盛食器与礼器“豆”，六朝隋唐时期，由豆发展而来的高足盘亦很盛行。带有高圈足的箱盒，大约从 9 世纪中期开始流行起来，高圈足的底足形制，在同时期的碗、碟、盏、罐等其他器物上也有体现，并且直至五代、北宋时期依然流行。这类型的小箱盒，无论主体造型呈方、圆乃至异形，底部都带有向下方撇出的喇叭形高圈足，轮廓秀丽婉转，显示出一种比壸门式腿足更加轻盈灵动的新的器物审美倾向。

河南偃师杏园唐李归厚墓出土有一件六瓣菱花形漆盒（图 3—135），径 29.2 厘米，通高 13 厘米，顶部膨起，并分别在正对菱花瓣的凹进和凸起方向，制出向外辐射的六条凹线和六条凸线，身盖部位有子母口，下部为外撇的圆形高圈足。器表髹有红褐色

① （南朝梁）萧子显：《南齐书》卷一，中华书局 1972 年版，第 14 页。
② （唐）虞世南：《北堂书钞》卷一百三十六“象牙梳”条，《文渊阁四库全书》本。
③ （清）彭定求、沈三曾等：《全唐诗》卷六一四，《文渊阁四库全书》本。
④ （唐）段成式：《〈酉阳杂俎〉附续集（一）》，商务印书馆 1937 年《丛书集成初编》本，第 5 页。
⑤ （唐）薛用弱：《集异记》，中华书局 1980 年版，第 7 页。

漆，光素无纹饰。墓主人李归厚葬于唐宣宗大中十二年（858 年）。类似的漆木质高圈足小箱盒完整的考古出土较为罕见，但在 9 世纪晚期至五代时期的墓葬发现中，无论是金银质、瓷质箱盒实物还是墓室壁画描绘，都显示出带高圈足的小型箱盒呈现出日益流行的趋势，前述各类箱盒的基础形制上，几乎都出现了下加高圈足的例子。例如陕西扶风法门寺地宫出土的素面委角方银盒、素面圈足银圆盒、鎏金双狮纹菱弧形圈足银盒、鎏金双凤衔绶御前赐银方盒等数件唐穆宗时期的金银盒，都是高圈足形制。尤其精美的例子是鎏金双狮纹菱弧形圈足银盒（图 3—136），盒的长径 17.3 厘米，短

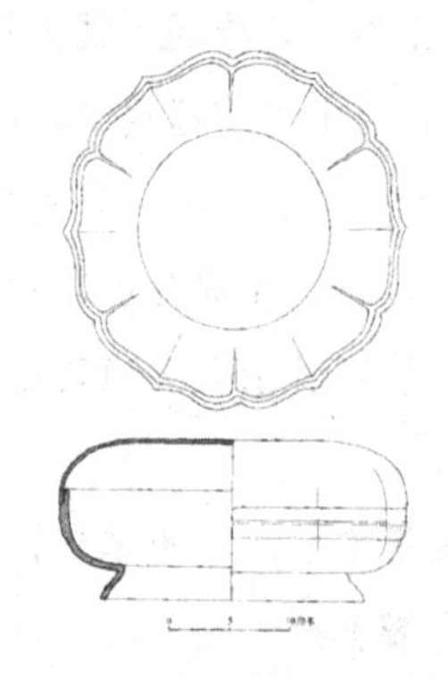

图 3—135　河南偃师唐李归厚墓出土六瓣菱花形漆盒

图 3—136　法门寺地宫出土鎏金双狮纹菱弧形圈足银盒

径 16.8 厘米，足高 2.4 厘米，通高 11.2 厘米，盒身上下对称，直腹壁，膨顶，盒体在椭方形的基础上修造为四瓣菱花形，值得注意的是，高圈足的部位并不是简单的椭方形或正圆形，而是也修造为四瓣菱花形，与盒身形态是上下呼应的。盒上的锤揲錾花和鎏金工艺也十分精湛，鱼子纹地，以莲花莲叶纹为主体纹饰，盖顶的花叶间，还錾有两只相对腾跃的狮子，圈足末端錾有一圈简化的莲瓣纹，与盒身纹饰相应。1982 年在江苏丹徒丁卯桥出土的一批金银器窖藏，是公元 9 世纪后半叶金银器的代表性器物，其中出土的素面圆银盒、鎏金鹦鹉纹圆银盒、鎏金鹦鹉纹花瓣形银盒、鎏金凤纹花瓣形银盒，① 都是典型的高圈足式盒。丁卯桥出土的高圈足银盒中，鎏金蝴蝶形银盒及鎏金鱼纹菱形银盒皆为异形构造，如鎏金鱼纹菱形银盒（图 3—137），宽 5.2 厘米，长 7 厘米，通高 4 厘米，盒形为菱形带委角，下部为外撇高圈足。顶面锤揲錾刻工艺造成荷叶形的底纹，并在叶面上模印锤揲出四个鱼纹，圈足底部錾刻简化莲瓣纹，整器鎏金，纹饰设计别出心裁，富于自然情趣。再如河南偃师杏园村唐李郁墓（843 年）出土的一件绶带纹云头形银盒（图 3—138），宽 3.8 厘米，长 6.3 厘米，通高 2.7 厘米，盒

---

① 丹徒县文教局、镇江博物馆：《江苏丹徒丁卯桥出土唐代银器窖藏》，《文物》1982 年第 11 期，第 15—27 页，图版叁—图版陆。刘丽文：《奢华的大唐风韵——镇江丁卯桥出土的唐代银器窖藏》，《收藏》2013 年第 3 期，第 106—110 页。

身俯视面为云头形，下部圈足与盒身同形。盒盖及立壁錾刻以鱼子纹为地，盖顶中心錾刻绶带纹，盖缘及盒身立壁錾有忍冬纹。

图 3—137 丹徒丁卯桥出土鱼纹菱形银盒

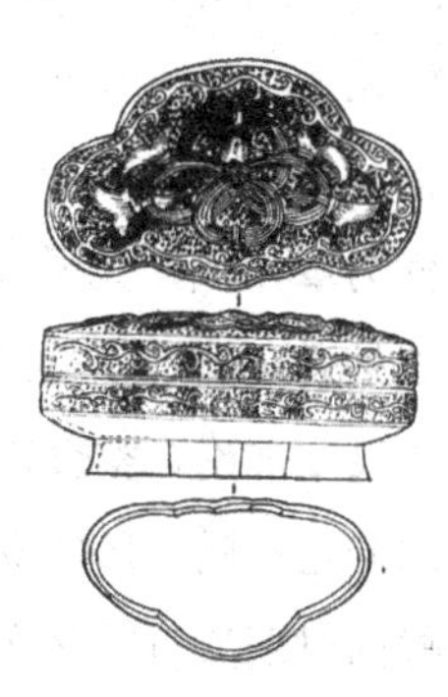
图 3—138 偃师杏园村唐李郁墓出土绶带纹云头形银盒线描

唐末五代时期，带有高圈足的小箱盒在中上层社会中继续流行。例如 1985 年在江苏镇江一座晚唐墓葬中出土的两件铜官窑产白釉绿彩高圈足瓷盒，盒身为四瓣莲花形，盒盖上模印花卉纹，下部圈足一为外撇的圆形圈足，另一件的圈足则与盒身形制相呼应，足壁带有棱瓣。[①] 1958 年在长沙市东北郊一座晚唐墓葬中出土的一件高圈足瓷粉盒，盒体四方委角，下部高圈足为外撇的圆形。[②] 河北曲阳县五代王处直墓（924 年）出土的数件彩绘和浮雕壁画中，无论侍者手捧还是桌案上放置的小箱盒，基本皆为带高圈足的形制。后室东壁的一幅《奉侍图》浮雕中，有两侍女分别手捧一方形、一圆形高圈足盒（线图 192、线图 193），西耳室北壁壁画《侍女图》中，一侍女手捧花瓣形高圈足盒（线图 194）。东耳室东壁、西耳室西壁壁画分别绘有一张放在屏风前的长案，案上放置男、女主人生前起居梳妆所用的奁盒等物品（线图 195、线图 196），图中所绘各种奁盒形制复杂，带有精美的装饰图案，无数方、圆、异形，多带有高圈足。值得关注的是，王处直墓壁画中所绘的高圈足盒的圈足部位形制，多与盒身相呼应，分别作方、圆、花瓣等形态，并描绘有纹饰线条，显示出五代时期的高圈足盒在圈足部位设计更趋精工，讲求与盒身形制的统一与呼应。墓主人王处直为晚唐五代时期北方地方割据政权的统治者，其墓室壁画中大量对高圈足盒的精细描绘，正反映了这一时期高圈足式小箱盒在上层社会中的流行情况。

4. 套件式攒盒

攒盒是指分有多个格子，用来盛装各类干果、凉菜等小食的盒子。“攒盒”一词大

① 镇江博物馆：《江苏镇江唐墓》，《考古》1985 年第 2 期，第 134 页图 5：13、16，图版四：5。
② 湖南省博物馆：《长沙市东北郊古墓葬发掘简报》，《考古》1959 年第 12 期，图版贰：1。

约在明代方始出现，但它的形制出现较早，早期的攒盒即汉末三国时期出现的带盖多子盘槅，外形或方或圆，内部用多个子框将盒身内部分隔为数个小格。由数件单体小盒组合而成的套件式攒盒大约在东晋时期开始出现。江西南昌火车站东晋雷陔墓（东晋永和八年，公元 352 年）出土有两只攒盒盖及四只攒盒盒身，皆作扇面弧形，属于同一个套件式攒盒。单体扇面形小盒上弧弦长 10.6 厘米，下弧弦长 4.5 厘米，宽 7 厘米，高 3.5 厘米，盒为罩盖式，无子母口。盒的胎体为木质卷胎，盖面四棱微抹圆角，内髹红漆，外髹黑漆地并以红、黄色漆描饰瑞兽、飞鸟、花卉、云气等纹饰（图 3—139）。根据单体盒的尺度推论，整套攒盒数量应由七至八件单体扇形盒组合而成。该墓中另出土有一件呈四分之一椭圆形的盒身，应是另一套四件一组攒盒的组件之一。[①] 这种套件式攒盒，与战国时期流行的多子奁以及汉代流行的多子盘槅皆有一定的亲缘关系，东晋雷陔墓出土攒盒的形制和装饰皆相当精美成熟，应已经过相当历史时期的发展。

图 3—139　南昌东晋雷陔墓出土攒盒盒盖正、反面

南北朝至隋唐时期的考古发掘中，这类套件式攒盒极为罕见，但在日本正仓院南仓仓号 63，藏有一件“漆花形箱”（图 3—140）亦属套件式攒盒，盒的单体外形为花瓣形，上下带有尖棱，整套盒应当共由八只小盒组成，目前仅余六只盒身，盖皆不存，盒的大小略有差异，宽 13—13.3 厘米，长 13—13.5 厘米，高 2.6—2.7 厘米，盒体黑漆素髹，八只小盒组合在一起的外观为八瓣菱花形，是唐代花瓣形盒的典型样式。据此而言，套件式攒盒应亦为唐代流行的各类小箱盒的形制之一种，但由于国内相关考古资料尚难以提供具体佐证，目前仅能以日本正仓院所藏的这件漆花形箱作为参考

图 3—140 日本正仓院南仓藏漆花形箱

① 江西省文物考古研究所：《南昌火车站东晋墓葬群发掘简报》，《文物》2001 年第 2 期，第 12—41 页。

的依据。

5. 多层带槅套盒——垒子（樏子）

法门寺地宫出土《衣物帐碑》中，载有如下一段金花银器的物帐：

> 银金花供养器物共卌件、枚、只、对：内垒子一十枚，波罗子一十枚，叠子一十枚，香案子一枚，香匙一枚，香炉一副并椀子，钵盂子一枚，羹椀子一枚，匙筯一副，火筯一对，香合一具，香宝子二枚，已上计银一百七十六两三钱。①

这段物帐上的所有金花银器皆可与地宫出土实物的数量、种类相对应，《法门寺考古发掘报告》有定名为“鎏金壶门座银波罗子”（图3—141、图3—142）的器物两套十件②，该器银质鎏金，錾有忍冬草纹饰，每套五件，以子母口层层扣合。直口浅腹，直壁圈足，圈足间带有六个镂空壶门。每件通高3.8厘米，口径10.3厘米，底径11.2厘米。腹内带有十字槅，可供分别放置不同种类的食物。这套器皿实际上是一种多层带槅式套装食盒，既便于套叠携带，亦便于平列摆放在食床上就食。从形制和使用功能来看，它应当是由魏晋南北朝时期流行的多子盘槅发展而来（图1—31）。

图3—141 法门寺地宫出土鎏金壶门座银“波罗子”（套叠）

图3—142 鎏金壶门座银“波罗子”（分置）

令人疑惑的是，“波罗子”之名似为外来器物的译名。《衣物帐碑》中对这批小型的“银金花供养器”的名称多以“子”结尾，似为唐时对小型金银器的习惯性名词词缀，并无实义，“波罗子”若为译名，原称当为“波罗”。文献记载及相关考古发现中，皆无证据证明“波罗”确为一种多层的食盒，而唐时一种常以金银制作的酒器“叵罗”却音近“波罗”：

① 陕西省考古研究院、法门寺博物馆、宝鸡市文物局编著：《法门寺考古发掘报告》下册，文物出版社2007年版，彩版二〇三。

② 陕西省考古研究院、法门寺博物馆、宝鸡市文物局编著：《法门寺考古发掘报告》下册，文物出版社2007年版，彩版四八、四九图。

蒲萄酒，金叵罗，吴姬十五细马驮。（李白《对酒》）

白虹走香倾翠壶，劝饮花前金叵罗。（唐彦谦《送许户曹》）①

据樊莹莹《再说“叵罗”》一文的研究，叵罗自魏晋南北朝时期就已出现在我国文献中，有“颇罗”、“不落”、“不洛”、“凿络”等异名②，如此多的同义异写，证明叵罗确为一种外来的器物无疑。至于叵罗的形制，据《北齐书·祖珽传》载：

神武宴寮属，于坐失金叵罗，窦泰令饮酒者皆脱帽，于珽髻上得之。③

可知叵罗必然不是很大，形状应为敞口、圆形、浅腹、无足或仅带有极矮的圈足，因而可以倒扣在发髻上，被帽子遮掩。法门寺地宫中与所谓“鎏金壶门座银波罗子”同时出土的，有“鎏金十字折枝花纹葵口小银碟”（图3—143）和“鎏金团花纹葵口小银碟”各10件，皆为敞口、圆形、浅腹，除前者无圈足，后者带有圈足以外，形制基本相同。1997年5月，新疆库车龟兹故城内出土一只无圈足、圆形浅腹的银质碗状物，疑即为一只“银叵罗”，④1999年，青海都兰吐蕃一号墓出土两件漆盘，形制亦为圆形浅腹、无足，该墓葬年代约当8世纪中期。⑤另据新疆维吾尔自治区若羌县楼兰古城北LE古城附近西晋壁画墓出土《人物宴饮图》（图3—144），图中人物手中所捧的酒器亦为浅腹无足的圆碟。与法门寺“鎏金壶门座银波罗子”各件单体的圆柱形相比，圆形浅腹的酒器，显然更可能倒扣在头顶发髻上为帽子所遮掩。据此，“波罗”实际上

图3—143 法门寺地宫出土鎏金十字折枝花纹葵口小银碟

图3—144 若羌县西晋壁画墓出土《人物宴饮图》

① （清）彭定求、沈三曾等：《全唐诗》卷一八四，《文渊阁四库全书》本，

② 四川大学文学与新闻学院：《汉语史研究集刊》第十六辑，巴蜀书社2014年版，第392—394页。

③ （唐）李百药《北齐书》卷三十九，中华书局1972年版，第514页。

④ 刘松柏、郭慧林：《库车发现的银叵罗考》，《西域研究》1999年第1期，第55—58页。

⑤ 北京大学考古文博学院、青海省文物考古研究所编著：《都兰吐蕃墓》，2005年版，第13页，图九一1、2。

是“叵罗”的异写法之一，法门寺地宫出土的十只无足的“鎏金十字折枝花纹葵口小银碟”，实即为《衣物帐碑》中记录的“波罗子一十枚”，碑上紧随其后记录的“叠子一十枚”之“叠子”，当为唐时“碟子”的异写，即为下有小圈足、考古报告定名的“鎏金团花纹葵口小银碟”，此二物形制相近，在《衣物帐碑》中的记录亦前后相连。记录在“银金花供养器物”的其他器物，除“垒子”外，也皆有确定的对应实物。“垒”有相叠重沓之义，与考古发掘报告定名的“鎏金壶门座银波罗子”多层套叠的形制恰好相合，这两组共十件的器物实际应即为“垒子一十枚”。另据唐代农书《四时纂要》载“造百日油法”：

> 是月取大麻油，率一石，以窑盆十六介均盛。日中以椽木阁上曝之，风尘阴雨则堕叠其盆，以一窑盆盖其上，时以竹篦搅之。至二月成耗三斗，三月五月卖，每升直七百文。三月造者七月成，每升直三百文，其油入漆家用。其曝油盆大如盘，深四五寸，底平，形如垒子。[①]

此处所说的形如垒子的曝油盆，单件形态如盘，圆形，平底，且可多层垒放，则正与“鎏金壶门座银波罗子”外形相似，唯唐代日常使用的垒子可能与法门寺银金花供养器相比要大得多，因此其深度达四五寸。据此可以确定，《法门寺考古发掘报告》对“鎏金壶门座银波罗子”的定名是错误的，此物实际应当名为“鎏金壶门座银垒子”。

“垒子”在敦煌出土社会经济文献中也常有记载，且多为漆木器，如《年代不明（公元十世纪）某寺常住交割点检历》（P.3587）载：

> 黑木垒子贰拾壹。朱履染（漆）垒子壹。木垒子壹拾伍枚，内欠四个。（第18—19行）[②]

《辰年四月十一日情漆器具名》（P.3972）载：

> 辰年四月十一日情漆器具名如后：盘子七十枚，叠子七十枚，垒子八十枚，椀伍十枚，晟子五枚，团盘二枚。（第1—2行）[③]

这些文书记载中的垒子，常与椀（碗）、盘子、叠（碟）子等木质髹漆食器记载在一处，且量词亦为“枚”，数量众多，总数通常为五、十的倍数。法门寺出土“鎏金壶门座银波罗子”在出土时的状态为五枚一组套装放置，可能是当时一套垒子通常的套叠层数，堆垒层数更多，则并不能保证搬移中的稳固性了。

---

① （唐）韩鄂原著，缪启愉校释：《四时纂要校释》，农业出版社出版1981年版，第218—232页。

② 唐耕耦、陆宏基：《敦煌社会经济文献真迹释录》第三辑，全国图书馆文献微缩复制中心1990年版，第47页。

③ 唐耕耦、陆宏基：《敦煌社会经济文献真迹释录》第三辑，全国图书馆文献微缩复制中心1990年版，第52页。

或方或圆，中部带有多个薄板立壁加以区隔的食器，在三国至魏晋南北朝以来的考古发掘中屡有发现，被定名为“槅”、“多子槅”。其中圆形槅的发现如载于《考古》1991年第3期的《浙江嵊县大塘岭东吴墓》即出土一件无盖的圆形槅，载于《考古》1966年第4期的《南京富贵山东晋墓发掘报告》中则出土一件带有盖的圆形槅。但这一时期考古发现的槅皆为单件器物，同一形制、可堆叠多件的使用情况必为较后出现。察考古代文献，“槅”字约共有三义。其一是指车轭，《释名》、《说文》皆做此解，用例如东汉张衡《西京赋》“商旅联槅，隐隐展展”。其二通于“核”字，指带有果核的果类食品或果核，如晋左思《蜀都赋》中“金罍中坐，肴槅四陈”，及《娇女诗》“并心注肴馔，端坐理盘槅”之句。李善注“肴槅四陈”句云：“《毛诗》曰：肴核维旅。郑玄曰：肴，菹醢也；核，桃梅之属也。……槅与核义同。”[①] 北宋丁度《集韵》亦云：“果中核或作槅”[②]。其三则指门窗上用木条做成的格子，亦指房屋或器物的隔板，具有竖立板壁加以区隔之义。此义在槅字的诸义中兴起最晚，约出现于宋代，如李焘《续资治通鉴长编》卷二百九十九有“五帝斋宫殿四旁立纱槅子，禁人非时升降”之语。降至明清小说中，“槅子”、“槅断”、“槅窗”的用例更是很多。而唐代李德裕的小说《明皇十七事》（一名《次柳氏旧闻》）中有：“禄山梦见殿中槅子倒，幡绰曰：革故鼎新，推之多类此也。”[③] 实际上该种小说早佚，现存最早版本为明代《说郛》本，为明人杂采小说传闻以付刊印，并不足据以采信。三国至南北朝考古发现的大量内部带有分格的食盒，被定名为“槅”，其词义来源大约出于本书所列的槅字第三义，但这一名词指称带格的食盒，在宋以前的古代文献并无确证，恐非当时的真正物名。

历史文献中，另有一种名为“樏”的器物。《世说新语·雅量第六》载王夷甫轶事：

> 王夷甫尝属族人事，经时未行。遇于一处饮燕，因语之曰：“近属尊事，那得不行？”族人大怒，便举樏掷其面。夷甫都无言，盥洗毕，牵王丞相臂，与共载去。[④]

又《世说新语·任诞》记载襄州罗友轶事：

> 在益州语儿云：“我有五百人食器。”家中大惊。其由来清，而忽有此物，定是二百五十沓乌樏。[⑤]

《玉篇》释“樏”曰：“扁榼谓之樏”，谓为扁形的盒子，当指单层的樏子形状而言。

---

① 任继愈主编：《中华传世文选：昭明文选》，吉林人民出版社2007年版，第71页。

② （宋）丁度：《集韵》卷十，《文渊阁四库全书》本。

③ （明）陶宗仪：《说郛》卷五十二上，《文渊阁四库全书》本。

④ （南朝·宋）刘义庆撰：《世说新语》，万卷出版公司2014年版，第99页。

⑤ （南朝·宋）刘义庆撰，杜聪校点：《世说新语》卷下，齐鲁书社2007年版，第194页。

“二百五十沓乌樏”大约是外髹黑漆，可累沓多层的食盒，每沓（层）乌樏可供二人进食，因谓之为“五百人食器”。另《太平御览》第七五九卷载晋张敞《东宫旧事》关于樏的形制记载“三十五子方樏二沓，盖二枚”①。

敦煌出土文书中也出现了载有“樏子”的物帐，如《辛未年（公元911年）正月六日沙州净土寺沙弥善胜领得历》（P.3638）：

见得花樏子廿五个，欠一个。黑樏子壹拾捌个。（第55行）②

《后晋天福七年（公元942年）某寺法律智定等交割常住什物点检历》（S.1774）：

黑木樏子拾枚，内五枚欠在前所由延定真等不过，内五枚在智内等一伴□过。（第34—35行）③

据此，“樏”作为多层套叠的有槅食盒的名称，应当在魏晋时期就已经出现。“樏”既是单层多子槅在魏晋南北朝的真正名称，也可以指称数层多子槅套叠放置的套盒，而在唐时，“樏子”与“垒子”当为同物异名。这种内部带有槅子的多层食盒，在宋辽时代也十分常见，如苏轼《与滕达道书》三十八：“某好携具野炊，欲问公求朱红累子两卓，二十四隔者，极为左右费。”④据带有“二十四隔”来分析，此处“累子”应即为“樏子”，“两卓”者，应即数个单件组成的两套。河北宣化辽张文藻墓壁画《童嬉图》（图3—100）、张恭诱墓壁画《煮汤图》中，红漆桌上就都放置着一具内髹红漆、外髹黑漆的五层樏子。此外内蒙赤峰翁牛特旗解放营子辽墓出土一套五件的“黄釉套盒”（图3—145），盒身各层大小相同，胎体修塑为海棠形，通过子母口层层套叠，下部立壁虽无壸门开光，但亦以模印工艺塑出壸门轮廓。据敦煌文书所载物名，这件“黄釉套盒”或有可能就是一套“花樏子”。

图3—145　内蒙赤峰翁牛特旗解放营子辽墓出土黄釉套盒

除了“垒子”、“樏子”两个当时通用

① （宋）李昉等：《太平御览》卷七五九《器物部四》，中华书局1960年版，第3368页。

② 唐耕耦、陆宏基：《敦煌社会经济文献真迹释录》第三辑，全国图书馆文献微缩复制中心1990年版，第118页。

③ 唐耕耦、陆宏基：《敦煌社会经济文献真迹释录》第三辑，全国图书馆文献微缩复制中心1990年版，第18页。

④ （宋）苏轼：《东坡养生集》，载《四库全书存目丛书·集部别集类》第13册，齐鲁书社1997年版，第301页。

的名称，唐宋时期流行的多层壸门座套盒可能还有一个特别的名称——“库路真”。今湖北襄阳为唐时襄州，是唐代最为著名的漆器产地，襄州出产的漆器，当时称之为“襄样”，为各地漆工所取法。唐代历史文献对襄州土贡漆器品类的记载中，就包含襄州漆器名产“库路真”：

> 襄州漆隐起库路真，……襄州乌漆碎石文漆器。①
>
> 襄阳郡，贡五盛碎石文库路真二具，十盛花库路真二具，今襄州。②
>
> 襄州襄阳郡，望。土贡：纶巾，漆器。库路真二品：十乘花文，五乘碎石文。③

所谓“漆隐起”，即是漆灰堆花工艺，“碎石文”，则应属于漆艺变涂工艺“犀皮漆”的一种纹理效果，“花文”则可能指唐时流行的漆面金银绘、密陀油彩绘或金银平脱工艺，都属于当时高档漆器装饰的范畴，而库路真则应是某种器物的名称，当非特定的漆器工艺名。然而应用数种复杂漆器工艺制作的襄州名产“库路真”究竟是种什么器物，有什么功能，南宋时人已不得而知，如邢凯所著《坦斋通编》云：

> 余尝至襄阳问唐时所贡库路真，及倅庐陵问所贡陟厘，土人皆不能晓。襄阳出漆器谓之襄样，意其即此物也。④

洪迈《容斋随笔》也曾对库路真加以论述：

> 《新唐书·地理志》：“襄州，土贡漆器库路真二品十乘、花文五乘。”库路真者，漆器名也，然其义不可晓。《元丰九域志》云“贡漆器二十事”是已。《于頔传》：“頔为襄阳节度，襄有髹器，天下以为法，至頔骄蹇，故方帅不法者为‘襄样节度’”。《旧唐书·职官志》：“武德七年，改秦王、齐王下领三卫及库真、驱咥真，并为统军”。疑是周隋间西边方言也。记白乐天集曾有一说，而未之见。⑤

另据晚唐诗人皮日休诗《诮虚器》诗云：

> 襄阳作髹器，中有库露真。持以遗北虏，给云生有神。每岁走其使，所费如云屯。吾闻古圣王，修德来远人。未闻作巧诈，用欺禽兽君。吾道尚如此，戎心安足云。如何汉宣帝，却得呼韩臣。⑥

---

① （唐）张说、李林甫等：《唐六典》卷三《尚书户部》，中华书局1992年版，第68页。

② （唐）杜佑：《通典》卷六《食货六》，中华书局1992年版，第121页。

③ （宋）宋祁、欧阳修等：《新唐书》卷四十《地理志四》，中华书局1975年版，第1030页

④ （宋）邢凯：《坦斋通编》，《文渊阁四库全书》本。

⑤ （宋）洪迈撰，鲁同群、刘宏起点校：《容斋随笔》四笔卷八，中国世界语出版社1995年版，第457页。

⑥ （清）彭定求、沈三曾等：《全唐诗》卷六〇八，《文渊阁四库全书》本。

据此，则库路（露）真在晚唐常作为赐给北方游牧民族的礼品。《南齐书·魏虏传》载：

> 魏虏，匈奴种也，姓托跋氏。……亦谓鲜卑。被发左衽，故呼为索头。……国中呼内左右为“直真”，外左右为“乌矮真”，曹局文书吏为“比德真”，檐衣人为“朴大真”，带仗人为“胡洛真”，通事人为“乞万真”，守门人为“可薄真”，伪台乘驿贱人为“拂竹真”，诸州乘驿人为“咸真”，杀人者为“契害真”，为主出受辞人为“折溃真”，贵人作食人为“附真”。三公贵人，通谓之“羊真”。[①]

则“真”字很可能是鲜卑语名词词缀，其义为“人”。至于“库路（露）真”的解释，历代学者对之考证甚多，且各持己见而难以统一，主要的意见有：一，为漆工艺，相关意见有漆隐起，犀皮漆、金银平脱等；二，为供北方游牧民族使用的马鞯与甲胄；三，为书架。[②] 前述唐代历史文献所载的库露真多已附加有“漆隐起”、“碎石文”、“乌漆”等语，库路真为一种漆工艺的看法明显不确。参照近几十年来的考古发现，唐五代漆器的盖底、器内部或底部常有朱书“魏真”、“胡真”等语者，皆为其时漆器作坊的姓名款识，“真”字作为词缀不承担主要的表意作用，而“魏”、“胡”皆为姓，据此而推论，“库路”所指称的也应是漆器的制作者。据尚刚《“襄阳做髹器”——唐代襄州漆器》一文后记言，“库路”与“真”分别与当代维吾尔语中的“手艺”与“人”音近，库路真当出于突厥语，这个认识与洪迈推论库路真为周隋间西边方言的看法正相吻合，[③] 古鲜卑语亦属突厥语系，这个推论与《南齐书》对鲜卑语“真”的语义记载也可以相互印证。

鉴于历史文献中对库路（露）真的记述，多为五乘（盛）、十乘（盛）为一具（组、套），在已知的唐代器物中与“叠子”的形制最为接近，因此本书认为，唐代的襄州著名漆器“库路真”，很有可能就是唐时移居至襄州地区的中亚工匠制作的漆器。因“叠子”为其中的代表性器物，使得“库路真”逐渐由中亚工匠所制漆器的器铭（不仅局限于一种器物）转而成为襄州工匠所制漆叠子的一种专名了。

6. 笼箱（线图 197）

“笼箱”之名，出自于日本正仓院中仓仓号 176 所藏三件特殊形制箱子的著录名称，由于上部箱盖仅为窄木条制作的框架，并未安装实体板材，因此箱内的空间是透明可视的。例如“笼箱第 1 号”（图 3—146），长 48.3，宽 23.3，高 11.8 厘米，下部箱座是带有花卉纹彩绘的壶门脚，上部箱盖为罩盖式，盖顶以窄木条十字交叉形成框格，盖侧各面以数根窄木条作为立柱撑起盖顶，在箱盖框架的外立面贴饰有锦纹织物，且各条窄木条间还带有薄绢纱的残留痕迹。显然，在最初箱盖的框架上曾蒙有一层透明度较高的薄

① （南朝梁）萧子显：《南齐书》卷三十八，中华书局 1972 年版，第 985 页。
② 具体考证内容可参见唐刚卯、陈晶、康宝成、潘天波等学者相关论著，此不赘引。
③ 尚刚：《古物新知》，生活·读书·新知三联书店 2012 年版，第 80 页。

图 3—146 日本正仓院中仓藏笼箱第 1 号

图 3—147 （唐）阎立本《职贡图》局部

绢，使这类特殊形制的箱子不仅能够储物，而且能用于日常室内陈设，以便人们能随时透过箱子欣赏其中放置的珍贵物品。我国古籍中常见的“箱笼”或“笼箱”之名，所指皆是用来放置衣物细软的普通箱具，这类半透明、可内视的箱子在唐时的名称已难确考，但在现藏于台北故宫博物院、传为唐阎立本所绘的《职贡图》中，绘有一内有白鹦鹉的鹦鹉笼（图 3—147，线图 197），笼盖的形制与正仓院所藏笼箱十分类似，笼体上有斜向编织纹，可能张有薄绢纱或编有细竹条，可证正仓院藏品应非日本工匠的创制，而是唐土意匠的传袭。唯《职贡图》中的鹦鹉笼笼座为鹤膝式，与其在唐代家具上的出现时间相对照，此本《职贡图》应属晚唐五代时期的作品。

第四章　唐代家具类型综览（下）

第一节　屏障具

屏障具是屏风和障具的合称。屏风带有硬质边框，外形规整、可直立于地，而障具则通过在一定形式的支架上张挂织物来实现其障蔽功能。

唐代的家具陈设往往并不固定，需要随着仪节场合的不同而临时布置，如《新唐书·礼乐志》载皇帝纳后之礼：

> 将夕，尚寝设皇帝御幄于室内之奥，东向。铺地席重茵，施屏障。[①]

在这样的起居习惯影响下，屏、障与床榻、茵席、几案等类型家具组合陈设于室内外，用于屏蔽视线、区隔空间、确定方位、烘托气氛、提示中心人物，因此有其不可或缺的重要作用。白居易有《素屏谣》诗一首，描绘屏和障的使用情况：

> 素屏素屏，胡为乎不文不饰，不丹不青？当世岂无李阳冰之篆字，张旭之笔迹？边鸾之花鸟，张璪之松石？吾不令加一点一画于其上，欲尔保真而全白。吾于香炉峰下置草堂，二屏倚在东西墙。夜如明月入我室，晓如白云围我床。我心久养浩然气，亦欲与尔表里相辉光。尔不见当今甲第与王宫，织成步障银屏风。缀珠陷钿贴云母，五金七宝相玲珑。贵豪待此方悦目，晏然寝卧乎其中。素屏素屏，物各有所宜，用各有所施。尔今木为骨兮纸为面，舍吾草堂欲何之？[②]

不文不饰、不丹不青的素屏代表了白居易个人的修养境界，而诗中对名家书画屏风、织成（即织锦）步障的描绘则揭示出在唐代的上层社会，工艺复杂、装饰精美的屏风和障

① （宋）宋祁、欧阳修等：《新唐书》卷一八《礼乐志》，中华书局1975年版，第413页。

② （清）彭定求、沈三曾等：《全唐诗》卷四六一，《文渊阁四库全书》本。

具的流行。

一、屏风

屏风是硬质的屏具，它并不易于搬动，和步障相比较，它在家具陈设中的相对位置比较固定，通常设置在坐席、床榻和其他高型坐具周围。

中国家具史上最早出现的屏风式样，是西周初便开始出现的单扇立屏，当时称之为“邸”、“扆”，如《尚书·顾命》“狄设黼扆缀衣”，《周礼·掌次》载“设皇邸”。在出现之初，单扇座屏的屏心是一块长方形木板，板下两侧装短直条形的足跗作为屏的底座，座屏放置在王、诸侯席位的后侧，上绘作为王权象征的斧纹，称之为“黼依”，亦写作“斧扆”、“黼扆”。春秋战国以降，单扇的座屏制作已十分精致，通常在屏板上装饰精美的彩漆图案。在先秦的礼乐时代，这种单扇立屏的礼仪象征作用大于分隔空间、划定方位的实用功能。宋聂崇义《新定三礼图》记载：“屏风之名，出于汉世。”[①] 长沙马王堆三号汉墓出土一件漆屏（图4—1），宽90.5厘米，座高10厘米，高60.5厘米，厚1.2厘米，上绘勾连云纹，从尺度来看，恰好适合立于坐姿人体的背后，其形制与《三礼图》中描绘的先秦黼依仍比较近似。大约在汉代，由多个屏扇组成，通过屏扇的曲折转合立于地面的围屏开始发展起来，如陕西西安理工大学西汉壁画墓出土《乐舞图》壁画绘有一具两扇的大围屏（图4—2），右侧曲折围合的短屏扇起到遮蔽侧面视线的作用。1983年发掘的广州西汉南越王墓出土了一件五扇三围屏风，考古人员根据残朽构件复原后，底座至顶部高1.8米，每片屏扇宽1米，正面三扇，左右侧屏扇可转折，正中的屏扇一分为二，可向后开启。从尺度和形制来看，这件墓中出土的屏风显然是一件实用器，兼具区隔空间、屏蔽视线的实用功能和强烈的装饰效果。[②] 汉代始有床上屏风之制，山东安丘王封村出土东汉《拜谒画像石》（图1—12），就绘有一两扇的围屏，后侧为一横长的通屏，右侧短屏掩于床头，与西安理工大学西汉壁画墓中的连地围屏形制相近。

魏晋南北朝至隋唐是围屏流行的时代，无论是席地还是在床榻上坐卧，多扇的围屏都起到围合空间、划分方位的重要作用。南朝张敞《东宫旧事》载：皇太子纳妃，有床上屏风十二牒，织成漆连银钩钮；织成连地屏风十四牒，铜环钮。[③] 落地的多扇围屏称之为“连地屏风”，安装在床榻上则称为“床上屏风”。魏晋南北朝以来，围屏在绘

---

① （宋）聂崇义：《新定三礼图》，清华大学出版社2006年版，第236页。

② 广州市文物管理委员会等：《西汉南越王墓》，文物出版社1991年版，第147—148页，图版二二四—二三〇，彩版二九。

③ （宋）李昉等：《太平御览》卷七百一《服用部三》“屏风”，中华书局1960年版，第2129页。

画资料和考古发现中皆甚多见，代表性的如顾恺之《女史箴图》中的床上围屏（图 1—22）、《列女仁智图》中的连地围屏（图 1—32）、山西大同北魏司马金龙墓出土的漆画屏[①] 等。

图 4—1　马王堆三号汉墓出土云纹漆屏

图 4—2　西安理工大学西汉壁画墓出土《乐舞图》局部

（一）单扇立屏（线图 19、线图 195、线图 196、线图 198—201）

在唐代，黼依之制依然承继先秦传统而存在，但仅作为礼制的象征，应用于一些特殊的场合。《唐六典》载："凡元正、冬至大朝会，则设斧扆于正殿。"[②] 权德舆《奉和张仆射朝天行》诗云："元正前殿朝君臣，一人负扆百福新。"[③] 由此可见，小型的单扇立屏在唐代仍然延续着其使用价值。考察相关图像资料，敦煌莫高窟第 417 窟窟顶后部平顶隋代壁画《药师经变》中（图 4—3），药师佛后侧设有一小立屏，屏为紫褐色，上部绘有密集的曲线纹饰。再如陕西西安大雁塔西门楣石刻画像中（线图 198），佛陀坐于一前设香具的须弥座，佛像后侧有一单扇立屏，边框部位的直材交接方式似为 45° 斜角接合，屏顶部两侧立有花饰。由于前部图案遮挡，此两例图中的单扇屏风脚部形制皆不可见。由此两图来看，这类小型单扇立屏高度约及盘座人体的肩部，横向幅面亦仅约宽于人体尺幅，主要起到尊显地位的作用。

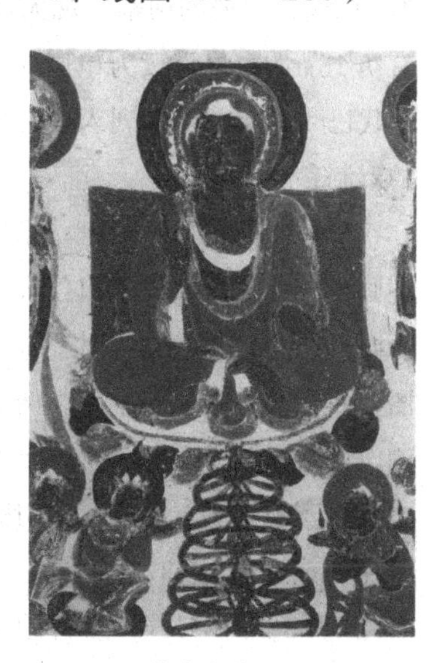

图 4—3　莫高窟第 417 窟隋代壁画《药师经变》局部

---

① 张安冶主编：《中国美术全集：绘画编：原始社会至南北朝绘画》，人民美术出版社 2006 年版，第 153—163 页。

② （唐）张说、李林甫等：《唐六典》卷十一《殿中省》，中华书局 1992 年版，第 329 页。

③ （清）彭定求、沈三曾等：《全唐诗》卷三二七，《文渊阁四库全书》本。

关于唐代大型单扇立屏的研究，李宗山《中国家具史图说》中，曾举出四例敦煌莫高窟唐代壁画中的落地单扇立屏，及《韩熙载夜宴图》中的两例立屏，以说明这种大型立屏在唐代的基本形制。① 李氏所举敦煌图例皆为据原画所作的白描线图，一例原图出自莫高窟 217 窟《得医图》，尽管该壁画原图在 20 世纪上半叶即已漫漶不清，但无论考其原图，或是根据《史苇湘欧阳琳临摹敦煌壁画选集》一书所载 20 世纪 40 年代《得医图》的彩绘摹本②，该幅壁画并无李宗山所引用立屏的踪影，只有画面左下绘制的一扇院门与立屏形象类似，图中绘制的院门左接矮墙，右侧及门下部绘制山石土坡，显为庭院之院门无疑，此细节在欧阳琳摹本中描绘得尤为清晰，《中国家具史图说》显然是将之误看做屏风了。《得医图》中的院门底部为土坡所掩，绝无李宗山所列图例中脚部披水牙子、壶瓶牙子与抱鼓的描绘。李氏所列的另三个敦煌壁画中单扇立屏的例子出自莫高窟 172 窟盛唐壁画《西方净土变》，笔者查阅数字敦煌网站所公布的该窟高清图像，东壁门上绘有一幅《西方净土变》，南壁、北壁各绘有一全铺《观无量寿经变》，此三幅壁画皆属“净土经”的范畴，但均未见有单扇立屏的形象，疑李氏将 217 窟南、北壁的两幅《观无量寿经变》中数处宫殿建筑廊檐内饰有墙带的墙壁及挂有纺织品的窗扇误读为单扇立屏。李氏所列举的《韩熙载夜宴》图，由于其实际创作年代已入宋，并不能列入唐五代家具的考察范围，因此也不能作为唐制大型单扇立屏的形制参照。

尽管李宗山所举六例单扇屏风形象皆有错讹，但从一些唐代壁画墓中出土的墓室壁画中，还是可以发现唐代大型单扇屏风的形象。陕西富平朱家道村唐墓，为一座盛唐时期墓葬，该墓棺床北壁，绘有两扇大型单扇屏风（线图 199），东侧屏风绘双鹤图，西侧绘昆仑奴牵牛图。两立屏之间，还绘有一站立的小侍童形象，从人体比例推测，这两幅单扇立屏高度约在 1.2—1.5 米。此外如位于陕西西安东郊王家坟的唐德宗之女唐安公主墓（784 年）棺床西壁亦绘有单扇花鸟屏风画（线图 201），北京海淀八里庄开成三年（846 年）唐王公淑墓棺床北壁，绘有单扇牡丹芦雁图屏风画（图 4—4），河北省曲阳县西燕川村五代王处直墓（924 年）出土多幅通屏花鸟、山水屏风画（线图 195、线图 196）。此数例单扇立屏皆呈横长的“■”形通屏，由于为墓室壁画，表现形式皆为带有窄边框的平面绘图，并未绘出实体立屏下部的屏座形象。敦煌唐代壁画中的大型单扇立屏虽较罕见，但亦并非全无可考，如莫高窟 172 窟南壁右侧《未生怨》中（图 4—5），绘有一房屋，屋内置床，图像下部模糊，但仍可清晰地看到床后置有与床面同宽的大型立屏，屏心绘有整幅山水画，由于屏脚为床所遮掩，在画面

---

① 李宗山：《中国家具史图说（文字卷）》，湖北美术出版社 2001 年版，Ⅳ. 图二三。

② 敦煌研究院编著：《史苇湘欧阳琳临摹敦煌壁画选集》，上海古籍出版社 2007 年版，图 78。

中亦不可见。

图 4—4　北京海淀八里庄唐王公淑墓单扇立屏屏风

图 4—5　莫高窟第 172 窟盛唐《未生怨》局部

唐代图像资料中可见的单扇立屏皆为墓室壁画，仅绘出屏扇画面，并无对屏架的描绘，因此很难确考这些单扇立屏是以怎样的形式安放在地面上的。但传世的五代时期卷轴绘画，给我们提供了唐代单扇立屏脚部形制的更清晰图像。如五代画家周文矩《重屏会棋图》中（线图 19），画面后部绘有一架高大的单扇立屏，从画面中人体比例来看，屏的高度高于站立人体的尺度，横长则可为人们在屏前进行一系列的活动提供后方的障蔽，为人们的室内活动带来心理上的舒适与视觉上的稳定感。屏风左侧描绘有与屏风底边垂直交叉的屏脚（图 4—6），下缘平直，上缘虽被画面前方鹤膝榻遮挡一半，但仍能看出带有向上膨起弯曲的卷云线形。这类带有曲线造型的足跗样式，在唐代家具中是很常见的，唐代陆曜《六逸图》描绘的“边韶昼眠”(线图 1）、日本正仓院所藏紫檀木画挟轼（图 3—5）以及后文将要依次谈到的三扇围屏、衣架、笔架等屏架类家具的底足，亦常作类似造型，从中可见此种足部形制在唐代的流行。

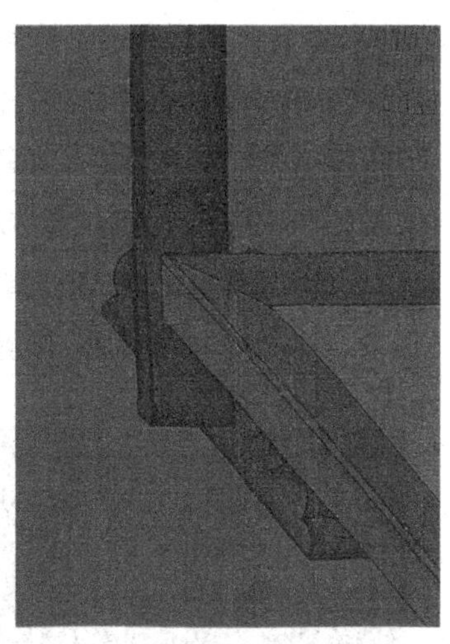

图 4—6　五代周文矩《重屏会棋图》中的屏风脚

图 4—7　北宋王诜《绣栊晓镜图》

白居易《卯饮》诗云：“短屏风掩卧床头，乌帽青毡白氎裘。卯饮一杯眠一觉，世间何事不悠悠。”① 据

① （清）彭定求、沈三曾等：《全唐诗》卷四五九，《文渊阁四库全书》本。

诗中对“短屏风”的描述，小型的单扇立屏也有安装或放置在床面的侧边以遮掩人体头部的用法，尽管相关唐代图像资料尚未能为我们提供其形制的确证，但现藏于台北故宫博物院的北宋初画家王诜（？—1036）的画作《绣栊晓镜图》（图4—7）中，就绘有一架放置在壶门床床头的小型单扇立屏，图中屏风卷云形屏脚上带有站牙，虽然在图像和实物资料中所知的唐代屏风和其他架具的脚部都尚未出现站牙，但据白居易诗及此件北宋画作仍能推知唐时人确有以小型立屏掩头的生活习惯。

（二）围屏

唐代流行的围屏大致可分为三围和多扇两类，三围围屏通常中间一扇横长，两侧屏扇较窄，多扇围屏则数张屏扇的幅度皆为一致。多张屏扇之间的接合，主要依靠金属构件“角鍱”，《唐咸通十四年（公元873年）正月四日沙州某寺交割常住物等点检历》（P.2613）第24行载有：“屏风角鍱伍拾参”，[①]“角鍱”即合页一类安装在两块屏扇夹角内，用以勾挂连接屏扇的金属构件，《东宫旧事》所载“十二牒”、“十四牒”屏风，就是以十二扇、十四扇为一套的多扇围屏。角鍱又可称之为“屈膝”，指家具或其他实用器物上的转关构件。《汉书》卷九十九《王莽传》服虔注“秘机四轮车”云：“盖高八丈，其杠皆有曲（屈）膝，可上下屈伸也。”[②]魏晋南北朝至唐代的高档屏风上常施以金银屈膝。陆翙《邺中记》曰：“石季龙作金钿曲（屈）膝屏风，衣以白缣，画义士、仙人、禽兽。”[③]《玉台新咏》载

图4—8　五代周文矩《重屏会棋图》中三围屏风的屈膝

图4—9　五代王齐翰《勘书图》中三围屏风的屈膝

① 唐耕耦、陆宏基：《敦煌社会经济文献真迹释录》第三辑，全国图书馆文献微缩复制中心1990年版，第10页。

② （汉）班固：《汉书》，中华书局1962年版，第4169页。

③ （唐）徐坚：《初学记》卷二十五“屏风第三”，京华出版社2005年版，第333页。

梁简文帝萧纲《乌栖曲四首》有句："织成屏风银曲（屈）膝，朱唇玉面灯前出。"① 唐段成式《不赴光风亭夜饮赠周繇》诗："屏开曲（屈）膝见吴娃，蛮蜡同心四照花。"② 围屏上的屈膝形象，可见于五代画家周文矩《重屏会棋图》和王齐翰《勘书图》中所绘的三围屏风（图4—8、图4—9），从画面特征来看，二者似皆为鎏金錾花的金属屈膝，可见所绘者都是当时社会生活中较为高档的屏具。

1. 三扇围屏（线图 26、线图 202）

在一些唐代墓室壁画中，三屏一组式样的屏风壁画曾有数见。如西安陕棉十厂天宝初年唐墓墓室东壁绘有一具一宽两窄的三扇围屏（线图 202），中部屏扇为"▬"形的长条形通屏，绘制带有七个人物的一幅《乐舞图》，左右两侧的屏扇绘制花卉纹，各屏扇上下左右绘有赭红色边框，惜其上下部分皆有残缺，中幅高 1.18 厘米、宽 1.56 厘米，南（右）侧残高 1.04 厘米、宽 0.57 厘米，北（右）侧残高 0.37 厘米、宽 0.46 厘米。河南安阳市北关唐赵逸公圆形壁画墓（829 年）墓室西壁出土有一幅三扇屏风壁画（图 4—10），三屏画面亦有残损，仅左侧画面可测量整幅高度为 106 厘米，左屏幅宽 70 厘米，中屏宽 107 厘米，右侧屏宽 53 厘米。屏心画面皆为花鸟图案，并用赭红颜料绘制有屏框。由此两例墓室屏风画来看，唐代三扇围屏的左、右两侧幅宽并不一定是一致的。

图 4—10　河南安阳市唐赵逸公墓墓室西南壁至西壁

五代画家周文矩《重屏会棋图》中单扇立屏内又绘一架上绘山水画的三扇围屏（线图 26）。五代画家王齐翰的传世画作《勘书图》（图 2—34）中，也绘制有一架一宽两窄的大型三扇围屏，屏心上绘有青绿山水画，两侧屏扇稍向外曲折合围，屏扇下部插入安装在下平上曲的卷云形屏脚中（图 4—11）。西安陕棉十厂等唐墓壁画中的三扇围屏屏扇比例与五代绘画中的围屏很相近，唯屏下未绘屏脚，极可能是画面加以省略，唐代的落地三扇围屏下应是带有屏脚的。

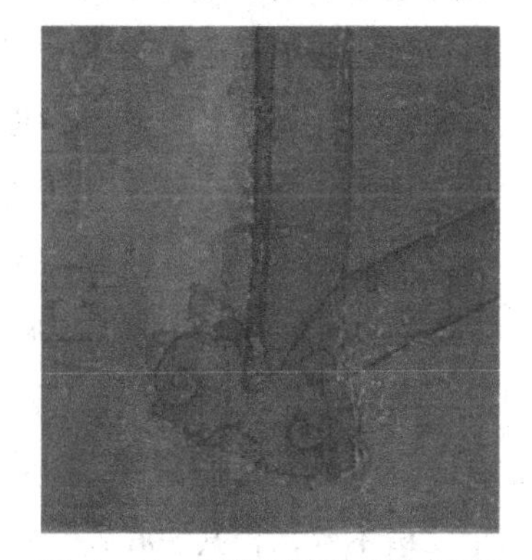

图 4—11　五代王齐翰《勘书图》中三围屏风脚部造型

① （南朝陈）徐陵：《玉台新咏》，中国书店 1996 年版，第 242 页。

② （清）彭定求、沈三曾等：《全唐诗》卷五八四，《文渊阁四库全书》本。

2. 多扇围屏（线图22—线图25，线图33、线图89、线图90）

唐代的多扇围屏的使用方式，与南北朝以来的生活习惯一脉相承，亦常被安装在床榻边缘，无论是壶门式床榻还是直脚床，讲究的样式往往装有床屏，这些床上屏风既有围合三侧的，也有围合背侧及左右某一侧和仅装于背侧的式样（线图23、图4—12）。隋唐五代时期墓葬和敦煌唐代壁画中都常有多扇围屏式壁画出现，如西安东郊苏思勖墓（745年）墓室西壁出土树下高士图六扇屏风画（图4—13）、陕西富平县唐节愍太子墓（710年）墓室南、北、西壁出土树下仕女图十二扇屏风画、山西太原金胜村焦化厂唐墓南、北、西壁出土树下高士图八扇屏风画、新疆阿斯塔那217号墓出土花鸟图六扇屏风画（图4—14）等。由出土多扇屏风画的数量上体察，它当是唐代最为流行的一种屏风式样。

图4—12　莫高窟116窟北壁盛唐《弥勒经变》局部

图4—13　西安东郊唐苏思勖墓出土六扇屏风画

多扇围屏一般没有屏脚，立于地面的多扇围屏通常利用屏扇间的转折，围合成曲尺形来稳定放置在地面上，通常来说，在室内席地而坐时，主人身后及身侧都常设置落地的多扇围屏。日本正仓院今藏有的唐式屏风皆为多扇围屏，登录在《东大寺献物帐》的首卷《国家珍宝帐》中有“画屏风廿一叠，鸟毛屏风三叠，鸟书屏风一叠，夹缬六十五叠，臈缬十叠”，合共“御屏风一百叠”，各叠屏扇有四扇、六扇、十二扇不等，合共596扇。[①] 数量之多，可见多扇屏风在当时社会生活中的重要性。这批屏风中有一件名为“大唐勤政楼前观乐图屏风”

图4—14　新疆阿斯塔那217号墓出土花鸟图六扇屏风左起一、二扇

① ［日］竹内理三编：《寧樂遺文》中卷，日本东京堂昭和五六年（1981年）订正六版，第450—454页。

者，说明这批屏风中的相当一部分，不仅是原产于唐朝，经海船运输至古代日本的原作，甚至有些可能是唐皇室赠送给日本使节的礼品。正仓院所藏屏风在《东大寺献物帐》中应用的量词为“具”和“叠”，“叠”即指可连缀在一起的一组多扇屏风，“具”则指由两组屏风合成的一套屏风，如《国家珍宝帐》中记载的“素画夜游屏风一具两叠十二扇”，即指绘制有夜游题材的一套两组多扇围屏，每组为六扇，合为十二扇。察考正仓院所藏坐卧类家具中，并无大型壶门式床榻，直脚床亦仅两具，即光明皇后所献圣武天皇的遗物“御床二张”，这两张直脚床的床面上并不安装屏风，因此献物帐所著录的一百余叠屏风，可能皆为落地式围屏。

《东大寺献物帐》著录的一百零六叠屏风中①，保存至今较完好的仅四十扇，藏于正仓院北仓仓号44，其中成套的仅有“鸟毛屏风三叠”，皆为六扇一组的围屏，合共十八扇，分别为“鸟毛篆书屏风”、“鸟毛立女屏风”和“鸟毛贴成文书屏风”。以“鸟毛篆书屏风”为例（图4—15、图4—16），各扇屏高149厘米，幅宽56.5厘米，六扇

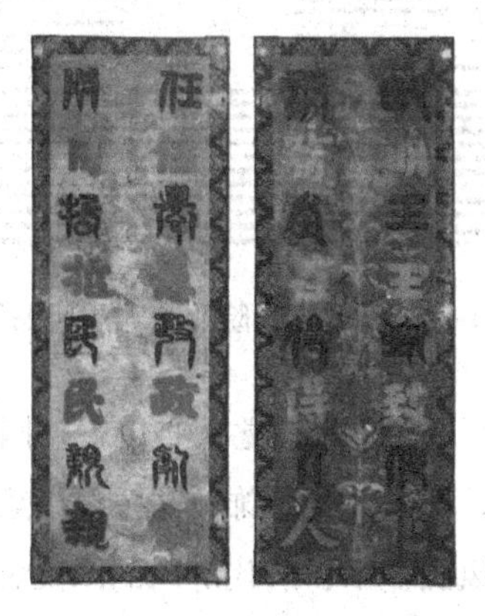

图4—15　日本正仓院北仓藏鸟毛篆书屏风第三、四扇

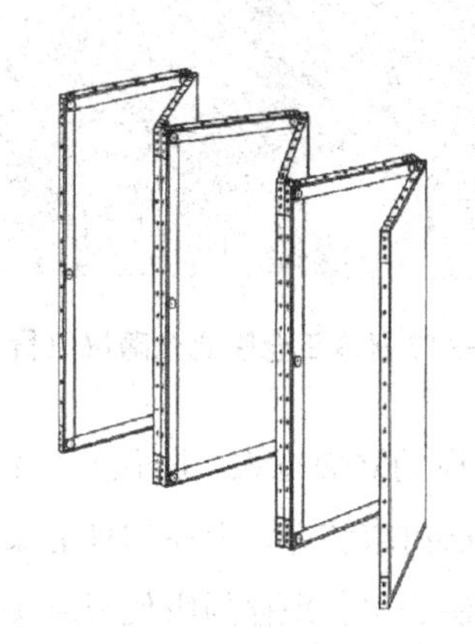

图4—16　鸟毛篆书屏风结构图

屏扇合共宽336厘米，每扇以篆、楷二体分别书四言诗两句，合六扇文字为一首论述兴亡治化之道的诗章。屏扇边框为木制，外缘贴饰斑竹，转折部位包有金属贴角加固，金属贴角片及固定斑竹片的金属钉为铁、铜混用，钉头涂黑漆。屏背面为碧色粗绢，屏扇正面边缘装饰带有浅褐色唐草纹饰的绯色纱，屏心为纸本。屏心篆书文字部分为黑褐色，并贴饰有雉鸡羽毛，利用鸟羽天然的光泽，能使屏风从不同角度去看时产生光彩变幻的视觉效果。为配合鸟羽的光泽变化，每两扇屏心采用一染作碧绿底色、一染作红褐底色的染色纸制成，且染色方法为使用吹管吹染，使屏心底色带有斑驳的肌理感。底色

① 包括《国家珍宝帐》著录“御屏风一百叠”、《屏风花毡等帐》著录四叠及《藤原公真迹屏风帐》著录两叠（参见《寧樂遺文》中卷）。

上的花卉图案，则是在吹染纸面时上部覆有预制好的剪纸花样，染料吹上纸面后移去花样，纸面上就留出了纸本色的花卉图案。楷书文字色泽则与底色相反，亦为一红褐、一碧绿，造成每两扇屏心色彩阴阳相衬，当转折陈设在室内时，这种色泽搭配放大了鸟羽光泽变幻的装饰效果，其设计和制作过程可谓十分复杂。①

白居易《素屏谣》诗有句云："木为骨兮纸为面"，描绘唐代屏风的结构方式。正仓院所藏屏风的骨架主要有两种，其一是由边框和龙骨制成长方形框架（图5—23），丝绢或纸质的屏心、屏背、贴边都裱糊在框架表面，其二是采用整张木板作为屏风骨架，其外裱贴屏心、屏背。正仓院北仓44至今仍藏有四件完好的整张木板式屏风骨（图4—17）及数件基本完整的屏风边缘贴条（屏风贴）。将屏心、屏背及屏缘上的边饰裱贴好后，屏的上下左右侧缘就要用金属钉固定一条竹质染色的贴条（图4—18），用以掩盖裱装织物或纸张的边缘。装裱贴饰好的屏风外观完整，制作精细，极具装饰性。

图4—17 日本正仓院北仓藏屏风骨第1号

图4—18 日本正仓院北仓藏屏风贴第7号

屏风的立面宽大，陈设在生活场景中时，占据了人们的视觉重心位置，因此凡制屏风，必讲求装饰，上述的鸟毛篆书屏风即为其证。屏扇上的装饰技法主要以染织、绘画和书法为主。现存的唐代屏风实物和唐墓出土屏风画显示，唐代屏风的图案装饰题材包罗山水、花鸟、人物纹样等。山水、花鸟题材的屏风纹饰讲求竖轴对称，并在整体对称中带有细节的变化和色彩的过渡。部分屏风上的纹样装饰，明显受到波斯、粟特民族艺术的影响，畅通的东西方文化交流使唐代艺术具备兼容并包的审美视界，为本民族文化艺术的发展注入了新鲜的养分。

此外，尽管图绘和实物资料中的唐代围屏，基本皆为框架上绷固纺织品或裱糊纸张构造的实体屏心，但实际上，唐代末五代时期的屏风大约已经出现了以短材攒斗或整板透雕的工艺制造透空屏扇的"格子屏风"，唐末诗人李贞白著有一首《谒贵公子，不礼，书格子屏风》的讽喻诗：

道格何曾格，言糊又不糊。浑身总是眼，还解识人无。②

---

① 鸟毛篆书屏风结构与装饰特征据日本帝室博物馆编《正倉院御物図録》第二辑，第三十七图题解。

② （清）彭定求、沈三曾等：《全唐诗》第八七〇卷，《文渊阁四库全书》本。

“格子”又称“隔子”，是在建筑的门窗部位采用雕刻或攒斗工艺做成的透空网格，作为中国古代建筑装饰上的一种悠久传统，战国时期楚辞《招魂》中就已经出现“网户朱缀，刻方连些”的句子。我国现存唐代木构建筑，门扇皆为板门，尚未发现有格子门的存在，但上世纪80年代发掘复原的唐都长安城东南新昌坊青龙寺约建于公元9世纪初的密宗殿堂，据研究者在其遗迹发掘基础上作了有充分文献证据的从台基到屋顶的建筑复原。在大殿正面开间中间的四根柱之间，有三扇格子门。① 现藏台北故宫博物院传为唐代画家李思训的《江帆楼阁图》中所绘的房屋门扇作直棂式格子门。据傅熹年先生的研究，此画中人物戴中唐以后幞头，建筑屋顶脊兽、直棂格子门则属晚唐五代式样，因此画作并非盛唐李思训作品，创作年代应属晚唐五代②。另据《广异记·韦延之》载：

> 典引延之至房，房在判官厅前。厅如今县令厅，有两行屋，屋间悉是房，房前有斜眼格子，格子内板床坐人，典令延之坐板床对事。③

《广异记》作于唐大历年间（8世纪中后期），因此格子门窗的出现应当比今天我们的实物发现要更早，门窗上的格子结构被移植用以制作屏风，也是极有可能的。格子屏风的出现，对我国传统屏风的制作工艺、装饰形式来说，无疑是种有益的丰富。五代到明清时期，传统建筑内檐装修中的门窗、隔扇、屏风上的球纹、钱纹、井栏纹、万字花、冰裂纹、十字斗簇花等图案造型，样式繁多，意韵优雅，其虚实掩映、半遮半露的陈设效果，极具中国审美特色。李贞白诗中所描述的“浑身总是眼”的格子式屏风，可能属于横竖短材攒造的平脚、斜脚格子的简单样式，据“言糊又不糊”之语，那么格子屏风上可能裱糊有半透明的轻纱类织物，从中已可窥见唐代屏风开始由实用的空间分隔用具，走向暗示性的虚空间划分、并注重结构性装饰工艺的发展趋势。

唐代围屏常见的套件数量，常以六、八、十二件屏扇成组，并以六扇联屏为最多见。西北大学马晓玲的硕士论文《北朝至隋唐时期墓室屏风式壁画的初步研究》一文曾列举出西安、山西、新疆吐鲁番等地区唐代贵族墓葬中墓室棺床四壁所绘制屏风画的布局情况④。对马晓玲文所列举材料加以分析，绘制六扇者，屏扇的布局通常有五种：①棺床后（北）侧墓壁四扇平列，东、西壁各一扇，在三壁上转折相连，以武周时期金胜村第6号墓为代表；②北壁靠右三扇平列、西壁三扇平列，在两壁上转折相连，以唐高宗时

---

① ［美］夏南希：《青龙寺密宗殿堂——唐代建筑的空间、礼仪与古典主义》，载中国建筑学会建筑史学分会编《建筑历史与理论（第六、七合辑）》，中国科学技术出版社2000年版，第254—256页。

② 傅熹年：《关于展子虔〈游春图〉年代的探讨》，载《崇文集二编：中央文史研究馆员文选》，中华书局2004年版，第713页。

③ （宋）李昉等：《太平广记》卷三百八十，中华书局1961年版，第3026页。

④ 马晓玲：《北朝至隋唐时期墓室屏风式壁画的初步研究》，西北大学硕士毕业论文，2009年，第38—56页。

期李勣墓为代表；③西壁四扇平列，北壁、南壁各一扇，在三壁上转折相连，以玄宗开元年间温神智墓为代表；④西壁六扇相连平列，以玄宗时期苏思勖墓为代表；⑤北壁六扇相连平列，以盛唐时期新疆阿斯塔那216号唐墓为代表。绘八扇者，布局通常有两种：①北壁平列四扇，东、西壁各平列两扇，在三壁上转折相连，以武周时期金胜村第4、5号墓为代表；②北壁平列两扇，东、西壁各平列三扇，在三壁上转折相连，以高宗至武周时期金胜村焦化厂唐墓为代表。绘十二扇屏者，布局通常有两种：①西壁平列六扇，北壁、南壁各平列三扇，在三壁上转折相连，以唐睿宗时期节愍太子李重俊墓为代表；②东、西壁各平列六扇，两壁屏风相对陈设，以唐代宗时期高力士墓为代表。

唐代墓葬中的棺床通常为东西向摆放，头部朝西（右）。棺床周围的屏风画的陈设布局方式无论是围合屏蔽一方、两方还是三方，皆以北侧（背部）或西侧（头部）为中心，实际上正是对死者生前起居生活环境的一种模拟。较为特殊的是将一套十二扇屏分为两组，一左一右各六扇围屏相对平列的陈设方式，似乎更能起到增加空间私密性的作用，可能是通常用于卧室内的屏风陈设形式。日本正仓院藏《国家珍宝帐》记载的一百叠屏风帐内，有数件为"一具两叠十二扇"的套组式屏风，白居易《素屏谣》诗中"二屏倚在东西墙。夜如明月入我室，晓如白云围我床"，即为两组屏风相对张设，分置于床榻周围。可见将成套的十二扇围屏分为东、西两组陈设，也是当时的一种常式。

考古发现的唐墓屏风壁画中，还有不少围屏和单扇立屏配合使用的陈设形式。西安陕棉十厂唐墓中除棺床东壁绘有一宽两窄的三联围屏外，在西壁的相应位置，绘有屏扇宽度一致的五扇花鸟图围屏。再如陕西富平朱家道村唐墓，西壁绘平列六扇水墨山水图围屏，北壁绘两具单扇立屏，东壁绘一具大型单扇乐舞图立屏，南壁左侧绘单扇卧狮图立屏。除墓室通道外，四壁满绘屏风画。如果将其场景移置在真实的生活环境当中，就相当于以数种不同形制、装饰主题的屏风围合出了一个几近封闭的空间。唐代室内装修环境中，尚未如宋代以后发展出木质的实体、透空等多种隔断设施，通常随需要灵活陈设屏风，促使屏风的形制向多样化的方向发展。

二、障具

（一）步障

"障"起初是由室内空间中张挂的帷幔发展而来的一种生活设施，但并不用于室内，而是在贵人出行时用以障蔽路人视线，流行的时期主要在魏晋南北朝，但在唐代仍有使用。步障类似于帷，但因施于室外，较室内壁间张挂的帷幕更长大，通过轻便的支架支撑而延展于道路两侧，可以长达数里。它约在东汉始创，魏晋南北朝时期成为上层贵族出行时必不可少的用具。《北史·齐宗室诸王传下》载：“魏氏旧制，中丞出，千步清道，与皇太子分路行，王公皆遥住车，去牛顿轭于地，以待中丞过。其或迟违，则赤棒棒之。……帝与胡后在华林园东门外，张幕隔青纱步障观之。遣中贵骤马趣仗，不得入，自言奉敕，赤棒应声碎其鞍，马惊人坠。”①《晋书·石崇传》载：“恺作紫丝布步障四十里，崇作锦步障五十里以敌之。”② 洛阳北魏宁懋石室线刻画《庖厨图》（图4—19），就是对当时步障使用情况的生动描绘。唐时步障仍为贵族阶层所应用，《广异记·汝阴人》载：“须臾，女车至，光香满路。侍女乘马数十人，皆有美色，持步障，拥女郎下车。”③ 陕西蓝田蔡坊村法池寺出土的初唐时期舍利石函的立壁上雕刻有一幅高僧出殡图（图4—20），搬抬棺帐的人群中，设有数人持举步障，图中步障由四幅织物横向连缀成一长幅，步障分段用木杆挑起，与出殡队伍一同行进。此图既说明了唐时步障的制作方法，也说明了步障的使用方式，因此显得尤为可贵。

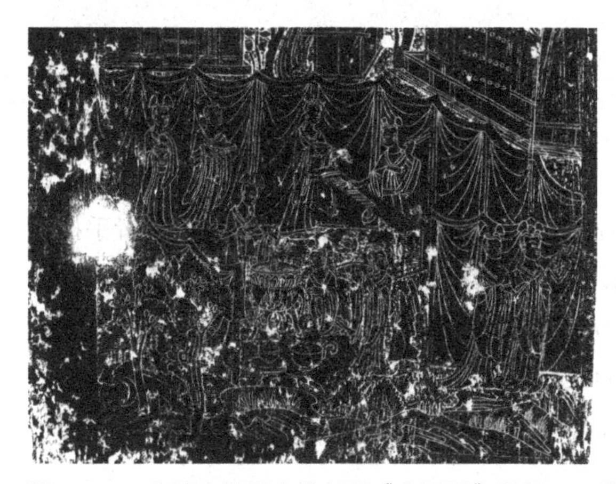

图4—19　北魏宁懋石室线刻画《庖厨图》局部

图4—20　蓝田法池寺地宫出土初唐舍利石函

（二）行障、坐障（线图203—208）

行障的创制时期亦为魏晋南北朝，约比步障出现得稍晚，它的形制是整张平面展开的布幅，挑在杆架上由侍者手持行进。与步障相比，它的使用方式十分灵活，在贵族外出时，它作为随行的仪仗张设，坐下休息时，杆架的下部插入底座固定放置，又可以起到与屏风相似的作用。《南齐书·宗测传》载：“测善画，自图阮籍遇苏门于行障上，坐卧对之。”④ 在室内陈设时，行障常设于人左右，并与床帐、围屏配合使用，南朝梁

① （唐）李延寿：《北史》卷五二，中华书局1974年版，第1889页。

② （唐）房玄龄等：《晋书》卷三三，中华书局1974年版，第1007页。

③ （宋）李昉等：《太平广记》卷三百一，中华书局1961年版，第2387页。

④ （南朝梁）萧子显：《南齐书》卷五四，中华书局1972年版，第941页。

庾信《灯赋》有“翡翠珠被，流苏羽帐。舒屈膝之屏风，掩芙蓉之行障”① 的句子，陈朝阴铿《秋闺怨诗》亦云：“独眠愁已惯，秋来只自愁。火笼恒暖脚，行障镇床头。”② 行障与屏风各置在床榻的一侧，为坐卧之处布置起一方私密的空间。河南安阳市北关唐赵逸公墓（829年）墓室西南壁至西壁，围绕棺床分别绘有行障与三扇围屏（图4—10），即行障用于室内，围绕床榻陈设的典型例证。

行障在唐代仍然十分流行，无论是室内还是室外，都可以见到它的身影。唐显庆五年（660年）李震墓墓道西侧壁画《牛车出行图》中（图4—21），在主人所坐的牛车后，绘有三侍者，中间一人手持一具行障，障杆较细，置于肩头，障杆上端的形状为两层叉形，挑起障头横杆。陕西礼泉县唐安元寿墓（684年）第五过洞至前甬道东壁壁画中亦绘有行障（线图203），图中绘有二女，在前者手持行障，障的形制以及障杆持置肩头的情态，与李震墓壁画十分近似，是唐代贵族出行配备行障情况的生动描绘。此外如美国利弗尔博物馆藏传为阎立本所绘的《锁谏图》中（线图204），画面左侧所绘前赵皇帝刘聪妃嫔刘贵妃的出行仪仗中就配备有行障，图中行障绘制细致，侍女手持障杆挑起障面，障面上沿带有障额，并垂下两条绶带，障面或为织锦，上有团窠纹饰。

图4—21　唐李震墓墓道西侧壁画《牛车出行图》（摹本）

行障在室内使用的例子，在敦煌壁画和唐代墓室壁画中曾有数见。莫高窟85窟窟顶南披晚唐壁画《法华经变·观世音菩萨普门品》中，一对男女坐在壶门床上叙话，床侧、床后围布两张行障（线图207）。河南安阳刘家庄北地第126号中唐墓（828年）西壁北端绘有一幅行障（线图205），图中行障上部障额绘四个团花纹，障面由四幅布拼合而成，底部障杆插入半圆形底座。河南安阳唐文宗太和三年（829年）赵逸公墓墓室西南壁所绘的行障（线图206），障顶内穿横杆，障面为浅黄色丝织物，障面上沿带有障额，中部及两侧有三条自顶端飘垂下、长于障面的绶带，皆饰有小团花纹，障的中部有立杆挑起障顶横杆，下端插入三足（或为四足）底座中，底座下绘有室内专门放置行障的圆形台基，障后立有一头梳高髻、面饰斜红的女子，由此画中看来，行障在室内还

① （北周）庾信撰，（清）倪璠注：《庾子山集注》卷之一，中华书局1980年版，第80页。

② 逯钦立：《先秦汉魏晋南北朝诗》下册，中华书局1983年版，第2457页。

能起到使主仆或男女之间的活动空间有所间隔的作用。敦煌榆林窟第25窟北壁中唐壁画《弥勒经变·嫁娶图》中（图4—22），亦绘有数具立于地面上的行障，正对画面的一具行障幅面与人体间的比例较赵逸公墓中的一例更宽大，障面顶端垂下五条红、绿色的绶带，障杆下部插入两直材交叉构成的底座，障杆及底座皆似为木制。行障上所饰的垂带，应属汉代室内常设的帷幕间垂带的遗意，它原本的功能是在需要时束起垂帷，用以灵活地分割室内空间，沿用到唐代的行障上，不仅在需要时可作束起障面的束带，更能与障面织物的色泽搭配映衬，并掩盖障面布幅间的缝线，起到锦上添花的装饰作用。

唐代的行障在固定放置时，除像上文所引文献描述的那样放置于室内坐卧空间周围以外，还可在多人共聚的仪节、宴饮场所多具并设，用以围合出一个更大的特定空间（线图208）。莫高窟第445窟北壁壁画《弥勒经变》（图2—92）描绘室外大型的宴饮情景，在数具行障围合出的场地内，乐人正在表演歌舞，各具行障前皆坐有宾客观赏玩乐，行障间的空隙可供侍者出入服务。从图中所绘情景来看，多具并设的行障，还能起到确定主次席位的方位划分作用。

唐代文献中还另见一种名为“坐障”的障具，《通典》卷一〇七记载有唐时皇室卤簿制度，其中“皇太后皇后卤簿”、“皇太子妃卤簿”、“内命妇四妃九嫔婕妤美人才人卤簿”、“外命妇卤簿”内，行障和坐障都有列名，“皇太后皇后卤簿”条载：“行障六具（分左右，宫人执）；次坐障三具（分左右，宫人执）。”以下太子妃及内、外命妇卤簿中的障具数量依等级递减。① 行障、坐障皆为贵妇出行的仪仗设施，男性卤簿制度中则不设。唐代诗人咏行障、坐障的诗篇，亦多与女性有关，如刘方平《乌栖曲》：“蛾眉曼脸倾城国，鸣环动佩新相识。银汉斜临白玉堂，芙蓉行障掩灯光。”② 在出行中使用的行障、坐障，可能在唐代多为女性所专用，和唐时女性外出时头戴幕离、帷帽遮蔽容颜的习俗相似，行障与坐障亦起到为女性贵重身份、遮蔽姿容的作用。

图4—22　榆林25窟北壁中唐《弥勒经变·嫁娶图》中的行障

目前所见的文献和图像资料，尚难以确知行障和坐障的形制区别何在。图像资料中的唐代障具，无论是手持还是固定张施，障面皆为连缀成整幅的丝织品，其间垂有带

① （唐）杜佑：《通典》卷一〇七《开元礼纂类二》，中华书局1992年版，第2784页。

② （清）彭定求、沈三曾等：《全唐诗》卷二五一，《文渊阁四库全书》本。

饰。据“坐障”之名，它的使用功能可能主要是陈设在坐位后侧，相对于行障的两用性来说用法较为单一，因此它垂直的立杆可能是固定在底座上的。上海师大陆锡兴著有《行帷、坐障考》一文中，根据《金史·舆服志》所载行障、坐障的尺度区别，认为二者的不同只在于行障大而坐障小，且“唐、宋、金、明应该是一致的”。① 中国社会科学院文学研究所扬之水所著《行障与挂轴》一文则根据《明史·舆服志》所载“行障绘瑞草于沥水，坐障绘云文于顶”推论这可能是行障与坐障的区别，② 然而李震墓、安元寿墓壁画中的行障，皆并无沥水（即障面顶部较窄的一层织品制作的障额，如《锁谏图》所绘的样式）。观察唐代敦煌壁画和墓室壁画中所绘的行障，不难发现障杆的形制大致可分为两种，其一是如李震墓、安元寿墓、《锁谏图》中所绘的，障杆为一细杆，下无底座而为人挑举，整体形制轻盈，其二是障杆较粗，下有底座，形体稳重的样式，而后者从重量上推论，并不太适宜由女子持举，相对于前者更具陈设使用方式的固定性特征，从这个特征来看，障杆或障架的轻便与否或许是行障与坐障的区别所在。

行障的障杆多为横纵的“丁”字形构造，唐人陆畅《咏行障》诗对行障的形制和功用有生动的描述：“碧玉为竿丁字成，鸳鸯绣带短长馨。强遮天上花颜色，不隔云中笑语声。”③ 徐州博物馆朱笛所著《展障玉鸦叉——唐墓壁画中丁字杖用途初探》一文注意到，关中及山西唐代壁画墓中，常见绘有手持丁字形长杖的侍女壁画，并根据文献及考古材料推测，这种丁字杖即“古时展障之画叉”，并进而推论这种丁字长杖对宋代以后卷轴画的欣赏、装裱方式的变化产生了影响。④ 文献资料显示，唐时行障上常绘有图画或写有书法，扬之水在《行障与挂轴》一文中亦认为行障对后世竖向装裱的条幅卷轴画的产生起到了重要的影响，这个观点确实言之成理。⑤ 唐代贵族墓中出现了为数甚多的侍女持丁字杖的壁画，如新城长公主墓、长乐公主墓、李震墓、太原金胜村唐墓等，然而侍者手持的丁字杖是否确实即为行障杆，则仍值得怀疑。在唐墓和敦煌壁画提供的图像资料中，丁字杖不仅为侍女手持，间或亦出现在男性手中，如北京宣武区陶然亭何府君墓（759 年）出土《墓主人图》壁画，坐在椅子上的墓主人身后站立的一名男仆手中即持丁字杖（线图 58），莫高窟 130 窟北壁盛唐《晋昌郡太守礼佛图》中，亦有一名男侍从手持丁字杖（线图 210）。另如莫高窟 217 窟盛唐壁画《得医图》中（线

---

① 陆锡兴：《行帷、坐障考》，载王元化主编：《学术集林》卷 12，上海远东出版社 1997 年版，第 337—345 页。

② 扬之水：《行障与挂轴》，《中国历史文物》2005 年第 5 期，第 65—72 页。

③ （唐）范摅：《云溪友议》卷中“吴门秀”条引，古典文学出版社 1957 年版，第 30 页。

④ 朱笛：《展障玉鸦叉——唐墓壁画中丁字杖用途初探》，《中国国家博物馆馆刊》2012 年第 11 期，第 46—54 页。

⑤ 扬之水：《行障与挂轴》，《中国历史文物》2005 年第 5 期，第 65—72 页。

图 22），被请而至的医者手中持有一丁字杖，而其作用，显然是作为助行之拐杖。实际上，唐墓壁画中出现的丁字杖主要有两种类型，其一是如新城长公主墓壁画中侍女所持的“丁”字形，即杖顶安装短直的横材，其二是如太原金胜村焦化厂 7 号唐墓中侍女所持的“丫”字形，即杖顶横材两端弯挑翘起的样式，① 这两种形制丁字杖的使用功能是否一致，尚难以确考。由于壁画中站在出行的仪仗队伍中的侍者或侍女手持丁字杖，却并没有张设织物障面，在众多各司其职的随侍者中，侍女手中仅持障杆而不张挂障面，并没有发挥行障的具体作用，令人难以理解。联系到唐代建筑及车马仪仗中仍沿袭着大量使用纺织品制作的帘帷一类软质装饰物的社会生活习惯，丁字杖有可能是用来挑起或闭合帷幕时使用的叉杆，同时如敦煌壁画《得医图》所示，唐代人使用的拐杖形制与侍女所持“丫”形丁字杖完全一致，它更有可能就是为贵人出行时备用的拐杖。因此丁字杖即为行障杆的推断尽管亦有其理，但并没有足够有力的确证。关于唐代行障、坐障的障杆结构，北京密云县大唐庄 M93 号唐晚期圆形砖室墓砖雕壁画给我们提供了更明确的图像资料，由于砖雕并不适于来表现软质的障面，壁画中的障仅雕出了障架（图 4—23），障架的主体由横竖的两根直材构成“丁”字形，上端添加两根斜向的短枨稳定结构，下部足跗为方形。顶杆和立柱结构固定，应是更符合唐代的家具制作工艺、更堪据信的唐代行障架的形制依据。南宋佚名画家所绘的《迎銮图》中，宋徽宗生母韦太后车驾旁的行障障杆，与密云大唐庄晚唐墓中一致，亦可作为旁证。

图 4—23　北京密云大唐庄 M93 号晚唐墓东壁浮雕

（三）帐

帐是起居坐卧时张盖于头顶，并于四周垂下帷幕的生活用具，它主要起到尊贵身份、隆重场合、遮风挡尘、障蔽视线的作用。在唐代，帐具与床榻等卧具的结合尚未如后世一般紧密，除寝帐外，日常生活起居时也仍有坐帐的习俗存在，亦起到一定区隔空间、屏蔽视线的功用，故将唐代的帐列于屏障具类目下略述。

帐在两汉至魏晋时期多通过帐构和帐础安放在地面上，图像及考古资料显示，汉

---

① 唐墓壁画丁字杖的形制可参考罗世平主编《中国美术全集：墓室壁画》（黄山书社 2010 年版）、徐光冀主编《中国出土壁画全集》（科学出版社 2011 年版）等中国古代墓室壁画图录资料。

代的帐构通常为金属所制（图1—18），帐与席、床榻及案几常做组合陈设。唐代高僧法藏所著的《华严经传记》记齐僧德圆行传云：

> 别筑净基，更造新室，乃至材梁椽瓦，并濯以香汤，每事严洁。堂中安施文柏牙座，周布香华。上悬缯宝盖，垂诸铃佩，杂以流苏。白檀紫沉，以为经案，并充笔管。①

据此，在南北朝时期，高僧的坐帐就与壶门床榻（牙座）相配，帐上施宝盖、铃佩、流苏，床榻前放置香木制作的经案，十分庄严隆重。出土于河南邓县南朝彩色画像砖墓的《老莱子娱亲》画像砖（图4—24），是现存资料中较早的床榻与坐帐搭配使用的图像。老莱子父母共坐在壶门式坐榻上，头顶张设坐帐，帐构的圆形立柱由帐顶贯通至壶门榻脚的外侧，榻与帐构显然是分体制成、在需要时配合使用的。此外如山西大同出土的北魏司马金龙墓漆画屏上所绘的壶门榻，帐构与榻身亦为分体制作。现藏于大英博物馆的东晋顾恺之《女史箴图》，被考证为唐代摹本，其中所绘的一张大型壶门卧床（图1—22）在床屏的外侧不见帐构的描绘，因此帐构似为直接安装在床榻四角边沿，这种构造在魏晋南北朝的其他资料中没有得到旁证，亦有可能是唐代画家临摹此画时的创作。

图4—24　河南邓县南朝画像砖墓出土《老莱子娱亲图》画像砖

隋唐时期，以床榻作为日常坐卧用具的情况较魏晋南北朝更为普遍，过去常与席毡茵褥相搭配使用的坐帐或寝帐，转而常与床榻组合为一整套的帐座，并由帐构与床榻相互独立制作逐渐演变为将帐构直接安装在床榻角沿上的形制，这个演变经历了一个渐进而交错的过程。莫高窟隋代第420窟窟顶西披中间上部《法华经·序品》（线图20）、窟顶南披《法华经·譬喻品》（线图113）中，帐柱都直接安装在壶门榻和须弥座上。敦煌壁画在不同时期的多个洞窟皆绘有维摩诘经变图，其中初唐第334窟（图2—20）、初唐第203窟、五代第61窟，维摩诘坐于正常高度的壶门床上，坐帐的帐构与床身都是一体的，帐柱直接装在床面的四角位置。而莫高窟初唐220窟、盛唐第103窟（线图89）、中唐第159窟（线图90）、晚唐第9窟、五代第98窟（图4—25）中，维

① （唐）法藏：《华严经传记》卷第五《书写第九》，载《续藏经》第134册，台湾新文丰出版社1994年版，第592页。

摩诘坐在带有坐帐的高座上，并且往往对帐构有精细的描绘，帐构皆与壶门高座分体而制。其中第98窟对帐构的固定方式描绘得尤其清晰，高座的四角各带有一个圆环，帐构的四根立柱穿过圆环，延伸插入地面上的圆形帐础中。由此可见，整个唐代，帐与床榻的配合使用，存在合体与分体两种交错并行的形式，与床榻分体的帐构显然在唐代仍长期流行，有着普遍的应用，而后世帐架与床身一体的“架子床”，也已经从隋唐时期开始发源。唐李肇《翰林志》载：

> 内库给（新翰林学士）青绮锦被、青绮方褡、青绫单帕、……画木架床、炉铜、案、席、毡、褥之类毕备。①

其中所谓“画木架床”之“画木”，是指魏晋南北朝就开始出现，唐时尤为流行的木画镶嵌工艺，它主要施加于木质器物的表面，“架床”应指帐架与床座一体的床榻，此或即为唐时架子床的名称。

图4—25　莫高窟第98窟五代壁画《维摩诘经变》局部

图4—26　洛阳龙门张沟C7M2669号唐墓出土帐座

唐时的帐无论与床榻分体还是直接安装于床榻座面，其高档的制作都十分精良，除了帐顶、帐侧垂覆的纺织品带有各种精美纹饰，使用织锦、染色等复杂工艺外，帐构上也带有各种功能性和装饰性的构件，帐构立柱的下端，是插入石雕或铜铸的帐础中立于地面的。西安南郊唐显庆四年（657年）蒋少卿墓中出土有陶质帐础，共为四件，底座方形，上部隆起修方为圆，呈二重八瓣覆莲台，中心有圆形插孔，通体施黑彩。通高8厘米，底座边长15.6厘米，孔径3.5厘米。② 洛阳龙门张沟C7M2669号唐墓（开元二十三年，735年）出土有4件石帐础（图4—26），下部呈正方形、上部作圆台形，圆台周围刻蔓草纹。座顶正中的孔中，插有圆柱形铁杆，铁杆中空，其内灌铅加固，即

① （唐）李肇：《翰林志》，清知不足斋丛书本。

② 西安市文物保护考古研究院：《西安唐殿中侍御医蒋少卿及夫人宝手墓发掘简报》，《文物》2012年第10期，第29—30、34页图二五。

为帐构四角的帐柱。帐柱顶端有扁平铁片呈对角作X形相连，铁片一端带銎套在铁杆上，相交处用铆钉固定，应为帐构顶部残存的交叉部位结构部件。石帐础长21.6厘米、宽20厘米、高7.6厘米，带铁杆通高152厘米。唐墓中发现陶或石质帐础的例子较多，但大多并无金属杆与之相配，有可能说明唐代的相当部分的帐构主体材质已改为木质，由于墓室环境不利保存而朽损无痕了。除了帐础，汉魏以来的帐顶上就常有各种小装饰物，如帐构顶端四周饰有金龙形象，山东临沂白庄汉墓出土《乐舞画像石》床顶四角饰有盘曲的龙首，山西寿阳县贾家庄北齐库洛狄迴墓就曾出土有鎏金铜龙首实物，① 此外如魏晋南北朝以来帐顶常见的围饰山花蕉叶、垂珠璎珞、帐顶中部饰莲花、火珠、塔刹等装饰形式，在唐代也依然延续其存在。敦煌壁画中尤其豪华的典型例子如莫高窟第148窟西壁《法华经变》中佛陀的棺帐（图2—99），本节前述蓝田法池寺地宫出土初唐舍利石函（图4—20）外壁上所绘的高僧出殡图中的棺帐，四角有垂挂流苏，帐侧垂饰飘带璎珞，也是唐代帐具装饰华丽的例证。唐墓的考古发现中，在棺床侧边常发现一些玻璃和金属饰件，应为帐构朽烂后落于地面的帐顶饰物。典型的如甘肃合水唐咸亨元年（670年）唐右监门卫将军魏哲墓，在棺床以东地面上，发现72件小玻琉器（图4—27），口径3.4厘米、高1.7厘米、侈口，直壁，凹底，器身及器口呈六瓣瓜棱状，外表瓜棱相交处镶有鎏金铜条，铜条宽0.2厘米。类似的瓜棱状玻琉器在唐史道洛墓、温绰墓、新城长公主墓中也有发现。河北邢台桥东区西南部96QDM32号晚唐墓棺床前的空地上，发现散落的14件铜鹤饰，腹部背面有柱状方钉，有数件表面施有蓝漆，其中一件标本头尾长6.8厘米，两翅宽9.1厘米，腹厚0.5—0.6厘米（图4—28）。从其腹部连接有钉来看，应属帐构上的装饰物。另如2005年洛阳市关林大道唐开元八年（720年）刘府君夫妇墓在墓室棺床前的空地上出土有一件鎏金铜龙，该墓在出土时已经盗

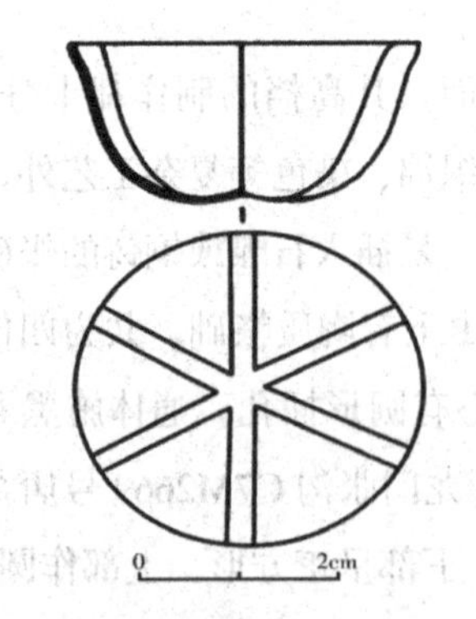

图4—27　甘肃合水唐魏哲墓出土玻琉器

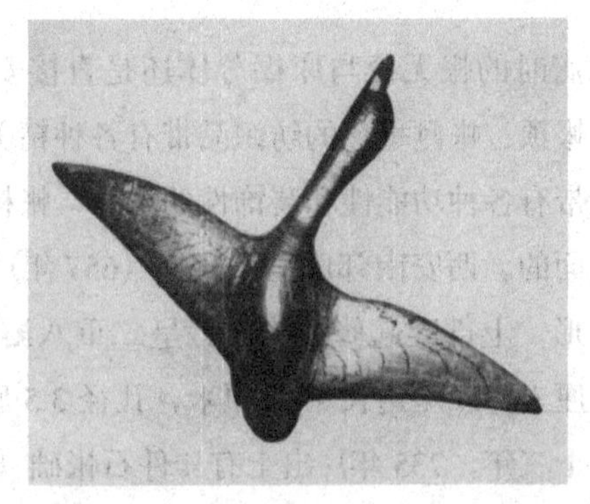

图4—28　河北邢台96QDM32号晚唐墓出土铜鹤饰

① 王克林：《北齐库狄回洛墓》，《考古学报》1979年第3期，第388页图八。

掘，因此帐构及帐饰的发现并不完整。①

1. 斗帐（线图 20、线图 89、线图 90）

《释名》卷六“释床帐第十八”云：“帐，张也，张施于床上也。小帐曰斗，形如覆斗也。”② 中国社会科学院杨泓先生著有《漫话“斗帐”》一文，根据对魏晋南北朝时期的墓室壁画的相关分析，认为斗帐专指坐帐，并不用于睡卧。③ 由于文献材料的描绘过简，实际上仅能推知斗帐多为近方的矩形，顶部当为平顶四面坡式的盝顶，其形制的典型图像例子，可见山西太原北齐徐显秀墓壁画《墓主人夫妇图》（图 1—25）。更多的魏晋南北朝时期墓室壁画图像显示，汉代至南北朝时期的坐帐顶部，至少还有庑殿顶、四角攒尖顶、拱顶、平顶等式样。庑殿顶帐式典型的如中山靖王墓出土铜帐构（图 1—18），四角攒尖顶典型的例子如朝鲜发现的东晋永和十三年（357 年）纪年的冬寿墓壁画《冬寿像》（图 4—29）、《冬寿夫人像》，拱顶的例子如北魏司马金龙墓出土漆屏风画《列女古贤图》“孝子李充奉亲”的画面④，平顶的例子典型的如山东临沂白庄汉墓出土《乐舞画像石》⑤。这类帐顶形制并非盝顶的坐帐，杨泓先生认为也属于斗帐，为便对唐代帐具加以归类分析，本书遵从杨先生之论，将供日常起居的小型坐帐，概称之为“斗帐”。

图 4—29 东晋冬寿墓西侧室西壁《冬寿像》（摹本）

图 4—30 莫高窟 203 窟西壁龛外初唐《维摩诘经变》局部

① 洛阳市文物工作队：《洛阳关林大道唐墓（C7M1724）发掘简报》，《文物》2007 年第 4 期，封面，第 29 页图四、图五。

② （汉）刘熙：《释名》，商务印书馆 1939 年《丛书集成初编》本，第 94 页。

③ 杨泓：《漫话“斗帐”》，《文史知识》1984 年第 12 期，第 64—67 页。

④ 张安治主编：《中国美术全集：绘画编：原始社会至南北朝绘画》，人民美术出版社 1986 年版，第 156 页图。

⑤ 中国画像石全集编辑委员会编：《中国画像石全集：山东汉画像石》，山东美术出版社 2000 年版，第 30—31 页图三五。

唐代是床榻作为日常生活起居陈设中心的最后一个历史时期，斗帐的设置依然是必不可少的。敦煌壁画为我们提供了为数不少的唐代坐帐形象依据。如莫高窟420窟窟顶南披隋代壁画《法华经·譬喻品》中（线图20），绘有一僧人坐在一具平顶斗帐内，帐的顶缘垂下一圈额裙。由于斗帐是一种日常坐帐，它的装饰可能比用于内寝中的寝帐更加华丽一些。李欣《郑樱桃歌》云："赤花双簟珊瑚床，盘龙斗帐琥珀光。"沈佺期诗《七夕曝衣篇》亦云："双花伏兔画屏风，四子盘龙擎斗帐。"① 除了各种代表吉祥尊贵的祥鸟瑞兽饰于帐角，唐代斗帐上还常有各种流苏、珠宝璎珞等饰物，即如温庭筠诗《偶游》："红珠斗帐樱桃熟，金尾屏风孔雀闲"，阎朝隐诗《鹦鹉猫儿篇》："云母屏风文彩合，流苏斗帐香烟起，承恩宴盼接宴喜。"②

坐隐床屏、帐垂流苏，是唐时贵族日常起居和社交生活的典型情态。对唐代斗帐的形象描绘，最为清晰具体的莫过于敦煌唐代壁画中的《维摩诘经变》主题。莫高窟第203窟西壁龛外北侧上部《维摩诘经变·文殊师利问疾品》中（图4—30，线图21），维摩诘手持麈尾，坐于一方形壶门榻，坐榻配有平顶斗帐，四面垂下帷幕，正面帷幕系起呈波浪状，帷间垂有饰带，帐顶中心和四角饰碧色宝珠，四周立有花叶。敦煌莫高窟334窟西壁龛内初唐《维摩诘经变》中（图2—20），维摩诘坐在平顶斗帐内，帐侧垂有较短的绿色裙额，其间装饰的条形饰带与三角形饰片花色相应，可能由于坐榻上立有屏风，334窟所绘斗帐并无长及床身的垂帷。除了壶门坐榻上常配有斗帐外，部分制作华丽、专用于清谈讲法的高座也会配有斗帐，如莫高窟盛唐103窟东壁窟门南侧《维摩诘经变》中的带屏高座（线图89），所配斗帐形制与第334窟相近，并无较长的垂帷，帐顶上空飘飞数个狮子座，被其遮掩的帐顶应为拱顶或盝顶。初唐220窟、中唐159窟、晚唐第9窟、五代第61窟、五代第98窟《维摩诘经变》中维摩诘高座所配的斗帐皆为盝顶。其中第159窟（线图90）、第9窟所绘的斗帐带有自然披下的短帷，约束于四个角柱，由这些图像描绘来看，唐代的斗帐如配有床屏，则多数并无长至床面以下的垂帷，帐顶边沿上只垂下波浪状的额裙、带饰及璎珞等饰物，即使带有垂帷，通常也较短，且多卷束在帐构的四个角柱上，基本只起到装饰作用。

2. 帷帐（线图25）

郑玄注《周礼·天官·幕人》云："在旁曰帷，在上曰幕"，所谓帷帐，即四周带有垂帷、形制较斗帐更大的帐。《旧唐书·韦庶人传》载："临淄王率薛崇简、钟绍京、刘幽求领万骑及总监丁夫入自玄武门，至左羽林军，斩将军韦璇、韦播及中郎将高崇于寝帐。"③ 唐时的卧床有的带有帐，为便防风蔽虫，寝帐应属带有垂帷、较斗帐形制更

① （清）彭定求、沈三曾等：《全唐诗》卷二九、卷九五，《文渊阁四库全书》本。

② （清）彭定求、沈三曾等：《全唐诗》卷五七八、卷六九，《文渊阁四库全书》本。

③ （后晋）刘昫等：《旧唐书》卷五一，中华书局1975年版，第2174页。

大的帷帐。敦煌变文《双恩记》有“汝为吾子，生长深宫，卧则帷帐，食则恣口”①之语，即为以帷帐作为寝帐的明证。敦煌变文《下女夫词》载：

［至堂门咏］：堂门策（筑）四方，里有四合床。屏风十二扇，锦被画文章。

［论开撒（撤）帐合（袷）诗］：（第一）一双青白鸽，绕帐三五匝。为言相郎道：绕帐三巡看。

［去童男童女去行座障（幛）诗］：（第二去行座障诗）夜久更阑月欲斜，绣障玲珑掩绮罗。为报侍娘浑擎却，从他驸马见青娥。②

据此诗中描述，在结婚的新房内，婚床、屏风、床帐、行障一应具备，寝帐的使用，在唐时应是十分普遍，下及于中人阶层的。其构造形制，也无非有帐构与床身分造、合造两种。由于使用场所的特殊性，迄今可见的图像资料上较少对寝帐的详细描绘，敦煌藏经洞发现的公元8世纪绢画《佛传图·入胎》画面中，摩耶夫人所卧的壶门床带有帷帐（图2—21），另如榆林第25窟北壁右上角《弥勒经变》中所绘一名妇人所卧的壶门床也带有帷帐（线图25），由于画面其他内容遮挡，这些图例中的帷帐皆只见垂帷，不见帐身全貌。

除了用作寝帐，帷帐还可用于日常待客、仪节庆典、宴饮聚会等隆重的起居场合使用，如《玄怪录》卷三“袁洪儿夸郎”条云：“明日，王氏昆弟方陈设于堂下，茵榻帷帐，赫然炫目。”③这类帷帐的使用等级似乎颇高，代表一定的社会等级和身份地位。《唐律疏议》卷第九第106条“主司借服御物”：

诸主司私借乘舆服御物，若借人及借之者，徒三年。非服而御之物，徒一年。在司服用者，各减一等。注：非服而御，谓帷帐几杖之属。［疏］议曰：帷帐几杖之属者，谓笔砚、书史、器玩等，是应供御所须，非服用之物。色类既多，故云“之属”。

卷第二十七第435条“毁神御之物”：

诸弃毁大祀神御之物，若御宝、乘舆服御物及非服而御者，各以盗论；亡失及误毁者，准盗论减二等。［疏］议曰：……“乘舆服御物”，谓皇帝服御之物。“及非服而御”，谓帷帐几杖之属。……④

供御用或祀神之用的帷帐，不得私借和亡失弃毁。《旧唐书》中有多处记载帝王为有功之臣特赐帷帐之事：

---

① 潘重规：《敦煌变文集新书》卷二，文津出版社1994年版，第80页。

② 王重民等：《敦煌变文集》，人民文学出版社1957年版，第276页。

③ （唐）牛僧孺、李复言：《玄怪录·续玄怪录》，中华书局1982年版，第59页。

④ （唐）长孙无忌等：《唐律疏议》，中国政法大学出版社2013年版，第129、360页。

遣内侍鱼朝恩传诏，（代宗）赐美人卢氏等六人、从者八人，并车服、帷帐、床蓐、珍玩之具。（卷一二〇《郭子仪传》）

肃宗深奖之，礼甚优厚，赐甲第一区、名马数匹，并帷帐什器颇盛。（卷一二四《令狐彰传》）①

再如姚汝能《安禄山事迹》载天宝六载（746年），玄宗为安禄山赐宅于亲仁坊，并赐赠大量日用之物，其内包括“银平脱破方八角花鸟药屏帐一具，方圆一丈七尺”、“绣茸毛毯合银平脱帐一具，方一丈三尺”。② 两套赐帐的木质部分都带有银平脱工艺装饰，其中前者名称中之所谓“破方八角”，大约是将矩形的四角部位斜切而成八角，破方八角花鸟药屏帐，应当是床座、屏风、帐架构成的一整套八角形屏帐，因此在丈量其尺度时使用的量词为“方圆”，而非后者所用的量词“方”。由此可见，唐代高等级的帷帐之形制不仅有常见的矩形，还有特殊而豪华的异形设计。

图4—31 东魏武定元年（543年）《邑义五百余人造像记》局部

图像资料可见的用于坐姿仪节的唐代帷帐较为罕见，今藏于美国纽约市立博物馆的一件东魏武定元年（543年）八月造像碑阳面所刻的《邑义五百余人造像记》上部所刻图像或可作为参考（图4—31），图中维摩诘所坐的帷帐帐顶为两层台式，顶饰、缘饰华丽，帐侧带有四幅长垂帷，分别约束在帐构的四根角柱上，帐周另筑有围栏台基，帐内陈设坐榻，当为北朝晚期帝王帷帐的样式代表。此外日本江户时代末期古籍《安政禁秘图绘》中，以彩绘的形式载有京都御所内举行历代天皇加冕仪式的正殿紫宸殿和天皇日常居住的宫殿清凉殿内分别设置的两张“御帐台”，即是日本14世纪早期至19世纪中期历代天皇使用的坐帐。如紫宸殿“御帐台”（图4—32）帐座为壶门床式，但平列的各壶门间有短柱，已属宋式。帐构为木制，直接安装在床面四角部位，帐顶为平顶，四面垂下的帐帷共有八幅，位于床角的四幅约束于帐构角柱，床侧的四幅则通过帐顶垂下的带向上束起。尽管《安政禁秘图绘》中记载的御帐台其属时相当于我国明清时期，但由于日本历史上对传习和保持唐文化较为执着的态度，察其特征，或可作为唐式帷帐形制的大致参考。尤其值得注意的是，书中还载有“御帐台内御装”（图4—33），

① （后晋）刘昫等：《旧唐书》，中华书局1975年版，第3461、3528页。

② （唐）姚汝能：《安禄山事迹》卷上，上海古籍出版社1983年版，第6页。

即与坐帐相配合使用的其他家具，其中包括“平文御倚子”一张、“置物御机（几）”两件、“狛犬”两件。“御几”为弧面两足式，面髹红漆，似由夹膝几演变而来，日本当代通常称之为“肋息”，“狛犬”可能起到镇席一类的功能作用，同时亦与金狮床有一定关联，其上贴金箔装饰。“平文御倚子”，即以金银平脱或螺钿平脱工艺装饰的椅子。高足坐具被放置在带有壶门底座的坐帐内使用，显示了新旧两种生活习惯的交融面貌。《旧唐书》载唐穆宗“于紫宸殿御大绳床见百官”①，依唐时室内陈设格局，贵人坐处必设床帐、围屏、行障等物，唐穆宗坐大绳床接见百官，极有可能也是将大绳床放置在带有床帐的壶门坐榻上，如此高坐，方能体现身份的尊贵。唐穆宗所御大绳床，实为后世帝王宝座的滥觞，且后世帝王宝座尽管不再设帐，但皆于正殿放置宝座处另造高台、后置屏风，亦为在御榻上放置高型坐具的延伸发展。

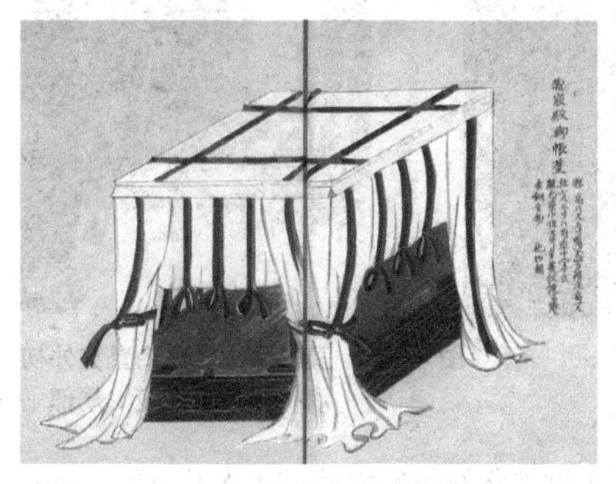

图 4—32　紫宸殿御帐台全图

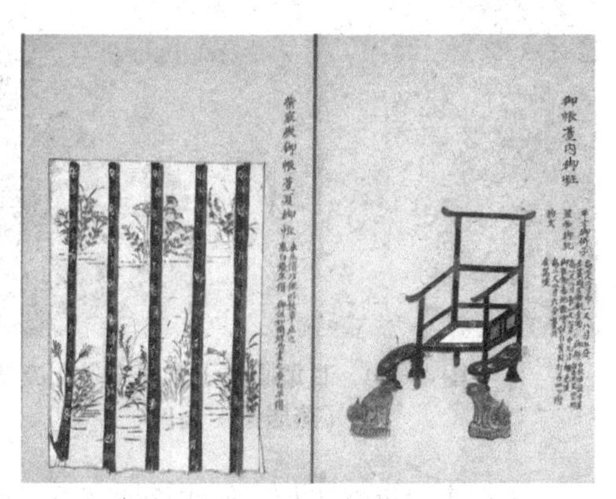

图 4—33　紫宸殿御帐台夏季用帷（左），御帐台内御装（右）

3. 帟、伞（线图 209、线图 210、线图 110）

《周礼·天官》云，幕人“掌帷、幕、幄、帟、绶之事”，贾公彦疏：“帟者，在幄幕内之承尘。”《释名》卷六“释床帐第十八”条云：“小幕曰帟，张在人上奕奕然也”，郑玄注《礼记·檀弓》“君于士，有赐帟”云：“帟，幕之小者，所以承尘。”② 帟是张施于头顶，起到承尘作用的家具，据贾公彦的说法，则它是在帷幕幄帐之内另设于人体头顶的小型帐幕，使用它的人常呈坐姿。河北安平东汉壁画墓中出土的一幅《墓主人图》中③，墓主坐在一带屏风的榻上，头顶张有一具方形覆斗状的帟，帟顶带有雁形装饰，它的承尘面较榻面小，仅能供张施在主人头部，由于画面剥蚀，图中帟的支架形制无法判断。帟在魏晋南北朝的图像资料中更为多见，甘肃酒泉市果园乡丁家闸

① （后晋）刘昫等：《旧唐书》卷十六《唐穆宗本纪》，中华书局 1975 年版，第 501 页。

② （汉）郑玄注，（唐）孔颖达等正义：《礼记正义》卷八，北京大学出版社 1999 年版，第 252 页。

③ 河北省文物研究所：《安平东汉壁画墓》，文物出版社 2003 年版，图四〇。

5号北凉墓前室西壁壁画中，上层绘有《西王母图》，王母身侧有一侍女，手持一曲柄伞盖，张施于王母头顶，伞柄长度及地，下无底座。中层为男墓主《燕居图》(图4—34)，图中墓主坐一方形小榻，身后亦有一侍女手持曲柄伞，图中伞盖似为四角形，绷固有纺织品。参之于文献描述，这种在室内张设于头顶上的小型曲柄伞，应即为帟，亦即一种仪仗用的伞盖，为便于张设于贵人头顶，其柄多曲。

图4—34　甘肃酒泉丁家闸5号北凉墓《燕居图》局部

图4—35　莫高窟203窟西壁龛外初唐《维摩诘经变》局部

帟在唐代仍然流行，如沈佺期《夏日梁王席送张岐州》诗云："天人开祖席，朝采候征麾。翠帟当郊敞，彤幨向野披。"[①]《新唐书·岑文本传》："始，文本贵，常自以兴孤生，居处卑，室无茵褥帏帟。"[②] 唐代图像资料中的帟，可见于敦煌壁画中的描绘。莫高窟第203窟西壁龛外北侧上部初唐《维摩诘经变》中的文殊菩萨的头顶绘有一圆形天盖（图4—35），或即为帟，由于所绘为坐姿菩萨像，为显神秘庄严，帟的柄被省略了。莫高窟323窟南壁初唐壁画《佛传故事·隋文帝迎宾求雨》（线图209）中，隋文帝身后侍者手中持帟，帟的顶部为圆盖形，上饰宝珠、火焰形立饰，盖沿垂下绶带，帟柄为曲柄，柄首似安装在帟顶的内部中心位置。莫高窟130窟北壁盛唐《晋昌郡太守礼佛图》中侍者手中的帟亦为曲柄、圆盖，盖沿垂下数层额裙沥水（线图210）。莫高窟159窟东壁中唐《维摩诘经》中，吐蕃赞普站在维摩诘所坐的高座旁礼佛（图4—36），赞普站立在座侧特设的方台上，身后一名随员手持曲柄小帟，张于赞普头顶，帟柄是一挑杆，末端装一龙首，帟顶吊挂于龙口，其形制与前数例略有不同。

① （清）彭定求、沈三曾等：《全唐诗》卷九七，文渊阁四库全书本。
② （宋）宋祁、欧阳修等：《新唐书》卷一百二，中华书局1975年版，第3966页。

图 4—36　莫高窟 159 窟东壁中唐《维摩诘经变》局部

图 4—37　（东晋）顾恺之《洛神赋图》局部

除了帟，先秦时期通常张施于车驾上的伞，在汉代演变成由随侍人员手持、张施于人头顶的伞盖，并常与扇结合，成为高等级贵族出行时的常备仪驾。《左传·定公四年》“备物典策，官司彝器”句，孔颖达疏：“服虔云：‘备物，国之职物之备也。当谓国君威仪之物，若今伞扇之属。’”① 其作用与帟比较接近，东晋顾恺之《洛神赋图》的多段曹植出行情节中，无论行走还是坐于壶门榻，其身后多有持伞的侍者仪仗，图中伞有直柄、尖顶四角，伞面为红色，行走时随从将伞柄略为前倾，遮蔽于尊者头顶。唐时亦沿用此制，《旧唐书·阎立德传》载：“武德中，（立德）累除尚衣奉御，立德所造衮冕大裘等六服并腰舆伞扇，咸依典式，时人称之。”②《唐六典》卷四《尚书礼部》记载：“若职事官五品以上，上及散官三品以上，爵国公已上及县令，并用伞。”③ 故宫博物院藏阎立本《步辇图》中，唐太宗的随侍宫女中有一人持伞（线图 110），画面对伞的骨架结构有着清晰的描绘，其形制与《洛神赋图》（故宫博物院藏宋摹本）中所绘的伞基本类同（图 4—37）。《步辇图》中唐太宗所坐腰舆配备的伞扇仪从，当即为阎立德所创之典式。

总之，从现存的几例图像资料来看，唐代的伞和帟的区别大致在于，帟多为曲柄，伞多为直柄，帟顶多为圆形笼盖状，不可收束，而伞顶由骨架支撑为多角状，可收束起来放置。二者皆属用以隆重场合、尊崇身份的仪仗设施，在功能上与步障、行障有一定

① （晋）杜预注，（唐）孔颖达等正义：《春秋左传正义》，中华书局 1980 年版，第 2134 页。
② （后晋）刘昫等：《旧唐书》卷七十七，中华书局 1975 年版，第 2679 页。
③ （唐）张说、李林甫等：《唐六典》，中华书局 1992 年版，第 118 页。

的相关性。

第二节　架具

架具指陈放、展示各种生活设施的支架类家具，它们为满足日常生活所需而设置。唐代的架具，构造简便而不失精巧，由于受到所处时代工艺技术和审美风格的影响，种类繁多的架具通常带有强烈的共同时代特征。

一、陈列架

陈列架是集中陈放各类物品的架子，它兼具收纳与陈列观赏作用，通常分隔为多层，两面开敞，明清家具中的陈列架通常称为“架格”。尽管它是日常生活中必不可少的设施，但在唐代的图绘资料中，甚少关于它的描绘，文献资料中记载的唐代陈列架，多是书架：

玉楼宝架中天居，缄奇秘异万卷余。水精编帙绿钿轴，云母捣纸黄金书。（吕温《上官昭容书楼歌》）

望水寻山二里余，竹林斜到地仙居。秋光何处堪消日，玄晏先生满架书。（李涉《秋日过员太祝林园》）①

敏求即随吏却出，过大厅东，别入一院。院有四合大屋，约六七间，窗户尽启。满屋唯是大书架，置黄白纸书簿，各题榜，行列不知纪极。②

敦煌文书《辛未年（公元911）正月六日沙州净土寺沙弥善胜领得历》（P.3638）载：

经架壹。（第9行）③

现藏于台北故宫博物院，题名为五代后蜀画家黄筌的卷轴画《勘书图》，以描绘韩愈教子为题材，画中绘有一具书架（图4—38），书画界研究者认为画作近于明人笔法，但根据画中所描绘的直栅足案以及书架上放置书籍的卷轴装观察，所绘内容仍尚存唐五代遗韵，其所绘书架样式或可窥唐时书架的一斑。

① （清）彭定求、沈三曾等：《全唐诗》卷三七一、卷四七七，《文渊阁四库全书》本。

② （宋）李昉：《太平广记》卷一百五十七录唐薛渔思《河东记·李敏求》，中华书局1961年版，第1127页。

③ 唐耕耦、陆宏基：《敦煌社会经济文献真迹释录》第三辑，全国图书馆文献微缩复制中心1990年版，第116页。

图4—38 五代黄筌《勘书图》局部

唐时陈列架又可称为“棚”、“棚阁（格）”：

库内东墙施一棚，两层，高八尺，长一丈，阔四尺，以安食物。①

饿乌窥食案，斗鼠落书棚。（陆龟蒙《江南秋怀寄华阳山人》）②

诸军器在库，皆造棚阁安置，色别异所，以时曝凉。③

据此，除了用作书架，“棚”还可用于放置食品和军械等其他用途。日本正仓院北仓仓号174藏有两具“棚厨子”，其名称来源正可与前述唐代文献中记载的“棚”、“棚阁”相应，正是专门用来陈列皇室献纳珍宝的陈列架，它们皆被著录在日本弘仁二年（公元811年）对正仓院文物进行清点时的记录文献《勘物使解》中，是较为可靠的唐式陈列架的现存实物资料。两只棚厨子的样式并不相同，“棚厨子第1号”（图4—39）高140.3厘米，长239厘米，宽56.8厘米，由六根枋材立柱、五根枋材足跗以及三张板材合造为框架结构。“棚厨子第2号”（图4—40）高154.3厘米，长187厘米，宽55.1厘米，为横、竖板材构造而成的板式结构，中部为两层隔板，顶部带有顶板。两具棚厨子的中部两层隔板都用以陈列日本光明皇后献纳给东大寺的珍宝。

图4—39 日本正仓院北仓藏棚厨子第1号

图4—40 日本正仓院北仓藏棚厨子第2号

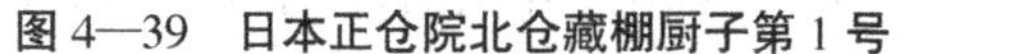

从这两件棚厨子（棚阁）的构造可以看出，唐代大型立式架具的工艺水平已然相当高超，置物架既可供置取物品，又可供远近观赏，其稳固而实用、浑朴而开敞的形制外

① （唐）孙思邈撰，李景荣等校释：《千金翼方校释》，人民卫生出版社1998年版，第217页。

② （清）彭定求、沈三曾等：《全唐诗》卷六二三，《文渊阁四库全书》本。

③ ［日］仁井田升著，栗劲、霍存福等译：《唐令拾遗》“军防令第十六”，长春出版社1989年版，第293页。

观，不仅为当时日常生活所不可或缺，且与唐代包容开放的文化气质正相吻合。

二、衣架（线图 31、线图 211、线图 212）

衣架是唐代室内常设的用来挂衣物的架具，沈佺期《七夕曝衣篇》云："朝霞散彩羞衣架，晚月分光劣镜台。"唐时衣架还可称为"衣桁"、"椸"。岑参《山房春事二首》云：

风恬日暖荡春光，戏蝶游蜂乱入房。数枝门柳低衣桁，一片山花落笔床。[①]

桁本指建筑顶部与主梁平行而稍细的檩木，《玉篇》载："屋桁，屋横木也。"传统衣架皆在架顶上的横木上搭放衣物，因而衍生出"衣桁"之名。"椸"之名则来源甚早，《礼记·内则》："男女不同椸枷，不敢县于夫之楎椸。"此名至唐仍被使用，柳宗元《永某氏之鼠》：

由是鼠相告，皆来某氏，饱食而无祸。某氏室无完器，椸无完衣，饮食大率鼠之余也。[②]

唐代衣架的形制，在中晚唐时期的敦煌壁画以及砖室墓的砖砌浮雕壁画中都较为常见，其基本样式是两根立柱与一根顶杆的配合，顶部横杆多为直形、两侧出头样式。如莫高窟第 85 窟窟顶东披晚唐《楞伽经变》中（线图 211），绘有一具搭有彩衣的衣架，主体结构为两根立柱支撑顶部横木的形式，立柱下端出榫，插入两根方直材跗木构成的架足。榆林窟第 36 窟五代壁画《弥勒经变》中，亦绘有一衣架（线图 212），架身构造与上例相似，但架足为一整体的方木托。图中两具衣架形式质朴，挂衣横木两侧端头平直，未作上挑或其他雕饰造型，应为民间常用的基本样式。更讲究一些的样式，在衣架立柱之间会加装固定结构。如河北鹿泉市西龙贵墓地 M125 号晚唐墓中的砖雕衣架（图 4—41），立柱中上部加装一根横枨，架足为方形，两足间也加装有脚枨。莫高窟第 138 窟南壁晚唐壁画《诵经图》中（线图 31），绘有一具放置在直脚床后的衣架，架足为床身所遮不可见，此例衣架在立柱中部也装有一根横枨。河南新乡南华小区 2006XNM1 号晚唐墓墓室西壁砖雕壁画中的衣架，在顶杆与中部横枨的中间加装一根短立柱，两个架足间亦有脚枨。[③] 洛阳邙山镇营庄村北五代壁画墓出土的砖雕壁画中的衣架（图 4—42），出现了更为复杂的加固结构，衣架的立柱间加装了两根横枨，并在第一根横枨与衣架顶杆之间再以横竖短直材相交为左右两个田字框格，衣架的足跗还雕造为圆转的卷云形，此为唐代常见的家具足跗形制，在夹膝几、屏风等类家具中都可见到。此外如洛

① （清）彭定求、沈三曾等：《全唐诗》卷九五、卷二〇一，《文渊阁四库全书》本。

② （唐）柳宗元：《柳河东集》卷十九，上海人民出版社 1974 年版，第 344 页。

③ 傅山泉：《河南新乡市仿木结构砖室墓发掘简报》，《华夏考古》2010 年第 2 期，彩版四：2。

阳孟津新庄五代壁画墓（图 3—90）、洛阳龙盛小学五代壁画墓（图 3—91）等相近时期的砖室墓中发现的浮雕衣架，也与之形制类同。与前数例相比较，可见制作较为讲究的晚唐五代衣架中部出现了一些加固结构，构造更为科学合理，外观也更美观复杂，此应即明式衣架中部常有的“中牌子”结构之滥觞。

图 4—41　河北鹿泉市西龙贵墓地 M125 号晚唐墓壁画局部

图 4—42　洛阳邙山镇营庄村北五代壁画墓壁画局部

三、巾架、盆架（线图 213）

据敦煌地区出土社会经济文献记载，与衣架相类似的唐代架具还有巾架。如《唐咸通十四年（公元 863 年）正月四日沙州某寺交割常住物等点检历》（P.2613）载有：“毛巾架子壹。”（第 34 行）① 尽管传世实物与绘画资料中皆无此类架具的形制资料，但它亦为用来悬挂纺织品之用，其基本样式当与衣架相似而横向幅度缩小。

巾架在唐宋时或又称为“帨架”。《司马氏书仪》卷四《婚仪下》载：“执事者，设盥盆于堂阼下阶，帨架在下”，② 帨即巾帕的古称。由于使用功能的需求，巾架的陈设多与盥盆在一处，因此也需设置盆架。一些唐墓壁画中显示，通常来说，唐代的盥洗盆是放置在较为低矮、高度及膝的承具上的，如河南安阳刘家庄北地 M68 号中唐墓南壁西侧出土的彩绘壁画中（线图 213），绘有一女子站立于一衣架前，身侧有一小直脚矮桌（或为矮凳），其上放置一海棠形大盆，考虑到女子所处的室内环境及相邻衣架的功用，这张小桌很可能是作为盆架来使用的。另如河北曲阳县五代王处直墓（924 年）西耳室东壁南侧壁画（线图 166），亦绘有一张上部放置有四曲敛腹大盆的小鹤膝桌，正可证郭燧墓壁画中小桌的作用。

河北宣化发掘的唐乾符四年（877 年）张庆宗墓墓室东南壁出土的砖雕壁画中（图

① 唐耕耦、陆宏基：《敦煌社会经济文献真迹释录》第三辑，全国图书馆文献微缩复制中心 1990 年版，第 10 页。

② （宋）司马光：《司马氏书仪》，清雍正二年（1724 年）汪亮采刻本。

4—43、图4—44），有一件家具形制十分特殊，其外形类似一张靠背椅，但在椅子坐面的部分，用两层砖石垒出一方形物品，这件浮雕家具位置在棺床一侧，且左右分别雕有唐墓壁画中常见的鸠形杖（目前功用未明）和衣架，因此它亦应是一件内室中设置的重要家具。参照前举两例中唐代面盆的陈设方式，它应是一件巾架与盆架结合的复合式面盆架，即后部高架横杆用来挂置巾帕，前侧方台用来放置面盆。家具无不是随使用功能的需要而演变发展的，明清家具中仍有此类巾架与盆架功能合一的“高面盆架”存在，张庆宗墓中出土的这件形制奇特的浮雕家具极可能即为家具史上早期的高面盆架形象。

图4—43　河北宣化张庆宗墓东南壁出土砖雕壁画正视面

图4—44　河北宣化张庆宗墓东南壁出土砖雕壁画侧视面

四、灯架

唐代的照明方式主要有点油灯、点蜡烛两种，灯具则分为放置在承具上使用的小型灯台和连地的大型灯架。文献记载的唐代灯具样式繁多，如《云仙杂记》记载：“玄宗于常春殿张临光宴。白鹭转花，黄龙吐水，金凫，银燕，浮光洞，攒星阁，皆灯也”，[①] 这些样式各异的灯具已很难详考。考古发现的唐代小型灯台通常为金属、陶瓷质地，有代表性的如河南陕县刘家渠出土的“白釉莲瓣座瓷灯台”，陕西临潼庆山寺地宫出土的铜灯等。室内外张灯时常需高照，因此大型的灯架是必不可少的，唐代古籍中记载的唐代灯架主要有“灯檠”和“灯轮”两种。

① （后唐）冯贽：《云仙杂记》卷二，商务印书馆1939年《丛书集成初编》本，第12页。

（一）灯檠（线图 214—线图 216）

唐代世俗生活中使用的灯架称为“灯檠”，韩愈有《短灯檠》歌云：

> 长檠八尺空自长，短檠二尺便且光。黄帘绿幕朱户闭，风露气入秋堂凉。裁衣寄远泪眼暗，搔头频挑移近床。太学儒生东鲁客，二十辞家来射策。夜书细字缀语言，两目眵昏头雪白。此时提携当案前，看书到晓那能眠。一朝富贵还自恣，长檠高张照珠翠。吁嗟世事无不然，墙角君看短檠弃。①

李商隐《行至金牛驿寄兴元渤海尚书》诗云：“六曲屏风江雨急，九枝灯檠夜珠圆。”②《新唐书·胡证传》记载：

> 晋公裴度未显时，羸服私饮，为武士所窘，（胡）证闻，突入坐客上，引觥三釂，客皆失色。因取铁灯檠，摘枝叶，栎合其跗，横膝上，谓客曰：“我欲为酒令，饮不釂者，经此击之。”③

可知灯檠高者八尺，矮者二尺，上端常伸出多枝灯盏，下端有足跗。

多枝的灯擎，又可称为灯树，《旧唐书·杨绾传》载：“（绾）尝夜宴亲宾，各举坐中物以四声呼之，诸宾未言，绾应声指铁灯树曰：‘灯盏柄曲。’”④ 则一具灯树可伸出数个弯曲的枝状柄托，柄托末端放置点燃的灯盏，应与灯檠的形制差异不大，属同物之异称。日僧圆仁《入唐求法巡礼行记》载：“无量义寺设匙灯、竹灯，计此千灯。其匙竹之灯树，构作之貌如塔也；结络之样，极是精妙，其高七八尺许。”⑤ 圆仁所描述的塔状灯树因是作为寺院信仰供奉所用，因而高达七八尺，约为今尺度 2 米—2.5 米，当时日常所用灯树的高度则比它要矮得多。《唐会要》记载吐火罗国献物：“麟德三年，遣其弟祖纥多献玛瑙灯树两具，高三尺余。”⑥ 即约合今 1 米。由于灯树上的多个灯盏被点燃后光华灿烂，又被称为“火树”，顾况《上元夜忆长安》诗中描绘：“云车龙阙下，火树凤楼前。”苏味道《正月十五夜》诗亦云：“火树银花合，星桥铁锁开。”皆描述唐人在上元节时燃灯的习俗。

灯檠的形象，在中晚唐至五代的墓室壁画中常有发现。灯擎有仅在顶端安一灯盏的形制，如莫高窟第 445 窟北壁盛唐壁画《弥勒经变》中（线图 214），绘有一顶端盏

---

① （清）彭定求、沈三曾等：《全唐诗》卷三百四十，《文渊阁四库全书》本。

② （清）彭定求、沈三曾等：《全唐诗》卷五百四十，《文渊阁四库全书》本。

③ （宋）欧阳修、宋祁等：《新唐书》，中华书局 1975 年版，第 5049 页。

④ （后晋）刘昫等：《旧唐书》卷一一九，中华书局 1975 年版，第 3429 页。

⑤ ［日］释圆仁撰，［日］小野胜年校注：《入唐求法巡礼行记校注》，花山文艺出版社 2007 年版，第 97 页。

⑥ （宋）王溥：《唐会要》卷九十九，中华书局 1955 年版，第 1773 页。

托如莲花形的灯檠。莫高窟第61窟南壁五代壁画《楞伽经变·照镜喻》中所绘的灯檠形制与之基本相同（线图215）。莫高窟85窟顶东披晚唐《楞伽经变·灯火喻》中所绘的灯檠盏托形如圆盘（线图216），除架顶有一盏托外，架杆的中部另有一圆盘，但未燃灯火，未知是否具有置物或其他作用。与单盏灯檠相比，多枝的灯檠则更为常见，如河南安阳北关唐赵逸公墓（829年）东壁壁画中（图3—88），柜子的右侧浮雕有一只灯檠，灯杆高度略同于壁画后部侍女的身高，灯树上部分出三枝盏托，下部架足为向两侧伸出的曲形足。再如河南安阳刘家庄北地唐M126号郭隧墓（828年）墓室东壁中部壁画中的灯檠（图4—45）亦作此形，但在两侧旁枝中部又伸出两个小枝，形态略为复杂，并且将灯柱的中部刻画分为三节，似为对分节制造再拼合起来的金属制灯柱的描绘，结合架足呈现的弯拱形态，唐代的灯架应有较多属于金属制品。属时较之略早、同为郭氏家族墓的刘家庄北地唐M68号墓东壁壁画亦有相同的五枝灯檠形象①。河南新乡宝山西路2007XFBM1号晚唐墓东壁砖雕壁画中的五枝灯檠（图4—46），则由中部的一个较大的莲花形盏托和下部分为两层的四枝盏托构成，在灯的右侧，还放置有熨斗和上置高足碗的牙床。显然，唐代灯檠的分枝造型是多变的，李商隐诗中的“九枝灯檠”形制亦可从此数例中推知一二。在唐代的墓室壁画中，灯檠的形象多出现在墓室的东壁，很有可能在唐代的日常生活中，灯檠在室内有相对固定的陈设习俗。

图4—45　安阳刘家庄郭隧墓东壁壁画局部

图4—46　河南新乡宝山西路2007XFBM1号晚唐墓东壁壁画局部

（二）灯轮（线图66、线图153、线图217）

灯轮是专用于供佛的特殊灯架，它的产生与佛教药师佛信仰有关，《药师如来本愿

① 何毓灵：《河南安阳刘家庄北地唐宋墓发掘报告》，《考古学报》2015年第1期，图版肆：2。

经》载：

若有患人欲脱重病，当为此人七日七夜受八分斋；当以饮食及种种众具，随力所办，供养比丘僧；昼夜六时礼拜供养彼世尊药师琉璃光如来；四十九遍读诵此经；然四十九灯；应造七躯彼如来像，一一像前各置七灯，一一灯量大如车轮，或复乃至四十九日光明不绝。①

燃灯供养不仅为药师信仰所强调，也是佛教通行的供养方法之一。唐时僧俗在上元节都举行燃灯活动，灯轮与大型的树灯一道组成了唐代流行的元宵灯彩习俗，唐崔液《上元夜六首》之二云：

神灯佛火百轮张，刻像图形七宝装。影里如闻金口说，空中似散玉毫光。②

《朝野佥载》卷三载：

睿宗先天二年正月十五、十六夜，于京师安福门外作灯轮，高二十丈，衣以锦绮，饰以金玉，燃五万盏灯，簇之如花树。③

张说《十五日夜御前口号踏歌词二首》：

花萼楼前雨露新，长安城里太平人。龙衔火树千重焰，鸡踏莲花万岁春。

帝宫三五戏春台，行雨流风莫妒来。西域灯轮千影合，东华金阙万重开。④

印度传来的佛教燃灯供养，逐渐世俗化为在元宵节祈愿太平盛世、万民同乐的灯会习俗。

对燃烧灯轮供佛的宗教活动的描绘，在隋代敦煌壁画的《药师经变》题材中已经出现，到唐代时则更加普遍。如初唐第220窟北壁《药师经变》中所绘的一具树立在水池中央的方形灯轮（图4—47），外观构造为仿干栏式建筑，顶部为尖顶四面坡式，顶上饰有莲花。灯轮中分数层，每层间及灯轮顶部燃有无数灯盏，灯盏数量之多，远超经文中规定的四十九盏。该图中的灯轮高于周围的舞伎及点灯的天人，形制规模是敦煌壁画中最大、最豪华的一座。同幅壁画东西两侧还绘有树状灯轮（图4—48，线图217），中部分为三层，顶部为宝盖，每层由中心灯柱上伸出数个枝状灯台。灯轮旁一站立菩萨伸臂放置灯盏，另一菩萨蹲于地上忙于点灯，该具灯轮的样式，或亦可作为唐代文献中所记载的大型灯树的参考。中晚唐以后的《药师经变》中，灯轮多为树状，各层灯台形

① （隋）达摩笈多译：《佛说药师如来本愿经》，载《大正新修大正藏》第14册，台湾新文丰出版公司1983年版，第404页。

② （清）彭定求、沈三曾等：《全唐诗》卷五四，《文渊阁四库全书》本。

③ （唐）刘餗、（唐）张鷟：《隋唐嘉话·朝野佥载》，中华书局1979年版，第69页。

④ （清）彭定求、沈三曾等：《全唐诗》卷八九，《文渊阁四库全书》本。

制似轮，圆形的轮状灯台由数枝短枨连接在中心灯杆上。《药师经》中所谓“灯量大如车轮”，原应指所燃灯光的照度大如车轮，这一时期却被理解为灯轮的形制如车轮。如莫高窟159窟中唐壁画《药师经变》（线图153）、莫高窟第146窟北壁五代壁画《药师经变》（线图66）中所绘的五层灯轮即为此种灯轮式样的典型，灯柱下端连接的底座，与常见的衣架底座的形式相同，由两横跗交叉组成。这类十字跗木构造的底座，是唐代木质立柱式架具底座的主要构造方式之一。

图4—47　莫高窟220窟北壁初唐《药师经变》局部

图4—48　莫高窟220窟北壁初唐《药师经变》局部

五、镜架（线图150、线图195、线图196、线图215、线图218、线图219）

唐代是我国制镜工艺继战国两汉以后的第二个高峰，在传统圆镜的基础上，唐代工匠创造了各种花式镜，如菱花、葵花、四方、八角等诸种新形制，其中既有大至盈尺的制作，亦有小仅方寸的精品。特别是镜背的装饰艺术成就高超，图案题材包含传说中的珍禽瑞兽、神话故事、社会生活，表现方法对称和谐，著名的如海兽葡萄、鸾凤、宝相花、真子飞霜等镜。唐镜的镜身大多较厚，含银锡成分较高，因此颜色雪白如银，图案装饰往往凸起较高，带有极强的写实特色。此外另有各种特殊加工镜种，如金银平脱、金背、螺钿平脱、宝钿、宝装等，其华美艳丽在中国制镜史上成为一个难以逾越的顶峰。

尽管唐代已出现了有柄手镜，但绝大多数的镜子无柄无脚，皆需放置在镜架上使用，图案资料显示，唐代既有放置在承具上使用，形制精巧、工艺复杂的小型镜架，也有放置在地面使用的大型落地镜架。敦煌壁画中显示的镜架，皆为落地类型。《维摩诘所说经·弟子品》云："诸法皆妄，如梦、如焰，如水中月，如镜中像，以妄想生"①，《楞伽经·一切佛语心品》也有关于照镜的喻指："镜喻现识者，以现识是能生诸法之本，造因招果，如镜之照物妍丑不差也"②，照镜代表着破除我执、洞见本相的特殊宗教意义，因此在敦煌壁画中对镜架的表现，多出于《维座诘经变》、《楞伽经变》主题中。如莫高窟第159窟东壁中唐壁画《维摩诘经变·弟子品》（线图218）、第85窟顶东披晚唐《楞伽经变·照镜喻》(线图150）、第61窟南壁五代《楞伽经变·照镜喻》(线图215）中，都绘有一人正立于大镜子之前自省的形象，用来支起大镜的镜架皆为三脚式结构。榆林第33窟五代壁画《地狱变》中，一鬼正在大镜前照映前世业障，画面中的镜架为单杆立柱式，下有十字形足跗（线图219）。

铜镜在古人的意识中曾经是一种具有辟邪功能的吉祥物，能映照人与天地万物的形象。《抱朴子内篇》载："一切妖魅鬼怪，假托人形，以眩惑人目，唯不能于镜中易其真形。"③《太平广记》卷二三载隋末唐初王度著传奇小说《古镜记》，就是讲述古镜除妖的故事。在古代婚俗中，铜镜是常备的一种辟邪之物，嫁礼仪式上常须备之。晋《东宫旧事》载："皇太子纳妃，有着衣大镜尺八寸，银华小镜一尺二寸。并衣纽百副，漆奁盛盖银华金薄镜三。"④ 宋孟元老《东京梦华录》则载婚俗用镜之法甚详：

> 新人下车檐，踏青布条或毡席，不得踏地，一人捧镜倒行。……次日五更用一卓盛镜台镜子于其上，望堂展拜，谓之新妇拜堂。⑤

新人下车后，从人始终以镜对其面，以及拜堂时在堂前设镜子，用意亦在于照镜避邪。由于《弥勒下生经》中用"尔时人寿极长无有诸患，皆寿八万四千岁，女人年五百岁然后出嫡"⑥ 来描绘弥勒下生人间后的理想世界，因此在唐五代的敦煌《弥勒经变》壁画中，常有对世俗婚礼场面的描绘，其中往往在新人行仪的画面中出现镜架。如莫高窟第12窟南壁晚唐《弥勒经变·嫁娶图》中（图4—49)，就绘有一落地的三脚镜架，新人正对镜行礼。

---

① （姚秦）鸠摩罗什译：《维摩诘所说经》，载《大正新修大正藏》第14册，台湾新文丰出版公司1983年版，第541页。

② （刘宋）求那跋陀罗译：《楞伽阿跋多罗宝经》，《大正新修大藏经》第16册，台湾新文丰出版公司1983年版，第483页。

③ （晋）葛洪：《抱朴子内篇》，《四库全书子部精要》本，天津古籍出版社1998年版，第1284页。

④ （唐）徐坚：《初学记》卷二十五，《文渊阁四库全书》本。

⑤ （宋）孟元老著，邓之诚注：《东京梦华录注》卷五，中华书局1982年版，第144—145页。

⑥ （晋）竺法护译：《佛说弥勒下生经》，《大正新修大藏经》第14册，新文丰出版公司1983年版，第421页。

图 4—49　莫高窟 12 窟南壁晚唐《弥勒经变·嫁娶图》局部

以上数例镜架皆属落地的大型制作，结构简单，主要为满足使用功能的需要而设计，而放置在承具上的小型镜架，称为“镜台”，通常用于男女内室中梳妆正容，因此多精工讲究的制作。其典型的形制例子，可见河北曲阳五代后梁王处直墓（924 年）东、西耳室的两幅彩绘壁画中（线图 195、线图 196）。其中西耳室壁画内容为放置有妇女梳妆用品的桌子，桌上除放置妆奁、首饰盒等物外，还绘有一具华丽的镜台，上置圆镜一面（图 4—50）。图中镜台下有平面底座，座上以四根立柱挑起三层横托，使镜子能向后倾斜放置其上。镜台横托和顶部立柱的末端，都被雕造出云头花饰，形态工稳秾华，极富闺阁气息，镜架以深褐色绘制，应是对木质髹漆装饰的描绘。同墓东耳室亦绘有一幅类似题材的壁画，描绘男主人的起居用物，桌面上放置一面方镜的镜架与敦煌壁画中常见的类似三脚式构造相类（图 4—51），但此具小镜架用细圆材制成，且在深褐底色上带有浅色分段刻画和云头纹装饰，似是对银平脱工艺的表现。尽管此例男用镜架形制较前例简洁，显示出男女日常用物的繁简差别，仍是晚唐五代贵族日用器物华丽风格的典型代表。

图 4—50　河北曲阳王处直墓西耳室壁画局部

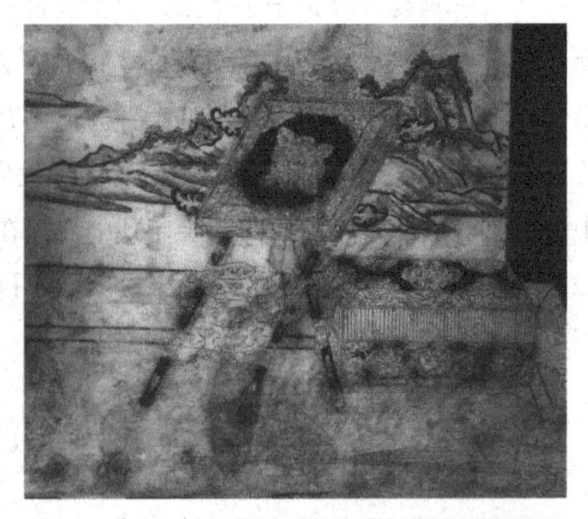
图 4—51　河北曲阳王处直墓东耳室壁画局部

六、帽架（线图 196）

帽架亦为主人起居生活的内室中常备的架具，目前所知的图绘资料中，仅王处直墓东耳室描绘男主人起居空间的壁画中描绘有一具（图4—52、线图196）。图中帽架底座为“T”字相接的两根枋材足跗，底面挖做圆弧，形成花形线脚，立柱亦为枋材，上接一个圆柱形帽撑，用来托起帽子。帽架上带有细致的云头纹、连珠纹线描，是典型的唐代家具装饰纹样。这个帽架的形象是晚唐五代时期难得的形制资料，从墓主人王处直的出身背景来看，它属于当时贵族阶层使用的高档家具，其立柱和底座的造法，与敦煌壁画及其他晚唐五代墓室壁画所绘支架类家具的形制风格是一致的。

图4—52　河北曲阳王处直墓东耳室壁画局部

七、卷轴架

唐代的书籍与绘画作品，多采用卷轴装，因此在书房或内室中阅读时，需要将卷轴展开，双手持握观看时久易致疲累，因此出现了专门用以展卷阅读的架具。日本正仓院南仓仓号174就藏有一件名为“紫檀金银绘书几”（图4—53）的卷轴架，书几总高58厘米，幅宽76厘米，底座为上圆下方的两层台结构，座上立一八面体立柱，立柱下端贯通插入圆、方两层台座，柱顶端向后伸出变为花叶形的扁柄，托起其上的一根窄细的方木横梁，横梁两端各有一实心圆托及细方柱。每根柱的上下两端都装有可以开合启闭的鎏金铜环，启开铜环则可放入卷轴，卷动卷轴，就可以不断向后阅读。紫檀金银绘书几的装饰精美，除了最下部方形台为榉木制作，外贴紫檀薄板，其余的木质部分都是紫檀制成，并以金银泥绘有花卉、飞鸟纹饰。这件书几还非常注重形态的修饰，方形台的上部以对角交叉为界等分为四个等腰三角形，各三角形都被修挖去了上部表皮的一部分，呈现出四面弧坡和四条棱线，在表面贴饰紫檀薄板后，三角形薄板

图4—53　日本正仓院南仓藏紫檀金银绘书几

相交的棱线内，还采用木画工艺，用细小的片状材料贴饰出斜向的纹路。方台的细节设计不仅与书几立柱的八面体立柱造型上下呼应，也使单调的方形产生了优雅的韵律美。卷轴架作为在内室读书使用的器具，最能体现主人的文化修养和艺术气质，当然为时人、尤其是贵族阶层所重视，其设计制作之精工不苟也就不难理解了。

唐代杨炯著有《卧读书架赋》，其中有云：

> ……朴斫初成，因夫美名。两足山立，双钩月生。从绳运斤，义且得于方正；量枘制凿，术仍取于纵横。功因期于学术，业可究于经明。不劳于手，无费于目，开卷则气雄香芸，挂编则色连翠竹。风清夜浅，每待蘧蘧之觉；日永春深，常偶便便之腹。股因兹而罢刺，膺由是而无伏。庶思覃于下帏，岂遽留而更读。……既幽独而多闲，遂凭兹而遍阅。……其始也一木所为，其用也万卷可披。……①

如其赋中所言“两足山立、双钩月生”、“不劳于手，无费于目”，与日本正仓院所藏之实物相对照，足可印证其式必由唐朝传入。此外，据杨炯赋中描述，这类卷轴架为文人书斋生活带来极大便利，不仅可置于书房，并且也是文人卧室席榻间常设的家具之一。

八、笔架（线图 220）

笔架也是文人案牍生活中必备的架具，它还可称之为“笔格”、“笔床”，如陆龟蒙《和袭美江南道中怀茅山广文南阳博士》诗：“自拂烟霞安笔格，独开封检试砂床”，岑参《山房春事》诗：“数枝门柳低衣桁，一片山花落笔床。”② 目前最早的笔架形象，见于山西太原北齐东安王娄睿墓壁画（图 4—54），基本样式是在由两侧立柱固定的横木上穿孔以插笔。在唐代，笔架的基本功能特征与娄睿墓壁画所绘没有大的变化，但笔架的脚部受到夹膝几、屏风、衣架等家具形制的影响，变为立柱下带有足跗的形式，放置在桌案上时，显然较北齐的样式更为稳定美观。目前可见的唐代笔架实物有两例，一例是出土于陕西乾县唐高宗孙女永泰公主墓（706 年）的三彩笔架（线图 220），由扁方形立柱及三根横枨形成主体结构，上层两横木各凿三孔，毛笔书写端朝上插进圆孔中，底端落在下层横枨上。另一例实物是 1973 年出土于新疆吐鲁番阿斯塔那唐墓的木笔架（图 4—55），③ 这件笔架高 7.8 厘米，在出土时附有三枝毛笔，因此更完整地保留了唐

① （唐）杨炯：《杨炯集》卷一，中华书局 1980 年版，第 8—9 页。

② （清）彭定求、沈三曾等：《全唐诗》卷六二四，卷二〇一，《文渊阁四库全书》本。

③ 该笔架未载于《1973 年吐鲁番阿斯塔那古墓群发掘简报》（《文物》1975 年第 7 期），所引图片采自新疆维吾尔自治区博物馆编《新疆出土文物》（文物出版社 1975 年版）图一八六，未载出土唐墓编号。

时笔架的使用情况，这具木质笔架除立柱上端修为尖弧形，以及只有两根插笔横枨之外，与前例形制基本一致。明清时期的笔架往往作悬梁式，毛笔笔尖向下挂起。南宋赵希鹄《洞天清录·笔格辨》载："象牙、乌木作小桉，面上穴四窍，下如座子，洗笔讫，倒插桉上，水流向下，不损烂笔心。"① 则在南宋时，笔架的形制和置笔方式仍与唐代基本相同。

图 4—54 山西太原北齐娄睿墓壁画《持笔架人物》

图 4—55 新疆吐鲁番阿斯塔那唐墓出土木笔架

值得关注的是，在永泰公主墓出土的三彩笔架，立柱下的足跗托子前后侧都带有圆形鼓墩的造型，这种形制与目前所见的唐代家具足跗部位常有的卷云式造型相比照，具有明显的亲缘关系。抱鼓在宋代屏架具的底座上非常常见，并一直被沿用到清代，永泰公主为初唐时人，其墓中的这具三彩笔架充分说明，传统屏架具底座上的抱鼓，至少在唐初就已经出现雏形了。

九、天平架（线图 221、线图 222）

天平是唐代通行的衡器，《唐六典》规定，度量衡的标准由太府寺主管，"以二法平物，一曰度量，二曰权衡"，② 度指尺寸等长度单位，量指升、斗、合等容积单位，权衡则指以天平称量物重。1959 年，新疆巴楚县脱库孜出土一具唐代布天平（图 4—56），天平架以方木托为底座，中部立一枋材立柱，立柱上端插入顶部横梁中部的卯眼，横梁中部略带弯折，受力后可两侧摆动，横梁两臂末端系有丝绳，下挂布质托盘。

① （宋）赵希鹄：《洞天清录》，按此段文字别本不见，唯清潘仕成编《海山仙馆丛书》本载。

② （唐）张说、李林甫等：《唐六典》卷二十《太府寺》，中华书局 1992 年版，第 540 页。

这类小天平应当是用于度量较为精巧的小件物品，敦煌壁画《楞伽经变》中也有数例对天平架的描绘，且描绘的都是落地式的大天平。如莫高窟第85窟晚唐《楞伽经变》中，一人正以一落地天平称量鸽子与尸毗王所割已身之肉的重量（线图221）。图中天平架为落地的大型架具，主体形制与衣架相似，下部底座为两根十字交叉的跗木，唯顶部横梁中部以绳悬一横杆作为量臂，两侧各下悬一量盘。莫高窟第61窟南壁《楞伽经变》中也画有一架天平（线图222），形制与第85窟所绘的略同，但两侧足跗分别由一长方形木块制成，足跗间还加装有一根管脚枨。

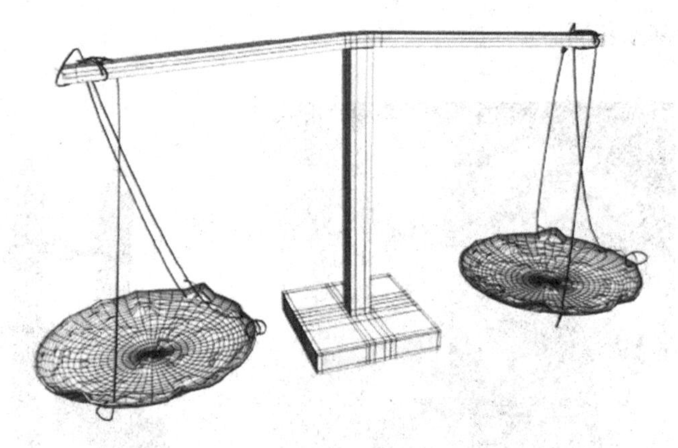

图4—56　巴楚县脱库孜出土唐代布天平复原图

十、乐器架

唐代音乐艺术发达，在贵族阶层的生活空间及庄重的宗教场所，往往需要配备乐舞伎表演，因此也就存在各类承托乐器的架具。唐代的图像资料中出现的乐器架有数种，以下举例加以简略介绍。

（一）磬架、方响架（线图223—225）

磬是我国古代乐舞演奏中常用的一种打击乐器，多以石制成曲尺形后吊挂排列在架上，方响亦是一种磬类打击乐器，由十六枚大小、厚薄不一的长方铁片分组构成，分两排悬挂在木架上，二者皆通过小槌击打而发声，是隋唐燕乐中常用的乐器。陕西昭陵韦贵妃墓（666年）后甬道东壁绘有一敲磬女伎（线图223），图中的磬架枋材结体、绘红彩，顶部带有末端出头的直材搭脑，立柱中部两根横枨上挂有小磬，立柱下方还带有管脚枨，磬架的足设计为兔形，带有浓厚的艺术趣味。方响架的形制与磬架基本类同，莫高窟第220窟北壁初唐《药师经变》(线图224)、第112窟北壁中唐《药师经变》中（线图225），都绘有乐伎奏方响的情景，图中方响架皆由枋材制成，顶部搭脑亦为两端出头的直材，第220窟中的方响架的脚部为半圆形小座，112窟则以两根直材作为足跗。五代时期，磬架、方响架的形制变化主要体现在搭脑部位。陕西彬县五代后周显德五年（958 年）冯晖墓墓室东、西壁分别出土奏磬和奏方响乐伎图砖雕（图 4—57），图中的磬架和方响架的搭脑部位都呈中部拱起、两端上挑出头的弓形。搭脑部位的弓形样式，在唐代的坐具上最早出现，如陕西西安高楼村高元珪墓（756 年）、北京陶然亭何数墓（759 年）壁画中的椅子搭脑都作此类形制（线图 54、线图 58）。弓形搭脑应用在搭脑部位并不承重的磬架和方响架上，主要起到装饰性的作用。江苏邗江五代墓出土的一件乐器架（图 4—58），在出土时架中部的结构已残损，但从其器形上看，亦应为磬架或方响架，架的搭脑部分不仅呈弓形，且修饰出波浪形的外缘，较冯晖墓壁画中所见的例子更加华丽。

图 4—57　陕西彬县五代冯晖墓出土《奏方响乐伎图》

图 4—58　江苏邗江五代墓出土乐器架

（二）钟架（线图 226、线图 227）

莫高窟第 9 窟南壁晚唐《劳度叉斗圣变》、第 196 窟西壁《劳度叉斗圣变》中各绘有一具钟架（线图 226、线图 227）。图中钟架以枋材结体，纵横的直材构成钟架的矩形外框，外框顶部中央装有一根横梁，用以悬钟，一僧人正持槌敲击。值得注意的是，此二图中的钟架四根角柱与顶部横材相交的部位，用简笔绘出了一个半圆形结构，根据唐代绳床、椅子等坐具立柱与搭脑间常见的栌斗部件推测，这很有可能也是对栌斗的描绘。

（三）鼓架（线图 228）

莫高窟第 9 窟、第 196 窟的《劳度叉斗圣变》还各绘有一具鼓架（图 4—59），形制与前两例钟架相近，但立柱顶端并无形似栌斗的构件。鼓面横置，被悬挂在架子中部的横梁上，一外道正用力击鼓。与前例稍有差异的是，下部四角带有四个方木垫作为底座，立柱是插立于方木中部的。

图 4—59　莫高窟第 9 窟晚唐《劳度叉斗圣变》局部

唐代乐器的种类繁多，除了大型、吊挂式击打的鼓，还有数种鼓是放置在底座上击奏的。唐末五代王处直墓后室西壁出土一件汉白玉彩绘《散乐图》浮雕壁画，图绘 15 名乐伎奏乐的场面。画面左侧前方一乐伎正持槌敲鼓，鼓面立起稍有倾斜，放置在小鼓架上（线图 228）。鼓架由四根横枨构造框架，四角部位下装短立柱，使鼓悬空。画面中部靠右处，绘有一弹筝乐伎和一弹箜篌乐伎（线图 160），二者皆为大型的弦乐器，其中画面前方的筝的两端各放置在一四足小桌案上，箜篌亦置于一小桌案，桌案腿间装有横枨。五代周文矩《宫中图》中的弹箜篌侍女，则将箜篌放置在一张月牙杌子上（线图 100）。由此看来，唐代的承具、坐具使用方式十分灵活，有时也可作为乐器架使用，第三章第一节“牙床、牙盘”部分中所述的羯鼓放置在小牙床上的演奏习惯，亦为其例。

十一、绣架（线图 229）

妇女在日常生活中往往会从事纺织品织绣活动，中唐画家周昉在《挥扇仕女图》中，绘有一具绣架（线图 229），两名女子相对坐在架边绣花，另有一执扇仕女倚在架侧休息，绣架放置在一张毡毯上，三名女子皆席地而坐。图中的绣架形近一张矮型的直脚四腿桌，以细枋材结体，两侧腿间各装有一根横枨，架面用四根直材构成边框，直材交叉处似乎并不是固定结构，而是以 90° 角相互搭放在一起的，用来绷固绣品的线绳缠绕在直材上，到直材交叉处仍有线痕，因而线绳可能同时也起到暂时固定边框的作用，以便需要时绷固和取下绣品。图中的绣架结构简单而实用，当是此时期制品的真实反映。

十二、其他

（一）戟架、旗杆架（线图 230—235）

戟是一种带有长杆的戳刺类兵器，考古发现的戟架形象多出自隋唐时期男性贵族墓墓室壁画。隋唐有专门的列戟制度，用于表明主人生前死后的身份地位。《隋书·柳彧传》载："时制三品以上，门皆列戟。"①《唐六典》卷四记载："凡太庙太社及诸宫殿门、东宫及一品以下，诸州门，施戟有差。"② 对由太庙太社以至于各级官府门前的列戟制度，进行了具体的规定，最多者列戟二十四。

隋唐时期的高等级贵族壁画墓中常有对列戟制度的描绘，如陕西潼关税村隋代壁画墓、陕西三原淮安郡王李寿墓（631 年）、陕西乾县章怀太子李贤墓（706 年）、陕西咸阳唐苏君墓（开元年间，8 世纪上半叶）、陕西蒲城惠庄太子李撝墓（724）、陕西富平虢王李邕墓（727 年）墓室壁画中都绘有戟架（图 4—60、线图 230—线图 234）。戟架看起来很像大型的笔架，两侧为枋材立柱，戟杆插入架子中部带孔的横档中。敦煌莫高窟第 172 窟盛唐壁画《观无量寿经变·未生怨》中（线图 235），在城门一侧立有一具旗杆架，形制与戟架类似。

图 4—60　陕西乾县章怀太子墓第二过洞东壁《列戟图》

比较有趣的是，隋唐时期的戟架在脚部形制上相互间带有一定的差异性，通过对它们的观察，大致可见唐代架具脚部形制发展过程之一斑。惠庄太子墓、虢王李邕墓《列戟图》的足跗为雕刻为卷云形的直跗（线图 233、线图

① （唐）魏征等：《隋书》卷六十二，中华书局 1973 年版，第 1481 页。

② （唐）李林甫等：《唐六典》，中华书局 1992 年版，第 116 页。

234），这种架足的发展，与陕西潼关税村隋代壁画墓中不加修饰的枋材直跗是一脉相承的（线图 230），在整个唐代，枋材直跗和卷云式足跗都很流行，代表了朴素和华丽两种造型取向。而陕西咸阳苏君墓《列戟图》的下部并没有底托式的小足（线图 232），直接以架底横枨落地，架身立柱是插入横枨两侧来安装的，这种样式显然在立地时并不稳固。章怀太子墓《列戟图》（图 4—60）的架足与苏君墓类似，但为求稳固，在架底横枨的一侧以两短一长三根直枨加装为一个长框，这两图中的架足样式设计既不太合理，也不太美观，且在其他唐代架具的图像、实物资料中极为少见，可能仅在唐早期应用了较短的时间。最为特殊的是李寿墓戟架的形制（线图 231），李寿墓《列戟图》中的戟架用材较宽，两侧立柱和中部横档实际上都是板材，立壁下部直接落于地上，对照日本正仓院所藏“棚厨子第 2 号”（图 4—40），两者之间的亲缘关系显而易见，有力地证明至少在隋至初唐时期，这种形制的架具样式曾经流行，并很快传入了日本，根据相关著录文献，正仓院两件棚厨子的制作年代都应在公元 9 世纪之前。

（二）正仓院藏“紫檀小架”

日本正仓院南仓仓号 54 藏有一件“紫檀小架”（图 4—61），总高 46.3 厘米，下部底座宽 29.3 厘米，架的顶部横梁宽 36 厘米，由于历时久远，现已不详其用途。架子以六边形壶门小台为底座，上装两根圆材立柱，顶部横梁较长，中部平直，末端向两侧微做挑起之势。两根立柱上下部皆装有两个卷草形钩状物，应即为当时搁置或悬挂物品之用。小架上部的柱和枨都用紫檀制成，下部壶门座则为其他材料制成后外贴紫檀薄板，并以玳瑁、白色象牙制作木画装饰，形制优美、装饰精工。唐代家具制作讲究的，往往带有壶门构造，这件紫檀小架反映出，这一特点不仅在坐卧两用具、坐具、承具、皮具中常见，甚至在一些架具上也有所体现。

图 4—61　日本正仓院南仓藏紫檀小架

第五章　唐代家具的工艺技术

唐代家具的种类繁多，体式严整有度，大型制作体量雄浑，小型器物更是精巧华美，常有别出心裁的意匠。其工艺水平，既是中古以前家具制作经验的积淀总结，又因受到外来文化的激发而出现了众多新的形制、结构与装饰手法，从而成为宋元家具发展的前驱。

唐代家具的工艺水平，相当程度上得益于木作工具的发展。据中国木作工具发展史研究学者李浈的研究，唐代的解斫工具相较于前代有着显著的进步。从新石器晚期到魏晋南北朝以前，解斫木材的主要方式是"裂解与砍斫"，大、中型的原木，需经过在其纵切面或横断面钉上石楔或金属楔钉，通过外力锤击，使之分解一次乃至多次，再经过砍削修治方能成为板材和枋材。工具的限制，不但使木材的利用率低下，更由于难以被剖分为薄板，家具的用材往往较厚，结体也随之浑厚质朴。弦切解斫的关键工具框架锯，约出现于南北朝晚期，并在唐代得到普遍的应用。[①] 它不但使唐代工匠能制造出如牙盘一类薄板构造的小型壶门式家具，也使枋木直材的制作变得简单高效，为唐代如直脚床、绳床以及各类架具等框架结构家具的制作提供了便利。此外，锯解剖分制材的表面平整度，与裂解与砍斫法制材不可同日而语，相对平整的锯解面，大大减轻了后续平木工序的难度。明清时期通用的平木工具平推刨，最早约出现在南宋时期，文献记载唐代工匠使用的平木工具，有𨱇、铲、锛、铨、鎈、刨（刮刨）等数种。[②] 这些工具的使用效率虽不及平推刨，但从唐代家具用材的表面平整度来看，唐代工匠的平木技艺十分高超，这必然需要在平木工序上不惜时间与精力，以弥补加工工具的弱点。尤其是保存在日本正仓院的相当一部分家具表面光素，并不上漆，对材料表面的光洁细致程度要求极高，因此在部分高档家具的制材过程中，经过一般的平木工艺之后，应当还需要打磨

① 李浈：《中国传统建筑木作工具》，同济大学出版社 2004 年版，第 65—67、93—101 页。

② 部分学者据"刨（铇）"字在南北朝至隋唐文献中出现，而认为平推刨的出现应上推到唐代，如何堂坤《平木用刨考》（《文物》2001 年第 5 期），但学界通行的观点认为，唐代文献中的刨（铇），仍属于一种没有刨床的刮削器。

光料的再处理过程。当代明清家具研究者马未都认为，在明式硬木家具之前，中国古代家具都须通过披麻挂灰来找平，所以必须用色漆装饰，[①] 这种观点显然有失偏颇。

唐代家具的各种形制类别，已通过前文数章的分述而介绍其基本面貌，总的来说，唐代家具可分为以壶门床、壶门桌、牙床为代表的箱板式和以绳床、方凳、直脚床、直脚桌案为代表的框架式两大结构体系，月牙杌子、唐圈椅、鹤膝桌、鹤膝榻等则是这两大体系相互交汇融合的产物。唐代的框架结构家具，皆属王世襄先生所界定的“无束腰式”，即腿足上端的榫头直接插入板材卯眼的形式；壶门床榻、承具牙床、壶门桌、月牙杌子等则近于所谓“四面平式”。而宋代以后由壶门床和须弥座形制元素发展而来的“有束腰式”家具，在唐代尚未见有明显的例子。下文将从结构和装饰两个方面，探讨唐代家具的工艺技术，以期对唐代家具文化进行更为深入的了解与考察。

我国传世的唐代家具十分罕有，单纯通过唐代的图像资料及近代以来的考古发现，来讨论唐代家具制作的工艺技术水平，无疑会使我们的研究具有很大的局限性。因此本章的表述，较多地通过将日本传世的唐式家具与我国现有的唐代图像、实物资料结合观察，其中难免会出现一些缺失和偏颇，尤其是我们并不能将日本传世实物等同于唐代家具，而排除日本本土工匠受到本国文化的影响，在唐代家具的基础之上进行过一些修改、创意乃至省简。我们期待未来更丰富、全面的考古资料的出现，以对相关内容加以修正和补充。

第一节 唐代家具的结构工艺

一、板面及其相互接合

（一）板面构造

1. 平板

承接南北朝的家具使用习俗，箱板式家具在唐代依然继续流行，因此制作平板是唐代家具构造工艺上的重要内容。我国古代家具的平板板面构造曾经经历了一个从简单到复杂的过程，在宋代以前，家具的板材多为较厚的整板制成。究其原因约有两个方面，其一是受到解木工具的局限，薄板剖分十分困难，其二是受限于榫卯的设计加工技

① 马未都：《马未都说收藏——家具篇》，中华书局 2008 年版，第 167 页。

术，窄板的拼合不利于板面结构的牢固和承重。然而较厚的板面不仅使家具显得笨重，而且由于木材受到四季干湿度变化的影响，会产生横向的涨缩，对家具的使用周期带来了不利的影响。宋代以后，家具的板面开始普遍出现四周攒边框，内嵌面心的构造方法，外框掩盖了板材截面的纤维断口，使板面的美观性得到大幅度的提高；同时，边框内的面心开始逐步变薄，到明清时期，窄板拼合而成的面心板也日益多见，这一方面减轻了家具的整体重量，另一方面也使高档木材的利用率得到进一步的提高。

通过传世实物来观察，唐代家具的板面仍以整张厚板构造为主，多数并不加装边框，但在少部分家具上，厚板四周攒边框或在两个横断面侧边装抹头的结构工艺已经得到应用，体现出传统家具板面构造向攒边装板的发展过渡。

（1）整板

现存可见的大多数唐代家具及日本所存唐式家具中，无论家具的板面形状是方、圆、多角、异形，相当多的制品直接使用整块的厚板。代表性的例子，见于新疆阿斯塔那出土的大牙盘（图3—42）、郑州西郊李文寂墓出土木箱（图3—113）；正仓院所藏部分多足几（图3—24）、榻足几（图3—52、图3—53）等承具的面板，赤漆文欟木御厨子等庋具的顶、壁板（图3—84）、棚厨子等架具的顶板和隔板（图4—40）。据日本帝室博物馆编《正倉院御物図録》所测量的部分数据，大型承具和架具所使用的整张厚板，厚度在2—3.8厘米之间。

至于整张薄板构造的家具，主要应用于一些小型器物。吉林省渤海国王室墓地出土的一件银平脱梯形漆盒（图5—11、图5—49），所用木质基材厚度为0.5厘米。① 正仓院北仓所藏木画紫檀棋局（图3—32），它的基材是厚度为1厘米的普通软木，抽屉板的厚度为0.6厘米，并在全器外表贴饰0.1厘米厚的紫檀薄板，② 如此平整纤薄的小型家具板材，显然得益于解木工具的进步和工匠所耗的时间精力。

（2）攒边框、装抹头

战国时期的信阳长台关七号楚墓出土的一件漆木案，在案面边缘上部贴装窄木条，制造拦水线（图5—1），可视为面心攒边框工艺的早期雏形。但这一时期用作食器的木制家具边缘的拦水线，或是整板雕造而成，或是在板面上缘加贴木条，都不属于严格意义上的攒框装板造法。唐代家具上明显带有攒框工艺的例证，则由于早期资料的缺乏，多见于中晚唐、五代以后，如赵逸公夫妇墓（829年）壁画中的大牙盘（线图151）、传世绘画晚唐佚名《宫乐图》所绘壶门高桌（图3—46，线图155）和五代吴越国康陵发

---

① 李澜、陈丽臻：《渤海国王室墓地出土梯形漆盒保护修复》，《文物保护与考古科学》2009年第2期，第54页。

② 木画紫檀棋局板材厚度的相关数据采自西川明彦著《木画紫檀碁局と金銀亀甲碁局龕》［日本宫内厅正仓院事物所编《正倉院紀要》第35号，平成25年（2012年）版］。

现的石质壶门供桌（图3—47），面板边缘部位带有较宽并高出面心的“唇”，如果应用在木质家具上，应当是使用攒框工艺制作。五代王处直墓出土的《散乐图》浮雕壁画中用来放置乐器等的矮桌（线图160），东耳室壁画中用来放置男性理容用品的桌面（线图196），都未披锦披，桌面边框转角处皆绘有45°斜线，也应属于攒边框造法。

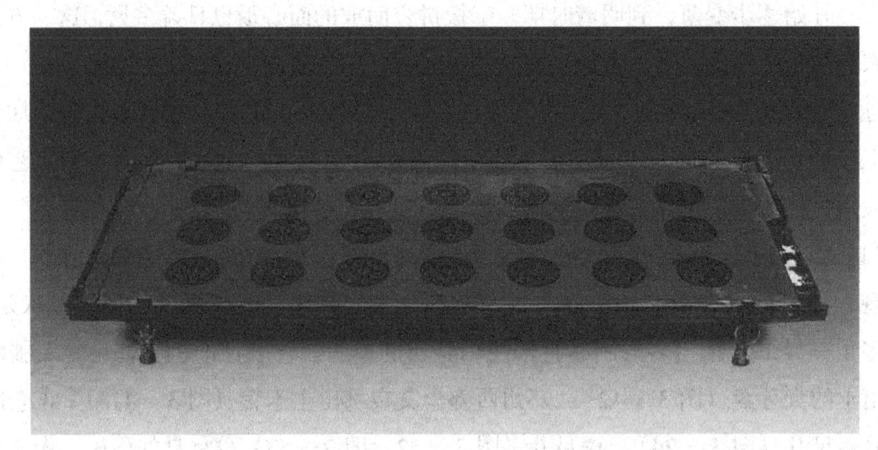

图5—1 湖北信阳长台关七号楚墓出土漆木案

日本正仓院所藏相当部分承具的顶板，是采用在厚板四周攒边框的方式构造的，大边（长边）与抹头（短边）的交汇处为45°斜角接合，与宋代以后家具的攒框造法视觉效果相同。例如中仓202藏“黑柿金银绘二十八足几”（图3—25）、中仓177藏“假做黑柿长方几”（图3—29）、“桧方几”（图5—2）等。这几例家具上的攒框装板结构，面心都与边抹同厚，可见主要是为了用边框遮挡板材切面断茬的一种为美观而

图5—2 日本正仓院中仓藏桧方几

生的设计，并非后世为减轻家具的整体重量和节省材料，以攒边框、下装穿带榫的方式嵌装薄板的功能性考虑。唐代家具中与面心同厚的边抹攒框造法，通常应用于高档的家具当中。尤其是假做黑柿长方几和桧方几，两者的板心都用桧木制成，前者以黑柿木攒框，后者以紫檀木攒框，边框材质更高档、色泽更深，使家具的装饰价值得到提升。由于缺乏构件之间分解之后的结构细节资料，尚难以确定板心与边框之间的连接方式。但仔细观察桧方几，边框外部没有用钉的痕迹，下部壶门脚为断面呈“L”形的单体小足，分别安装在边框四角以下，与面心并不接触，面心如果只依靠胶类黏合剂与边框连接，显然无法实现承重功能，因此可以推断桧方几的面心与边框间或带有槽榫结构，或通过内部使用销钉横向连接面心与边框的方式加固。

正仓院家具中，还有少量承具的面板两侧横断面部位加装了与面板边沿45°斜角接合、且与面板同厚的抹头，如中仓202“彩绘二十八足几”（图3—26）、中仓177“粉地彩绘长方几”（图3—68）。与前几例攒边框的长方形承具相比，这几件承具上加装的抹头材质与面心一致，很明显这样构造主要是为掩饰板材横截面露出的木纤维断面。类似的板面构造还出现在立式柜的柜门上，例如“赤漆文欟木御厨子”（图3—84）、“柿厨子”（图3—86）、“黑柿两面厨子”（图5—3）等，立柜的柜门常需要启闭开合，板材的断茬会经常受到摩擦，装抹头当是出于增加柜门的耐用性考虑。由于图像资料的局限性，尚难以确定正仓院家具拍抹头的部位是否露有明榫，但板心两侧末端切斜肩出榫，与抹头上的卯眼拍合的工艺则是可以推定的。

图5—3　日本正仓院中仓藏黑柿两面厨子

宋代以后的传统家具在板材两侧装抹头，即所谓“拍抹头”的造法，主要也应用在用整张厚板制作板面的家具中，如一些架几案、平头案的案面、罗汉床的床围板部位，而柜门部位则通常采用攒框装板法来制作。

（3）平板拼合

正仓院所藏“柿厨子”的侧板和后背板是以数片窄板拼合而成（图3—86），数块板间既无穿带、也无榫卯、钉子相连，周围也不攒边框，各块窄板上下端都依靠窄木条和金属钉固定。这种造法仅适用于庋具的立板，如施加在承具、坐具的立壁板、面板部位，显然是难以保证其稳固性的。考古发现的我国春秋至汉代的墓葬中出土的棺椁采用小腰榫（又称银锭榫、蝴蝶榫）（图1—10）、龙凤榫、穿带榫来勾挂连接两块平板的榫卯构造就已多见，[①] 唐代家具的平板直线拼合，应当也常应用此类方法。

甘肃天水市在1982年曾在一座隋至初唐时期墓葬中出土一带屏风石棺床（亦称围屏石榻），其中立在榻面上的石屏扇之间使用小腰榫相互勾挂（图5—4），棺床的床面由四块石板组成，相互之间使用了龙凤榫勾挂（图5—5）。在唐代，这类的榫卯结构应用在木质家具上应该是较为普遍的，正仓院所藏部分家具的平板拼合不用榫，可能是日本奈良时代工匠在制作唐式家具时的简化。战国时期楚墓出土的家具面板下就已经应用了穿带榫来拼合面板，如荆州天星观二号墓出土的漆木六博局[②]，至魏晋南北朝，穿带榫也一直得到应用，如南京象山七号墓出土的陶榻榻面下即采用纵横的十字穿带（图1—26）。考虑到大型家具如床榻、桌案板面结构的稳固性及承重性要求，唐代家具多块平板拼合的面板底部，应用穿带榫也应当是渊源有自，理所应当的。

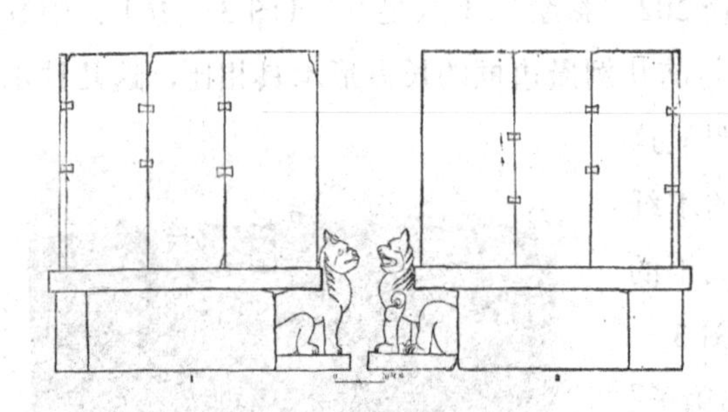

图5—4　天水市隋唐墓出土石棺床侧视线描

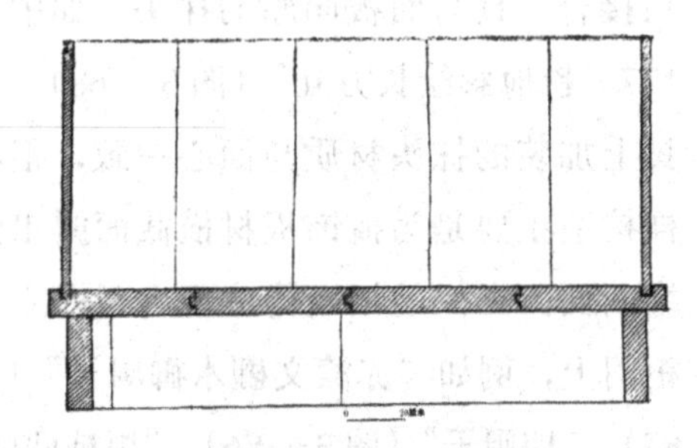

图5—5　天水市隋唐墓出土石棺床剖面线描

小型的壶门式家具如牙床、牙盘，下部的壶门式板片即使在一个面上平列多个壶门，也多是以整板雕造而成（图5—19），但在大型的壶门桌、壶门床的壶门部位常需要拼合平板。从敦煌图像资料所见的情况来看，下部平列多个壶门的大型壶门式家具，多以壶门为单位分造“﹁﹂”形壶门板片后再相拼合，因此在敦煌壁画所绘的大型壶门床榻、壶门桌的两壶门中部常绘有一条竖线，这种造法相当损耗原材料。宋代以后，壶门的单位构造变为顶、侧、下四面牙条分造，在转角部位45°斜角拼合，《营造法式》卷十记载的“牙脚帐”帐坐中的壶门造法：

下用连梯龟脚，中用束腰压青牙子、牙头、牙脚，背版填心。[③]

整片的壶门板已明确分为牙子、牙头、牙脚三部分制作。考虑到鹤膝桌、鹤膝榻在晚唐五代的出现，这种改进，至少在中唐后期应当就已经逐步开始了。由于壶门构造需要承担承重功能，因此无论是多个壶门板片之间的平面拼合还是牙头、牙脚在壶门转角部位

① 李浈：《中国传统建筑木作工具》，同济大学出版社2004年版，第192—193页。

② 荆州市博物馆：《湖北省荆州市天星观二号墓发掘简报》，《文物》2001年第9期，第16页图三五。

③（宋）李诫撰，王海燕注译：《营造法式译解》，华中科技大学出版社2011年版，第144页。

的 45° 斜角格肩拼合，相互嵌夹的榫卯设计也应当在其中发挥着作用。但目前所仅有的罕见出土实例——江苏邗江蔡庄五代墓鹤膝榻（图 2—36），仅使用胶合物和钉子来加固。

2. 板面带翘头

唐代的板足案、栅足案一类承具存在平头和翘头两式，所谓翘头，即在案面两侧短边带有向上高起的边沿，它既起到修饰形态的功用，也能防止案面上的物品从侧边掉落，现当代家具研究者称此类案为“翘头案”。明代文震亨在其器物学著作《长物志》中，称翘头案为“天然几”，翘头则称之为“飞角”，并指出“飞角处不可太尖，须平圆，乃古式。”① 观察一些唐代出土文物和传世绘画中所见的翘头造型，文震亨的论断并不准确，隋唐承具上的翘头，既有较平圆的样式（图 3—20、线图 127、线图 128），也有较为尖峭的样式（线图 2、线图 26、线图 126）。

由于缺乏传世实物，很难判断唐代承具面板上带有的翘头，是采用与板面一体的整木挖做而成，还是在两侧边另外加装翘头式抹头来构造，但据日本正仓院所藏部分承具及立式柜柜门部位装有抹头来推断，翘头的安装采用后一种工艺的可能性更大，在设计施工中也更为合乎情理。唐王维《伏生授经图》等例子中，伏生双臂所倚的矮栅足案翘头飞起较高，且画中翘头外缘色浅而光滑（图 3—21），极有可能是另外选材雕造，再以类似装抹头的形式安装在案面两侧的。

3. 板面带唇沿

敦煌地区出土社会经济文献对牙盘的记载中，出现特别标注为“无唇”的例子，说明大多数唐代的牙盘是有“唇”的。所谓“唇”，是指承具面板边沿一圈向上凸起的结构。我国家具板面结构上带有凸起的边沿，最早出现在战国楚墓出土的食案等作饮食之用的家具类型上（图 3—50、图 5—1、图 5—6）。宋代以后，得益于平推刨的普及，家具边沿上凸起的唇边通常是采用线脚刨在边抹的边缘上制作出的一圈阳线，因此当代家具研究者通常称之为“拦水线”。

唐代牙盘、棋局一类承具的唇边造法，多是在面板四周贴装薄板造成立壁，其代表性的图像和实物资料，如传世绘画唐周昉《内人双陆图》（线图 98）、新疆阿斯塔那墓地 Ast.ix.2 号墓出土大牙盘（图 3—42）、正仓院藏“木画紫檀双六局”（图 3—33）等等。中晚唐以后流行的大牙盘和大型壶门高桌上，也存在带有唇沿的造法，相关的例子如赵逸公墓（829 年）壁画所绘大牙盘（线图 151）、敦煌榆林第 25 窟中唐壁画《嫁娶图》中的壶门桌（图 5—7、线图 83）、唐周昉《宫乐图》中的大型壶门桌（图 3—46，线图 155）、五代吴越国康陵发现的石质壶门供桌（图 3—47）等。这些壶门桌的

① （明）文震亨：《长物志》卷六“天然几”条，山东画报出版社 2004 年版，第 268 页。

唇沿部分皆较宽，从人体比例来看应至少约在10厘米以上，因此与小型承具上的薄板不同，当是采用较宽的枋材边抹攒框制作唇沿。至于面板与宽唇沿的结合方式，通过对以榆林25窟为代表的壶门桌外壁结构的观察（图5—7），唇沿与壶门板片上端的接合部位只绘有一条墨线，因此唇沿与面板是先接合为一体，再在下部安装壶门脚。由于唇沿较宽，且其外壁上从未见到有对钉和金属饰片的描绘，它们之间很可能是用在唇沿内壁挖作槽口后，将面心板边缘穿入槽口，再添加穿带的方式联为一体的。

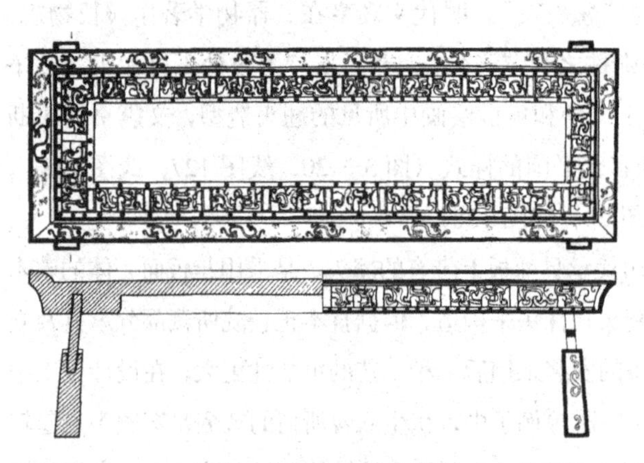

图5—6　成都商业街战国船棺墓出土漆木案线描

图5—7　榆林第25窟中唐壁画《嫁娶图》中的壶门桌

4. 板面带冰盘沿

日本正仓院中仓所藏数件多足承物案除了腿足部位形态精巧外，有的在面板边沿部位还造出了上舒下敛、后世称之为“冰盘沿”的线脚，如中仓177“粉地金银绘八角几”(图3—67)、“粉地金银绘八角长几”（图5—8）等例子皆属所谓“冰盘沿压窄平线”，并且在冰盘沿上另绘有花叶纹样作为装饰，粉地金银绘八角长几的窄平线上还用金泥绘有唐代极为流行的联珠纹。冰盘沿在宋代以前的家具中非常罕见，但在后世则成为修饰承具面板立沿的主要造型手法。可见一些后世应用广泛的传统家具形制，最早容易出现在一些力求精致的小型器物上。

图5—8　日本正仓院中仓藏粉地金银绘八角长几

（二）板面相互接合

板面的相互接合，应用在家具的立壁之间以及立壁与顶板、底板之间，唐代家具处在以箱板式结构为主体的时代，因此板面的接合方式，在唐代家具研究中显得尤为重要。

1. 角接合

我国传统的木质器物的角接合方式，大致上有四类。一为槽榫，即在一侧板面端头内侧挖做通长的槽口，另一侧板面端头制作相应的条状榫头，二者相互穿插或勾挂。二为直复插榫，即通过一侧板面端头制出的两个以上的直角榫头，插入另侧板面端头的相应卯眼。第三类为多榫，常见的有直角多榫和燕尾多榫，直角多榫的榫头皆为矩形，燕尾多榫的榫头则是梯形的，两侧板面端头的多榫之间相互齿合。第四类为小腰榫（蝴蝶榫），即预制多个腰部为90° 直角的小腰榫，楔入角接合的板面外侧挖好的相应卯眼中，使之相互榫合。为加固结构和装饰接合部位，有时还在板面交接的边棱部位包贴金属薄片和加钉钉固。这些榫卯设计方法在先秦至汉代墓葬出土的漆木家具、棺椁中已经得到应用，考古发现的相关例子很多（图1—9、图5—9），但在我国考古发现的唐代家具实物和日本正仓院家具中，都未能看到确信采用燕尾多榫板面角接合的例子。目前可见的唐代家具实物中的板面角接合方法，主要应用加钉黏合不出榫（平脚、斜脚皆有）、槽榫、插榫以及直角多榫等接合工艺。

图5—9 湖南长沙战国木椁墓出土内棺

（1）立壁角接合

① 加钉黏合不出榫

在唐代考古发现中，板材立壁角结合结构最簡的例子，莫过于河南郑州唐李文寂墓（708年）中出土的不用榫卯，仅使用铁钉的木箱（图3—113）。宁夏固原显庆二年（658年）唐史道洛夫妇墓出土了大量漆木箱残片，其上还带有鎏金铜饰，残存的木块较为细小，呈长条状，木块的边缘分为两类，一类平脚无榫，一类边缘切削出直角多榫，两类木块都带有钉痕和胶痕，并且有的还附有铜钉。[①] 1999年发掘的青海都兰吐蕃墓（8世纪中期）由于气候干旱，且使用木椁墓葬制，因此墓中的木质器物尽管残破，但也保存下来不少实物构件。都兰吐蕃二号墓（99DRNM2）中，出土有多件彩绘木板，属于小型木质器物（应为皮具）的残片，例如编号为99DRNM2：10的彩绘木板（图5—10），长20—23.4厘米，宽6.2厘米，厚1厘米，正面近中部绘一道墨线，较窄一侧绘一朵四瓣小花。该板光素的一侧近边缘处有两个木孔，应为木钉的痕迹，且此

① 原州联合考古队：《唐史道洛墓》，文物出版社2014年版，第114—131页图五三一图六〇，彩版三八一四〇。

边为平脚无榫，如其为一件立壁角接合结构一侧的木板，则其结构方式完全依靠胶黏剂和钉子。相似的木板残件见于同墓彩绘木板标本 99DRNM2：8。① 2008 年，湖北省博物馆李澜等曾为吉林省文物考古研究所修复吉林省渤海国王室墓地出土的一件银平脱梯形漆盒，漆盒胎体的盖板、底板、各侧立壁皆用0.5厘米厚的薄板制成，边缘平脚无榫，相互黏合为盒体（图 5—11、图 5—49），黏合部位并未加钉。

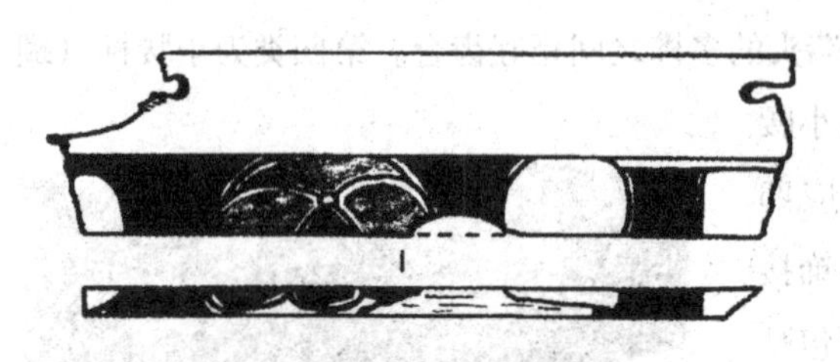

图 5—10　都兰吐蕃二号墓出土彩绘木板（99DRNM2：10）

图 5—11　吉林省渤海国王室墓地出土银平脱梯形漆盒残件

正仓院所藏小型家具的立壁接合方法有板面端头斜脚黏合不用榫的例子。如正仓院所藏木画紫檀棋局，通过 X 光透视照片观察，立壁板面之间皆不出榫，板面的端头为 45° 斜脚，再通过黏合剂和木钉接合在一起②（图 5—12），因此在四个边角的外部只见一条竖线，木板横断面被隐藏了起来。新疆阿斯塔那 206 号墓出土螺钿双陆木棋盘（图 5—67）、围棋盘（图 5—68），在壶门立壁的边角部位亦只见一角竖线，工艺方法与木画紫檀棋局应当是一致的。

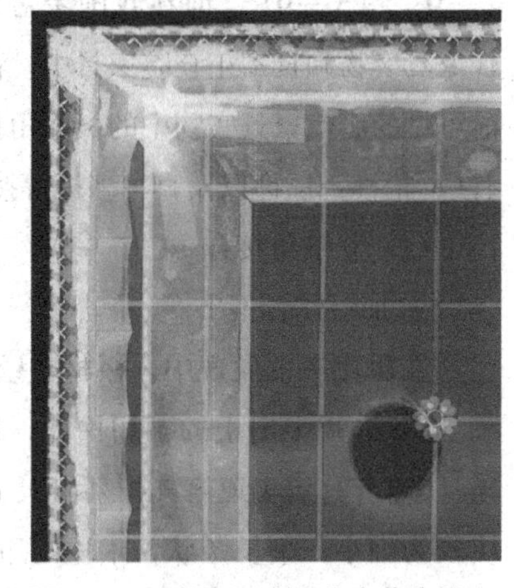

图 5—12　日本正仓院北仓藏木画紫檀棋局俯视面 X 光透视

② 小腰榫接合

唐代家具立壁角接合部位使用小腰榫的例子，亦可见于天水隋唐墓石棺床（图 5—4）。在床上屏风的转角部位，应用了腰部呈直角转折的小腰。

③ 直脚多榫接合

1990 年，考古人员在清理河北正定开元寺地宫时发现一套多重舍利函，其中第三层木函已残损为数块木片，这些木板的边缘带有直脚多榫、可相互嵌合（图 5—

① 北京大学考古文博学院、青海省文物考古研究院编著：《都兰吐蕃墓》，科学出版社 2005 年版，第 45 页图二九：3。

② 西川明彦：《木画紫檀碁局と金銀亀甲碁局龕》，载日本宫内厅正仓院事物所编：《正倉院紀要》第 35 号，平成 25 年（2012 年）版。

图 5—13　河北正定开元寺地宫出土木函残片

13），因并未用钉，结构并不牢固。舍利函的第二层鎏金铜函通高 8.8 厘米，边长 7.7 厘米，因此木函的原大应略小于此。再如 1986 年在浙江省湖州飞英塔地宫发现一批壁藏文物中的一件宝装木胎经函残件（图 5—77），函身壁板边缘出有直脚多榫。1978 年在江苏苏州瑞光寺塔发现的一件五代至北宋初嵌螺钿经箱（图 5—52），箱长 35 厘米，宽 12 厘米，高 12.5 厘米，盝顶，箱身结构皆由“门齿形榫相接”，① 与开元寺地宫木函的结构方法相同。

在日本正仓院所藏唐式家具中，也大量地使用了直脚多榫的立壁角接合方式。如日本正仓院所藏数十件“古柜”的壁板拼合，都采用直角榫头，为使结构稳固，在榫合处还要再钉入金属钉或木钉（图 5—14），两侧板面出榫的数量繁简不一，部分板面出榫的位置是左右错落的（图 5—15）。小型器物两侧立壁直脚多榫的例子，可见于正仓院藏“绿地彩绘箱”（图 5—62、图 5—16），箱盖立壁两侧板面皆出直角榫，箱身立壁两侧一出单榫、一出双榫，相互嵌夹之后，再在两侧木板出榫部位钉入木钉加固。绿地彩绘箱箱身下的壶门板的角接合与木画紫檀棋局一致，板面端头采用 45° 斜脚相接后直接黏合

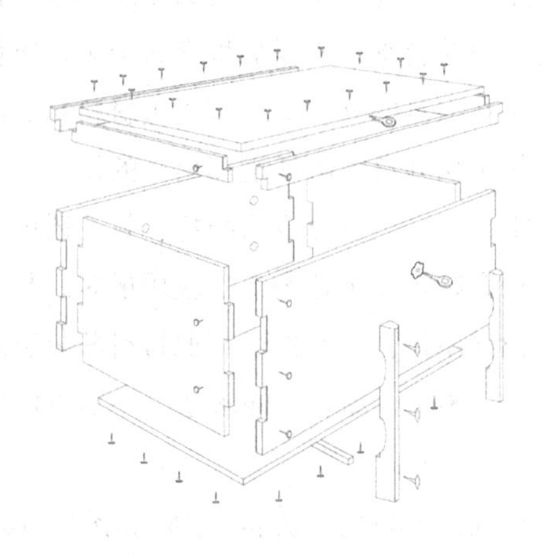
图 5—14　日本正仓院藏古柜结构分解举例

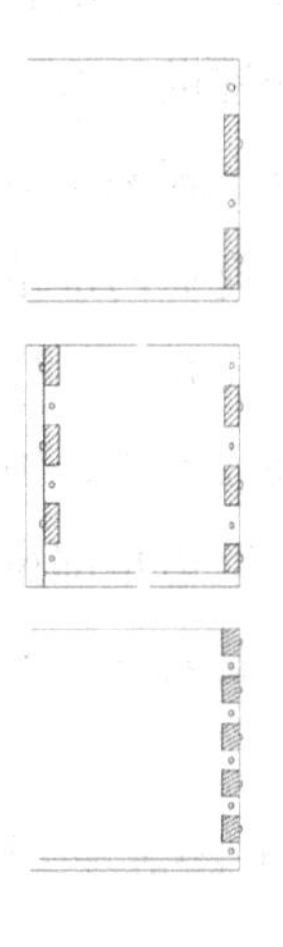
图 5—15　日本正仓院藏古柜柜身立壁出榫模式举例

① 姚世英、陈晶：《苏州瑞光寺塔藏嵌螺钿经箱小识》，《考古》1986 年第 7 期，第 623 页。

的结构[①]。

（2）立壁与顶板、底板角接合

从正仓院所藏箱盒类皮具来考察，立壁与顶板、底板的接合方式主要依靠黏合剂和用钉。图 5—17、图 5—18 分别是正仓院南仓仓号 52 所藏“漆柄香炉箱”的外观及 X 光透视图，箱子长 33.5 厘米、宽 11.8 厘米、高 9 厘米，黑漆涂装，其中箱盖、箱身的立壁使用木钉钉合，箱身立壁与底板则使用铁钉钉合[②]。类似的情况在绿地彩绘箱的箱盖顶板与侧壁的接合部位也可以看到（图 5—16）。青海都兰吐蕃三号墓（99DRNM3）出土有一件彩绘木箱的残件，出土时无顶，仅余底面和四个侧面，考古发掘报告描述：“底面长 44 厘米、宽 40 厘米、厚 2 厘米。其朝外部分有用白颜料涂上做底，再施蓝色颜料，无图案。……木板之间有铁钉痕迹，但已生锈。”[③] 据此它也是利用铁钉来实现壁板与底板的接合。

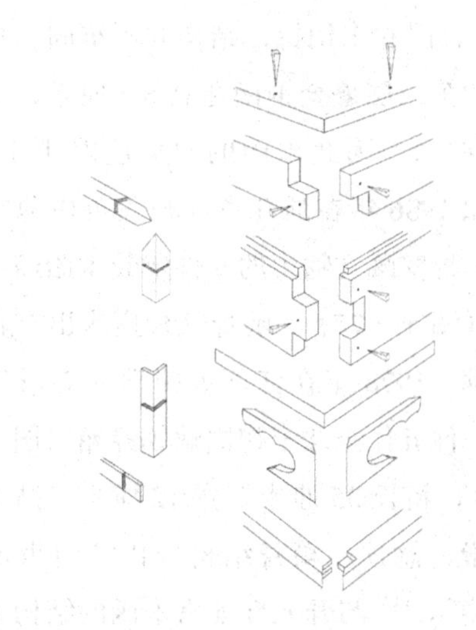

图 5—16　日本正仓院藏绿地彩绘箱结构分解

由上述列论可见，相当部分唐代家具的板面立壁角接合以及立壁与顶板、底板的接合并不使用榫卯，主要依靠胶和钉子加以固定，在制作讲究的器物上，两个立壁的端头被切割为 45° 斜面后再相互黏合。在一些应用了多榫结构的实物例子中，使用的榫卯种类都是齿状的直脚多榫，目前暂未见使用燕尾多榫的实例。钉的使用仍是一种必不可少的辅助接合工艺，这使得家具板材的断面接合部位不像后世那么美观，唐代的工匠对这个现象采取了三种弥补措施。其一是在家具的外表面贴装贵重材料制成的薄木贴片，掩盖内部结构的纤维断面，典型的例子如吐鲁番阿斯塔那出土的棋盘（图 5—67、图 5—68），日本正仓院所藏木画紫檀棋局。二是髹漆或涂胡粉，其上还可再加平脱装饰或彩绘，国内考古出土发现及日本正仓院藏品中这类方法应用最多。其三是为掩盖立壁边角部位的木质纤维横断面，在板材角接合的部位以其他材料贴装边条压边，如正仓院北仓藏赤漆文欟木御厨子（图 3—84），加装了榉木条，外部再使用

① 成濑正和：《年次報告》，载日本宫内厅正仓院事物编：《正倉院紀要》第 10 号，昭和 63 年（1988 年）版。

② ［日］彬木一树：《年次報告》，载日本宫内厅正仓院事物所编：《正倉院紀要》第 28 号，平成 18 年（2006 年）版。

③ 北京大学考古文博学院、青海省文物考古研究院编著：《都兰吐蕃墓》，科学出版社 2005 年版，第 100 页。

鎏银铁钉和鎏银铜片固定。再如中仓藏绿地彩绘箱（图5—62、图5—16）、黑柿两面厨子（图5—3），边脊部位贴装截面为“L”形的薄木条压边。这种造法，日本研究者将之称为“押缘”。西安市王家坟唐墓出土三彩帖花钱柜（图3—93）的立壁角接合方式与外压边条的造法相通，由于柜脚截面作“L”形并直通柜顶，使柜板立壁在相互接合后通过L形腿部掩盖板材角接合后外露的榫头，有使柜箱的外观整洁一致和加固结构的双重作用。

图5—17　日本正仓院南仓藏漆柄香炉箱

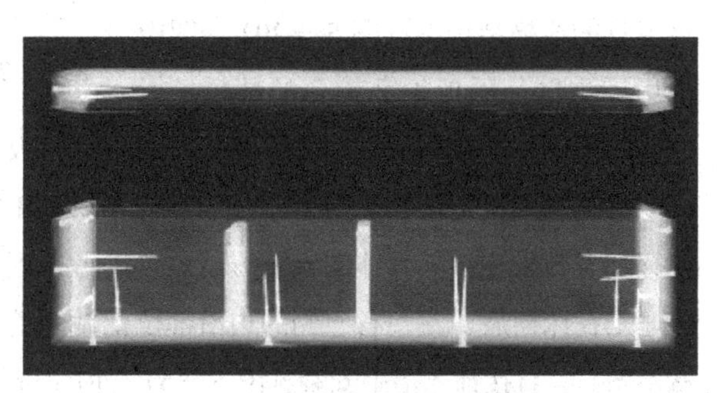

图5—18　日本正仓院南仓藏漆柄香炉箱侧视面X光透视

2. 壶门脚与托泥接合

为使板片构造的壶门脚能稳固立起，托泥部位需要挖做卯眼，使壶门脚下端插入卯眼后嵌夹固定。图5—19是正仓院木画紫檀棋局的壶门脚结构线描，壶门脚下部端头不做肩，直接插入托泥上挖造的卯眼，亦即使用无肩榫。由于唐代的大型壶门式家具的托泥部位承担着床身和其他床上构件的全部重量，对稳固性的功能需求较高，其安装方式应与木画紫檀棋局一致。部分正仓院小型家具的壶门板片与托泥的结合并不使用榫卯，而完全依靠胶合，如前文所引绿地彩绘箱（图5—16）的结构方式即是此类，这种接合方式只适用于不经常移动和承重的小型家具。

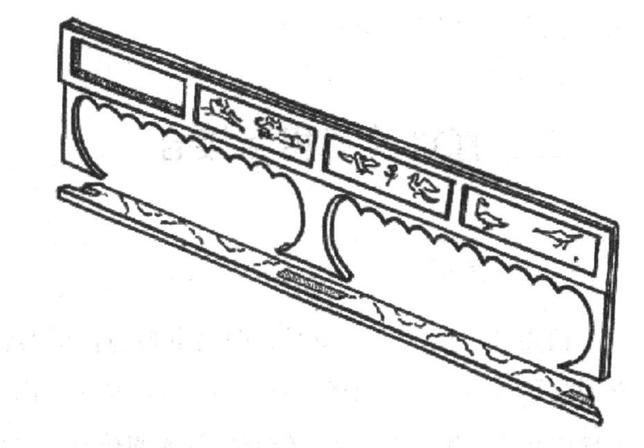

图5—19　日本正仓院北仓藏木画紫檀棋局壶门脚结构分解

3.T 字接合

板材的T字接合，主要出现在立式柜、陈列架的立壁与壁内隔板的结合部位，正仓院所藏赤漆文欟木御厨子（图3—84）、柿厨子（图3—86）、棚厨子第2号（图4—

40）上，皆出现了这一结构，前二者的著录图片上，可以清晰地看到橱子的外壁上有数枚金属钉钉入安装隔板的部位，而棚厨子第2号的顶板、壁板、隔板端头都没有使用槽榫。《正倉院御物図録》在“棚厨子第2号”的解题页上，附有该家具的线描结构图（图5—20）。图中在厨子立壁与隔板T字接合的部位，标注四个钉痕，且解题记载，厨子顶板与侧板、侧板与隔板上，所钉为镔铁钉。

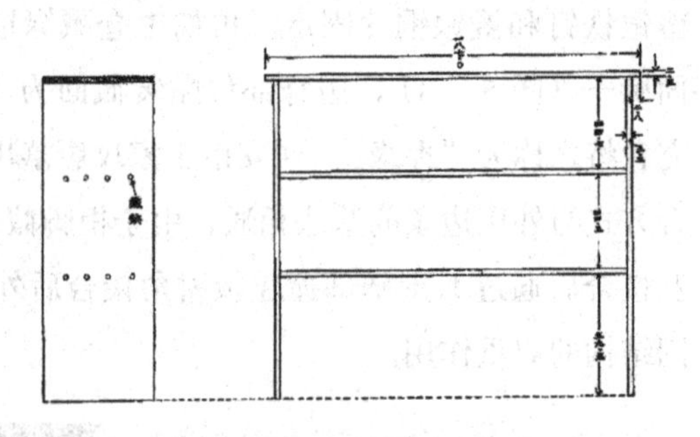

图5—20　日本正仓院北仓藏棚厨子第2号结构

床上屏风的立屏与床身的接合，同样也属于T字接合，由于木质带屏床榻并无实物遗存和考古发现，其具体的安装方式难以确考，上文引述的甘肃天水市隋唐墓出土石棺床，是在床面后、左、右三侧的边沿部位挖做一道与石床屏相同厚度的凹槽，屏风的底端不做肩，直接插入槽中安装（图5—5），由于屏风的上部三面围合以小腰榫互相连缀，屏扇自身又有相当的重量，石床屏立在床面上相当稳固。唐代的木质床屏与床身的接合方式应与此较为接近，但可能另有更为复杂的加固手段，使立在床沿部位的屏风能承受一定程度的外力。

板材的T字接合，在先秦的墓葬考古发现的木椁和漆木家具中，使用槽榫就已经很常见了。由于实物资料的欠缺，使我们仅能通过甘肃天水隋唐墓石棺获知唐代家具板面T字接合部位对槽榫的应用情况，然而我们或许可以推知，槽榫在唐代大型箱板式家具上的应用应当是很普遍的。

二、直材及其相互接合

（一）直材

值得注意的一个现象是，图绘资料与传世实物皆反映出唐代家具所用的直材中，截面为矩形的远多于圆形或异形的，这种情况与南宋、元以后的家具制作差异很大。究其原因在于，原木经过多次锯解而制成的枋料截面只会是矩形，要将之修成多边形和圆形，则必须再做加工，如要使圆材修整得美观有度，则显得更加困难，其复杂性，甚至要超过直接铸造金属圆材。考古发现的家具上应用的圆直材或为金属质地（如帐构），或属贵族阶层所用高档家具，因而不惜工料，通过刮削、旋磨工具制造而成（部分直接利用竹、藤材料略加修整即成）。唐代是框架式家具在中国的第一个大流行时期，随着数种高型坐具的发展普及，框架式家具渐呈与箱板式家具并驾齐驱之势。在这种历史潮流的推动下，直材的使用需求前所未有地猛增，必然使得工匠需要讲求加工效率，造成唐代框架构造的家具上所用的枋材远较圆材为多。

唐代家具上使用的枋材，截面分为正方与扁方两种形式。方直材的形态，从敦煌壁画、唐墓墓室壁画中所绘的绳床、椅子等框架式坐具来看，皆喜修造为带有上细下粗的收分样式，这一构造特征，来源于传统建筑的梁架结构体式特征，并由此一直延续到清代。正仓院所藏赤漆欟木胡床（图2—51）以及数十张多足几（图3—24—图3—26）亦为正方形直材构造，其中赤漆欟木胡床的方直材明显带有收分。扁方形直材，传世实物见于正仓院所藏数十张榻足几（图3—52、图3—53）及棚厨子第1号（图4—39）等，其正侧面的长宽比约在2—3∶1，这种情况在后世家具的方直材构造上并不多见，但在正仓院所藏唐式家具中似为常例。由扁方形直材的视觉效果来分析，它仍带有一定的板面特征，从家具的正面看上去，其体式雄壮浑厚，侧视则又不失轻盈挺拔，可视为代表箱板结构向框架结构家具过渡时期的典型审美取向。

《四分律》中记载："绳床者有五种。旋脚绳床、直脚绳床、曲脚绳床、入梐绳床、无脚绳床。木床亦如是。"① 其中有所谓旋脚绳床者，床脚的造型可能就是应用车工旋制而成的异形直材。陕西礼县唐龙朔三年（663年）新城长公主墓曾出土6件螺旋状残木器（图5—21），都是用直材旋制而成，上部是多层圆柱体，由上而下一层比一层直径略大，顶部略呈蘑菇形，下部圆柱较细，插入铜套管内，铜套管的上端有的残存有铜质鎏金的花叶片，它们可能都是同一件帐构或架具的残件。20世纪50年代，新疆焉耆明屋遗址沟北C地出土了数件建筑木构件，带有明显车工的加工特征，从发掘地的相关遗物分析，所处时代约当晚唐五代。② 我国古代典籍对车木工艺的记载极为稀少，《营造法式》卷十二始列有"旋作制度"，南宋范成大《桂海虞衡志》亦载：

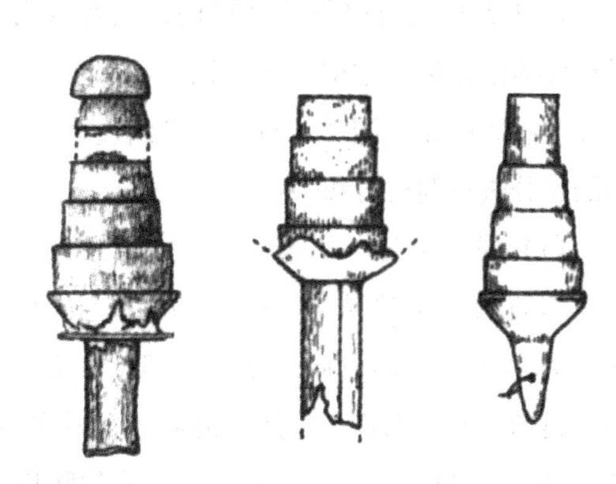

图5—21　陕西礼县唐新城长公主墓出土车木构件

蛮鞍，西南诸蕃所作，不用鞯，但空垂两木镫。……后鞦鏇木为大钱累

① （后秦）佛陀耶舍、竺佛念等译：《四分律》卷第十二，载《大正新修大藏经》第22册，台湾新文丰出版公司1983年版，第644页。

② 黄文弼：《新疆考古发掘报告（1957—1958）》，文物出版社1983年版，第36—46页，图版三二4、5、6。

累，贯数百，状如中国骡驴鞦。①

早在古希腊时期，车木工艺就已经被应用在了家具腿部的制作上，其后这种技术又流播至古罗马、古波斯。应用在直材上的车木技术在唐代以前就通过西亚、中亚地区传至我国。唐代的敦煌壁画中，有多处图像中的家具带有车木特征，如莫高窟第33窟盛唐《弥勒经变》中，两名僧侣共坐的长凳（线图68），莫高窟第9窟晚唐《报恩经变》中数名僧侣所坐的两只长凳（线图72）。日本所藏《真言八祖像》中，金刚智、龙猛所坐方榻的四腿皆以车木旋工旋成（图2—45、图2—46），疑即《四分律》所谓“旋脚绳床”。传为唐人卢楞伽所绘、徐邦达先生判为南宋人创制的传世绘画《六尊者像》中，第八尊者、第十五尊者所坐绳床，其腿部和靠背立柱也明显是车木制成，也可作为古代车木工艺的参考资料。车木工艺是通过轮盘带动被固定的直材以一定的速度旋转，并与一侧的刀具刃口接触来修整直材断面的技术，通过这种工艺修造的异形材和圆直材，具有高效、规整，利于工匠创作的优点。由中原地区唐墓考古发现及日本正仓院所藏家具来看，唐代时这种技术在家具中的应用似并不普遍，但其先进性对中国古代的家具制作无疑具有重要意义。

（二）直材相互接合

1. 直材角接合

唐代家具的直材角接合结构，主要应用在壶门床、直脚床、绳床、桌案等家具的承重面边沿攒造的边框、脚部托泥等部位。由于相关实物细节资料的缺乏，如正仓院所藏赤漆欟木胡床（图2—51）在坐面边框部位包有金属贴角，其细部不可见，仅能就已知的部分进行简要分析。

（1）斜角黏合

将直材端头修造为45°斜角后，相互黏合，是一种最为简单的构造，如图5—19所示的木画紫檀棋局，在托泥部位末端仅带有接纳上部板片的卯眼，直材端头切为45°斜角，并未出榫，显然只能通过直材之间的相互黏合和加钉钉子来实现两根直材的角接合。江苏邗江蔡庄五代墓出土的鹤膝榻床面边框也采用斜角黏合的方法接合（图2—36）。

（2）格角榫攒框接合

直材格角榫攒框接合的例子，可见于唐代承具面板上的面心攒边框做法、坐卧具、坐具坐面边框部位的攒框，以及壶门式家具的托泥部位。

日本正仓院中仓“黑柿金银绘二十八足几”（图3—25）的面板上应用了格角榫攒

① 程国政编注：《中国古代建筑文献集要（宋辽金元）》，同济大学出版社2013年版，第71页。

边框的做法，其造法是大边末端45°角斜肩出榫，插入抹头上的卯眼后，外部露有明榫。从《正仓院寳物》图录所提供彩图来观察，榫头并非与大边同宽，而是仅在几角抹头的外侧末端露出一个矩形的小断面，因此大边上榫头的做法很可能是内部出有双榫，内侧大榫为暗榫（半榫），外侧小榫为明榫，可见其对美观性的要求是很高的。正仓院中仓“桧方几”（图5—2）的面板也应用了攒边框造法，但在大边、抹头的外皮上既不见榫头，也不见钉痕，因此很可能大边所出榫头为暗榫，更是为美观而出现的精工设计。

正仓院所藏绿地彩绘箱的托泥部位（图5—62、图5—22），两根直材末端朝外的一半被修为45°斜角，其中一条直材在斜角后部出单榫，另一条则在斜角后部挖造卯眼，两相拼合后相交部位出现一条曲折的线条，在外部不露明榫。它一方面保证了直材断面端头的纤维组织不外露，另一方面又使接合部位相互嵌夹，从而保障接合部位的稳固性。正仓院所藏御床二张的床面边框部位，也采用了这种出榫方式（图5—25），但只是在大边和抹头的尽端做斜角格肩相交，后侧留出的榫卯接合部位面积增大，边抹相互嵌合后不露明榫，既美观又具有很好承重性能的设计，这种构造方式，在当时是十分先进的。

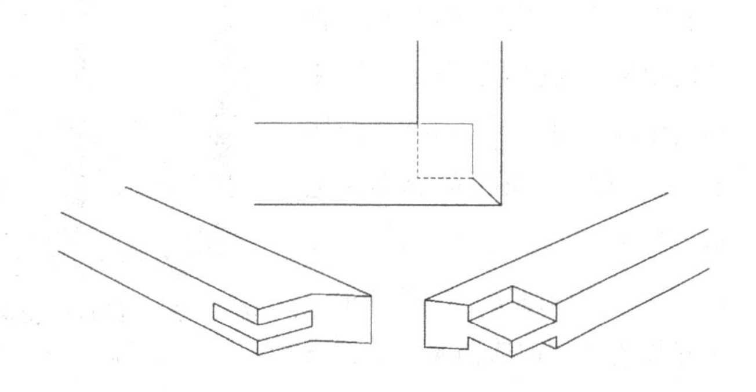

图5—22　日本正仓院藏绿地彩绘箱托泥部位榫卯结构分解

（3）直角榫接合

直材的直角榫角接合，即两根直材榫卯都不做斜肩，而是一根末端出直角榫、一根做卯眼，相互嵌夹接合。正仓院所藏屏风的部分屏风骨架，用边框和龙骨构造框架（图5—23），其中边框的角接合，在上下横材末端做三肩直角榫插入左右竖材的卯眼内，并在竖材外部加钉一根小木钉锁固。这种方式的直材角接合部位出现一道直线，当然没有格角榫美观，但应用在屏风骨架上时，由于会被屏面所掩盖而不会对屏风的外观发生实质的影响。

2. 直材T字接合

直材的T字接合，主要应用在绳床、椅凳、直脚桌案、各类架具等家具的横竖材接合部位。通常来说，直材相互穿插时，为免切断过多纤维，损伤木器的牢固度，插入卯眼的那根直材顶端都会切削部分木质，做肩出榫。青海都兰吐蕃三号墓出土的一件贴金彩绘木构件99DRNM3：106（图5—24），为一件八棱状直材，长19.1厘米，两端都出有直角榫，一端的榫为八棱状单榫，另一端则出有四个小榫头，材形和榫形的修治都很复杂，与日本正仓院所藏唐式家具常见的榫卯构造相较更为先进。

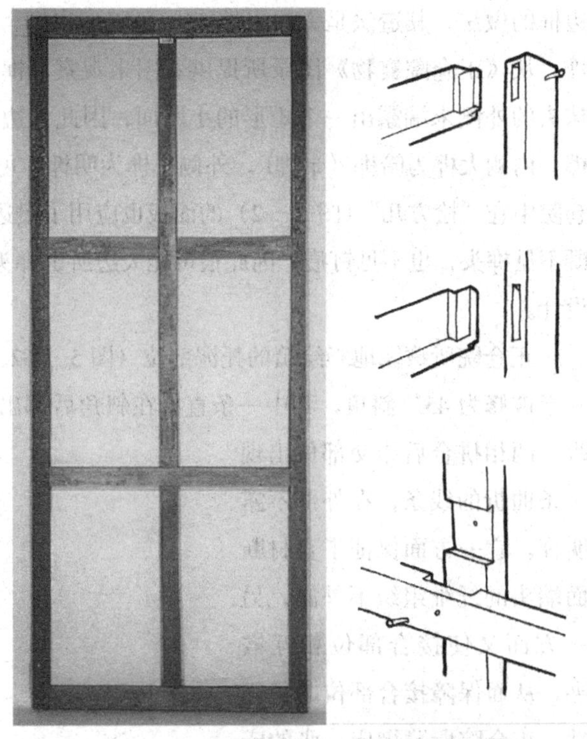

图 5—23　日本正仓院北仓藏鸟毛立女屏风骨架结构分解

图 5—24　青海都兰吐蕃三号墓出土贴金彩绘木构件

（1）横材相互 T 字接合

横材相互 T 字接合，主要出现在床榻的床面部位，如江苏邗江蔡庄五代墓出土鹤膝榻和日本正仓院北仓所藏御床的床面，都采用数根直材插入边抹的方式来构造床面。蔡庄五代墓木榻（图 2—35、图 2—36）的榻面用七根带有单肩直角榫的直枨插入床沿大边，上部再用金属钉固定九根扁长的直材构造榻面，七根直枨端头伸出的直角榫都是暗榫，大边上不见榫头，其上的九根直材都不出榫、不插入抹头。正仓院御床（图 2—30、图 5—25）的床面用八根细枋材构造，枋枨末端出双肩直角榫插入抹头上的卯眼，抹头外侧同样不露明榫，并在抹头的卯眼下方钉入铁钉加固。由于床榻在唐代社会生活中具有极为重要的作用，这样的榫卯设计方式应当是出于美观的考虑，床沿的正、侧边沿上不露密集的明榫，显得光洁而整体。

（2）立柱与横枨 T 字接合

唐代家具立柱与横枨 T 字接合的主要方法也是使用直角榫。江苏邗江蔡庄五代墓鹤膝榻，腿部横枨不做肩出榫，直接插入腿足中部的横枨，末端不穿透腿部外皮，不露明榫（图 2—36），也是一种相当美观的结构方式。正仓院南仓藏赤漆欟木胡床（图 2—51）的腿足与横枨的接合部位都使用直角暗榫，并且前后侧横枨安装部位略高于左右侧，使插入立柱的榫头相互错让。类似的结构设计，也可见于传世绘画五代王齐翰《勘书图》中的直脚桌案（线图 57）。鸟毛立女屏风中部的龙骨端头与边框接合部位，亦出双肩直角榫（图 5—23）。

正仓院所藏的榻足几腿间横枨末端做直角榫，榫头都伸出卯眼之外，并在外露的榫头上穿凿小眼，再插入一根小木楔子（图 5—26），榻足几的主要使用功能是置放重物，因此在腿部 T 字部位的榫卯设计上，美观性显然让位给了稳固性。

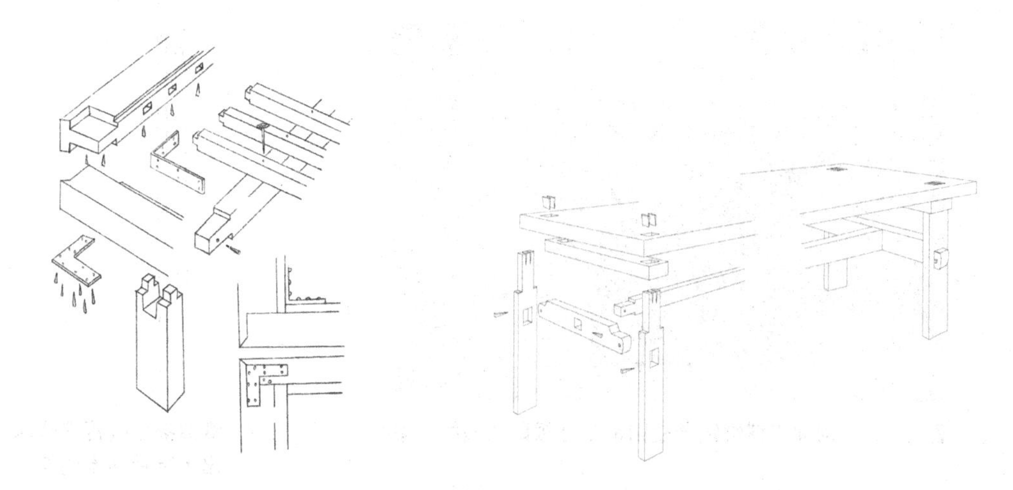

图 5—25　日本正仓院北仓藏御床结构分解　　**图 5—26　日本正仓院藏榻足几结构分解举例**

（3）立柱与顶部横材 T 字接合

唐代家具竖材立柱与顶部横材 T 字接合，主要应用在绳床、椅子坐面以上的立柱与搭脑、扶手接合部位，以及各种架具的立柱与顶部横材接合部位，目前所知的主要有两种结构方式。

①直角榫接合

即在竖材顶端出直角榫，插入横材上的卯眼，从图像资料观察，唐代家具的大多数立柱与顶部横材 T 字接合部位都采用直角榫。正仓院所藏赤漆欟木绳床的靠背立柱和搭脑的接合采用此法外，在接合处还加装金属条以再次加固结构（图 2—51），金属部件同时也起到修饰外观作用，因此榫头可能属于明榫。

②栌斗承托

栌斗是中国传统建筑梁架结构中的斗栱组件之一，《释名》载："卢（栌）在柱端，都卢负屋之重也。"① 我国家具中最早使用斗拱作为立柱与上部横材接合时的承托部件，见于河北平山县出土、现藏于河北省博物馆的战国铜错金银四龙四凤方案（图 5—27）。方案的案面为漆木质，现已完全朽损无存，案面的边框和下部底座全部为铜质，案座结构复杂，下部为两只鹿驮一圆环形底座，中间部位立有四龙四凤，龙首分向案面四角，分别顶起四个斗拱结构向上承托案框。在唐代框架式结构家具中，栌斗被应用在

① （汉）刘熙：《释名》卷第五，商务印书馆 1939 年《丛书集成初编》本，第 87 页。

直材顶端承托横材。青海都兰吐蕃墓曾出土一批顶端带有栌斗的木构件，其中三号墓出土、编号为99DRNM3：98的一件（图5—28），是一根长30厘米的八棱柱状材，顶部削出一个十字形凹槽，就是一个典型的顶部带栌斗的木器直材构件。①

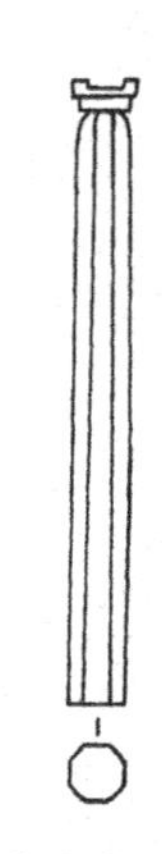

图5—27　河北省博物馆藏战国铜错金银四龙四凤方案

图5—28　青海都兰吐蕃三号墓出土带栌斗木构件

应用在唐代家具上的栌斗可以区分为两种，一种是应用在绳床、椅子等坐具靠背立柱顶端及扶手立柱顶端的栌斗。盛唐高元珪墓（756年）出土的壁画《墓主人图》中，高元珪所坐的椅子靠背立柱上端应用的栌斗，是迄今为止发现的栌斗结构应用在唐代家具上的最早例子（线图54）。此外敦煌壁画上这类例子也并不罕见（线图48、线图49、线图55、线图56）。在坐具上使用的栌斗结构顶端为两耳，即带有一字形凹槽。五代周文矩《重屏会棋图》屏风画上的"暖床"床栏部位（图2—23），也带有两耳栌斗结构。

栌斗的第二种应用方式，出现在架具立柱与顶部的多根横材接合的部位。如莫高窟晚唐第9窟、第196窟壁画《劳度叉斗圣变》中出现的钟架（线图226、线图227），四角立柱顶端皆带有栌斗，由于与立柱相连接的横材是两根，因此栌斗顶端为四耳，即带有十字形凹槽。都兰吐蕃三号墓中出土的带栌斗木构件即为此类。由于栌斗仅能提供向上的承托力，而无法完全固定横材，在横材搭放在栌斗上之后，顶部应当是另外采用加钉或包贴金属饰片的方式使二者真正接固在一起。

（4）立柱与足跗T字接合

立柱与足跗的T字接合，主要出现在各类架具的立柱、栅足案的栅足与下部足跗接合的部位。由于唐代衣架、灯檠、天平架等类架具的架足常作两根跗木交叉的形式

① 北京大学考古文博学院、青海省文物考古研究院编著：《都兰吐蕃墓》，科学出版社2005年版，第89页。

（线图 211、线图 216、线图 221），跗木交叉的部位为一正方形，面积较小，立柱下端要插入足跗，应当是在末端做肩出直角榫，再插入足跗上的卯眼，这样可使足跗交叉部位木质被挖去的部分相对减少，保证架具的稳固性。

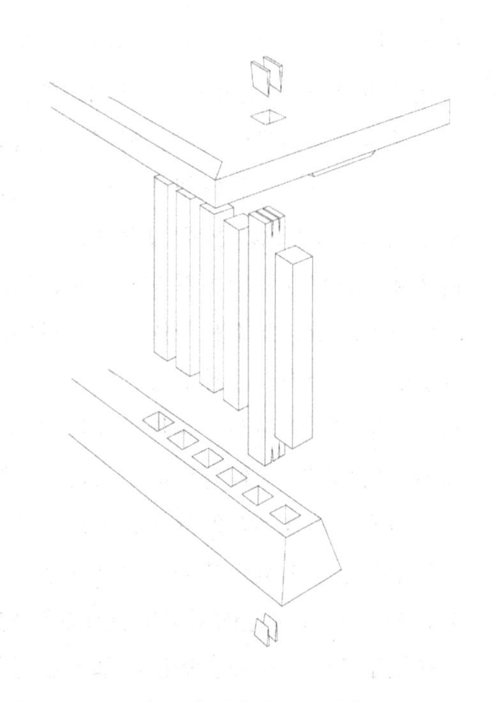

图 5—29 日本正仓院藏多足几结构分解举例

正仓院所藏多足几的足跗截面呈梯形，既高且厚，栅足端头皆不做肩出榫，直接插入足跗上挖好的卯眼当中（图 5—29）。

3. 直材交叉接合

中国古代木作工艺在直材交叉接合的构造方面经验十分丰富，商代的墓葬中，就已经出现了由横竖直材交叉后层层堆叠的干栏式结构。唐代全木构建筑有了很大的发展，柱网结构以上的辅作层的施工经验，也对直材交叉的构造技术产生了促进。得益于此，直材交叉结构在唐代架具的基座部位应用十分纯熟广泛，保证了家具底部构造的稳固性。唐代家具的直材交叉接合，主要应用在一些架具的框架部位及底部十字相交的跗木上（图 5—30）。横纵交叉的木材在相交的地方，上下各需切去一半，交叉接合之后，接合部位只余单根直材的厚度。正仓院所藏屏风的部分屏风骨用边框和龙骨构成框架，边框内龙骨的十字交叉部位，正是采用各切去一半后相互拼合的接合方式，在接合中心点还加钉有一根木钉固定（图 5—23）。

图 5—30　莫高窟 85 窟晚唐《楞伽经变》中直材交叉结构

4. 立柱与坐面边框接合

（1）坐面边框插入立柱

坐面边框插入立柱，就是构成坐面边框的直材末端出榫，插入坐具腿足立柱中部卯眼的结构方式。敦煌壁画所见的椅子式绳床（线图 43—线图 50）以及椅子（线图 55—线图 56）基本都带有这种结构特征。例如莫高窟第 23 窟盛唐《法华经变》中的绳床（线图 44），腿足与扶手、靠背立柱为上下贯通的同一根直材制作，坐面边框的末端插入立柱上所挖卯眼。除了敦煌壁画外，高元珪墓（756年）壁画中的扶手椅坐面边框与立柱的接合方式也采用了相同的方法（线图54）。

从构造的科学性上看，腿部立柱既是主要承重部位，也是框架式坐具整体结构稳定性的主要保障。坐面边框插入立柱的造法须在每根立柱的中部挖凿卯眼，切断较多木质纤维，并不利于椅子类坐具的靠背承受向后的力。这种造法，属于框架式家具较早期的腿足与靠背扶手立柱“一木连做”的构造。宋代以后的坐具，在后腿立柱与坐面边框结合的部位，仍然存在相当数量的边框末端出榫插入立柱做法（图5—31），但在传世的明清家具如靠背椅、各式扶手椅中，这种造法已经基本被腿部立柱穿过坐面边沿上的卯眼后向上伸出，并与扶手、靠背立柱一木连做的造法所取代。

图5—31　内蒙古解放营子辽墓出土木靠背椅

（2）立柱插入坐面边框

① 直角榫插入坐面边框

即在坐面边框的四角部位挖造卯眼，将腿部上端所出的直角榫插入其中的造法。这种造法的优点是，立柱上端对坐面边框起到承托作用，我国木工俗语有云“立木顶千斤”，其稳固性与坐面边框插入立柱的造法相比要好得多。敦煌唐代壁画、传世唐、五代卷轴画中所绘的直脚床（线图19，线图27—34）、独坐榻式绳床（图2—45，线图41，线图42）都应用了这种造法。

在传世实物方面，江苏邗江蔡庄五代墓出土的鹤膝榻（图2—36），腿足上端出双肩直角榫，插入床面卯眼后，外部露有明榫。露明榫的造法保证了木榻承重面的结构稳定，但并不美观，但考虑到床榻的面板上通常会铺陈褥具，蔡庄木榻腿部、面沿边框部位做暗榫，榻面出明榫的设计还是相当合理的。日本正仓院所藏“赤漆欟木胡床”（图2—51、图5—32），是日本传世唐式家具中，唯一一件应用这种造法

图5—32　日本正仓院藏赤漆欟木胡床局部

的椅子式绳床，在唐代家具的结构研究中，显得尤其珍贵。遗憾的是，由于《正倉院御物図録》、《正倉院寳物》等著录文献对它的结构描述不详，尚难以确知它的腿足与靠背、扶手立柱是否是“一木连做”。

② 双榫嵌夹托枨插入坐面边框

双榫嵌夹托枨的结构，就是在腿部末端出双榫，在榫间嵌夹一根直材托枨后再插入面板的构造方式。日本正仓院所藏御床二张（图 2—30、图 5—25）的腿足与床面边框的接合方式属于此类。床的高度并不高，因此腿间未装横枨，但在腿足上端却挖有槽口出双榫，嵌托一根横贯床面的托枨。托枨与上部的八根构造床面的细枋材相交处，都使用圆头铁钉固定在一起，从而使来自上部的力量通过托枨扩散到四条床腿。双榫上端再做双肩出小直角榫，插入床面边框后不露明榫，并在上部的边抹接合处再用“L”形金属片钉附，用以掩盖床面直材角接合的榫卯痕迹，使之更为美观。正仓院御床能经历一千余年的时光保存至今，除了得到精心保护之外，与其稳固匀称、相当科学的结构设计有直接的关联。

三、直材与板材接合

（一）直角榫插入面板

立柱插入面板，即家具的腿足立柱上端出直角榫插入面板上的卯眼。它主要应用于用平板构造承物面的坐卧具、坐具、承具等类唐代家具的腿足与板面的接合部位。尽管大型家具的实物例证十分罕见，但从江苏邗江蔡庄五代墓木榻的腿足上端直角榫插入坐面边框后露明榫的造法来看，大型框架式家具的腿足与面板接合时，应当大多数是露有明榫，以利承重的。

直角榫插入面板而不露明榫，主要应用在小型、精致的家具上。如正仓院所藏紫檀木画挟轼的腿部与面板间可能采用了这类构造（图 3—5）。但由于木画挟轼的外表面带有紫檀包镶和木画工艺，无法看到在基材表面是否露出明榫。出土于我国新疆阿斯塔那 206 号唐张雄夫妇墓（633 年）的琴几（图 3—4），其上亦有包镶、木画，外观情况与紫檀木画挟轼相仿。正仓院中仓所藏的数件献物几（多足承物台），几面上皆不露明榫。由此可见，在一些小型精致的器物的腿足上端榫头与顶板接合时，或采用特种装饰工艺掩饰明榫，或不露明榫，以此来保证器物外观的光洁美观。

（二）直角榫穿过托枨插入面板

直角榫穿过托枨插入面板，就是在家具的面板与腿部间加装一根托枨，腿部立柱上端所出的单榫穿入托枨后，再插入面板上的卯眼中。考古出土以及传世唐代卷轴画中所见的矮栅足案，日本正仓院所藏的榻足几类家具，直材与板面结合部位都出现了这类结构。

这种构造，最早见于唐代画家王维《伏生授经图》中的一张矮栅足案上（图 3—21，线图 2），类似的实物例证在考古出土的唐墓陶瓷冥器中也有数例（图 3—20、线图 126）。日本正仓院传世的唐式家具中，榻足几的腿部上端与面板间的托枨与腿足立柱宽度相同，腿部穿过托枨插入面板上的卯眼后，外部露出明榫，并打入两块小木楔，使之接合牢固（图 5—26）。其主要作用，在于为面板两侧增加一个受力均匀的承重构件，避免面板局部受力时对家具稳固性造成的影响。

此外，正仓院所藏多足几（栅足案）的案面下部虽然没有另加一根托枨，但带有与面板一木连做的垫木结构（图 5—29）。并列的数根栅足插入垫木后，仅外侧的第二根栅足穿透垫木插入面板，并在面板上出明榫，再从面板露出的明榫上方打入两片木楔，其余的栅足皆为暗榫。栅足案的腿足与面板接合部位的这种榫卯设计，避免了面板上露出过多的明榫，破坏案面的整洁，其设计思路是相当科学的。

（三）嵌夹托枨插入面板

正仓院北仓所藏棚厨子第 1 号（图 4—39、图 5—33）是一件共使用了三块整张的板材与立柱相接合构造而成的置物架。为使立柱对每层面板起到足够的支撑作用，在每层装板部位的下方，都挖造有一个卯眼，一根托枨从水平方向穿入前后两足上的卯眼后再安装面板，面板实际上是搁放在托枨上的。这种造法与前文“立柱与坐面边框接合”部分所述的正仓院御床上所采用的“双榫嵌夹托枨插入坐面边框”（图 2—30、图 5—25）结构有一定的相似性，其作用都在于使家具坐面或者面板上部所受的力均匀地分散到四腿部位。

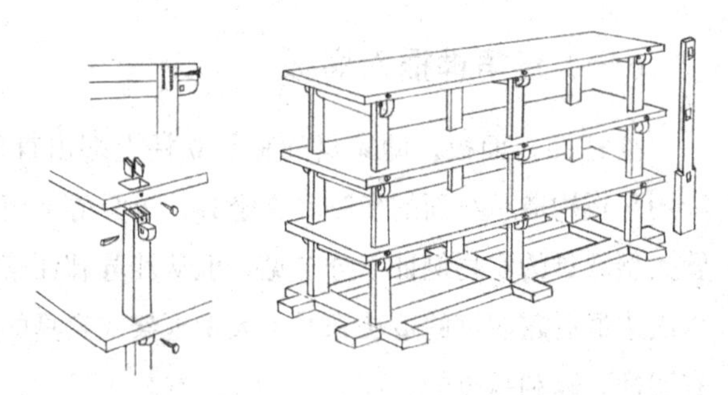

图 5—33　日本正仓院藏棚厨子第 1 号线描结构图

（四）槽榫嵌装壁板

直材立柱挖槽嵌装板材的构造，主要应用在唐代橱柜类皮具上。莫高窟第 237 窟西壁中唐《观无量寿经变》中的弥勒菩萨头冠柜（线图 177）以及中晚唐、五代时期的一些唐代墓室壁画上出现的立式柜（图 3—88、图 3—89、图 3—90、图 3—91）和卧式柜（图 3—95，线图 177—线图 179）上，都出现了这种结构。这些图像资料中的柜，腿足立柱皆为枋材，由绘画笔触较为清晰的河南安阳刘家庄北地唐墓壁画中的几例卧式柜来观察（线图 178、线图 179），板面是嵌装在柜子腿足上端开出的长条形槽口内的，这是一种典型的框架式家具构造，由于缺少实物依据，尚不确知板面端头是否做肩出榫。

四、圈叠胎构型工艺

我国古代圆形漆木器的胎骨制作方法通常有四种。其一是整木挖造成型，这种制胎法耗费材料，较为原始。其二是以圆形木片做底，再以薄木板圈卷制作胎壁，这种方法通常称之为“捲（卷）胎”，这种成型方式通常只应用在筒形器物上。其三是夹纻胎，即以泥、灰、木等物质制作器物的内胎，在其外以漆灰为黏合剂层层裱贴纻麻夏布，待其干后移去实体内胎，以脱出的髹漆纻布硬壳为胎骨。夹纻胎尽管轻盈，对外力的耐受度却较弱。其四是皮胎，即利用皮质的可塑性，以动物皮革制胎体。包括唐代髹漆家具在内的唐代漆器的构型工艺发展出了一种更为科学的新制胎方式——圈叠胎构型工艺。

所谓圈叠胎，即以极薄的木条卷成环形后，一圈圈堆叠合成器型的构型方法，它是在卷胎工艺基础上发展而来的。日本正仓院北仓藏有多件圆形漆木银平脱盒，例如北仓 25 所藏“银平脱合子”第 4 号（图 5—34），直径 11.4 厘米，高约 4.4 厘米，有子母口，平顶，顶面边缘带有斜坡，内外遍髹黑漆，外部以银平脱工艺饰有大象、花卉、联珠等纹饰。根据 X 光透视的检验，胎骨为圈叠胎工艺制成（图 5—35）。除顶盖和底板为圆形木片构成外，盒身部分都应用了圈叠胎工艺。正仓院北仓所藏的银平脱圆漆盒，是《国家珍宝帐》的著录品，属时约相当于公元 8 世纪早期。

图 5—34　日本正仓院北仓藏银平脱合子第 4 号

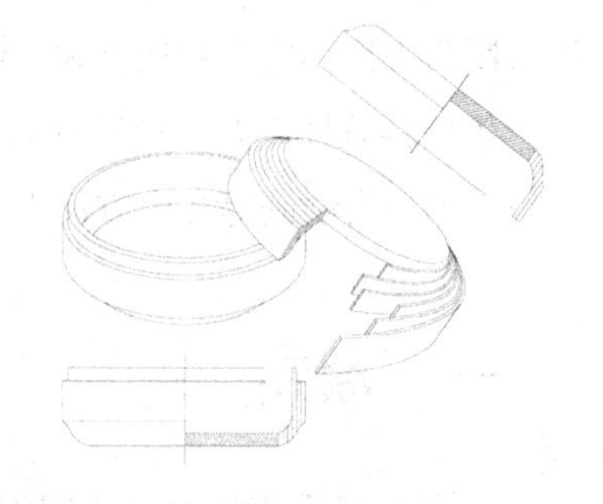

图 5—35　日本正仓院北仓藏银平脱合子结构分解

1978 年湖北监利县福田公社一座唐墓曾出土一批漆器，包括漆碗、漆盘、漆盒等，除了一件漆勺外，这批漆器的制胎方法皆为“采用 0.2 厘米宽的薄杉木条，一圈圈卷制成器形，外裱麻布，然后髹漆”。[①] 正仓院银平脱盒子胎骨所用的木条明显较湖北监利出土漆器胎体所用的木条要宽得多，并且监利唐墓出土圈叠胎漆器中除了数件花瓣形的漆碗、漆盘、漆盂等器外，还包含有一件四方委角形制的漆盒（图3—127），证明圈叠胎的构型工艺应用范围不仅限于圆形器或花瓣形器，因此其工艺水平远远高于日本正仓院藏品。

圈叠胎工艺的成型优势有三，其一是胎体质量较轻；其二是对带有坡度的弧面部位，可利用木圈相互位置的高低错落较便利地造成；其三是对外力冲撞的耐受力，由于木圈间的套叠关系而形成对力的多重缓冲，使漆木器既轻盈美观又耐用。监利唐墓漆器在出土时浸于水中，自然干燥后，器形无收缩变化，可见其胎体构造的科学性。圈叠胎漆器的考古发现，多见于宋代漆器，湖北监利唐墓漆器的出土和正仓院相关遗物的存世，有力地证明这种制胎工艺在唐代就已经出现，并发展得相当成熟了。

第二节　唐代家具的装饰工艺

先秦两汉以来，以漆艺为代表的家具装饰技术就十分发达，唐代工匠继承魏晋南北朝传统的同时，以开放的胸怀吸纳外来工艺技术于家具装饰之上，使之呈现出浓艳、华丽、精巧的艺术风貌。唐代家具的装饰图案大量采用了花鸟、走兽、草虫、人物、山水等写实题材，并对这些内容加以高度装饰化、意象化的造型表现，构图均衡对称、色泽艳丽夺目，呈现出一派盛世气象。装饰工艺类别繁多，一器之上常以多种手法施加复合装饰，不少技艺由于官方的禁绝、风尚的转移、社会治乱的变迁等各种原因而在宋代以后逐渐失传，使今人从感观上体察唐代家具的外观时，常产生审美上的新奇感。下文对唐代家具装饰工艺的论述内容，仍以木质器物为主，将之细分为涂装、镶嵌、雕刻、染织、书法与绘画等几个方面来具体阐述。

一、涂装

从先秦至明清时期，我国传统的木质家具主要涂装工艺基本皆属髹漆范畴。髹漆在唐代仍是家具的主要涂装手段，但一些令人耳目一新的工艺丰富了唐代家具的涂装手段，家具表面装饰工艺的用色局限被打破，呈现出极为纷繁耀目的光彩。

① 湖北荆州地区博物馆保管组：《湖北监利出土一批唐代漆器》，《文物》1982年第2期，第93页。

（一）髹漆

1. 素髹

素髹工艺也称单色漆、一色漆，即在器物上不做纹样装饰，仅以单色漆髹饰，通过光素的漆面突出表现色漆的光泽与质感。刘向《说苑·反质》载有孔子“丹漆不文，白玉不雕”之语，即欣赏不事雕琢的素朴纯真之美。素髹工艺看似简单，实则是一种上品漆工，从麻灰刮抹到一遍遍涂漆、打磨程序，皆需一丝不苟、认真对待，过程略有错漏，就会影响完工后漆面的平整和润泽。

河南上蔡县贾庄一座盛唐墓葬出土的三件六曲花瓣形漆盒（图3—125），出土时保存状态不佳，但考古报告描述它们皆为“夹纻漆器，黑褐色”[①]，就是典型的素髹漆盒。陕西历史博物馆所藏的一件唐代六曲形漆盒（图5—36），径10.7—9.5厘米，高4.2—4厘米，通体漆黑漆，身盖间带有子母口，这件漆盒保存状态较好，是目前考古发现中唐代素髹漆器的代表性作品。日本正仓院北仓仓号1藏有一件被著录在《国家珍宝帐》上，注明为圣武天皇遗爱的“御袈裟箱”（图5—37），就是唐代家具素髹涂装的典型器物。箱体内胎牛皮制成，上下口沿外壁带有一圈宽而薄的线脚，整体髹饰数层黑漆，历经一千余年的妥善保存，漆面光泽依然深厚蕴藉，呈现出素雅内敛的优美气韵。其他类型木质家具中采用素髹装饰的也很多见，如唐代画家阎立本所绘《步辇图》、《历代帝王图》中所绘腰舆、夹膝、曲几、壶门床都为朱色，陆曜《六逸图·边韶昼眠》中的两足凭几绘为墨色，分属对朱、黑素色漆家具作品的描绘。在日本正仓院藏品中，中仓198所藏的“漆高几”（黑漆），也是素色髹漆的典型代表（图5—38）。

图5—36　陕西历史博物馆藏六曲形漆盒

唐代素髹工艺也存在在一件家具上采用两种色漆髹涂，但不另施漆绘的作品。例如湖北监利唐墓出土的圈叠胎四方委角漆盒（图3—127），盒身内部髹朱漆，外部髹黑漆。黑漆与朱漆是传统漆工艺中最常用、最重要的两色，配合使用能达到既夺目又庄重的艺术效果。此外在图绘资料及存世唐代家具实物中多体现为区分主次漆色，即以一主色髹涂后，再以另色涂边。如莫高窟盛唐第23窟窟顶南披《法华经变·观世音菩萨普门品》中，绘有一对男女坐在带屏直脚床上，直脚床的床沿和腿部都绘黑色，床屏边沿则都绘为红色（图5—39）。日本正仓院所藏的数件采用了“赤漆涂”工艺的古柜（图5—40），柜体半透明的红色，边棱部位和柜脚则用黑漆涂饰。

---

① 河南省文化局文物工作二队：《河南上蔡县贾庄唐墓清理简报》，《文物》1964年第2期，第64页。

图 5—37　日本正仓院北仓藏御袈裟箱第 2 号

图 5—38　日本正仓院中仓藏漆高几

2. 罩漆

唐代髹饰工艺的一大进步，是发明了揩清漆工艺，[1] 即将生漆加工炼制之后提取略有透明度的外罩漆，将之薄薄地擦涂在家具表面，再加以揩清推光，使清漆层下的色彩、纹理显现出来，不但使之得到一层保护层而不易脱落磨损，又使家具表面出现平整、透亮、光润的质感。较之前代漆工艺，在漆器表层光洁度方面取得了长足的进步。除了在髹漆家具的色漆、平脱等工艺完成后，外罩精炼漆以外，日本正仓院北仓所藏赤漆欟木胡床（图 2—51）、赤漆文欟木御厨子（图 3—84）、数件赤漆涂古柜（图 5—40）等都使用了所谓“赤漆涂”工艺。这些家具的素木地首先经过苏木汁染色，再在染

图 5—39　莫高窟第 23 窟窟顶南披盛唐《法华经变》局部

图 5—40　日本正仓院中仓藏古柜第 67 号

① 张飞龙：《中国髹漆工艺与漆器保护》，科学出版社 2010 年版，第 53 页。

色后的木质表面罩涂一层揩清漆，经过揩清推光，底层的自然木质纹理和苏木染成的赤色透过漆层得以显现。正仓院家具上的“赤漆涂”工艺，实为先染后髹，其用意在于以赤色装饰柜子的同时，利用植物染料和外罩漆的半透明特性，使木纹从红色中显现出来，是此时期家具的一种新的装饰工艺。明代著名漆工黄成所著《髹饰录》中，将这种工艺称之为“罩朱单漆”。

3. 密陀油彩绘

密陀油彩绘是一种特殊的油漆装饰工艺，“密陀”即密陀僧，又称黄丹、铅黄、黄铅、铅陀等，是一种从铅矿中提炼出的含氧化铅的油漆催干剂，有一定的毒性，调入油漆起到促进干燥的作用。漆作为一种天然的树液，带有特殊的生物特性，不仅干燥缓慢，且在混合色料尤其是植物性色料时不仅不能显色，还会即刻变黑，只有铁矿（黑）、朱砂矿（红）等极少量矿物色与漆混合时才能调制为色漆，因此漆彩绘工艺的色料种类受到很大的局限，唯黑红两色为常见。密陀僧入油的作用主要是作为促干剂，在和荏油（苏子油）、胡麻油、核桃油、桐油等油料混合炼制后即可制成密陀油，再与各种颜料相调和，各种矿物、植物色则皆可在漆面上涂绘，大大增强了漆饰的表现力。这种工艺作为色漆的代用品，实际是一种施加在底漆层以上的原始油画，它的出现使漆彩绘工艺的色彩范围大为增加。

约自战国时期开始，我国古代漆工开始打破黑红两色的限制，使用油料调色制作彩绘漆器，如江陵一号墓出土的战国木雕小座屏，在黑漆地上施加红、绿、金、银等色，其中的绿色十分鲜明。① 我国约从东周时期就已有了关于黄丹的记载，《太平御览·珍宝部》辑录越国范蠡与计然的谈话录《计然万物篇》中的段落云：“黑铅之错，化成黄丹，丹再化之成水粉。”② 黄丹的早期炼制目的，主要是炼丹和制药，汉张机《金匮玉函经》，晋葛洪《抱朴子内篇》、《肘后备急方》等文献对之皆有记载，其药理作用主要是敛疮和杀灭毒虫。密陀僧之名最早见于唐代文献，唐代丹家张九垓《金石灵砂论》载：“铅者黑铅也，……有毒，可作黄丹、胡粉、密陀僧。”③ 铅黄最早用于美术及装饰的可考历史始于1972年长沙马王堆一号汉墓出土T形帛画，主要是作为黄色矿物质颜料来使用，至于密陀僧油彩绘技法最早何时出现，尚未见相关历史文献明确记载，民国时期历史学者郑师许所著《漆器考》一文认为：

> 及三国时，曹魏已有言密陀僧漆画之事，……吾国油漆本分二途：漆器以漆液为主，密陀僧则不以漆而以油。此等密陀僧漆画，其主要用料，一为

---

① 湖北省文化局文物工作队：《湖北江陵三座楚墓出土大批重要文物》，《文物》1966年第5期，第33—56页。

② （宋）李昉等：《太平御览》卷八百十二，中华书局1960年版，第3610页。

③ 《道藏》第19册，文物出版社、上海书店、天津古籍出版社1988年版，第1915页。

油，二为树脂，三为颜料，四为促干料等。……密陀僧三字疑是外来语译者，傥亦西域传入之密法欤！①

密陀僧之名，来自波斯语 mirdasang 的音译，郑师许所云曹魏论及“密陀僧漆画事”的历史文献未明出处，但 20 世纪 60 年代出土于山西大同的北魏司马金龙墓中的漆屏风画，用油多于用漆，且结合了晕色技法，据王世襄等学者的推论，很可能是我国发现最早的密陀油彩绘漆器。② 因而，郑师许对密陀僧绘法起源于曹魏时期的判断确有其理。这种漆绘工艺大约自魏晋南北朝时期由西域传入我国，又在唐代随着家具制作技艺而传入日本，影响了日本漆艺的发展。

图 5—41　日本正仓院中仓藏密陀彩绘箱第 14 号

图 5—42　日本正仓院中仓藏密陀彩绘箱第 14 号盖顶

据日本学者山崎一雄《法隆寺壁画的颜料》一文的研究③，密陀僧在油中几乎不溶，须将之过滤、分离，取上部澄清部分方可用来制作密陀油。密陀油绘技法可分为两种。一种是在制备好的密陀油中混合颜料，直接作画；另一种则是先以胶调和颜料，绘制完图案后，再整体涂一层密陀油。密陀油彩绘作为一种油漆彩绘工艺，其得名不见于我国文献，日本也大约在江户时代才有此名，因此在唐代家具及壁画中应用的密陀油绘技法在当时的具体名称目前尚难考证。通过紫外线照射结果判断，法隆寺玉虫厨子（图 3—105）的彩绘工艺是在底材上做好漆地，再以各种彩色与密陀油调和后绘制。而法隆寺所藏橘夫人厨子须弥座部分的密陀绘，则是使用普通胶剂与颜料混合绘制的。正仓院中仓仓号 143 所藏的第 14 号藏品“密陀彩绘箱”（图 5—41）是一件下带壶门脚的平顶箱，其上的密陀油彩绘保存得十分完好，其紫外光照射结果显示油绘技法与玉虫

① 郑师许：《漆器考》，中华书局 1936 年版，第 18 页。

② 王世襄：《髹饰录解说》，文物出版社 1983 年版，第 93—94 页。

③ ［日］山崎一雄：《法隆寺壁画的颜料》，《敦煌研究》1988 年第 3 期，第 74—80 页。

厨子相同，为色料调油绘制。箱体以黑漆涂饰后，以红、黄二色颜料调入密陀油后绘制装饰纹样，箱子上盖绘有忍冬纹和四只围绕中心题笺回翔的凤鸟，箱体立壁及壶门脚绘制忍冬纹及怪兽头纹（图5—42）。箱盖正中所贴笺纸上记有“纳丁香、青木香，会前东大寺”字样，因此这件密陀彩绘箱是日本贵族在天平胜宝四年（公元752年）四月九日正仓院举行的大佛开眼供养法会前献入东大寺，用来装纳香料的箱子。再如编号第15的密陀彩绘箱（图5—43），这是一件长方形的扁盒，其上使用的密陀油彩用色更加丰富，使用赤、橙、粉红、白、黄、深绿、浅绿、青绿、紫、淡紫色描绘有花鸟、蝴蝶、云气等纹样，并以截金工艺点缀加施有金箔，据紫外光照射反应的分析，这件作品的部分色料用密陀油调合后绘制，部分则为以胶调合绘制，并且在整体画面绘制完成后，再整体外罩一层密陀油。①

图5—43　日本正仓院中仓藏密陀彩绘箱第15号

密陀绘技法实际上是原始油画的一种，较15世纪前后兴起的西方古典油画早数个世纪，但由于我国传统绘画的主要载体是纸和丝绢，主要用色是入胶调制的矿物、植物颜料，密陀绘技法在我国没有走向纯艺术的道路，而多施加于木质载体上作装饰绘画之用。密陀油漆彩绘技法在我国一直延续使用，北宋李诫《营造法式》“彩画作”部分记载的炼制桐油的方法，在经过以文武火煎桐油使之澄清等工序后，“下黄丹，渐次去火，搅令冷，合金漆用。如施之于彩画之上者，以乱线揩展之。”② 密陀油漆画的工艺方法，在明清时期的建筑彩绘的色料调制中也一直通行③，但我国工匠传习间并无如日本“密陀绘”之名色，而称之为“描油彩绘”、“油彩画”等。

4. 金银平脱

金银平脱是唐代极为盛行的一种髹漆与镶嵌结合的装饰工艺，是将金银薄片剪裁成所需的各种纹样后，用生漆黏贴在器物表面做好的漆地上，然后髹漆数重，每重皆需待漆层干燥后再涂另一重，直至使漆面高度完全掩盖金银薄片，再细加研磨，使金银薄片显露在漆面上，最后再加揩清推光工艺方始完成。由于工艺复杂，金银平脱器在

① 正仓院事务所编集：《正倉院寶物・中倉Ⅱ》，日本每日新闻社平成7年（1996年））版，第248页。

② （宋）李诫撰，王海燕注译：《营造法式译解》卷十四，华中科技大学出版社2011年版，第213页。

③ 相关文证可见于明代沈周《石田杂记》“笼罩漆方”（中华书局，1985年版，第5页）及清代官修《内庭圆明园内工诸作现行则例》“油作・煎光油”条款（王世襄编：《清代匠作则例汇编》，中国书店2008年版，第327页）。

唐代是一种贵族阶层专用的工艺品，唐肃宗至德二载（公元757年）十月，由于安史之乱带来的经济压力，肃宗曾下诏“禁珠玉、宝钿、平脱、金泥、刺绣”等工艺①，以后唐代宗在大历三年（公元768年）又一次下诏“不得造假花果及金手（平）脱、宝钿等物”②，可见唐时制作金银平脱器的成本之高。尽管曾遭禁令，但终唐之世，金银平脱工艺历久不衰。除可施加在木质器物上外，还常用于唐代铜镜镜背装饰，陕西扶风法门寺曾出土一件秘色瓷金银平脱漆碗，可见唐代平脱工艺还可以施加于瓷器表面。

唐代的金银平脱工艺应用于家具上的文献记载，集中体现在《酉阳杂俎》卷一《忠志》所载唐玄宗、杨贵妃为笼络安禄山而颁下大量赏赐的物帐上：

> 安禄山恩宠莫比，锡赉无数．其所赐品目有桑落酒、阔尾羊、窟利马酪、音声人两部、……金平脱犀头匙箸、金银平脱隔馄饨盘、金花狮子瓶、平脱着足叠子、熟线绫接靿、金大脑盘、银平脱破觚八角花鸟屏风、银凿镂铁锁、帖白檀香床、绿白平细背席、绣鹅毛毡，兼令瑶令光就宅张设。金鸾紫罗绯罗、立马宝鸡袍、龙须夹帖、八斗金渡银酒瓮、银瓶平脱掏魁织锦筐、银笊篱、银平脱食台盘、油画食藏，又贵妃赐禄山金平脱装具玉合、金平脱铁面椀。③

文中所载的“银平脱破觚八角花鸟屏风”，在《安禄山事迹》中记为“银平脱破方八角花鸟药屏帐一具，方圆一丈七尺”。④ 这些赏赐名目除列在最前的食物、音声人两部及药物外，其他家具之属中，金平脱、银平脱工艺所造者占有很大比例，除显示出安禄山见宠于皇室的程度外，亦可见金银平脱工艺在唐代的应用遍及各类家具装饰。

唐五代时期考古发现中曾有多件金银平脱家具出土，根据出土金银平脱器物的装饰风格来看，唐代的金银平脱装饰图案有简洁和繁密两种。

图案简洁的例子如2000年西安南郊曲江池乡唐墓出土的唐代银平脱双鹿纹椭方形漆盒（图5—44），现藏于陕西历史博物馆。漆盒黑漆地，盖顶平脱双鹿纹，盖子和盒身的侧面平脱两行交错排列的花叶。雌雄双鹿一前奔一回首，情态生动，鹿身上的银片镂刻錾凿出皮毛花点，是唐代装饰纹样偏于写实风格的代表。河南偃师杏园王嫮墓（755年）出土有两件银平脱漆盒，一为圆形（图3—122），一为弯月形（图5—45），盒盖顶平脱石榴花、鸳鸯图案和一圈联珠纹，盒壁平脱数个石榴花叶，是同一套女性妆奁用具中的两件。日本正仓院也藏有多件金银平脱漆器，如北仓所藏、曾被登记在《国

---

① （宋）宋祁、欧阳修等：《新唐书》卷六《肃宗本纪》，中华书局1975年版，第159页。

② （后晋）刘昫等：《旧唐书》卷一一《代宗本纪》，中华书局1975年版，第300页。按：《中华书局》本“金手脱”应为“金平脱”之误。

③ （唐）段成式：《〈酉阳杂俎〉附续集（一）》，商务印书馆1937年《丛书集成初编》本，第3页。

④ （唐）姚汝能：《安禄山事迹》卷上，上海古籍出版社1983年版，第6页。

家珍宝帐》中的“银平脱合子第 4 号”圆盒（图 5—34），盒子为黑漆地，盒盖与盒身出子母口扣合，盒盖中心银平脱象纹和山石草叶，周围围饰一圈联珠纹，盒身立壁部位则围饰两圈四瓣小花，与王嫮墓出土的两件漆盒风格十分近似。

图 5—44　西安曲江池乡唐墓出土银平脱双鹿纹椭方形漆盒

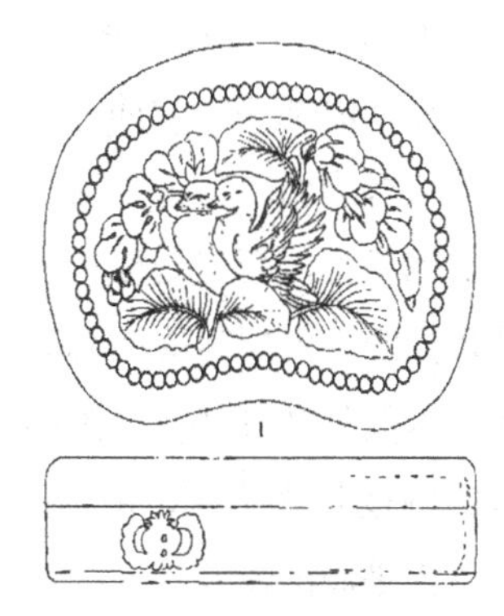

图 5—45　河南偃师杏园王嫮墓出土银平脱弯月形漆盒

在考古发现的唐代金银平脱器中，装饰风格繁密的作品更为多见。如 1985 年河南偃师唐李景由墓（738 年）出土银平脱方盒（图 3—117），黑漆地，平脱缠枝花卉纹样，剪裁好的花卉银片上錾刻毛雕，体现花叶的脉络纹理，技法精湛，纹饰繁丽。洛阳北郊中唐颍川陈氏墓发现的一件银平脱漆盒的残件，经修复后为一长方形盒，通体髹黑漆，在盖内、外，盒内底面及盒外四壁共平脱 7 片银饰片（图 5—46），在极为繁密的缠枝花卉纹理之间，分别连缀有鹦鹉、双凤、孔雀、鸡、猴、羊、马等动物纹饰，银饰片上錾刻极细小纹，属“游丝毛雕”，是唐代银平脱器中罕见的精品。唐代的朱漆金银平脱盒在目前的考古发现中相当罕见，1980 年，在郑州二里岗发现的一座小型唐墓中出土了一件银平脱木胎朱漆镜盒的八片残片，其上的银片纹饰为繁密的缠枝花卉纹，并在交缠的枝叶上间缀有花果。[①] 类似的发现还有五代前蜀国主王建永陵后室中承放谥宝的双层木匣，内称册匣，外称宝盝。册匣和宝盝用朱漆金银平脱工艺装饰团凤、螭龙、金甲神、云纹等纹饰。[②] 河南上蔡贾庄盛唐墓中，出土有两件银平脱漆盒，一为圆形，一为圆筒形，据考古发掘报告描述，两盒皆髹黑褐色漆，其上花纹为缠枝花卉间以飞禽、草虫、朵云等，用材为厚约 0.25 毫米的银片，其上的线条刻画宽约 0.2 毫米。[③] 吉林省渤海国王室墓地出土的两件银平脱漆盒，出土时被挤压变形，经湖北省博物馆李

① 郑州市博物馆：《郑州二里岗唐墓出土平脱漆器的银饰片》，《中原文物》1982 年第 4 期，第 36—38 页。

② 上海古籍出版社编：《中国艺海》，上海古籍出版社 1994 年版，第 1068 页。

③ 河南省文化局文物工作队：《河南上蔡县贾庄唐墓清理简报》，《文物》1964 年第 2 期，第 64—65 页。

澜女士等经过长达一年的时间修复还原，使我们能得窥这两件唐代银平脱漆盒典型器的全貌。一件为银平脱八曲梅花瓣形漆奁（图5—47、图5—48），奁高2.8厘米，最大直径29厘米，带有子母口，披麻挂灰髹黑褐色漆，盖顶、底、四周均嵌贴有0.25毫米厚的银片花饰，纹饰为龙、凤、人物、花卉、禽鸟等。[①] 另一件为银平脱梯形漆盒（图5—11、图5—49），平顶，上下盖间有铜合叶、象鼻曲戌连缀开合，带有子母口，盒的前立面略宽于后立面，俯视面为梯形。整个盒子由十块0.5厘米厚的薄板制成，上层盒盖顶板为两层，上层板由合页连缀在盒盖前立面上，可由后侧掀起，下层盖板固定于盒盖侧板上，两层盖板上皆带有银平脱纹饰，这样特殊的结构设计功能尚难确知，但据情理推断，上层盖板掀起时可作为铜镜的支撑面，这件漆盒很可能是一件妆镜盒。梯形漆盒木胎外披麻挂灰髹黑褐色漆，表面用银平脱工艺装饰连缀有花叶、立凤、孔雀、走兽的缠枝卷草纹样，银片厚度为0.25毫米，纹饰满布于盒身，与洛阳北郊颍川陈氏墓出土银平脱漆盒残片的纹饰风格非常近似。[②]

5. 银棱

银棱工艺又称金银扣，除了在器物的口沿、圈足以金、银、铜等金属细条包镶以外，外露面的所有边棱部位也镶有细条，通过多次髹漆使金属细条与漆面相平后磨显，制作方法与金银平脱工艺相近，常结合应用。唐代的银棱工艺通常应用在瓷器、木器的装饰上，《酉阳杂俎》卷十五《诺皋记下》中记一则志怪云：

> 景公寺前街中，旧有巨井，俗呼为八角井。元和初，有公主夏中过，见百姓方汲，令从婢以银棱碗就井取水，误坠碗。经月余，出于渭河。[③]

其中“银棱碗”就是以银棱工艺装饰的瓷碗。陕西扶风法门寺地宫出土的两件“鎏金银棱平脱雀鸟团花纹秘色瓷碗”，整体髹饰罕见的绿沉漆，平脱鎏金团花纹银片，并在碗口和碗底都应用了银棱工艺，在《监送真身使随负供养道具及恩赐金银器衣物帐碑》中它们被记为“瓷秘色椀七口，内二口银棱”。以银平脱兼银棱工艺装饰瓷器，在考古发现中较为罕见，更多的唐代银棱工艺的实物发现，应用在唐代的小型皮具上。法门寺出土《衣物帐碑》上还记有三件银棱木函，包括“檀香缕金银棱装铰函”（第八重佛骨舍利宝函）、“银棱檀香木函子”、“银棱函”（鎏金银棒真身菩萨盛具），[④] 在实际的考古发

① 李澜、陈丽臻：《吉林省渤海国王室墓地出土银平脱梅花瓣形漆奁修复》，《江汉考古》2009年第3期，第102—105页。

② 李澜、陈丽臻：《渤海国王室墓地出土梯形漆盒保护修复》，《文物保护与考古科学》2009年第2期，第54页。

③ （唐）段成式：《〈酉阳杂俎〉附续集（二）》，商务印书馆1937年《丛书集成初编》本，第116页。

④ 陕西省考古研究院、法门寺博物馆、宝鸡市文物局编著：《法门寺考古发掘报告》上册，文物出版社2007年版，第227—228页。

现中，法门寺地宫中共出土六件带有银棱工艺的漆木器（包括残件），根据考古报告的定名，分别是“银棱盝顶茶碾子黑漆座”、“银棱长方形盝顶黑漆盒（2件）”、“银棱圆漆木盒”、“银棱长方形盝顶木箱”、“银棱盝顶木函（第八重佛骨舍利宝函）”，考古报告皆未提供图像，但据描述，在各器的盝顶各边棱、底座边棱、上下口沿部位均有银棱包镶。[①] 前文所介绍的渤海国王室墓地出土梅花形漆奁的上下口沿（图5—47、图5—48）、梯形漆盒的立面边棱、上下口沿部位（图5—11、图5—49）也都带有银棱包镶，并与漆面相平，显示出银棱工艺与银平脱工艺的亲缘关系。

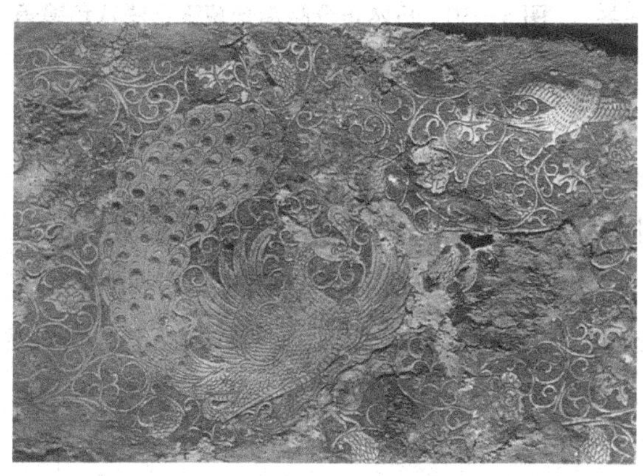

图5—46　洛阳北郊颍川陈氏墓出土银平脱漆盒残片

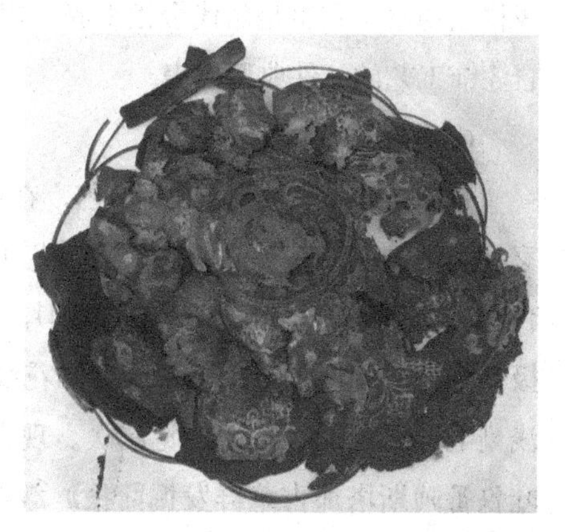

图5—47　渤海国王室墓地出土银平脱梅花瓣形漆奁原貌

图5—48　渤海国王室墓地出土银平脱梅花瓣形漆奁修复后

图5—49　渤海国王室墓地出土银平脱梯形漆盒修复后

日本正仓院南仓71所藏的银平脱八角镜箱（图5—50），径宽36.5厘米，高10.5厘米，胎体为皮质，是用来盛放一面八菱形唐代铜镜的漆箱，箱子上下口沿带有子母口，

① 陕西省考古研究院、法门寺博物馆、宝鸡市文物局编著：《法门寺考古发掘报告》上册，文物出版社2007年版，第274页。

背面装有合页连接上下箱体，并在正面两菱瓣的内凹部位装小圆环（曲戌），用以上锁。箱体髹涂黑漆地，采用银平脱工艺装饰细密的忍冬唐草、宝相花纹样，并在各菱瓣的中心部位平脱凤纹。在八角镜箱的所有曲、直的口沿、边棱部位，都带有银棱包镶，部分银条已经脱落。从其形制、装饰工艺和纹饰风格上观察，它也是唐代金银平脱、银棱复合漆饰工艺的一件典型代表。

图 5—50 日本正仓院南仓藏银平脱八角镜箱

6. 螺钿平脱

螺钿平脱即漆地嵌螺钿工艺，在西周就已出现，但直到唐代方大为流行。唐代的家具螺钿镶嵌工艺做法与银平脱工艺类似，也是使贴嵌装饰图案与髹饰面磨显相平的一种漆面平镶工艺手法。唐代的螺钿片一般较厚，常使用满地镶法，造成一种灿烂奔放、极其夺目的装饰效果。螺片的装饰花纹有的与金银平脱工艺相似，在花纹上还要再施以浅刻毛雕，增加物象的视觉层次。现存唐代家具中，以螺钿平脱装饰者极少，《1973 年吐鲁番阿斯塔那古墓群发掘简报》载有一件出土于 206 号唐张雄墓（633 年）的螺钿木盒（图 5—51），该盒高 6.23 厘米，为盝顶平底，盒盖、盒身皆以螺钿嵌饰飞鸟、圆形小团花，是考古出土唐代早期木制家具中难得的螺钿平脱实物。遗憾的是，绝大多数的唐代螺钿平脱家具由于木质易朽而未能存世，螺钿镶嵌工艺存世的代表性作品多数体现在唐镜的镜背装饰中，著名的如三门峡唐墓出土盘龙纹螺钿镜、洛阳涧西唐墓出土的高士纹螺钿镜等。1978 年江苏苏州瑞光寺塔第三层天宫出土了一件五代至宋初黑漆嵌螺钿经函（图 5—52），长 35 厘米、宽 12 厘米、高 12.5 厘米，为长方形，盝顶、下带壶门底座，木胎上披麻挂灰髹黑漆。函的外视各面用七百片左右的彩色螺钿镶嵌纹饰，螺

图 5—51 吐鲁番阿斯塔那 206 号张雄墓出土螺钿木盒

图 5—52 苏州瑞光寺塔出土黑漆嵌螺钿经函

钿面与漆面相平。函顶为三个平列的团花纹、盝顶斜面、函身立壁和壶门底座嵌石榴、花叶、飞鸟、方胜、连珠等纹样，其上使用的螺片与唐代螺钿平脱镜的厚螺钿相类，在切割好的螺钿片上还带有游丝毛雕刻画所属物象的细节纹理。

（二）涂胡粉

胡粉有广狭两义，广义的胡粉，是我国传统绘画颜料中白色颜料的统称，诸如白土、铅白、锡粉、蛤粉等都被称为胡粉。狭义的胡粉专指铅白，是以金属铅炼造的白色铅化合物，化学成分属盐基性碳酸铅，早在古罗马时期，铅白就被妇女用作化妆品。胡粉的名称来源也有二，一说白色粉末需调制为糊状而供使用，故称“胡（糊）粉”，另一说认为它传自西域。① 早在汉代的文献中，就有胡粉的记载，《吕氏春秋》“虽桀纣犹有可畏可取者”句，高诱注云：“桀作瓦，纣作胡粉。”②《抱朴子·内篇》云：“愚人乃不信黄丹及胡粉是化铅所作。”③ 说明在三国魏晋时期，我国已经掌握了炼制铅白的方法。

作为涂绘装饰之用的胡粉的使用范围很广，首先是应用在建筑、塑像、墓葬壁画和石窟壁画中，东汉蔡质《汉宫典职仪式选用》载：“尚书奏事于光明殿．省中皆以胡粉涂壁，紫青界之，画古列士，重行书赞。”④ 即以白色胡粉作为壁画底色，再在其上绘制主题；其二是在绢本、纸本绘画以及壁画中使用。除了作底色外，胡粉还通常用于绘制领口、袖口、衣物图案、人物面部，并可与其他颜色相调来绘制带有白底的各种浅色，例如调入朱砂或铅丹等红色颜料绘制肤色。其中以白垩与铅丹调和的肤色时久后易发生“返铅”现象而变成黑色、黑褐色，由于敦煌壁画（尤其是北魏至隋）中曾经大量应用，导致不少现存壁画的人物面貌与其初成时相比差异很大。其三就是作为装饰工艺的一个工序，涂装在家具表面。

中国科学院司艺等2013年发表的《新疆阿斯塔那墓地出土唐代木质彩绘的显微激光拉曼分析》一文⑤，以碳十四测年确定为公元680—880年的唐代木质彩绘作为样本，对其中所用的颜料进行了化学分析。样本上的白色颜料描述为“木质基底上，颜料层最下层”，显然这件木质彩绘样本就是以涂饰胡粉作为地仗层，再在其上施加彩绘的典型例子。据该文的研究，白色颜料的化学成分为石膏，施加在彩绘基底层上的作用是“在

---

① 黄仁达：《中国颜色》，东方出版社2013年版，216—217页。

② （秦）吕不韦编撰，（汉）高诱注，王利器疏：《吕氏春秋注疏》第1册，巴蜀书社2002年版，第464页。

③ （晋）葛洪：《抱朴子内篇》，《四库全书子部精要》本，天津古籍出版社1998年版，第1256页。

④ （清）孙星衍等辑，周天游点校：《汉官六种》，中华书局1990年版，第204页。

⑤ 司艺、蒋洪恩、王博等：《新疆阿斯塔那墓地出土唐代木质彩绘的显微激光拉曼分析》，《光谱学与光谱分析》2013年第10期，第2607—2611页。

制作木板彩绘时，首先应以白色石膏打底，起到覆盖、均匀底色的作用，有利于彩绘层的呈色。同时可以填充木质品上的自身沟纹，平滑绘画面”。据中国科学院郑会平等《新疆阿斯塔那唐墓出土彩塑的制作工艺和颜料分析》一文，阿斯塔那唐墓中出土的大量泥胎彩塑文物的白色地仗层、样品表面以及粉色颜料中的混合白色颗粒为硬石膏，即无水硫酸钙，它与石膏的不同之处在于它不含结晶水。① 又据《正倉院紀要（第10号）》之《年次報告》所作化学成分分析，正仓院中仓所藏献物几、彩绘箱、金银绘箱等家具上的胡粉，其化学成分多属盐基铅化合物碱式碳酸铅。② 因此可知，唐代家具上涂刷的胡粉有多种不同的化学成分，但其利用白色矿物细粉作为木质彩绘地子的方法则是一律的。

据日本相关文献的记载，当时家具上涂装胡粉的工艺十分常见，如《西大寺资财流记帐》卷第一载有：

居床一前（泥胡粉，敷锦褥一床，里浅绿）。

该文献卷末题记为“宝龟十一年”，即公元780年。《东大寺献物帐》之《国家珍宝帐》亦载有：

御床二张（并涂胡粉具，绯地锦端叠，褐色地锦褥一张，广长亘两床，绿绝袷覆一条）③

这两种文献中的床具皆仅记载以胡粉涂敷，而未载其他装饰方法，因此可能其做法就是以胡粉混合生漆或胶剂涂饰在家具的外表，而不加其他增饰。与《国家珍宝帐》相对照，圣武天皇生前御用的御床二张（图2—30）上确实涂制有胡粉，床面部分的胡粉由于历时久远而基本剥落不存，仅有床脚部位仍带有胡粉涂饰的痕迹。

除了通体仅涂粉为饰，正仓院所藏的家具上的涂胡粉工艺另有三种作用。

其一是作为家具表面罩色的底涂，如正仓院南仓所藏赤漆八角床（图5—53），顶板和壶门板片为桧木制，壶门板上以铜钉贴装的木棱条以及足跗托泥为杉木制，在器表涂装时，先在除木棱条外所有木质的外表面涂胡粉，再在粉层上染做红色，木棱条部分则髹有黑漆。④

---

① 郑会平、何秋菊、姚书文等：《新疆阿斯塔那唐墓出土彩塑的制作工艺和颜料分析》，《文物保护与考古科学》2013年第2期，第33页。

② ［日］成瀬正和：《年次報告》，载日本宫内厅正仓院事物编：《正倉院紀要》第10号，昭和63年（1988年）版，第63—70页。

③ ［日］竹内理三编：《寧樂遺文》中卷，东京堂昭和56年（1981年）订正六版，第409、454页。

④ 正仓院这件藏品的装饰方法，在帝室博物馆编《正倉院御物図録》（帝室博物馆昭和9年（1934年）版）第七辑第十图解题部分注明除床脚边棱部位贴装的木条之外，全体为涂胡粉后髹赤漆，而在正倉院事条所编《正倉院實物・南倉Ⅰ》（每日新闻社平成9年（1997年）版）第249页“南倉68”解题部分，则注明为除边棱条部位外，全体在白下地上涂红色，并未提及髹漆，本书依从《正倉院實物》一书的表述。

其二是作为彩绘的底涂，即将白粉均匀涂施在木质家具的表面后，在其上再施加染色和彩绘。如正仓院中仓177所藏“粉地木理绘长方几”（图3—31）、“粉地金银绘八角几”(图3—67)、“粉地金银绘八角长几”(图5—8)，都是在几面上以胡粉涂饰后，在几面边沿、下方几足部以色料、金银泥绘画纹理进一步装饰。

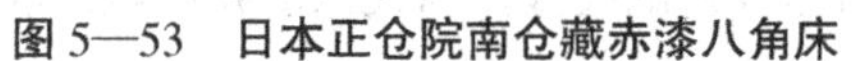
图5—53　日本正仓院南仓藏赤漆八角床

图5—54　日本正仓院中仓藏粉地彩绘箱

其三即以各类植物、矿物色料与胡粉、胶剂调和后，制作带有的粉味的色料，直接在家具表面整体涂装着色胡粉的工艺。通常着色胡粉涂装完成后，还会在其上再施加彩绘。关于胡粉与其他色料调和的方法，可见于司艺等所著《新疆阿斯塔那墓地出土唐代木质彩绘的显微激光拉曼分析》一文：“石膏、石英和炭黑常被用来调色。本文分析的粉色颜料由铅丹和石膏组成，棕色颜料由铅丹和炭黑组成，说明当地居民已熟练掌握了颜料配色的技术。”[①] 正仓院所藏家具上的这种涂装工艺根据胡粉所混合色料的不同，日本文献称之为“某某地”，常见的有苏芳地（紫红色）、碧地（浅蓝绿色）、绿地、粉地等几种。其中“粉地”与单纯应用混合了胶剂的白色胡粉涂装家具表面不同，而是微量混合红色色料后，制成带有极浅粉色的着色胡粉糊剂涂装，可能由于观感与白色差异不大，日本亦称之为“粉地”，代表性的例子如正仓院中仓177所藏“粉地彩绘长方几”（图3—68）、157所藏“粉地彩绘箱”（图5—54）。都是在胡粉中加入少量红色颜料后配制成淡粉色泥状涂料，涂抹在家具的表面，使之带有偏暖的肉粉色，较之单纯的白粉更加柔和。其他类色地的例子，如中仓151所藏“碧地金银绘箱”（图5—55），是将胡粉与蓝色颜料调和后制成浅水碧色的胡粉泥糊，在器表涂“碧地”，再在其上以金银泥描绘装饰图案。胡粉的作用在于使地子平整光洁，色料混入胡粉后整体涂装，再在

① 司艺、蒋洪恩、王博等：《新疆阿斯塔那墓地出土唐代木质彩绘的显微激光拉曼分析》，《光谱学与光谱分析》2013年第10期，第2610页。

其上施以彩绘，可使绘画主题得到对比调和的色彩衬托，纹饰斑斓夺目的视觉感受中又带有一种柔和的美感。正仓院中仓所应用这种涂胡粉工艺装饰的家具集中体现在中仓所藏的数件献物箱（图3—133、图5—62）、献物几（图3—30）上。

图5—55 日本正仓院中仓藏碧地金银绘箱

（三）染色

染色即在家具表面以色料或颜料直接罩染的工艺，根据新疆地区的考古发现和正仓院所藏唐式家具上的相关工艺，唐代家具上的染色是在家具木质底胎上不涂饰胡粉层，直接在打磨平整的木质表面上做染色。日本文献称之为“某某染”，其中的代表性染色工艺称之为“苏芳染”。

苏芳，即苏木，又名苏方、苏枋，即取现代植物学分类中的苏木科苏木属植物苏木的干燥心材，将之析为小块后以沸水煮，可取得紫红色的染液。唐代以前我国就已经开始利用苏木染紫红色，可施加的染色载体包含染织物、纸张及木质品等多种。西晋崔豹《古今注》卷下《草木第六》载：“苏方木出扶南林邑外国，取细碎煮之以染。”① 顾况《上古之什补亡训传十三章·苏方一章》诗题记云：“苏方，讽商胡舶舟运苏方，岁发扶南林邑，至齐国立尽。”诗中亦云：

苏方之赤，在胡之舶，其利乃博。我土旷兮，我居阗兮，我衣不白兮。朱紫烂兮，传瑞晔兮，相唐虞之维百兮。②

说明唐时苏木仍是需从扶南进口的珍贵之物，唐人曾以之染衣。正仓院所藏赤漆欟木胡床（图2—51）、赤漆文欟木御厨子（图3—84），就是在榉木表面用苏木染色后外罩漆的“赤漆涂”工艺的典型例子，由于未做胡粉地仗层，植物色的天然染料又皆具半透明性，染色后，家具木质胎体上的木材纹理透过染色层显现出来，造成一种天然和人工相互映衬的意趣，这在我国唐代以前的家具装饰中是极其少见的。类似染色加罩漆的工艺还常应用在正仓院古柜表面的涂装上（图3—96、图5—40）。染色后再罩漆的工艺，在我国唐代的考古出土文物中也有发现，如宁夏固原显庆二年（658年）唐史道洛夫妇墓出土了大量漆木器残片，根据考古发掘报告的统计，有数件残片的表面涂装层为颜料和漆同时存在，如在墓室发现的657—1号木片，残长5.6厘米、宽4.25厘米、厚1.2厘米，表面为“绿青（里面），漆”，709—4号木片，残长8.3厘米、宽1.9厘米、厚0.9厘米，

① （晋）崔豹：《古今注》，商务印书馆1939年《丛书集成初编》本《风俗通义、古今注》合辑，第22页。

② （清）彭定求、沈三曾等：《全唐诗》卷二六四，《文渊阁四库全书》本。

“漆，里面红色颜料”，总的来说，史道洛墓中发现的木片残件中，漆与颜料同时存在的情况中，红色颜料出现的比例最大，红、白颜料与漆同时存在的情况次之，绿青色最为少见。① 由此可见，正仓院所藏家具上的“涂胡粉”、“赤漆涂”工艺，确是由唐朝传入的。

单纯的“苏芳染”，即染后不髹漆的染色工艺在正仓院所藏木质品中的应用也很多见，例如北仓 157 所藏“黑柿苏芳染小柜”（图 3—111），箱体和下部的壶门形底座全为黑柿木制成，并在所有外视面使用苏木汁染色。苏芳染还多与如金银彩绘等其他装饰工艺相配合，如中仓 156 所藏“黑柿苏芳染金银山水绘箱”（图 5—56）、177 所藏“黑柿苏芳染金银绘长花形几”（图 5—57）、南仓 51 所藏“黑柿苏芳染金银绘如意箱”等数件苏木染色家具及南仓 101 所藏“枫苏芳染螺钿槽琵琶”。在日本正仓院家具中，苏木染色工艺通常施加在黑柿木上。黑柿木是日本所产的一种条纹乌木，它的特征是在黑底色上带有浅黄白色条纹，自然纹理的深浅反差较大，经过苏木染色后，黑色的部分变化不大，但浅色的纹理部分则变为暖红褐色，从而将其表面的深浅色差调整至较含蓄的状态，避免在黑柿木上直接施加金银彩绘时产生色彩纷繁躁动的视觉感受。另外值得一提的是，正仓院所藏的枫苏芳染螺钿槽琵琶的背面使用苏木汁染色后，视觉效果和另外几件紫檀制作的弹拨乐器极其相似。正仓院所藏紫檀制作器物的木材种属，是否与现代植物学界定的紫檀木完全相同，尚待相关的专门研究。据唐苏鹗《中苏氏演义》卷下载：“紫檀木出扶南而色紫，亦曰紫旃。”② 则唐代及其以前输入我国的紫檀木属于产自今越南、老挝、泰国一带的深色硬木则并无疑义，在当时是极其珍罕的舶来品。由于使用紫檀木制作大型的柜子等家具显然面临材料匮乏的问题，苏木染色工艺极有可能是当时的工匠为仿造紫檀木的天然纹理而专门创制的。《正倉院寳物》一书在黑柿苏芳染金银山水绘箱的解说部分，也认为这种工艺是为了模拟紫檀。③

除了苏木汁以外，正仓院所藏家具中也有数例以其他染料染色的家具。如中仓 177“假作黑柿长方几”（图 3—29）、南仓 171“桧彩绘花鸟柜”、172“桧墨绘花鸟柜”。三件藏品内胎均为桧木所制，以墨色染料染色后，木材的天然纹理从中透出，其视觉效果近似于黑柿木。但这三件家具的解说部分未写明具体以何种墨色染料所染，有待进一步研究。

1973 年，新疆吐鲁番阿斯塔那 206 号张雄夫妇合葬墓（633 年）中出土了一件双陆棋盘（图 5—58，图 5—67），棋盘长 20.8 厘米、宽 10 厘米、高 7 厘米，呈长方形，脚部作壶门式样，在棋盘顶部以条形镶嵌物区划棋盘界格，两侧两个窄长矩形区域染作

---

① 原州联合考古队：《唐史道洛墓》，文物出版社 2014 年版，第 114—123 页。

② （唐）李匡乂、苏鹗、（后唐）马缟：《资暇集 · 苏氏演义 · 中华古今注》，载王云五：《丛书集成初编》本，商务印书馆 1939 年版，第 28 页。

③ 正仓院事务所编集：《正倉院寳物 · 中倉Ⅱ》，日本每日新闻社平成 7 年（1996 年）版，第 250 页。

深蓝色，中部三个长方形区域染作赤红色，由于目前考古界缺乏相关的研究，只能推测蓝色区域可能是以植物染料靛蓝（青黛）或矿物染料石青等染成，红色区域木质纹理透出，很大可能是应用了苏木染色。这件棋盘的出土，有力地证明了日本正仓院染色、木画等家具装饰工艺习自唐朝。值得关注的是，我国唐代以前家具的主要涂装工艺是髹漆，由于漆质的特性，家具表面常作不透明的深黑褐色或褐红色，唐代外罩透明漆以及染色工艺的出现，使木材的天然纹理从涂装材料之下显现出来，即使木材表面得到一层保护层，又能产生一种天然的质朴美感，无疑促进了中国家具的审美趣味向一个新的方向转型。明清时期，不髹饰大漆的硬木家具形成一股日用风潮，追根溯源，应是从唐代家具染色工艺上开启了审美意识的基点。

图 5—56　日本正仓院中仓藏黑苏芳染金银山水绘箱盖面

图 5—57　日本正仓院中仓藏黑柿苏芳染金银绘长花形几

图 5—58　新疆阿斯塔那 206 号墓出土双陆棋盘盘面特写

（四）彩绘

据司艺等人所著《新疆阿斯塔那墓地出土唐代木质彩绘的显微激光拉曼分析》一文，唐代木质彩绘所用彩色颜料的成分多数为矿物色，并含有少量植物色，此外《正倉院紀要（第 10 号）》之《年次報告》的研究结果，也与前文相印证。唐代家具彩绘所用色料主要为各种铜、铁、铅、汞等矿石中提炼制作的矿质颜料，另有少部分植物颜料则包括苏木、靛蓝、藤黄等数种[①]。唐代家具的彩绘图案多采用花卉纹，如卷草、团窠花等

① 司艺、蒋洪恩、王博等：《新疆阿斯塔那墓地出土唐代木质彩绘的显微激光拉曼分析》，《光谱学与光谱分析》2013 年第 10 期，第 2607—2611 页。

纹样，并常在花卉间穿插蝶、鸟等动物点缀，此外如联珠纹、凤鸟纹、瑞兽纹等，也是家具彩绘上的常见纹饰。

彩绘的工艺多在涂胡粉或染色后进行，如唐周昉绘《内人双陆图》中的月牙杌子，可能就是在碧色地子上绘制花纹，但也有少部分家具采用素木不髹漆，直接在木质表面上施加彩绘的装饰方法。青海都兰吐蕃三号墓出土的一组“彩绘木箱状木器”，木箱的下部壶门板片上，带有典型的粉地彩绘工艺（图5—59）。木箱的壶门板制法，由一块整木底板和贴装在其上的壶门板片结合构造而成，从木箱残片的图像上，我们可以清晰地看到白色的胡粉地仗层，红褐色的染料罩染层，以及其上以赤红、黄、绿、黑、白等色料彩绘纹饰，纹饰主题包括侍者奏乐、引弓射箭、鹿纹、祥云纹等，皆绘在壶门轮廓内的底板上。再如1979年在甘肃肃南县西水大长岭唐墓（7世纪中期至8世纪中期）出土的一批彩绘木板（图5—60），从图像上看，木板亦带有白色地仗层和红褐色料整体染色，并在其上以墨线勾画壶门形轮廓，再在轮廓中施以十二生肖主题的彩绘，动物周围饰有向上涌起的云头纹。

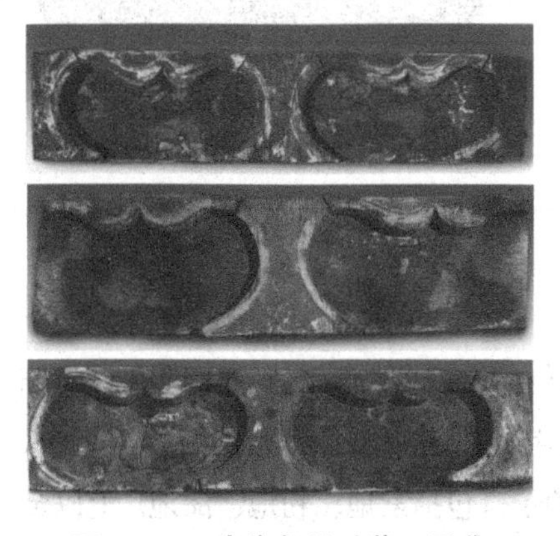

图5—59　青海都兰吐蕃三号墓出土彩绘木箱残片

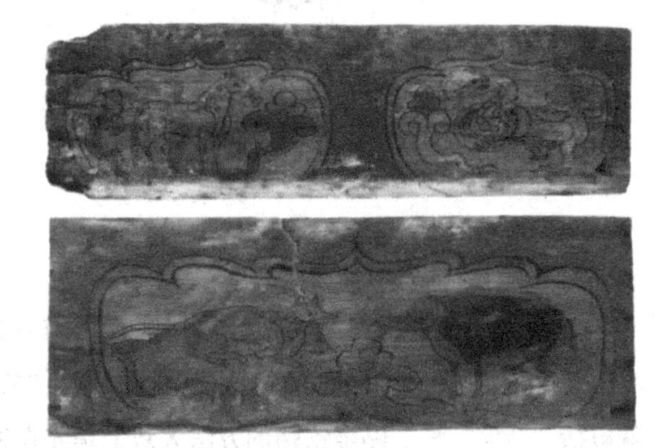

图5—60　甘肃肃南县大长岭唐墓出土彩绘木板

日本正仓院所藏唐式家具上的彩绘工艺分为两种，其一是素地彩绘，即在木材打磨平滑后的表面上直接施加彩绘，如中仓202所藏“彩绘二十八足几”（图3—26），在几足部位的桐木素地上直接用橙、绿、苏芳、白色绘制花卉纹（图5—61）。其二是在胡粉地上施加彩绘，如正仓院中仓所藏的数十件献物几、献物箱，相当多的比例都属于胡粉色地

图5—61　日本正仓院中仓藏二十八足几上的素地彩绘

上的彩绘工艺。以正仓院中仓155所藏“绿地彩绘箱”为例（图5—62），箱体边棱所贴饰的木棱条和箱底壶门脚为黄地，并彩绘褐红色玳瑁状斑纹，箱体外视面为绿地，其上以白、黄、橙、红、蓝等色绘制团窠纹。箱盖（图5—63）中心部位为一整体的单独大团花纹样，四缘部位绘制的菱形团花纹对称布局，使彩绘画面构图严整规范，富有几何美感，团花间以蓝色点缀数只小蝴蝶，又使画面平添写实的生活情趣。

图5—62　日本正仓院中仓藏绿地彩绘箱

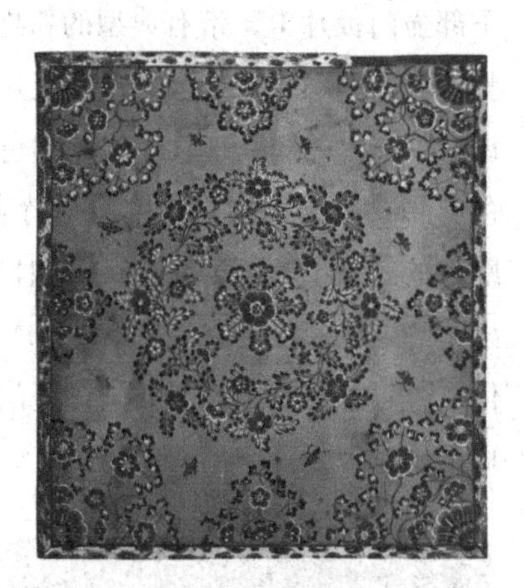

图5—63　日本正仓院中仓藏绿地彩绘箱盖面

（五）金银绘

金银绘即描金银泥或贴金银箔技法，唐宋齐丘《陪游凤凰台献诗》中即有“画栋泥金碧，石路盘硗埆”① 的句子，至德二载（757年）唐肃宗下诏禁行的奢侈工艺中，就包括“金泥”②。贴金银箔的方法大致上是先在地子（包括素地、粉地、漆地）上以金底漆（一般为红漆）描出花纹，在漆未干时，将金银箔贴在描好花纹的部位。金银泥与胶剂调和后，则可直接描绘在器表。

青海都兰吐蕃三号墓出土的贴金彩绘木构件99DRNM3：106（图5—24），考古发掘报告描述其“柱身中部贴金箔，其余部分用红彩勾出卷云纹，内填蓝彩”，由此可见，唐代的金银绘与彩绘技法经常相配合应用。日本正仓院所藏“粉地彩绘长方几”(图3—68）上施有金箔、“粉地彩绘箱”（图5—54）上施有银泥，即为其例。再如正仓院所藏“苏芳地金银绘方花几”（图5—64），几面边沿以金银泥绘制花卉纹，雕制而成的双层花叶形几足部位，先以红、蓝、白三色彩绘，再以泥金线绘制叶脉，充分显示

① （清）彭定求、沈三曾等：《全唐诗》卷七三八，《文渊阁四库全书》本。

② （宋）宋祁、欧阳修等：《新唐书》卷六《肃宗本纪》，中华书局1975年版，第159页。

出唐代的家具彩绘与金银绘装饰技法相配合所取得的富丽华美的装饰效果。

图 5—64　日本正仓院藏苏芳地金银绘方花几脚部特写

日本正仓院还藏有数件不与色料彩绘相搭配，单独应用金银绘工艺装饰的家具。如正仓院中仓154 藏“黄杨木金银绘箱”（图 5—65），是一件素地金银绘作品，箱采用黄杨木制作，直接在素木地上以金银泥绘团花纹饰。中仓 156 藏“黑柿苏芳染金银山水绘箱”（图 5—56），在苏木染色的黑柿木上以金银泥绘山水纹样。中仓 151 藏“碧地金银绘箱”（图 5—55）在碧色胡粉地上施加金银泥，绘制花卉、禽鸟纹样。再如中仓 137 藏“金银绘漆皮箱”（图 5—66），箱为皮胎髹黑漆，并在黑漆地上施以金银泥绘制的联珠纹和花卉图案，且在绘制完成后全体罩油，是漆地金银绘与密陀绘技法结合的作品。总之，唐代家具的金银绘装饰技法适用性很强，既可以单独描绘，也可与彩绘结合，并在素地、染色地、粉地以及漆地上都有其展现的空间。

图 5—65　日本正仓院中仓藏黄杨木金银绘箱

图 5—66　日本正仓院中仓藏金银绘漆皮箱

二、镶嵌

白居易《素瓶诗》云：“尔不见当今甲第与王宫，织成步障银屏风，缀珠陷钿贴云母，五金七宝相玲珑。”[1] 唐代的家具镶嵌工艺十分发达，有数种工艺今已失传，除已在上文论述涂装工艺的“髹漆”部分介绍过的“金银平脱”、“银棱”、“螺钿平脱”等漆面镶嵌工艺外，以下对其他镶嵌工艺简要列论。

（一）贴皮、包镶

贴皮及包镶工艺都属于家具贴面工艺，都是在家具的普通软木胎体上贴饰其他贵重木材的装饰方法。二者的区别是，贴皮工艺是按照家具已构造好的形状，在各平面上用整张薄木板贴饰，而包镶工艺则是用小块的木片或其他贵重片状材料在家具的软木胎体上拼贴成各种几何纹样。即使在明清家具的装饰中，贴皮和包镶也属于十分高档的工艺，前者又称为“硬木贴皮”，后者又称为“百纳包镶”，其目的一是节省贵重木材，二是在应用贵重木材装饰家具表面的同时，又因家具的胎体为普通软木所制，因而重量较轻，易于搬动。[2]

1.贴皮

唐姚汝能《安禄山事迹》卷上曾载天宝六载（746年），唐玄宗为安禄山赐宅于长安，并赐予其大量珍贵日用物品，其中包括：

> 分错色丝绦贴白檀香床两张，各长一丈，阔六尺；
>
> 贴文柏床一十四张；[3]

两种床的主要装饰工艺，都是在基材外部贴装其他材料。白檀香木的珍罕程度自不待言，柏木则不仅带有浓烈的香气，而且柏树在生长时树干常扭曲盘虬，在剖解为材时容易出现美丽的纹理，应即为“文柏”之义。白居易有《文柏床》诗云：“陵上有老柏，柯叶寒苍苍。朝为风烟树，暮为宴寝床。以其多奇文，宜升君子堂。刮削露节目，拂拭生辉光。玄斑状狸首，素质如截肪。虽充悦目玩，终乏周身防。华彩诚可爱，生理苦已伤。方知自残者，为有好文章。”[4] 因其可以明志，文柏可能向为唐代文人所喜。新疆吐鲁番206号张雄墓（633年）出土的螺钿双陆木棋盘（图5—67），高7.8厘米，长28厘米，由于部分贴皮已脱落，因此能看出该器壸门脚部位使用了贴皮工艺，仅存的少量贴皮为带有条纹的浅色木材，木质尚不清楚。同墓出土的另一件木围棋盘（图5—68），边长18厘米，全器采用浅色木板贴皮，部分也已经剥落。从围棋盘的盘面部位贴皮材料脱落的一角观察，盘面上贴装整张的方形浅色薄板，其上以墨线绘制棋路，盘面四周边缘贴装由内而外的三圈细条，最内层为浅色细木条，中层为略宽的深色木条，最

① （清）彭定求、沈三曾等：《全唐诗》卷四六一，《文渊阁四库全书》本。

② 王世襄：《明式家具研究》，生活·读书·新知三联书店2013年版，第279页。

③ （唐）姚汝能：《安禄山事迹》卷上，上海古籍出版社1983年版，第6页。

④ （清）彭定求、沈三曾等：《全唐诗》卷四二四，《文渊阁四库全书》本。

外层的边棱部位，则贴装象牙条，深浅对比强烈，与墨线棋路对比相映成趣。结合这两件出土文物以及《安禄山事迹》中的记载，木质家具外表采用贴皮工艺在唐代应当是十分盛行的，所使用的材料也多为珍罕之物。

图 5—67　新疆阿斯塔那 206 号墓出土螺钿双陆木棋盘

图 5—68　新疆阿斯塔那 206 号墓出土木围棋盘

日本正仓院所藏家具也有数件名品带有贴皮工艺，所贴贵重木材常为紫檀，代表性的如"紫檀木画挟轼"（图 3—5）、"木画紫檀棋局"（图 3—32）、"木画紫檀双六局（图 3—33）"等，据日本学者对木画紫檀棋局所做的结构调查，棋局长 49 厘米，宽 48.8 厘米，高 12.7 厘米，在厚度为 1 厘米的普通软木板面上贴饰的紫檀薄板仅 0.1 厘米厚度，[①] 贴皮工艺十分高超。阿斯塔那张雄墓出土的两件棋盘属于随葬冥器，尺寸较实用器小得多，外部所贴的薄板厚度，目视尺寸应也在 0.1 厘米左右。正仓院所藏贴皮家具中，还有一类使用不规则材料制作的特殊制品，如中仓 149 号所藏"金绘木理箱"（图 5—69），箱长 2.94 厘米，宽 23.2 厘米，高 13.4 厘米，以樱木制作胎体，外部包镶的材料是自白梅树上揭取的树皮，白梅树皮被压平后制为薄片，包贴在木箱的表面上。在天然的树皮肌理走向的边缘部分，还采用金泥勾勒游丝纹样，使之更为粲然可观，形成的图案令人浮想联翩。

图 5—69　日本正仓院中仓藏金绘木理箱

① 西川明彦：《木画紫檀碁局と金銀亀甲碁局龕》，载日本宫内厅正仓院事物所编：《正倉院紀要》第 35 号，平成 25 年（2012 年）版。

2. 包镶

《安禄山事迹》载天宝六载（746 年）玄宗赐安禄山器物的物帐中，还列有“帖文牙床二张”①，根据辞义，“贴文”应指木器外表的贴装工艺完成后，在器表形成带有某种规律的纹理，因此它可能是唐时包镶工艺的名称。

包镶工艺因其材料的不易得、工艺更为复杂，较之贴皮更显高档。前述新疆吐鲁番 206 号墓出土螺钿双陆木棋盘部位（图 5—58）的矩形界画很有可能是包镶工艺所制，即分别在棋盘中部镶三块矩形、两侧各镶一块长条形染色薄木板，在木板之间还镶嵌了材质不明的碧绿色、浅黄色细条，使棋盘界画更为清晰，又带来艳丽的视觉效果。同一墓葬所出土的琴几（夹膝几）（图 3—4、图 5—72），在几面部位带有用细木条区隔出的五个矩形区域，在其内包镶有五块薄木片，且明显与几身其他部位木质不同，中部三块深色木片色泽纹理类似紫檀，两侧略浅的两张木片则与黄檀属硬木的材质特征极为相近，琴几两端部位原来也有木片包镶，但在出土时已经脱落无存。

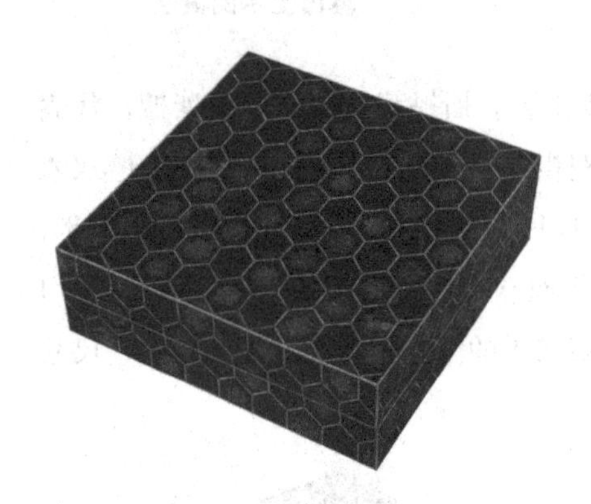

图 5—70　日本正仓院北仓藏金银龟甲棋局龛

图 5—71　日本正仓院中仓藏沉香木画箱

日本正仓院藏有数件包镶工艺制作的精美家具，北仓仓号 36 所藏“金银龟甲棋局龛”（图 5—70），是收纳木画紫檀棋局的木盒，与棋局一同登录于日本天平胜宝八年（756 年）的《国家珍宝帐》。龛长 53.7 厘米，宽 53.1 厘米，高 15.9 厘米，胎体为木制，带有子母口。棋局龛的整个外视面先用石绿染做不透明的绿色，其上以金银箔贴饰宝相花纹样，并用墨线勾描宝相花的细节轮廓，再在绘好纹样的龛面上用半透明的六边形角质薄片整体包镶龟甲图案，金、绿色彩从半透明甲片下透出，显得更为深沉稳重，甲片拼镶的六边形边缘以及盒身的边棱部位，另用细鹿角条镶边，制作极其精美华丽。正仓院中仓 142 所藏“沉香木画箱”第 10 号（图 5—70），箱长 33 厘米，宽 12 厘米，高 8.9

① （唐）姚汝能：《安禄山事迹》卷上，上海古籍出版社 1983 年版，第 6 页。

厘米，胎体用黑柿木制成，在箱的胎体上用大小不一的矩形沉香木片拼镶，并在箱顶、箱侧中心部位贴嵌水晶板，水晶板下部的木胎上事先染有碧地、粉地的彩绘花鸟、瑞兽等纹饰，这种在透明、半透明装饰材料下预先施彩的手法，我国当代称之为“衬色”，日本称之为“伏彩色”。箱脚以透雕象牙板制成。

沉香是瑞香科植物白木香树在经过火烧、雷击、倒沉于水等自然现象后，由木质中逐渐分泌出沉香树脂而形成的一种天然香木。它的形成需要经历多年，亚洲的主要产地在我国海南、今越南、柬埔寨、马来西亚等国家和地区。在古代不仅运输不便，且由于它自朽木而生，几乎没有能成材的大料，因此是一种非常珍罕的物品，《新唐书》记载，当时的岭南道之广州南海郡的贡品之一即为沉香。① 由于材料的细碎且不易得，工匠将之剖分为几何形薄片镶饰在家具表面成为一种合理的选择。与沉香类似的还有檀香，尽管檀香木是取自自然生长的檀香树心材，但自古亦难有大料，《安禄山事迹》所载唐玄宗赐给安禄山的“贴白檀香床”，大约亦属包镶制品。唐代的对外政策宽容开放，随着交通和经济交流的畅通，我国自先秦以来以来逐渐形成的香文化得到了充分发展，相当多品类的本土和外来香料已经被人们认识和利用，其中尤为珍罕且可制器者，当首推沉、檀。而佛教向有香供养的传统，《维摩诘经》卷下《香积佛品》就记载有香积佛所居的众香国，在十方世界的香气之中为第一殊胜，唐代高僧法藏所著的《华严经传记》记齐僧德圆行传云：

> 别筑净基，更造新室，乃至材梁椽瓦，并濯以香汤，每事严洁。堂中安施文柏牙座，周布香华。上悬缯宝盖，垂诸铃佩，杂以流苏。白檀紫沈，以为经案，并充笔管。②

“白檀紫沈”即白檀香和沉香，皆为上品之香料，北朝时德圆既已用文柏、沉檀制造家具，可见唐时工匠利用它们在家具表面进行贴皮或包镶装饰，既是一种珍而重之的造物心理使然，亦可见在唐代，剖木解材技术确实得到了长足的发展。

或为利于香木的天然香气散发，或为显露美观的纹理、色泽，贴皮、包镶的材料外部一般不会再加以涂装，而是以其天然面目示人。其中的审美趣味与前文论述的染色、染色罩漆工艺类似，都是为了突出木材的天然质感和纹理。明中期以后，黄花梨、紫檀、酸枝等硬木材料大量输入我国，由于硬木材料坚致细密而耐磨耐腐，我国传统家具才出现了不作髹饰罩漆，欣赏天然木材纹理的“硬木家具”审美风潮。从唐代家具贴皮、包镶工艺和染色工艺的出现，可知我国对天然木质纹理的审美倾向早已存在，唯因大量的天然硬木在此时尚属极其难得，因此产生或在软木材料上贴饰贵重木材，或染以

① （宋）宋祁、欧阳修等：《新唐书》卷四三上《地理志七上》，中华书局 1975 年版，第 1095 页。

② （唐）法藏：《华严经传记》卷第五《书写第九》，台湾新文丰出版社 1994 年版，《续藏经》第 134 册，第 0592 页。

深色的工艺，取得与硬木家具类似的视觉美感。对天然木纹的欣赏，与我国的传统哲学、美学中对天工意趣的推崇有着深刻的关联。唐代家具贴皮、包镶和染色工艺早于明代硬木家具数百年，实为家具装饰艺术史研究中值得重视的宝贵历史资料。

（二）木画

木画工艺属于我国传统镶嵌工艺的一种门类，是在木材表面镶嵌切割好的薄片状、细条状杂宝，利用各种装饰材料材质的天然色泽差异形成带有一定规则的纹饰，使镶嵌物与木材表面高度齐平的一种平镶装饰工艺。这种木质器物上的杂宝平镶工艺的起源，可能受到商周时期青铜器表面的错金银工艺的影响和启发。早在魏晋南北朝文献中就有木画工艺的记载，《西京杂记》载：

> 赵飞燕女弟居昭阳殿，中庭彤朱，而殿上丹漆，砌皆铜沓，黄金涂，白玉阶，壁带往往为黄金釭，含蓝田璧，明珠、翠羽饰之。……中设木画屏风，文如蜘蛛丝缕。玉几玉床，白象牙簟，绿熊席。①

据此，木画工艺可能在东汉、至迟在魏晋时期就已经出现了，其纹饰细如“蜘蛛丝缕”，可见镶嵌材料剖分刻镂之细巧。北魏思勰《齐民要术》还记载了木画家具的保养方法：

> 凡木画服玩、箱、枕之属，入五月，尽七月、九月中，每经雨，以布缠指，揩令热彻，胶不动作，光净耐久。②

由于木画工艺所用材料的细碎，在镶嵌的过程中需要大量使用胶黏剂，为防时久及受潮影响而脱胶，保养它的方法就是在适当的季节以布揩擦令其胶发热，恢复其黏性。入唐以后，木画工艺也十分盛行，《唐六典》载当时的少府监中尚署要在每年的二月二日“进镂牙尺及木画紫檀尺”。③ 此外木画工艺在当时还可称为“画木”，唐李肇《翰林志》载：

> 兴元元年，敕翰林学士朝服、序班宜准诸司官知制诰例。内库给青绮锦被、青绮方褡、……画木架床、炉铜、案席、毡褥之类毕备。④

据此，木画工艺遍及家具中的大型和小型制作，曾经非常流行。明清家具中也存在这类装饰工艺，王世襄先生称之为“填嵌”，⑤ 但往往仅用某一种材料制作，工艺复杂程度及装饰效果与唐时木画作品相比，竟似尚有不如。

考察我国考古出土的实物资料以及日本正仓院所藏家具藏品中的木画工艺，大致可以分为两类装饰风格。

---

① （晋）葛洪辑，成林、程章灿译注：《西京杂记全译》，贵州人民出版社 2006 年版，第 28—29 页。
② （北魏）贾思勰：《齐民要术》卷第五“漆第四十九”，《四部丛刊》本。
③ （唐）张说、李林甫等：《唐六典》卷二十二《少府监》，中华书局 1992 年版，第 573 页。
④ （唐）李肇：《翰林志》，清知不足斋丛书本。
⑤ 王世襄：《明式家具研究》，生活 · 读书 · 新知三联书店 2013 年版，279 页。

第一种风格是以各类材料镶嵌形成一定的主题图案。唐代出土文物中木画工艺的代表者，可见于新疆吐鲁番206号张雄墓出土的螺钿双陆木棋盘（图5—58、图5—67）以及琴几（图3—4、图5—72）。双陆木棋盘的盘面以数种不同材料做出牙界、花眼、飞鸟、草叶等纹饰，由于考古发掘报告和相关图书资料描述未详，仅知月牙状界门材质为象牙，花眼、飞鸟、草叶图案的镶嵌材料中含有骨片及绿松石，其他材料的类别尚未确知，但仅就目测盘面镶嵌物色泽之多样，即可知绝不仅此二种。张雄墓出土的琴几几面上，以木画工艺平镶有飞鸟、折枝花及小团花纹饰，目前亦仅知花卉的叶瓣、萼托部位镶嵌材料为绿松石。[①] 正仓院所藏的木画家具，如“紫檀木画挟轼”(图3—5)、“木画紫檀棋局”(图

图5—72　新疆阿斯塔那206号墓出土琴几俯视面

3—32)、“木画紫檀双六局（图3—33)”等，皆图案精美。以木画紫檀双六局为例，除了在盘面上嵌做牙界花眼外，在棋局的壶门腿足部位（图5—73）制作了复杂的花鸟纹饰木画，使用包括象牙、染成绿色的鹿角、黄杨木、黑檀、紫檀等各色材料，图案在深色的紫檀贴皮地子上，显示出工细素雅的装饰美，尤其是以黄杨木制作的连缀花叶的藤蔓，所用材料不仅极纤细，且卷曲不断。这样高超的技艺，也只有手工艺发达的封建盛世才可能出现。

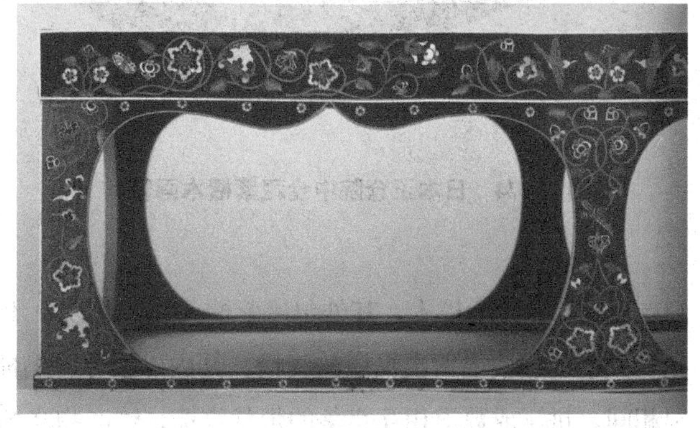

图5—73　日本正仓院北仓藏木画紫檀双六局壶门部位特写

第二种风格的木画工艺，是用极细小的不同材料薄片相互间隔镶装、连缀成条带状的几何类纹饰，通常装饰在家具的界划、边棱部位。例如上述新疆阿斯塔那206号墓出土琴几的几面数块包镶木片之间，以绿松石细条镶嵌界画，松石条的一侧另有一列较

① 中国历史博物馆、新疆自治区文物局编：《天山古道东西风：新疆丝绸之路文物特辑》，中国社会科学出版社2002年版，第200—203页。

松石条略宽的装饰带，由深浅不一的细小材料相间拼镶而成，即为国内出土唐代家具中这类木画工艺的代表（图 5—72）。

日本正仓院北仓所藏“木画紫檀棋局”的盘面、立面边棱部位（图 3—32、图 5—85），以象牙、黄杨、黑檀等制成细小的方形薄片，镶嵌为方胜形的带状连续纹样，棋局侧面的禽鸟、走兽、胡人牵骆驼图案则用染色象牙镶成，因此得名“木画紫檀棋局”。正仓院中仓藏沉香木画箱（图 5—71），在箱体的边棱部位，以象牙、染绿鹿角、紫檀、黄杨木四种材料制成条状薄片，相互间隔镶嵌出直条状、箭矢状的条带纹样。再如正仓院中仓 145 所藏“紫檀木画箱”（图 5—74、图 5—75），长 42.4 厘米，宽 23.6 厘米，高

图 5—74　日本正仓院中仓藏紫檀木画箱

图 5—75　日本正仓院中仓藏紫檀木画箱纹饰特写

15.3 厘米，胎体为榉木，其外包镶紫檀薄片，并以象牙细条为界画，在箱顶边沿、箱盖、箱身立壁的边棱上留出纵横的浅槽，其内以象牙、黑柿木、花梨木、黄杨木、锡五种材料相间，拼镶成数道相互错落的带状纹饰，镶嵌物之细密，令人叹为观止。1983 年，河北晋县一座中唐墓葬中出土了一件石质药碾（图 5—76），药碾立壁上雕饰有斜线、三角、网格、回字等带状连续纹样，与唐代木画工艺的带状几何纹饰十分相近，将其结合阿斯塔那 206 号墓出土琴几上的带状木画纹饰来观察，日本正仓院所藏唐式家具上的几何形带状木画的纹饰风格也是习自唐朝。

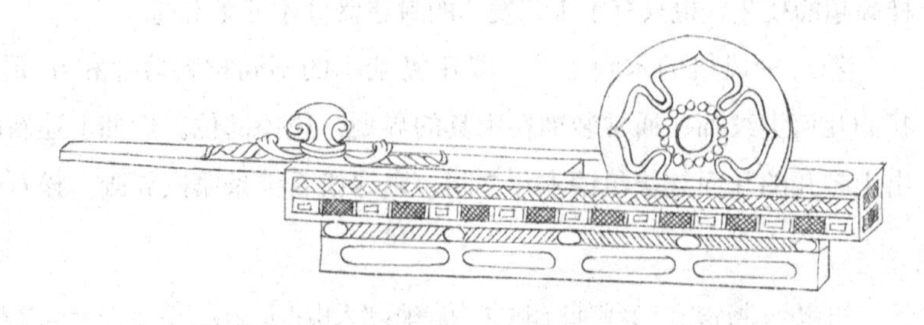

图 5—76　河北晋县唐墓出土石药碾线描

（三）宝装

宝装工艺是一种奢华的螺钿、杂宝复合镶嵌工艺，即除了在器身上平镶螺钿外，工匠还根据纹饰的特征和需要呈现的色彩而以镶嵌金银片、各种宝石、琉璃等与之相搭配，宝装既可施加在漆平脱工艺上，也可以素木或其他材料作为基材。正如白居易《素银瓶》诗所云“五金七宝相玲珑”，图案的色彩、质感由复合材料共同呈现，使器物更趋华美富丽。南北朝时期的历史文献中就开始记载了宝装工艺，《北齐书·武成胡后》传载，胡皇后与沙门昙献私通，“布金钱于献席下，又挂宝装胡床于献屋壁，武成平生之所御也。”①《南史·萧峰传》载，南齐高帝萧道成第十二子萧峰“好琴书，盖亦天性。尝觐武帝，赐以宝装琴，仍于御前鼓之，大见赏。”② 用宝装工艺装饰的胡床和古琴，显然是以木质为基底的，由这两条文献也可看出，南北朝时期，无论南方还是北方，宝装工艺在以皇室为代表的高等级贵族阶层的日常用品中都有应用。宝装工艺可能起源于域外，《旧唐书·尼婆罗传》载：

> 其（尼婆罗，今尼泊尔）王那陵提婆，身着真珠、玻璃、车渠、珊瑚、琥珀，耳垂金钩玉珰，佩宝装伏突，坐狮子床，其堂内散花香。③

伏突指一种匕首一类的短兵器，宝装伏突，即以宝装工艺装饰鞘和柄的匕首。《唐语林》卷七载：

> 大中初，吐蕃扰边，宣宗欲讨伐。……有蕃将服绯茸裘，宝装带，乘白马，出入骁锐。④

根据这两条文献，宝装工艺在青藏高原地区比较流行，有可能源自印度、中亚一带。

漆地螺钿平脱并加以杂宝镶嵌的器物，名之为“宝装”，可见于1987年浙江湖州飞英塔塔壁出土的一件残损的螺钿黑漆经函（图5—77），经函外底带有朱书题记：

图5—77　湖州飞英塔出土螺钿黑漆经函残片

> 吴越国顺德王太后吴氏谨拾（舍）宝装经函肆只，入天台山广福金文院转轮经藏，永充供养。时辛亥广顺元

① （唐）李百药：《北齐书》卷九，中华书局1972年版，第126页。

② （唐）李延寿：《南史》卷四十三，中华书局1975年版，第1088页。

③ （后晋）刘昫等：《旧唐书》卷一百九十八，中华书局1975年版，第5289—5290页。

④ （宋）王谠：《唐语林》，商务印书馆1939年丛书集成初编本，第194页。

年十月日题纪。①

据此可知出土的经函残件，是吴越国太后施入广福金文院，并放入院内转轮经藏中供养的四只宝装经函中的一只。广顺为后周太祖郭威年号，广顺元年即公元951年，时代去唐未远。该经函盝顶、函身立壁与下部底座的板片为一木连做，带有子母口，通体髹黑漆，复原尺寸长40.3厘米，宽20.8厘米，高23厘米，立壁板片间出有直角多榫。函身外部平脱螺钿片厚度为0.5—1毫米，个别厚度在1毫米以上，主要为白色贝片，部分带有彩色珠光。函盖顶板饰三朵宝相团花，其间补缀一花三叶。盝顶斜面斗板饰弯柄宝相花，函盖正面立壁中间为三尊佛像，两侧为狮子、白象，其间缀饰花鸟、羽人、飞天、云头等。函身立壁一面饰坐佛三尊、另一面饰一尊坐佛及供养人等，皆为礼佛主题。函身板与下部联为一体的座板间以一条宽1.3厘米、厚0.5厘米的木条隔开，木条上共嵌六十六个梅花形螺片，下部底座板片上以螺钿片嵌饰出壶门形。在切割成的螺钿纹饰内部，留有大量圆形、水滴形、扇形镂空镶嵌孔，在这些镶嵌孔之处，均以绿松石镶填，但大多已散落。上文所述苏州瑞光寺塔出土黑漆嵌螺钿经函（图5—52）盖顶上部以黑漆螺钿平脱有三个并连的团花纹，在团花中央及四周大贝片上亦留有孔径约1厘米的镶嵌孔，且中间一朵团花的中央部位钻有一个大钻孔，钻透胎骨，孔径2.3厘米，尽管出土时嵌孔内镶嵌物皆已脱落散失，但“从钻孔透骨的木胎上所见，是以朱砂填地，再敷泥金，其上嵌的是作半球形的水晶体”。② 因此瑞光寺经函盖顶部位的装饰工艺，实际上也属于“宝装”。

日本正仓院中仓88所藏“螺钿箱”（图5—78），径25.8厘米，高8.4厘米，箱体为桧木制，披麻挂灰后涂饰黑漆，并以螺钿平脱工艺镶嵌宝相团花和缠枝花卉纹，在图案中每朵花的中心部分，皆镶嵌一颗半圆形水晶小珠，水晶嵌入后，高出漆地和螺钿片。盒盖上中心部位大宝相花的花芯外围的金色六出叶纹，是以金平脱工艺制作的，箱体内部带有用纸芯定型的晕繝锦作为里衬。这件螺钿箱当然也属于一件宝装漆器，值得注意的是，它在镶嵌水晶之前，先在留出的纹饰素地上染上红、绿二色，再嵌饰水晶，使透明的水晶底面透出红、绿色的晕彩，这种工艺，与瑞光寺塔出土经函盖面上以朱砂填地，敷以泥金，再嵌贴半圆形水晶珠的工艺是完全一致的，日本研究者亦称这种透明、半透明宝石衬色填嵌的工艺为“伏彩色”。

图5—78 日本正仓院中仓藏螺钿箱

① 湖州市飞英塔文物保管所：《湖州飞英塔发现一批壁藏五代文物》，《文物》1994年第2期，第52—56页。

② 姚世英、陈晶：《苏州瑞光寺塔藏嵌螺钿经箱小识》，《考古》1986年第7期，第623—624页。

这三件实物上平脱螺钿片内加嵌绿松石、水晶的“宝装”工艺，属于在螺钿平脱、金银平脱的基础上加以其他各色贵重材料制作的特种漆镶嵌工艺。据唐慧立本、彦悰著《三藏法师传》卷七记载，贞观二十三年至至显庆三年（648—658年），玄奘法师在大慈恩寺造“夹纻宝装像二百余躯”，① 这是漆地宝装工艺在历史文献上最早的记载。但实际上，唐代的宝装工艺并不仅仅限于以漆面为地，日本正仓院一些相关藏品显示，宝装工艺也可以在素木地或贴皮包镶地上进行。例如日本正仓院中仓146所藏的“玳瑁螺钿八角箱”（图5—79），箱体为八角形，木质，径39.2厘米，高12.7厘米，外表整体贴装玳瑁片，并在边棱部位镶有银棱，盒顶、盒身上的花鸟、草叶、宝相花纹饰用螺钿

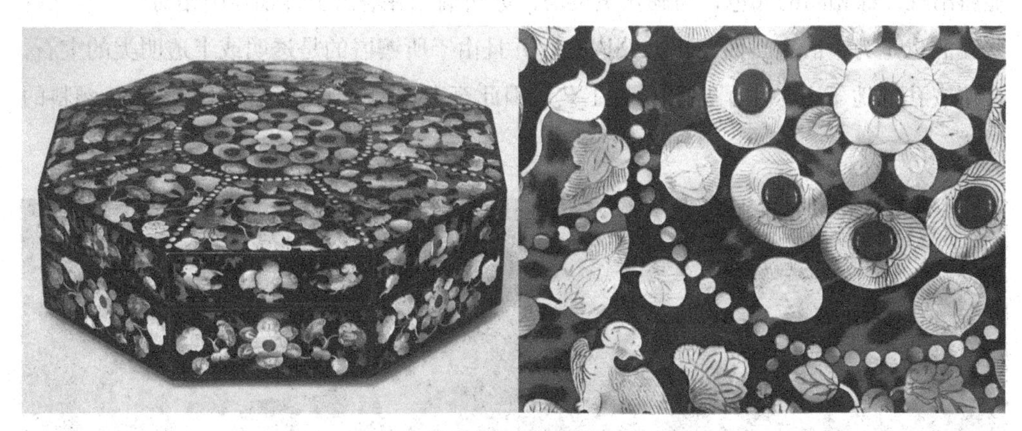

图5—79 日本正仓院中仓藏玳瑁螺钿八角箱

平镶在玳瑁片上，螺钿片内留出镶嵌孔，在孔内的木地上先染以红色，再嵌饰半圆形的琥珀珠，琥珀珠在盒面上略微高起。素木地上应用宝装工艺的例子，可见于正仓院北仓29所藏“螺钿紫檀五弦琵琶”（图5—82）、“螺钿紫檀阮咸”、“枫苏芳染螺钿槽琵琶”等弹拨乐器，在这些乐器背后的弧形板面上，都平镶有螺钿片，并在螺钿片上的镶嵌孔内嵌饰底绘红彩的玳瑁片，玳瑁略高于木地和螺片。

图5—80 日本正仓院北仓藏螺钿紫檀五弦琵琶后视面局部

唐代文献显示，宝装工艺曾经十分流行，《法书要录》卷三载，萧逸赚取辩才法师

① （唐）慧立本、彦悰：《大慈恩寺三藏法师传》，中华书局2000年版，第158页。

所收藏的《兰亭集序》后，唐太宗大悦，赐其以“银瓶一、金镂瓶一、玛瑙碗一，并实以珠；内厩良马两疋，兼宝装鞍辔；庄宅各一区”。[①]《入唐求法巡礼行记》卷三载，开成五年（840年），日僧圆仁等入五台山菩萨堂院礼拜文殊菩萨像，“其堂内外以七宝伞盖当菩萨顶上悬之，珍彩花幡、奇异珠鬘等，满殿铺列。宝装之镜大小不知其数矣。”[②] 考察传世及考古发现的一些唐代螺钿镜，实际上属于螺钿平脱加嵌宝石的“宝装镜”，如2002年发掘的开元二十四年（736年）唐宗室女李倕墓中出土的两件螺钿镜（图5—81），镜背髹漆，并以螺钿片平脱飞鸟、花叶、宝相花纹饰，纹饰的周围镶嵌细小的绿松石片，在螺钿制成的花叶和宝相花内部，带有圆形、椭圆形、扇形的孔，并显露出红、绿相间的底色，与湖州飞英塔、苏州瑞光寺塔出土螺钿经函相对照，显然这些孔洞也是为镶嵌宝石而留出的镶嵌孔，并且由于所镶嵌的是透明或半透明类的宝石，在镶嵌孔的地子上采用了加彩衬色工艺，因此至今在镜背上仍可看出红、绿色颜料的痕迹。

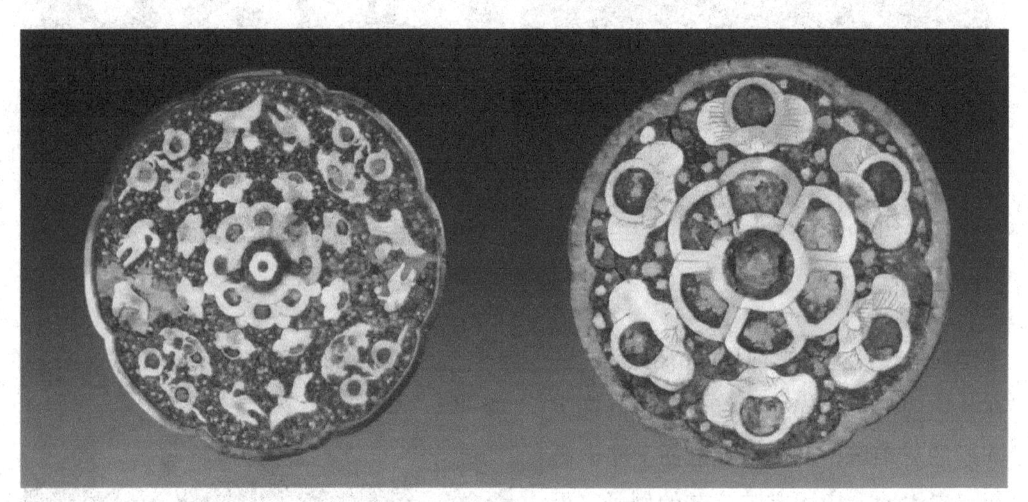

图5—81　唐李倕墓出土的两只螺钿镜

唐末五代时期，社会风气日益奢靡，促使官方采取了一些抑制宝装工艺发展的措施。《旧五代史》载，后周太祖郭威在广顺元年（951年）曾提倡俭朴：

> 内出宝玉器及金银结缕、宝装床几、饮食之具数十，碎之于殿庭。帝谓侍臣曰：“凡为帝王，安用此！”仍诏所司，凡珍华悦目之物，不得入宫。[③]

后唐末帝李从珂在清泰二年（935年）也曾下诏：“不得贡奉宝装龙凤雕镂刺作组织之

① （唐）张彦远撰，洪丕谟点校：《法书要录》，上海书画出版社1986年版，第103页。

② ［日］释圆仁撰，［日］小野胜年校注：《入唐求法巡礼行记校注》，花山文艺出版社2007年版，第282页。

③ （宋）薛居正等：《旧五代史》卷一一一《周书·太祖本纪第二》，中华书局1976年版，第1468页。

物。”① 这可能导致了后世此类工艺的逐渐废弛，以至于今日的我们只知镶嵌螺钿的传统工艺，而对宝装知之甚少。

（四）宝钿

宝钿工艺又称为“金筐宝钿”，是先在器物上以细金丝镶嵌界画设计好的纹样轮廓，再在界画内镶嵌各种宝石饰物的镶嵌装饰工艺。宝钿工艺起源极早，1971年乌克兰奥尔尼忠启则大墓出土的公元前4世纪西徐亚人金项圈即采用了宝钿装饰，西徐亚人为古波斯血统游牧民族之一支，前8—前2世纪间在今克里米亚建立帝国。② 宝钿装饰约在南北朝时期就传入我国，南朝梁河逊《正钗联句》诗即有云：“双桥耀宝钿，阓阓密复丛。”③ 唐代的记载则更多，除文人诗篇中常提到它以外，《旧唐书》记载大食国与唐朝的邦交：“长安中，遣使献良马。景云二年，又献方物。开元初，遣使来朝，进马及宝钿带等方物。”④《新唐书》载唐朝许婚于西突厥统叶护可汗：“统叶护可汗喜，遣真珠统俟斤与道立还，献万钉宝钿金带、马五千匹以藉约。”⑤ 因此宝钿应为起源于古波斯的一种装饰艺术，常应用在首饰制作工艺当中，广泛传播到西亚、中亚地区后，又经丝绸之路传入我国，在唐代成为上层贵族极为喜爱的一种镶嵌装饰工艺。

现存唐代家具实物上施加宝钿装饰者仅有两件，且皆非木质，即陕西扶风法门寺地宫出土的“金筐宝钿珍珠装纯金宝函”（图5—82）和“金筐宝钿珍珠装珷玞石宝函”（图5—83），在《监送真身使随负供养道具及恩赐金银器衣物帐碑》中的记录分别是“第三重真金函一枚金筐宝钿真珠装”、“第二重珷玞石函一枚金筐宝钿真珠装”⑥，因此它们采用了宝钿工艺是毫无疑义的。纯金宝函是法门寺出土佛舍利八重宝函的第三重，在顶部和四周皆以金筐镶嵌绿、红色宝石、珍珠构成的大团花一朵，盖子盝顶四壁及盖子立壁皆饰以金筐小四出团花。金筐是由细金丝构造纹饰的外轮廓，并用炸珠工艺制成的细小金珠一颗颗焊接连缀在细金丝外壁上制成的。珷玞石宝函为八重宝函之第二重，除盖顶及函体四壁饰以炸珠金筐团花宝钿外，盖子的立壁上还饰以金筐鸳鸯形宝钿，并在盝顶及函体边棱部位缀饰珍珠。⑦

① （宋）薛居正等：《旧五代史》卷四七《唐书·末帝本纪中》，中华书局1976年版，第648页。

② 尚刚：《古物新知》，生活·读书·新知三联书店2012年版，第60页。

③ （南朝梁）何逊著，李伯齐校注：《何逊集校注》，齐鲁书社1989年版，第161页。

④ （后晋）刘昫等：《旧唐书》卷一九八《大食传》，中华书局1975年版，第5316页。

⑤ （宋）宋祁、欧阳修等：《新唐书》卷二一五下《突厥传》，中华书局1975年版，第6057页。

⑥ 陕西省考古研究院、法门寺博物馆、宝鸡市文物局编著：《法门寺考古发掘报告》上册，文物出版社2007年版，第227页。

⑦ 陕西省考古研究院、法门寺博物馆、宝鸡市文物局编著：《法门寺考古发掘报告》上册，文物出版社2007年版，第161—164页。

图 5—82 法门寺地宫出土金筐宝钿珍珠装纯金宝函

图 5—83 法门寺地宫出土金筐宝钿珍珠装珷玞石宝函

法门寺出土的两件金筐宝钿宝函与《衣物帐碑》相对照，证明了唐代工艺史文献中的“宝钿”，是指各色宝石的切割、镶嵌工艺，“金筐”是图案的外框，宝石通过胶黏剂镶嵌在金筐之内，而“珍珠装”则是将珍珠直接粘贴在器物表面上，证明唐代的“宝装”工艺所用材料也包括珍珠。温庭筠词《归国遥》中有句：“香玉，翠凤宝钗垂簏簌。钿筐交胜金粟，越罗春水绿”①，金筐的细金丝外壁所焊接的一圈细小的金珠，就是“金粟”。除以用在家具装饰上，宝钿的工艺更多的应用实则是唐代妇女的首饰，如河南偃师杏园李景由（738 年）墓曾出土三只金筐宝钿、金粟、珍珠装的钗钿，② 陕西西安隋李静训墓出土的一件嵌宝石金项链，更是此类工艺的代表。③

由于宝钿工艺在用材上的靡费，在肃宗、代宗朝两次下诏禁造平脱器的同时，也禁造宝钿制品，其后唐文宗在敬宗去世后的当年，即宝历二年（826年）文宗甫一登基，便下诏要求“先造供禁中床榻，以金筐瑟瑟宝钿者，悉宜停造”。④ 说明唐代的宝钿工艺在家具上的施及范围亦很广泛，宫中大型的床榻上也有施以金筐宝钿者，其镶嵌基底不限于金属，在木质上也有可能施加。所谓“瑟瑟”，是一种西域传来的碧色宝石，

① （清）彭定求、沈三曾等：《全唐诗》卷八九一，《文渊阁四库全书》本。

② 中国社会科学研究院考古研究所编著：《偃师杏园唐墓》，科学出版社 2001 年版，彩版 4：2。

③ 唐金裕：《西安西郊隋李静训墓发掘简报》，《考古》1959 年第 9 期，图版叁：7。

④ （后晋）刘昫等：《旧唐书》卷一七上《文宗本纪上》，中华书局 1975 年版，第 524 页。

在当时亦属一种高价的舶来品[①]，白居易《暮江吟》诗云“半江瑟瑟半江红”，就是用瑟瑟来形容江水之碧。除了应用在大型家具上的记载，敦煌地区出土唐释智严所作的《十二时普劝四众依教修行》（有P.2054、P.2714、P.3087、P.3286四种写本）中，有“凤凰篦，鹦鹉盏，枕盝妆函七宝钿”的句子[②]，说明它也常施加在形制精巧的妆奁一类家具上。

中国传统家具装饰工艺中，使用不同种材料在家具上拼镶图案的工艺，还有一类明清时期流行的所谓“百宝嵌”，该种工艺常以数种材料浮雕装饰纹样，拼镶在家具上，材料高出地子，带有一定的立体感，与唐代宝装、宝钿工艺有着类似的装饰趣味。值得注意的是，除带有浓郁胡风的“宝钿”以及与平镶螺钿工艺相结合的“宝装”工艺外，唐代家具中较少见到板面结构上带有浮凸图案装饰者，金银平脱、螺钿、贴皮、包镶乃至木画工艺所欣赏的皆属表面平滑的美感，这与唐代及其以前的中国家具以箱板式构造为主有着密切的关联，它们共同构造了唐代家具木质表面上平面化的装饰趣味。

三、雕刻

唐代家具上应用的雕刻工艺并不像宋以后，尤其是明清时期那样发达，浮雕装饰在家具上比较少见，其常见的雕刻工艺主要是平板结构上的镂雕和家具腿足部位的立体圆雕。

（一）浮雕

除了以法门寺地宫、何家村、丁卯桥等处出土文物为代表的唐代金银器锤揲浮雕工艺外，木质浮雕工艺在唐代家具上应用的例子迄今发现极少。1987年在陕西扶风法门寺地宫出土的八重舍利宝函的第八重，即“银棱盝顶檀香木函”，在出土时已严重朽坏，因此在发掘报告中仅描述为“出土时已朽成碎块。从残片观察，为檀香木，并有鎏金银包角。面上刻‘西方极乐世界’等纹样，纹样描金银。函外有银司前和锁钥”。[③]2014年，由法门寺博物馆馆长姜捷主编的《法门寺珍宝》图录出版，首次公开

① （唐）令狐德棻等：《周书》卷五十《波斯传》：“又出白象、师子……马瑙、水晶、瑟瑟”，中华书局1971年版，第920页。（宋）宋祁、欧阳修等：《新唐书》卷一三五《高仙芝传》：“仙芝为人贪，破石，获瑟瑟十余斛”，中华书局1975年版，第4578页。

② 任二北：《敦煌曲校录》，上海文艺联合出版社1955年版，第152页。

③ 陕西省考古研究院、法门寺博物馆、宝鸡市文物局编著：《法门寺考古发掘报告》上册，文物出版社2007年版，第273页。

了檀香木宝函的残片细节，使我们得以通过它领略唐代家具上的浮雕工艺。从残片观察，宝函的外壁以减地浮雕手法雕刻阿弥陀佛极乐世界图、释迦牟尼说法图、礼佛图等纹样，其上并施有描金加彩。减地浮雕铲去的地子较为平整，图案凸起不高、布局细密工整，人物衣纹动态、神态精致传神（图5—84），与唐代绘画中发达的线描技艺有着异曲同工的审美趣味。

图5—84　法门寺地宫出土银棱盝顶檀香木函部分残片

（二）平板镂雕

板面镂雕主要出现在壶门式家具的腿足部位，唐代的大型壶门式家具的腿足板片，制法既有一板片雕一壶门然后相拼合的（线图10），也有在同一板片上雕锼多个壶门的（图3—42）。小型的壶门式家具，则多数用同一块平板挖雕多个壶门（图5—19）。图像资料和实物可见的例子中，壶门的轮廓形状可有多种变化。以正仓院藏木画紫檀棋局及木画紫檀双六局为例，木画紫檀棋局的壶门板片上部镂雕为波浪形（图5—85），此式最早出现在东汉时期，在魏晋南北朝以来的壶门式家具上已经很常见，入唐后依然流行，到宋代则逐渐式微，明清以后，类似的板面镂雕造型就基本消失了。木画紫檀双六局的壶门板片（图5—86），壶门板左右两侧镂雕为平滑的两个弧形，汇合到中部成为向上的一个尖拱。这种壶门轮廓形制的发源极为悠久，在辽宁义县出土商末周初青铜悬铃俎的板足（图1—4）和殷墟出土嵌蚌鱼漆木案（图1—6）上就已经出现，在唐代尤为流行，发展到明清时期，演变为框架式家具腿足部位安装的“壶门券口牙子”。

（三）立体圆雕

立体圆雕装饰通常应用在部分唐代承具及架具的的腿足部位，如夹膝几、衣架等架具腿部下接的卷云形足跗（图3—5、图4—42、线图1、线图12），曲几的兽足、蹄足形脚部（图3—8、线图124），笔架立柱下承接的抱鼓形足跗（线图220）、单扇、三扇屏风的足跗（图4—6、图4—11）等，其雕造形态与上部的家具主体形制相呼应，通常比较简洁。更复杂的一类立体圆雕出现在第三章第二节论述的小型承具“多足承物案”

的脚部，由于常带有圆雕成各种变形花叶形状的矮足，日本文献通常称之为“华（花）足”。《正倉院御物図録》第9辑曾将正仓院中仓仓号177所藏献物几的腿部形态，归纳为“华足七变”（图5—87）。总体来说，这些花形腿足皆由唐代流行的唐草纹饰演变而来，多作优雅的S形三弯构造，重心多稍向外撇。尤其是其中两例双层花叶形华足，两层叶片间连缀不断，考虑到花足需承担面板的自重及所承物品的重量，其构造必须有相当的稳固性方能保存至今，足以体现当时工匠的制作水平。

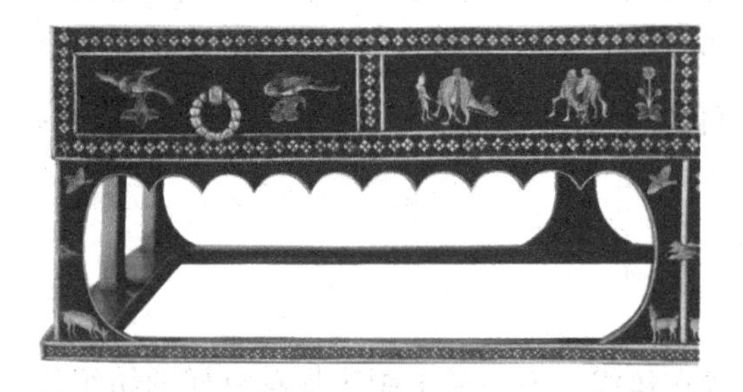

图5—85　木画紫檀棋局壸门板片部位镂雕造型

图5—86　木画紫檀双六局壸门板片部位镂雕造型

除此类多足承物案上应用的圆雕工艺之外，日本正仓院南仓仓号36还藏有数件整体以圆雕工艺制成的花形盒子，如“刻雕梧桐金银绘花形合子第4号”（图5—88），

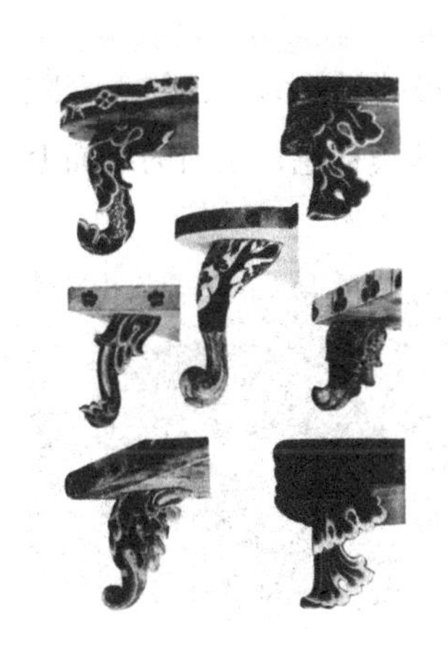

图5—87　日本正仓院献物几腿部的“华足七变”

图5—88　日本正仓院南仓藏刻雕梧桐金银绘花形合子第4号

该盒子仅余盒盖部分，以整块木料雕凿为半椭圆形，通过透雕、浮雕、毛雕等复合工艺雕造出花与叶的形态，并在其上再施加金银绘工艺制作而成。尽管是一件残器，但亦可见出雕造工艺非常精湛，尤其是盒盖上雕出的微妙生动的翻卷叶片，打破唐代家具通常在平面上加以修饰的常例，与三足曲几、多足承物案的腿足一道，显示出唐代家具上的

雕刻装饰存在立体写实的审美倾向。

四、染织

由敦煌壁画各类家具上色彩斑斓的各种纺织品描绘可以看出，染织品装饰在唐代家具上的应用十分广泛，它们一般可分为两种类型，第一类是作为家具上必不可少的组成部分，如铺设于地面的锦席、毡毯、屏风的屏心、行障及床帐的垂帷等。其二是家具上另外衬垫、铺设的装饰织物，如椅披、桌披、几褥、床褥等，它们与家具并非不可分离的整体，然而在实际使用中却是必不可少的实用之物，且为家具平添了进一步的装饰。

（一）织锦

织锦又名“织成”，是以彩线及金银线在丝织、毛织品上织出提花纹样的纺织技术。唐代的织锦技术十分高超，装饰纹样受到外来文化的影响，常作对称式布局，初唐时期，丝毛织品上的织成纹样多用走兽、飞禽、狩猎等图像，其间布有花卉辅纹，盛唐乃至晚唐，走兽纹样逐渐减少，禽鸟、花卉纹样则大量应用，花鸟结合的图案更是十分常见。此外各类几何装饰纹样，尤其是带有波斯萨珊王朝装饰特色的联珠纹亦很流行，常作为各类对称主题纹样外圈的围饰，出现在各类织锦作品上。①

日本正仓院所藏与家具有关的织锦装饰物，以家具上铺设的衬垫为主，如正仓院北仓46所藏“挟轼褥”（图5—89），原为白色绫绵，现已呈浅黄褐色，正面的绫面上

图5—89　日本正仓院北仓藏挟轼褥（正反面）

图5—90　日本正仓院南仓藏紫地绫锦几褥第8号

布满菱形提花纹样，因是与紫檀木画挟轼（图3—5）相配合使用，其幅面大小正与挟轼面相合。再如正仓院南仓150所藏“紫地绫锦几褥第8号”（图5—90），长107厘米，

① 尚刚：《唐代工艺美术史》，浙江文艺出版社1998年版，第82页。

宽52.5厘米，据其名称，应为铺陈在栅足案一类大型承具上使用的垫褥。几褥的中心为紫地织锦，上列八个团花纹，在团花之间带有四只立狮纹样构成的菱形图案，几褥的边缘用花卉纹黄地绫锦包边。据日本宫内厅正仓院网站记载，这件绫锦几褥，是在圣武天皇一周年斋会（757年）所使用的几褥中的一件。另如白居易《素屏谣》诗中有"不见当今甲第与王宫，织成步障银屏风"①的诗句，唐时障、屏风、床帐等家具上必备的织物，也多使用织锦，可惜相关物品未能完整保留至今。

（二）染缬

唐代是我国纺织品防染印花工艺最为发达的时期，传统的四缬染色工艺，即绞缬（扎染）、蜡缬（蜡染）、夹缬（夹染）、灰缬（型版染）在唐代皆能制作复色作品，其复杂者，一幅染色纺织品上可显出十余种不同色彩。由于工艺复杂，复色染缬技术到宋代以后逐渐衰落，传承到明清时期就基本只余靛蓝一色了。《唐六典》记载，少府监下辖有"织染署"，并云："凡染大抵以草木而成，有以花、叶、有以茎、实，有以根、皮，出有方土，采以时月，皆率其属而修其职焉。"②说明唐代纺织品防染印花工艺使用的染液，主要是从各类植物中提炼的天然植物色。

正仓院所藏的数件登记在《国家珍宝帐》上的屏风，部分边框内的裱固物是以蜡缬、夹缬工艺制成的纺织品。正仓院北仓44所藏臈缬屏风中的"鹦鹉屏风"、"羊木屏风"（图5—91），为同一套屏风中的其中两扇，屏扇正面的丝织品分别用蜡缬工艺染制出树下鹦鹉、立羊图案。其作法是以融化的蜡涂绘在设计好的图案部位，再将织品浸入黄褐色染液，从而染出深黄色的地子，使浅色的树干、山石、动物纹样部分得以呈现。羊木屏风的树叶、草叶皆为蓝色，而鹦鹉屏风上的蓝色虽已褪色，但仍留有痕迹，说明此件作品还需要在不需染蓝的部位第二遍涂蜡后，浸入靛蓝染液中，从而使叶片显出蓝色。

与复色蜡缬相比，复色夹缬工艺在唐时更为高档，工艺更是极其复杂。目前研究者所仅知的是，它是一种将印染图案刻制为木版，并设计复杂的水路，使染液流入水路上染至织物图案所需的部位，被木版夹住的部位则不上色。复色夹缬的具体工艺程序早已失传，很可能在一件作品中，需要刻制多块图版，经过多次浸入不同染液、反复熏蒸固色和水洗后才能完成。夹缬工艺盛行于盛唐时期，《安禄山事迹》曾载玄宗赐安禄山"夹颉罗顶额织成锦帘二领"③。关于复色夹缬的起源，据《唐语林》卷四载，"明皇柳婕妤有才学，上甚重之。婕妤妹适赵氏，性巧慧，因使工镂板为杂花，象之而为夹结。

① （清）彭定求、沈三曾等：《全唐诗》卷四六一，《文渊阁四库全书》本。

② （唐）张说、李林甫等：《唐六典》卷二十二《少府监》，中华书局1992年版，第575页。

③ （唐）姚汝能：《安禄山事迹》卷上，上海古籍出版社1983年版，第6页。

因婕妤妹往日献皇后一匹。上见而赏之。因敕宫中依样而制之。当时甚密，后渐出，遍于天下，乃为至贱所服。”① 五代马缟所著《中华古今注》卷中载：“隋大业中，炀帝制五色夹缬花罗裙，以赐宫人及百僚母、妻。”② 因此它最早可能产生于隋，至迟在玄宗时期工艺就已经很成熟了。日本正仓院北仓44藏有数件记载在《国家珍宝帐》上的夹缬屏风残件，装饰纹样涉及的题材内容广泛，山水、花鸟、走兽皆有，代表性的如“山水夹缬屏风”、“麟鹿草木夹缬屏风”（图5—92），由画面竖轴对称布局可知，唐代复色夹缬技艺是将纺织品对折后夹入两块刻有同样图案的木板，浸入染液后，织物左右对称的两侧部位便会同时显色。唐代复色夹缬工艺传承到当代，在我国只余浙闽一带艺人传承的国家级非物质文化遗产“蓝夹缬”工艺，而在日本，在江户时代仍有“蓝板缔”、“红板缔”工艺流传，同样只能上染单色，至今已失传。

图5—91　日本正仓院北仓藏臈缬鹦鹉屏风、羊木屏风

图5—92　日本正仓院北仓藏麟鹿草木夹缬屏风

五、书法和绘画

书法及绘画装饰，唐时常应用在屏风、行障上，其载体既有纺织品，也有纸质品。书画作品的立轴装裱方式约出现在五代时期，传世的唐代卷轴绘画作品，皆为手卷的装裱形式，只能在需要欣赏时将之展开观看。因此在唐代，若想对一幅书法、绘画作品作长时的、从容的远近欣赏，只有将之书写、绘制于屏风、行障上之一途，故而屏风、障具对唐代书画艺术的发展，曾产生了极大的影响。

---

① （宋）王谠：《唐语林》，商务印书馆1939年《丛书集成初编》本，第118页。

② （五代）马缟：《中华古今注》，商务印书馆1956年版，第32页。

（一）书法

隋唐时期是我国书法艺术发展的一个高峰。楷书在书坛上取代魏碑成为书体正宗，初唐、盛唐虞世南、欧阳询、褚遂良，中唐颜真卿，晚唐柳公权皆有为后世所重的楷书名作存世，被奉为习字的典范。此外狂草、行楷、篆、隶诸体，在唐代也皆有其代表性书法家，使唐代的书法艺术呈现出各有千秋、异彩纷呈的辉煌态势。由于对书法艺术极其推崇，在屏风上题书为饰，成为一种自然而然的文化现象。《法书要录》卷四载有唐太宗亲自创作书法屏风的事迹：

> （贞观）十四年四月二十二日，太宗自为真、草书屏风，以示群臣。笔力遒劲，为一时之绝。①

皇帝新自在屏风上创作书法作品，目的除欣赏装饰外，还常有着勤政警世的意义，《唐会要》卷三十六载唐宪宗制作书法屏风事迹：

> 其年（元和四年）七月，制君臣事迹十四篇。……上自制其序曰《前代君臣事迹》，至是以其书写于屏风，列之御座之右。书屏风六扇于中书，宣示宰臣李藩裴洎曰："朕近撰此屏风，亲所观览，故令示卿。"藩等进表称贺。②

这类带有教化兴亡主题的书法屏风，为使人便于诵读，在当时可能主要以楷体书写，日本正仓院所藏鸟毛篆书屏风（图 4—15）的内容，就是在纸面上以楷、篆二体写就的一首四言十二句的讽喻诗，其立意完全袭自唐朝。

除了真体、篆体外，以草书装饰的屏风，则更能代表创作者本人的艺术个性，韩偓《草书屏风》诗云：

> 何处一屏风，分明怀素踪。虽多尘色染，犹见墨痕浓。怪石奔秋涧，寒藤挂古松。若教临水畔，字字恐成龙。③

图 5—93　莫高窟第 103 窟盛唐《维摩诘经变》局部

敦煌莫高窟第 103 窟盛唐《维摩诘经变》，维摩诘所坐高座背后的围屏，就在白色屏风上贴饰有书写在数张小幅褐色纸张上的草书作品（图 5—93），显示出以书法装饰屏风，是唐代知识阶层用以美化居室，抒发个

① （唐）张彦远撰，洪丕谟点校：《法书要录》，上海书画出版社 1986 年版，第 132 页。

② （宋）王溥：《唐会要》卷三十六《修撰》，中华书局 1955 年版，第 660 页。

③ （清）彭定求、沈三曾等：《全唐诗》卷六八二，《文渊阁四库丛书》本。

性的一种流行风尚。

（二）绘画

用绘画来装饰屏风、步障一类家具，在唐时也很流行。张彦远《历代名画记》卷二载："董伯仁、展子虔、郑法士、杨子华、孙尚子、阎立本、吴道玄屏风一片，值金二万，次者售一万五千；其杨契丹、田僧亮、郑法轮、乙僧、阎立德一扇值金一万。"① 这些唐时名家的屏风画作品，在当时就价值极高，此句下张彦远还自注云："自隋已前多画屏风，未知有画障，故以屏为准也。"也就是说，在行障上施以绘画装饰，是入唐以后才形成的一种新时尚，因此当时画障的估价只能以画屏风作为参考。

唐代文献中，对画障的记载有数例，张彦远在《历代名画记》卷十记载当时的名家张璪"画八幅山水障，在长安平原里，破墨未了，值朱泚乱，京城骚扰，璪亦登时逃去。家人见画在帧，苍忙掣落，此鄣（障）最见张用思处。"② 唐张祜《题王右丞山水障二首》诗云："日月中堂见，江湖满座看。夜凝岚气湿，秋浸壁光寒。"③ 可见唐代画家创作画障作品是相当普遍的，但由于画障多以丝织品为载体并张挂在障架上欣赏，因此难以长期保存，目前的考古研究尚未有画障的实物发现。

相比于画障的难以保存，唐代画屏的实物、图像资料则比较丰富。五代周文矩《重屏会棋图》中层叠绘出的两扇屏风，一绘人物，一绘山水，富有生活情趣。唐代贵族墓室中常有屏风式壁画出土，除一些图式对称的几何、花鸟、山水纹样的屏风画，可能是对唐代染织品屏风装饰的描绘外，大量不对称构图的高士、仕女、乐舞、狩猎、花鸟、山水纹样的屏风式壁画，充满对当时社会生活的写实性描绘，皆属对唐代室内空间中设置画屏情形的忠实模拟。近年来墓室屏风画的主要考古发现，在西北大学马晓玲2009年的硕士论文《北朝至隋唐时期墓室屏风式壁画的初步研究》、刘婕著《唐代花鸟画研究》第三章"壁画、石刻与屏风上的'花鸟画'"（文化艺术出版社，2013年版）等文中有较详细的统计与表述，此处不作专门展开。得益于新疆干燥的自然环境，近代以来考古发现出土的画屏风实物多出土于该地区，如吐鲁番阿斯塔那230号墓出土乐舞图屏风、187号墓出土仕女图屏风、188号墓出土侍马图屏风、189号墓出土仕女图屏风（图5—94）、105号墓花鸟图屏风、吐鲁番哈拉和卓50号墓出土花鸟图屏风，以及出土于阿斯塔那唐墓，现藏于日本热海美术馆的树下美人图屏风等。这些出土的绘画屏风实物的载体以绢本为主，间有纸本，主题多为人物、花鸟，是反映唐代社会生活状态的珍贵史料。

---

① （唐）张彦元撰，承载译注：《历代名画记全译》，贵州人民出版社2009年版，第100页。

② （唐）张彦元撰，承载译注：《历代名画记全译》，贵州人民出版社2009年版，第531页。

③ （清）彭定求、沈三曾等：《全唐诗》卷五一〇，《文渊阁四库全书》本。

除了在丝绢、纸本上创作的屏风画外，唐代的画屏还有更为精致的一类。日本正仓院藏有三件登录在《国家珍宝帐》上的鸟毛屏风制品，其中两件为内容为书法（图4—15），另一件则为著名的画屏“鸟毛立女屏风”（图5—95）。从画面上来看，鸟毛

图5—94　日本正仓院藏鸟毛立女屏风第4扇（纸本）

图5—95　新疆阿斯塔那189号墓出土仕女图屏风画（绢本）

立女屏风的画面风格与唐代壁画墓、新疆地区出土屏风画实物中常见的树下美人图屏风主题、画风一致。鸟毛立女屏风为纸本，先在纸面上用墨线勾勒画面轮廓，并以彩色颜料染绘树叶、坡石、人体之后，还要将雉鸡羽毛中带有彩色光泽的小块毛片逐片贴饰在人物的衣饰、树石等部位。可惜的是，由于历时久远，绝大多数羽毛已脱落，故而用肉眼观察画面，基本只能看到墨画线条。鸟毛羽衣的制作，在唐代贵族女性中曾是一种奢侈的时尚，《旧唐书·五行传》载：

> 中宗女安乐公主，有尚方织成毛裙，合百鸟毛，正看为一色，旁看为一色，日中为一色，影中为一色，百鸟之状，并见裙中。凡造两腰，一献韦氏，计价百万。……自安乐公主作毛裙，百官之家多效之。江岭奇禽异兽毛羽，采之殆尽。①

如此耗财伤生而制成的羽衣，尽管被当时人目之为“服妖”，仍然成为一种不可遏制的风潮。到唐玄宗时期，玄宗谱曲，杨贵妃着羽衣而作“霓裳羽衣”之舞，更是成为唐朝盛极而衰之前的绝唱。由正仓院所藏鸟毛屏风来看，唐时的鸟羽装饰工艺不仅限于制衣，也被应用在屏风的装饰当中。据日本学者的相关研究，鸟毛立女屏风上使用的

① （后晋）刘昫等：《旧唐书》卷三十七，中华书局1975年版，第1377页。

雉羽，是产于日本的一个特殊亚种，因此推断它是当时日本匠人对唐朝屏风的模仿之作[①]。但将图中仕女的人物造型与唐代仕女画相比较，可知正仓院所藏家具即使相当部分属于对唐制家具的仿造，仍然相当忠实地保留了唐代家具的基本面貌，将它们称为“唐式家具”，当是一种比较谨慎而客观的看法。

① ［日］柿泽亮三、平岡考、中坪社治、上村淳之：《實物特別調查：鳥の羽毛と文様》，《正倉院紀要》第22号，平成12年（2000年）版。

第六章　唐代家具与唐代文化

唐代的历史文化之所以令后人追慕且自豪，在于它是整个中国封建时代的青壮年时期，是一个充满自信、激情并且锐意进取的时代。“贞观之治”和“开元盛世”使中古之世进入了全面的繁荣，纵观历史，唐代疆域辽阔，国力雄厚，在政治、经济、文化方面都出现了辉煌灿烂的成就，对四域之外的国家亦有其深远的影响，为中华文化圈的建立起到了强大的推动作用。

从经济上看，经历六朝对长江以南地区数百年的经营，长江流域已成富庶的农耕经济区，其实力已经有逐渐超越黄河流域的趋势。“今赋出天下，江南居十九”①，“江淮之间，广陵大镇，富甲天下”。② 起势于北方政权的隋唐在将此前分治的长江流域和黄河流域两大经济体合二为一后，社会经济进入了一个和平稳定、合力共进的新发展阶段。正如前辈史家范文澜的论述：“长江流域在统一的朝代里起着如此重大的作用，是唐代才开始的新现象。这说明长江流域开发成为富饶地区，与黄河流域合并成一个基地，比两汉富力增加一倍以上，因此，自隋、唐开始，中国封建经济进入了更高的发展阶段。”③ 得益于此，唐代推行的内外政策都获得了强有力的经济后盾。

从政治上看，唐代是中国古代制度发展史上承前启后的转折时期。唐代继承了南北朝、隋代的制度中合理、经验性的内容，并且加以发展。在中央政权结构上，三省六部制的全面推行，进一步完善了秦汉以来的中央集权，也使职能架构间的权力分配和相互制约更为合理。在租税制度上，由租庸调制向两税法的转变，结束了过去按丁征税，田租、力役、土贡分项征收的历史，开创了中古之后单一税收制度的先河。社会结构上，随着科举制度推行至全国，各科专门人才的上行通道趋于开放，增强了中央政府的

① （唐）韩愈著，马其昶校注：《韩昌黎文集校注》卷四《送陆歙州诗序》，古典文学出版社1957年版，第135页。

② （后晋）刘昫等：《旧唐书》卷一百八十二《秦彦传》，中华书局1975年版，第4716页。

③ 范文澜：《中国通史简编》第三编第一册，人民出版社1965年版，第200页。

向心力。由于隋末战争的冲击，板结的社会阶层关系已经受到巨大冲击，经过高宗、武后时期对士族内涵的进一步调整，旧有的士族阶层趋于衰落，进一步缓和了社会矛盾，推进了社会经济、文化的发展。

从军事和民族政策上来看，唐朝采取恩威并施的策略，疆域空前辽阔，《新唐书·地理志》记载唐代全盛时期辖有的羁縻府州有八百五十六个之多①，相比于两汉始终受困于北方民族的威胁，唐朝可谓是当时声震寰宇、四夷宾服的伟大帝国。魏晋南北朝以来胡汉文化的激烈矛盾与大规模的战争，到唐代则被多民族间的和平共处和文化交流的局面所取代。各民族在日益频繁的往来关系中建构起共同的利益平衡，出现了经济、文化交融互渗、共同发展，以和平为发展主流的民族关系。

国力的强盛，会促生一种一无所惧、鼓励和倡导新生事物的文化自信。《旧唐书》曾记载唐太宗对“玉树后庭花”等所谓亡国之音的看法：

> 太宗曰：“不然，夫音声能感人，自然之道也。故欢者闻之则悦，忧者听之则悲，悲欢之情，在于人心，非由乐也。将亡之政，其民必苦，然苦心所感，故闻之则悲耳，何有乐声哀怨，能使悦者悲乎？今《玉树》、《伴侣》之曲，其声具存，朕当为公奏之，知公必不悲矣。”②

这种高度的自信不仅为统治者所独有，也是深埋在社会血脉中的一种共同心态，反映在文化上的结果，就是产生了兼容并包的接纳态度、各取所需的开放胸怀和富于活力的创新精神。

唐代家具文化的繁盛，也得益于唐人拥有的这种强大的文化自信。唐代家具既能够以更为开放包容的态度接纳自魏晋南北朝以来就进入中国的外来家具样式，使之深入当时社会各阶层的日常生活，从而大大推动了中国人的生活习惯由跽坐、盘坐向垂足高坐的转化进程；同时也能承续传统家具的制作工艺和审美取向，一方面将传统经典样式的制作推演到极致，另一方面又从外来家具样式和相关艺术门类中吸取养分，创造出既带有传统家具构造特征，又符合新型生活方式需要的多种新型家具。从而使中国古代家具的发展史，走上了一条在传衍与习得并进的过程中，探寻符合本民族生活态度与美感需求的家具体式的道路。唐代家具文化不仅为宋代以后中国家具的发展奠定了基石，更在不易为人所觉的文化肌理内层，对我们今天的生活发生着影响。

① （宋）宋祁、欧阳修等：《新唐书》卷四三下《地理七下》，中华书局1975年版，第1119页。

② （后晋）刘昫等：《旧唐书》卷二十八《音乐一》，中华书局1975年版，第1041页。

第一节　唐代家具与唐代建筑文化

魏晋南北朝以来，中国传统的建筑承重结构所用的材料，以木材占有主体地位，在此基础之上兼及土、石、砖、瓦、竹、金属等多种材料，因此中国传统建筑的主要结构性营造技术通常被称之为“大木作”。而春秋战国以后，中国传统家具的材料也同样由木、石、青铜、陶兼用转而以木质材料为主，且在营建工程中通常被视为建筑营造的附属，与传统建筑中的其他非结构性内容一道，被统称之为“小木作”。《唐六典》记载，唐代的建筑、家具、器用的营建归于“将作监”管理，首官大匠一人，秩从三品，“职掌供邦国修建土木工匠之政令”，其下辖的“左校署”设令二人，秩从八品下，其职司为：

> 左校令掌供营构梓匠之事，致其杂材，差其曲直，制其器用，程其功巧；丞为之贰。凡宫室之制，自天子至于士庶，各有等差。凡乐悬簨虡，兵仗器械，及丧葬仪制，诸司什物，皆供焉。簨虡谓镈钟、编钟、编磬之属。器械谓仗床、戟架、杻械之属。丧仪谓棺椁、冥器之属。什物谓机案、柜槛、敕函、行槽、剉碓之属。①

此外，“舟车、兵仗、厩牧、杂作器用之事”，属“中校署”职司，至于“版筑、涂泥、丹艧之事”，属“右校署”职司。因此，唐代官方、民间建筑以及家具陈设什物的建造和装饰，都属将作监管理的范围，大、小木作密不可分。陈从周的名著《说园》中载，“家具俗称‘屋肚肠’”②，极形象地指出了建筑和家具之间的紧密联系。作为相互关联的整体环境，建筑提供了日常生活的空间框架，并对相应空间内陈设的家具有着尺度大小的限定和构造技术上的参照，而空间内的格局划分、使用功能和装饰性需求则需通过家具的陈设方能得以具体实现和完善。

一、唐代建筑文化发展概况

建筑作为人们居住和日常活动的场所，是一个时代思想观念、科学技术、艺术精神、世俗生活等文化信息的综合呈现，唐代建筑文化的发展约可由以下几个方面加以概说。

---

① （唐）张说、李林甫等：《唐六典》卷二十三《将作都水监》，中华书局1992年版，第595—596页。
② 陈从周：《说园》，江苏文艺出版社2009年版，第7页。

（一）城市规划

城市建筑的群体规划在隋唐时代日趋成熟，在宫城之前增设中央官署的办公区域皇城，皇城前有横贯城市的南北、东西两条大道，东西市和里坊环绕在大道周围。从相关城市考古所发现的平面区域划分来看，隋唐都城的里坊划分整齐，宛如棋盘，具有明显的规划后兴建的印迹，正如白居易《登观音台望城诗》所云："百千家似围棋局，十二街如种菜畦。"① 如此秩序井然的城市美感，体现着唐代统治者控驭四方、万国来朝的雄心壮志。城市中还兴建有一些高大的建筑物，都城长安城内佛寺中的大雁塔、小雁塔、保寿寺双塔、建福寺弥勒阁等与宫室高台建筑遥相呼应。一般州府中，建有谯楼、角楼，可以俯瞰城市内外景观，如闻名千古的岳阳楼、黄鹤楼，成为城市的标志性建筑。这些壮观的塔和楼阁，在城市内起伏错落，既起到标志区域范围的作用，也构建起城市的立体轮廓。丰富的建筑类型连缀成片、相互映衬而使城市富有浑然一体的韵律美感。

中国古代城市施行封闭的里坊制度的历史早在战国时期就已开始，两汉至魏晋赋家所作《两都赋》、《二京赋》、《三都赋》中对国家的中心城市内的宫殿、官署、里坊布置皆有描述，但这一时期的城市整体格局，皆带有自然化的印迹，道路及区域范围皆并不严格规整。直到隋唐时期，方才在以长安、洛阳为中心，广及全国各地的区域内，有计划地改建旧城和建造新城，形成全国城市网，城市内安置居民和工商业的封闭性坊市为巩固统一、发展经济曾起到过重要的作用。除长安和洛阳外，淮河流域、长江下游和川蜀出现很多繁荣的地方城市，当时号称天下富庶之地为"扬一益二"，这些城市的人口急剧增多，经济实力增长，并带动了周边区域的经济发展。在棋盘状街道网的规划布局下，中国出现了气魄宏大、便于管理的中轴对称式坊市制大都市。然而在当时除寺观和豪贵宅第可面街开门外，坊内居民生活皆受到围墙和宵禁制度的限制，因此随着经济的发展，封闭的坊市对城市活力的局限性日益显著。到中晚唐时，一些地区的坊市和宵禁制度开始有所松动，但直到北宋中期，坊市制度方才在经济发展的驱动下被开放式的街巷制度取代。终唐之世，严格的城市区域布局和管理是城市规划的主要特征。

（二）宫殿

综合实力达到空前鼎盛的时代，象征着皇权的宫殿建筑是国家营造工程的重中之重。唐代的长安城中有三处宫殿建筑群，分别是太极宫，大明宫和兴庆宫。太极宫位于唐长安城北端，兴建于隋代，原名大兴宫，唐初的两位皇帝曾经居住于此。大明宫位于长安城外东北角的龙首塬，最初是唐太宗修建的避暑离宫，后因太极宫地势低湿，高宗

① （清）彭定求、沈三曾等：《全唐诗》卷四四八，《文渊阁四库全书》本。

将之扩建后移居，从此大明宫成为唐帝王的主要居所。兴庆宫由玄宗位于城内隆庆坊的原邸改建而成，规模虽不及前二者，但景致优美，是玄宗朝的政治中心。隋炀帝营建的东都洛阳紫微宫，武则天执政时期加以改建，将正殿乾元殿拆除后建造高三层的明堂，又在明堂之北建高五层的天堂，尽管武周政权结束后，又被改回单层，但明堂和天堂既是唐代极盛期高层建筑修建水平的体现，又打破了宫殿主体建筑为单层的传统，是我国的宫殿体制史上的一次难得的积极尝试。此外，隋唐两代皇室皆有在全国各地建造离宫的传统，唐代所建者如翠微宫、九成宫、合璧宫、华清宫等，专供统治者冬夏二季休闲避寒暑之用。

隋文帝营建新都大兴宫时，出于全国统一的文化角度考虑，在宫殿建筑布局上遵循《周礼》“三朝五门制”[①]，前朝后寝，坐北朝南，严格按照左右对称的中轴线布局，主体建筑都建在中轴线上，一改魏晋以来宫殿主体建筑的横向布局。唐代承绪隋制，改大兴宫为太极宫，将宫城设为南北两部分，以承天门作为冬至、正旦大朝会的外朝，以太极殿作为朔望听政的中朝、以两仪殿为日常听政的内朝，北区则为寝宫。入唐后新建的大明宫也因袭此制，设含元殿、宣政殿、紫宸殿三朝。这种宫殿布局设计，强调了宫城的纵深感，宣示了皇权的神秘性和权威性，成为后世宫殿建筑群设计的通式，文化影响十分深远。

（三）园林

唐代的园林大都依山傍水，城内园林往往筑造人工山水景观，并因常造有观景亭，常将园林代称为“山亭”、“池亭”。唐代帝王在长安和洛阳都建有规模巨大的苑囿，两京各宫还建有内苑和园林点景，大、中、小三个层次的帝王园林满足了皇室各种时节、事由的游园需要，其特色是自然山水与人工楼阁相对峙，豪华富丽，胸襟开放。唐代官署内往往附有园林，贵族士大夫也在家内建有私园，供贵族显宦在办公和家居时休闲玩赏之用。白居易为苏州刺史时曾作《题西亭》诗，描写苏州官署内西园的景色，再如《旧唐书》载：“时绛州刺史严挺之为林甫所构，除员外少詹事，留司东都。与浣皆朝廷旧德，既废居家巷，每园林行乐，则杖履相过，谈宴终日。”[②] 唐时这些附有园林的官署和宅院往往占地四分之一坊或半坊，规模相当庞大。此外，唐代的官署和豪家大族还多造有另外购地兴建的园林。官署所建的专门园林一般建立在城的外围，一般人也可以

① “三朝”之说见于郑玄注《周礼·秋官》“朝士掌建邦外朝之法”条郑注：“周天子诸侯皆有三朝，外朝一，内朝二，内朝之在路门内者或谓之燕朝。”“五门”即郑玄注：“王有五门，外曰皋门，二曰雉门，三曰库门，四曰应门，五曰路门。”（《周礼注疏》卷第三十五，北京大学出版社 1999 年版，第 936—937 页）战国以来，宫室之制少有遵循者，直至隋唐时代的方以此为据营造宫室。

② （后晋）刘昫等：《旧唐书》卷一九〇中《齐澣传》，中华书局 1975 年版，第 5038 页。

出赀游园，令其地不致荒凉。唐文宗还曾因曲江园林废毁，而在元和九年颁有“诸司如有力要于曲江置亭馆者，给与闲地，任其营造”[①] 的敕令。

南北朝以来，南方和北方的园林风格就有所差异，北方豪门园林受到北方少数民族及中亚文化的影响，规模宏大，造景富丽，罗列奇珍异禽，游园时往往配有伎乐鼓吹，场景繁华盛大；南朝则重视园林景观对性灵的陶冶，崇尚自然之美，正如左思《招隐诗》云：“非必丝与竹，山水有清音。”[②] 唐代私家园林的建筑风格，前期承接北朝余绪，并因处于盛世，积极开拓的进取精神反映在园林营建中，亦崇尚大山大水与热烈奔放的气氛营造，如宋之问《太平公主山池赋》载：“罗八方之奇兽，聚六合之珍禽。……鸳鸯水兮凤凰楼，文虹桥兮采鹢舟。”[③] 中晚唐以后，文人多倦于仕进倾轧，园林风格一变而为寻求清幽自适的朴素淡雅，名相裴度于午桥创别业，“花木万株，中起凉台暑馆，名曰绿野堂。引甘水贯其中，酾引脉分，映带左右”[④]，正是这种造园观念变化的代表。

（四）单体建筑修造技术

唐代近三百年间，是中国木构建筑迅速发展，取得长足进步的时期。魏晋南北朝时期，北方受到汉代以来的土木混合建筑结构影响较大，而南方在木构梁架方面发展成就更为突出。在全国归于南北一统后，北方建筑开始吸收江南全木构建筑的建造经验。《隋书》记载隋炀帝营建东都洛阳时：“帝昔居藩翰，亲平江左，兼以梁、陈曲折，以就规摹。”[⑤] 入唐以后，洛阳宫室华美精巧的风格进一步影响了唐代的宫室营建，龙朔二年（公元662年），唐高宗修建大明宫，当年所建的含元殿的殿身外檐东、北、西三面尚为无柱的夯土厚墙，但次年所建的麟德殿已是全木构建筑，表明关中地区的宫殿建设中大木梁架结构正在迅速推广。为了加大空间跨度，唐代建筑中还采用了“减柱法”，如大明宫含元殿在面阔11间，进深3间的柱网布局中，减去中间一列柱子，使殿堂中部的空间跨度达到10米。

经过高宗、武后时期对关中、洛阳宫殿和明堂建筑长达近五十年时间的持续营建，全木构已替代土木混合结构，成为大型殿堂建筑的通用结构模式。除殿堂外，唐代厅堂建筑的木结构也已经形成，斗栱与梁及枋相结合而形成柱顶铺作层，模件化的建筑梁架设计和生产都已经井然有序，形成固定体式。但据唐代建筑考古的发掘与研究，城市中

① （宋）王钦若：《册府元龟》卷十四《帝王部·都邑第二》。
② （南朝梁）萧统选辑，（唐）李善注：《文选》，国学整理社1935年版，第296页。
③ （宋）李昉等：《文苑英华》卷五十三《苑囿》，中华书局1996年版，第209页。
④ （后晋）刘昫等：《旧唐书》卷一七〇《裴度传》，中华书局1974年版，第4432页。
⑤ （唐）魏征：《隋书》卷二四《食货志》，中华书局1973年版，第673页。

的一般民居建筑仍采用承重夯土山墙与木构檩椽结合的“硬山搁檩”结构，极少采用全木构。此外，唐代的砖石建筑也得到了一定的发展，很多佛塔及墓室采用砖石建造，但并未广泛地应用于其他建筑类型中。

我国现存的唐、五代木构建筑仅有4例，且皆为佛教建筑，其中又仅有山西五台县佛光寺东大殿未经大的重修改动，基本保持了唐代修造时的原貌。佛光寺大殿建于唐宣宗大中十一年（公元857年），是一座面阔七间、进深四间的单檐庑殿顶木构架建筑。我国古代建筑的等级制度区别严格，佛光寺作为当时名刹，其正殿是殿堂式构造，在当时等级相当之高。与佛光寺大殿相比，建于唐德宗建中三年（公元782年）的五台县南禅寺大殿为面阔、进深皆三间的歇山顶厅堂式构造，等级要低得多。南北朝中后期木构建筑中，柱子开始出现侧脚收分，屋顶坡度上开始出现起翘的凹面坡，一改汉式建筑在立面和顶部上皆为直线的形式，这种木建构造手法在唐代建筑中表现得更为成熟，屋顶曲线规整、坡度平缓。佛光寺东大殿即是采用这种建筑技术的典型代表（图6—1），由于造型线条的富于变化，使唐代建筑出现了宏大庄重而又流丽挺拔的韵律美感。

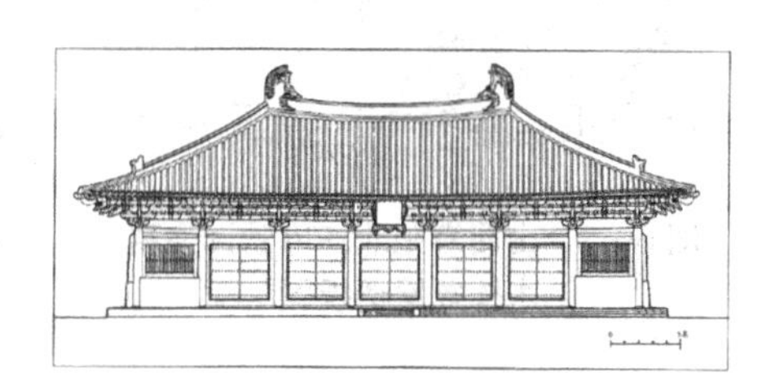

图6—1　山西五台县佛光寺东大殿立面图

二、唐代家具与唐代建筑空间格局

（一）室内空间与唐代高型家具的发展

受中国古典建筑的梁架结构特征影响，室内空间一般以“间”作为计量单位。所谓“间”，就是四根立柱与柱上的枋、檩围合成而成的两道屋架之间的空间。大约自魏晋时期开始，我国古代建筑学出现了“间”的概念，如《宋书》载：“晋明帝太宁元年，周延自归王敦，既立宅宇，而所起五间六架，一时跃出坠地，余桁犹亘柱头。”① 从理论上来说，单体建筑的间数可以通过增加横纵排列的柱子数量而向四面无限延展，但是在南北朝早期及其以前，由于力学技术的限制，建筑的间数延展通常只能在面阔上展开，《法苑珠林》载东晋桓仲请翼法师渡江造寺，“大殿一十三间，惟两行柱，通梁长五十五尺”。② 即使面阔十三间的大型建筑也只有两行柱，因此其平面形态是一个细扁的长方形。到南北朝中后期，大木梁架结构技术出现了较大的进步，全木构建筑的进深得到了

① （南朝梁）沈约：《宋书》卷三〇《五行志一》，中华书局1974年版，第893—894页。

② （唐）释道世著，周叔迦、苏晋仁校注：《法苑珠林校注》，中华书局2003年版，第1523页。

拓展，此时的建筑技术已能采用柱与梁、枋结合构造出复杂的柱网组织。1973年发掘的山西寿阳北齐库狄回洛墓中，发现一件单体建筑形的木构椁室残件，经过考古研究者还原（图6—2），判断该木椁为歇山顶，面阔、进深皆为三间，从每个外立面皆可见四根柱。且角柱粗于心柱，柱顶施栌斗，比较忠实地反映了当时全木构实体建筑的基本构造模式。[①] 类似的考古发现，还可见于2003年发掘的北周史君墓，该墓室中部偏北发现一具保存完整的面阔五间，进深三间、歇山顶的殿堂式建筑形石椁，该石椁在柱顶嵌夹阑额后再施加栌斗，不仅较库狄回洛墓木椁规模更大，建筑手法也更为先进。

图6—2　山西寿阳北齐库狄回洛墓木椁复原透视图

图6—3　山西五台县佛光寺东大殿柱网结构示意图

魏晋以来建筑大木梁架结构体系的发展，到唐代逐渐进步完善，使建筑室内空间的规模远较土木混合结构建筑更为宏大高敞。五台县佛光寺东大殿中部五明间各宽5.04米，两侧梢间各宽4.4米，柱高5米，柱网结构采用《营造法式》所谓“金厢斗底槽”做法，作“回”字形，将中间一排柱减去四根，使室内中部空间更为宽敞（图6—3）。

建筑室内平面的宽敞和立体空间的加高，使建筑内空间尺度与人体身高之间的悬殊远较低坐家具流行的时代要大。这一建筑史上的巨大变化，促使唐代家具的发展向三个方面作出调整，从而与室内高阔的环境气氛相适应。其一是作为室内陈设中心的数种家具如壶门床榻、直脚床、帐的平面长宽尺度增大；其二是使所有置于地面上使用的家具都向高处发展，如坐卧两用具、承具、皮具、架具的高度逐步增高；其三是以绳床、胡床、长床、月牙杌子、唐圈椅等为中心的高型坐具进一步流行普及。

（二）空间功能性划分与唐代家具陈设

1. 建筑空间布局与唐代家具陈设

入唐以后，全木构梁架技术进一步发展，已经可以构造结构极其复杂的全木构建筑。如大明宫麟德殿遗址，是迄今的考古发现中结构最为复杂的唐构建筑。殿由相连的前、中、后三殿连通聚合而成，三殿面阔均为九间，前殿进深四间，中后殿进深皆五

① 傅熹年主编：《中国古代建筑史》第二卷，中国建筑工业出版社2001年版，第297—298页。

间，总进深达86米，总面积近5000平方米。中殿为二层建筑，其左右侧又建二座方亭，亭内侧各有飞桥通向中殿上层，形成一个相互连通的建筑群。[①] 如此复杂的宫殿建筑内部空间，是为满足不同仪节场合的使用需求而设计，《旧唐书》、《新唐书》、《唐会要》等历史文献中对唐代皇帝在麟德殿开展政治活动的记载有数十处之多，内容包括三教讲论、制定典章制度、接见异族酋长使节、公主合亲许嫁、观乐赐宴（并可于殿前观赏马球及百戏表演）等。使用需求上的多样性，促生了建筑形式向复合化方向的演进，室内空间的功能性划分也因此需要根据特定场合作出不同的调整。

图 6—4　莫高窟 237 窟北壁中唐《天请问经变》局部

这种演进趋势还体现在住宅空间设计当中。我国古代的住宅设计，将前部作为起居活动的空间，称之为“堂”，后部供主人休息及处理私人事务的空间称之为“室”。宅第中的房舍多以中轴线对称布局，其四周以回廊相连组成庭院（图 6—4）。唐代还出现了一种被称为“轴心舍”的住宅建筑形式，其特征是前后排列的两个单体建筑之间用连廊相连通，前舍一般用作堂屋，后舍一般用作内室。这种建筑形式当代研究者通常称之为“工字殿”，在唐代，它属于比较高级的建筑形式，唐文宗曾于太和三年（公元829年）下诏规定“非常参官，不得造轴心舍”[②]。这种连通前堂后室的建筑格局，在当时相当新颖。

据宋王应麟《玉海》：“古者为堂，自半以前虚之谓堂，半以后实之为室。堂者，当也，谓当正向阳之屋。”[③] 也就是说，建筑的前部通常是半开敞的，敦煌唐代壁画中的大量建筑描绘中都可以见到，唐代建筑的前半部分，常在每个开间上部安装帘幕以作空间的自由开启闭合。魏晋南北朝以来，习称大型居室的前堂为“厅事”，《朝野佥载》卷六曾载：

① 傅熹年：《中国科学技术史 · 建筑卷》，科学技术出版社 2008 年版，第 284—286 页。

② （宋）王溥：《唐会要》卷三十一《舆服上》，中华书局 1955 年版，第 575 页。

③ （宋）王应麟：《玉海》卷一百六十一“堂”条，《文渊阁四库全书》本。

怀州刺史梁载言昼坐厅事，□□□忽有物如蝙蝠从南飞来，直入口中，翕然似吞一物。①

《广异记·李测》亦载：

李测，开元中，为某县令。在厅事，有鸟高三尺，无毛羽，肉色通赤，来入其宅。②

说明唐时厅堂建筑的前部确为半开敞式。这种唐代建筑的通行模式，在敦煌壁画等唐代图像资料中显示得十分清晰。宫殿建筑分为前殿后寝、住宅划分前堂后室的建筑格局，决定了唐代家具在半开敞的起居空间的陈设方式也是灵活多变的。如《广异记·李霸》载：

其日晚衙，令家人于厅事设案几，霸见形，令传呼召诸吏等。吏人素所畏惧，闻命奔走，见霸莫不战惧股栗。③

《旧唐书》载：

暨发褒城，以八百人为衙队，五百人为前军，前军入府分守诸门。造下车置宴，所司供帐于厅事，造曰："此隘狭，不足以飨士卒，移之牙门。"④

（尚书省属官）凡令史掌案文簿，亭长、掌固检校省门户、仓库、厅事陈设之事也。⑤

皆说明唐代前厅陈设的灵活性。

同时还值得关注的是，由于唐代公私园林营造的普遍，以及唐代礼教之防并未如后世一样严格，冶游之风在唐代十分盛行，因此存在各类家具频繁地在室外使用的情况。如障、屏风一类起到空间屏蔽和主次方位划分作用的家具就显得十分重要，《酉阳杂俎》载：

玄宗幸蜀，梦思邈乞武都雄黄，乃命中使斋十斤，送于峨眉顶上。中使上山未半，见一人幅巾被褐，须鬓皓白，二童青衣丸髻，夹侍立屏风侧，手指大盘石曰："可致药于此。上有青录上皇帝。"使视石上朱书百余字，遂录之。随写随灭，写毕，上无复字矣。须臾，白气漫起，因忽不见。⑥

就是屏风可用于室外的明证。

此外如抬舁之具步辇、担子，供人坐卧的席、榻，新型的坐具胡床，绳床、筌蹄、

① （唐）刘餗、张鷟：《隋唐嘉话·朝野佥载》，中华书局1979年版，第144页。
② （宋）李昉等：《太平广记》卷四百四十，中华书局1961年版，第3589页。
③ （宋）李昉等：《太平广记》卷三百三十一，中华书局1961年版，第2629页。
④ （后晋）刘昫等：《旧唐书》卷一六五《温造传》，中华书局1975年版，第4317页。
⑤ （后晋）刘昫等：《旧唐书》卷四三《职官志二》，中华书局1975年版，第1818页。
⑥ （唐）段成式：《酉阳杂俎》卷二，商务印书馆1937年《丛书集成初》编本，第17页。

圆墩、月牙杌子等，携带随身物品的奁盒、进食所需的食案、垒子，游戏休闲所需的棋局、博局，舞乐伎所用的乐器架等种种家具，一方面需要在厅堂中随时增减陈设，另一方面也常移置于室外使用。敦煌壁画中常出现人们在室外或庭院中坐壶门床、直脚床的画面，高等级唐代墓葬壁画中常出现对携带各种家具的仆从侍女的描绘，皆为其证。

2. 室内空间区隔与唐代家具陈设

随着建筑开间的增加，无论是厅堂还是内室，都需要加以功能性的区隔，以区分出起居、会客、宴乐、睡卧、读书等行为活动的空间，当这些活动需要同时进行时，对室内空间进行非结构性的临时区隔更显得尤其必要。唐代建筑的内檐小木作装修主要包括木构件彩绘、墙面粉饰壁画、铺设地砖、门窗装饰、天花藻井等内容。[①] 至于室内木质、夯土质隔墙的使用，现当代建筑研究多皆语焉不详。实际上，在室内空间的功能性区隔上，将多间的单体建筑以隔墙区分为数间房是很普遍的，如《河东记·板桥三娘子》载：

> 唐汴州西有板桥店，店娃三娘子者，不知何从来。有舍数间，以鬻餐为业。……元和中，许州客赵季和将诣东都，过是宿焉。客有先至者六七人，皆据便榻，季和后至，最得深处一榻，榻邻比主人房壁。……人皆熟睡，独季和转展不寐。隔壁闻三娘子悉窣，若动物之声。偶于隙中窥之，即见三娘子向覆器下取烛挑明，……[②]

这里的描述的客房与主人房间相连，其间筑壁，但并不隔音，壁上还带有缝隙，或为木制。再如《广异记·韦延之》载：

> 典引延之至房，房在判官厅前。厅如今县令厅，有两行屋，屋间悉是房，房前有斜眼格子，格子内板床坐人，典令延之坐板床对事。[③]

《千金翼方》亦载：

> 看地形向背择取好处。立一正屋三间。……依常法开后门。……于檐前西间作一格子房以待客。客至引坐。勿令入寝室及见药房。恐外来者有秽气损人坏药故也。……堂后立屋两间。每间为一房。……一房着药。……一房着药器。……[④]

利用隔墙将室内分隔出数个房间，这是一种相对固化的室内空间分隔方式。通常应用于旅店的客房、官署的办事机构，以及用来待客的小室、住宅内用于睡卧或作其他专门用途的内室等。在正式的厅堂以及较大的内室中，数间相连的通透空间依然需要利

① 傅熹年主编：《中国古代建筑史》第二卷，中国建筑工业出版社 2001 年版，第 595—614 页。
② （宋）李昉等：《太平广记》卷三百八十，中华书局 1961 年版，第 2280 页。
③ （宋）李昉等：《太平广记》卷三百八十，中华书局 1961 年版，第 3026 页。
④ （唐）孙思邈撰，李景荣等校释：《千金翼方校释》，人民卫生出版社 1998 年版，第 217 页。

用其他方法作临时性的划分。

这种临时性空间划分可分为两个层次：首先是利用固定在柱顶与梁枋间的帷幕，将数间通透的空间依照场合需要加以区隔，《朝野佥载》卷五记载的一则太宗朝逸事，可以说明帷幕在室内的区隔作用：

太宗时，西国进一胡，善弹琵琶。作一曲，琵琶弦拨倍粗。上每不欲番人胜中国，乃置酒高会，使罗黑黑隔帷听之，一遍而得。谓胡人曰："此曲吾宫人能之。"取大琵琶，遂于帷下令黑黑弹之，不遗一字。①

太宗欲令罗黑黑于暗处习曲，于是使其隔帷听乐。再如《广异记·仇嘉福》载：

嘉福不获已，随入庙门。便见翠幙云黯，陈设甚备。当前有床，贵人当案而坐，以竹倚床坐嘉福。寻有教呼岳神，神至俯伏。贵人呼责数四，因命左右曳出。遍召关中诸神，点名阅视。末至昆明池神，呼上阶语，请嘉福宜小远，无预此议。嘉福出堂后幕中，闻幕外有痛楚声，抉幕，见己妇悬头在庭树上，审其必死，心色俱坏。②

仇嘉福起初坐在厅堂陈设的椅子上，后因故需要回避昆明池神而走入堂后帷幕内，并掀幕穿堂而出，进入堂后的庭院。

其二是利用屏风、步障、帐等屏架类家具，对帷幕划分的空间加以再次分隔，如：

每善果出听事，母恒坐胡床，于鄣（障）后察之。闻其剖断合理，归则大悦，即赐之坐，相对谈笑。若行事不允，或妄瞋怒，母乃还堂，蒙被而泣，终日不食。善果伏于床前，亦不敢起。③

时敬宗晏朝紫宸，入阁，帝久不出，群臣立屏外，至顿仆。④

上知其事，取裴垍之谋，因戒承璀伺其来博，揖语，幕下伏壮士，突起，持捽出帐后缚之，内车中，驰以赴阙。⑤

用于区隔空间的屏风、障具等，还带有暗示礼仪分寸的作用，它区隔出的空间带有一定的禁忌性。如果建筑格局中前堂与后室相连通，或建筑前堂与后室间有后门、廊道相连通的房屋，它们还对通向后室的门起到遮蔽作用，提示来人非礼勿入。《旧唐书》载有一则臣子误入御障之事：

贞元十四年，京师旱，诏择御史、郎官各一人，发廪赈恤。平仲与考功员外陈归当奉使，因辞得对，乃入近御座，粗陈本事。上察平仲意有所蓄，以

① （唐）刘餗、张鷟：《隋唐嘉话·朝野佥载》，中华书局1979年版，第113页。
② （宋）李昉等：《太平广记》卷三百一，中华书局1961年版，第2391页。
③ （唐）魏征等：《隋书》卷八十《郑善果母传》，中华书局1973年版，第1804页。
④ （宋）宋祁、欧阳修等：《新唐书》卷一一八《李渤传》，中华书局1975年版，第4281页。
⑤ （后晋）刘昫等：《旧唐书》卷一三二《卢从史传》，中华书局1975年版，第3653页。

归在侧不言。及奏事毕退，平仲独不退，欲有奏启，上因兼留归问之，声色甚厉，杂以他语。平仲错愕，都不得言，因误称其名。上怒，叱出之。平仲苍黄，又误趋御障后，归下阶连呼，乃得出。由是坐废七年，然亦因此名显。①

总之，帷幕的设置和屏障具的陈设组合，是室内空间再次划分的依据，它们围合起的空间，既相对独立，又在实际上互相连通，便于随时改移增减，对唐代室内空间的灵活运用起到关键性的作用。到五代、宋以后，建筑室内的帷幕、障帘等软质化的临时性隔断被木质化的隔扇、落地罩等内檐装修所取代，屏风和行障、坐障等屏障类家具在室内空间中的应用，便远不如唐代时那么重要和灵活了。

三、唐代家具与唐代建筑结构

中国传统木构建筑的主体承重，主要依靠梁柱相互支撑来实现，因此在建筑的榫卯结构、力学设计上有着长达数千年的积淀，唐代处于我国传统家具形制体系受到外来新样式的冲击，由箱板式为主体向框架式为主体过渡的关键时期，很多高型家具构造的技术性问题，由于经验局限，需要从大木梁架结构技术中吸取养分。因此，唐代建筑对家具的影响，不但较之前代显著得多，且为宋代以后家具的结构方式进行了经验上的积累，一些后世的家具经典结构方式就肇始发端于此时。

（一）唐代建筑与家具中的侧脚、收分

所谓“侧脚”，指将建筑物的柱脚由垂直中线上向外略移，使柱头向内收进的做法。侧脚的做法能使柱子与柱顶承托的木构件之间的榫卯在重力作用下更好地紧合，约在南北朝中后期的建筑中开始出现，并在唐代全木构建筑中得到广泛的应用。所谓“收分”是指将柱子做成脚粗头细的形态。柱子收分在唐代建筑上也已经出现，但并不明显，据实地测量，五台佛光寺大殿的柱上径较下径仅小 2 厘米。② 侧脚和收分的做法，都是建筑技术发展过程中总结出的增加梁架结构稳定性的技术手段，明清乃至现代仿古的全木构建筑中，这些技术都保留了下来。

根据图像资料及相关实物所示，唐代的框架结构家具中，侧脚与收分的做法已应用得相当普遍，尤其是在绳床、椅子一类高型坐具上，侧脚、收分往往同时出现。在直脚式桌案上，侧脚的做法也较常见，但尚无明显的实物例子能证实这些承具的腿部带有收分。唐代栅足案两侧平列的栅足安装排布，在侧视面上呈现出上窄下宽的梯形，

① （后晋）刘昫等：《旧唐书》卷一五三《段平仲传》，中华书局 1975 年版，第 4088—4089 页。

② 梁思成：《中国古建筑调查报告》下，生活·读书·新知三联书店 2012 年版，第 807 页。

亦应是受到建筑侧脚做法的影响。由于体量、比例上的悬殊，应用在唐代家具上的侧脚、收分比应用在唐代建筑中的程度更为明显，且多数是应用在枋材而非圆材上。侧脚、收分不仅在力学构造上显示出了紧固结构的优势，而且使由西域传来的家具样式在制作中带有了中国传统木构架技术中特有的挺峭之美。宋代以后，框架式家具逐渐成为中国家具的主流，侧脚、收分的技术在与大木梁架结构关系密切的无束腰式家具中得到了广泛的应用，并成为明式家具的一个主要结构特征，对中国家具发展史产生了巨大的影响。

（二）唐代建筑与家具中的栌斗

“斗”是古代建筑大木作斗栱体系的中的基本组件，主要起到对其顶部木构件的承托和嵌夹作用，它因立面形状与古代量器“斗”相似而得名。据考古发现的青铜器分析，西周时期的建筑上，可能已经开始使用“斗”。“栌斗”又称“坐斗”，是古代建筑中斗栱的最下层，是斗栱体系中重量集中处所用的最大的斗，有时也可以单独使用。随着魏晋南北朝至隋唐时期全木构建筑技术的发展，栌斗在建筑构造中的作用十分重要。例如五台山佛光寺东大殿柱头之间以阑额相连，柱顶上所安装的斗即栌斗（图6—5）。

图6—5　佛光寺东大殿柱头结构复制模型

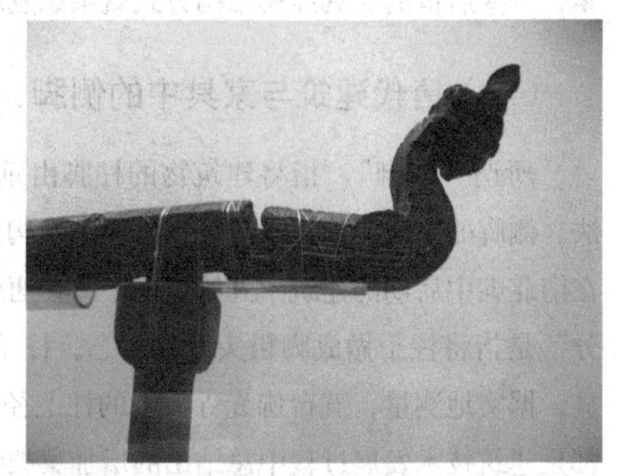

图6—6　曾侯乙墓出土战国云雷纹衣架顶部特写

包括唐代敦煌壁画和墓室壁画在内的相关图绘资料表明，唐代框架结构家具的立柱与横材连接的T字部位之间，有时会在立柱顶端雕造出一个栌斗结构（第五章第一节已加以分析）。这种做法，显然是由于处在在框架式家具大发展的早期阶段，匠师对建筑结构技术的模仿和借鉴。早在战国时期的铜错金银四龙四凤方案上，已经出现了斗拱结构的应用实例（图5—27），此外曾侯乙墓出土的一件云雷纹衣架，在圆形立柱顶端造出一个较圆柱截面略大的矩形（图6—6），其上再出榫与横木接合，其设计立意，当是为了增加横竖材相交处的接触面，与栌斗的作用也有一定的相似性。通过栌斗来完成直材间的T字形结合，是唐代家具构造中一个值得注意的现象。从框架式家具横竖构件的接合方式来说，立柱顶端出榫，穿入横材上的卯眼，构件之间的接合会更加稳固。入唐以后，受到新型坐具样式流行的影响，框架式家具的生产需求日渐增加，与以壶门床榻为代表的箱板式家具渐成并驾齐驱之势。木质框架式家具与木构建筑间的紧密关联，促使唐代工匠由传统建筑中借鉴、移植了栌斗结构。而这个借鉴、移植的主要原因，笔者认为并非主要为了增加结构的稳固性，而是受到传统建筑审美经验的影响而产生的移情。

图6—7　15—16世纪山西地区黑漆描金彩绘靠背椅

宋代以后，椅子立柱上带有栌斗的例子仍有发现，如南宋时大理国张胜温《大理国梵像图》中，买纯嵯所坐的扶手椅、弘忍大师所坐椅子式绳床立柱与搭脑间皆有栌斗。[①] 元明以后，栌斗在家具立柱上由结构部件转化为装饰部件，部分家具虽在立柱顶部雕造出栌斗的大致形状（图6—7），但实际上在立柱顶端出有榫舌插入横材，栌斗仅具其形，并没有嵌托横材的功能。总之，栌斗承托顶部横材的结构作用在宋元时期被更科学的榫卯结构所取代，逐渐退出了历史舞台。

（三）唐代建筑柱间阑额与“双榫嵌夹托枨插入坐面边框”结构

阑额又称作阑枋、额枋，是建筑立柱顶部之间相连接的木枋，通过阑额结构，将各层柱网联为一体，为屋顶铺作层创设了一个整体的承重体系。南北朝时期的木构建筑多在柱顶装栌斗，上承阑额，其上再施辅作（图6—2），“在柱上遂有两层栌斗相叠之现象，为唐宋以后所不见”[②]。这种做法，在南北朝中后期发生了较大改变，大木梁架上的阑额由柱顶承托转变为在柱顶上端开槽，将阑额嵌夹在柱间（图6—8）。据建筑

① “国立故宫博物院”编辑委员会编：《故宫书画图录》第十七册，“国立故宫博物院”1998年版，第5—20页。

② 梁思成：《中国建筑史》，百花文艺术出版社1998年版，第90页。

考古界相关学者的研究，这种柱顶结构“始见于北魏末东魏初，即534年左右。这正好反映了北魏中后期木构架逐步摆脱夯土墙的扶持，发展为独立构架的过程”。[①] 至唐以后，建筑梁柱间的构架基本统一于此种造法（图6—3、图6—5）。柱头嵌夹阑额，使建筑柱顶承接的阑额长度减短为一间，柱网的连接方式较之以前更为科学，明显增强了柱额对铺作层的承重性能，对建筑面阔、进深的延展具有重大的意义。

图6—8　龙门石窟路洞北魏末浮雕线描图

现存于日本正仓院的御床二张（图2—30、图5—25）应用了腿足上端出双榫嵌夹一条枋木，再与坐面边框上卯眼相拼合的做法，证明在早在唐初，工匠们就从当时还显得较为新颖的柱头造法中吸取构造经验，迅速将之移植到框架式家具结构的设计当中。究其原因，南北朝中后期出现的改长额连接多柱的托举式结构为短额连接两柱的嵌夹式结构，恰好与框架式家具两腿间空间构造的稳固性需要相近似。

宋代以后无束腰家具上常见的夹头榫构造，与双榫嵌夹托枨结构的制作方式和设计思路有着显而易见的亲缘关系。两者的差异在于唐代家具上嵌夹的托枨多是横断面为方形的枋材，而夹头榫所嵌夹的是宽而薄的板材，除减少了立柱上端被切除的纤维数量外，较宽的牙板还为家具的进一步装饰提供了施展空间，属于唐代直材与顶面接合部位双榫嵌夹托枨构造的进一步改良。

（四）唐代建筑上的普拍枋与“直角榫穿过托枨插入面板”结构

普拍枋是建筑柱顶置于柱头和阑额之上的一根断面为矩形的横木，由普拍枋上承斗拱结构。梁思成先生在《中国建筑史》中指出：“玄奘塔下三层均以普拍枋承斗拱。最下层未砌柱形，普拍枋安于墙头上。第二第三层砌柱头间阑额，其上施普拍枋以承斗拱。最上两层则无普拍枋，斗拱直接安于柱头上。可知普拍枋之用，于唐初已极普遍，且其施用相当自由也。”[②] 审视修造于唐高宗总章二年（669年）、位于陕西长安县兴教寺西慈恩塔院内的玄奘塔，其二至三层确如梁氏的发现，砌出柱形，并于柱顶上端应用了普拍枋（图6—9）。我国现存的木构建筑上最早的普拍枋构件，出现在修建

① 傅熹年主编：《中国古代建筑史》第二卷，中国建筑工业出版社2001年版，第288页。

② 梁思成：《中国建筑史》，百花文艺术出版社1998年版，第127页。

于后晋（940年）的山西平顺大云院弥陀殿，因此当代建筑学研究者多认为普拍枋是宋辽时期建筑结构的新发展，然而结合玄奘塔普拍枋的施用年代，唐代时普拍枋的应用实际上应当是较为普遍的。

图6—9　陕西长安县兴教寺玄奘塔第二、三层柱顶结构

唐代家具中的栅足几（图3—20、图3—21、线图126）、日本正仓院所藏榻足几（图3—52、图3—53、图5—26）等类承具中应用的"直角榫穿过托枨插入面板"结构，腿足顶端的直角榫穿过一根直材托枨后，再插入面板的卯眼，其构造形式与建筑柱头以普拍枋承斗拱的造法显然有着直接的借鉴关系。从目前所知的普拍枋在建筑上最早出现的时代来看，唐代家具腿足上端直角榫插入托枨的造法应当较双榫嵌夹托枨的造法出现得稍晚。值得注意的是，宋代家具中已经未见同样的造法，因此它属于框架式家具早期发展阶段自建筑构造经验中暂时吸纳的过渡性结构。

（五）仿木建筑石椁与"槽榫嵌装壁板"结构

在我国的图像资料和考古发现中，立柱嵌装壁板结构在中唐以后的庋具上应用逐渐增多，体现了在唐代中期以后框架式家具全面发展的整体趋势下，大型橱柜类家具的板面构造方式，出现了由立壁角接合向在立柱上开槽嵌板结构过渡的重要转型趋势。这种构造的来源问题，早期的可以追溯到战国曾侯乙墓出土墓主外棺使用青铜框架嵌夹厚板、枣阳九连墩楚墓出土长条足俎的横撑板与柱状足以无肩槽榫接合等构造，[①] 而较近的来源则可以从南北朝以来墓葬中流行的仿木建筑石葬具的结构经验发现端倪。

当代为数不少的墓葬考古发现显示，自南北朝至隋唐的仿木构建筑石质葬具上，开始出现立柱嵌装壁板结构。例如山西大同北魏太和元年（477年）宋绍祖墓出土的石椁（图6—10），形制为面阔三间268厘米，进深两间288厘米，单檐悬山顶，自地平至鸱尾高228厘米。石室主体部分列有方形角柱四根，柱的侧壁中部自上而下开有通长的槽口，用以嵌装石壁板。石质仿木构建筑，自东汉时期葬制中就开始出现，一种是山东地区东汉墓葬发现的地面石制享堂，代表性的如朱鲔石祠，武梁石祠、孝堂山郭巨

① 参见湖北省博物馆藏品。

石祠；另一种是四川地区东汉至蜀汉墓室中随葬的房形石椁，代表性的如成都郫县新胜2、3号墓出土石室、内江红缨1号墓出土石室等，这一时期的石制仿木构建筑，房身部分有以整石雕成和以数块石板拼合而成两类，拼合类的石室，室身所用石壁板较厚，壁板间直接拼放，并无榫卯勾连。较北魏宋绍祖墓稍晚的一些南北朝墓葬中出土的数件石椁，如山西大同北魏智家堡墓石椁、河南洛阳北魏宁懋墓石室、西安北周史君夫妇墓石椁、太原北周虞弘夫妇墓石椁等，都未出现立柱侧面开槽嵌装壁板的结构，由此可见，北魏宋绍祖墓石椁的等级较高，且所应用建筑技术也是较为先进的。

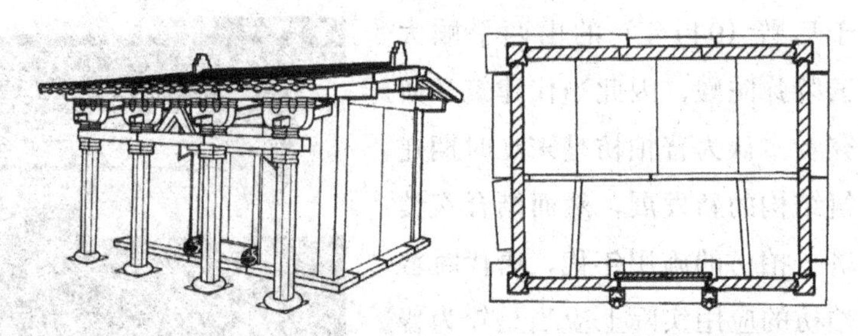

图6—10 山西大同北魏宋绍祖墓出土仿木建筑石室线描图及平面图

以仿木建筑结构石椁随葬，在进入隋唐以后的高等级贵族墓葬中仍然十分流行，并且迄今的几例重要发现中，房身部分都应用了方柱开槽嵌装壁板结构。例如隋大业四年（608年）李静训墓出土三开间庑殿顶石椁，周壁以八根方形石柱和八块石壁板相互嵌夹而成。① 唐开元八年（720年）薛儆墓出土石椁、唐天宝元年（742年）让皇帝李宪墓出土石椁，唐开元二十五年（737年）贞顺皇后武氏（武惠妃）墓出土石椁，三例皆为三开间庑殿顶，周壁以十根方形石柱和十块石壁板相互嵌夹而成。② 南北朝至隋唐时期仿木结构石质葬具，在方形立柱侧面开“凹”字形长槽、嵌装石壁板的结构方式，年代早于唐代木质庋具上应用的立柱嵌夹板面结构，它们的出现，一方面体现了南北朝至隋唐时期建筑的发展水平，另一方面是仿木结构石质建筑特殊的自重因素所促使。

日本正仓院所藏“赤漆文欟木御厨子”（图3—84）、“柿厨子”（图3—86）以及法隆寺所藏“玉虫厨子”（图3—105）、“橘夫人厨子”（图3—106），制作年代横跨6世纪晚期至8世纪早期。前两者的柜体部位以及后两者的须弥座部位的立壁角接合，都采用了板材相互90°角拼合的方式，其中制为较为精美的赤漆文欟木厨子、玉虫厨子、橘夫人厨子在壁板90°角接合后，分别使用木质或鎏金铜质的“L”形边条包边，用以遮掩板材的断面纤维。这四件盛唐以前的庋具例子都说明，尽管仿木建筑石椁在此时期

① 唐金裕：《西安西郊隋李静训墓发掘简报》，《考古》1959年第9期，第471—472页。

② 山西省考古研究所编著：《唐代薛儆墓发掘报告》，科学出版社2000年版，第9—12页，图五、图六。陕西省考古研究所编著：《唐李宪墓发掘报告》，科学出版社2005年版，第16—18页，图五、图六。程旭：《唐武惠妃墓石椁纹饰初探》，《考古与文物》2012年第3期，第87—89页，图二、图三。

很流行，但方形立柱侧边开槽、嵌装立壁板的结构方式，要等到中唐以后才逐渐在唐代日常生活中使用的大型橱柜类庋具上得到应用。这种大型庋具整体结构的框架化倾向，与立壁之间通过直脚多榫咬合、钉子钉固的箱板结构相比较，更为稳固美观，在宋代的橱柜类庋具和壶门式承具、坐卧具中逐渐得到更为普遍的应用。①

第二节　唐代家具的文化交流与传播

由于丝绸之路的开通与经营，两汉魏晋南北朝时期，东西方文化交流已经相当繁盛。到唐代，文化交流的范围和深度都达到更大的规模，无论是对中国还是对当时的远近诸地都产生了十分深远的影响。

唐朝的统治者在边疆民族所居的广大地域设置了大量的羁縻府州，唐太宗贞观初年，全国分为10道，到玄宗开元年间增至15道。增加后的羁縻府州总数达到八百五十六个，分别属单于、安北、北庭、安东、安西、安南六大都护府统辖，从而加强了帝国对西、北、东北、南方边疆的管理控制。② 尽管这些羁縻府州的官属由当地民族大小首领充任，世袭且不纳常赋，但这种制度却促进了这些地域的长期和平安定，保障了交通要道的畅通，从而成为唐朝与更远地区交流的连接纽带。各地通往唐朝的道路主要有陆路和海路两种，陆上丝绸之路是唐朝与中亚、西亚、南亚地区间的重要商道，从玉门关向西穿过西北边疆，可抵达撒马尔罕、波斯、叙利亚地区。此外，唐朝还曾经开辟了由今四川、云南境内经缅甸伊洛瓦底地区的峡谷前往孟加拉国的陆路商道，佛教徒为朝圣有时还由西藏地区经尼泊尔辗转到达印度。③ 海上交通方面，唐朝的海外贸易主要是通过南中国海以及印度洋进行。魏晋南北朝时期的航海技术，对季风的应用已日益广泛，中外海上交通遵循冬季向南，夏季向北的规律，"载商人大舶，泛海西南行，得冬初季风，昼夜十四日到师子国"。④ 东部的黄海、东海、渤海除承担唐朝国内南北海运外，也是沟通日本、朝鲜半岛等地的通路。

民族关系的缓和、对外交往的畅通，使魏晋南北朝以来激烈的胡汉文化冲突转变为交融互渗、互通有无的文化融合局面，大大增进了中原地区对外来文明的接受程度。

---

① 可参见邵晓峰所著《中国宋代家具》（东南大学出版社2010年版）所提供的大量图像资料。

② （宋）宋祁、欧阳修等：《新唐书》卷四三下《地理志七下》，中华书局1975年版，第1119—1146页。

③ ［美］谢弗著，吴玉贵译：《唐代的外来文明》，中国社会科学出版社1995年版，第24—25页。

④ （晋）法显：《佛国记》，载车吉兴主编：《中华野史：卷1先秦—唐朝卷》，三秦出版社2000年版，第808页。

唐时各地、尤其是中亚民族因遣使、通商、传教等原因进入内地的很多。这些人带着对繁华富庶的唐王朝的浓厚兴趣，前来求取各种利益，随同他们一起到来的异族文化、宗教、艺术、风俗习惯因此大量进入中原地区。除了佛教、摩尼教、袄教、景教等宗教文化，以及各种异族语言文字的传播外，唐朝人对外来物品的追求风气极盛，并将之应用在社会生活的各个方面。长安、洛阳等大都市盛行胡乐、胡服，人们的衣食住行都好仿效西域风情。唐太宗长子李承乾“好效突厥语及其服饰，选左右貌类突厥者五人为一落，辫发羊裘而牧羊，作五狼头纛及幡旗，设穹庐，太子自处其中”。① 白居易晚年在洛阳生活时，也在宅内张设毡帐，常就帐会客，曾留下如“何言此处同风月，蓟北江南万里情（《池边即事》）”② 等大量“帐篷诗”。对外域风情的追慕，不仅仅是时人因外来精神、物质文明的大量输入而眼目缭乱、崇新尚奇的体现，更有力地说明他们具有极为广阔的地域知识和文化胸怀。在接受外来文化的深度和广度上，唐代实为中国古代历史上之首屈一指。唐太宗曾指出：“自古皆贵中华、贱夷狄，朕独爱之如一。”③ 此语固然是出于统治者的政治考虑，但对当时中外文化交流的顺畅，无疑具有极大的促进作用。民族文化的融合，扩张了中原文化的格局气魄，陈寅恪先生在《李唐氏族之推测后记》中说：“则李唐一族之所以崛兴，盖取塞外野蛮精悍之血，注入中原文化颓废之躯，旧染既除，新机重启，扩大恢张，遂能别创空前之世局。”④ 这段话的见解是十分精辟的。

除了域外文化的输入，由于在经济、军事、文化等各方面占据世界性的优势性地位，唐朝在对外文化输出方面亦具有足够的胸襟气度。通过海陆运输，中国的丝绸、瓷器、茶叶等各类商品远销各地，周边国家出于对唐文化的认同，长期、多次的入唐朝贡、学习，更是得到了统治者的接纳和欢迎。和平而积极的文化输出政策，使中国的先进文化传播到世界各地的同时，也大大提高了唐朝的国际地位与威信。

中外文化的交流互通，使唐代家具文化的发展也具有同样的态势。总的来说，唐代家具文化的输入与输出，存在一个由西向东的大方向，即来自西亚、南亚、中亚地区的高坐生活习俗以及高坐家具样式在中原地区被唐文明所接纳和改造后，又以日本为终点向东传播。

---

① （宋）司马光编著，（元）胡三省音注：《资治通鉴》卷一百九十六《唐纪十二》，中华书局 1956 年版，第 6189—6190 页。

② （清）彭定求、沈三曾等：《全唐诗》卷四四九，《文渊阁四库全书》本。

③ （宋）司马光编著，（元）胡三省音注：《资治通鉴》卷一百九十八《唐纪十四》，中华书局 1956 年版，第 6247 页。

④ 陈寅恪：《金明馆丛稿二编》，生活·读书·新知三联书店 2001 年版，第 344 页。

一、接纳与改造外来家具文化

（一）对外来家具文化的接纳

1. 高坐家具与高坐生活方式

中国对中亚、西亚乃至更远地域的家具样式的输入，早于汉魏时期即已开始。与垂足“胡坐”相关的高型坐具胡床最早进入中国，由于生活习惯的差异，这种新奇的坐具当时仅只在社会上层贵族中得到有限的使用。魏晋南北朝以后，胡床不仅常为高僧、文士清谈所用，并且迅速普及到民间，乃至村妇亦能用之。① 在战乱的年代，由于高型坐具携带和使用的方便，它还常充做武将出征时的坐具。随着佛教文化的陆续由西方传入，以及北方、西北少数民族以强势武力进入中原地区，带动了更多新型家具向中原地区传播。

从类型来说，魏晋南北朝时期进入中原的新型家具，以直脚床、绳床、椅子、胡床、筌蹄、长凳（长床）等为主。此时期敦煌壁画中的描绘表明，它们最初传入中原时，常由僧侣在寺院中起居以及讲经传道、举行宗教仪式时使用。南北朝到唐代，这些带有浓厚宗教色彩的家具逐渐向社会各阶层传播普及。如《宋书·武帝纪》载：

> 宋台既建，有司奏西堂施局脚床、银涂钉。上不许，使直脚床，钉用铁。②

南北朝时期，直脚床在南方地区已经进入人们的世俗生活。唐代的敦煌壁画、传世卷轴画中，各类新型高坐家具在社会各阶层中都有着广泛的应用。起初主要为僧侣习禅说法所用的绳床，除了成为日常起居生活的一种补益，并且分化出坐面较窄小的椅子外，还因为它带有帮助思维、引人入静的文化功能，成为文人独处取静时常用的坐具类型。白居易《秋池》诗云：

> 洗浪清风透水霜，水边闲坐一绳床。眼尘心垢见皆尽，不是秋池是道场。③

当时的道教人士也在使用绳床，《酉阳杂俎》载：“长庆中，有头陀悟空，常裹粮持锡，夜入山林，越兕侵虎，初无所惧。……忽见前岩有道士，坐绳床。僧诣之，不动，遂责其无宾主意，复告以饥困。”④ 说明绳床不仅由宗教转向世俗，即便当时的中国本土宗

---

① （唐）李延寿：《北史》卷四八《尔朱敞传》载：“遂入一村，见长孙氏媪踞胡床坐，敞再拜求哀，长孙氏愍之，藏于复壁之中”（中华书局 1974 年版，第 1768 页）。

② （南朝·梁）沈约：《宋书》卷三《武帝下》，中华书局 1974 年版，第 60 页。

③ （清）彭定求、沈三曾等：《全唐诗》卷四五一，《文渊阁四库全书》本。

④ （唐）段成式：《酉阳杂俎》续集卷三《支诺皋下》，商务印书馆 1937 年《丛书集成初编》本，第 196 页。

教界对于使用绳床，也并没有感到任何心理上的不适之感，绳床与佛教的必然联系已经由于世俗社会的广泛使用而被冲淡了。以使用绳床、直脚床为代表的盘膝而坐、使用筌蹄、胡床、椅子、长凳为代表的垂足而坐的起居方式，悄然改变了中原传统的跽坐习俗，图像资料中人们盘膝、垂足的坐姿形象日益多见。

与中原流行的壶门式家具相比，高坐家具多属框架式结构，使用板材较少，普遍比较轻便而利于携带，对室内外不同场合使用需求的适应性更强。随着佛教信仰的深入传播，过去主要由僧侣阶层引领的高坐生活方式向民间普及，逐渐被社会各阶层所接纳，成为日常生活的丰富和助益。文献资料和图像资料都表明，新型高坐家具在室内外都常被使用，在生活起居中，壶门式家具与框架式家具同施，跽坐、盘坐（趺坐）和垂足坐并行，除了带有礼仪象征的官方集会以外，在日常生活的其他各种场合，姿态放松的盘坐、垂足坐逐渐形成取代旧日传统的趋势。经过长达数百年的相互交融渗透，到五代时期，高坐生活方式给中国人带来的深刻影响，已经遍及于日常生活的方方面面。

2. 家具结构

在南北朝以前，中国本土原生形态的家具构造，以箱板结构为主。随着数种框架结构坐卧具、坐具的传入，唐代家具在构造方式上也受到外来家具的巨大影响。

佛教文献《善见律毗婆沙》载有印度流行的数种床的脚部样式：

> 床有四种。何谓为四？一者波摩遮罗伽脚，二者文蹄脚，三者句利罗脚，四者阿遏遮脚。波摩遮罗床者，梐入脚；文蹄脚床者，梐与脚相连成也；句利罗床者，或作马蹄脚、或作羊蹄脚、虎狼、师子，如是是名句利罗脚；阿遏遮脚者，脚入梐。①

此处所谓的床，兼指坐卧具和坐具而言，其脚部样式与《四分律》所载的五种床脚有同有异：

> 绳床者有五种。旋脚绳床、直脚绳床、曲脚绳床、入梐绳床、无脚绳床。木床亦如是。②

解释《善见律毗婆沙》所载四床的脚部样式，关键在于对“梐”的理解。古代文献中，“梐”常与“枑”连用，指交叉的木条组成的阻拦行马的栅栏，因而“梐”的基本意义应作直形木条解。唐僧慧琳所著《一切经音义》卷第六十一释“梐木”：“上音陛，床梐也，床脚上前后长木也。”③《四分律》卷第五十，僧徒询问向佛陀询问编织床

① （萧齐）僧伽跋陀罗译：《善见律毗婆沙》卷十五，载《大正新修大藏经》第24册，台湾新文丰出版公司1983年版，第781页。

② （后秦）佛陀耶舍、竺佛念等译：《四分律》卷第十二，载《大正新修大藏经》第22册，台湾新文丰出版公司1983年版，第644页。

③ 徐时仪校注：《〈一切经音义〉三种校本合刊》，上海古籍出版社2008年版，第1600页。

面的戒律：

> 佛言：听织。除二种绳：皮绳、发绳，用余绳织。若绳不足，应绳穿床梐踈织。①

也就是说，如果用来织床的绳子不够，则可以采用比较疏松的织法，以保证绳床的坐面能够织成。而据文中“绳穿床梐”而织的描绘，所谓床梐，就是指构成绳床、木床床面边框的四条横木。

“波摩遮罗床者，梐入脚”，即形成床面边框的横木末端出榫插入床腿立柱的床式，已在第五章第一节中“坐面边框插入立柱”的部分加以论述。

扬之水在其论著《牙床与牙盘》中，根据壶门床的面板与壶门腿足间的接合特征属于整体的板面接合，因此认为梐与脚相连成的“文蹄脚床”即壶门床榻、承具牙床等壶门式家具②。但由于壶门床实为中国传统家具中久已有之的样式，并非域外传入，而佛像台座中的须弥座、仰覆莲花座以及方墩形坐台，都带有“梐与脚相连成”（联为一体）的特征，文蹄脚床，应即为此类坐具。

“句利罗床者，或作马蹄脚，或作羊蹄脚、虎狼、师子”，即腿部雕造为动物形的椅式，其来源始于古代埃及，20 世纪初英人斯坦英在新疆尼雅遗址发现的“尼雅木椅”（图 2—58），即为此类。《四分律》所谓“曲脚绳床”，应与句利罗床样式相近。

“阿遏遮脚者，脚入梐”，当即《四分律》之“入梐绳床”，其辞义与“梐入脚”恰好相对，即为床脚立柱上端插入坐面边框的样式，已在第五章第一节的“立柱插入坐面边框”部分详述。

《四分律》有载其名而为《善见律毗婆沙》所无的三种床中，“旋脚绳床”应指采用车木工艺制作腿部的绳床，印度斯瓦特地区出土的犍陀罗早期浮雕《佛涅槃图》中，释迦牟尼所侧卧的正是此种床式（图 6—11）。车木旋制床腿的床式，在唐代也较为流行，如日本所藏真言八祖像之金刚智、龙猛大师像（图 2—45、图 2—56）中的绳床、莫高窟第 33 窟南壁盛唐《弥勒经变》（线图 68）、莫高窟第 9 窟晚唐《报恩经变》（线图 72）中的长凳（长床）皆为旋脚床。

“无脚绳床”当是佛陀准许僧徒造床脚之前，在印度流行的下部没有脚的绳床样式，并未传入中土。

《四分律》所谓“直脚绳床”其义更明，即以直材构造腿部的绳床，《善见律毗婆沙》所谓梐入脚、脚入梐的波摩遮罗床、阿遏遮脚床，都属于直脚床的范畴。

将《善见律毗婆沙》、《四分律》中床腿式样与第二章第一、二节所列举图像资料

---

① （后秦）佛陀耶舍、竺佛念等译：《四分律》卷第十二，载《大正新修大藏经》第 22 册，台湾新文丰出版公司 1983 年版，第 937 页。

② 扬之水：《曾有西风半点香》，生活·读书·新知三联书店 2012 年版，第 159 页。

中的直脚床、绳床、椅子、长凳等家具的脚部样式相比较，唐代流行的框架类结构坐卧具、坐具的脚部主要流行直脚和旋脚两类，其中尤其以直脚的样式最为普遍。而直脚床式的结构中，“桯入脚”（坐面边框插入立柱）结构方式在隋唐以来大量的椅子式绳床、靠背椅、扶手椅立柱与坐面边框上可以看到，可以说是唐代最为流行的一种椅腿立柱与坐面边框的结合方式。此种结构，在宋代家具上依然还被大量应用（图5—31）。“脚入桯”（立柱插入坐面边框）结构，在唐代广泛地应用在直脚床、独坐榻式绳床、杌凳、长凳等家具的面板或坐面边框与腿足的接合方式当中。相较于桯入脚的造法，脚入桯确信应用在唐代椅子式绳床、靠背椅、扶手椅（不包括唐圈椅）等带靠背坐具上的例子仅正仓院所藏“赤漆欟木胡床”（图2—51）一例，宋代的图像资料中，台北故宫所藏宋代佚名画家所绘《罗汉图》（图2—55）中的“折背样绳床”亦属此类。相较于唐、宋绳床、椅子上常见的桯入脚式腿足、靠背立柱一木连做，前述两例唐、宋时期椅子式绳床上的脚入桯，在明代椅具上逐渐发展为腿足立柱穿过坐面边框后，与椅子靠背、扶手立柱一木连做的造法。后者使靠背的斜向、后向受力性能大为提高，保证了椅具框架的稳固性，对中国家具史的影响极为巨大，乃至今天我们依然受惠于此种家具结构上的科学设计。

此外，结构的影响还在一些其他类型家具上有所体现，1913年12月，英国探险家斯坦因在尼雅遗址发掘出土了一件保存比较完好的碗橱（图6—12），与之极为近似的碗橱在楼兰LB遗址也有出土，它们的使用年代约在公元3—5世纪之间，斯坦因认为“它们是在十几个世纪前塔里木盆地各地普遍使用的一种家具”。[①] 值得注意是，这种橱子的脚部带有雕刻而成的兽足形状，且向上延伸到柜身部分变为直形材并直通柜顶，柜子正面的壁板是插入柜足上部来安装的。尽管带有浓郁胡风的弯曲状兽足在唐代柜子上很少见到，但腿部长度直通柜顶，与柜角立柱一木连做的形式，在西安王家坟唐墓出土三彩贴花钱柜（图3—93）、莫高窟第237窟中唐壁画《观无量寿经变》中的头冠柜（线图177）以及数座中晚唐墓葬壁画中描绘的立式、卧式柜上都可以看到（图3—89、线图178、线图179）。这种构造，应当也是由西亚、中亚地区传至东方，并曾经对唐代相当部分大型庋具由箱板式构造向框架式构造的转型产生了一定的影响。

由此可见，唐代工匠对异域家具的接受带有一定的选择性，一些与本民族审美差异过大的弯曲、异形样式，较难被广泛地接受应用，但对于外来框架式家具的关键性结构，却普遍地加以接受和应用。从而在转型发展的初期，保证了我国框架式高坐家具体系结构上的基本稳固性，亦使之获取了独立发展的基本经验。

---

① ［英］奥雷尔·斯坦因著，巫新华等译：《亚洲腹地考古图记（第一卷）》，广西师范大学出版社2004年版，第220页。

图 6—11　印度斯瓦特地区出土《佛涅槃图》浮雕

图 6—12　尼雅遗址出土的碗橱（N.XXVI.01）

3. 家具装饰

唐代家具极重装饰，并在装饰材料、工艺、图案几个方面，都与外来文化有着密切的关联。

唐代家具的装饰材料，无论是涂装工艺所需的胡粉、密陀僧、植物、矿物颜料以及木画、包镶、宝装、宝钿等镶嵌工艺所需的象牙、犀角、硬木、香木和各色宝石，大都需要进口，依靠当时繁盛的对外贸易，家具装饰所采用的种种材料产地遍及中亚、西亚、东南亚等各地。在装饰工艺方面，中亚、西亚地区盛产宝石，宝装、宝钿工艺皆与域外文化有着紧密关联，在第五章第二节相关部分已略加论述。此外，密陀僧描油彩绘应用的铅黄“密陀僧”，为波斯语译名，其工艺技法极有可能也是域外传来。家具上涂胡粉、彩绘等涂装工艺，与中亚地区流行的壁画制作方法相关。在装饰图案方面，唐代家具上常见的蔓草花纹、立鸟纹、走兽纹、对兽纹、联珠纹等，都富有西亚、中亚地区流行的纹饰风格特色，有的家具图案装饰，还出现了牵骆驼的胡人形象（图 5—85）。

（二）对外来家具文化的改造

沈从文先生在《唐宋铜镜》一文中指出：“我国对于世界文化，历来采取一种谨慎态度，不盲目接受，也不一律拒绝，总是在固有基础上，把外来文化健康优秀部分加以吸收融化。唐代海外交通范围极广，当时西域各属文化也有高度发展，因之更加采取一种兼容并收的态度，来丰富新的艺术创造内容。在音乐、歌舞、绘图、纺织图案、服装等方面影响，都相当显著。”① 这一论述放在唐代的家具文化上也同样适用，唐代对外

① 沈从文：《沈从文的文物世界》，北京出版社 2011 年版，第 141 页。

来家具文化的改造，主要在结构和形制两个方面。

1. 结构工艺的改进

唐代工匠对传入中原的数种框架式家具进行了大量结构改进，细分而言，主要体现在两个方面。

(1) 结构工艺的技术演进

唐代框架式家具从传统大木结构建筑经验中吸取了大量的技术养分。从柱子侧脚、收分等结构技术中得到启发，绳床、椅子、直脚桌案等框架式家具的腿部也多带有侧脚、收分特征，加强了结构体式的稳固性。受到建筑柱头结构体系中的栌斗、阑额、普拍枋的影响，唐代家具的立木结构顶端，应用了栌斗、托枨承托顶端部件。这些结构工艺的发展，有的在后世的家具结构中不再应用，有的却一直沿用，成为明清家具结构体式的标志性特征，其中取舍去留，极大地得益于唐代框架式家具所积累的经验。

(2) 细节部位的适体性改造

从图像资料分析，早期进入中国的靠背、搭脑四出头式绳床和椅子，搭脑部位都是平直的。大约在盛唐时代，绳床和椅子的搭脑由简单的直型变为中部拱起、两侧末端部位稍向上翘出的弓形。战国秦汉时期流行的两足凭几几面多向下微凹，魏晋南北朝时期流行的三足凭几几面则做弧形，这些构造特征，都代表了中国传统家具对适体性的强烈需求。绳床、椅子的搭脑在唐代的发展也受到同样的需求推动，向更为舒适合体、便于倚靠的方向演进。再看绳床、椅子的扶手部位，早期进入中国的椅子式绳床，扶手横枨或不出头，或作立柱出头式样，而唐代的椅子式绳床、扶手椅，则多做扶手横枨出头式。扶手横枨前端出头，功能性价值在于可以让双手随意搭放，并且在倚靠或起立时支撑身体的部分重量，同样也是一种为适体而作出的结构改进。

绳床和椅子的扶手、搭脑部位的改进，皆表明外来高型坐具在世俗社会中的使用频率正在日渐提高，因此必须在实用性、功能性方面加以调整，以满足人们在日常生活中的实际需要。

2. 形制的汉化

一个民族长期使用的家具样式，必然需要符合本民族的审美心理需求。在唐代，外来的高型家具的形制出现了文人化和与箱板式家具交汇融合两种发展倾向。

随着佛教义理的传播，从理论上、思想上、情感上影响了知识阶层的人生态度和心理结构，也使文人士大夫率先从心理上消除了对与僧侣生活相关的高坐家具的隔阂，他们在生活中广泛的使用胡床、绳床、椅子等坐具，曾催生了大量与之相关的唐诗作品。高坐家具的文人化，集中体现在唐代绳床的变体“曲录”中。曲录与三足凭几的变体之一“养和”的制法十分相似，以天然松柏枝节修制而成，除了满足大致的尺度功能要求外，并无一定的形态规律。曲录的创制，与在唐代真正形成的中国化佛教宗派禅宗有着紧密的联系。作为一种个性化的家具制作，它特别符合知识阶层体禅味道、澄怀卧游的文化需求，在室内空间中取象、造境、移情，营造独属个性的审美趣味。明清家具中尚有利用树根、树枝形态制作“树根椅”的传统，同样多为文人所喜，其创始发源实自唐代之曲录与养和。

唐代仍是中国传统箱板式家具极为盛行的时期，它们占据着家具体系的中心地位，无论是坐卧之具还是承具、庋具、架具，壸门箱板式形制特征仍然代表着当时人们的主流审美倾向。例如在佛教信仰中用来尊显高僧地位的高座，进入中原后迅速改为了壸门式造型。唐代的壸门床榻高度多在膝间，作为承具的牙床、牙盘高度则更矮，限制了这类家具继续增高、与高型坐具相搭配使用的发展空间，唐代工匠创造性地寻找出不少变通之法，或设计出双层壸门式的器具（线图 98），或在高档庋具的腿足部位制作壸门式底座（图 3—84），有力地证明传统家具经典形制的受欢迎程度。并且，当绳床、椅子、直脚桌案等高型家具给日常生活习惯带来巨大冲击和影响，人们对家具体系整体向高处发展的要求日益显著之时，唐代工匠亦能从传统家具形制中吸取精髓，创制出月牙杌子、唐圈椅、鹤膝桌、鹤膝榻、壸门高桌等显然更符合当时世俗审美潮流的高坐家具。这些都体现出时人在接纳外来家具样式及与之相关的生活方式时，拥有文化上的自主性、选择性和创造性。

二、唐代家具文化的传播与影响

（一）对河西、西域地区家具文化的影响

尽管新型家具样式和高坐生活方式皆自西来，但强盛的唐王朝对西部地区的家具文化同样有着反向传播。位于河西走廊西端的敦煌地区发现的大量壁画及社会经济、生活文献资料都表明，当地框架式与箱板式家具的发展交汇并行，其情况与中原地区大致相同。即便自建中二年（公元 781 年）吐蕃占领沙州，到大中二年（公元 848 年）张议潮起兵驱逐吐蕃，其间的数十年时间里，整个河西地区实际处于吐蕃的统治之下，但家具的使用情况仍然如此。榆林第 25 窟中唐壁画《嫁娶图》中（线图 83），参加婚礼的宾客、侍女都身穿吐蕃服饰，描绘的是一场吐蕃族婚礼。但在婚礼上使用的家具则属中原流行风格。宾客围坐一张壸门大食桌，侍女手中的食盘也是唐代常见的式样。

出土文物中，也可以找到类似的佐证，如青海都兰发掘的约当 8 世纪中期的吐蕃墓葬群中，三号墓出土了带栌斗的木构件（图 5—28）以及彩绘木箱状木器（图 5—59），木箱状木器下部的壸门板片，装饰工艺与日本正仓院所藏粉地彩绘家具是一致的。再如甘肃南部西水大长岭唐墓发现的十二生肖彩绘木板（图 5—60），生肖绘制在以墨线勾勒

的壶门轮廓内部，关于该墓葬的族属和年代，甘肃省博物馆学者李永平认为该墓处于公元7世纪中期到8世纪中期，墓主人是漠北地区曾在突厥统治下的民族部落首领。①

经由河西地区西行至更远的今新疆地区，1914年，英国探险家斯坦因在吐鲁番阿斯塔那地区发掘一组唐墓，除发现一件完好无损的牙盘外（图3—42），还发现一些零散的壶门板片（图6—13），以及带有唐式家具风格的彩绘架具底座（图6—14）。1973年我国考古工作者在阿斯塔那206号张雄墓发掘的两件壶门式棋盘（图5—67、图5—68），从形制到装饰风格上也都可与日本正仓院所藏唐式家具相印证。此外，在新疆吐鲁番地区的唐代墓葬中还出土了大量以仕女主题为主的屏风画，其构图笔法、人物造型皆属唐风。该地在南北朝时期属高昌麹氏王朝，并受到突厥势力的控制，贞观年间唐太宗平定高昌、西突厥后，在此设西州都督府，下辖五县。唐式风格的家具在此地区的发现，说明这一地区在当时胡汉混居，居民受唐文化熏染程度很深，并以此为丝绸之路上的连接纽带，将唐代家具文化向更远的地区传播。

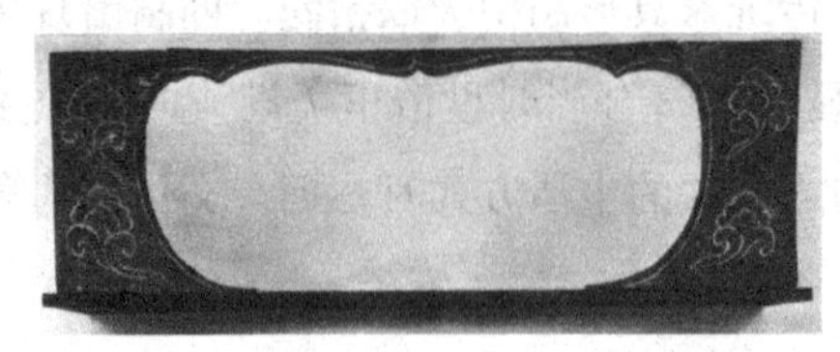

图6—13　阿斯塔那Ast.iii.4号墓出土带托泥壶门板片

图6—14　阿斯塔那Ast.iii.4号墓出土架具底座

（二）对东北亚地区家具文化的影响

唐代家具文化对东北亚地区的影响范围主要集中于当时的渤海、新罗、日本三国。

渤海国是以东北地区古代民族靺鞨族为主体建立的民族政权，其范围相当于今我国东北地区、朝鲜半岛东北及俄罗斯远东的一部分。渤海国自698年靺鞨首领大祚荣称王建国至926年亡于契丹，历时两百余年。先天二年（公元713年）大祚荣接受玄宗册封的“渤海郡王”封号后，唐以其所统地为忽汗州，成为唐朝辖下的羁縻政权。“其王数遣诸生诣京师太学，习识古今制度，至是遂为海东盛国。”② 由于与中原地区有着密切的文化交往，渤海国仿唐制创建三省六部和京府、州、县三级行政体制，快速由奴隶制向文官治理的封建王朝过渡。当地通行汉字，引入中国儒家文化典籍，并信仰佛教，受中原文化影响很深。渤海国上京龙泉府遗址，位于黑龙江省宁安县渤海镇，60年代初期，我

① 李永平：《肃南大长岭唐墓出土文物及相关问题研究》，《故宫文物月刊》2001年第5期。

② （宋）宋祁、欧阳修等：《新唐书》卷二一九《渤海传》，中华书局1975年版，第6182页。

国考古部门对其进行了全面的发掘，并于1985年建立黑龙江省渤海上京遗址博物馆。从遗址出土家具文物来看，唐时的渤海国既存在一些较原始的地域性家具类型，如一件底部略平、状如陀螺的石圆桌，未见于中原地区。同时遗址的考古发现也有更多的家具为唐代风格，如一套四件的舍利函，最外层的铁函下带有平列双壶门式的底座，四层宝函则皆为盝顶（图6—15）。[①] 此外，在吉林省龙头山古墓群渤海国王室墓地出土的两件银平脱漆盒，从器物形制到装饰工艺，都属于纯正的唐制（图5—48、图5—49）。

图6—15　渤海上京遗址出土舍利函

隋唐时期的朝鲜半岛，处在高句丽、百济、新罗三国的竞争中，新罗后来居上，在7世纪60年代建立半岛历史上第一个统一政权。《梁书》中记载南北朝晚期的新罗，文化水平尚处于“无文字，刻木为信，语言待百济而后通焉”的阶段。[②] 不到一百年后的隋代，新罗“文字、甲兵同于中国”，[③] 其强盛的原因在于新罗善于引进中国的先进文化。合并百济、高句丽后，亚洲东北部海域的航海技能和海上贸易主要掌握在新罗手中。除了用于本国与唐朝商业、文化交往之外，日本的学问僧、遣唐使想要到达唐朝，也常需借助新罗海船。中国文化对新罗有着深刻的影响，尤其是儒学受到新罗统治者的相当重视，开元十六年（公元728），新罗就曾“上表请令人就中国学问经教”，唐玄宗谓新罗“号为君子之国，颇知书记，有类中华”。[④] 由于新罗航海技术在当时具有相对的优势，由海路到达中国较为便利，唐代的家具文化必然对当时的朝鲜半岛产生较大的影响。韩国保存至今的唐代家具文物大多为金属质地的佛教舍利供养器，如前文已述的韩国庆州市感恩寺遗址出土的统一新罗时期舍利具（图3—104）。韩国庆州佛国寺三层石塔拆解维修时在第二层塔身中央发现的统一新罗时期三层舍利函，外层铜鎏金舍利函下带壶门脚，函身立壁为鎏金铜片镂雕而成，函盖为四角攒尖顶，带有平缓的坡度，顶端中心部位饰有莲花式刹顶（图6—16）。再如庆州皇福寺遗址三层石塔第二层塔身中发现的统一新罗时期三层舍利函，第二重银制舍利内函为平底盝顶、带有子母口，也纯为唐式（图6—17）。作为海运交通要道，朝鲜半岛还曾经是向日本输送唐文化的中转站。正仓院文物的著录文献《东大寺献物帐》之首卷

① 宁安县文物管理所、渤海镇公社土台子大队：《黑龙江省宁安县出土的舍利函》，载于文物编辑委员会编：《文物资料丛刊2》，文物出版社1978年版，第196—201页。

② （唐）姚思廉：《梁书》卷五四《东夷传》，中华书局1973年版，第806页。

③ （唐）魏征等：《隋书》卷八一《新罗传》，中华书局1973年版，第1820页。

④ （后晋）刘昫等：《旧唐书》卷一九九上《新罗传》，中华书局1973年版，第1820页。

《国家珍宝帐》（756年），在“赤漆欟木厨子一口”行后另起的一行字录道：“右百济国王义慈进于内大臣”，从而可知这是百济王义慈（(599—660年）向光明皇后的祖父——藤原内大臣赠送的物品，在赠入东大寺时，这件厨子内还装有犀角、白石镇以及四件银平脱合子（图5—34）等珍宝。① 在唐代家具对朝鲜半岛地区后世家具文化的影响方面，李朝时代虽仍以席地起居风俗为主，但其所用的低矮类型家具形制风格，仍与明式较为接近，基本看不到唐式家具的影子。其原因大约由于地缘关系，中古以后的朝鲜半岛与中国的政治、经济、文化关系一直十分密切，其地家具文化的发展与中国家具文化处在不断的交流互动之中。

图6—16　韩国庆州佛国寺遗址出土铜鎏金壶门座舍利函

图6—17　韩国庆州皇福寺遗址出土盝顶银舍利函

日本与中国的文化交往约始于汉代，《日本书纪》记载，唐朝建立后不久，曾经做过遣隋学问僧的日僧药师惠日等就向日本皇室报告：“大唐国者，法式备定之珍国也，常须达”②，其后自公元630年至894年的二百余年间，日本共任命18至19次遣唐使赴唐。③ 日本对唐朝文化的学习是全方位的，不仅学习先进的典章制度及音乐、医药、建筑等各科知识技术，搜集儒道释经典文献，对唐朝的物质文明，更是极端崇尚，并尽力搜罗珍稀器物，将之运回本国。建于8世纪的奈良东大寺全名“金光明四天王护国之寺”，是一座与皇室有着紧密联系的官修寺院。为保存日本皇室和当时的重臣在历

① ［日］竹内理三编：《寧樂遺文》中卷，东京堂昭和五六年（1981年）订正六版，第437页。按此件“赤漆欟木厨子”今已不存，并非在《国家珍宝帐》上亦有著录、正仓院北仓仓号2所藏的“赤漆文欟木御厨子”。

② ［日］黑坂胜美编：《日本书紀》卷二二“推古天皇卅一年七月”条，吉川弘文馆，1959—1961年版。

③ 朱建君、修斌：《中国海洋文化史长编：魏晋南北朝隋唐卷》，中国海洋大学出版社2013年版，第398、399页。

次重要宗教事件中奉献的五千多件珍贵物品，寺院在西面专辟院落建造仓库，即后世所称“正仓院”。正仓院由北仓、中仓、南仓组成，北仓所收藏的珍品，主要是光明皇后在其夫圣武天皇去世（公元756年）后不久，分五次捐献入寺的宝物，其中有相当数量直接来自于隋唐。中仓及南仓则主要用来收藏公元752年东大寺举行卢舍那大佛开眼法会时的法物，以及奈良时期的臣子献纳入寺的物品。正仓院三仓所藏物品，除带有浓厚的唐风外，部分金银器、琉璃器等文物还是由丝绸之路进入唐土，再传至日本的中亚、西亚制品，历史研究和文物价值皆极丰富，正仓院也因此被称为“丝绸之路的终点”。

傅芸子先生在《正仓院考古记》指出：“就其所藏品物言之，所含种类亦极丰富。举凡衣冠服饰、武备农工、日常器用、游艺玩好诸品，以逮佛具法物，无不赅备，凡二十种，二百四十类，五千六百四十五点。此种品物，言其来源，有为中国隋唐两代产物，经当时之遣隋使、遣唐使、留学生、学问僧及渡日僧侣等自中土将来者。亦有自中土或自新罗、百济东渡之工匠在日本制作者。亦有日本奈良时代吸取唐代文化，或别抒新意匠，或模仿唐制而成者。亦间有海南产物，船舶来此者。总之除若干可认为唐土传来及纯粹日本之制品外，其余亦多感受唐代文化的影响与夫带有唐代流行的趣味者也。”① 就正仓院所藏家具文物来考察，绝大多数的家具类型、式样，与唐代绘画、壁画等图像资料及考古发现的实物确实可以相互印证，而且它们因为受到极端的珍视而保存状态更好，是研究唐代家具文化时可供观察的宝贵资料。正仓院自建成并藏入献纳物后，建立了严格的敕封制度，由公元8世纪中期至日本明治初年的一千多年间，仅进行过12次清点曝晾，② 因此尽管其中部分物品曾历经修补，大多数珍藏品的制作年代都是可考可信的。

由于日本对唐文化的推崇，其本国家具在从唐代家具中得到样式参照与结构经验后的长期独立发展过程中，保存了很多唐代遗风。例如日本浮世绘画师菱川师宣作于1680年的作品《鬼之片腕》中（图6—18），绘制有两件家具，其中贵族倚靠的一件凭几，便是由唐代传入日本的夹膝几演变而来，它的倚靠面和足部都变得较宽、更为稳固适体，日本将这种凭几称为“肋息”。众人围坐的中心位置放置的一件承物盘，显然由唐代的牙盘发展而来，承物面的边沿仍带有薄而高的“唇”，下部的立壁较高，与牙盘立壁相比稍向里收进，壶门结构被简化为板片上所开的圆孔。再如绘师石川丰信作于1750年左右的浮世绘《讲释场之深井志道轩》中，真言宗名僧深井志道轩正在为世俗男女讲解佛法，图中众人皆分散坐在室内摆放的数张下带直枨的直脚床上。志

① 傅芸子：《正仓院考古记、白川集》，辽宁教育出版社2000年版，第14页。

② 韩升：《正仓院》，上海人民出版社2007年版，第24页。

道轩身前摆放一张经案，面板为整张平板，不攒边框，案腿足之间带有两根横枨和一根底枨，腿部顶端和桌面连接的部位，仍然采用“直角榫穿过托枨插入面板”的造法（图 6—19）。这种结构方式早已不见于中国家具，在一千多年后的日本居然仍旧被继续应用，可见即便到了江户时代，日本工匠对唐代家具的一些基本构造方式也不会轻易加以改动。

图 6—18 ［日］菱川师宣《鬼之片腕》局部

图 6—19 ［日］石川丰信《讲释场之深井志道轩》局部

第三节　唐代家具与唐代社会生活

一、唐代家具的等级与性别差异

唐代是高坐和低坐家具并用的时期，因此家具的使用情况较之后世更为复杂。在不同的场合和事由之下使用不同的家具，体现着社会意识中的身份、礼仪等级等问题。

（一）唐代家具的等级差异

大量的汉画像石、画像砖反映出，约自汉代起，处于尊位者的坐处就开始由地面升高到床榻、独坐枰上，在尊位周围，还常配有立屏和坐帐，同一场合地位较低的人则坐席或站立，显然这是一种区分等级身份的礼仪象征。《三国志》载步骘在未曾闻达时与卫旌一同求见会稽豪族焦征羌：

良久征羌开牖见之，身隐几坐帐中，设席致地，坐骘、旌于牖外。旌愈耻之，骘辞色自若，征羌作食自享大案，肴膳重沓，以小盘饭与骘、旌，惟菜茹而已。①

焦征羌自坐床帐、享大案，让客人坐在门外的席上进食，这是一种非常轻慢的待客态度。在垂脚而坐的高型坐具普及之前，坐处的高低不同代表的社会意义基本皆是如此。

在唐代，先秦礼学经典中规定的用席制度，在皇室重要礼仪中仍然因为承担着皇权礼制的象征意义而予以保留。如《新唐书·礼乐志》记载"皇帝加元服"礼的前一日，"尚舍设席于太极殿中楹之间，莞筵纷纯，加藻席缁纯，加次席黼纯。"但实际上，为初成年的皇帝加冠的礼仪，是在太极殿的御座上进行的，加冠礼完成后，"皇帝衮服出，即席南向坐"，向天祝祭和接受群臣的拜礼。② 尽管皇帝元服礼终唐之世皆未能举行，但这段礼制文献仍能透露出唐代礼仪用席的实际使用情况已经与古礼差异很大，象征意义要大于实用价值。

在日常生活中，坐于席和坐于床榻，常体现出在坐诸人的地位差异，如《旧唐书·韦温传》载：

温七岁时，日念《毛诗》一卷。年十一岁，应两经举登第。释褐太常寺奉礼郎。以书判拔萃，调补秘书省校书郎。时绶致仕田园，闻温登第，愕然曰："判入高等，在群士之上，得非交结权幸而致耶?"令设席于庭，自出判目试两节。温命笔即成，绶喜曰："此无愧也。"③

韦绶乃韦温之父，两人共处时儿子坐于席上是很自然的情形。再如唐段安《乐府杂录》载唐德宗时青州乐工王麻奴善吹觱篥，到京师求见同样擅长此技的尉迟青比试高下：

不数月到京，访尉迟青所居在常乐坊，乃侧近僦居，日夕加意吹之。尉迟每经其门，如不闻。麻奴不平，乃求谒见，阍者不纳，厚赂之，即引见青。青即席地令坐。④

其原因除了看不上麻奴的乐技以外，尉迟青出色的音乐才能使他得到了将军的封号，因而地位的悬殊体现在了坐处的高低上。⑤

在唐代，尚节俭和贫穷的人家仍然使用坐席进行家庭的日常活动和待客，在这种

① （西晋）陈寿：《三国志》卷五十二《吴志·步骘传》，中华书局1971年版，第1236页。
② （宋）宋祁、欧阳修等：《新唐书》卷一七《礼乐志七》，中华书局1975年版，第395页。
③ （后晋）刘昫等：《旧唐书》卷一六八，中华书局1975年版，第4377页。
④ （宋）李昉等：《太平御览》卷五百八十四《乐部二十二》，中华书局1960年版，第2631页。
⑤ 关于尉迟青属于乐工而得到将军名位的考证，可参见黎国韬：《先秦至两宋乐官制度研究》，广东人民出版社2009年版，第258页。

情况下，主、客位的差别只有方位的不同，而没有家具种类的区别，如唐张读《宣室志》载有一则贫士相交的故事：

有市门监俞叟者，召吕生而语，且问其所由。……叟曰："某虽贫，无资食以周吾子之急，然向者见吾子有饥寒色，甚不平。今夕为吾子具食，幸宿我宇下，生无以辞焉。"吕生许诺，于是延入一室。湫隘卑陋，摧檐坏垣，无床榻茵褥。致敝席于地，与吕生坐。①

在日常生活中席地起居而不使用床榻，在当时属于一种相当俭朴的生活方式，而有一定社会地位和经济条件的人，只有在守孝、获罪的情况下才会席地坐卧：

宝应元年，初平河朔，代宗以（李）涵忠谨洽闻，迁左庶子、兼御史中丞、河北宣慰使。会丁母忧，起复本官而行，每州县邮驿，公事之外，未尝启口，疏饭饮水，席地而息。②

（苏）味道富才华，代以文章著称，累迁凤阁侍郎、知政事，与张锡俱坐法，系于司刑寺。所司以上相之贵，所坐事虽轻，供待甚备。味道终不敢当，不乘马，步至系所，席地而卧，蔬食而已。③

到五代时期，有身份的人席地而坐被公认为过于随意，不合常规，《旧五代史·李贞茂传》载：

（贞茂）但御军整众，都无纪律，当食则造庖厨，往往席地而坐，内外持管钥者，亦呼为司空太保，与夫细柳、大树之威名，盖相远矣。④

床榻的使用等级较高，若为显示其上之人的尊贵、显要地位，南北朝至隋唐时还可在床榻上另设座位，可称之为"复坐"、"重床"、"层榻"：

懿宗成安国祠，赐宝坐二，度高二丈，构以沈檀，涂髹，镂龙凤葩蘤，金扣之，上施复坐，陈经几其前。⑤

隋开皇十年，绵州昌隆县道士蒲童与左童二人在崩汉馆自称得圣，诳惑人民。重床至屋，却坐其上，云十五童女方堪受法，令女登床以幕围绕，遂便奸匿。⑥

自旦阅之，及亭午，历举辇舆威仪之具，西肆皆不胜，师有惭色。乃置层榻于南隅，有长髯者，拥铎而进，翊卫数人，于是奋髯扬眉，扼腕顿颡而

① （宋）李昉等：《太平广记》卷七十四《俞叟》，中华书局1961年版，第461页。
② （后晋）刘昫等：《旧唐书》卷一二六《李涵传》，中华书局1975年版，第3561页。
③ （唐）刘肃：《大唐新语》卷之八《聪敏第十七》，广西师范大学出版社1998年版，第338页。
④ （宋）薛居正等：《旧五代史》卷一三二《李贞茂传》，中华书局1976年版，第1740页。
⑤ （宋）宋祁、欧阳修等：《新唐书》卷一八一《李蔚传》，中华书局1975年版，第5354页。
⑥ （唐）释道世著，周叔迦、苏晋仁校注：《法苑珠林校注》，中华书局2003年版，第1659页。

登，乃歌《白马》之词。①

敦煌莫高窟第420窟顶南披中间下部隋代壁画《法华经变·譬喻品》中（线图20），一上部张帐、下带足跗的壶门榻上，另加设一重无托泥小壶门榻，一高僧坐于小榻上。莫高窟第217窟南壁盛唐壁画《法华经变·药草喻》中（图6—20），一信士坐在一张壶门大床的床头捧经诵读，两名侍女扶着病者坐在床上另设的小矮榻上听经，生动地描绘了床榻上另设座位的情况。再如莫高窟第359窟南壁《金刚经变》中（线图15），也绘有一人坐在坐榻上另设的专位上的形象。由此可见，北齐颜之推在《颜氏家训·序致》中所论的："魏晋已来，所著诸子，理重事复，递相模学，犹屋下架屋，床上施床耳"②之言有现实根据，并非因语出讥刺而作的虚语。

图6—20　莫高窟217窟南壁盛唐《法华经变》局部

这种床榻上另设的专座有时也可以是胡床、绳床等垂脚坐具，如《新唐书·安禄山传》载：

至大会，禄山踞重床，燎香，陈怪珍，胡人数百侍左右，引见诸贾，陈牺牲，女巫鼓舞于前以自神。③

"踞"的坐姿属垂脚坐，唐代以前的文献中常与胡床相联系，安禄山在床上所坐的应为胡床、筌蹄或绳床、椅子。再如《旧唐书·穆宗本纪》载：

辛卯，上于紫宸殿御大绳床见百官，李逢吉奏景王成长，请立为皇太子，左仆射裴度又极言之。④

这条文献中唐穆宗所坐的大绳床应该也是放置在御座上的，类似的陈设方式，可见于日本古籍《安政禁秘图绘》中的紫宸殿御帐台及御帐台内御装（图4—32、图4—33）。这种床榻上另设座位的陈设形式，在宋代以后随着垂足坐具的普及，更多地使用了椅

① （宋）李昉：《太平广记》卷四百八十四《李娃传》，中华书局1961年版，第4988页。

② （北齐）颜之推、刘舫编注：《颜氏家训》，浙江古籍出版社2013年版，第5页。

③ （宋）宋祁、欧阳修等：《新唐书》卷二二五上《安禄山传》，中华书局1975年版，第6414页。

④ （后晋）刘昫等：《旧唐书》卷一六《穆宗本纪》，中华书局1975年版，第501页。

子，并由此逐渐发展出帝王宝座的基本式样和陈设方式。孟元老《东京梦华录》载宋时婚俗云：

婿具公裳，花胜簇面，于中堂升一榻，上置椅子，谓之“高坐”。先媒氏请，次姨氏或妗氏请，各斟一怀饮之。次丈母请，方下坐。①

就是唐代重床复坐的遗制。现藏于美国普林斯顿大学美术馆的北宋画家李公麟《孝经图》“士章第五”段中，堂上父母二人使用的坐具，就是放置在壶门榻上的两只椅子（图6—21），而孝子、孝妇则坐席，显示出直至北宋，低坐家具与高坐家具仍在交融并行的过程当中，最终向高坐家具体系的转型仍未彻底完成。

图6—21 （北宋）李公麟《孝经图》局部

高型坐具传入和逐渐普及以后，日常生活中人们使用绳床、椅子的情况逐渐增多，但文献资料显示，唐时人们通常认为绳床和椅子的等级比床榻要低，如《广异记·仇嘉福》载：

便见翠幙云黯，陈设甚备。当前有床，贵人当案而坐，以竹倚床坐嘉福。②

主人身份尊贵，拥案坐于床，让客人坐椅子。再如同书《李参军》篇载：

初，二黄门持金倚床延坐。……延李入厅。服玩隐暎，当世罕遇，寻荐珍膳，海陆交错，多有未名之物。③

李参军所遇的是野狐变化出的豪奢幻境，在厅外等待主人时，侍从暂时请他坐一具“金倚床”（可能采取金平脱或泥金绘等装饰方法，椅子本身当是木质），已是十分富贵，进入室内所见情景更是罕见的豪奢气象，主客所用的坐具可能都是坐榻。由此可见，垂足而坐的新型坐具由于轻便，常可在室外临时使用，而床榻代表的是传统的高雅生活方式，自然比绳床、椅子高档，多为主人和贵客所使用。与此相随的，是跽坐的坐姿也比垂脚坐要正式，《旧唐书·敬羽传》载肃宗时的一则刑狱事件：

太子少傅、宗正卿、郑国公李遵，为宗子通事舍人。李若冰告其赃私，诏羽按之。羽延遵，各危坐于小床，羽小瘦，遵丰硕，顷间问即倒。请垂足，羽曰：“尚书下狱是囚，羽礼延坐，何得慢耶！”遵绝倒者数四。④

---

① （宋）孟元老著，邓之诚注：《东京梦华录注》，中华书局1982年版，第144页。

② （宋）李昉等：《太平广记》卷三百一，中华书局1961年版，第2391页。

③ （宋）李昉等：《太平广记》卷四百四十八，中华书局1961年版，第2667页。

④ （后晋）刘昫等：《旧唐书》卷一八六下《敬羽传》，中华书局1975年版，第4860页。

二人对坐，如一人跽坐一人垂足，垂足者的姿态便显得轻慢无礼。显然，在比较正式的场合，垂足坐以及使用新式的高坐家具（尽管其发展和传播已历时百年）还是不那么正规的。也正是因为这个原因，唐穆宗偶然一次坐大绳床见百官，便被载入了史册。

个人在室内的起居生活中不使用床榻而使用绳床，在唐代还被看做是生活俭朴的象征，如《旧唐书·王维传》："在京师，日饭十数名僧，以玄谈为乐。斋中无所有，唯茶铛、药臼、经案、绳床而已。"① 但在数名僧人共聚的场合，坐绳床的等级又比席地而坐要高，《景德传灯录》载有一则发生在晚唐的禅宗公案：

> 金州操禅师，请米和尚斋，不排坐位。米到，展坐具礼拜。师下禅床，米乃坐师位，师却席地而坐。斋讫，米便去。侍者曰："和尚受一切人钦仰，今日座位被人夺却。"②

两位禅师交换坐具时侍者的反应，清楚地说明禅床的等级比坐席要高。

至于同样采用跽坐、盘坐等坐姿的壶门床榻（局脚床）和直脚床之间的等级差别，唐代以前的数则文献表明，传统的局脚床较外来的直脚床等级更高，如《宋书·武帝纪》载："宋台既建，有司奏西堂施局脚床、银涂钉。上不许，使直脚床，钉用铁。"③ 此外北朝末颜之推《还冤记》亦载，后周宣帝极为暴虐，因小过错而令人将一宫中女子拷讯致死，该女子所受的伤痛，都同时应在宣帝自已身上，在女子死后的几天内，宣帝也因全身溃烂而死。死后"及初下尸，诸局脚床牢不可脱，唯此女子所卧之床，独是直脚，遂以供用"。④ 该女子在后宫中地位低下，用直脚床作为卧床，由于床脚比局脚床的腿部结构简单，易于拆解，所以拆下的床板被用以停灵。

综上所言，唐代常见的坐卧两用具及坐具的等级关系，大致上由高到低依次为：床榻上另设的专座，壶门床榻，直脚床，绳床、椅子及其他垂足坐具，铺于地面的席。垂足而坐的新型坐具与传统坐卧之具间等级的交叉关系，至少生活地说明了三个现象。其一，唐时人们的坐卧起居，已经普遍地由地面升至高处，除了床榻外，各种高型坐具在这个演变中也有着巨大的推动作用；其二，床榻仍然在日常生活中占据着绝对的中心地位；其三，绳床、椅子等高型坐具由于体轻便用，在世俗生活中的影响越来越大，逐渐改变着人们的生活习惯，但终唐之世，跽坐、盘坐的习俗向垂足而坐的转变并未完成。

至于其他类型的唐代家具，也以带有壶门形制特征的为高等，敦煌地区出土的多件五代时期的社会经济文献都显示出，牙床与牙盘在当时属于贵重的家具，如《年代不明（公元980—2年）归义军衙内麦面油破用历》（P.1366）载：

---

① （后晋）刘昫等：《旧唐书》卷一九〇下《王维传》，中华书局1975年版，第5052页。

② （宋）道元著，顾宏义译注：《景德传灯录译注》卷九，上海书店出版社2010年版，第611页。

③ （南朝梁）沈约：《宋书》卷三《武帝下》，中华书局1974年版，第60页。

④ （宋）李昉等：《太平广记》卷一百二十九《后周女子》，中华书局1961年版，第914页。

九日，供造牙床木匠八人勾当人逐日早夜麦面各一升。（第5—6行）[①]

《后晋时代净土寺诸色入破历算会稿》（P.2032V）载：

粗面三斗、麦五升、粟二斗七升沽卧酒，宋博士疗治牙盘看待及手功用。（第244—245行）[②]

当时不仅有专门制作牙床、牙盘的木匠，而且由于它们属于一种比较重要的财物，如有损坏还有专门的从业者加以修补，是不会轻易弃置不用的。由此可见，牙床、牙盘在唐代属于经济民生中的重要财产，其等级仍要高于一些新型框架式承具。

（二）唐代家具的性别差异

唐代民风趋于开放，男女之间并未严格遵守《礼记·曲礼》所言的“男女不杂坐，不同椸，不同巾栉，不亲授”的行为准则，对妇女与异性的交往禁忌并不严苛，她们不仅是社交活动的重要成员，还曾广泛地参与到政治生活当中。在宫庭中，内庭妇人结交宠臣、百官与内命妇杂处的情况很常见，直至天佑二年（公元905年）唐哀帝方下敕令“宫人不得擅出内”，[③] 这种风气被宋人指斥为“前代宫闱多不肃，宫人或与廷臣相见”。[④] 除了宫人往往可以出入禁庭，唐时的外命妇也常出席皇室礼庆、节日举办的宫宴，唐高宗李治曾于永隆二年（公元681年）册立太子时敕令在宣政殿会百官及命妇，太常博士袁利贞上疏劝谏：

“伏以恩旨，于宣政殿上兼设命妇坐位，奏九部伎及散乐，并从宣政门入。臣以为前殿正寝，非命妇宴会之处；象阙路门，非倡优进御之所。望请命妇会于别殿，九部伎从东门入，散乐一色。伏望停省。若于三殿别所，自可备极恩私。”上从之，改向麟德殿。[⑤]

宣政殿是位于长安大明宫中轴线上的“三朝五门”的“中朝”，是皇帝视朝的正殿，袁利贞认为在正殿上为命妇设宴席座位不合礼制，经过他的劝谏，命妇的坐位改设在了位于大明宫太液池西的偏殿麟德殿。除了原定场所规格过高以外，在宫宴上为命妇设座本身并非不合常规，可见唐时贵族妇女地位之高。

在家庭内，唐时女眷也常常出见外客，《旧唐书·卢杞传》载：

---

① 唐耕耦、陆宏基：《敦煌社会经济文献真迹释录》第三辑，全国图书馆文献微缩复制中心1990年版，第281页。

② 唐耕耦、陆宏基：《敦煌社会经济文献真迹释录》第三辑，全国图书馆文献微缩复制中心1990年版，第468页。

③ （宋）王溥：《唐会要》卷三，中华书局1955年版，第35页。

④ （宋）周辉：《清波杂志》卷一《历代笔记小说大观枫窗小牍·清波杂志》，上海古籍出版社2012年版，第50页。

⑤ （宋）王溥：《唐会要》卷三十，中华书局1955年版，第554页。

建中初，征（杞）为御史中丞。时尚父子仪病，百官遣问，皆不屏姬侍；及闻杞至，子仪悉令屏去，独隐几以待之。杞去，家人问其故，子仪曰：杞形陋而心险，左右见之必笑。若此人得权，即吾族无遗类矣。①

女性与男性单独交往，在唐代也似往往不相避忌。崔颢《长干曲》“君家何处住，妾住在横塘”② 的问话，就生动形容了陌生男女相互交流的自然情态。

唐人传奇中描写陌生男女攀识结交、登堂入舍交谈、饮食的事例相当多：

生调诮未毕，引入中门。庭间有四樱桃树；西北悬一鹦鹉笼，见生人来，即语曰：“有人入来，急下帘者！”生本性雅淡，心犹疑惧，忽见鸟语，愕然不敢进。逡巡，鲍引净持下阶相迎，延入对坐。年可四十余，绰约多姿，谈笑甚媚。（《霍小玉传》）③

俄而召崔生入，责诮再三，辞辩清婉，崔生但拜伏受谴而已。遂坐于中寝对食，食讫，命酒，召女乐洽饮，铿锵万变。（《玄怪录》卷二《崔书生》）④

这些男女对坐、对食的描写中，男女交往带有明显的平等性，使用的坐具似乎并无类型的差异，应当与地位相近的同性相交时情况类似，即仅有主客位置的区别。

南宋陆游在《老学庵笔记》曾记载：“徐敦立言，往时士大夫家妇女坐椅子、兀子，则人皆讥笑其无法度。”⑤ 而在隋唐时期，西域传入的高坐坐具在日常使用中实际上并没有明显的性别差异。白居易《三年除夜》诗有句云：“素屏应居士，青衣侍孟光。夫妻老相对，各坐一绳床。”⑥《太平广记》辑录唐末道士杜光庭《墉城集仙录》中唐代女道士谢自然故事，谢自然在飞升时，“须臾五色云遮亘一川，天乐异香，散漫弥久，所着衣冠簪帔一十事，脱留小绳床上，结系如旧。”⑦ 此处“小绳床”，当是供垂足而坐的椅子。隋末唐初郑善果之母“每善果出听事，母恒坐胡床，于鄣后察之”。⑧ 李贺《谢秀才有妾缟练，改从于人，秀才引留之不得，从生感忆，座人制诗嘲谢，贺复继四首》诗之四云：“邀人裁半袖，端坐据胡床。泪湿红轮重，栖乌上井梁。”⑨

此外，敦煌壁画、唐代墓室出土壁画、三彩陶制人像中，女性垂脚坐在筌蹄、坐墩、长凳上的形象也都很常见。不仅如此，唐代工匠还创制出了似专供女性使用的坐具

① （后晋）刘昫等：《旧唐书》卷一三五《卢杞传》，中华书局1975年版，第3713—3714页。
② （清）彭定求、沈三曾等：《全唐诗》卷二六，《文渊阁四库全书》本。
③ （宋）李昉等：《太平广记》卷四百八十七，中华书局1961年版，第4007页。
④ （唐）牛僧孺、李复言：《玄怪录·续玄怪录》，中华书局1982年版，第37页。
⑤ （宋）陆游撰，李剑雄、刘德权点校：《老学庵笔记》，中华书局1979年版，第42页。
⑥ （唐）白居易：《白居易集》，中华书局1979年版，第817页。
⑦ （宋）李昉等：《太平广记》卷六十六，中华书局版1961年版，第412页。
⑧ （唐）魏征等：《隋书》卷八〇《郑善果母传》，中华书局1973年版，第1804页。
⑨ （清）彭定求、沈三曾等：《全唐诗》卷三九二，《文渊阁四库全书》本。

月牙杌子。与月牙杌子下部形制相近，坐面以上带有圆形靠背扶手的唐圈椅，在传世唐宋绘世中也多与贵族女性相关。最早的男性坐月牙杌子的形象，在五代前蜀高祖王建永陵（918年）中出土的墓主石像中（图2—95）方才可见。

唐代的女性往往是时尚的引领者，不仅妆容的流行复杂而多变，在衣饰上更是追求新奇、好为丽饰。贵族妇女穿着华美的襦裙外，还会在肩臂上佩戴披帛，由皇室流行到民间的女子着男装、女子骑马、打马球等流行风尚，更是今天我们偶一回视大唐风情时，感受最深的数点印象之一。唐代女性在家具的使用上不仅与男性相比毫无禁忌，而且工匠们甚至专门为她们设计创制了新的家具样式，唐代家具上的种种花样层出的华丽装饰，也必然与满足她们美化自身、增饰生活的需求紧密相关。得益于唐代文化的开放风气，她们不仅一定程度上从男权文化的被动承受者位置上摆脱了出来，而且还曾经影响和推动了唐代家具的发展，在整个中国家具文化史上，这种情况都是极其少见的。

二、唐代家具的陈设与使用

家具的制作本为方便生活，因此它们在不同时期的陈设使用情况，自然而然地体现着当时的社交礼仪、风俗习惯乃至思想观念。由于时代久远，唐代家具的陈设与使用情况，在传世文献和图绘资料中的呈现难称全面，就其大致情况，以下将之分为殿堂及厅堂陈设、内室陈设、宴饮陈设等几个方面加以分析探讨。

（一）殿堂、厅堂陈设

古人在厅堂和内室所尊的方位有所差异，南宋学者金履祥《尚书注》认为："古者前为堂，后为室，室中以东向为尊。户在其东南，牖在其南。户牖之外为堂，以南向为尊。"① 唐代的皇宫正殿举行的朝会仪式中，即是以南向为尊位的。《新唐书·礼乐制》载"皇帝元正、冬至受群臣朝贺而会"之礼：

> 前一日，尚舍设御幄于太极殿，……皇帝服衮冕，冬至则服通天冠、绛纱袍，御舆出自西房，即御座南向坐。

皇帝的御座是带有帐幄、形式复杂的"帐座"，前一天就已陈设就绪，升殿及不升殿的群臣也各设有座位：

> 尚舍设群官升殿者座：文官三品以上于御座东南，西向；介公、酅公在御座西南，东向；武官三品以上于其后；朝集使都督、刺史，蕃客三等以上，座

① （宋）金履祥：《尚书注》卷十一，清光绪《十万卷楼丛书》本。

如立位。设不升殿者座各于其位。①

通常来说，正式的朝会场合不会使用垂足坐具，因此升殿群官的座位应较御座等级低，大约为不配帐的坐榻，而官阶较低、不升殿官员的坐具，则可能仅是坐席②。皇帝升殿的御座，根据场合的不同还有其他的配套陈设安排：

凡大朝会则设御案，朝毕而彻焉。……凡致斋，则设幄于正殿西序及室内，俱东向，张于楹下。凡元正、冬至大朝会，则设斧扆于正殿，施榻席及熏炉。若朔望受朝，则施幄帐于正殿，帐裙顶带方阔一丈四尺。③

唐时宫廷殿堂上的陈设派有专人管理，但陈设内容如床、帐、屏、案等皆非固定安排，须根据不同的时节、事由需要而设置。敦煌莫高窟第320窟主室北壁盛唐壁画《未生怨》中描绘王子接见大臣情景，王子坐一壶门床，床上设置带有锦披的案几（图6—22）。皇帝朔望受朝时的御帐方阔一丈四尺，《安禄山事迹》中记载唐玄宗赐安禄山的“银平脱破方八角花鸟药屏帐一具，方圆一丈七尺”，④ 较皇帝朔望受朝时御帐的尺寸更大，可见其恩宠程度。其他殿堂中的陈设供奉之物，通常以牙盘之类承具置放，其中一些贵重物品，可能还要在牙盘上另设台座。如莫高窟第23窟主室西披盛唐壁画《弥勒经变·三会说法》中，听法的菩萨座前置有一张大牙床，其上另外放置一张带有锦披、承放供养器物的小案台（图6—23）。日本正仓院中仓所藏包括板足式、壶门足式、多足式的各种“献物几”，其在殿堂上的设置摆放形式大约类此。

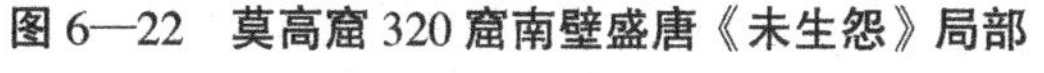

图6—22　莫高窟320窟南壁盛唐《未生怨》局部

图6—23　莫高窟23窟主室西披盛唐《弥勒经变》局部

① （宋）宋祁、欧阳修等：《新唐书》卷十九《礼乐志九》，中华书局1975年版，第425页。

② 据同卷文献朝会后的赐宴仪式：“阶下赞者承传，坐者皆俛伏，起，立于席后”，则坐于阶下的“不升殿者”并无坐榻，所坐确为席。

③ （唐）张说、李林甫等：《唐六典》卷十一《殿中省》，中华书局1992年版，第329页。

④ （唐）姚汝能：《安禄山事迹》卷上，上海古籍出版社1983年版，第6页。

皇帝的御座除根据场合的需要设有相配的帐、屏、案等外，根据文献记载，御座本身的形式应属“层榻”、“重床”，即在床榻上另设皇帝的专座。如《旧唐书·萧瑀传》载：

时军国草创，方隅未宁，高祖乃委以心腹，凡诸政务，莫不关掌。高祖每临轩听政，必赐升御榻。①

唐高祖听政时给予萧瑀升于御榻的礼遇，如高祖在御榻上无另设的专座，则君臣坐姿的高度相同，似于情礼不合。再看《旧唐书·刘洎传》：

洎性疏浚敢言。太宗工王羲之书，尤善飞白，尝宴三品以上于玄武门，帝操笔作飞白字赐群臣，或乘酒争取于帝手，洎登御座，引手得之。皆奏曰：“洎登御床，罪当死，请付法。”帝笑而言曰：“昔闻婕妤辞辇，今见常侍登床。”②

刘洎在未获赐命的情况下足登御床，唐太宗能释其罪，除了太宗胸怀开阔是一主要缘由外，太宗在御床上另有更高的座位，刘洎登上御座后，还须伸手取太宗飞白书，皇帝的尊严在设座方式上有另一重保障，应也是一层原因。

在殿堂集会的场合，会出现多人共享同一坐具的情况，《旧唐书·高士廉传》载，唐高宗为太子时，曾下令云：

摄太傅、申国公士廉，朝望国华，仪刑攸属，寡人忝膺监守，实资训导。比日听政，常屈同榻，庶因谘白，少祛蒙滞。但据案奉对，情所未安，已约束不许更进。太傅诲谕深至，使遵常式，辞不获免，辄复敬从。所司亦宜别以一案供太傅。③

高士廉作为唐初宰相，长孙皇后舅父，在听政日经常与太子同榻，但榻上仅设太子之案，每当奏对，须对太子执君臣礼，太子下令为其另外设案，要求待之以平礼。

唐代厅堂的陈设，方位与殿堂一致，主位皆为南向，主位陈设的家具亦为床榻：

中书舍人崔嘏，弟崔暇，娶李氏，为曹州刺史。令兵马使国邵南勾当障车，后邵南因睡忽梦崔女在一厅中。女立于床西，崔暇在床东，执红笺题诗一首，笑授暇。④

唐代厅堂的陈设与殿堂一样，通常也不做固定陈设，如《唐才子传》载唐懿宗时岭南才子邵谒故事：

---

① （后晋）刘昫等：《旧唐书》卷六三《萧瑀传》，中华书局1975年版，第2400页。
② （后晋）刘昫等：《旧唐书》卷七四《刘洎传》，中华书局1975年版，第2608页。
③ （后晋）刘昫等：《旧唐书》卷六五《高士廉传》，中华书局1975年版，第2444页。
④ （唐）段成式：《酉阳杂俎》续集卷三《支诺皋下》，商务印书馆1937年《丛书集成初编》本，第193页。

谒，韶州翁源县人。少为县厅吏，客至仓卒，令怒其不揞床迎待，逐去。①

也就是说，直到晚唐时期，厅堂陈设仍是不固定的。晚唐五代时期敦煌写本卷子《庐山远公话》（S.2073）讲述晋时庐山化成寺主持惠远为宰相崔相公全家讲经的故事：

夫人便处分家人洒扫厅馆，高设床座，唤大小良贱三百余口，齐至厅前，请相公说涅盘经中之义，应是诸人默然而听。②

宰相一家主仆人口多至三百，宫廷、官署及贵族之家普遍地蓄养奴仆从事家务劳作，其中一个重要的内容就是随时按需陈设家具器用。

高型坐具在魏晋南北朝时期就逐渐开始在上层社会传播和流行，入唐以后，在正式的厅堂内也逐渐开始陈设使用高坐家具。《广异记·仇嘉福》中，贵人延仇嘉福入厅堂，自坐于床，而使嘉福坐"竹倚床"③，《广异记》作者戴孚曾为唐肃宗至德二载（757年）进士，因此在中唐早期，传统的床榻与倚子就已经出现在厅堂上混用的情况了。再如日僧圆仁著于唐文宗开成三年至唐宣宗大中元年（838—848年）的《入唐求法巡礼行记》记载，开成三年（838年）十一月十八日，"相公（李德裕）及监军并州郎中、郎官、判官等，皆椅子上吃茶。见僧等来，皆起立作手，并礼唱且坐，即俱坐椅子啜茶"。④主客俱坐椅子的情形，发生在寺院当中，或许在社会生活中并非普遍情形。五代王仁裕《王氏见闻录》中的一则逸事云：

有胡翙者，佐幕大藩，有文学称，善草军书，动皆中意。……他日往荆州诣张同，同仆不识，问从者，曰："胡大夫翙。"至厅，已脱衫矣。同闻翙来，欲厚之，因命家人精意具馔，同遽出迎见，忽报曰："大夫已去矣。"同复步至厅，但见双椅间遗不洁而去，卒不留一辞，同亦笑而衔之，张无能加害。⑤

王仁裕另有诗《过平戎谷吊胡翙》，因此胡翙约为与其同时代或略早时人，据此文中所述"双椅"的陈设，到五代时期，厅堂待客时主客皆使用椅子的陈设情况大约已经较为普遍了。建于唐景龙年间（707—710年）的敦煌莫高窟第217窟南壁壁画《佛顶尊胜陀罗尼经变》中描绘善住太子惊梦、太子见帝释天、帝释天向下界说法的情景中，人物在厅堂中或坐胡床（线图39），或坐筌蹄（图6—24），建于盛唐时期的莫高窟第103窟南壁《佛顶尊胜陀罗尼经变》中的相同题材画面中，则直脚床、筌蹄皆有使用（图6—25），证明初唐至盛唐之间，高型坐具已经成为唐代的厅堂内部陈设。

---

① （元）辛文房：《唐才子传》卷八，古典文学出版社1957年版，第137页。

② 王重民：《敦煌变文集》（上集），人民文学出版社1957年版，第178页。

③ （宋）李昉等：《太平广记》卷三百一，中华书局1961年版，第2391页。

④ ［日］释圆仁撰，［日］小野胜年校注：《入唐求法巡礼行记校注》，花山文艺出版社2007年版，第68页。

⑤ （宋）李昉等：《太平广记》卷二百六十六，中华书局1961年版，第2088页。

殿堂、厅堂上所需陈设的家具，除床榻、胡床、绳床、席等供跽坐、垂足坐的坐卧具、坐具外，其他屏障具、承具、架具自然按需随时张设，而大型庋具，一般情况下不会设于厅堂，小型庋具，也当在需要时由仆人由内室中取出。

根据文献记载，其他高坐家具在中唐时期也出现了在殿堂和厅堂内陈设的情况。据撰修于日本平安时代中期（约当晚唐五代）的日本律令文献《延喜式》卷三十四《木工寮》记载，用于“神事并年断供御”所需的十四种案中有“外居案”，其“长三尺六寸，广一尺八寸，高三尺，厚八分”①。尺度显然属于高型承具（高度约合88.5厘米），其作用是在供奉神位、年终祭享活动中用来承放供养物的案，因此是陈设在殿堂、厅堂中的，这可能是“外居案”之名的由来。正仓院中仓202所藏“卯日御仗机”（图3—24），便是日本天皇在正月卯日的仪仗场合放置御杖的高几，几高88厘米，正可与《延喜式》的记载相吻合，“卯日御仗机”上至今仍留有墨书“天平宝字二年正月”字样，即公元758年，据此则高型承物案在殿堂和厅堂上的最早应用时期，还可上推至中唐早期。

图6—24　莫高窟217窟南壁盛唐《佛顶尊胜陀罗尼经变》局部

图6—25　莫高窟103窟南壁盛唐《佛顶尊胜陀罗尼经变》局部

此外，唐代盛行饮茶，唐人往往在厅堂以茶待客。成书约在晚唐时的《河东记》载有一则生人入阴司的玄怪故事，其中即涉及当时在厅堂上饮茶待客的习俗：

> 使者遂领绍到一厅。使者先领见王判官，既至厅前，见王判官着绿，降阶相见，情礼甚厚。而答绍拜，兼通寒暄，问第行，延升阶与坐，命煎茶。良久，顾绍曰：“公尚未生。”绍初不晓其言，心甚疑惧。判官云：“阴司讳死，所以唤死为生。”催茶，茶到，判官云：“勿吃，此非人间茶。”逡巡，有着黄人，提一瓶茶来，云：“此是阳官茶，绍可吃矣。”绍吃三碗讫，判官则领绍见大王。②

① ［日］藤原忠平等：《延喜式》，日本书政十一年（1828年）刊本。

② （宋）李昉等：《太平广记》卷三百八十五《崔绍》，中华书局1961年版，第3069—3070页。

唐时的制茶程序较为烦琐，通常是在堂下或别室中煎好后将茶装入瓶里，再送至主客手中，置茶器的家具则是小型承具“茶床”，如张籍《和陆司业习静寄所知》诗云：“幽室独焚香，清晨下未央。山开登竹阁，僧到出茶床。”① 根据唐代承具的发展历程而推论，早期的“茶床”大约属牙床、牙盘一类小型壶门式承具，当是放置在床榻上使用，而随着唐代框架式家具的发展，落地放置的高型茶床可能在晚唐五代出现。据扬之水《唐宋时代的床和桌》一文的研究，传世的宋人绘画《春游晚归图》、《西园雅集图》、《洛神赋图》中，都出现了侍者肩扛直足矮方桌的形象，此即当时的茶床，② 观其形制与五代五处直墓壁画《散乐图》中承乐器的小桌案非常相似（线图 160）。但无论唐代茶床的式样如何，茶床的陈设当然也是临用时添加的。

（二）后室陈设

唐代家庭的后室，按其功用来分类，大约可以分为寝房、书房、库房、厨房等，孙思邈《千金翼方》卷第十四《退居》“缔创第二”载：

> 看地形向背择取好处，立一正屋三间。内后牵其前梁稍长，柱令稍高，椽上着栈，栈讫上着三四寸泥，泥令平，待干即以瓦盖之。四面筑墙，不然堑垒务令厚密，泥饰如法。须断风隙拆缝门窗，依常法开后门。若无瓦，草盖令厚二尺，则冬温夏凉。于檐前西间作一格子房以待客，客至引坐。勿令入寝室及见药房，恐外来者有秽气损人坏药故也，若院外置一客位最佳。堂后立屋两间，每间为一房，修泥一准正堂，门令牢固。一房着药，药房更造一立柜高脚为之。天阴雾气，柜下安少火，若江北则不须火也。一房着药器，地上安厚板，板上安之，着地土气恐损。正屋东去屋十步造屋三间，修饰准上。二间作厨，北头一间作库。库内东墙施一棚，两层，高八尺、长一丈、阔四尺，以安食物。必不近正屋，近正屋则恐烟气及人。兼虑火烛，尤宜防慎。于厨东作屋二间，弟子家人寝处。于正屋西北立屋二间通之，前作格子，充料理晒暴药物，以篱院隔之。又于正屋后三十步外立屋二间，椽梁长壮，柱高间阔，以安药炉，更以篱院隔之，外人不可至也。西屋之南立屋一间，引檐中隔着门，安功德，充念诵入静之处。中门外水作一池，可半亩余，深三尺，水常令满。种芰荷菱芡，绕池岸种甘菊，既堪采食，兼可阅目怡闲也。③

尽管孙思邈所设计的是典型的医者居舍，但仍不失为唐代建筑格局和室内陈设的珍贵历史资料。通过这段文字，大致上可以判断出，唐代的后室陈设由于各有其基本的使用功

---

① （清）彭定求、沈三曾等：《全唐诗》卷三八四，《文渊阁四库全书》本。

② 扬之水：《唐宋家具寻微》，人民美术出版社 2015 年版，第 109—115 页。

③ （唐）孙思邈撰，李景荣等校释：《千金翼方校释》，人民卫生出版社 1998 年版，第 217—218 页。

能划分，其中陈设的家具与厅堂陈设相比较而言是相对固定的。书房中陈列书架、库房中放置橱柜，卧室中陈设有床榻，皆是情理之中的必需之物，并无经常改移位置的必要。其他胡床、绳床、牙床、凭几、案、桌、椅、屏、障、架等家具随需而设、方便生活，其陈设情况，在第二、三、四章的论述中已经涉及，此处不再赘述。

关于唐代家具内室陈设，还有一个重要的文化问题，即高型坐具绳床、椅子等，大约自何时开始与高型的桌案相配合，供人在读书、处理籍帐公文等事务中使用。从唐代绘画、墓室壁画等图像资料来看，壶门凳与壶门桌相配合使用的情况在盛唐时期就开始出现（图2—92），至中晚唐以后，各类高型坐具与高桌案的组合使用更为常见，然而这些高桌与椅凳的使用场合都是室内外的日常饮食或宴饮聚会，通常不会在文人的内室出现。只有作为一家之主的男性在室内生活中将高型桌案与椅子组合，将之用于案牍公务、披阅经典，中国传统家具体系由低坐向高坐的过渡才出现了更为彻底的转折，因此，这确属一个值得研究的重要问题。

据《太平广记》载：

> 隋炀帝令造观文殿，前两厢为书堂，各十二间。堂前通为阁道承殿。每一间十二宝厨。前设方五香重床，亦装以金玉。春夏铺九曲象簟，秋设凤绫花褥，冬则加绵装须弥毡。①

《旧唐书·礼仪志四》：

> 开元二十六年，玄宗命太常卿韦绦每月进《月令》一篇。是后每孟月视日，玄宗御宣政殿，侧置一榻，东面置案，命韦绦坐而读之。诸司官长，亦升殿列座而听焉。②

再据唐方干《题悬溜岩隐者居》诗句：

> 世人如要问生涯，满架堆床是五车。③

隋唐皇室书堂的典型陈设样式，是四壁列架或橱柜，书架、书橱前陈设皇帝读书使用的“重床”，贵族及平民则大体上在读书时使用床榻或坐席。为方便阅读，身前放置一具矮型栅足案，其形式即如唐王维《伏生授经图》（线图2）、五代卫贤《高士图》（线图32）所描绘的情况。床榻、席与小案配合使用的历史由来已久，并且直至五代时期也一直延续，敦煌莫高窟五代第98窟东壁门上据《维摩诘经·方便品》中维摩诘“入诸学堂，诱开蒙童”内容而绘的学堂画面中（线图18），维摩诘手持麈尾立于师前，师坐于壶门榻，身前放置一张披有桌披的书案，诸学子则同坐在一张长榻上。也就是说，五代时期，读书讲学时采取跪坐于床的姿态，仍在社会生活中延续着其存在。

---

① （宋）李昉：《太平广记》卷二百二十六《观文殿》，中华书局1961年版，第1737页。

② （后晋）刘昫等：《旧唐书》卷二四，中华书局1975年，第914页。

③ （清）彭定求、沈三曾等：《全唐诗》卷六五三，《文渊阁四库全书》本。

根据相关墓葬壁画显示，大约到北宋中期以后，高型桌案和坐椅的组合得以定型和普及。在这个最终的定型和普及之前，单人在室内组合使用桌椅的方式必然经过了一个长时段的发展过程。尽管并无十分确定的证据，但由部分文献和图像资料我们依然可以推知，这一过程的启始在唐代。《旧唐书·王维传》载：

在京师，日饭十数名僧，以玄谈为乐。斋中无所有，唯茶铛、药臼、经案、绳床而已。[①]

唐朱庆余《过苏州晓上人院》诗亦云：

经案离时少，绳床着处平。[②]

由于与经案相配合的唯有绳床，这两条文献中的经案属高型承具方为合理。绳床本来就是随着佛教文化的传播而自西域传来的，早期的桌案与椅的配合，与僧人、佛教居士的起居读经活动相关，是十分合理的情形。与此同时，桌椅相配合的生活方式也在影响着士人的日常生活，《唐语林》卷六载：

颜鲁公尝得方士名药服之，虽老气力壮健，如年三四十人。至奉使李希烈，春秋七十五矣。……于是命取席固圜其身，挺立一跃而出。又立两藤倚子相背，以两手握其倚处，悬足点空，不至地三二寸，数千百下。又手按床东南隅跳至西北者，亦不啻五六，乃曰，既如此，疾焉得死吾耶。[③]

这则逸事读来十分有趣，颜真卿年七十五而自试其体力时，用到的家具包括席、椅子和床，恰好是对盛唐时期房室内部高型坐具与传统坐卧之具混同使用的生动描绘。再如《朝野佥载》卷五的一则逸事：

贞观中，左丞李行廉弟行诠前妻子忠烝其后母，遂私将潜藏，云敕追入内。行廉不知，乃进状问，奉敕推诘极急。其后母诈以领巾勒项卧街中，长安县诘之，云有人诈宣敕唤去，一紫袍人见留宿，不知姓名，勒项送至街中。忠惶恐，私就卜问，被不良人疑之，执送县。县尉王璥引就房内推问，不承。璥先令一人于案褥下伏听，令一人走报长使唤，璥锁房门而去。子母相谓曰："必不得承。"并私密之语。璥至开门，案下之人亦起，母子大惊，并具承伏法云。[④]

王璥在房内审案推事时，所使用的案（披有案褥）下可以令一人藏身，此当为高案无疑。

敦煌莫高窟332窟北壁初唐壁画《维摩诘经变·不思议品及供养品》中（线图

---

① （后晋）刘昫等：《旧唐书》卷一九〇下《王维传》，中华书局1975年，第5052页。

② （清）彭定求、沈三曾等：《全唐诗》卷五一四，《文渊阁四库全书》本。

③ （宋）王谠：《唐语林》，商务印书馆1939年《丛书集成初编》本，第154页。

④ （唐）刘餗、张鷟：《隋唐嘉话·朝野佥载》，中华书局1979年版，第107页。

130），绘有须弥灯王佛坐在一具靠背上搭有锦披的绳床上的形象，绳床前放置有一张栅足案，高度约当须弥灯王膝间。这是绳床与案组合使用的最早图像资料。其后的二百余年的时间里，单只绳床或椅子与高案相配合，用于僧人讲经、文人案牍、学堂讲学的情况未见图像资料描绘，但莫高窟第384窟及莫高窟第390窟所绘的两幅五代壁画《地藏、十王与六趣轮回》中（线图59、线图60），从属于地狱十王的判官皆坐椅子，身前各放置一张带有锦缎桌披的高桌（案），其高度已至腰间，而桌椅的组合使用与现代已没有什么差别。更值得注意的是，尽管此图也属于佛教题材，但与椅子配合使用的高桌用来放置轮回账簿，亦即具有处理公务的文案属性。五代周文矩《重屏会棋图》所绘单扇立屏的屏风画上（线图26），绘有一倚靠在暖床（壶门床）上的文士形象，暖床右侧前方，放置一张高型翘头栅足案，案上置有茶盏、书籍，案下置有文士的鞋履，表明此时他是脱鞋坐床看书的。但图中的栅足案透露出两点信息，其一是书案不再是需要放置在床上使用的矮小类型，而是落地的高案；其二是两侧案足间带有一根管脚枨，比较法门寺地宫出土带有两根管脚枨的素面银香案（图3—38），只装一根管脚枨的目的，显然是便于使用者腿部屈伸。因此，图中的高案是可以与坐椅相组合使用的。此外，在日本正仓院藏有数张高型栅足案（图3—24、图3—25、图3—26），高度约在73.5—109.5厘米之间，除去一些特别高、显然只用于置物的案以外，其他藏品与今天我们使用桌案高度大致类似，根据唐代及唐以前的相关图绘资料，矮型栅足案通常的使用方法，是放置在身前供读书、办公使用。这种高型的栅足案在创制之初，可能仅供高僧在高座上说法时放置在床座前，用以陈设香器供物。但受到高坐生活方式的影响，它们很快转而与绳床、椅子相配合，成为最早的供僧侣、居士乃至世俗大众垂足而坐，阅读、处理公务时的经案、书案。

总之，自盛唐时期开始，供单人使用的高桌椅组合陈设便已开始逐渐进入文人士大夫的日常生活，到晚唐五代时期，这种高型家具的组合尽管仍然没有完全取代传统的床榻与矮案组合，但在社会生活中已经比较普遍了。

（三）日常饮食和宴饮陈设

饮食实际上是社交活动的一种重要载体，在社会生活中占有重要地位。唐代农业、商业、交通的发展，促进了饮食业的繁荣，也对餐饮活动的兴盛起到了一定的推动作用。日常饮食的品类日渐丰富，官方、民间举办的宴会在唐代都很常见，在这些场合中，家具的陈设方式与唐代的礼仪文化、饮食习惯都有着密切的联系。

1. 日常饮食

中唐以前，唐代的宗教绘画、墓室壁画题材通常不涉及日常平居的饮食活动描绘，我们仅能从文献资料中得知其大概情况。唐代的日常饮食活动，多数在厅堂进行。韩愈

《赠张籍》诗有句云："留君住厅食，使立侍盘盏。"[①]《朝野佥载》卷五载：

纳言娄师德，郑州人，为兵部尚书。使并州，接境诸县令随之。日高至驿，恐人烦扰驿家，令就厅同食。[②]

《宣室志》补遗载：

陈郡谢翱者，尝举进士，好为七字诗。……入门，青衣俱前拜。既入。见堂中设茵毯，张帷帟，锦绣辉映，异香遍室。……见一美人，年十六七，风貌闲丽，代所未识。……美人即命设馔同食，其器用物，莫不珍丰。[③]

至于饮食的器具，中唐以前，大致上仍延续着汉魏南北朝以来分餐制的传统，每餐饮食陈放在食案、食床、食盘上，由专人抬举至席榻上食用。分餐制下的唐代饮食用家具大约分为两类，一类为牙床、牙盘。据《归义军时期衙前第六队转贴》（S.6010）：

右件军将随身，人各花毡一领、牙盘一面、踏床一张，贴至，限今月九日卯时于衙听取齐。如有后到及全不来者，重有科罚。（第3—6行）[④]

当地的归义军衙官要求下属军将自带生活必须物品，包括用来进食的牙盘，用来坐卧的花毡、踏（榻）床，如果不能带齐物品就会受罚。由此可见，牙床、牙盘在唐代不但属于经济民生中的重要财产，并且是分餐饮食时的必备家具。陕西出土唐李寿墓（631年）石椁线刻画中，侍女合抬的一具食床（线图136），其形制即属牙床。另一类为平底、多足、圈足的各类食盘（参见第三章第一节"小型承物案与承物盘"部分内容），它们既可供单人食用，又可放置在较大的食案、食床上琳琅陈列，供多人食用。《宣室志》卷六载：

平卢从事御史辛神邕，太和五年冬，以前白水尉调集于京师。时有佣者刘万金与家僮自勤同室而居。自勤病数月，将死。一日，万金他出，自勤偃于榻。忽有一人，紫衣危冠广袂，貌枯形瘠，巨准修髯，自门而入。至榻前，谓自勤曰："汝强起，疾当间矣。"于是扶自勤负壁而坐。先是，室之东垣下有食案，列数器。紫衣人探袖中，出一掬物，状若稻实而色青，即以十余粒置食器中。[⑤]

即为其例。巩义市东区天玺尚城M234唐墓（832年）出土的一件三彩长方形四乳足

---

① （清）彭定求、沈三曾等：《全唐诗》卷三四〇，《文渊阁四库全书》本。

② （唐）刘餗、张鷟：《隋唐嘉话·朝野佥载》，中华书局1979年版，第111页。

③ （唐）张读：《宣室志》卷十，载《丛书集成新编》第82册，台湾新文丰出版公司1985年版，第209—210页。

④ 唐耕耦、陆宏基：《敦煌社会经济文献真迹释录》第四辑，全国图书馆文献微缩复制中心1990年版，第484页。

⑤ （唐）张读：《宣室志》卷十，《丛书集成新编》本第82册，台湾新文丰出版公司1985年版，第197页。

承物盘（图6—26、线图173），盘面边沿放置两副碗、筷勺，盘中部碗和高足盘盛放的食物，虽为小冥器，却生动地显示出在中唐时期，分餐而食的生活习惯已经开始让位于共餐而食，即使是放置在床榻、坐席上使用的食案、食盘，其使用功能亦开始出现了变化。

图6—26 河南巩义天玺尚城M234号中唐墓出土三彩四乳足食盘

中晚唐以后的砖室墓常有描绘室内生活陈设情况的浮雕壁画或彩绘壁画出土，在棺床周围的墓壁上，除了常见的衣架、灯架、橱柜、箱盒一类家具的描绘外，晚唐时期还出现了桌案与椅子组合的陈设方式。作为饮食用具的描绘，它们通常陈设的形式为一桌二椅，桌上陈设酒食器具，显示出随着共餐制的发展，同桌共食的习俗开始在家庭内部流行了起来。这种陈设形式，在郑州华南城唐范阳卢氏夫人墓（868年）东壁浮雕壁画中出现时（图2—65），两只靠背椅中间放置的是一张壶门式桌，其高度比例较通常的牙床、牙盘要高，略似《内人双陆图》中的双层牙盘式双陆盘，但仅为单层，桌的承物面与椅子的坐面齐平，明显有跪坐饮食时的传统习惯痕迹。在山东临沂市药材站M1号晚唐墓、河南市新乡2006XNM1号晚唐墓、洛阳苗北村五代墓、洛阳市邙山镇营庄村北五代墓、洛阳孟津新庄五代墓、洛阳龙盛小学五代墓等晚唐五代时期墓葬中（图2—66、图3—57、图3—58、图6—27、图6—28、图6—29），浮雕桌的高度已经高于

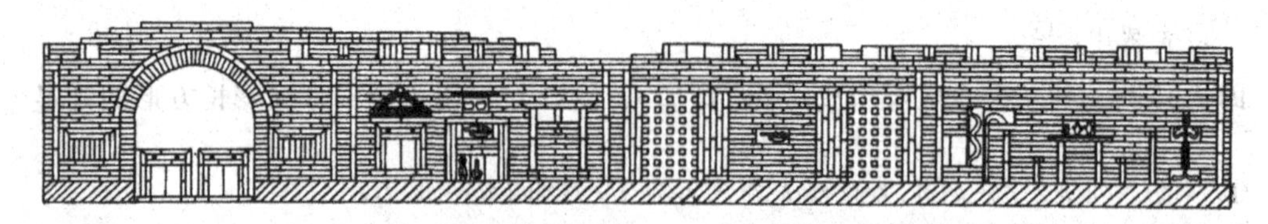
图6—27 河南市新乡2006XNM1号晚唐墓墓室展开图

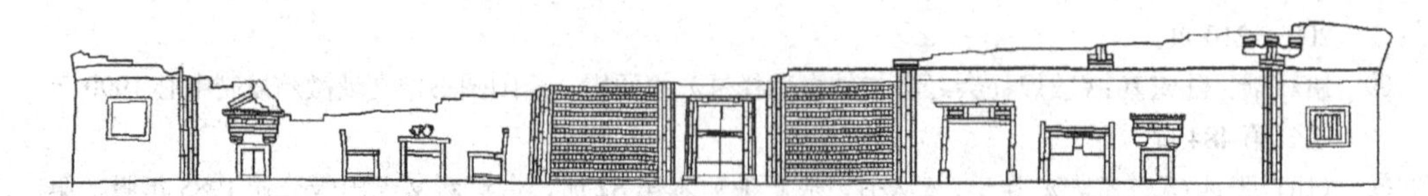
图6—28 洛阳孟津新庄五代壁画墓墓室展开图

图 6—29 洛阳龙盛小学五代壁画墓墓室西侧壁画

椅子坐面，与后世高坐生活习俗中的用例基本没有差别了。同时，与椅子相组合的高桌品类也由壶门式改为四直腿式和鹤膝式，这些都是箱板式低坐家具向框架式高坐家具体系转型的重要表现。

2. 室内宴饮陈设

唐代的宴饮环境，可以分为室内、室外两类，其中在室内举行的宴会，多数设置在厅堂，因此其陈设也是根据与会者的身份地位、人数的不同而临时设置的。

唐代的宫廷经常举办各种宴会，举凡节日、庆功、接见外使等事由，都会在宫庭中举行大型宴会。史籍中载有的唐代宫廷宴饮事类、次数繁多，仍以《新唐书》所载“皇帝元正、冬至受群臣朝贺而会”为例，皇帝在接受群官朝贺后，接着举行赐宴活动：

> 其会，则太乐令设登歌于殿上，二舞入，立于县（悬）南。尚舍设群官升殿者座：文官三品以上于御座东南，西向；介公、酅公在御座西南，东向；武官三品以上于其后；朝集使都督、刺史，蕃客三等以上，座如立位。设不升殿者座各于其位。又设群官解剑席于县之西北，横街之南。尚食设寿尊于殿上东序之端，西向；设坫于尊南，加爵一。太官令设升殿者酒尊于东、西厢，近北；设在庭群官酒尊各于其座之南。皆有坫幂，俱障以帷。……①

唐代宫宴的仪式相当烦琐，群官的坐具以及座次朝向、方位与朝会时基本相同，分别为升殿者设座和不升殿者设席，在座位南方加设上寿用的酒尊。备齐陈设后，宫宴的仪节程序包括依照赞者的号令传承依次解剑入座、群官上寿、皇帝赐酒、进食、再赐酒，宴毕下座等。进食的方式显然是分餐制，“尚食进御食”时使用的家具，应为牙盘、承物盘类的小型承具，分别放置在御座、群官坐榻、殿外众人坐席的前方，以便进食。

由于唐代早期的室内宴饮实行分餐制，牙盘具有体型小巧、带有唇口防止物品滑落、便于随时搬动陈放食物的优点，因此是进餐奉食时的主要用具。尤其是如宫宴这样正式的场合，牙盘是必不可少的列食之器。一场宴饮中，进食者使用牙盘的数量多少，还代表着身份与地位，《太平广记》录唐人卢言所著《卢氏杂说》云：

> 御厨进馔，凡器用有少府监进者，用九饤食，以牙盘九枚装食味于其间，置上前，亦谓之看食。②

皇帝进食，使用九只牙盘陈列各色食物于座前，繁华热烈的宴会气氛得到极好的烘托。

---

① （宋）宋祁、欧阳修等：《新唐书》卷十九《礼乐志九》，中华书局 1975 年版，第 428—429 页。

② （宋）李昉等：《太平广记》卷二百三十四《御厨》，中华书局 1961 年版，第 1792 页。

由于通常使用牙盘进食，当时甚至出现了“牙盘食”的专门词汇。《旧唐书·韦坚传》载，韦坚于开元末年“跪上诸郡轻货，又上百牙盘食”，令玄宗大感欢愉。①同时使用多件牙盘陈列进食的风俗，无论官方或是民间，都是类似的。唐薛渔思的志怪小说《独孤遐叔》记载了一场贵族的夜宴：

> 须臾，有夫役数人，各持畚锸箕帚，于庭中粪除讫，复去。有顷，又持床席、牙盘、蜡炬之类，及酒具乐器，阗咽而至。遐叔意谓贵族赏会，深虑为其斥逐，乃潜伏屏气，于佛堂梁上伺之。辅陈既毕，复有公子女郎共十数辈，青衣黄头亦十数人，步月徐来，言笑宴宴。遂于筵中间坐，献酬纵横，履舄交错。②

富裕阶层厅堂内的饮食陈设与宫宴相比，当然规模和豪华程度远远不及，但在坐具、餐具的陈设方式上，与宫宴大致是相类的，牙盘仍是用于进食的主要承具类型。扬之水《牙床与牙盘》一文考证唐时以牙盘进食的风俗云：

> 牙盘食又称饾钉，因它是把各色各味在盘中堆耸得齐整而有娱目之效。韩愈《南山诗》“或如临食案，肴核纷饤饾”，即用《诗·小雅·宾之初筵》“笾豆有楚，肴核维旅”之典，而谓食案饾饤纷陈如笾豆食。敦煌文书《俗务要名林》（斯·六一七）之“聚会部”首先举出的两个名称便是“铺设”与“饾钉”，同名之又一本，其中也有列在一起的“筵席，饤饾，盘馔”（伯·三六四四）。可见并非只是御馔，筵席铺设饾饤，当日的普遍习俗都是如此。③

多只牙盘满置食物放置在席面上称之为“钉饾”，主要追求的是宴饮辅陈排场的视觉效果，真正的饮食目的反而是其次的了。

除了饮食，唐时牙盘还用在宗庙祭祀时奉食追荐，如《旧唐书·礼仪志六》载：

> （天宝）十一载闰三月，制：“自今以后，每月朔望日，宜令尚食造食，荐太庙，每室一牙盘，内官享荐。仍五日一开室门洒扫。”④

方以智《通雅》论牙盘云：“牙盘，看食盘也。……看卓，一名香药卓。”⑤据《唐会要》卷二十一“缘陵礼物”载，元和十五年五月，“殿中省奏：‘尚食局供景陵千味食数，内鱼肉委食，味皆肥鲜。掩埋之后，熏蒸颇极。今请移鱼肉食于下宫，以时进飨。仍令尚药局据数以香药代之。’敕：‘脯醢猪犊肉等，皆宜以香药代，其酒依旧供用。’”⑥由于

---

① （后晋）刘昫等：《旧唐书》卷一〇五《韦坚传》，中华书局1975年版，第3223页。
② （宋）李昉：《太平广记》卷二百八十一《独孤遐叔》，中华书局1961年版，第2244页。
③ 扬之水：《曾有西风半点香》，生活·读书·新知三联书店2012年版，第151页。
④ （后晋）刘昫等：《旧唐书》卷二六，中华书局1975年版，第1011页。
⑤ （明）方以智：《通雅》卷三十九“牙盘”条，《文渊阁四库全书》本。
⑥ （宋）王溥：《唐会要》，中华书局1955年版，第408页。

奉享的食品变质后气味难闻，因此牙盘上承献的食品用香料代替。后世把陈设祭礼所用，其上食物只能看而不能食用的食桌，称之为“看桌”、“香药桌”。唐时宴饮聚餐，除牙盘外，其他各类餐具如垒子（多层套盒）、各式承物盘等皆可承放食物，但只有牙盘因其常多只成列、齐整美观，除供食用外，更多的带有“看”的娱目效果。因此其礼仪文化的象征意义延于后世而不绝。

大型的宴会场合，当殿堂或厅堂无法容纳众多的与会者就餐时，众人中身份略低的人多坐在殿堂、厅堂槛柱外的廊下，列席就食。此外，自太宗朝开始，唐代的日常朝会后，皇帝还有赐群官“廊下食”的定例，《唐会要》卷二十四“廊下食”载：“贞观四年十二月诏，所司于外廊置食一顿。……贞元二年九月，举故事，置武班朝参。其廊下食等，亦宜加给。”① 用来盛放廊下食的通常是各种多足、圈足或无足的食盘，《唐会要》卷六十五“珍羞署”载：

> （唐睿宗）景云二年正月敕：左右厢南衙廊中食，每日常参官职事五品以上及员外郎，供一百盘，羊三口。……职事五品以上赐食，供十盘。六参日，供四日五盘。有余赐左右春坊供奉官詹事直。若非坐日。设三盘。诸节日应设食者。准料即造。不须奏闻。②

这种在廊下进餐的传统，在敦煌壁画中有所描绘，如莫高窟第236窟东壁门上中唐壁画《药师经变》中的斋僧场景（图6—30），斋僧的施主及仆从在寺院殿堂外的庭院里备食，廊下数僧各坐一席，侍者将准备好的食物用食盘装好，放在席前供僧侣们食用。

至于唐代宫宴、家宴场合，主客是否已经应用了高型家具，历史文献资料多语之不详。据敦煌壁画显示的斋僧场合，无论僧侣们在室内还是在廊下进食，斋僧者多使用大型的高桌在庭院中进行备食活动，如莫高窟第148窟东壁盛唐《药师经变》斋僧场景（线图148），佛前的奉供品陈列在一张牙床上，佛殿内的诸僧则席地就食，食物放置在小食盘中，庭院内的备食者使用带有桌拔的大桌，其他如莫高窟中唐第159窟、晚唐第12窟中的斋僧画面，亦与之相似，这些备食时使用高桌的情况忠实地反映了当时的社会生活情态。婚礼宴饮多在室外设帐举行，但敦煌壁画中亦有少数婚礼宴会是在室内和庭院中开展的，如莫高窟第360窟南壁中唐壁画《弥勒经变》的婚礼场合中（图3—45），室内宴饮观礼的宾客围坐在一张壶门大桌两侧，所坐的则是四腿长凳。除了家宴，唐代的一些室内宴饮聚会还会在酒肆中开展，莫高窟第61窟东壁五代壁画《维摩诘经变》（图6—31）、第108窟东壁五代壁画《维摩经变·方便品》（线图74）描绘的酒肆聚饮场合中，壶门大桌皆与长凳相配合使用，亦能证实中晚唐以后的室内宴饮活

① （宋）王溥：《唐会要》，中华书局1955年版，第469页。

② （宋）王溥：《唐会要》，中华书局1955年版，第1137页。

动中，适合多人共坐饮食的高型桌凳组合使用的情况是较为常见的。

图 6—30　莫高窟 236 窟东壁门上中唐《药师经变》局部

图 6—31　莫高窟 61 窟东壁五代《维摩诘经变》局部

3. 室外宴饮陈设

唐代的室外宴饮风气十分兴盛，举凡士子登科、村社聚会、游园、婚嫁，多数都会在室外举行宴会。唐代的室外宴饮，尤其是平民的室外宴饮，由分餐制逐渐向共餐制转变。在室外的饮食场合，多人共食使社交活动更为融洽和谐，对此起到推动作用的一个极其重要的因素，就是高型坐具、承具的大量出现，使人们可以围坐在大型的桌案边共同进食。

陕西西安南里王村唐代韦氏家族墓的墓室壁画《宴饮图》（约当盛唐至中唐前期）中（线图 69），在开敞的室外空地上，摆放着宽大的直脚桌案，宾客分三面围坐在桌边的长凳上。敦煌壁画中的家具图像资料中，唐代室外聚餐的场景在盛唐以后开始出现，在晚唐、五代以后尤其多见。用以围坐聚餐时，多使用高坐家具，承具主要包括大型的壶门式桌和框架式直脚桌案，坐具的类型更多，主要包括壶门式长凳、四腿长凳、单人坐墩、筌蹄等。传世唐代卷轴画《宫乐图》（宋摹本）中（图 3—46），还出现了壶门大桌与月牙杌子相配的组合形式。此外，盛唐至中唐时，与坐具相配合使用的桌的高度多仅在膝间（图 2—92、线图 69），壶门床与壶门凳、直脚桌案与长凳等同类形制风格的家具组合比较常见。如莫高窟 445 窟盛唐《舞乐图》中（图 2—92），就食的宾客分列两行对坐在搭设好的饮帐内，对坐的宾客分别盘坐在两只壶门式长凳上，中间放置的是一张壶门式大桌，桌侧另放的一张小桌也是壶门式的。中唐至晚唐五代时期，坐具与承具的组合方式更加多样化，壶门式桌、直脚高桌与长凳、杌凳、坐墩混合使用的情况十分普遍（图 2—87、线图 71、线图 74、线图 83、线图 161），同时，人们围坐的桌子在高度上也有所增加，演变得更为适合在垂足高坐时取用食品，但这个发展过程仍然是与高度较矮的桌子交错并行的，大多数晚唐五代时期的壁画中，桌子的高度与坐具相比仍然只是略高一点。此外，中唐至五代的室内外宴饮活动使用的大型食桌和长凳，常常以纺丝品制成相应大小的外披，将整个家具包覆起来，除了显示备宴态度的严谨、场合的隆重外，一定程度上也说明宴饮聚会活动经常举行，以至需要为宴会上使用的家具制作专门的防护物，以利长期使用。

在多人对坐的室外宴饮场合中，似乎并未出现牙盘的身影，究其原因，可能首先是由于已经使用了高桌，人们如再从牙盘上取用食品，显得陈设过于重复，其二是因为在多人聚饮的世俗宴乐气氛下，牙盘食这种带有分餐制、礼仪化特征的进食方式，显得并不合乎时宜。

由唐代家具的陈设与使用情况中可以看出，中唐以前，人们的日常生活仍以传统的跽坐、盘坐姿态为主，壶门式家具在人们的家庭环境中占有绝对的中心地位，绳床、椅子等高型坐具起到丰富起居方式、方便生活的辅助作用。但在中唐以后，无论厅堂、后室陈设，还是日常饮食、室内外宴饮活动，高型坐具发挥的作用越来越大，并自然而然地开始与高型承具相配合使用。在唐代日常生活的各种环境中，承具的高度逐渐增高，但存在一个渐进和反复的过程。随着时间的推移，垂足高坐的生活方式必然推动中国传统家具高度的整体升高，以及随之而来的框架式家具的不断发展演进。

唐代家具线描图

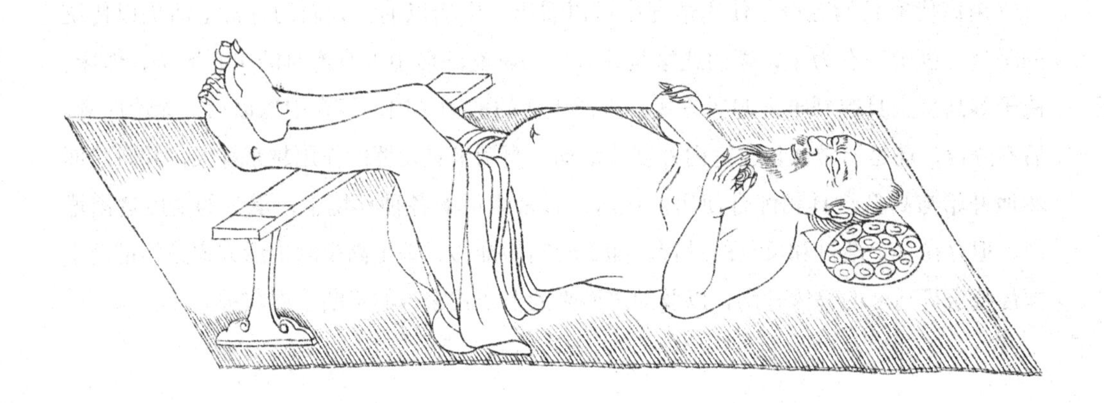

线图 1　唐陆曜《六逸图 · 边韶昼眠》中的席、夹膝几

线图 2 （唐）王维《伏生授经图》中的席、栅足案

线图 3　莫高窟 303 窟窟顶东披隋代《法华经变》中的壶门床

线图 4　山东嘉祥一号隋墓壁画《徐侍郎夫妇宴享行乐图》中的壶门床、栅足案

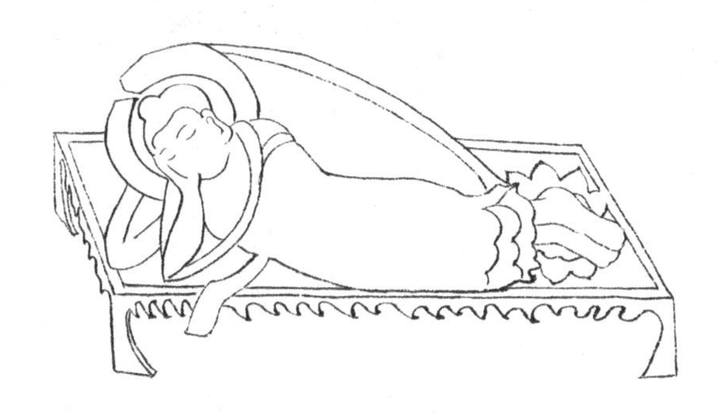

线图 5　莫高窟 420 窟隋代《法华经变》中的壶门床

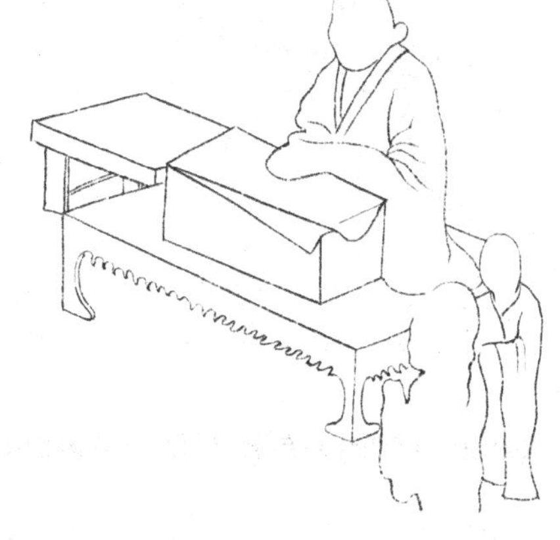

线图 6　莫高窟 323 窟北壁初唐《佛图澄与石虎》中的壶门床、方凳

线图 7　莫高窟第 203 窟西壁龛外初唐《维摩诘经变》中的壶门床、小牙床

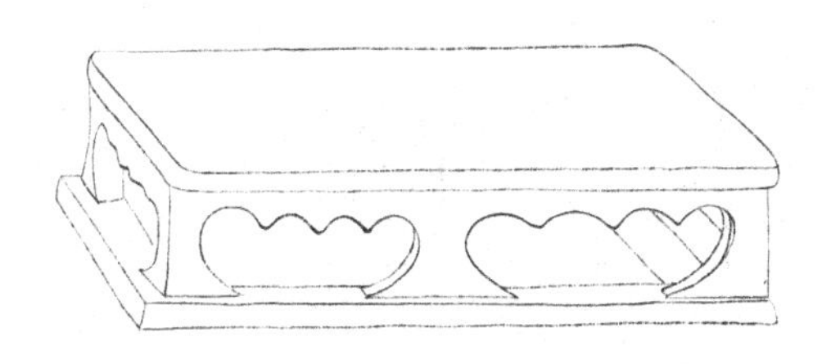

线图 8　陕西富平李凤墓（675 年）出土三彩榻

线图 9 （唐）阎立本《历代帝王图》中的壶门床、曲几

线图 10 陕西礼泉县燕妃墓后室屏风画中的壶门床

线图 11 莫高窟 431 窟南壁初唐《观无量寿经变》中的壶门床

线图 12 莫高窟 217 窟南壁盛唐《法华经变》中的壶门床、长凳、栅足案

线图 13 莫高窟 154 窟东壁盛唐《金刚经变》中的壶门床

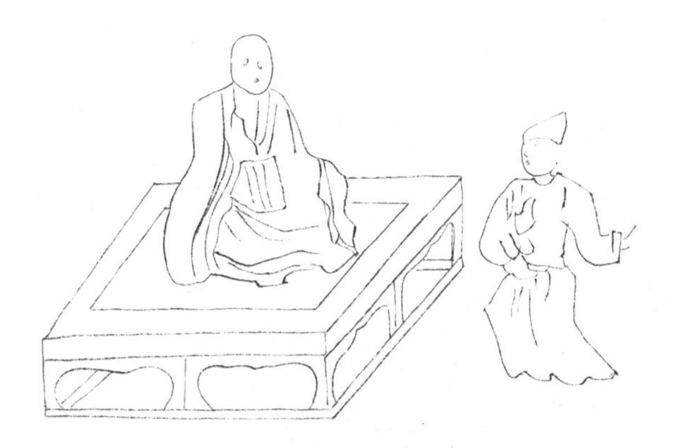

线图 14 莫高窟 159 窟南壁中唐《法华经变》中的壶门床

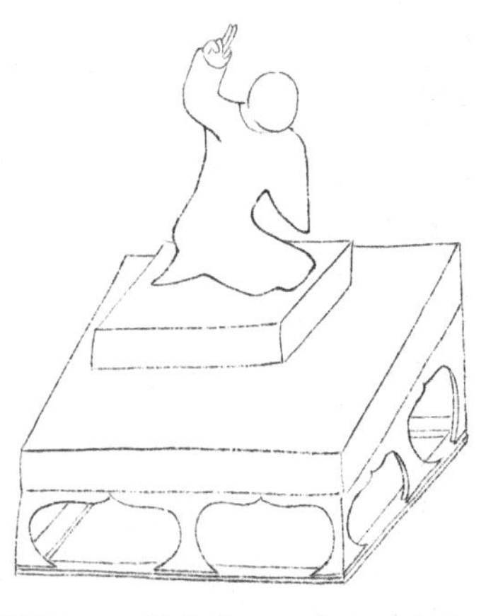

线图 15 莫高窟 359 窟南壁中唐《金刚经变》中的壶门床

线图 16 莫高窟 144 窟东壁门上晚唐《女供养人像》中的壶门床

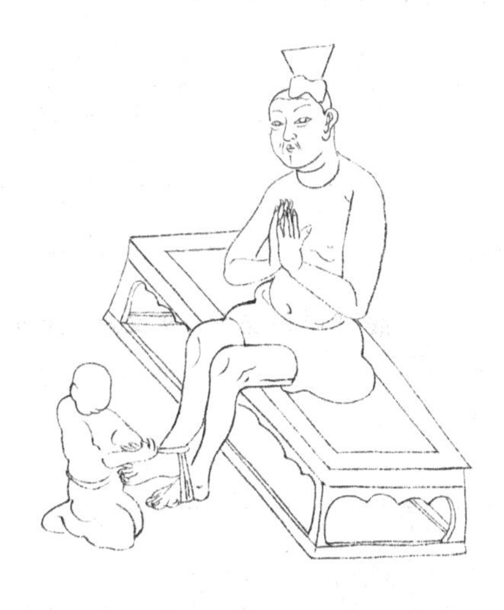

线图 17 莫高窟 85 窟窟顶东披晚唐《楞伽经变》中的壶门床

线图 18 莫高窟 98 窟东壁门上五代《维摩诘经变》中的壶门床

线图 19 （五代）周文矩《重屏会棋图》中的壶门床、鹤膝榻、直脚床、单扇屏风

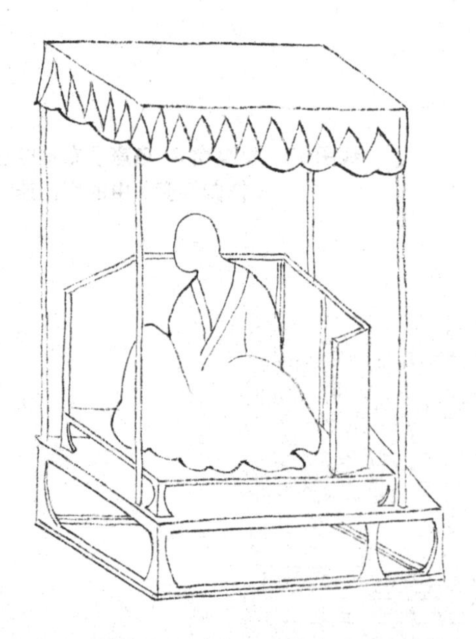

线图 20 莫高窟 420 窟顶南披隋《法华经变》中的带屏帐壶门床

线图 21 莫高窟 203 窟西壁龛外初唐《维摩诘经变》中的带帐壶门床

线图 22　莫高窟第 217 窟南壁盛唐《得医图》中的带屏壶门床

线图 23　莫高窟 169 窟北壁盛唐《未生怨》中的带屏壶门床

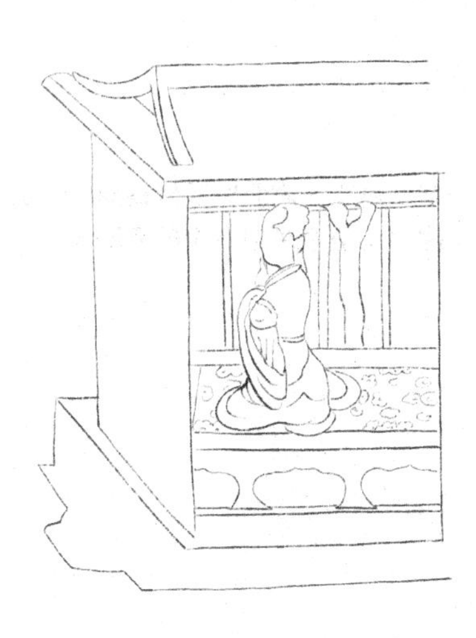

线图 24　莫高窟 171 窟南壁盛唐《观无量寿经变》中的带屏壶门床

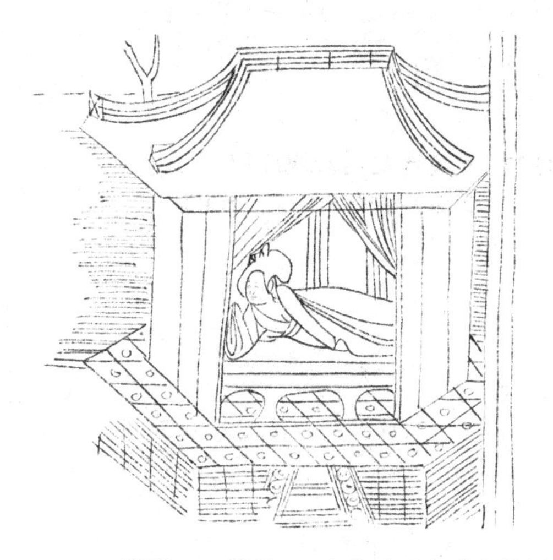

线图 25　榆林 25 窟北壁盛唐《弥勒经变》中的带屏帐壶门床

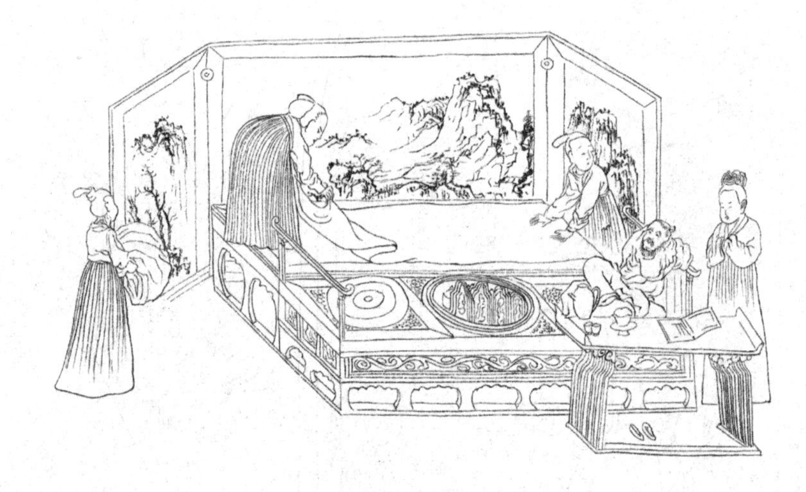

线图 26 （五代）周文矩《重屏会棋图》中的带床栏壶门暖床、三围屏风、栅足案

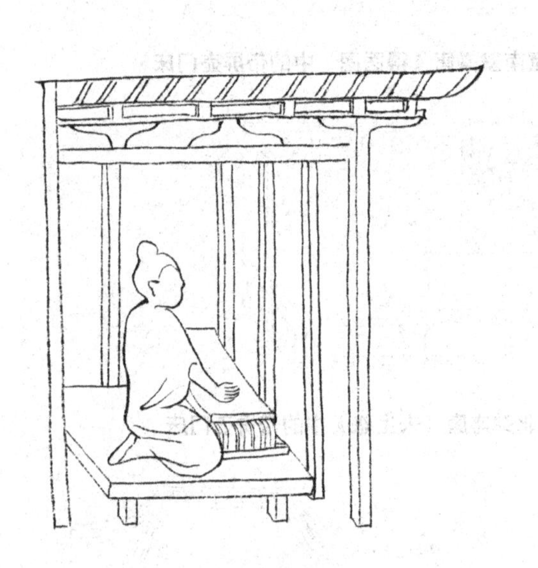

线图 27　莫高窟 321 窟南壁初唐《十轮经变》中的直脚床、栅足案

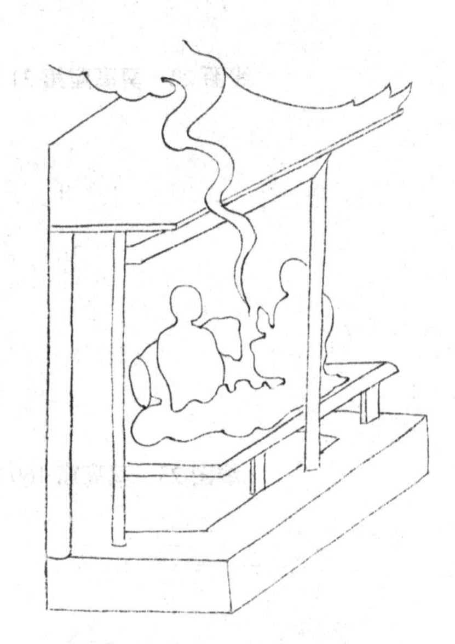

线图 28　莫高窟 215 窟北壁西侧盛唐《九品往生与圣众来迎》中的直脚床

线图 29　莫高窟 148 窟南壁盛唐《弥勒经变》中的直脚床

线图 30　榆林 25 窟北壁中唐《弥勒经变》中的直脚床

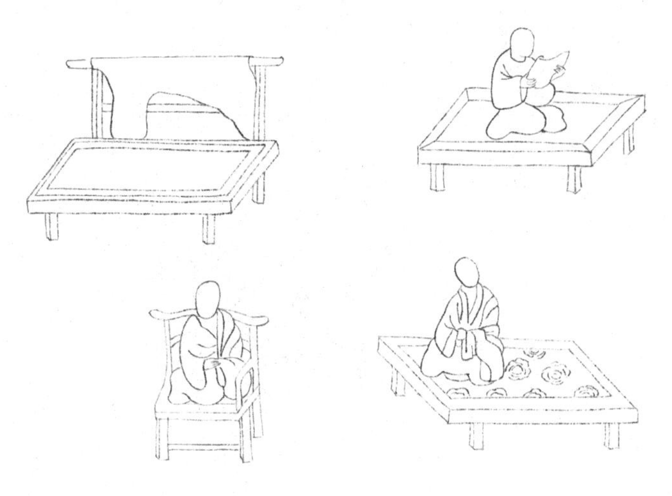

线图 31　莫高窟 138 窟南壁晚唐《诵经图》中的直脚床、绳床、衣架

线图 32 （五代）卫贤《高士图》中的直脚床、杌凳、栅足案

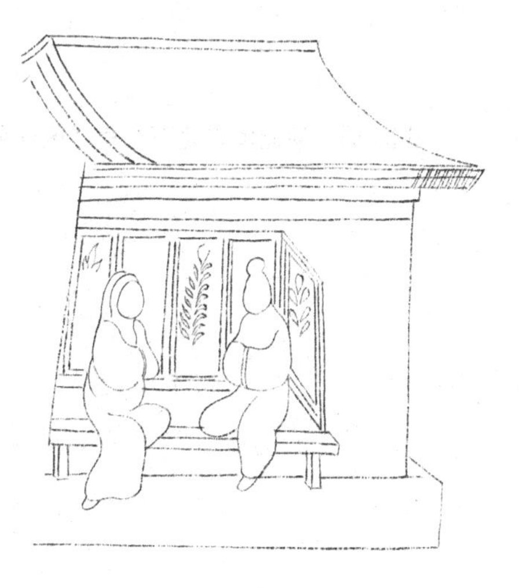

线图 33　莫高窟第 23 窟窟顶南披盛唐《法华经变》中的带屏直脚床

线图 34　莫高窟 23 窟南壁盛唐《法华经变化城喻品（上房三楹）》中的带屏直脚床

线图 35　河北省宣化下八里 2 区辽墓 1 号墓出土《割股奉亲图》中的带屏帐直脚床

线图 36　咸阳章怀太子墓第四过洞西壁《殿堂侍卫图》中的平台式坐榻

线图 37 唐李寿墓（631 年）石椁线刻《侍女图》第 17 人手捧胡床

线图 38 唐李寿墓（631 年）石椁线刻《侍女图》第 23 人臂挽胡床

线图 39 莫高窟 217 窟南壁盛唐《佛顶尊胜陀罗尼经变》中的胡床

线图 40 莫高窟第 61 窟西壁五代壁画《五台山图》中的交椅

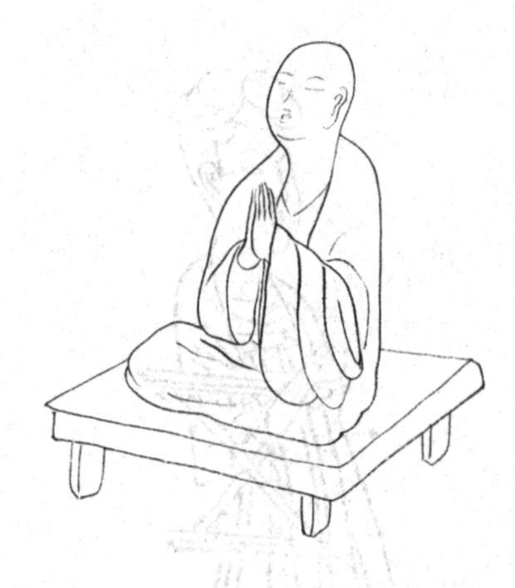

线图 41　莫高窟第 23 窟北壁盛唐壁画《法华经变》中的独坐榻式绳床

线图 42　莫高窟 159 窟中唐壁画《弥勒经变》中的独坐榻式绳床

线图 43　莫高窟 202 窟南壁中唐《弥勒经变》中的椅子式绳床

线图 44　莫高窟 23 窟北壁盛唐《法华经变》中的椅子式绳床

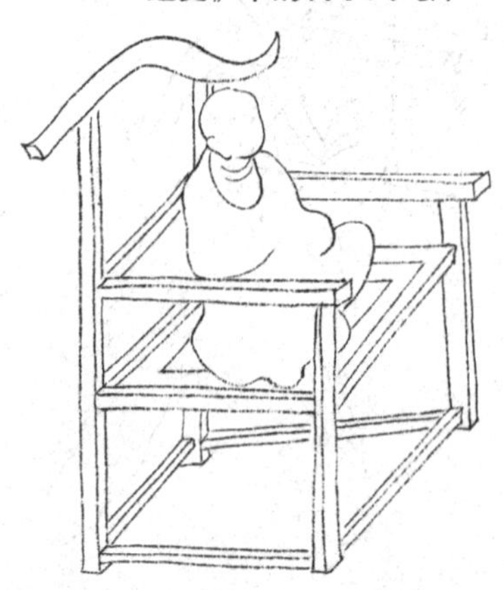

线图 45　莫高窟 186 窟顶东披中唐《弥勒经变》中的椅子式绳床

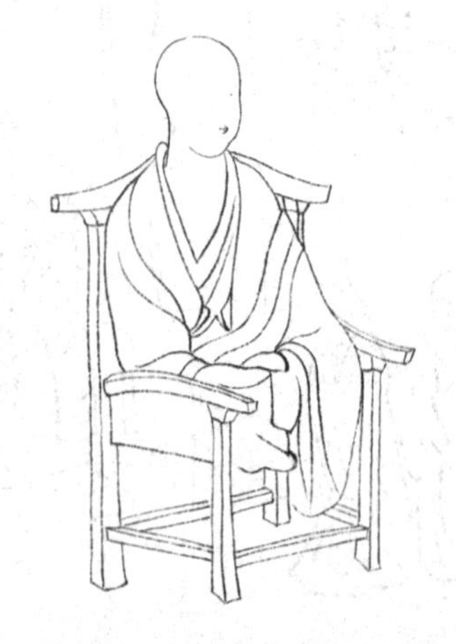

线图 46　莫高窟第 9 窟北壁中间晚唐《维摩诘经变·舍利佛宴坐》中的椅子式绳床

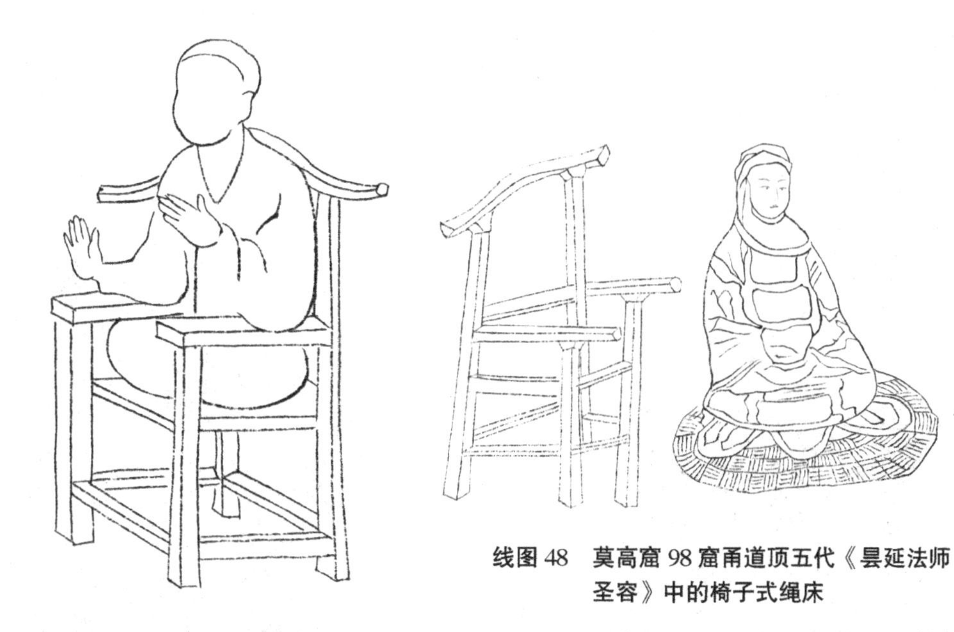

线图 47　莫高窟 61 窟西壁五代《五台山图·大佛光寺》中的椅子式绳床

线图 48　莫高窟 98 窟甬道顶五代《昙延法师圣容》中的椅子式绳床

线图 49　榆林 33 窟南壁五代《经变式牛头山图》中的椅子式绳床

线图 50　莫高窟 148 窟南壁盛唐《弥勒经变》中的椅子式绳床

线图 51 （五代）贯休《十六罗汉图》中的曲录床

线图 52 （五代）贯休《十六罗汉图》中的曲录床

线图 53 （唐）阎立本《萧翼赚兰亭图》中的曲录床

线图 54 陕西高楼唐高元珪墓（756 年）出土《墓主人图》中的扶手椅

线图 55　莫高窟 196 窟西壁晚唐《劳度叉斗圣变》中的扶手椅、矩形壶门凳

线图 56　莫高窟 61 窟西壁五代《五台山图·大清凉寺》中的扶手椅

线图 57　（五代）王齐翰《勘书图》中的直脚桌案和扶手椅

线图 58　北京唐何数墓（759 年）出土《墓主人图》中的靠背椅

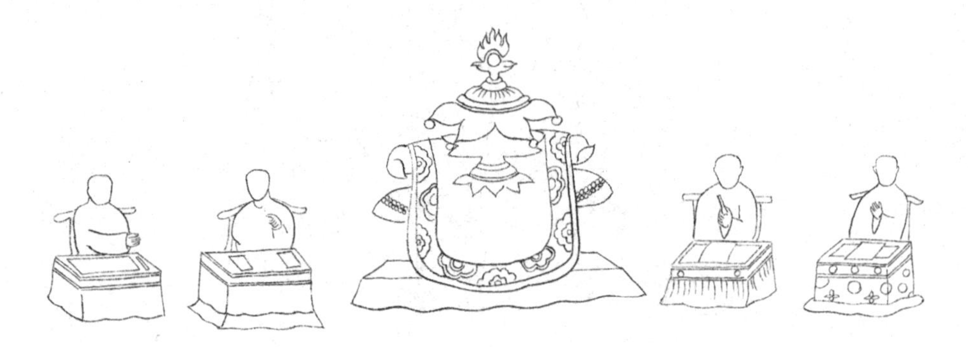

线图 59　莫高窟 384 窟甬道顶五代《地藏、十王与六趣轮回》中的靠背椅和高桌

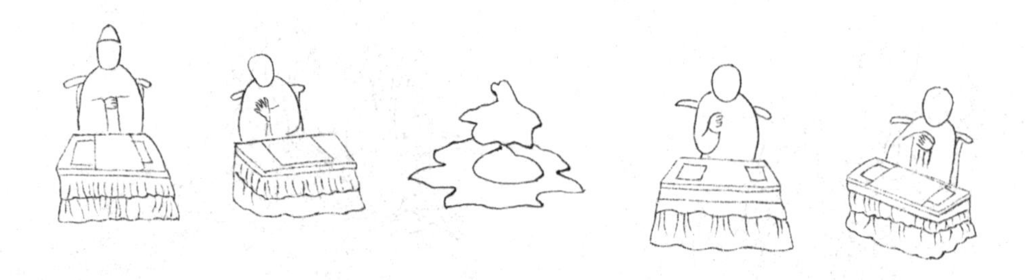

线图 60　莫高窟 390 甬道顶五代《地藏、十王与六趣轮回》中的靠背椅和高桌

线图 61　内蒙古阿鲁科尔沁宝山村 1 号辽墓（923 年）出土壁画中的靠背椅和壸门桌

线图 62 （唐）阎立本《萧翼赚兰亭图》（北宋本）中的杌凳

线图 63 （唐）阎立本《萧翼赚兰亭图》（南宋本）中的杌凳

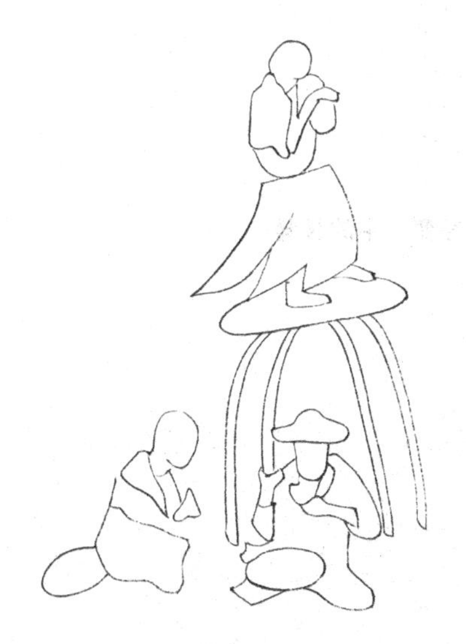

线图 64 莫高窟 186 窟窟顶北披中唐《弥勒经变》中的杌凳

线图 65 莫高窟 61 窟南壁五代《弥勒经变》中的杌凳

线图 66　莫高窟 146 窟北壁五代《药师经变》中的机凳、灯轮

线图 67　西安市长安区西兆村M 16 唐墓（武周至开元）壁画中的长凳

线图 68　莫高窟 33 窟南壁盛唐《弥勒经变》中的长凳

线图 69　陕西西安市南里王村唐墓（盛唐至中唐）《宴饮图》中的长凳、直脚桌案

线图 70　陕西长安县南李王村唐墓（盛唐至中唐）屏风画中的长凳

线图 71　莫高窟 360 窟东壁中唐《维摩诘经变》中的长凳、壶门高桌

线图 72　莫高窟第 9 窟南壁晚唐《劳度叉半圣变》中的长凳

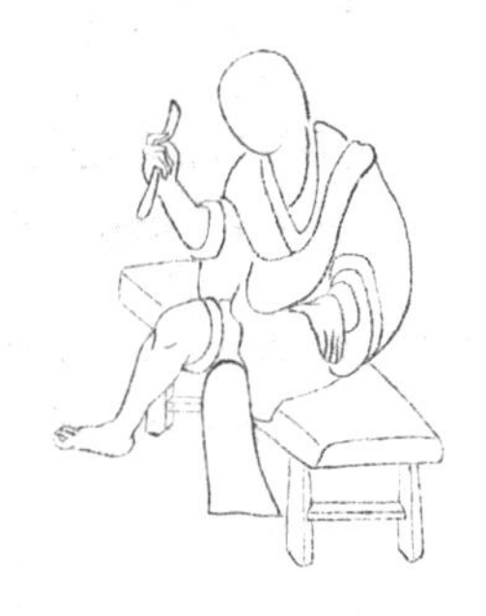

线图 73　榆林窟 32 窟西壁五代《梵网经变》中的长凳

线图 74　莫高窟 108 窟东壁五代《维摩诘经变》中的长凳、壶门高桌

线图 75　唐李寿墓（631 年）石椁线刻《侍女图》第 14 人臂挟筌蹄

线图 76　莫高窟 331 窟东壁初唐《法华经变》中的筌蹄

线图 77　河南洛阳唐墓出土坐筌蹄仕女俑

线图 78　西安王家坟 90 号唐墓出土三彩坐筌蹄仕女俑

线图 80　莫高窟 33 窟南壁盛唐《弥勒经变》中的坐墩、杌凳

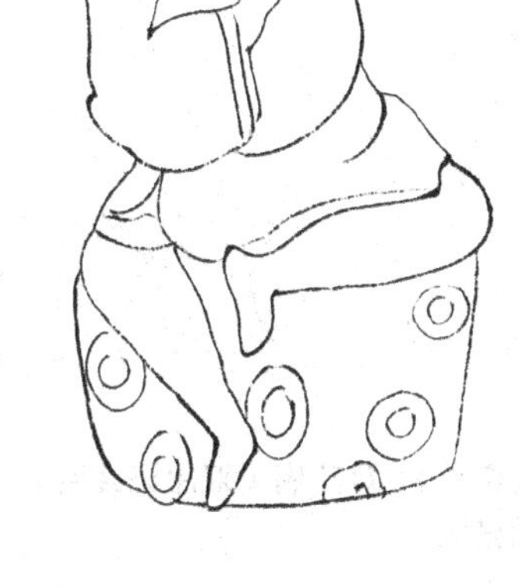

线图 79　莫高窟 148 窟东壁门北盛唐《药师经变》中的坐墩

线图 82　榆林窟第 25 窟北壁中唐《弥勒经变 · 剃度图》中的坐墩

线图 81　（唐）阎立本《锁谏图》中的藤坐墩

线图 83　榆林 25 窟北壁中唐《弥勒经变·嫁娶图》中的坐墩、壶门高桌

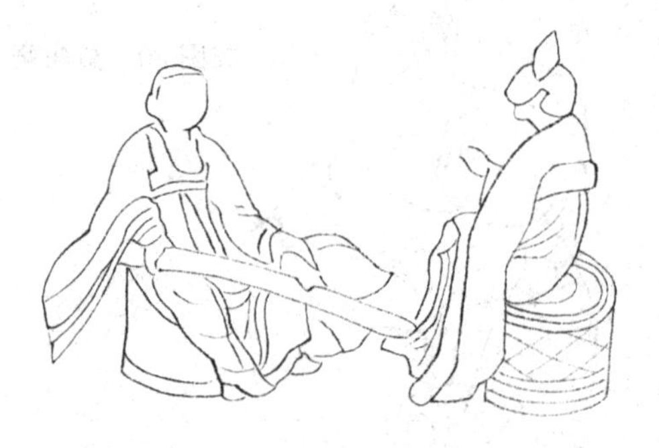

线图 84　莫高窟第 85 窟晚唐《双恩记经变》中的坐墩

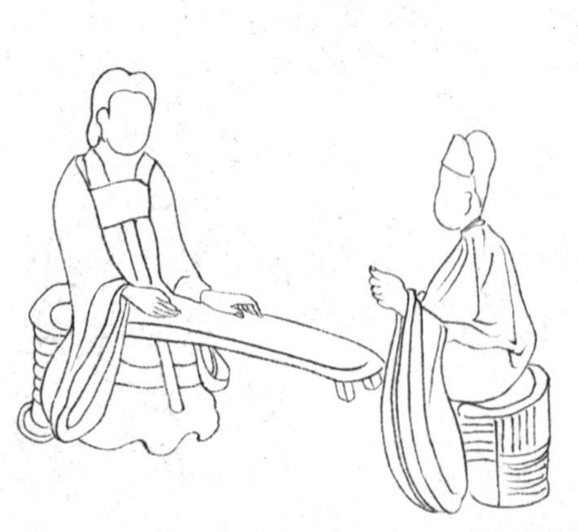

线图 85　莫高窟 100 窟南壁五代《报恩经变》中的坐墩

线图 86　莫高窟第 323 窟南壁初唐《佛传故事图》中的高座、壶门榻

线图 87　莫高窟 361 窟南壁中唐《金刚经变》中的高座

线图 88　莫高窟 112 窟南壁中唐《金刚经变》中的高座

线图 89　莫高窟 103 东壁窟门盛唐《维摩诘经变》中的带屏帐高座

线图 90　莫高窟 159 窟东壁中唐《维摩诘经变》中的带屏帐高座

线图 91　莫高窟 445 窟北壁盛唐《弥勒经变·三会说法》中的壶门凳、壶门桌

线图 92　莫高窟 85 窟窟顶西披晚唐《弥勒经变》中的壶门凳

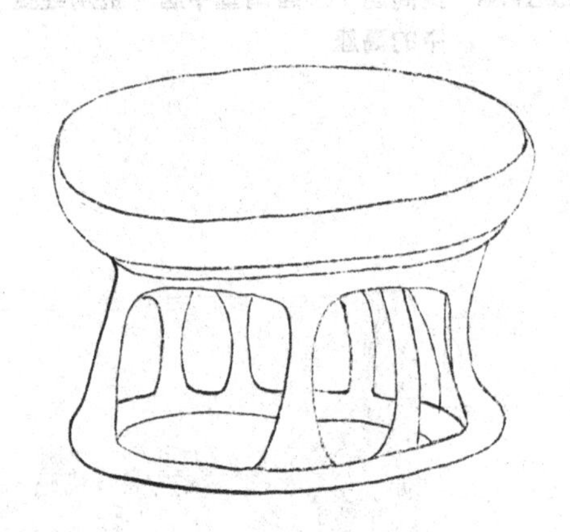

线图 93　莫高窟第 126 窟南壁中唐《观无量寿经变》中的壶门凳

线图 94　敦煌彩绘插图本《妙法莲华经观世音菩萨普门品》中的壶门凳、壶门高桌

线图 95　（唐）张萱《捣练图》中的月牙杌子

线图 96 （唐）周昉《挥扇仕女图》
中的月牙杌子

线图 97 （唐）周昉《调琴啜茗图》
中的月牙杌子

线图 98 （唐）周昉《内人双陆图》中的
月牙杌子、双层壸门双陆盘

线图 99 （唐）佚名《宫乐图》
中的三只月牙杌子

线图 100 （五代）周文矩《宫中图》中的月牙杌子

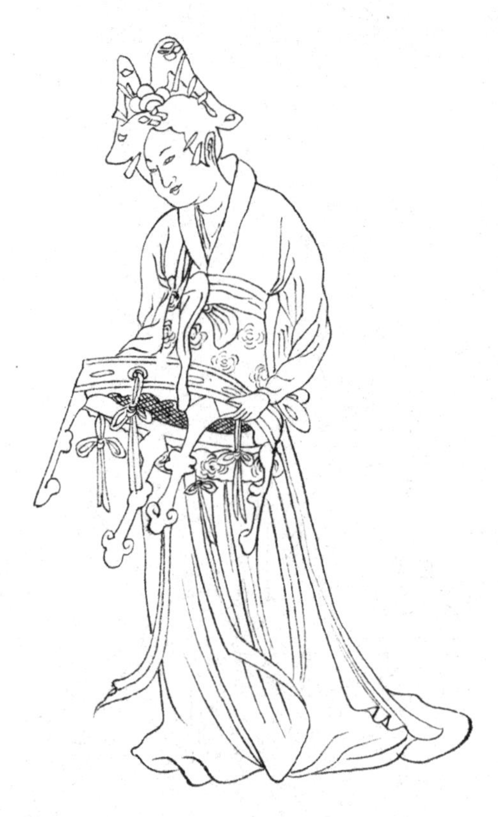

线图 101　内蒙古阿鲁科尔沁旗宝山村 2 号辽墓（10 世纪上半叶）《寄锦图》中的月牙杌子

线图 102 （唐）周昉《挥扇仕女图》中的唐圈椅

线图 103 （五代）周文矩《宫中图》中的唐圈椅

线图 104 （五代）周文矩《宫中图》中的唐圈椅

线图 105 莫高窟第 323 窟南壁初唐《佛传故事画》中的步辇

线图 106 莫高窟 129 窟北壁中唐《弥勒经变》中的步辇

线图 107 陕西礼泉县新城长公主墓（663 年）80 出土《担子图》

线图 108　五代李茂贞夫妇墓庭院东壁出土《担子图》

线图 109　五代李茂贞夫妇墓庭院西壁出土《担子图》

线图 110 （唐）阎立本《步辇图》中的腰舆、夹膝几、伞

线图 111 （唐）阎立本《历代帝王图》中的腰舆、夹膝几

线图 112 （五代）周文矩《宫中图》中的腰舆

线图 113 莫高窟 420 窟窟顶西披隋代《法华经变》中的带帐须弥座

线图 114 莫高窟 334 窟初唐《说法图》中的带靠背须弥座

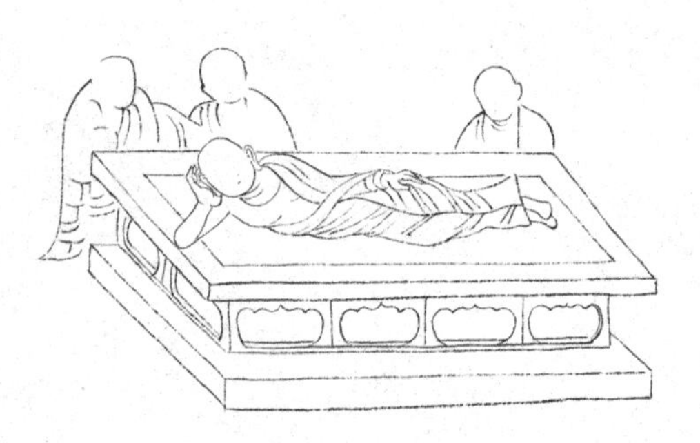

线图 116　莫高窟 159 窟南壁中唐《法华经变》中壶门床榻化的须弥座

线图 115　莫高窟 387 窟北壁盛唐《弥勒经变》中的须弥座

线图 117　盛唐 148 窟北壁盛唐《涅槃经变》中承具化的须弥座

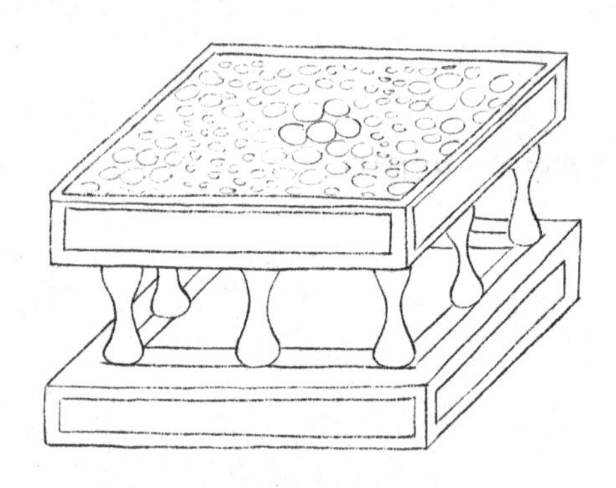

线图 118　莫高窟 148 窟东壁盛唐《观无量寿经变》中承具化的须弥座

线图 119　莫高窟 295 窟窟顶西披《涅槃经变》中的束腰莲座

线图 120　莫高窟 329 窟初唐《弥勒经变》中的束腰莲座

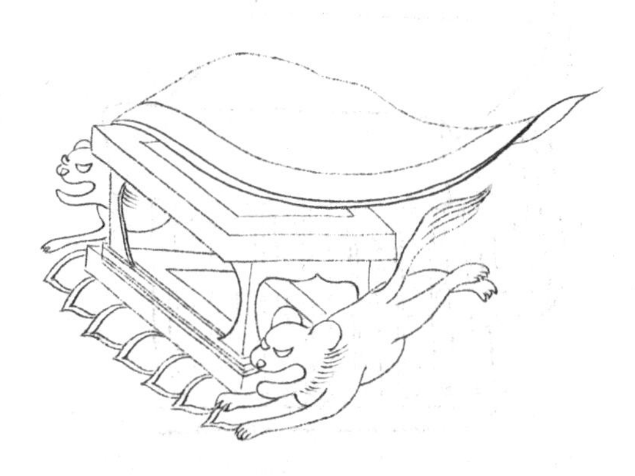

线图 121　莫高窟 332 窟北壁初唐《维摩诘经变》中带壶门脚的金狮床

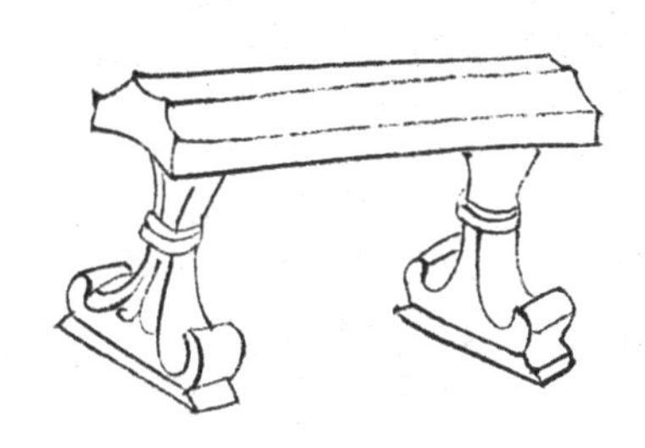

线图 122　河南安阳隋张盛墓（595 年）出土白瓷夹膝几

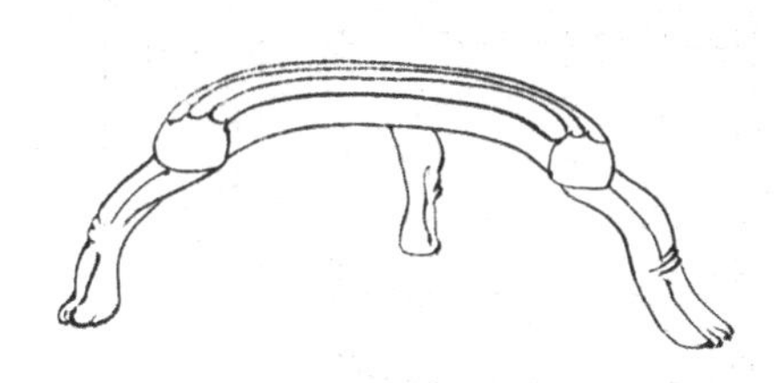

线图 124　河南安阳隋张盛墓（595 年）出土白瓷曲几

线图 123　唐李寿墓（631 年）石椁线刻《侍女图》第 18 人手捧夹膝几

线图 125　唐李寿墓（631 年）石椁线刻《侍女图》第 7 人手捧曲几

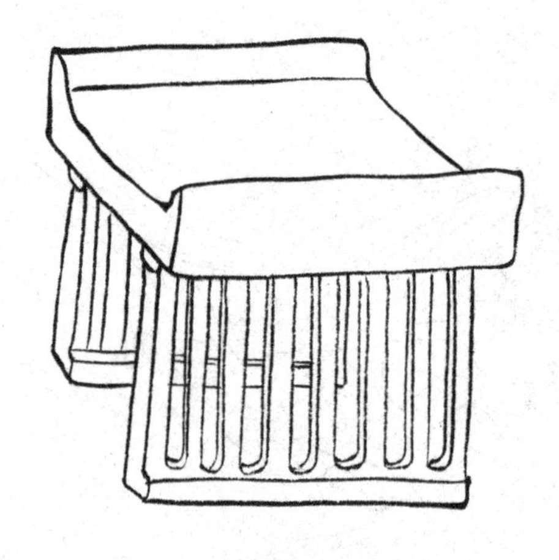

线图 126　河南安阳隋张盛墓（595 年）出土白瓷栅足案

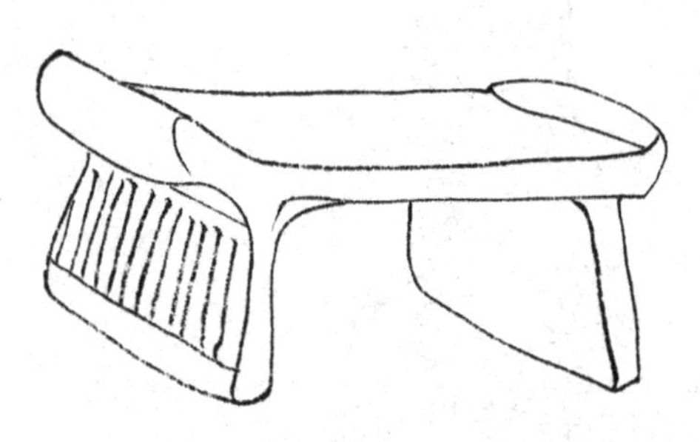

线图 127　湖南长沙牛角塘初唐墓出土陶栅足案

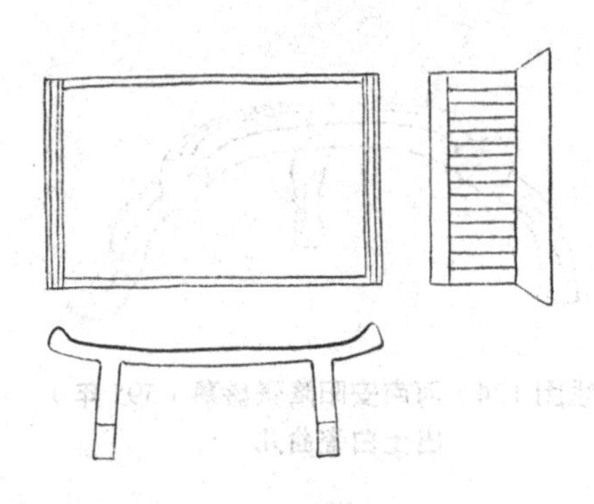

线图 128　湖南长沙咸嘉湖初唐墓出土青瓷栅足案

线图 129　法国国家图书馆藏《阎罗王授记经》（10 世纪）中的栅足案

线图 130　莫高窟 332 窟北壁初唐《维摩诘经变》中的栅足案、绳床

线图 131　莫高窟 103 窟南壁盛唐《佛顶尊胜陀罗尼经变》中的栅足案

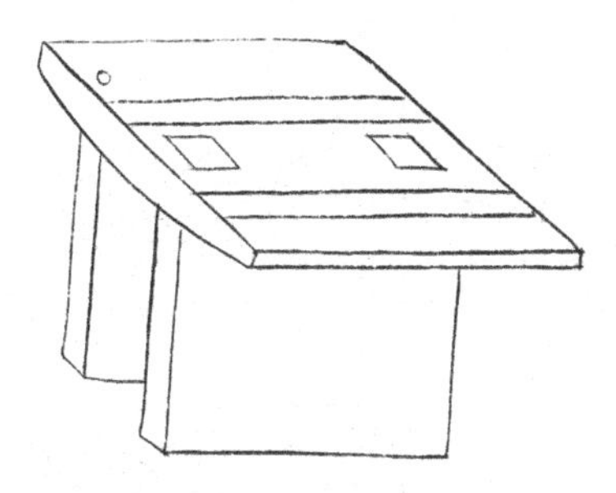

线图 132　河南安阳隋张盛墓（595 年）出土白瓷板足案

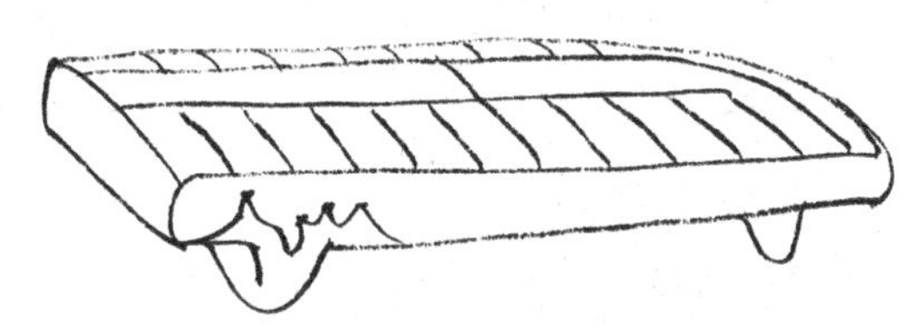

线图 133　湖南长沙牛角塘初唐墓出土陶板足双陆盘

线图 134　莫高窟 314 窟西壁隋代《维摩诘经变》中的小牙床

线图 135　唐李寿墓（631 年）石椁线刻《侍女图》第 6 人手捧小牙床

线图 136　唐李寿墓（631 年）石椁线刻《侍女图》第 32、34 人搬抬牙床式食床

线图 137　陕西礼泉县杨温墓（640 年）出土《群侍图》中侍女手捧小牙床、方盒

线图 138　盛唐 148 窟东壁盛唐《药师经变》中的圆形牙盘

线图 139　莫高窟 112 窟南壁中唐《观无量寿经变》中的小牙盘

线图 140　莫高窟 12 窟南壁晚唐《弥勒经变》中的小牙床

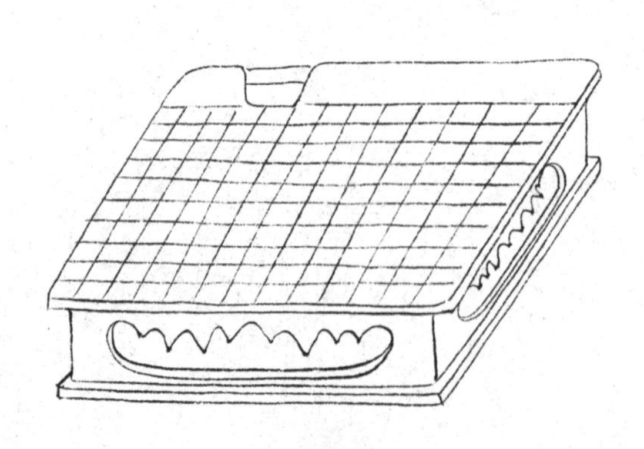

线图 141　湖南岳阳桃花山初唐墓出土青瓷围棋盘

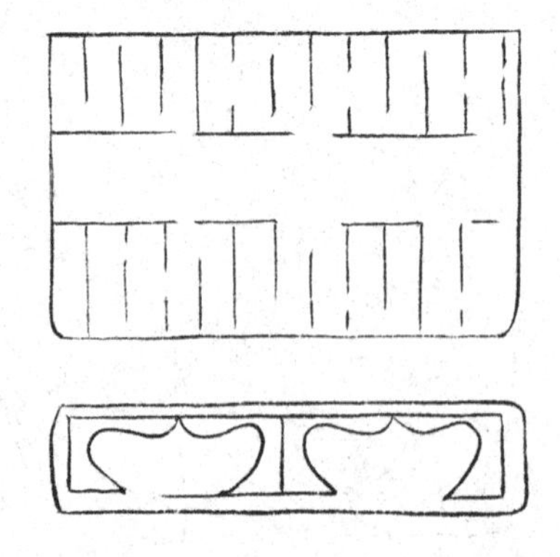

线图 142　湖南岳阳桃花山唐墓出土青瓷双陆盘

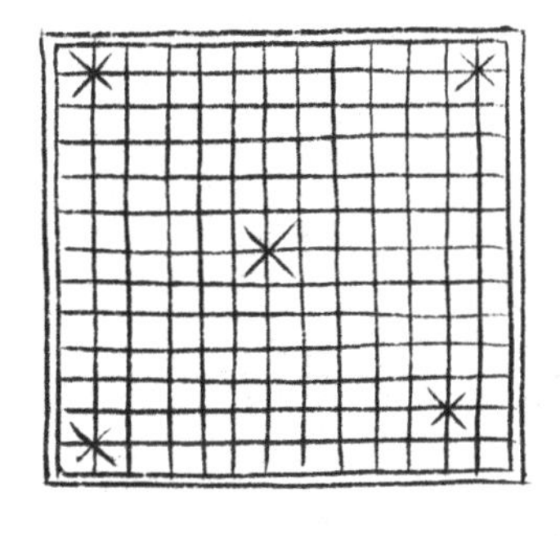

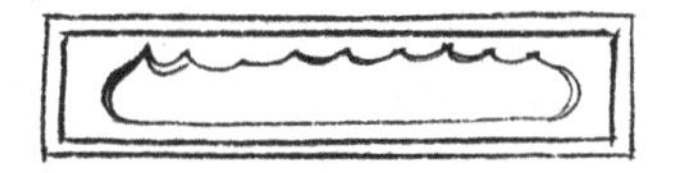

线图 143　湖南长沙咸嘉湖唐墓出土青瓷围棋盘

线图 145　新疆阿斯塔那 187 号墓出土《弈棋仕女图》中的围棋盘

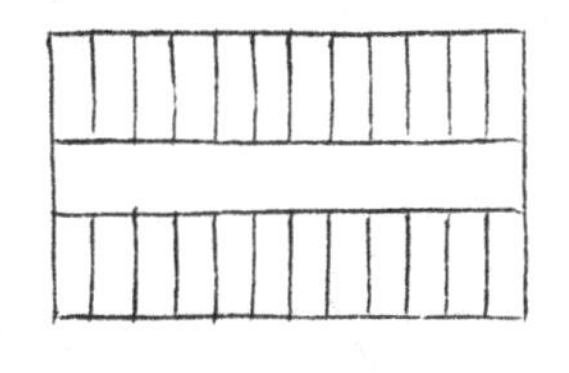

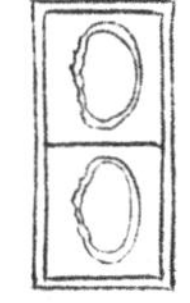

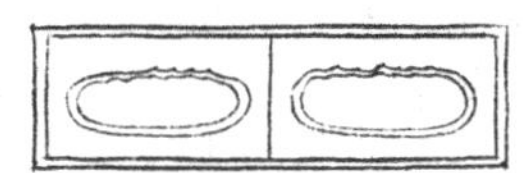

线图 144　湖南长沙咸嘉湖唐墓出土青瓷双陆盘

线图 146　莫高窟 159 窟东壁中唐屏风画《维摩诘经变方便品》中的博局

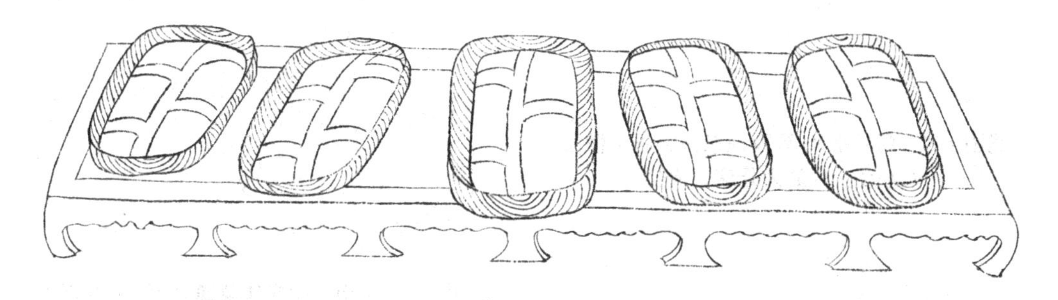

线图 147　莫高窟 445 窟北壁盛唐《弥勒经变 · 剃度》中的大牙床

线图 148　莫高窟 148 窟东壁盛唐《药师经变》中的大牙床、高桌、食盘

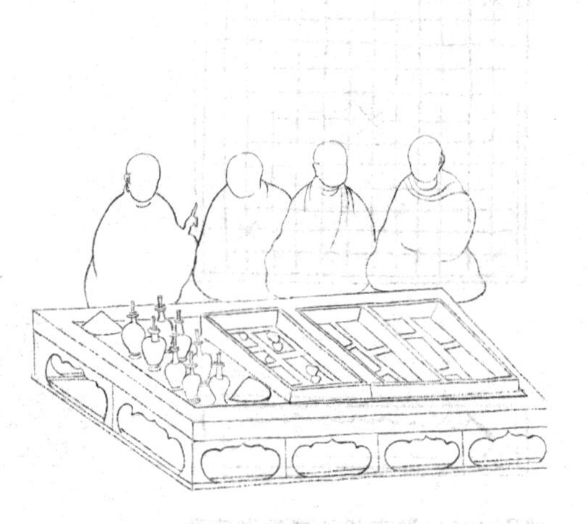

线图 149　榆林 25 窟北壁中唐《弥勒经变》中的大牙盘

线图 150　莫高窟 85 窟窟顶东披晚唐《楞伽经变》中的大牙床、镜架

线图 151　河南安阳市唐赵逸公墓（829 年）墓室壁画中的大牙盘

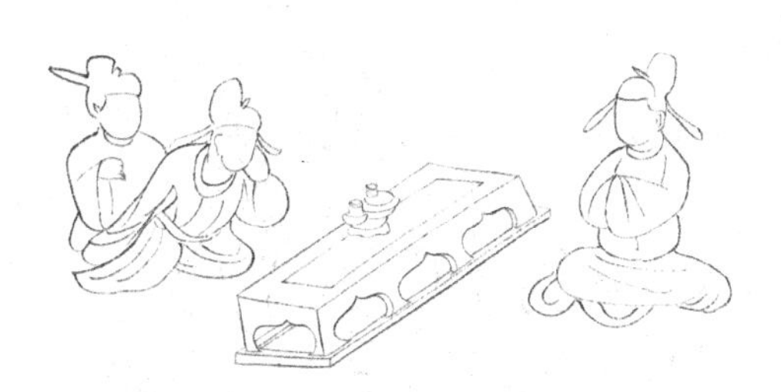

线图 152　莫高窟 61 窟南壁五代《法华经变》中的大牙床

线图 153　莫高窟 159 窟西龛内西壁《斋僧图》中的壶门高桌、灯轮

线图 154　莫高窟 12 窟南壁晚唐《嫁娶图》中的壶门高桌

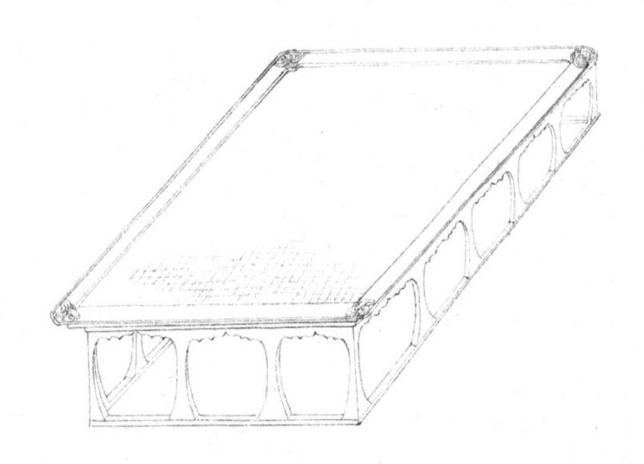

线图 155　（唐）佚名《宫乐图》中的壶门高桌

线图 156　新疆吐鲁番木纳尔宋氏家族茔院 M102 号墓（656 年）出土小木桌

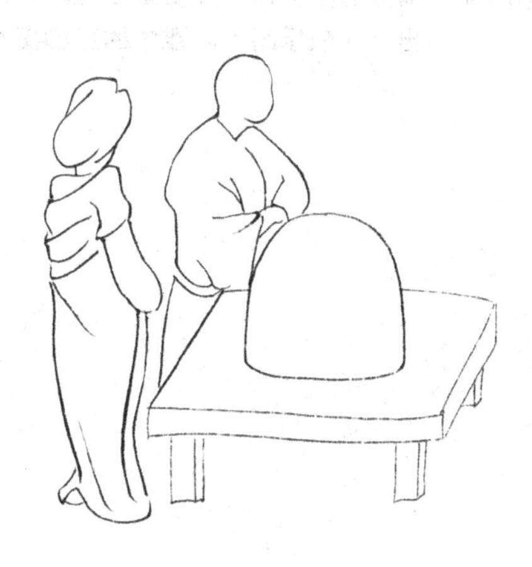

线图 157　莫高窟 323 窟东壁门北初唐《大般涅槃经·圣行品》中的直脚桌案

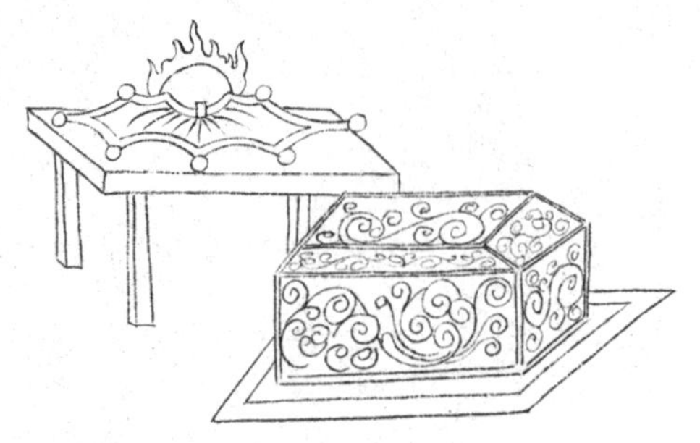

线图 158　莫高窟 445 窟北壁盛唐《弥勒经变》中的直脚桌案、盝顶箱

线图 159　榆林 25 窟北壁中唐《弥勒经变》中的直脚桌案

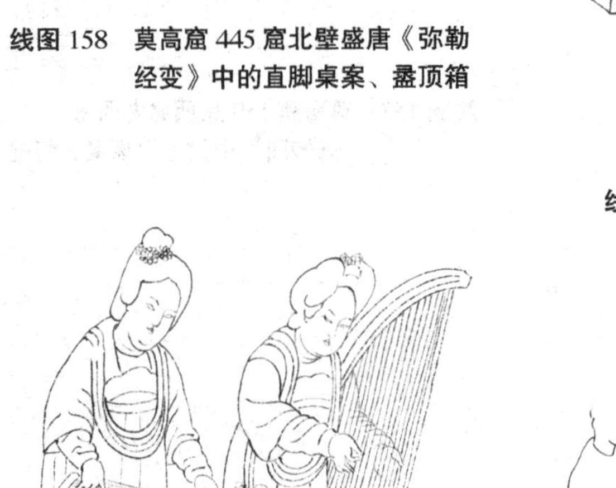

线图 160　河北曲阳五代王处直墓（924 年）出土《散乐图》浮雕中的直脚桌案

线图 161　莫高窟 98 窟北壁五代《贤愚经变》中的杌凳、直脚桌案

线图 162　莫高窟 85 窟窟顶东披晚唐《楞伽经变》中的直脚桌案

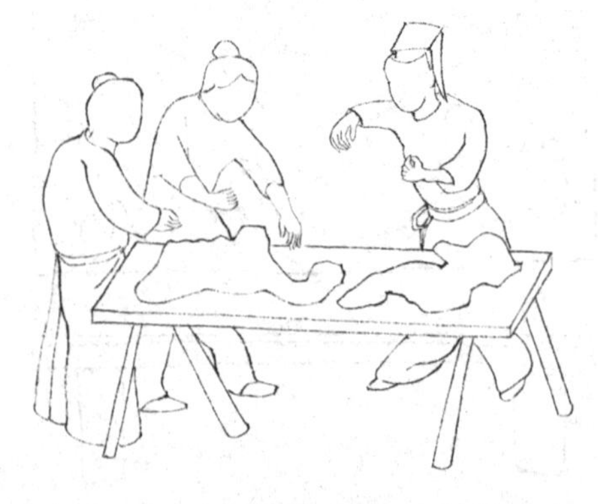

线图 163　莫高窟 156 窟窟顶东披《楞伽经变》中的直脚桌案

线图 164　河北曲阳五代王处直墓（924 年）东室北壁壁画中的鹤膝桌

线图 165　河北曲阳五代王处直墓（924 年）西室南壁壁画中的鹤膝桌

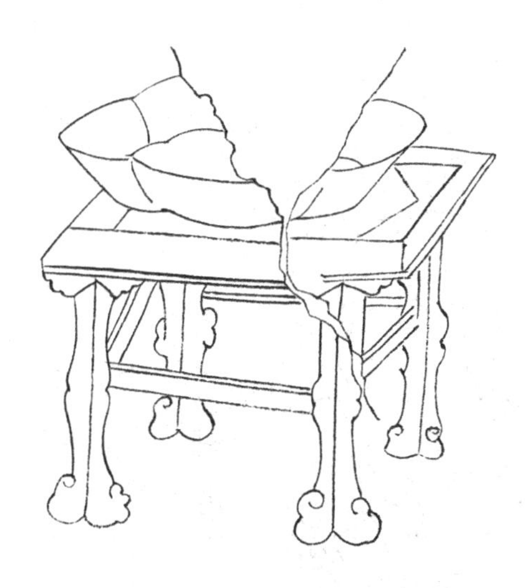

线图 166　河北曲阳五代王处直墓（924 年）西室东壁壁画中的鹤膝桌

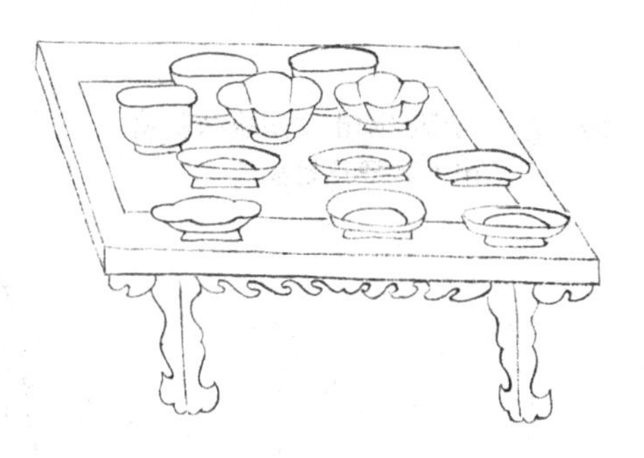

线图 167　内蒙古阿鲁科尔沁旗宝山村 1 号墓（923 年）墓室北壁壁画中的鹤膝桌

线图 168　山西太原第一热电厂北汉墓（961 年）出土《备食图》壁画中的鹤膝桌

线图 169　唐李寿墓（631 年）石椁线刻《侍女图》第 7 人捧胡床式双陆盘

线图 170　河南安阳市安阳桥村隋墓出土青瓷三足盘

线图 171　陕西富平唐房陵大长公主墓（673 年）出土《执果盘侍女图》

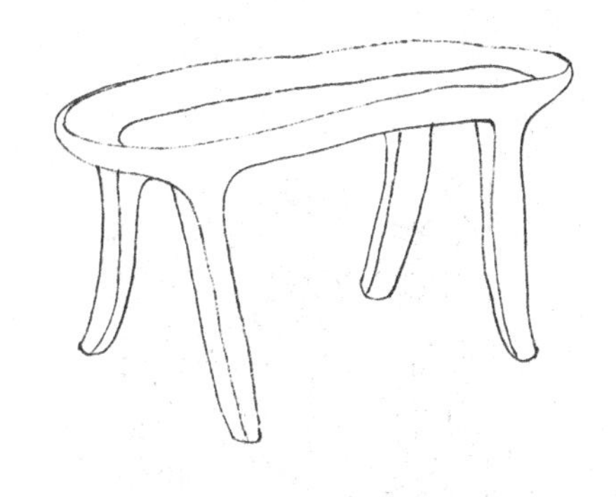

线图 172 河南省偃师市恭陵哀皇后裴氏墓（685 年）出土陶四足盘

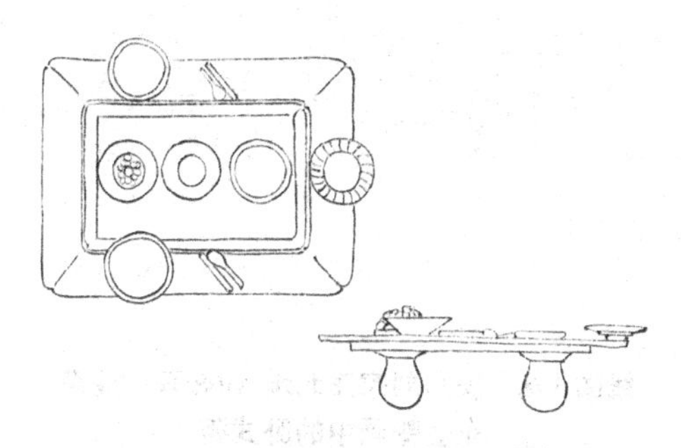

线图 173 河南巩义天玺尚城 M234 号中唐墓出土三彩四乳足食盘

线图 174 （唐）孙位《高逸图》中的三足盘

线图 175 莫高窟 23 窟窟顶西披盛唐《弥勒经变》中的莲花形承物盘

线图 176 莫高窟 12 窟南壁晚唐《观无量寿经变》中的莲花形承物盘

线图 177 莫高窟 237 窟西壁龛顶《弥勒经变》中的卧式柜

线图 178　安阳刘家庄北地 M68 号中唐墓东壁壁画中的卧式柜

线图 181　敦煌藏经洞出土绢本幡画《佛传图》（9 世纪）中的立式柜

线图 179　安阳刘家庄北地 M126 号唐墓（828 年）东壁壁画中的卧式柜

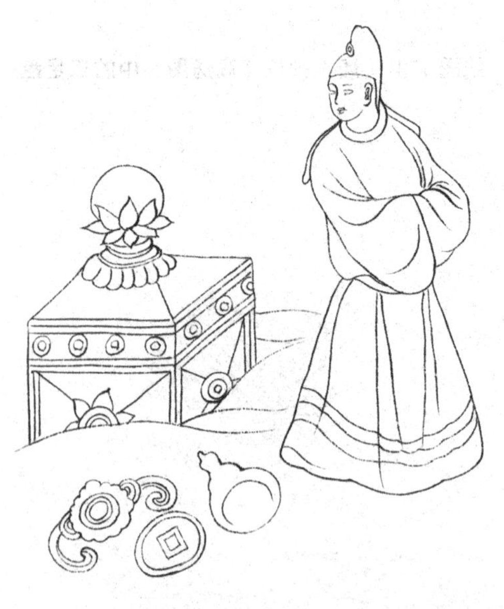

线图 182　榆林 25 窟北壁中唐《弥勒经变·见宝生厌》中的带宝珠刹顶箱子

线图 180　敦煌藏经洞出土绢本幡画《佛传图》（9 世纪）中的立式柜

线图 183　榆林 25 窟北壁中唐《弥勒经变 · 七宝供养》中的带宝珠刹顶箱子

线图 184　榆林 25 窟北壁中唐《弥勒经变 · 七宝供养》中的带宝珠刹顶箱子

线图 185　山西万荣县薛儆墓（710 年）石椁线刻画中的方盒

线图 186　西安庞留村唐武惠妃墓（737 年）壁画中方盒

线图 187　陕西富平唐房陵大长公主墓（673 年）壁画中的盝顶平底方盒

线图 188　西安庞留村唐武惠妃墓（737 年）出土石椁线刻画中的盝顶平底方盒

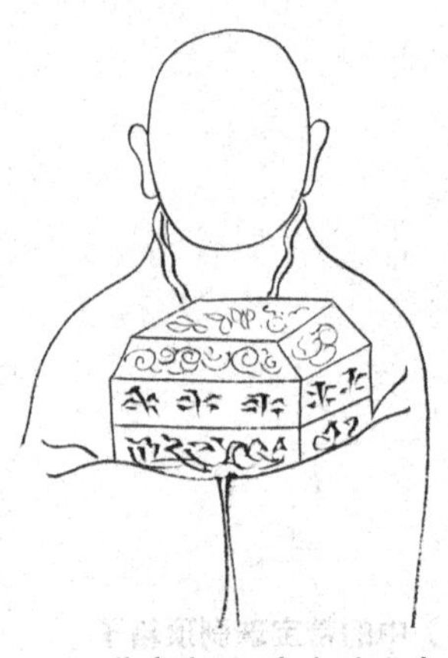

线图 189　莫高窟 33 窟南壁盛唐《弥勒经变》中的盝顶方盒

线图 190　乾陵永泰公主墓（706 年）石椁线刻画中的壶门脚盝顶盒

线图 191　乾陵唐懿德太子墓（706 年）石椁线刻画中的壶门脚盝顶盒

线图 192　河北曲阳五代王处直墓（924 年）《奉侍图》浮雕中的高圈足方盒

线图 193　河北曲阳五代王处直墓（924 年）《奉侍图》浮雕中的高圈足圆盒

线图 194　河北曲阳五代王处直墓（924 年）《奉侍图》浮雕中的高圈足花瓣形盒

线图 195　河北曲阳五代王处直墓（924 年）西耳室西壁壁画中的各式奁盒、镜架、屏风画

线图 196　河北曲阳五代王处直墓（924 年）东耳室东壁壁画中的各式奁盒、镜架、帽架、屏风画

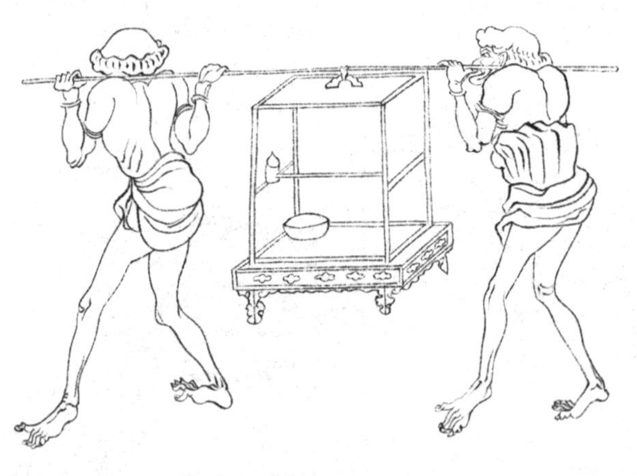

线图 197　（唐）阎立本《职贡图》中的笼箱式鹦鹉笼

线图 198　陕西西安大雁塔西门楣石刻画像中的单扇立屏

线图 199　陕西富平朱家道村盛唐墓北壁屏风画

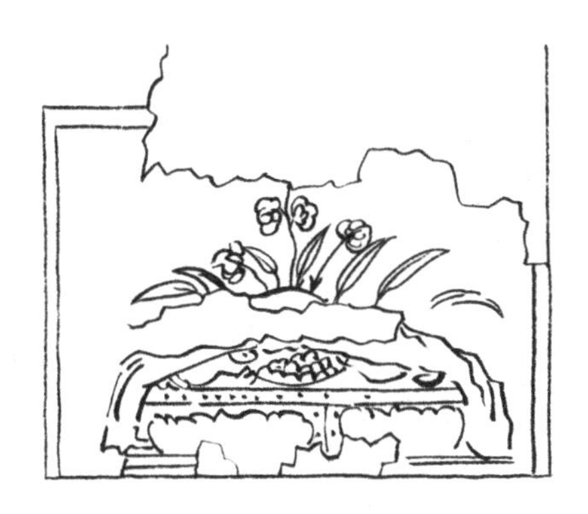

线图 200　陕西西安陕棉十厂盛唐墓北壁屏风画

线图 201　陕西西安唐安公主墓（784 年）西壁屏风画

线图 202　陕西西安陕棉十厂盛唐墓东壁屏风画

线图 203 陕西礼泉唐安元寿墓（684 年）壁画中的行障

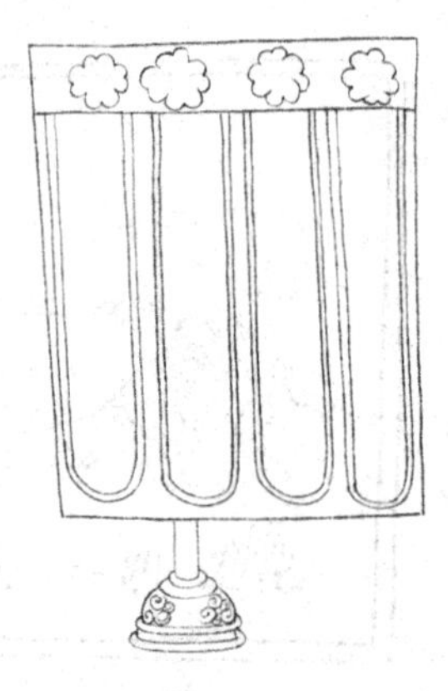

线图 205 安阳刘家庄北地 M126 号唐墓（828 年）壁画中的行障

线图 204 （唐）阎立本《锁谏图》中的行障

线图 206 河南安阳唐赵逸公墓（829 年）壁画中的行障

线图 207 莫高窟 85 窟窟顶南披晚唐《法华经变·普门品》中的行障、壶门床

线图 208 榆林 20 窟北壁五代《弥勒经变》中的行障

线图 209 莫高窟 323 窟南壁初唐《佛传故事画》中的帟

线图 210 莫高窟 130 窟北壁盛唐《晋昌郡太守礼佛图》中的帟

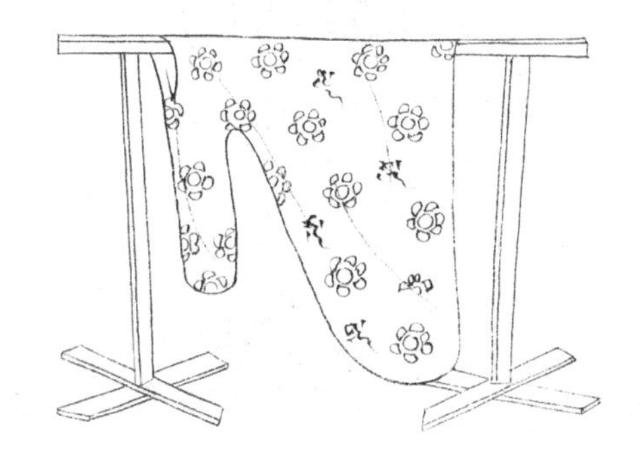

线图 211 莫高窟 85 窟窟顶东披《楞伽经变》中的衣架

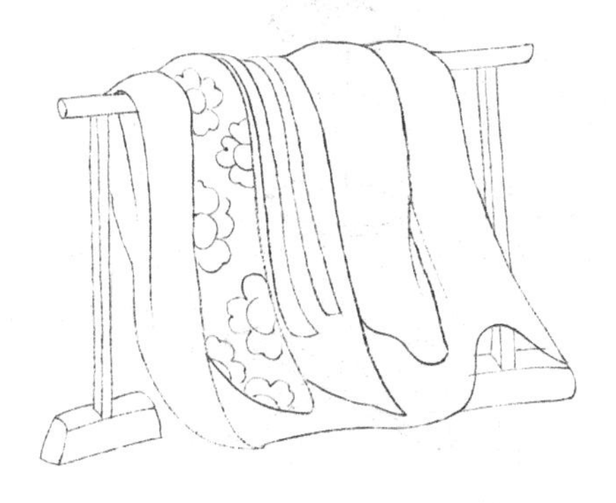

线图 212 榆林 36 窟前室东壁《弥勒经变》中的衣架

线图 213　河南安阳刘家庄北地 M68 号中唐墓壁画中的巾架、盆架

线图 214　莫高窟 445 窟北壁盛唐《弥勒经变》中的灯檠

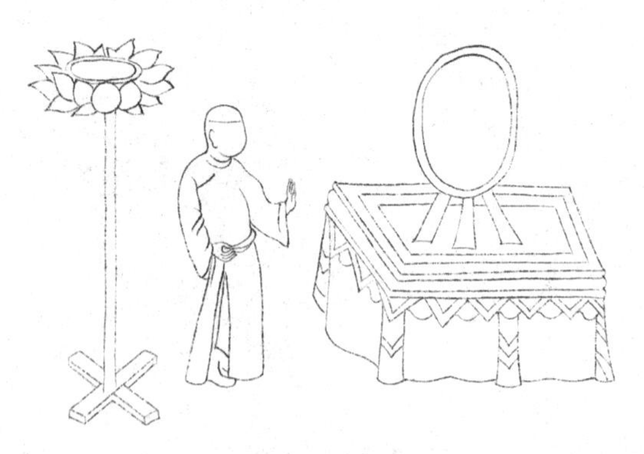

线图 215　莫高窟 61 窟南壁五代《楞伽经变》中的灯檠、镜架

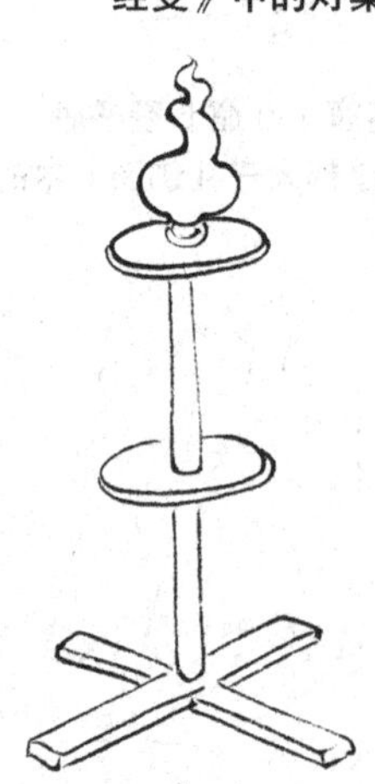

线图 216　莫高窟 85 窟窟顶东披《愣伽经变》中的灯檠

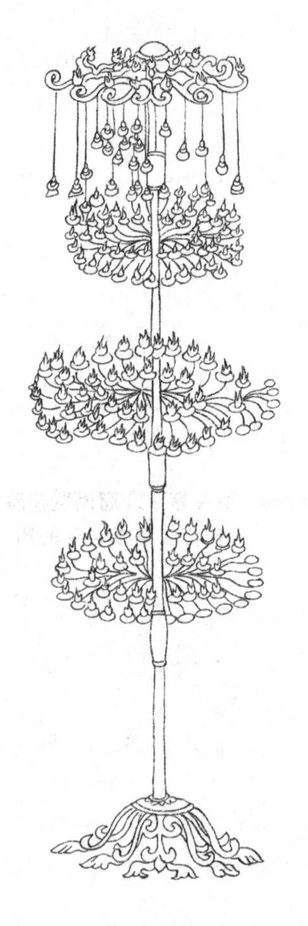

线图 217　莫高窟 220 窟北壁初唐《药师经变》中的灯轮

线图 218　莫高窟 159 窟东壁中唐屏风画《维摩诘经变》中的镜架

线图 219　榆林 33 窟五代《地狱变》中的镜架

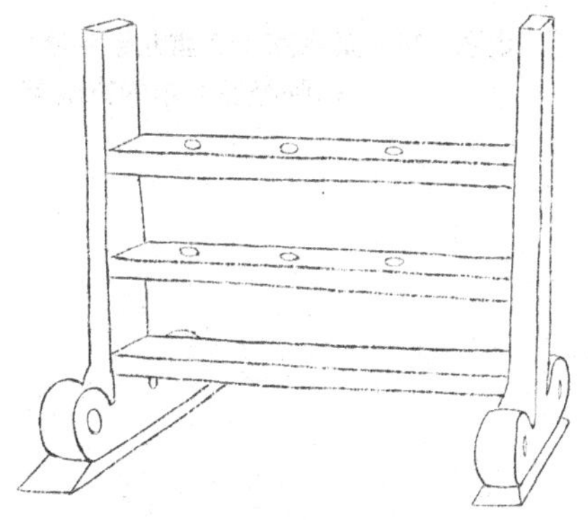

线图 220　陕西乾县唐永泰公主墓（706 年）出土三彩笔架

线图 221　莫高窟 85 窟顶东披晚唐《楞伽经变》中的天平架

线图 222　莫高窟 61 窟南壁五代《楞伽经变》中的天平架

线图 223　陕西昭陵韦贵妃墓（666 年）壁画中的磬架

线图 224　莫高窟第 220 窟北壁初唐
《药师经变》中的方响架

线图 225　莫高窟 112 窟北壁中唐
《药师经变》中的方响架

线图 226　莫高窟第 9 窟南壁晚唐
《劳度叉斗圣变》中的钟架

线图 227　莫高窟 196 窟西壁晚唐
《劳度叉斗圣变》中的钟架

线图 228　河北曲阳五代王处直墓（924 年）
《散乐图》浮雕中的鼓架

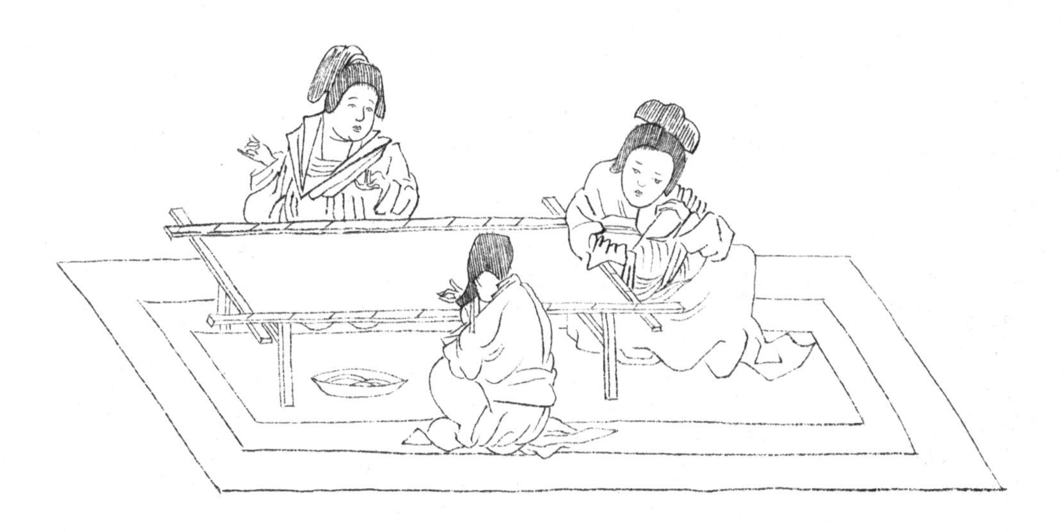

线图 229 （唐）周昉《挥扇仕女图》中的绣架

线图 230　陕西潼关税村隋代壁画墓壁画中的戟架

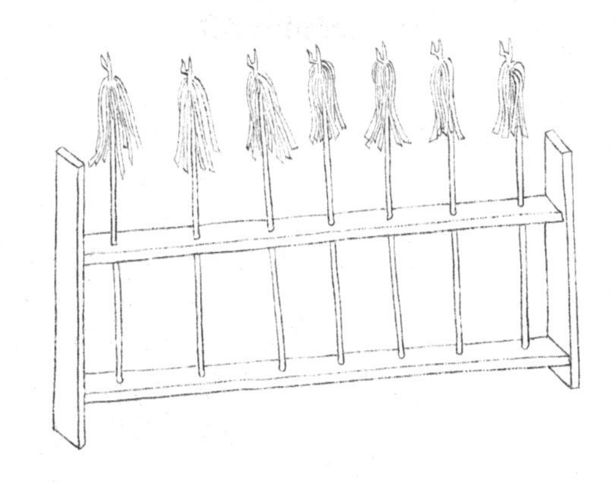

线图 231　陕西三原淮安郡王李寿墓（631 年）壁画中的戟架

线图 232　陕西咸阳唐苏君墓（8 世纪早期）壁画中的戟架

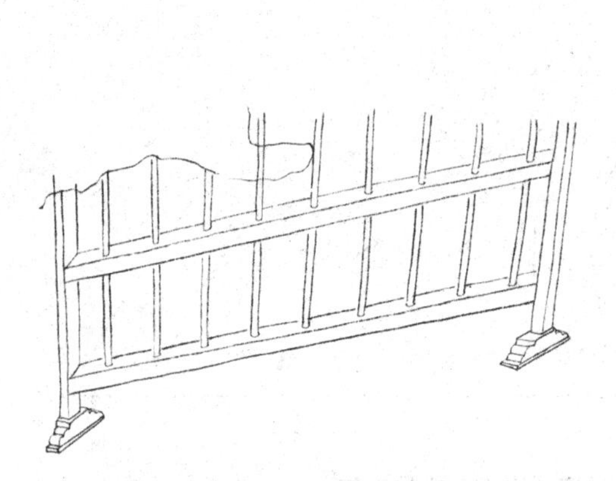

线图 233　陕西蒲城惠庄太子李㧑墓（724）壁画中的戟架

线图 234　陕西富平虢王李邕墓（727 年）墓壁画中的戟架

线图 235　莫高窟 172 窟南壁盛唐《观无量寿经变》中的旗杆架

主要参考文献

（一）历史文献

[1]（晋）杜预注，（唐）孔颖达等正义：《春秋左传正义》，中华书局 1980 年版。

[2]（秦）吕不韦编撰，（汉）高诱注、王利器疏：《吕氏春秋注疏》，巴蜀书社 2002 年版。

[3]（汉）郑玄注，（唐）贾公彦疏、赵伯雄整理：《周礼注疏》，北京大学出版社 1999 年版。

[4]（汉）郑玄注，（唐）孔颖达等正义：《礼记正义》，北京大学出版社 1999 年版。

[5]（汉）刘熙：《释名》，载王云五：《丛书集成初编》，商务印书馆 1939 年版。

[6]（汉）史游著，（唐）颜师古注：《急就篇》，明崇祯毛氏汲古阁刊本。

[7]（晋）陈寿：《三国志》，中华书局 1971 年版。

[8]（晋）葛洪辑，成林、程章灿译注：《西京杂记全译》，贵州人民出版社 2006 年版。

[9]（晋）崔豹、（后唐）马缟、（唐）苏鹗：《古今注・中华古今注・苏氏演义》，商务印书馆 1956 年版。

[10]（晋）陆翙，（清）汤球：《邺中记・晋纪辑本》，载王云五：《丛书集成初编》，商务印书馆 1937 年版。

[11]（晋）郭象注，（唐）成玄英疏：《南华真经注疏》，中华书局 1998 年版。

[12]（晋）葛洪：《抱朴子内篇》，载金沛霖：《四库全书子部精要》本，天津古籍出版社 1998 年版。

[13]（晋）法显：《佛国记》，载车吉兴主编：《中华野史：卷 1 先秦—唐朝卷》本，三秦出版社 2000 年版。

[14]（南朝宋）范晔：《后汉书》，中华书局 1965 年版。

[15]（南朝宋）刘义庆撰，刘孝标注，杜聪校点：《世说新语》，齐鲁书社 2007 年版。

[16]（南朝齐）谢朓撰，陈冠球编注：《谢宣城全集》，大连出版社 1998 年版。

[17]（南朝梁）萧统:《文选》，中华书局 1977 年版。

[18]（南朝梁）萧子显:《南齐书》，中华书局 1972 年版。

[19]（南朝梁）沈约:《宋书》，中华书局 1974 年版。

[20]（北齐）魏收:《魏书》，中华局 1974 年版。

[21]（北周）庾信撰，（清）倪璠注:《庾子山集注》，中华书局 1980 年版。

[22]（南朝梁）何逊著，李伯齐校注:《何逊集校注》，齐鲁书社 1989 年版。

[23]（南朝梁）陶弘景:《真诰》，载金沛霖:《四库全书子部精要》本，天津古籍出版社 1998 年版。

[24]（南朝梁）释僧佑撰，苏晋仁、萧炼子点校:《出三藏记集》，中华书局 1995 年版。

[25]（梁）僧佑:《弘明集》，《文渊阁四库全书》本。

[26]（南朝梁）释慧皎撰，汤用彤校注，汤一玄整理:《高僧传》，中华书局 1992 年版。

[27]（南朝梁）萧统选辑，（唐）李善注:《文选》，国学整理社 1935 年版。

[28]（南朝陈）徐陵:《玉台新咏》，中国书店 1996 年版。

[29]（北魏）贾思勰:《齐民要术》，《四部丛刊》本。

[30]（晋）竺法护译:《佛说弥勒下生经》，载《大正新修大藏经》第 14 册，台湾新文丰出版公司 1983 年版。

[31]（后秦）佛陀耶舍、竺佛念译，恒强校注:《长阿含经》，线装书局 2012 年版。

[32]（后秦）佛陀耶舍、竺佛念等译:《四分律》，载《大正新修大藏经》第 22 册，台湾新文丰出版公司 1983 年版。

[33]（后秦）弗若多罗、鸠摩罗什等译:《十诵律》，载《大正新修大藏经》第 23 册，台湾新文丰出版公司 1983 年版。

[34]（隋）达摩笈多译:《佛说药师如来本愿经》，载《大正新修大正藏》第 14 册，台湾新文丰出版公司 1983 年版。

[35]（隋）智顗:《摩诃止观》，载《大正新修大藏经》第 46 册，台湾新文丰出版公司 1983 年版。

[36]（隋）阇那崛多译:《佛本行集经》，载《大正新修大藏经》第 3 册，新文丰出版公司 1983 年版。

[37]（南齐）僧伽跋陀罗译:《善见律毗婆沙》，载《大正新修大藏经》第 24 册，台湾新文丰出版公司 1983 年版。

[38]（后秦）鸠摩罗什译:《维摩诘所说经》，载《大正新修大正藏》第 14 册，台湾新文丰出版公司 1983 年版。

[39]（刘宋）求那跋陀罗译:《楞伽阿跋多罗宝经》，载《大正新修大藏经》第 16 册，台湾新文丰出版公司 1983 年版。

[40]（唐）魏征等：《隋书》，中华书局 1973 年版。

[41]（唐）房玄龄等：《晋书》，中华书局 1974 年版。

[42]（唐）李延寿：《北史》，中华书局 1974 年版。

[43]（唐）李延寿：《南史》，中华书局 1975 年版。

[44]（唐）李百药：《北齐书》，中华书局 1972 年版。

[45]（唐）令狐德棻等：《周书》，中华书局 1971 年版。

[46]（唐）姚思廉：《梁书》，中华书局 1973 年版。

[47]（唐）道宣：《广弘明集》，《四部备要》本。

[48]（唐）杜佑：《通典》，中华书局 1992 年版。

[49]（唐）李肇：《翰林志》，清知不足斋丛书本。

[50]（唐）张说、李林甫等撰：《唐六典》，中华书局 1992 年版。

[51]（唐）长孙无忌等：《唐律疏议》，中国政法大学出版社 2013 年版。

[52]（唐）李肇、（唐）赵璘：《唐国史补 · 因话录》，上海古籍出版社 1957 年版。

[53]（唐）吴兢：《贞观政要》，上海古籍出版社 1978 年版。

[54]（唐）徐坚：《初学记》，《文渊阁四库全书》本。

[55]（唐）虞世南：《北堂书钞》，《文渊阁四库全书》本。

[56]（唐）欧阳询：《艺术类聚》，《文渊阁四库全书》本。

[57]（唐）姚汝能：《安禄山事迹》，上海古籍出版社 1983 年版。

[58]（唐）段成式：《〈酉阳杂俎〉附续集》，载王云五：《丛书集成初编》，商务印书馆 1937 年版。

[59]（唐）张鷟、刘餗：《隋唐嘉话 · 朝野佥载》，中华书局 1979 年版。

[60]（唐）白居易：《白居易集》，中华书局 1979 年版。

[61]（唐）李商隐：《李义山诗集》，广陵书社 2011 年版。

[62]（唐）韩愈著，（清）马其昶校注：《韩昌黎文集校注》，古典文学出版社 1957 年版。

[63]（唐）柳宗元：《柳河东集》，上海人民出版社 1974 年版。

[64]（唐）杜宝：《大业杂记》，中华书局 1991 年版。

[65]（唐）范摅：《云溪友议》，古典文学出版社 1959 年版。

[66]（唐）苏鹗、冯翊子：《杜阳杂编 · 桂苑丛谈》，载王云五：《丛书集成初编》，商务印书馆 1939 年版。

[67]（唐）杨炯：《杨炯集》，中华书局 1980 年版。

[68]（唐）刘肃：《大唐新语》，广西师范大学出版社 1998 年版。

[69]（唐）薛用弱：《集异记》，中华书局 1980 年版。

[70]（唐）牛僧孺、李复言：《玄怪录 · 续玄怪录》，中华书局 1982 年版。

[71]（东汉）杨孚、（唐）段公路：《异物志·北户录》，载王云五：《丛书集成初编》，商务印书馆1936年版。

[72]（唐）李匡乂、苏鹗、（后唐）马缟：《资暇集·苏氏演义·中华古今注》，载王云五：《丛书集成初编》，商务印书馆1939年版。

[73]（宋）王谠：《唐语林》，载王云五：《丛书集成初编》，商务印书馆1939年版。

[74]（唐）张读：《宣室志》，载《丛书集成新编》第82册，台湾新文丰出版公司2008年版。

[75]（唐）封演撰，赵贞信校注：《封氏闻见记校注》，中华书局2005年版。

[76]（唐）郑处诲、裴庭裕：《明皇杂录·东观奏记》，中华书局1947年版。

[77]（唐）韩鄂原著，缪启愉校释：《四时纂要校释》，中国农业出版社1981年版。

[78]（唐）张彦远撰，洪丕谟点校：《法书要录》，上海书画出版社1986年版。

[79]（唐）张彦元撰，承载译注：《历代名画记全译》，贵州人民出版社2009年版。

[80]（唐）孙思邈撰，李景荣等校释：《千金翼方校释》，人民卫生出版社1998年版。

[81]（唐）陆羽撰，郭孟良注译：《茶经续茶经集》，中州古籍出版社2010年版。

[82]（唐）义净撰，王邦维注解：《南海寄归内法传校注》，中华书局1995年版。

[83]（唐）法藏：《华严经传记》，《续藏经》第134册，台湾新文丰出版社1994年版。

[84]（唐）释道世著，周叔迦、苏晋仁校注：《法苑珠林校注》，中华书局2003年版。

[85]（唐）慧立本、彦悰：《大慈恩寺三藏法师传》，中华书局2000年版。

[86]（唐）玄奘撰，周国林注译：《大唐西域记》，上海人民出版社1977年版。

[87]（唐）佚名：《正一威仪经》，载《中华道藏》第42册，华夏出版社2004年版。

[88]（唐）杜光庭：《墉城集仙录》，《正统道藏》本。

[89]（隋唐）金明七真撰：《洞玄灵宝三洞奉道科戒营始》，载《中华道藏》第42册，华夏出版社2004年版。

[90]（唐）张九垓：《金石灵砂论》，载《道藏》第19册，文物出版社、上海书店、天津古籍出版社1988年版。

[91]（唐）李筌著，刘先廷译注：《〈太白阴经〉译注》，军事科学出版社1996年版。

[92]（唐）佚名：《赤松子章历》，载《中华道藏》第8册，华夏出版社2004年版。

[93]（五代）王仁裕：《开元天宝遗事》，中华书局1985年版。

[94]（后唐）冯贽：《云仙杂记》，载王云五：《丛书集成初编》，商务印书馆1939年版。

[95]（后晋）刘昫等：《旧唐书》，中华书局1975年版。

[96]（宋）陶谷：《清异录》，清最宜草堂写刻本。

[97]（宋）邢凯：《坦斋通编》，文渊阁四库全书本。

[98]（宋）宋祁、欧阳修等：《新唐书》，中华书局1975年版。

[99]（宋）薛居正等:《旧五代史》，中华书局1976年版。

[100]（宋）司马光编著，（元）胡三省音注:《资治通鉴》，中华书局1956年版。

[101]（宋）王溥:《唐会要》，中华书局1955年版。

[102]（宋）金履祥:《尚书注》，清光绪《十万卷楼丛书》本。

[103]（宋）李昉等:《太平御览》，中华书局1960年版。

[104]（宋）李昉等:《太平广记》，中华书局1961年版。

[105]（宋）王钦若:《册府元龟》，《文渊阁四库全书》本。

[106]（宋）李昉等:《文苑英华》，中华书局1996年版。

[107]（宋）陈元靓:《岁时广记》，载王云五:《丛书集成初编》，商务印书馆1939年版。

[108]（宋）司马光:《司马氏书仪》，江苏书局清同治七年（1868年）本。

[109]（宋）李诫撰，王海燕注译:《营造法式译解》，华中科技大学出版社2011年版。

[110]（宋）高承:《事物纪原》，载王云五:《丛书集成初编》，商务印书馆1937年版。

[111]（宋）王应麟:《玉海》，《文渊阁四库全书》本。

[112]（宋）陈旸:《乐书》，《文渊阁四库全书》本。

[113]（宋）王观国:《学林》，中华书局1988年版。

[114]（宋）乐史:《太平寰宇记》，《文渊阁四库全书》本。

[115]（宋）曾慥:《类说》，《文渊阁四库全书》本。

[116]（宋）陆游撰，李剑雄、刘德权点校:《老学庵笔记》，中华书局1979年版。

[117]（宋）孟元老著，邓之诚注:《东京梦华录注》，中华书局1982年版。

[118]（元）佚名:《东南纪闻》，上海鸿文书局清光绪十五年（1889年）版。

[119]（宋）程大昌:《演繁露》，《文渊阁四库全书》本。

[120]（宋）袁褧、周辉:《历代笔记小说大观枫窗小牍·清波杂志》，上海古籍出版社2012年版。

[121]（宋）赵希鹄:《洞天清录》，清《海山仙馆丛书》本。

[122]（宋）苏轼:《东坡养生集》，载《四库全书存目丛书·集部别集类》第13册，齐鲁书社1997年版。

[123]（宋）司马光:《司马氏书仪》，清雍正二年（1724年）汪亮采刻本。

[124]（宋）冯椅:《厚斋易学》，《文渊阁四库全书》本。

[125]（宋）洪迈撰，鲁同群、刘宏起点:《容斋随笔》，中国世界语出版社1995年版。

[126]（宋）道元著，顾宏义译注:《景德传灯录译注》，上海书店出版社2010年版。

[127]（宋）普济辑，朱俊红点校:《五灯会元》，海南出版社2011年版。

[128]（元）熊忠:《古今韵书举要》，《文渊阁四库全书》本。

[129]（元）辛文房:《唐才子传》，古典文学出版社1957年版。

［130］（元）佚名：《东南纪闻》，《文渊阁四库全书》本。

［131］（明）文震亨著，海军、田君注释：《长物志图说》，山东画报出版社 2004 年版。

［132］（明）余象斗著，孙正治、梁炜彬点校：《地理统一全书》上，中医古籍出版社 2012 年版。

［133］（明）沈周：《石田杂记》，中华书局 1985 年版。

［134］（明）方以智：《通雅》，《文渊阁四库全书》本。

［135］（明）黄大成撰，王世襄解说：《髹饰录解说》，文物出版社 1983 年版。

［136］（清）孙星衍等辑，周天游点校：《汉官六种》，中华书局 1990 年版。

［137］（清）孙承译：《庚子消夏记》，浙江人民美术出版社 2012 年版。

［138］（清）严可均：《全梁文》，商务印书馆 1999 年版。

［139］（清）陈元龙：《格致镜原》，《文渊阁四库全书》本。

［140］（清）彭定求、沈三曾等：《全唐诗》，《文渊阁四库全书》本。

［141］（清）王昶：《金石萃编》，中国书店 1985 年版。

［142］（清）莫友芝著，梁光华注评：《唐写本说文解字木部笺异注评》，贵州人民出版社 1987 年版。

［143］（清）顾张思：《土风录》，上海古籍出版社 2015 年版，

［144］周绍良：《全唐文新编》，吉林文史出版社 2000 年版。

［145］王重民、王庆菽等：《敦煌变文集》，人民文学出版社 1957 年版。

［146］潘重规：《敦煌变文集新书》，文津出版社 1994 年版。

［147］任二北：《敦煌曲校录》，上海文艺联合出版社 1955 年版。

［148］逯钦立：《先秦汉魏晋南北朝诗》，中华书局 1983 年版。

［149］唐耕耦、陆宏基：《敦煌社会经济文献真迹释录》，全国图书馆文献微缩复制中心 1990 年版。

［150］王尧、陈践译注：《敦煌吐蕃文献选》，四川民族出版社 1983 年版。

［151］程国政编注：《中国古代建筑文献集要（宋辽金元）》，同济大学出版社 2013 年版。

［152］王世襄编：《清代匠作则例汇编》，中国书店 2008 年版。

［153］徐时仪校注：《〈一切经音义〉三种校本合刊》，上海古籍出版社 2008 年版。

［154］［日］释圆仁撰，［日］小野胜年校注：《入唐求法巡礼行记校注》，花山文艺出版社 2007 年版。

［155］［日］仁井田升撰，栗劲、霍存福等译：《唐令拾遗》，长春出版社 1989 年版。

［156］［日］无著道忠：《禅林象器笺》，佛光大藏经编修委员会：《佛光大藏经禅藏·杂集部》，佛光出版社 1994 年版。

［157］［日］竹内理三编：《寧樂遺文》中卷，东京堂，日本昭和 56 年（1981 年）订正

六版。

[158] [日] 黑坂胜美编:《日本书紀》，吉川弘文馆 1959—1961 年版。

[159] [日] 九条尚忠:《安政禁秘图絵》，日本龙谷大学藏写本。

[160] [日] 藤原忠平等:《延喜式》，日本书政 11 年（1828 年）刊本。

（二）今人著作

1. 考古学论著

[1] 浙江省文物考古研究所:《河姆渡——新石器时代遗址考古发掘报告》，文物出版社 2003 年版。

[2] 湖北省荆沙铁路考古队:《包山楚墓》，文物出版社 1991 年版。

[3] 陕西省考古研究院等编著:《法门寺考古发掘报告》上下册，文物出版社 2007 年版。

[4] 湖北省博物馆编著:《曾侯乙墓》，文物出版社 1989 年版。

[5] 何介钧:《长沙马王堆二、三号汉墓: 第 1 卷考古发掘报告》，文物出版社 2004 年版。

[6] 中国社会科学院考古研究所等编:《满城汉墓发掘报告》，文物出版社 1980 年版。

[7] 郑绍宗:《满城汉墓》，文物出版社 2003 年版。

[8] 浙江省文物考古研究所编著:《河姆渡》上，文物出版社 2003 年版。

[9] 郭维德:《楚都纪南城复原研究》，文物出版社 1999 年版。

[10] 湖南省博物馆、湖南省文物考古研究所:《长沙马王堆二、三号汉墓第一卷: 田野考古发掘报告》，文物出版社 2004 年版。

[11] 河北省文物研究所编著:《安平东汉壁画墓》，文物出版社 2003 年版。

[12] 河南省文物研究所编著:《密县打虎亭汉墓》，文物出版社 1993 年版。

[13] 河南省文化局文物工作队:《邓县彩色画象砖墓》，文物出版社 1958 年版。

[14] 郑岩:《魏晋南北朝壁画墓研究》，文物出版社 2002 年版。

[15] 山西大学历史文化学院、山西省考古研究所、大同市博物馆:《大同南郊北魏墓群》，科学出版社 2006 年版。

[16] 陕西省考古研究所编:《西安北周安伽墓》，文物出版社 2003 年版。

[17] 罗宗真:《魏晋南北朝考古》，文物出版社 2001 年版。

[18] 秦浩:《隋唐考古》，南京大学出版社 1992 年。

[19] 齐东方:《隋唐考古》，《20 世纪中国文物考古发现与研究丛书》，文物出版社 2002 年版。

[20] 北京大学考古文博学院、青海省文物考古研究院编著:《都兰吐蕃墓》，科学出版社 2005 年版。

[21] 李济:《李济文集》第四册，上海人民出版社 2006 年版。

[22] 黄文弼:《新疆考古发掘报告(1957—1958)》，文物出版社 1983 年版。

[23] 孟凡人:《新疆考古与史地论集》，科学出版社 2000 年版。

[24] 新疆社会科学院考古研究所编著:《新疆考古三十年》，新疆人民出版社 1983 年版。

[25] 北京市文物研究所编著:《密云大唐庄：白河流域古代墓葬发掘报告》，上海古籍出版社 2010 年版。

[26] 陕西省考古研究所、陕西历史博物馆编著:《唐新城长公主墓发掘报告》，科学出版社 2004 年版。

[27] 陕西省考古研究所编著:《唐惠庄太子李㧑墓发掘报告》，科学出版社 2004 年版。

[28] 陕西省考古研究所编著:《唐李宪墓发掘报告》，科学出版社 2005 年版。

[29] 郑州市文物考古研究所编著:《巩义芝田晋唐墓葬》，科学出版社 2003 年版。

[30] 宁夏文物考古研究所、吴忠市文物管理所编著:《吴忠西郊唐墓》，文物出版社 2006 年版。

[31] 中国社会科学研究院考古研究所编著:《偃师杏园唐墓》，科学出版社 2001 年版。

[32] 山西省考古研究所编著:《唐代薛儆墓发掘报告》，科学出版社 2000 年版。

[33] 原州联合考古队:《唐史道洛墓》，文物出版社 2014 年版。

[34] 宝鸡市考古研究所编著:《五代李茂贞墓》，科学出版社 2008 年版。

[35] 河北省文物研究所、保定市文物管理处:《五代王处直墓》，文物出版社 1998 年版。

[36] 冯汉骥:《前蜀王建墓发掘报告》，文物出版社 2002 年版。

[37] 宿白:《白沙宋墓》，文物出版社 2002 年版。

[38] 宿白:《魏晋南北朝唐宋考古文稿辑丛》，文物出版社 2011 年版。

[39] 巫鸿主编:《汉唐之间的宗教艺术与考古》，文物出版社 2000 年版。

[40] 杨泓:《汉唐美术考古和佛教艺术》，科学出版社 2001 年版。

[41] [英] 保罗·G. 巴恩主编，郭小凌、王晓秦译:《剑桥插图考古史》，山东画报出版社 2000 年版。

[42] [英] 奥雷尔·斯坦因著，巫新华等译:《亚洲腹地考古图记》，广西师范大学出版社 2004 年版。

[43] [英] 奥雷尔·斯坦因著，向达译:《西域考古记》，商务印书馆 2013 年版。

2. 家具史论著

[1] 王世襄:《明式家具珍赏》，文物出版社，香港三联书店 1985 年版。

[2] 王世襄:《明式家具研究》，香港三联书店 1989 年版。

[3] 田家青:《清代家具》，生活·读书·新知三联书店 1995 年版。

[4] 邵晓峰:《中国宋代家具》，东南大学出版社 2010 年版。

[5] 杨森:《敦煌壁画家具图像研究》，民族出版社 2010 年版。

[6] 崔咏雪:《中国家具史——坐具篇》，台湾明文书局 1989 年版。

[7] 李宗山:《中国家具史图说》，湖北美术出版社 2001 年版。

[8] 聂菲:《中国古代家具鉴赏》，四川大学出版社 2000 年版。

[9] 董伯信:《中国古代家具综览》，安徽科学技术出版社 2004 年版。

[10] 胡文彦、余淑岩:《中国家具文化》，河北美术出版社 2002 年版。

[11] 胡德生:《中国古代家具》，上海文化出版社 1992 年版。

[12] 扬之水:《唐宋家具寻微》，人民美术出版社 2015 年版。

[13] 何镇强、张石编著:《中外历代家具风格》，河南科学技术出版社 1998 年版。

[14] [德] 古斯塔夫·艾克:《中国花梨家具图考》，地震出版社 1991 年版。

[15] [美] 莱斯利·皮娜:《家具史（公元前3000—2000年)》，中国林业出版社2014年版。

3. 文化史、艺术史、科技史选集及论著

[1] 陈寅恪:《金明馆丛稿二编》，生活·读书·新知三联书店 2001 年版。

[2] 郝春文:《唐后期五代宋初敦煌僧尼的社会生活》，中国社会科学出版社 1998 年版。

[3] 韩升:《正仓院》，上海人民出版社 2007 年版。

[4] 沈从文:《中国古代服饰研究》，上海书店出版社 1997 年版。

[5] 沈从文:《沈从文的文物世界》，北京出版社 2011 年版。

[6] 尚刚:《古物新知》，生活·读书·新知三联书店 2012 年版。

[7] 陈从周:《说园》，江苏文艺出版社 2009 年版。

[8] 熊四智:《中国饮食诗文大典》，青岛出版社 1951 年版。

[9] 高启安:《唐五代敦煌饮食文化研究》，民族出版社 2004 年版。

[10] 王仁湘:《饮食与中国文化》，青岛出版社 2012 年版。

[11] 黎国韬:《先秦至两宋乐官制度研究》，广东人民出版社 2009 年版。

[12] 黄仁达:《中国颜色》，东方出版社 2013 年版。

[13] 扬之水:《古诗文名物新证合编》，天津教育出版社 2012 年版。

[14] 扬之水:《曾有西风半点香》，生活·读书·新知三联书店 2012 年版。

[15] 姚文斌:《六朝画像砖研究》，江苏大学出版社 2010 年版。

[16] 向达:《唐代长安与西域文明》，湖南教育出版社 2010 年版。

[17] [美] 谢弗著，吴玉贵译:《唐代的外来文明》，中国社会科学出版社 1995 年版。

[18] 朱建君、修斌:《中国海洋文化史长编：魏晋南北朝隋唐卷》，中国海洋大学出版社 2013 年版。

[19] 王志东:《唐代社会生活》，国际文化出版公司 2001 年版。

[20] 刘玉峰:《隋唐史研究丛稿》，山东大学出版社 2013 年版。

[21] 牛志平:《唐代婚丧》，三秦出版社 2011 年版。

[22] 刘朴兵:《唐宋饮食文化比较研究》，中国社会科学出版社 2010 年版。

[23] 黄正建:《唐代衣食住行研究》，首都师范大学出版社 1998 年版。

[24] 陈高华、徐吉军:《中国风俗通史》，上海文艺出版社 2001 年版。

[25] 蔡静波:《唐五代笔记小说研究》，陕西人民出版社 2007 年版。

[26] 罗西章、罗芳贤:《古文物称谓图典》，三秦出版社 2000 年版。

[27] 张荣:《古代漆器》，文物出版社 2005 年版。

[28] 敦煌研究院编:《2000 年敦煌学国际学术讨论会论文集》，甘肃民族出版社 2000 年版。

[29] 傅芸子:《正仓院考古记、白川集》，辽宁教育出版 2000 年版。

[30] 周振甫主编:《唐诗宋词元曲全集：全唐诗》，黄山书社 1999 年版。

[31] 孙机:《汉代物质文化资料图说》，上海古籍出版社 2008 年版。

[32] 王振铎著，李强整理补著:《东汉车制复原研究》，科学出版社 1997 年版。

[33] 华夫主编:《中国古代名物大典》，济南出版社 1993 年版。

[34] 中国文物学会专家委员会编著:《中国文物大辞典》，中央编译出版社 2008 年版。

[35] 徐邦达:《古书画鉴定概论》，上海人民出版社 2000 年版。

[36] 刘晓路:《日本美术史话》，人民美术出版社 2004 年版。

[37] 尚刚:《唐代工艺美术史》，浙江文艺出版 1998 年版。

[38] 郑师许:《漆器考》，中华书局 1936 年版。

[39] 张飞龙:《中国髹漆工艺与漆器保护》，科学出版社 2010 年版。

[40] 王秀雄:《日本美术史》，国立历史博物馆 1998 年版。

[41] 刘婕:《唐代花鸟画研究》，文化艺术出版社 2013 年版。

[42] 上海古籍出版社编:《中国艺海》，上海古籍出版社 1994 年版。

[43] 裘琤:《丹漆随梦：中国古代漆器艺术》，中国书店 2012 年版。

[44] 吴山主编:《中国工艺美术大辞典》，江苏美术出版社 1999 年版。

[45] 朱伯雄主编:《世界美术史（第 2 卷）：中代西亚、美洲的美术》，山东美术出版社 1988 年版。

[46] 朱伯雄主编:《世界美术史（第 3 卷）：古代中国、印度、日本》，山东美术出版社 2006 年版。

[47] 朱伯雄主编:《世界美术史（第 4 卷）：古代中国与印度的美术》，山东美术出版社 1992 年版。

[48] 梁思成:《中国古建筑调查报告》，生活·读书·新知三联书店 2012 年版。

[49] 梁思成:《中国建筑史》，百花文艺术出版社 1998 年版。

[50] 傅熹年主编:《中国古代建筑史》,中国建筑工业出版社 2001 年版。

[51] 傅熹年:《中国科学技术史·建筑卷》,科学技术出版社 2008 年版。

[52] 傅熹年:《傅熹年建筑史论文集》,文物出版社 1998 年版。

[53] 潘谷西:《营造法式解读》,东南大学出版社 2005 年版。

[54] 祁伟成:《五台佛光寺东大殿》,文物出版社 2012 年版。

[55] 中国建筑设计研究院建筑历史研究所:《〈营造法式〉图样》,中国建筑工业出版社 2007 年版。

[56] 翟睿:《中国秦汉时期室内空间营造研究》,中国建筑工业出版社 2010 年版。

[57] 李洋、周健:《中国室内设计历史图说》,机械工业出版社 2010 年版。

[58] 李浈:《中国传统建筑木作工具》,同济大学出版社 2004 年版。

[59] 丘光明:《中国历代度量衡考》,科学出版社 1992 年版。

[60] 陈见东主编:《中国设计全集:第 13 卷.工具类编·计量篇》,商务印书馆 2012 年版。

[61] 刘敦桢著:《刘敦桢文集》第 1 卷,中国建筑工业出版社 1982 年版。

[62] [日] 水野清一、长广敏雄:《龙门石窟的研究》,座右宝刊行会,昭和 16 年(1941 年)版。

[63] [日] 秋山光和、辻本米三郎:《法隆寺:玉虫厨子と橘夫人厨子》,岩波书店 1975 年版。

[64] [苏] 阿甫基耶夫著,王以铸译:《古代东方史》,生活·读书·新知三联书店 1956 年版。

4. 图录

[1] 敦煌研究院主编:《敦煌石窟全集》(全 26 册),商务印书馆、商务印书馆有限公司、上海人民出版社 2000—2005 年版。

[2] 中国敦煌壁画全集编辑委员会编著:《中国敦煌壁画全集》(全 11 册),天津人民美术出版社 2006 年版。

[3] 徐光冀:《中国出土壁画全集》(全 10 册),科学技术出版社 2012 年版。

[4] 金维诺主编:《中国美术全集:殿堂壁画》,黄山书社 2008 年版。

[5] 信立祥主编:《中国美术全集:画像石画像砖》,黄山书社 2010 年版。

[6] 罗世平主编:《中国美术全集:墓室壁画》,黄山书社 2010 年版。

[7] 李裕群主编:《中国美术全集:石窟寺雕塑》,黄山书社 2010 年版。

[8] 聂崇正主编:《中国美术全集:卷轴画》,安征:黄山书社 2010 年版。

[9] 罗世平:《中国美术全集:宗教雕塑》,黄山书社 2010 年版。

[10] 宿白:《中国美术全集:绘画编:新疆石窟壁画》,人民美术出版社 1988 年版。

[11] 张安治主编:《中国美术全集：绘画编：原始社会至南北朝绘画》，人民美术出版社 2006 年版。

[12] 宿白:《中国美术全集：雕塑编：龙门石窟雕刻》，人民美术出版社 1988 年版。

[13] 史岩主编:《中国美术全集：雕塑编：五代宋雕塑》，人民美术出版社 1988 年版。

[14] 赵启斌主编:《中国历代绘画鉴赏》，商务印书馆 2013 年版。

[15] 北京图书馆金石组编:《北京图书馆藏中国历代石刻拓本汇编》第 6 册，中州古籍出版社 1989 年版。

[16] 陕西历史博物馆、北京大学考古文博学院、北京大学震旦古代文明研究中心编著:《花舞大唐春：何家村遗宝精粹》，文物出版社 2003 年版。

[17] 新疆维吾尔自治区博物馆编著:《新疆出土文物》，文物出版社 1975 年版。

[18] 刘传生编著:《大漆家具》，故宫出版社 2013 年版。

[19] 启功:《中国历代绘画精品：人物卷》，山东美术出版社 2003 年版。

[20] 刘育文、洪文庆主编:《海外中国名画精选：明代》，上海文艺出版社 1999 年版。

[21] 邹文等主编:《中国工艺美术经典》，人民美术出版社 2000 年版。

[22] 河南省文化局文物工作队编:《河南信阳楚墓出土文物图录》，河南人民出版社 1959 年版。

[23] 新疆维吾尔自治区文物事业管理所编著:《新疆文物古迹大观》，新疆美术摄影出版社 1999 年版。

[24] 昭陵博物馆:《昭陵唐墓壁画》，文物出版社 2006 年版。

[25] 陕西历史博物馆编:《唐墓壁画集锦》，陕西人民美术出版社 1991 年版。

[26] 洛阳市文物管理局、洛阳古代艺术博物馆编:《洛阳古代墓葬壁画》，中州古籍出版社 2010 年版。

[27] 冀东山:《神韵与辉煌——陕西历史博物馆国宝鉴赏：唐墓壁画卷》，三秦出版社 2006 年版。

[28] 冀东山:《神韵与辉煌——陕西历史博物馆国宝鉴赏：陶瓷卷》，三秦出版社 2005 年版。

[29] 敦煌研究院编著:《史苇湘欧阳琳临摹敦煌壁画选集》，上海古籍出版社 2007 年版。

[30] 庄伯和:《佛像之美》，雄狮图书公司 1980 年版。

[31] 海外藏中国历代名画编辑委员会:《海外藏中国历代名画（1—8 卷)》，湖南美术出版社 1998 年版。

[32] 傅克辉、周成:《中国古代设计图典》，文物出版社 2011 年版。

[33] 中国漆器全集编辑委员会编著:《中国漆器全集（4）三国至元》，福建美术出版社 1998 年版。

[34] 张焯:《中国石窟艺术：云冈》，江苏美术出版社 2011 年版。

[35] 阮荣春:《中国罗汉图》，湖南美术出版社 2000 年版。

[36] 杨新:《五代贯休罗汉图》，文物出版社 2008 年版。

[37] 袁烈洲:《中国历代人物画选》，江苏美术出版社 1985 年版。

[38] 杨建峰:《中国人物画全集》，外文出版社 2011 年版。

[39] 盛天晔:《唐代人物》，湖北美术出版社 2012 年版。

[40] 宁波博物馆、中国国家博物馆:《国家宝藏——中国国家博物馆典藏珍宝展》，科学出版社 2010 年版。

[41] 河北省文物研究所:《宣化辽墓壁画》，文物出版社 2001 年版。

[42] 吴广孝:《集安高句丽壁画》，山东画报出版社 2006 年版。

[43] 李经纬:《中国古代医史图录》，人民卫生出版社 1992 年版。

[44] 郭建邦:《北魏宁懋石室线刻画》，人民美术出版社 1987 年版。

[45] 石守谦:《中国古代绘画名品》，浙江人民大学出版社 2012 年版。

[46] 聂菲:《中国古代漆器鉴赏》，四川大学出版社 2002 年版。

[47] 樊英峰、王又怀:《线条艺术的遗产：唐乾陵陪葬墓石椁线刻画》，文物出版社 2013 年版。

[48] 中国历史博物馆、新疆自治区文物局编:《天山古道东西风：新疆丝绸之路文物特辑》，中国社会科学出版社 2002 年版。

[49] 伊斯拉菲尔·玉苏甫主编:《新疆维吾尔自治区博物馆画册》，金版文化出版社 2006 年版。

[50] 中国画像石全集编辑委员会编:《中国画像石全集：山东汉画像石》，山东美术出版社 2000 年版。

[51] 冯小宴编著:《中国历代仕女画》（卷一），中国画报出版社 2014 年版。

[52] 傅举有、陈松长:《马王堆汉墓文物》，湖南出版社 1992 年版。

[53] 金申:《中国历代纪年佛像图典》，文物出版社 1994 年版。

[54] 李飞编著:《中国传统金银器艺术鉴赏》，浙江大学出版社 2008 年版。

[55] 韩伟编著:《海内外唐代金银器萃编》，三秦出版社 1989 年版。

[56] 马炜、蒙中编著:《西域绘画（1—10 卷）》，重庆出版社 2010 年版。

[57] 盛文林编著:《雕刻艺术欣赏》，北京工业大学出版社 2014 年版。

[58] 盛天晔主编:《历代经典绘画解析：元代人物卷》，湖北美术出版社 2012 年版。

[59] 陈子游:《中国名间私家藏品书系：奥缶斋》，文化艺术出版社 2012 年版。

[60] 国立故宫博物院编辑委员会编:《故宫书画图录（第一至三册）》，国立故宫博物院 1989 年版。

[61] 邹文主编:《世界艺术全鉴：外国雕塑经典》，人民美术出版社 2000 年版。

[62] 高火编著:《古代西亚艺术》，河北教育出版社2003年版。

[63] 高火编著:《埃及艺术》，河北教育出版社2003年版。

[64] [英] 约翰・马歇儿著，王冀青译:《犍陀罗佛教艺术》，甘肃教育出版社1989年版。

[65] [日] 常盘大定、关野贞:《支那文化史迹（1—12辑)》，法藏馆，昭和十四年—昭和十六年（1940—1942年）版。

[66] [日] 帝室博物馆编:《正倉院御物図録（1—18辑)》，帝室博物馆，昭和3—30年（1928—1958年）版。

[67] [日] 正仓院事务所编:《正倉院寳物》(北倉、中倉、南倉全十册)，每日新闻社平成6—9年（1994—1997年）版。

[68] [日] 木村法光编集:《正倉院寳物にみる家具・調度》，紫红社1992年版。

（三）期刊论文

1. 考古学论文

[1] 中国科学院考古研究的安阳发掘队:《1962年安阳大司空村发掘简报》，《考古》1964年第8期。

[2] 高炜:《陶寺龙山文化木器的初步研究——兼论北方漆器起源问题》，解希恭主编:《襄汾陶寺遗址研究》，科学出版社2007年版。

[3] 湖南省博物馆:《长沙楚墓》，《考古学报》1959年第1期。

[4] 湖南省博物馆:《长沙浏城桥一号墓》，《考古学报》1972年第1期。

[5] 湖南省文物管理委员会:《长沙黄泥坑第二十号墓清理简报》，《文物参考资料》1956年第11期。

[6] 成都市文物考古研究所:《成都市商业街船棺、独木棺墓葬发掘简报》，《文物》2002年第11期。

[7] 周世荣、文道义:《57长.子.17号墓清理简报》，《文物》1960年第1期。

[8] 湖北省文化局文物工作队:《湖北江陵三座楚墓出土大批重要文物》，《文物》1966年第5期。

[9] 湖北省文化局文物工作队:《湖北江陵三座楚墓出土大批重要文物》，《文物》1966年第5期。

[10] 曹桂岑:《河南郸城发现汉代石坐榻》，《考古》1965年第5期。

[11] 武汉大学考古系、湖北省文物局三峡办:《湖北巴东县汪家河遗址墓葬发掘简报》，《考古》2006年第1期。

[12] 南京市博物馆:《南京北郊东晋墓发掘简报》，《考古》1983年第4期。

[13] 张海啸:《北魏宋绍祖石室研究》,《文物世界》2005 年第 1 期。

[14] 陕西省考古研究院、榆林市文物保护研究所等:《陕西靖边县统万城周边北朝仿木结构壁画墓发掘简报》,《考古与文物》2013 年第 3 期。

[15] 南京市博物馆、南京市江宁区博物馆:《南京江宁上坊孙吴墓发掘简报》,《文物》2008 年第 12 期。

[16] 湖北孝感地区第二期亦工亦农文物考古训练班:《湖北云梦睡虎地十一座秦墓发掘简报》,《文物》1976 年第 9 期。

[17] 江西省文物考古研究所:《南昌火车站东晋墓葬群发掘简报》,《文物》2001 年第 2 期。

[18] 广西壮族自治区文物工作队:《广西永福县寿城南朝墓》,《考古》1983 年第 7 期。

[19] 王克林:《北齐库狄回洛墓》,《考古学报》1979 年第 3 期。

[20] 磁县文化馆:《河北磁县东陈村东魏墓》,《考古》1977 年第 6 期。

[21] 李文信:《辽阳发现的三座壁画古墓》,《文物参考资料》1957 年第 5 期。

[22] 辽宁省博物馆文物队、朝阳地区博物馆文物队、朝阳县文化馆:《朝阳袁台子东晋壁画墓》,《文物》1982 年第 10 期。

[23] 夏名采:《益都北齐石室墓线刻画像》,《文物》1985 年第 10 期。

[24] 嵊县文管会:《浙江嵊县大塘岭东吴墓》,《考古》1991 年第 3 期。

[25] 考古研究所安阳发掘队:《安阳隋张盛墓发掘记》,《考古》1959 年第 10 期。

[26] 陕西省考古研究院:《陕西潼关税村隋代壁画墓发掘简报》,《文物》2008 年第 5 期。

[27] 唐金裕:《西安西郊隋李静训墓发掘简报》,《考古》1959 年第 9 期。

[28] 武汉市文物管理处:《武汉市东湖岳家嘴隋墓发掘简报》,《考古》1983 年第 9 期。

[29] 安阳市文物考古研究所:《河南安阳市置度村八号隋墓发掘简报》,《考古》2010 年第 4 期。

[30] 安阳市文物工作队:《河南安阳市两座隋墓发掘报告》,《考古》1992 年第 1 期。

[31] 陕西省考古研究院、咸阳市文物考古研究所:《隋元威夫妇墓发掘简报》,《考古与文物》2012 年第 1 期。

[32] 周繁文:《隋代李静训墓研究——兼论唐以前房形石葬具的使用背景》,《华夏考古》2010 年第 1 期。

[33] 河南省博物馆,洛阳市博物馆:《洛阳隋唐含嘉仓的发掘》,《文物》1972 年第 3 期。

[34] 天水市博物馆:《天水市发现隋唐屏风石棺床墓》,《考古》1992 年第 1 期。

[35] 孙机:《唐李寿石椁线刻仕女图、乐舞图散记》,《文物》1996 年第 5、6 期。

[36] 岳阳市文物考古研究所:《湖南岳阳桃花山唐墓》,《文物》2006 年第 1 期。

[37] 刘友恒、聂连顺:《河北正定开元寺发现初唐地宫》,《文物》1995 年第 6 期。

[38] 河南省文化局文物工作队:《郑州上街区唐墓发掘简报》,《考古》1960 年第 1 期。

[39] 李征:《新疆阿斯塔那三座唐墓出土珍贵绢画及文书等文物》,《文物》1975年第10期。

[40] 郑州市文物考古研究所:《郑州西郊唐墓发掘简报》,《文物》1999年第12期。

[41] 大同市考古研究所:《山西大同浑源唐墓发掘简报》,《文物世界》2011年第5期。

[42] 郑州市文物考古研究院:《郑州华南城唐范阳卢氏夫人墓发掘简报》,《中原文物》2016年第6期。

[43] 石家庄地区文物研究所:《河北晋县唐墓》,《考古》1985年第2期。

[44] 陕西省考古研究院:《唐李倕墓发掘报告》,《考古与文物》2015年第6期。

[45] 洛阳市文物工作队:《洛阳北郊唐颍川陈氏墓发掘简报》,《文物》1999年第2期。

[46] 邱播、苏建军:《山东临沂市药材站发现两座唐墓》,《考古》2003年第9期。

[47] 程旭:《长安地区新发现的唐墓壁画》,《文物》2014年第12期。

[48] 呼林贵:《唐李宪墓研究拾遗》,《上海文博》2005年第2期。

[49] 张南、周长源:《扬州市东风砖瓦厂唐墓出土的文物》,《考古》1982年第3期。

[50] 刘兴文:《河北宽城出土两件唐代银器》,《考古》1985年第9期。

[51] 沧州市文物保护管理所、沧县文化馆:《河北沧县前营村唐墓》,《考古》1991年第5期。

[52] 周世荣:《长沙唐墓出土瓷器研究》,《考古学报》1982年第4期。

[53] 扬州市博物馆:《扬州发现两座唐墓》,《文物》1973年第5期。

[54] 洛阳市文物工作队:《洛阳龙门张沟唐墓发掘简报》,《文物》2008年第4期。

[55] 冉万里:《关于法门寺塔基地宫出土银棱盝顶檀香木函的相关问题探讨》,《文博》2016年第2期。

[56] 甘肃省文物考古研究所、甘肃陇东古石刻艺术博物馆:《甘肃合水唐魏哲墓发掘简报》,《考古与文物》2012年第4期。

[57] 邢台市文物管理处:《河北邢台唐墓的清理》,《考古》2004年第5期。

[58] 湖南省博物馆:《湖南长沙咸嘉湖唐墓发掘简报》,《考古》1980年第6期。

[59] 洛阳市文物工作队:《洛阳市龙康小区C7M1422唐墓发掘简报》,《中原文物》2009年第2期。

[60] 河南省文物考古研究院、巩义市文物考古研究所:《巩义市东区天玺尚城唐墓M234发掘简报》,《中原文物》2016年第2期。

[61] 北京市海淀区文物管理所:《北京市海淀区八里庄唐墓》,《文物》1995年第11期。

[62] 王咸秋:《洛阳邙山镇营庄村北宋王怡孙墓发掘简报》,《洛阳考古》1996年第3期。

[63] 黄河水库考古工作队:《一九五六年河南陕县刘家渠汉唐墓葬发掘简报》,《考古通讯》1957年第4期。

[64] 郑州市博物馆:《郑州二里岗唐墓出土平脱漆器的银饰片》,《中原文物》1982年

第 4 期。

[65] 洛阳市第二文物工作队：《伊川鸦岭唐齐国太夫人墓》，《文物》1995 年第 11 期。

[66] 扬州博物馆：《扬州近年发现唐墓》，《考古》1990 年第 9 期。

[67] 郑州市文物考古研究所：《郑州市区两座唐墓发掘简报》，《华夏考古》2000 年第 4 期。

[68] 陕西考古所唐墓工作组：《西安东郊唐苏思勖墓清理简报》，《考古》1960 年第 1 期。

[69] 中国社会科学院考古研究所河南第二工作队：《河南偃师杏园村的六座纪年唐墓》，《考古》1986 年第 5 期。

[70] 中国社会科学院考古研究所河南第二工作队：《河南偃师杏园村的两座唐墓》，《考古》1984 年第 10 期。

[71] 河南省文化局文物工作二队：《河南上蔡县贾庄唐墓清理简报》，《文物》1964 年第 2 期。

[72] 丹徒县文教局、镇江博物馆：《江苏丹徒丁卯桥出土唐代银器窖藏》，《文物》1982 年第 11 期。

[73] 镇江博物馆：《江苏镇江唐墓》，《考古》1985 年第 2 期。

[74] 湖南省博物馆：《长沙市东北郊古墓葬发掘简报》，《考古》1959 年第 12 期。

[75] 河南省文物考古研究所：《河南安阳县固岸墓地 2 号墓发掘简报》，《华夏考古》2007 年第 2 期。

[76] 赵文军：《安阳相州窑的考古发掘与研究》，载《中国古陶瓷研究》第 15 辑，紫禁城出版社 2009 年版。

[77] 西安市文物保护考古研究院：《西安唐殿中侍御医蒋少卿及夫人宝手墓发掘简报》，《文物》2012 年第 10 期。

[78] 新疆维吾尔自治区博物馆：《吐鲁番县阿斯塔那——哈拉和卓古墓群发掘简报（1963—1965）》，《文物》1973 年第 10 期。

[79] 张家口市宣化区文物保管所：《河北宣化纪年唐墓发掘简报》，《文物》2008 年第 7 期。

[80] 陕西省文物管理委员会：《西安王家坟村第 90 号唐墓清理简报》，《文物参考资料》1956 年第 8 期。

[81] 何介钧、文道义：《湖南长沙牛角塘唐墓》，《考古》1964 年第 12 期。

[82] 吐鲁番地区文物局：《新疆吐鲁番地区木纳尔墓地的发掘》，《考古》2006 年第 12 期。

[83] 郭洪涛：《唐恭陵哀皇后墓部分出土文物》，《考古与文物》2002 年 4 月。

[84] 屈利军：《新发现庞留唐墓壁画初探》，《文博》2009 年第 5 期。

[85] 洛阳市文物工作队：《洛阳关林大道唐墓（C7M1724）发掘简报》，《文物》2007 年第 4 期。

[86] 陕西省考古研究所：《西安西郊陕棉十厂唐墓壁画清理简报》，《考古与文物》2002

年第 1 期。

[87] 昭陵博物馆:《唐安元寿夫妇墓发掘简报》,《文物》1988 年第 12 期。

[88] 四川大学历史文化学院考古系、上海大学艺术研究院美术考古研究中心等:《河北鹿泉市西龙贵墓地唐宋墓葬发掘简报》,《考古》2013 年第 5 期。

[89] 陕西省社会科学院考古研究所:《陕西咸阳唐苏君墓发掘》,《考古》1963 年第 9 期。

[90] 程旭:《唐武惠妃墓石椁纹饰初探》,《考古与文物》2012 年第 3 期。

[91] 施爱民:《肃南西水大长岭唐墓清理简报》,《陇右文博》2004 年第 1 期。

[92] 李永平:《肃南大长岭唐墓出土文物及相关问题研究》,《"故宫"文物月刊》2001 年第 5 期。

[93] 井增利、王小蒙:《富平县新发现的唐墓壁画》,《考古与文物》1997 年第 4 期。

[94] 陕西省考古研究所隋唐研究室:《西安西效热电石二号唐墓发掘简报》,《考古与文物》2001 年第 2 期。

[95] 陕西省文物管理委员会:《唐永泰公主墓发掘简报》,《文物》1964 年第 1 期。

[96] 王策、程利:《燕京汽车厂出土唐墓》,《北京文博》1999 年第1期。

[97] 四川万县博物馆:《四川万县唐墓》,《考古学报》1980 年第 4 期。

[98] 安阳市文物考古研究所:《河南安阳市北关唐代壁画墓发掘简报》,《考古》2013 年第 1 期。

[99] 李澜、陈丽臻:《吉林省渤海国王室墓地出土银平脱梅花瓣形漆奁修复》,《江汉考古》2009 年第 3 期。

[100] 李澜、陈丽臻:《渤海国王室墓地出土梯形漆盒保护修复》,《文物保护与考古科学》2009 年第 2 期。

[101] 湖北荆州地区博物馆保管组:《湖北监利出土一批唐代漆器》,《文物》1982 年第 2 期。

[102] 中国社会科学院考古研究所安阳工作队:《河南安阳刘家庄北地唐宋墓发掘报告》,《考古学报》2015 年第 1 期。

[103] 新乡市文物考古研究所:《河南新乡市仿木结构砖室墓发掘简报》,《华夏考古》2010 年第 2 期。

[104] 新疆维吾尔自治区博物馆、西北大学历史系考古专业:《1973 年吐鲁番阿斯塔那古墓群发掘简报》,《文物》1975 年第 7 期。

[105] 临潼县博物馆:《临潼唐庆山寺舍利塔基精室清理记》,《文博》1985 年第 5 期。

[106] 常州市博物馆:《江苏常州半月岛五代墓》,《考古》1993 年第 9 期。

[107] 江苏省文物管理委员会:《五代——吴大和五年墓清理记》,《文物参考资料》1957 年第 3 期。

[108] 洛阳市文物考古研究院:《洛阳苗北村壁画墓发掘简报》,《洛阳考古》2013 年第 1 期。

[109] 洛阳市文物考古研究院:《洛阳邙山镇营庄村北五代壁画墓》,《洛阳考古》2013 年第 1 期。

[110] 洛阳市文物考古研究院:《洛阳孟津新庄五代壁画墓发掘简报》,《洛阳考古》2013 年第 1 期。

[111] 杭州市文物考古所、临安市文物馆:《浙江临安五代吴越国康陵发掘简报》,《文物》2000 年第 2 期。

[112] 姚世英、陈晶:《苏州瑞光寺塔藏嵌螺钿经箱小识》,《考古》1986 年第 7 期。

[113] 苏州市文管会、苏州博物馆:《苏州市瑞光塔发现一批五代、北宋文物》,《文物》1979 年第 11 期。

[114] 洛阳市文物考古研究院:《洛阳龙盛小学五代壁画墓发掘简报》,《洛阳考古》2013 年第 1 期。

[115] 苏欣、刘振宇:《泸州宋墓石刻小议》,《四川文物》2013 年第 4 期。

[116] 齐晓光:《内蒙古赤峰宝山辽壁画墓发掘简报》,《文物》1998 年第 1 期。

[117] 河南省文物工作队:《河南方城盐店庄村宋墓》,《文物参考资料》1958 年第 11 期。

[118] 湖州市飞英塔文物保管所:《湖州飞英塔发现一批壁藏五代文物》,《文物》1994 年第 2 期。

[119] 扬州博物馆:《江苏邗江蔡庄五代墓清理简报》,《文物》1980 年第 2 期。

[120] 宁安县文物管理所、渤海镇公社土台子大队:《黑龙江省宁安县出土的舍利函》,载文物编辑委员会编:《文物资料丛刊 2》,文物出版社 1978 年版。

[121] 杨忠敏、阎可行:《陕西彬县五代冯晖墓彩绘砖雕》,《文物》1994 年第 11 期。

2. 家具史、文化史、科技史论文

[1] 宋兆麟:《中国史前的家具》,《中国历史文物》1992 年第 1 期。

[2] 陈增弼:《汉魏晋独坐式小榻初论》,《文物》1979 年第 9 期。

[3] 杨泓:《考古所见魏晋南北朝家具(上、中、下)》,《紫禁城》2010 年第 10、12 期、2011 年第 1 期。

[4] 扬眉剑舞:《到正仓院看唐朝家具》,《古典工艺家具》2014 年第 1 期。

[5] 耿晓杰、李斌:《中国家具史画——西周》,《家具与环境》2005 年第 5 期。

[6] 耿晓杰、李斌:《中国家具史画——春秋战国时期》,《家具与环境》2006 年第 4 期。

[7] 耿晓杰:《中国家具史画——秦汉时期》,《家具与环境》2006 年第 1 期。

[8] 任晓曦、耿晓杰:《中国家具史画——隋、唐、五代十国家具》,《家具与环境》2006 年第 5 期。

[9] 任晓曦、耿晓杰：《中国家具史画——宋代家具》，《家具与环境》2006年第6期。

[10] 张吟午：《楚式家具概述》，载楚文化研究会编：《楚文化研究论集》第4集，河南人民出版社1994年版。

[11] 孙机：《汉代家具（上、下）》，《紫禁城》2010年第7、8期。

[12] 吴妍：《“筌蹄”小考》，《中国史研究》2003年第43期。

[13] 杨先艺：《论中国古代家具的设计演变》，《国外建材科技》2002年第4期。

[14] 李力：《从考古研究看中国的屏风画》，载《艺术史研究》第1辑，中山大学出版社1999年版。

[15] 黄正建：《〈步辇图〉中的“步辇”质疑》，《文物天地》1994年第3期。

[16] 闫艳：《释“辇”“舆”及其他》，《艺术百家》2010年第2期。

[17] 高启安：《从莫高窟壁画看唐五代敦煌人的坐具和饮食坐姿（上、下）》，《敦煌研究》2001年第3、4期。

[18] 唐刚卯：《跋敦煌文书〈某寺常住什物交割点检历〉——关于唐代家具的一点思考》，载《魏晋南北朝隋唐史资料》第17辑，武汉大学出版社2000年版。

[19] 经明汉、刘文金：《传统家具文化文献中“壸门”与“壶门”之正误辨析》，《家具与室内装饰》2007年第7期。

[20] 周浩明、蒋正清：《从椅子的演变看中国古代家具设计发展的影响因素》，《江南大学学报（自然科学版）》2002年第4期。

[21] 黄永年：《唐代家具探索》，载黄永年：《文史存稿》，三秦出版社2004年版。

[22] 张十庆：《关于胡床、绳床与曲彔》，《室内设计与装修》2006年第6期。

[23] 韩继中：《唐代家具的初步研究》，《文博》1985年第2期。

[24] 唐宪保：《唐代的柜》，《文博》1988年第2期。

[25] 张中华：《唐代绘画艺术与唐代家具之间的关系》，《城市建筑理论研究》2014年第9期。

[26] 李汇龙、邵晓峰：《敦煌壁画中的唐代家具探析——以高榻为例》，《艺苑》2014年第5期。

[27] 濮安国：《明清架子床的渊源和文化性》，《东南文化》2002年第10期。

[28] 暨远志：《绳床及相关问题考：敦煌壁画家具研究之一》，《考古与文物》2004年第2期。

[29] 暨远志：《金狮床考：敦煌壁画家具研究之二》，《考古与文物》2004年第3期。

[30] 杨木、张宏：《浅谈敦煌籍帐文书中的漆器和小木器皿》，《敦煌研究》2009年第2期。

[31] 陈增弼：《千年古榻》，《文物》1984年第6期。

[32] 陆锡兴：《行帷、坐障考》，载王元化主编：《学术集林》卷12，上海远东出版社

1997年版。

[33] 杨泓:《敦煌莫高窟与中国古代家具史研究之二:公元7—10世纪中国家具的演变》，载段文杰主编:《敦煌石窟研究国际讨论会文集》，辽宁美术出版社1990年版。

[34] 扬之水:《关于椸、禁、案的定名》，《中国历史文物》2007年第4期。

[35] 杨泓:《考古所见魏晋南北朝家具（中)》，《紫禁城》2010年第12期。

[36] 柯嘉豪:《椅子与佛教的流传关系》，《“中央研究院”历史语言研究所集刊》第六十九本第四分1998年12月。

[37] 张十庆:《建筑与家具:古代家具结构与风格的建筑化发展》，《室内设计与装修》2005年第4期。

[38] 孟彤:《唐代建筑与家具结构关联性初探》，《美术研究》2014年第3期。

[39] 朱毅、刘亚萍:《东北地区家具形式演变初探》，《家具》2014年第4期。

[40] 杜文:《古代钱柜什么样?》，《收藏》2011年第5期。

[41] 扬之水:《行障与挂轴》，《中国历史文物》2005年第5期。

[42] 朱笛:《展障玉鸦叉——唐墓壁画中丁字杖用途初探》，《中国国家博物馆馆刊》2012年第11期。

[43] 鲁礼鹏:《吐鲁番阿斯塔那墓地出土木案类型学研究》，《吐鲁番学刊》2014年第1期。

[44] 刘丽文:《奢华的大唐风韵——镇江丁卯桥出土的唐代银器窑藏（上)》，《收藏》2013年第3期。

[45] 刘丽文:《奢华的大唐风韵——镇江丁卯桥出土的唐代银器窑藏（下)》，《收藏》2013年第5期。

[46] 杨泓:《漫话“斗帐”》，《文史知识》1984年第12期。

[47] 程旭:《唐韩休墓〈乐舞图〉属性及相关问题研究》，《文博》2015年第6期。

[48] 师小群、呼啸:《披沙拣金二十载:陕西历史博物馆新入藏文物精粹展》，《收藏家》2011年第7期。

[49] 张蕴:《浅谈“下帐”》，《考古与文物》2009年第6期。

[50] 樊莹莹:《再说“叵罗”》，载四川大学文学与新闻学院:《汉语史研究集刊》第十六辑，巴蜀书社2014年版。

[51] 安忠义:《敦煌文献中的酒器考》，《敦煌学辑刊》2008年第2期。

[52] 刘松柏、郭慧林:《库车发现的银叵罗考》，《西域研究》1999年第1期。

[53] 夏名采:《益都北齐石室墓线刻画像》，《文物》1985年第10期。

[54] 朱大渭:《中古汉人由跪坐到垂脚高坐》，《中国史研究》1994年第4期。

[55] 朱启新:《古人的坐容》，《文史知识》2000年第5期。

[56] 王永平:《隋唐文物中的围棋》,《文物季刊》1994 年第 4 期。

[57] 王晓玲、吕恩国:《阿斯塔那古墓出土屏风画研究》,《美与时代（中)》2015 年第 2 期。

[58] 林树中:《从〈七贤图〉到〈六逸图・边韶昼眠〉》,《中国书画》2012 年第 1 期。

[59] 郑会平、何秋菊、姚书文等:《新疆阿斯塔那唐墓出土彩塑的制作工艺和颜料分析》,《文物保护与考古科学》2013 年第 2 期。

[60] 司艺、蒋洪恩、王博等:《新疆阿斯塔那墓地出土唐代木质彩绘的显微激光拉曼分析》,《光谱学与光谱分析》2013 年第 10 期。

[61] 周立、毛晨佳:《三维激光扫描技术在洛阳孟津唐墓中的应用》,《文物》2013 年第 3 期。

[62] 李浈:《隋唐以后木作工具的变迁与家具的发展》,《文物建筑》2009 年卷。

[63] 何堂坤:《平木用刨考》,《文物》2001 年第 5 期。

[64] 孙机:《关于平木用的刨子》,《文物》1996 年第 10 期。

[65] 潘谷西:《〈营造法式〉小木作制度研究》，载余如龙编:《东方建筑遗产（2008 年卷)》，文物出版社 2008 年版。

[66] 张十庆:《从建构思维看古代建筑结构的类型与演化》,《建筑师》2007 年第 2 期。

[67] 杨泓:《从考古学看唐代中日文化交流》,《考古》1988 年第 4 期。

[68] 乐山:《日本古代漆艺》,《艺苑》1991 年第 2 期。

[69] 乐山、王琥:《日本古代漆艺（续)》,《艺苑》1991 年第 4 期。

[70] 林保尧:《印度圣迹——桑奇大塔》,《艺术家》2008 年第 11 期。

[71] 宣晓志、戴向东、张玉:《日本传统家具的风格特征探析》,《家具与室内装饰》2003 年第 9 期。

[72] [日] 山崎一雄:《法隆寺壁画的颜料》,《敦煌研究》1988 年第 3 期。

[73] [日] 高桥隆博、韩騄:《唐代与日本正仓院的螺钿》,《学术研究》2002 年第 10 期。

[74] [日] 成瀬正和:《年次報告》，载日本宫内厅正仓院事物编:《正倉院紀要》第 10 号，昭和 63 年（1988 年）版。

[75] [日] 柿泽亮三、平岡考、中坪社治、上村淳之:《實物特别调查：鸟の羽毛と文样》，载《正倉院紀要》第 22 号，平成 12 年（2000 年）版。

[76] [日] 光倡拓実:《年輪年代法による正倉院實物木工品の调查》，载日本宫内厅正仓院事物所编:《正倉院紀要》第 23 号，平成 13 年（2001 年）版。

[77] [日] 彬木一树:《年次報告》，载日本宫内厅正仓院事物所编:《正倉院紀要》第 28 号，平成 18 年（2006 年）版。

[78] [日] 西川明彦:《木画紫檀碁局と金銀龟甲碁局龕》，载日本宫内厅正仓院事物所

编:《正倉院紀要》第35号,平成25年(2012年)版。

[79] [日] 阿部弘:《鳥毛立女屏風修理報告》,载日本宫内厅正仓院事物所编:《正倉院紀要》第12号,平成2年(1990年)版。

[80] [日]《図版鳥毛立女屏風修理記録》,载日本宫内厅正仓院事物所编:《正倉院紀要》第12号,平成2年(1990年)版。

[81] [美] 夏南希:《青龙寺密宗殿堂——唐代建筑的空间、礼仪与古典主义》,载中国建筑学会建筑史学分会编:《建筑历史与理论》第六、七合辑,中国科学技术出版社2000年版。

(四)学位论文

[1] 赵琳:《魏晋南北朝室内环境艺术研究》,东南大学博士学位论文,2002年。

[2] 李敏秀:《中西家具文化比较研究》,南京林业大学博士学位论文,2003年。

[3] 唐开军:《家具风格的形成过程研究》,北京林业大学博士学位论文,2004年。

[4] 邵晓峰:《中国传统家具和绘画的关系研究》,南京林业大学博士学位论文,2005年。

[5] 黑维强:《敦煌、吐鲁番社会经济文献词汇研究》,兰州大学博士学位论文,2005年。

[6] 杜朝晖:《郭煌文献名物研究》,浙江大学博士学位论文,2006年。

[7] 信佳敏:《敦煌莫高窟唐代屏风画研究》,中央美术学院博士学位论文,2013年。

[8] 华天舒:《唐代室内环境艺术初探》,东南大学硕士学位论文,1995年。

[9] 赵永刚:《中国古代家具风格发展的影响因素探研》,河北大学硕士学位论文,2004年。

[10] 马晓玲:《北朝至隋唐时期墓室屏风式壁画的初步研究》,西北大学硕士学位论文,2009年。

图片资料出处

第一章

图 1—1 《河姆渡——新石器时代遗址考古发掘报告》(上)，第 23 页图一〇。

图 1—2 《陶寺龙山文化木器的初步研究——兼论北方漆器起源问题》，第 454 页图一。

图 1—3 《1962 年安阳大司空村发掘简报》，图版壹：6。

图 1—4 《中国古代家具鉴赏》，彩图 6。

图 1—5 《中国家具史图说》(文字卷)，第 15 页 I. 图一二 B：上。

图 1—6 《中国家具史图说》(文字卷)，第 15 页 I. 图一二 A：2。

图 1—7 《包山楚墓》，图版三七：1。

图 1—8 中国国家博物馆藏品摄影。

图 1—9 《楚都纪南城复原研究》，第 281 页图七四。

图 1—10 《中国美术全集：绘画编：原始社会至南北朝绘画》，第 116 页图九一。

图 1—11 《中国美术全集：墓室壁画》，第 68 页图。

图 1—12 《中国美术全集：画像石画像砖》，第 276 页图。

图 1—13 《洛阳古代墓葬壁画》(上卷)，第 250 页图一三。

图 1—14 《中国古代家具综览》，图 2—136。

图 1—15 《密县打虎亭汉墓》，第 174 页图一三六。

图 1—16 《中国工艺美术经典》，第 132 页图 268。

图 1—17 《长沙马王堆二、三号汉墓：第 1 卷田野考古发掘报告》，彩版三四：2。

图 1—18 《满城汉墓》，图三〇。

图 1—19 《中国美术全集：画像石画像砖》，第 389 页下图。

图 1—20 《中国美术全集：画像石画像砖》，第 660 页上图。

图 1—21 《密县打虎亭汉墓》，第 144 页，图一一四。

图 1—22 《中国美术全集：卷轴画》，第 17 页上图。

图 1—23 《中国美术全集：画像石画像砖》，第 668 页下图。
图 1—24 《中国美术全集：宗教雕塑》，第 75 页右图。
图 1—25 《中国出土壁画全集：山西》，图 80。
图 1—26 《汉魏晋独坐式小榻初论》，第 67 页图三。
图 1—27 《中国漆器全集 · 4. 三国至元》，图二一。
图 1—28 中国国家博物馆藏品摄影。
图 1—29 《中国美术全集：墓室壁画》，第 173 页图。
图 1—30 《南京北郊东晋墓发掘简报》，第 318 页图四：10。
图 1—31 《巩义芝田晋唐墓葬》，图版九：3。
图 1—32 《中国美术全集：卷轴画》，第 28 页中图。
图 1—33 《剑桥插图考古史》，第 191 页图。
图 1—34 《中外历代家具风格》，第 11 页图 32。
图 1—35 《中国美术全集：宗教雕塑》，第 95 页图。
图 1—36 《中国美术全集：卷轴画》，第 33 页图。
图 1—37 《敦煌石窟全集：本生因缘故事画卷》，图 44。
图 1—38 《家具史（公元前 3000—2000 年)》，第 3 页下，右图。
图 1—39 《中国敦煌壁画全集：隋代》，图二三。
图 1—40 《陕西靖边县统万城周边北朝仿木结构壁画墓发掘简报》，图版一。
图 1—41 《敦煌石窟全集：服饰画卷》，图 26。
图 1—42 《世界美术史（第 3 卷）：古代中国、印度、日本》，第 228 页图 6—23。
图 1—43 《中国美术全集：绘画编：新疆石窟壁画》，第 16 页图一五。
图 1—44 《敦煌石窟全集：本生因缘故事画卷》，图 10。
图 1—45 《益都北齐石室墓线刻画像》，第 50 页图二。

第二章

图 2—1 《敦煌石窟全集：弥勒经画卷》，图 49。
图 2—2 《中国美术全集：卷轴画》，第 70 页图。
图 2—3 《中国美术全集：墓室壁画》，第 384 页图。
图 2—4 《唐韩休墓〈乐舞图〉属性及相关问题研究》，第 21 页图一。
图 2—5 日本东京国立博物馆网站。
图 2—6 《正倉院寳物：北倉Ⅱ》，第 19 页图。
图 2—7 《〈营造法式〉图样》，第 194 页图。

图2—8　湖南省博物馆网站。

图2—9　长沙简牍博物馆网站。

图2—10　《湖北巴东县汪家河遗址墓葬发掘简报》，第40页图一七：1。

图2—11　《中国出土壁画全集：甘肃、宁夏、新疆》，图97。

图2—12　《中国美术全集：画像石画像砖》，第399页图。

图2—13　《中国美术全集：画像石画像砖》，第465页图。

图2—14　《龙门石窟的研究》，图十八。

图2—15　《中国美术全集：画像石画像砖》，第479页图。

图2—16　《神韵与辉煌——陕西历史博物馆国宝鉴赏：陶瓷卷》，第63页图38。

图2—17　《中国美术全集：卷轴画》，第38页上图。

图2—18　刘显波据《敦煌石窟全集：本生因缘故事画卷》，图87绘制线描图。

图2—19　《史苇湘欧阳琳临摹敦煌壁画选集》，第83页图78。

图2—20　《中国敦煌壁画全集：初唐》，图一七〇。

图2—21　《西域绘画：佛传》，第7页图。

图2—22　《中国美术全集：卷轴画》，第134—135页图。

图2—23　《中国美术全集：卷轴画》，第134—135页图。

图2—24　刘显波据《敦煌壁画家具图像研究》，线图2重绘。

图2—25《中国美术全集：雕塑编9炳灵寺等石窟雕塑》，图五九。

图2—26　《新疆吐鲁番阿斯塔那北区墓葬发掘简报》，图31。

图2—27　《敦煌石窟全集：报恩经画卷》，图194。

图2—28　《敦煌石窟全集：弥勒经画卷》，图200。

图2—29　敦煌研究院网站。

图2—30　《正倉院賓物：北倉Ⅰ》，第243页图。

图2—31　《中国美术全集：卷轴画》，第139页图。

图2—32　《敦煌石窟全集：民俗画卷》，图49。

图2—33　《敦煌石窟全集：民俗画卷》，图159。

图2—34　《中国美术全集：卷轴画》，第140—141页图。

图2—35　《千年古榻》，图一。

图2—36　《千年古榻》，图四。

图2—37　《中国美术全集：绘画编18画像石画像砖》，第185页，图二三六。常任侠主编。

图2—38　《中国石窟艺术：云岗》，图49。

图2—39　《敦煌石窟全集：法华经画卷》，　图135。

图 2—40 《陕西历史博物馆国宝鉴赏：唐墓壁画卷》，图 87。

图 2—41 《中国历代绘画鉴赏》，第 364 页图。

图 2—42 《泸州宋墓石刻小议》，图版壹：5。

图 2—43 数字敦煌网站。

图 2—44 数字敦煌网站。

图 2—45 《佛像之美》，第 157 页。

图 2—46 《佛像之美》，第 157 页。

图 2—47 《佛像之美》，第 156 页。

图 2—48 《敦煌石窟全集：法华经画卷》，图 192。

图 2—49 《北京图书馆藏中国历代石刻拓本汇编（第 6 册）》，第 89 页图。

图 2—50 《敦煌壁画家具图像研究》，120 页线图 58。

图 2—51 《正倉院寶物：南倉 I》，第 83 页图。

图 2—52 《中国敦煌壁画全集：晚唐》，图一八〇。

图 2—53 《中国敦煌壁画全集：盛唐》，图一九四。

图 2—54 《五代贯休罗汉图》，第 35、47 页图。

图 2—55 《故宫书画图录》（第三册），第 181 页图。

图 2—56 《世界艺术全鉴：外国雕塑经典》，第 9 页图 14。

图 2—57 《古代西亚艺术》，第 89 页彩图。

图 2—58 《西域考古记》，图 41。

图 2—59 《敦煌石窟全集：弥勒经画卷》，图 4。

图 2—60 《支那文化史迹》（第 9 辑），图 IX—35。

图 2—61 《中国美术全集：雕塑编：龙门石窟雕刻》，第 66 页图六八。

图 2—62 《中国出土壁画全集：甘肃、宁夏、新疆》，图 1。

图 2—63 日本维基百科网站。

图 2—64 《山西大同浑源唐墓发掘简报》，第 12 页图六。

图 2—65 《郑州华南城唐范阳卢氏夫人墓发掘简报》，封二：2。

图 2—66 《山东临沂市药材站发现两座唐墓》，第 94 页图四。

图 2—67 《古代中亚艺术》，第 205 页黑白图 59。

图 2—68 《家具史》，第 3 页左图。

图 2—69 《中国敦煌壁画全集：北凉北魏》，图一四九。

图 2—70 《中国美术全集：画像石画像砖》，第 389 页下图。

图 2—71 《敦煌石窟全集：弥勒经画卷》，图 32。

图 2—72 《中国敦煌壁画全集：盛唐》，图九〇。

图 2—73 《印度圣迹——桑奇大塔》，第 175 页图 1。
图 2—74 《敦煌石窟全集 · 弥勒经变》，图 113。
图 2—75 《集安高句丽壁画》，第 103 页上图。
图 2—76 《敦煌石窟全集：民俗画卷》，图 123。
图 2—77 《敦煌石窟全集：民俗画卷》，图 124。
图 2—78 敦煌研究院网站。
图 2—79 《中国名间私家藏品书系：奥缶斋》，第 214 页图。
图 2—80 《中国美术全集：画像石画像砖》，第 507 页图。
图 2—81 《敦煌石窟全集：弥勒经画卷》，图 111。
图 2—82 敦煌研究院网站。
图 2—83 《古代西亚艺术》，第 203 页黑白图 56。
图 2—84 《犍陀罗佛教艺术》，图 54。
图 2—85 《敦煌石窟全集：服释画卷》，图 150。
图 2—86 敦煌研究院网站
图 2—87 《中国敦煌壁画全集：晚唐》，图二一七。
图 2—88 《中国敦煌壁画全集：盛唐》，图一三七。
图 2—89 《敦煌石窟全集：法华经画卷》，图 28。
图 2—90 《中国敦煌壁画全集：盛唐》，图一二五。
图 2—91 《中国敦煌壁画全集：晚唐》，图一七五。
图 2—92 《敦煌石窟全集：舞蹈画卷》，图 119。
图 2—93 《中国美术全集：卷轴画》，第 66 页图。
图 2—94 《中国美术全集：卷轴画》，第 74 页图。
图 2—95 《前蜀王建墓发掘报告》，第 68 页图六九。
图 2—96 《中国美术全集：绘画编：隋唐五代绘画》，第 122 页图。
图 2—97 《中国历代仕女画》卷一，第 63—64 页图。
图 2—98 《中国美术全集：绘画编：原始社会至南北朝绘画》，第 155 页下图。
图 2—99 《敦煌石窟全集：民俗画卷》，图 146。
图 2—100 《中国出土壁画全集：陕西》下，图 367。
图 2—101 《魏晋南北朝壁画墓研究》，第 244 页。
图 2—102 《中国敦煌壁画全集：晚唐》，图一四八。
图 2—103 《中国美术全集：石窟寺雕塑》，第 109 页图。
图 2—104 《敦煌石窟全集：塑像卷》，图 116。
图 2—105 《中国美术全集：石窟寺雕塑》，第 110 页图。

图 2—106 《敦煌石窟全集：本生因缘故事画卷》，图 5。
图 2—107 《古代西亚艺术》，第 214 页，黑白图 78。
图 2—108 《中国美术全集：石窟寺壁画》，第 310 页图。
图 2—109 《敦煌石窟全集：法华经画卷》，图 217。
图 2—110 《世界美术史（第 4 卷）：古代中国与印度的美术》，第 512 页图 198。
图 2—111 实地摄影。
图 2—112 日东东京国立博物馆网站。
图 2—113 实地摄影。
图 2—114 《中国美术全集：雕塑编：五代宋雕塑》，第 160 页图一五九。
图 2—115 《古代西亚艺术》，第 135 页彩图。
图 2—116 《世界美术史（第 4 卷）：古代中国、印度、日本》，第 218 页图 6—12。
图 2—117 《中国敦煌壁画全集：隋》，图六五。
图 2—118 《海外藏中国历代名画：第一卷·原始社会—唐》，第 223 页图一五五。
图 2—119 《中国出土壁画全集：河南》，图 135。
图 2—120 《中国宋代家具》，第 37 页图 2—3—21。

第三章

图 3—1 《满城汉墓发掘报告》，图 98。
图 3—2 《中国美术全集：卷轴画》，第 32 页图。
图 3—3 《河南安阳市置度村八号隋墓发掘简报》，图版拾：3。
图 3—4 《天山古道东西风：新疆丝绸之路文物特辑》，第 201 页图。
图 3—5 《正倉院寳物：北倉Ⅰ》，第 120 页图。
图 3—6 《包山楚墓》，第 131 页图八一：1。
图 3—7 《中国美术全集：墓室壁画》，第 126 页上图。
图 3—8 《河南安阳市两座隋墓发掘报告》，图版伍：1。
图 3—9 《中国历代纪年佛像图典》，第 369 页图 281。
图 3—10 《正倉院寳物：南倉Ⅲ》，第 68 页下图。
图 3—11 《中国人物名画 2》，第 156 页上图。
图 3—12 《海外中国名画精选：明代》，第 58 页图。
图 3—13 《河南信阳楚墓出土文物图录》，图版一一〇。
图 3—14 《长沙浏城桥一号墓》，图版陆：2。
图 3—15 《中国美术全集：画像石画像砖》，第 433 页上图。

图 3—16　刘显波据《中国美术全集：墓室壁画》第 218 页右图绘制。

图 3—17　敦煌研究院网站。

图 3—18　数字敦煌网站。

图 3—19　《河南安阳市两座隋墓发掘报告》，图版伍：4。

图 3—20　《湖南岳阳桃花山唐墓》，第 59 页图三九。

图 3—21　《中国美术全集：卷轴画》，第 58 页图。

图 3—22　《中国敦煌壁画全集：盛唐》，图一二五。

图 3—23　数字敦煌网站。

图 3—24　《正倉院寳物：中倉Ⅲ》，第 118 页左下图（本页请扫 600DPI）。

图 3—25　《正倉院寳物：中倉Ⅲ》，第 23 页上图。

图 3—26　日本宫内厅正仓院网站。

图 3—27　湖北省博物馆藏品摄影。

图 3—28　《法门寺考古发掘报告》下册，彩版一四七：1。

图 3—29　《正倉院寳物：中倉Ⅱ》，第 229 页上图。

图 3—30　《正倉院寳物：中倉Ⅱ》，第 94 页下图。

图 3—31　《正倉院寳物：中倉Ⅱ》，第 95 页上图。

图 3—32　《正倉院寳物：北倉Ⅰ》，第 62 页图。

图 3—33　《正倉院寳物：北倉Ⅰ》，第 66 页图。

图 3—34　《五代李茂贞墓》，彩版 31：1。

图 3—35　《武汉市东湖岳家嘴隋墓发掘简报》，第 797 页图八：9。

图 3—36　《曾有西风半点香》，第 182 页图 7。

图 3—37　《郑州西郊唐墓发掘简报》，第 30 页图五：6，四。

图 3—38　《法门寺考古发掘报告》下册，彩版七三。

图 3—39　《正倉院寳物·中倉Ⅱ》，第 95 页下图。

图 3—40　《四川万县唐墓》，图版陆：6、7。

图 3—41　河南省博物馆藏品摄影。

图 3—42　《亚洲腹地考古图记》，第 922 页图 322。

图 3—43　数字敦煌网站。

图 3—44　数字敦煌网站。

图 3—45　《中国敦煌壁画全集：中唐》，图一四一。

图 3—46　《中国美术全集：卷轴画》，第 74 页图。

图 3—47　《浙江临安五代吴越国康陵发掘简报》，第 10 页图一一、第 30 页图四七：2。

图 3—48　《中国宋代家具》，第 31 页图 2—3—10。

图 3—49 《陶寺龙山文化木器的初步研究——兼论北方漆器起源问题》，第 456 页图三：1。

图 3—50 《包山楚墓》（上册），第 126 页图七六。

图 3—51 《敦煌石窟全集·弥勒画卷》，图 149。

图 3—52 《正倉院寳物：北倉Ⅱ》，第 190 页中右图。

图 3—53 《正倉院寳物：中倉Ⅱ》，第 157 页下图。

图 3—54 《洛阳古代墓葬壁画》（下卷），第 348 页图五。

图 3—55 《敦煌石窟全集·民俗画卷》，图 27。

图 3—56 《五代王处直墓》，彩版二二。

图 3—57 《洛阳苗北村壁画墓发掘简报》，图版 2。

图 3—58 《洛阳邙山镇营庄村北五代壁画墓》，第 53 页图八。

图 3—59 数字敦煌网站。

图 3—60 《洛阳邙山镇营庄村北五代壁画墓》，第 52 页图七。

图 3—61 《洛阳苗北村壁画墓发掘简报》，第 61 页图五。

图 3—62 《河北磁县东陈村东魏墓》，第 396 页图六：2。

图 3—63 《中国美术全集：画像石画像砖 3》，第 491—492 页图。

图 3—64 《永泰公主墓发掘简报》，第 24 页图四五。

图 3—65 《神韵与辉煌——陕西历史博物馆国宝鉴赏：陶瓷卷》，第 65 页图 39。

图 3—66 《敦煌石窟全集·法华经画卷》法华经画卷，图 147。

图 3—67 《正倉院寳物：中倉Ⅱ》，第 92 页上图。

图 3—68 《正倉院寳物：中倉Ⅱ》，第 94 页上图。

图 3—69 《正倉院寳物：中倉Ⅱ》，第 95 页中图。

图 3—70 《正倉院寳物：南倉Ⅰ》，第 73 页上图。

图 3—71 《国家宝藏——中国国家博物馆典藏珍宝展》，第 160 页图。

图 3—72 《正倉院寳物：南倉Ⅰ》，第 62 页上图。

图 3—73 《湖南长沙咸嘉湖唐墓发掘简报》，第 509 页图三：2—4。

图 3—74 《法门寺考古发掘报告》（下册），彩版六三。

图 3—75 《河南安阳市置度村八号隋墓发掘简报》，图版玖：2。

图 3—76 《敦煌石窟全集：报恩经画卷》，图 107。

图 3—77 《正倉院寳物：中倉Ⅱ》，第 32 页上图。

图 3—78 《敦煌石窟全集·科学技术画卷》，图 107。

图 3—79 数字敦煌网站。

图 3—80 日本宫内厅正仓院网站。

图 3—81 《南昌火车站东晋墓葬群发掘简报》，第 20 页图一六。

图 3—82 《西安北周安伽墓》，第 17 页图一三。

图 3—83 《吐鲁番阿斯塔那墓地出土木案类型学研究》，第 96 页图三。

图 3—84 《正倉院寳物：北倉Ⅰ》，第 20 图。

图 3—85 山西省艺术博物馆展览实物摄影。

图 3—86 《正倉院寳物：中倉Ⅱ》，第 214 页下图。

图 3—87 《法隆寺献納宝物図録》，图 287。

图 3—88 《河南安阳市北关唐代壁画墓发掘简报》，第 66 页图一七。

图 3—89 《洛阳邙山镇营庄村北五代壁画墓》，第 55 页图一二。

图 3—90 《三维激光扫描技术在洛阳孟津唐墓中的应用》，第 86 页图七。

图 3—91 《洛阳龙盛小学五代壁画墓发掘简报》，第 43 页图一一。

图 3—92 《法门寺考古发掘报告》（下册），彩版一四五。

图 3—93 《神韵与辉煌——陕西历史博物馆国宝鉴赏：陶瓷卷》，第 76 页图 47。

图 3—94 《古代钱柜什么样？》，第 68 页图 1。

图 3—95 《河南安阳刘家庄北地唐宋墓发掘报告》，图版肆：2。

图 3—96 《正倉院寳物：北倉Ⅱ》，第 194 页左中图。

图 3—97 《正倉院寳物：中倉Ⅲ》，第 113 页下图。

图 3—98 《正倉院寳物：中倉Ⅱ》，第 208 页上图。

图 3—99 《河南方城盐店庄村宋墓》，第 74 页图十五。

图 3—100 《中国出土壁画全集：河北》，图 134。

图 3—101 《法门寺考古发掘报告》下册，彩版二〇九。

图 3—102 《临潼唐庆山寺舍利塔基精室清理记》，图版三：1 。

图 3—103 韩国国立中央博物馆网站。

图 3—104 国家博物馆展览摄影。

图 3—105 《玉虫厨子と橘夫人厨子》，第 17 页图。

图 3—106 《玉虫厨子と橘夫人厨子》，第 30 页图。

图 3—107 《敦煌石窟全集：建筑画卷》，图 206。

图 3—108 《河南偃师杏园村的两座唐墓》，图版柒：4 。

图 3—109 《洛阳苗北村壁画墓发掘简报》，第 61 页图六。

图 3—110 《正倉院寳物：北倉Ⅱ》，第 192 页左中图。

图 3—111 《正倉院寳物：中倉Ⅱ》，第 154 页上图。

图 3—112 《正倉院寳物：北倉Ⅱ》，第 180 页上图。

图 3—113 《郑州西郊唐墓发掘简报》，第 29 页图 2。

图 3—114 《中国美术全集：墓室壁画》，第 382 页下图。

图 3—115 《新疆出土文物》，第 122 页图一七二。

图 3—116 《河北正定开元寺发现初唐地宫》，第 67 页图八。

图 3—117 《偃师杏园唐墓》，第 152 页图 143。

图 3—118 《花舞大唐春——何家村遗宝精粹》，第 197 页上图。

图 3—119 《法门寺考古发掘报告》（下册），彩版九七。

图 3—120 《法门寺考古发掘报告》（下册），彩版二五一：2。

图 3—121 《花舞大唐春——何家村遗宝精粹》，第 177 页上图。

图 3—122 《偃师杏园唐墓》，第 150 页图 141：2。

图 3—123 《扬州市东风砖瓦厂唐墓出土的文物》，第 328 页图二。

图 3—124 《花舞大唐春——何家村遗宝精粹》，第 184 页上图。

图 3—125 《河南上蔡县贾庄唐墓清理简报》，图二：1。

图 3—126 《伊川鸦岭唐齐国太夫人墓》，第 30 页图九：2。

图 3—127 《湖北监利出土一批唐代漆器》，图版捌：6。

图 3—128 《江苏常州半月岛五代墓》，图版陆：2。

图 3—129 《中国传统金银器艺术鉴赏》，第 75 页左上图。

图 3—130 《海内外唐代金银器萃编》，第 124 页第 249 图。

图 3—131 《法门寺考古发掘报告》（下册），彩版五七。

图 3—132 《法门寺考古发掘报告》（下册），彩版一四五。

图 3—133 《正倉院寶物：中倉Ⅱ》，第 68 页图。

图 3—134 《正倉院寶物：中倉Ⅱ》，第 77 页下图。

图 3—135 《偃师杏园唐墓》，第 231 页图 224。

图 3—136 《法门寺考古发掘报告》（下册），彩版五四。

图 3—137 《奢华的大唐风韵——镇江丁卯桥出土的唐代银器窑藏》（下），第 110 页图 26。

图 3—138 《偃师杏园唐墓》，第 202 页图 195：2。

图 3—139 《南昌火车站东晋墓葬群发掘简报》，第 21 页图二二、二三。

图 3—140 《正倉院寶物：南倉Ⅰ》，第 207 页上图。

图 3—141 《法门寺考古发掘报告》（下册），彩版四八。

图 3—142 《法门寺考古发掘报告》（下册），彩版四九。

图 3—143 《法门寺考古发掘报告》（下册），彩版五〇。

图 3—144 《中国出土壁画全集：甘肃、宁夏、新疆》，图 198。

图 3—145 《曾有西风半点香》，第 162 页图 36。

图 3—146 《正倉院寶物：中倉Ⅱ》，第 90 页上图。
图 3—147 《中国美术全集：卷轴画》，第 36 页图。

第四章

图 4—1 《马王堆汉墓文物》，第 67 页图。
图 4—2 《中国出土壁画全集：陕西》（上），图 22。
图 4—3 《敦煌石窟全集：弥勒经画卷》，图 137。
图 4—4 《北京市海淀区八里庄唐墓》，封二。
图 4—5 数字敦煌网站。
图 4—6 《中国美术全集：卷轴画》，第 134—135 页图。
图 4—7 《中国历代仕女画》（卷一），第 45 页图。
图 4—8 《中国美术全集：卷轴画》，第 134—135 页图。
图 4—9 《中国美术全集：卷轴画》，第 140 页图。
图 4—10 《河南安阳市北关唐代壁画墓发掘简报》，第 64 页图一一。
图 4—11 《中国美术全集：卷轴画》，第 140 页图。
图 4—12 《敦煌石窟全集：民俗画卷》，图 159。
图 4—13 《西安东郊唐苏思勖墓清理简报》，图版伍：1。
图 4—14 《中国美术全集：墓室壁画》，第 400 页图。
图 4—15 《正倉院寶物：北倉Ⅰ》，第 86 页图。
图 4—16 《鳥毛立女屏風修理報告》，第 2 页线图。
图 4—17 《正倉院寶物：北倉Ⅰ》，第 234 页上图。
图 4—18 《正倉院寶物：北倉Ⅰ》，第 234 页下图。
图 4—19 《中国美术全集：画像石画像砖》，第 449 页图。
图 4—20 《浅谈"下帐"》，第 47 页图一。
图 4—21 《唐墓壁画集锦》，第 40 页图 23。
图 4—22 数字敦煌网站。
图 4—23 《密云大唐庄：白河流域古代墓葬发掘报告》，彩版七：3。
图 4—24 《邓县彩色画象砖墓》，第 19 页图 18。
图 4—25 《中国敦煌壁画全集：五代·宋》，图八。
图 4—26 《洛阳龙门张沟唐墓发掘简报》，第 47 页图一六。
图 4—27 《甘肃合水唐魏哲墓发掘简报》，第 51 页图六。
图 4—28 《河北邢台唐墓的清理》，图版伍：1。

图 4—29 《魏晋南北朝唐宋考古文稿辑丛》，第 417 页图三。

图 4—30 《敦煌石窟全集：法华经画卷》，图 184。

图 4—31 《北京图书馆藏中国历代石刻拓本汇编（第 6 册）》，第 96 页图。

图 4—32 《安政禁秘图绘》卷之四彩绘图。

图 4—33 《安政禁秘图绘》卷之四彩绘图。

图 4—34 《中国美术全集：墓室壁画》，第 171 页图。

图 4—35 《敦煌石窟全集：法华经画卷》，图 185。

图 4—36 《中国敦煌壁画全集：中唐》，图一一二。

图 4—37 《中国美术全集：卷轴画》，第 21 页下图。

图 4—38 《故宫书画图录》（第一册），第 117 页图。

图 4—39 《正倉院竇物：北倉Ⅱ》，第 189 页上图。

图 4—40 《正倉院竇物：北倉Ⅱ》，第 189 页下图。

图 4—41 《河北鹿泉市西龙贵墓地唐宋墓葬发掘简报》，第 31 页图四。

图 4—42 《洛阳邙山镇营庄村北五代壁画墓》，第 55 页图一三。

图 4—43 《河北宣化纪年唐墓发掘简报》，第 26 页图六。

图 4—44 《河北宣化纪年唐墓发掘简报》，第 41 页图四六。

图 4—45 《河南安阳刘家庄北地唐宋墓发掘报告》，图版拾叁：1。

图 4—46 《河南新乡市仿木结构砖室墓发掘简报》，彩版一一：2。

图 4—47 《敦煌石窟全集：弥勒经画卷》，图 147。

图 4—48 《敦煌石窟全集：弥勒经画卷》，图 148。

图 4—49 《敦煌石窟全集：民俗画卷》，图 93。

图 4—50 《五代王处直墓》，彩版二四。

图 4—51 《五代王处直墓》，彩版二〇。

图 4—52 《五代王处直墓》，彩版一九。

图 4—53 《正倉院竇物：南倉Ⅲ》，第 58 上图。

图 4—54 《中国出土壁画全集：山西》，图 63。

图 4—55 《新疆出土文物》，图一八六。

图 4—56 《中国设计全集：第 13 卷 . 工具类编 · 计量篇》，第 277 页图二。

图 4—57 《陕西彬县五代冯晖墓彩绘砖雕》，第 53 页图一六。

图 4—58 《江苏邗江蔡庄五代墓清理简报》，第 51 页图三〇。

图 4—59 《中国敦煌壁画全集：晚唐》，图一六八。

图 4—60 《陕西历史博物馆国宝鉴赏：唐墓壁画卷》，图 84。

图 4—61 《正倉院竇物にみる家具 · 調度》，第 121 页图 78—1。

第五章

图 5—1 《信阳楚墓》，彩版六。

图 5—2 《正倉院竇物：中倉Ⅱ》，第 230 页下图。

图 5—3 《正倉院竇物：中倉Ⅱ》，第 78 页图。

图 5—4 《天水市发现隋唐屏风石棺床墓》，第 48 页图四。

图 5—5 《天水市发现隋唐屏风石棺床墓》，第 50 页图七。

图 5—6 《成都市商业街船棺、独木棺墓葬发掘简报》，第 26 页图三九。

图 5—7 《敦煌石窟全集：弥勒经画卷》，图 55。

图 5—8 《正倉院竇物：中倉Ⅱ》，第 92 页中图。

图 5—9 《长沙黄泥坑第二十号墓清理简报》，第 37 页“内棺形制”图。

图 5—10 《都兰吐蕃墓》，第 47 页图 2。

图 5—11 感谢漆盒修复者湖北省博物馆李澜女士供图。

图 5—12 《木画紫檀碁局と金銀亀甲碁局龕》，插图 10。

图 5—13 《河北正定开元寺发现初唐地宫》，第 67 页图九。

图 5—14 据《正倉院竇物にみる家具・調度》，第 173 页插图 11 重绘。

图 5—15 据《正倉院竇物にみる家具・調度》，第 179 页插图 16 重绘。

图 5—16 据《正倉院紀要》第 10 号《年次報告》，插图 8 重绘。

图 5—17 《正倉院竇物・南倉Ⅰ》，第 199 页中图。

图 5—18 《正倉院紀要》第 28 号之《年次報告》，插图 5。

图 5—19 《木画紫檀碁局と金銀亀甲碁局龕》，插图 8。

图 5—20 《正倉院御物図録》（第 4 辑），第 31 图解题附结构图。

图 5—21 《唐新城长主公主墓发掘报告》，第 70 页图六〇：4、5。

图 5—22 《都兰吐蕃墓》，彩版三二：3。

图 5—23 左：《正倉院紀要》第 12 号《図版鳥毛立女屏風修理記録》，第 78 图；右：《鳥毛立女屏風の下地について》，图 1。

图 5—24 据《正倉院紀要》第 10 号之《年次報告》，插图 8 重绘。

图 5—25 据《正倉院竇物にみる家具・調度》，第 170 页插图 6 重绘。

图 5—26 据《正倉院竇物にみる家具・調度》，第 172 页插图 9 重绘。

图 5—27 河北省博物馆藏品摄影。

图 5—28 《都兰吐蕃墓》，第 90 页图五五：4。

图 5—29 据《正倉院竇物にみる家具・調度》第 172 页插图 10 重绘。

图 5—30 《敦煌石窟全集：楞伽经画卷》，图 51。

图 5—31 《中国宋代家具》，彩图・坐具 2。

图 5—32 《正倉院寳物：南倉 I》，第 83 页图。

图 5—33 《正倉院御物図録》（第 4 辑），第 30 图解题附结构图。

图 5—34 《正倉院寳物：北倉 I》，第 43 页下图。

图 5—35 据《正倉院寳物にみる家具・調度》第 174 页插图 14 重绘。

图 5—36 陕西历史博物馆藏品摄影。

图 5—37 《正倉院寳物：北倉 I》，第 17 页图。

图 5—38 《正倉院寳物：南倉 Ⅲ》，第 109 页下图。

图 5—39 《敦煌石窟全集：法华经画卷》，图 69。

图 5—40 《正倉院寳物：中倉 I》，第 82 页上图。

图 5—41 日本宫内厅正仓院网站。

图 5—42 《正倉院寳物：中倉 Ⅱ》，第 59 页上图。

图 5—43 《正倉院寳物：中倉 Ⅱ》，第 60 页上图。

图 5—44 《披沙拣金二十载：陕西历史博物馆新入藏文物精粹展》，第 10 页图 27。

图 5—45 《偃师杏园唐墓》，第 150 页图 141 ：1。

图 5—46 《洛阳北郊唐颍川陈氏墓发掘简报》，彩版肆：1。

图 5—47 感谢漆奁修复者湖北省博物馆李澜女士提供。

图 5—48 感谢漆奁修复者湖北省博物馆李澜女士提供。

图 5—49 感谢漆盒修复者湖北省博物馆李澜女士提供。

图 5—50 《正倉院寳物：南倉 I》，第 228 页中图。

图 5—51 《1973 年吐鲁番阿斯塔那古墓群发掘简报》，第 26 页图二十九。

图 5—52 《丹漆随梦：中国古代漆器艺术》，第 110 页图 2.5.8。

图 5—53 《正倉院寳物：南倉 I》，第 211 页上图。

图 5—54 《正倉院寳物：中倉 Ⅱ》，第 76 页上图。

图 5—55 《正倉院寳物：中倉 Ⅱ》，第 66 页下图。

图 5—56 《正倉院寳物：中倉 Ⅱ》，第 75 页图。

图 5—57 《正倉院寳物：中倉 Ⅱ》，第 91 页下图。

图 5—58 《新疆维吾尔自治区博物馆画册》，第 40 页中图。

图 5—59 《都兰吐蕃墓》，图版三三、三四。

图 5—60 《肃南西水大长岭唐墓清理简报》，封三图 1。

图 5—61 《正倉院寳物：中倉 Ⅲ》，第 22 页图。

图 5—62 《正倉院寳物：中倉 Ⅱ》，第 74 页上图。

图 5—63 《正倉院寳物：中倉 Ⅱ》，第 74 页下图。

图 5—64　日本宫内厅正仓院网站。

图 5—65　《正倉院寳物：中倉Ⅱ》，第 73 页上图。

图 5—66　日本宫内厅正仓院网站。

图 5—67　《新疆维吾尔自治区博物馆画册》，第 40 页上图。

图 5—68　《新疆维吾尔自治区博物馆画册》，第 40 页下图。

图 5—69　《正倉院寳物：中倉Ⅱ》，第 66 页上图。

图 5—70　《正倉院寳物：北倉Ⅰ》，第 65 页图。

图 5—71　《正倉院寳物：中倉Ⅱ》，第 54 页上图。

图 5—72　《天山古道东西风：新疆丝绸之路文物特辑》，第 203 页图。

图 5—73　《正倉院寳物：北倉Ⅰ》，第 67 页下图。

图 5—74　《正倉院寳物：中倉Ⅱ》，第 61 页上图。

图 5—75　《正倉院寳物：中倉Ⅱ》，第 61 页下图。

图 5—76　刘显波据《河北晋县唐墓》第 151 页图六、图七绘制。

图 5—77　《丹漆随梦：中国古代漆器艺术》，第 107 页图 2.5.6。

图 5—78　《正倉院寳物：中倉Ⅱ》，第 33 页下图。

图 5—79　《正倉院寳物：中倉Ⅱ》，第 63 页图。

图 5—80　日本宫内厅正仓院网站。

图 5—81　《唐李倕墓发掘报告》，封二：1、2。

图 5—82　《法门寺考古发掘报告》（下册），彩版一一七。

图 5—83　《法门寺考古发掘报告》（下册），彩版一二一。

图 5—84　《关于法门寺塔基地宫出土银棱盝顶檀香木函的相关问题探讨》，第 43 页图一：1，第 45 页图三：1。

图 5—85　《正倉院寳物：北倉Ⅰ》，第 64 页下图。

图 5—86　日本宫内厅正仓院网站。

图 5—87　《正倉院御物図録》（第 9 辑），第 50 图。

图 5—88　日本宫内厅正仓院网站。

图 5—89　《正倉院寳物：北倉Ⅰ》，第 122 页图。

图 5—90　日本宫内厅正仓院网站。

图 5—91　《正倉院寳物：北倉Ⅰ》，第 112 页图。

图 5—92　《正倉院寳物：北倉Ⅰ》，第 105 页图。

图 5—93　《敦煌石窟全集：法华经画卷》，图 207。

图 5—94　《中国美术全集：卷轴画 1》，第 78 页左图。

图 5—95　《正倉院寳物：北倉Ⅰ》，第 94、95 页图。

第六章

图 6—1 《中国科学技术史 · 建筑卷》，第 305 页图 6—6。
图 6—2 《中国科学技术史 · 建筑卷》。
图 6—3 《五台佛光寺东大殿》，第 101 页图八九。
图 6—4 《中国敦煌壁画全集：中唐》，图一六二。
图 6—5 《五台佛光寺东大殿》，第 100 页图八八。
图 6—6 湖北省博物馆藏品摄影。
图 6—7 《大漆家具》，第 37 页图。
图 6—8 《中国科学技术史 · 建筑卷》，第 245 页图 5—43。
图 6—9 实地摄影。
图 6—10 《北魏宋绍祖石室研究》，第 34—35 页图一、图二。
图 6—11 《犍陀罗佛教艺术》，图 128。
图 6—12 《亚洲腹地考古图记》（第三卷），图版 XV。
图 6—13 《亚洲腹地考古图记》（第三卷），图版 C。
图 6—14 《亚洲腹地考古图记》（第三卷），图版 XCIV。
图 6—15 黑龙江省渤海上京遗址博物馆藏品摄影。
图 6—16 韩国国立中央博物馆网站。
图 6—17 韩国国立中央博物馆网站。
图 6—18 日本浮士绘网站 http://ukiyo—e.org/。
图 6—19 日本浮士绘网站 http://ukiyo—e.org/。
图 6—20 《敦煌石窟全集：民俗画卷》，图 176。
图 6—21 《中国古代绘画名品》，第 41 页上图。
图 6—22 数字敦煌网站。
图 6—23 数字敦煌网站。
图 6—24 数字敦煌网站。
图 6—25 数字敦煌网站。
图 6—26 《巩义市东区天玺尚城唐墓 M234 发掘简报》，封三：1。
图 6—27 《河南新乡市仿木结构砖室墓发掘简报》，第 48 页图三：2。
图 6—28 《洛阳孟津新庄五代壁画墓发掘简报》，第 31 页图五。
图 6—29 《洛阳龙盛小学五代壁画墓发掘简报》，第 42 页图八。
图 6—30 《敦煌石窟全集：民俗画卷》，图 180。
图 6—31 《敦煌石窟全集：服饰画卷》服饰画卷，图 207。

唐代家具线描图（刘显波据以下资料手绘）

线图 1 《从〈七贤图〉到〈六逸图·边韶昼眠〉》，第 67 页右上图。

线图 2 《海外藏中国历代名画 . 第 1 卷 . 原始社会至唐》，图五七。

线图 3 《中国中国敦煌壁画全集：隋代》，图一八。

线图 4 《中国出土壁画全集：山东卷》，图 72。

线图 5 《中国中国敦煌壁画全集：隋代》，图八四。

线图 6 《敦煌石窟全集：佛教东传故事画卷》，图 118。

线图 7 《敦煌石窟全集：法华经画卷》，图 185。

线图 8 《神韵与辉煌—陕西历史博物馆国宝鉴赏：陶瓷卷》，第 63 页图 38。

线图 9 《中国美术全集：卷轴画》，第 38—39 页上图。

线图 10 《中国美术全集：墓室壁画》，第 314 页右图。

线图 11 《敦煌石窟全集：阿弥陀经画卷》图 83。

线图 12 《中国敦煌壁画全集：盛唐》，图二六。

线图 13 《敦煌石窟全集：舞蹈画卷》，图 124。

线图 14 《敦煌石窟全集：法华经画卷》，图 96。

线图 15 《敦煌石窟全集：楞伽经画卷》，图 129。

线图 16 《中国敦煌壁画全集：晚唐》，图一三三。

线图 17 《敦煌石窟全集：楞伽经画卷》，图 78。

线图 18 《中国敦煌壁画全集：五代、宋》，图七。

线图 19 《中国美术全集：卷轴画》，第 134—135 页图。

线图 20 《敦煌石窟全集：法华经画卷》，图 13。

线图 21 《敦煌石窟全集：法华经画卷》，图 184。

线图 22 《史苇湘欧阳琳临摹敦煌壁画选集》，图 78。

线图 23 《敦煌石窟全集：阿弥陀经画卷》，图 120。

线图 24 《中国敦煌壁画全集：盛唐》，图一六九。

线图 25 数字敦煌网站。

线图 26 《中国美术全集：卷轴画》，第 134—135 页图。

线图 27 数字敦煌网站。

线图 28 《中国敦煌壁画全集：盛唐》，图一四七。

线图 29 《敦煌石窟全集：弥勒经画卷》，图 94。

线图 30 《敦煌石窟全集：弥勒经画卷》，图 63。

线图 31 《敦煌石窟全集：民俗画卷》，图 50。

线图 32 《中国美术全集：卷轴画》，第 139 页图。
线图 33 《敦煌石窟全集：法华经画卷》，图 69。
线图 34 《敦煌石窟全集：法华经画卷》，图 67。
线图 35 《中国出土壁画全集：河北》，图 174。
线图 36 《中国出土壁画全集：陕西》（下），图 265。
线图 37 《唐李寿石椁线刻侍女图、乐舞图散记》（上），图二：17。
线图 38 《唐李寿石椁线刻侍女图、乐舞图散记》（上），图三：23。
线图 39 数字敦煌网站。
线图 40 数字敦煌网站。
线图 41 数字敦煌网站。
线图 42 《中国敦煌壁画全集：中唐》，图九九。
线图 43 《中国敦煌壁画全集：中唐》，图一〇。
线图 44 数字敦煌网站。
线图 45 《敦煌石窟全集：弥勒经画卷》，图 95。
线图 46 《敦煌石窟全集：法华经画卷》，图 231。
线图 47 《敦煌石窟全集：佛教东传故事画卷》，图 199。
线图 48 《敦煌石窟全集：佛教东传故事画卷》，图 151。
线图 49 《敦煌石窟全集：佛教东传故事画卷》，图 67。
线图 50 《敦煌石窟全集：盛唐》，第 202 页图一九四。
线图 51 《五代贯休罗汉图》，第 35 页图。
线图 52 《五代贯休罗汉图》，第 47 页图。
线图 53 《中国历代人物画选》，第 14 页图。
线图 54 《唐墓墓画集锦》，第 153 页图 194。
线图 55 《敦煌石窟全集：报恩经画卷》，图 27。
线图 56 《敦煌石窟全集：佛教东传故事画卷》，图 200。
线图 57 《中国美术全集：卷轴画》，第 141 页图。
线图 58 《中国出土壁画全集：9 甘肃、宁夏、新疆》，图 1。
线图 59 《敦煌石窟全集：密教画卷》，图 155。
线图 60 《敦煌石窟全集：密教画卷》，图 156。
线图 61 《中国出土壁画全集：内蒙古》，图 78。
线图 62 《中国历代人物画选》，第 14 页图。
线图 63 《故宫书画图录》（第一册），第 103 页图。
线图 64 《敦煌石窟全集：科学技术画卷》，图 54。

线图 98 《中国美术全集：卷轴画》，第 68 页图。

线图 99 《中国美术全集：卷轴画》，第 74 页图。

线图 100 《中国美术全集：绘画编：隋唐五代绘画》，第 123 页图。

线图 101 《中国出土壁画全集：内蒙古》，图 114。

线图 102 《中国美术全集：卷轴画》，第 67 页图。

线图 103 《中国美术全集：绘画编：隋唐五代绘画》，第 123 页图。

线图 104 《中国美术全集：绘画编：隋唐五代绘画》，第 123 页图。

线图 105 《敦煌石窟全集：佛教东传故事画卷》，图 148。

线图 106 《敦煌石窟全集：弥勒经画卷》，图 93。

线图 107 《中国出土壁画全集》，图 169。

线图 108 《五代李茂贞夫妇墓》，第 46 页图 43。

线图 109 《五代李茂贞夫妇墓》，第 47 页图 44。

线图 110 《中国美术全集：卷轴画》，第 42 页图。

线图 111 《中国美术全集：卷轴画》，第 39 页图。

线图 112 《中国美术全集：卷轴画》，第 136 页图。

线图 113 《敦煌石窟全集：法华经画卷》，图 8。

线图 114 《中国敦煌壁画全集：初唐》，图一六六。

线图 115 《中国敦煌壁画全集：盛唐》，图一四一。

线图 116 《敦煌石窟全集：法华经画卷》，图 85。

线图 117 《敦煌石窟全集：法华经画卷》，图 164。

线图 118 《敦煌石窟全集：阿弥陀经画卷》，图 184。

线图 119 《敦煌石窟全集：法华经画卷》，图 118。

线图 120 《中国敦煌壁画全集：初唐》，图九〇。

线图 121 《敦煌石窟全集：法华经画卷》，图 217。

线图 122 《安阳隋张盛墓发掘记》，第 543 页图三：9。

线图 123 《唐李寿石椁线刻侍女图、乐舞图散记》（上），图二：17。

线图 124 《安阳隋张盛墓发掘记》，第 543 页图三：5。

线图 125 《唐李寿石椁线刻侍女图、乐舞图散记》（上），图二：8。

线图 126 《安阳隋张盛墓发掘记》，第 543 页图三：3。

线图 127 《湖南长沙牛角塘唐墓》，第 634 页图一：3。

线图 128 《湖南长沙咸嘉湖唐墓发掘简报》，第 509 页图三：8。

线图 129 敦煌研究院网站。

线图 130 《敦煌石窟全集：法华经画卷》，图 217。

线图 131　数字敦煌网站。

线图 132　安阳隋张盛墓发掘记，图三：4。

线图 133　《湖南长沙牛角塘唐墓》，第 634 页图一：1。

线图 134　《敦煌石窟全集：建筑画卷》，图 134。

线图 135　《唐李寿石椁线刻侍女图、乐舞图散记》（上），图二：6。

线图 136　《唐李寿石椁线刻侍女图、乐舞图散记》（上），图三：32、34、35。

线图 137　《中国出土壁画全集：陕西》（上），图 144。

线图 138　《敦煌石窟全集：弥勒经画卷》，图 160。

线图 139　《中国敦煌壁画全集：中唐》，图十九。

线图 140　《敦煌石窟全集：服饰画卷》，图 144。

线图 141　《湖南岳阳桃花山唐墓》，第 50 页图四：3。

线图 142　《湖南岳阳桃花山唐墓》，第 50 页图四：6。

线图 143　《湖南长沙咸嘉湖唐墓发掘简报》，第 509 页图三：7。

线图 144　《湖南长沙咸嘉湖唐墓发掘简报》，第 509 页图三：9。

线图 145　《中国美术全集：卷轴画》，第 77 页图。

线图 146　《敦煌石窟全集：法华经画卷》，图 229。

线图 147　《敦煌石窟全集：科学技术画卷》，图 150。

线图 148　《敦煌石窟全集：弥勒经画卷》，图 210。

线图 149　《敦煌石窟全集：科学技术画卷》，图 99。

线图 150　《敦煌石窟全集：科学技术画卷》，图 130。

线图 151　《河南安阳市北关唐墓发掘简报》，第 68 页图一九。

线图 152　《敦煌石窟全集：法华经画卷》，图 105。

线图 153　《敦煌石窟全集：民俗画卷》，图 182。

线图 154　《敦煌石窟全集：民俗画卷》，图 93。

线图 155　《中国美术全集：卷轴画》，第 74 页图。

线图 156　《新疆吐鲁番地区木纳尔墓地的发掘》，第 39 页图一五：5。

线图 157　《敦煌石窟全集：报恩经画卷》，图 199

线图 158　《敦煌石窟全集：弥勒经画卷》，图 81。

线图 159　《敦煌石窟全集：弥勒经画卷》，图 54。

线图 160　《五代王处直墓》，彩版四八。

线图 161　《敦煌石窟全集：舞蹈画卷》，图 174。

线图 162　《敦煌石窟全集：楞伽经画卷》，图 65。

线图 163　《敦煌石窟全集：楞伽经画卷》，图 66。

线图 164 《中国出土壁画全集：河北》，图 100。
线图 165 《中国出土壁画全集：河北》，图 101。
线图 166 《五代五处直墓》，第 29 页图一六。
线图 167 《中国出土壁画全集：内蒙古》，图 85。
线图 168 《中国出土壁画全集：山西》，图 105。
线图 169 《唐李寿石椁线刻侍女图、乐舞图散记》（上），图二：7。
线图 170 《河南安阳市两座隋墓发掘报告》，图版叁：4。
线图 171 《中国出土壁画全集：陕西》（下），图 223。
线图 172 《唐恭陵哀皇后墓部分出土文物》，第 14 页图六：3。
线图 173 《巩义市东区天玺尚城唐墓 M234 发掘简报》，第 12 页图五：4。
线图 174 《中国美术全集：卷轴画》，第 70 页图。
线图 175 数字敦煌网站。
线图 176 数字敦煌网站。
线图 177 《敦煌石窟全集：佛教东传故事画卷》，图 158。
线图 178 《河南安阳刘家庄北地唐宋墓发掘报告》，图版肆：2。
线图 179 《河南安阳刘家庄北地唐宋墓发掘报告》，图版拾叁：2。
线图 180 《西域绘画：6 佛传》，第 11 页图。
线图 181 《西域绘画：6 佛传》，第 30 页图。
线图 182 《敦煌石窟全集：弥勒经变》，图 59。
线图 183 《敦煌石窟全集：动物画卷》，图 185。
线图 184 《敦煌石窟全集：弥勒经变》，图 56。
线图 185 《唐代薛敬墓发掘报告》，图版八二。
线图 186 《新发现庞留唐墓壁画初探》，第 28 页图 4。
线图 187 《中国出土壁画全集：陕西》（上），图 226。
线图 188 《唐武惠妃石椁纹饰初探》，图版五：1。
线图 189 《敦煌石窟全集：民俗画卷》，图 107。
线图 190 《线条艺术的遗产：唐乾陵陪葬墓石椁线刻画》，第 247 页图。
线图 191 《线条艺术的遗产：唐乾陵陪葬墓石椁线刻画》，第 181 页图。
线图 192 《五代王处直墓》，彩版三九。
线图 193 《五代王处直墓》，彩版三三。
线图 194 《五代王处直墓》，彩版二一。
线图 195 《五代王处直墓》，彩版十七。
线图 196 《五代王处直墓》，彩版十八。

线图 197 《中国美术全集：卷轴画》，第 37 页图。

线图 198 《支那文化史迹》（第二辑），图 IX—52。

线图 199 《唐代花鸟画研究》，第 161 页图 231。

线图 200 《西安西郊陕棉十厂唐墓壁画清理简报》，第 24 页图十五。

线图 201 《唐代花鸟画研究》，第 176 页图 246。

线图 202 《西安西郊陕棉十厂唐墓壁画清理简报》，第 23 页图一四。

线图 203 《唐安元寿夫妇墓发掘简报》，第 39 页图三。

线图 204 《中国美术全集：卷轴画》，第 37 页图。

线图 205 《河南安阳刘家庄北地唐宋墓发掘报告》，图版拾伍：2。

线图 206 《河南安阳市北关唐代壁画墓发掘简报》，第 65 页图一二。

线图 207 《中国敦煌壁画全集：晚唐》，图四六。

线图 208 《中国敦煌壁画全集：五代、宋》图一七二。

线图 209 《敦煌石窟全集：服饰画卷》，图 41。

线图 210 《敦煌石窟全集：服饰画卷》，图 77。

线图 211 《敦煌石窟全集：楞伽经画卷》，图 51。

线图 212 《敦煌石窟全集：弥勒经画卷》，图 72。

线图 213 《河南安阳刘家庄北地唐宋墓发掘报告》，图版伍：2。

线图 214 《敦煌石窟全集：弥勒经画卷》，图 81。

线图 215 《敦煌石窟全集：科学技术画卷》，图 132。

线图 216 《敦煌石窟全集：楞伽经画卷》，图 39。

线图 217 《敦煌石窟全集：弥勒经画卷》，图 148。

线图 218 《敦煌石窟全集：法华经画卷》，图 228。

线图 219 《敦煌石窟全集：民俗画卷》，图 139。

线图 220 《唐永泰公主墓发掘简报》，第 24 页图四一。

线图 221 《敦煌石窟全集：楞伽经画卷》，图 80。

线图 222 《敦煌石窟全集：楞伽经画卷》，图 81。

线图 223 《昭陵唐墓壁画》，第 139 页图 106。

线图 224 《中国敦煌壁画全集：初唐》，图五一。

线图 225 《中国敦煌壁画全集：中唐》，图三七。

线图 226 《敦煌石窟全集：报恩经画卷》，图 26。

线图 227 《敦煌石窟全集：报恩经画卷》，图 31。

线图 228 《五代王处直墓》，彩版四八。

线图 229 《中国美术全集：卷轴画》，第 67 页图。

线图 230 《陕西潼关税村隋代壁画墓发掘简报》，封二：2。

线图 231 《中国出土壁画全集：陕西》（上），图 143。

线图 232 《陕西咸阳唐苏君墓发掘》，第 496 页图九：5、6。

线图 233 《中国出土壁画全集：陕西》（下），图 312。

线图 234 《中国出土壁画全集：陕西》（上），图 317。

线图 235 《敦煌石窟全集：建筑画卷》，图 146。

后 记

《唐代家具研究》一书，是在博士论文《唐代家具及其文化价值研究》的基础上再稿而成的。前稿成文仓促，资料的收集和解读、思考的深度和观点的准确性都有很多欠缺。定稿的第1—5章、第6章第1节由刘显波全面再笔，两百余幅唐代家具线描图稿由刘显波绘制，第6章第2、3节则仍由熊隽执笔，全文内容较初稿增加一倍以上。我二人对唐代家具的研究观点，当以此稿为准。书稿的完成，是作为生活伴侣和明清家具收藏者的我们多年心血的积淀，同时也使我们对中国传统家具的认识进入到更为深刻的境界。我们将持之以恒地探索，也期待未来能有更为丰富、珍贵的资料发现，来补充、修正、完善我们的认识。

收藏和研究中国传统家具的经历，既为我们带来了无数发现的乐趣和了悟的感怀，又为我们对中古时期家具史方面的研究积累了知识基础。唐代既是传统箱板结构家具体系的最后一个高峰，又是开启框架式结构体系的先驱时代，使用者和工匠们根据时代审美和使用功能需求，对各种新旧体式的家具结构、装饰工艺加以融炼、设计、创新，从而使唐代家具的发展呈现出充满活力的状态。

唐代的家具类型较之前代更为丰富，并且由于唐代汉俗、胡风并行，高坐与低坐家具并用的特殊社会环境，使唐代家具的种类及其使用方式较之其前后各代的情况都要纷繁复杂。对壶门式的崇尚，是唐代社会生活中的普遍现象，它既是对汉魏以来传统经典样式的延续和扩展，又由于带有曲线轮廓的板面造型在规格严整中富于变化、易于装饰，十分符合唐人壮美、庄严、华丽的审美观念，因此唐人几乎把壶门结构应用在可供施加的所有家具类型上。西域传入的数种新型框架式家具的流行，首先是自魏晋南北朝以后上层社会引发的新时尚；入唐以后，它们逐渐地普及民间，其流行态势从由上层社会主导，转而更多地被中下层社会所推动，发展状态尤其活跃。究其原因，其一，是由于垂足高坐将人们的身体从跽坐、盘坐的束缚中解脱了出来，人体姿态的舒展，与唐代开放、热烈的社会精神面貌正相符合；其二，是框架式家具易于移动，较之壶门式家具更能满足中下层社会对实用性的需求，因此它们在世俗生活的不同空间环境中发挥了越来越大的作用。

我们关注的重点除了唐代家具的形态、结构、装饰特色本身，更在于唐代家具发展的前后、内外诸关系，以及唐代家具对社会生活层面发生的实质性影响。家具作为一种日常生活用品，一经出现便会具有“百姓日用而不知”的长久生命力。唐代家具与魏晋南北朝及中亚、西亚地区家具文化关系密切，但在近三百年时间的发展中显现出了自己独特的面貌，与唐代人精彩纷呈的日常生活伴随始终。宋代以后、尤其是为我们熟悉的明清时期的中国家具尽管在基本形态上与唐代家具差异很大，但一些关键性的家具结构方式，实际上起源于唐代。唐代无论是对传统家具的继承，还是对外来家具的接纳，都并非简单被动，而是活泼、积极的。如果仅仅粗略地观察唐代流行的家具样式，似乎容易得出它们或在前代已经出现，或完全习自域外的简单印象。但实际上，大量突破方、圆的异形家具的存在，圈叠胎成型工艺的发明，乃至多种装饰工艺在同一器物上协调而优美的复合性应用，提示我们关注唐代工匠非同一般的创造力和工艺水平。而外来的高坐家具，则一方面出于适体便用的考虑以及唐人审美需求的驱动，创制出了月牙杌子、唐圈椅、曲录式绳床等中国化的高型坐具；另一方面，则从建筑结构工艺中移植关键性经验应用于家具结构，对之加以更为科学的改良。

中华文明最令人自豪的一点，在于它是当今世界唯一未被其他外来文明所截断而持续发展，并在世界文明发展史上产生重大影响的原生形态文明。通过对唐代家具的观察，有力地证明国力强盛的唐朝尽管处于纷繁复杂的历史环境当中，但内源性因素仍是其文化向前发展的主要驱动力。自主选择与创造，是中华文明不断繁衍的根源，外来因素对它的影响，向来不是改弦更张，而是丰富与启发。

刘显波、熊隽于木雁堂

责任编辑：洪　琼

图书在版编目（CIP）数据

唐代家具研究／刘显波，熊隽 著．—北京：人民出版社，2017.12（2024.12 重印）
ISBN 978-7-01-018412-8

I. ①唐…　II. ①刘…　②熊…　III. ①家具－研究－中国－唐代　IV. ① TS666.204.2

中国版本图书馆 CIP 数据核字（2017）第 257962 号

唐代家具研究
TANGDAI JIAJU YANJIU

刘显波　熊　隽　著

人民出版社 出版发行
（100706　北京市东城区隆福寺街 99 号）

北京建宏印刷有限公司印刷　新华书店经销

2017 年 12 月第 1 版　2024 年 12 月北京第 3 次印刷
开本：787 毫米 ×1092 毫米 1/16　印张：31.25
字数：630 千字

ISBN 978-7-01-018412-8　定价：289.00 元

邮购地址 100706　北京市东城区隆福寺街 99 号
人民东方图书销售中心　电话（010）65250042　65289539